极地地质与海洋矿产教育部重点实验室资助

北极及邻区地质概要

Geological Overview of the Arctic and Adjacent Regions

辛仁臣 李 琦 编著

上海交通大学出版社
SHANGHAI JIAO TONG UNIVERSITY PRESS

内容提要

北极地区通常是指北纬 66°34′以北的区域。这一区域自然地理、地质特征极其复杂,地质演化历史十分漫长,最老的地质记录可以追溯到冥古宙(4 030 Ma)。在漫长的地质演化历史中形成了丰富的地质资源。因此,北极地区,既是研究地球演化历史的信息库,也是地质资源的宝库。本书在扼要介绍北极及邻区自然地理特征基础上,根据自然地理特征和地质特征,把北极及邻区划分 7 个构造区带,分别为北极及邻区洋盆、北欧大陆及被动大陆边缘、西伯利亚大陆及北部被动大陆边缘、东北亚及北部被动大陆边缘、阿拉斯加及北部被动大陆边缘、加拿大北部大陆及被动大陆边缘、格陵兰岛及被动大陆边缘,并归纳总结了各构造区带不同构造单元的主要地质特征。本书可供广大地球科学研究者,地质矿产资源普查勘探者,地学类院校教师、学生以及地球科学爱好者参考。

图书在版编目(CIP)数据

北极及邻区地质概要/ 辛仁臣,李琦编著.--上海:
上海交通大学出版社,2025.1
ISBN 978-7-313-30557-2

Ⅰ.①北… Ⅱ.①辛… ②李… Ⅲ.①北极-地质-研究 Ⅳ.①P561.662

中国国家版本馆 CIP 数据核字(2024)第 068559 号

北极及邻区地质概要

BEIJI JI LINQU DIZHI GAIYAO

编　著:辛仁臣　李　琦

出版发行:上海交通大学出版社　　　　地　　址:上海市番禺路 951 号
邮政编码:200030　　　　　　　　　　电　　话:021-64071208
印　制:苏州市越洋印刷有限公司　　　经　　销:全国新华书店
开　本:787 mm×1092 mm　1/16　　　印　　张:38
字　数:809 千字
版　次:2025 年 1 月第 1 版　　　　　印　　次:2025 年 1 月第 1 次印刷
书　号:ISBN 978-7-313-30557-2
定　价:339.00 元

前　言

　　北极地区通常是指北纬 66°34′ 以北的区域,自然地理、地质特征极其复杂,地质演化历史十分漫长,最老的地质记录可以追溯到冥古宙(4 030 Ma)。在漫长的地质演化历史中形成了丰富的地质资源。已有研究成果表明,北极地区已发现的油气约占全球的 6%,煤炭占 9%,铂族元素占 50% 以上,宝石级和工业级金刚石分别占 26% 和 28%,镍、钴和铬分别占 22%、21% 和 15%,铜、铁和铅-锌分别占 8%、7% 和 18%,金和银分别占 7% 和9%,并含有丰富的稀土矿产。因此,北极地区既是研究地球演化历史的信息库,也是地质资源的宝库。鉴于北极地区油气资源潜力巨大,"十二五"国家科技重大专项课题《全球重点大区石油地质与油气分布规律研究》(2011ZX05028 - 003)设立专题开展对北极地区地质特征进行研究。经过十余年研究,我们团队积累了丰富的资料,形成了系统认识,在极地地质与海洋矿产教育部重点实验室资助下,编著并出版此书。

　　北极及邻区地质特征研究的总体思路是以板块构造地质学、沉积学、岩相古地理学、石油地质学为指导,以地质、地球物理、地球化学、古生物等资料为依据,充分借鉴、消化、吸收、利用前人研究成果,去伪存真,研究总结不同基本地质构造单元不同地质时期的地质特征,揭示北极及邻区的地质演化历史,为广大地球科学研究者,地质矿产资源普查勘探者,地学类院校教师、学生,地球科学爱好者提供参考。

　　根据自然地理和地质特征把北极及邻区划分 7 个构造区带共计 94 个构造单元,其中,北极及邻区洋盆(13 个)、北欧大陆及被动大陆边缘(16 个)、西伯利亚大陆及北部被动大陆边缘(9 个)、东北亚及北部被动大陆边缘(11 个)、阿拉斯加及北部被动大陆边缘(11个)、加拿大北部大陆及被动大陆边缘(22 个)、格陵兰岛及被动大陆边缘(12 个)。这些构造单元包括盆地和分隔的造山带。在研究工作中以盆地为重点,兼顾造山带,以沉积岩及变质沉积岩为重点,兼顾岩浆岩及其变质岩。

　　各构造单元地质特征研究是最为基础的研究工作,主要涉及各构造单元的沉积序列及其岩性特征研究、岩浆岩特征及其成因研究、变质岩及变质机理研究、岩相及古地理研究、构造背景及原型盆地研究。参考资料主要来自公开发表的文献和 HIS 数据库,以及少量的地震、钻井、露头和测试资料。

　　全书共分8章。第1~7章由辛仁臣执笔;第8章由辛仁臣、李琦执笔。博士研究生剧永涛、王茜和硕士研究生潘新竹、余帅、董瑞杰、曹旭程、何必成、樊啸天等在资料收集、整理、图件编绘方面完成了大量工作,其中剧永涛和王茜还参与了大量的文稿校对工作。在此,一一表示感谢。

　　由于北极及邻区涉及地域广,地质演化历史极其漫长、复杂,从事北极及邻区研究的学者众多,发表的研究成果极其丰富,在本书研究和编写过程中参阅了大量文献,并在文中进行了标注,首先对所有文献的作者致以崇高的敬意和衷心的感谢,同时,恳请专家和所有读者对本书的疏漏、不足,乃至错误之处给予批评指正。

作　者

目　录

第1章

北极及邻区地貌及构造-地层单元划分

北极地区通常是指北纬 $66°34'$ 以北的区域,总面积约 $2\,100×10^4\,km^2$,陆地面积约 $800×10^4\,km^2$。北极圈内的国家有俄罗斯、加拿大、丹麦(格陵兰)、美国(阿拉斯加)、挪威、芬兰、瑞典、冰岛。特征的地貌单元是北冰洋。北冰洋被欧亚大陆和北美大陆包围,与大西洋相通(图1-1-1)。

1.1 北极及邻区地貌-构造概况

根据地貌-构造特征,北极及邻区可划分为北极及邻区洋盆、北欧大陆及被动大陆边缘、西伯利亚大陆及北部被动大陆边缘、东北亚及北部被动大陆边缘、阿拉斯加及北部被动大陆边缘、加拿大北部大陆及被动大陆边缘、格陵兰岛及被动大陆边缘。

1.1.1 北极及邻区洋盆

北极及邻区洋盆包括北冰洋洋盆和北大西洋洋盆。其中,北冰洋洋盆以罗蒙诺索夫(Lomonosov)海岭为界分为美亚(Amerasian)和欧亚(Eurasian)2个大的洋盆。阿尔法-门捷列夫(Alpha-Mendeleev)海岭将美亚洋盆分隔为加拿大洋盆和马卡罗夫(Makarov)海盆、波德福德尼科夫(Podvodnikov)海盆。哈克尔(Gakkel)海岭是北冰洋的现代扩张中心,发育在欧亚洋盆内,将欧亚洋盆分隔为南森(Nansen)洋盆和阿蒙森(Amundsen)洋盆(图1-1-1)。

罗蒙诺索夫海岭从北美的埃尔斯米尔(Ellesmere)岛附近大陆架穿过北极点附近,延伸至新西伯利亚岛附近大陆架,长约 $1\,800\,km$,宽 $60\sim200\,km$,平均高出洋底 $3\,300\sim3\,700\,m$。中部山脊水深 $960\sim1\,650\,m$,最高峰水深 $900\,m$。坡度大多超过 $13°$,在北极点附近达 $30°$(图1-1-1)。

阿尔法-门捷列夫海岭起自俄罗斯弗兰格尔岛北侧,延伸到加拿大北部伊丽莎白女王群岛东北侧,与罗蒙诺索夫海岭汇合,长约 $1\,500\,km$。相对起伏较小,坡度平缓。山脊水深平均约 $2\,000\,m$,最高峰水深约 $800\,m$(图1-1-1)。

哈克尔海岭西接大西洋克尼波维奇(Knipovitch)海岭,东抵俄罗斯拉普帖夫海陆架,

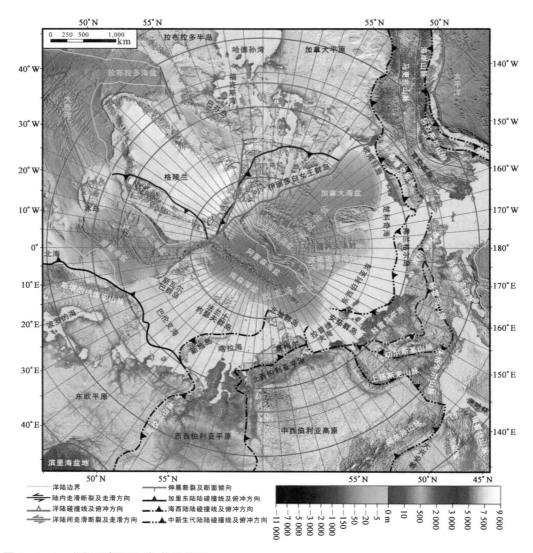

图 1-1-1 北极及邻区地貌-构造简图

(据 Nokleberg et al,2001；Persits and Ulmishek,2003；Bally et al,2012；Vernikovsky et al,2013；Pease et al,2014；刘恩然和辛仁臣,2015；Nikishin et al,2021 修改；底图来自 https://maps.ngdc.noaa.gov/viewers/bathymetry/)

长约 1 800 km，平均宽约 120 km，平均水深约 3 500 m，最高峰水深约 2 200 m。

加拿大洋盆处于阿尔法-门捷列夫海岭与北美-欧亚北极大陆架之间，又名波弗特 (Beaufort)海盆，是北冰洋中面积最大的海盆。其大部分地带水深 3 000～3 500 m，最深 3 879 m(图 1-1-1)。

马卡罗夫海盆处于阿尔法海岭与罗蒙诺索夫海岭之间，大部分地带水深在 3 900 m 左右，最大水深约 3 970 m。波德福德尼科夫海盆处于门捷列夫海岭与罗蒙诺索夫海岭之间，靠近东西伯利亚海陆架较浅，平均水深约 2 800 m，靠近马卡罗夫海盆水体变深，平均水深约 3 300 m，最大水深约 3 550 m(图 1-1-1)。有的学者(如 Vernikovsky et al,2013)

也将马卡罗夫海盆与波德福德尼科夫海盆合称马卡罗夫海盆。

阿蒙森洋盆处于罗蒙诺索夫海岭与哈克尔海岭之间,是北冰洋最深的海盆,平均水深约 4 300 m,最大深度 4 665 m,是北冰洋最深点(图 1-1-1)。海面常年冰封。人类最北的居住点巴厄诺冰雪帐篷考察站(Barneo Ice Camp)就建在阿蒙森洋盆的冰面上。

南森海盆处于哈克尔海岭与欧亚大陆的大陆架之间,大部分地带水深约 3 800 m,最大水深约 3 920 m。

1.1.2 北欧大陆及被动大陆边缘

北欧大陆及被动大陆边缘包括东欧平原、斯堪的纳维亚(Scandinavia)山脉、波罗的海、巴伦支海(Barents Sea)、斯瓦尔巴群岛(Svalbard)、法兰士·约瑟夫地群岛(Franz Josef Land)(图 1-1-1)。

东欧平原东邻乌拉尔山脉,西邻波罗的海,地势平坦,海拔在 50～150 m。斯堪的纳维亚山脉东邻波罗的海,西邻大西洋,长约 1 700 km,宽 200～600 km。西坡陡峻,东坡平缓,海拔多在 1 000 m 左右,最高峰加尔赫峰(Galdhøpiggen)海拔 2 469 m(图 1-1-1)。局部地区有冰川覆盖。

巴伦支海面积 140.5×10⁴ km²,东西跨度约 2 220 km,南北跨度约 1 680 km,平均水深 229 m,最大水深 600 m。斯瓦尔巴群岛位于巴伦支海陆架西北部,总面积约 6.1×10⁴ km²,平均海拔约 520 m,最高点牛顿峰,海拔 1 717 m。法兰士·约瑟夫地群岛位于巴伦支海陆架东北部,由约 190 个岛屿组成,总面积约 1.6×10⁴ km²,平均海拔约 450 m,最高点海拔约 620 m(图 1-1-1)。

1.1.3 西伯利亚大陆及北部被动大陆边缘

西伯利亚大陆及北部被动大陆边缘西界为乌拉尔(Ural)山脉、新地岛(Novaya Zemlya),包括西西伯利亚平原、中西伯利亚高原、北西伯利亚平原、泰梅尔(Taymyr)褶皱带、喀拉海(Kara Sea)、北地群岛(Severnaya Zemlya)(图 1-1-1)。

乌拉尔山脉北抵喀拉海的拜达拉茨湾(Baydaratskaya Bay),南至哈萨克草原地带,绵延 2 000 多千米,介于东欧平原和西伯利亚平原之间。山脉自北至南分为极地、亚极地乌拉尔山地和北、中、南乌拉尔山 5 段,海拔多为 500～1 200 m,亚极地海拔 1 894 m 的人民峰是乌拉尔山的最高峰。山脉的宽度为 40～150 km。乌拉尔山脉西坡较缓,东坡较陡。新地群岛是乌拉尔山脉的延伸,长达 1 000 km,平均宽度约 80 km,总面积约 8.26×10⁴ km²,平均海拔约 350 m,最高点海拔约 1 590 m(图 1-1-1)。

西西伯利亚平原西侧为乌拉尔山脉,地势平坦,其北部靠近北极圈,海拔多为 50～150 m。中西伯利亚高原平均海拔约 600 m,西北部较高,海拔多在 1 000 m 以上,最高峰为普托拉纳山,海拔 1 701 m。受流水侵蚀切割,河谷纵横,阶地广布。北西伯利亚平原西接西西伯利亚平原,南邻中西伯利亚高原,北邻泰梅尔褶皱带,东接拉普捷夫(Laptev)海,地势平坦,海拔多为 30～60 m。泰梅尔褶皱带长约 1 000 km,宽 100～200 km,多为低山,海拔多为 200～400 m,最高峰超过 1 000 m(图 1-1-1)。

喀拉海西南到东北最长距离约 1 448 km,北方最宽处约 805 km,面积约 88×10⁴ km²,平均深度 127 m,最深处达 620 m。流入喀拉海的大河有叶尼塞河、鄂毕河、皮亚西纳(Pyasina)河和喀拉河。喀拉海位于西伯利亚的大陆棚上,约有 40% 的深度小于 50 m,仅有 2% 的深度超过 500 m。从地质史上看,喀拉海是最年轻的海,是最后一次冰期中冰消过程形成的。北地群岛由 4 个大岛及 70 多个小岛组成,总面积约 3.76×10⁴ km²。平原区平均海拔约 140 m,山地区平均海拔约 500 m,最高点海拔 960 m(图 1-1-1)。

1.1.4 东北亚及北部被动大陆边缘

东北亚及北部被动大陆边缘,包括朱格朱尔(Dzhugdzhur)山脉、上扬斯克(Verkhoyansk)山脉、切尔斯基(Chersky)山脉、科里亚克(Koriac)山脉、科雷马(Kolyma)山脉、楚科奇(Chukotka)山脉、科雷马平原、拉普捷夫海、安茹(Anjou)群岛、东西伯利亚海、弗兰格尔(Wrangel)岛、楚科奇(Chukchi)海(图 1-1-1)。

朱格朱尔山脉,位于鄂霍次克海西北岸,东北—西南走向,长约 700 km,海拔多在 800～1 200 m,最高峰托普科山海拔 1 906 m。上扬斯克山脉,也译为"维尔霍扬斯克山脉"或"维科扬斯克山脉",呈弧形延伸约 1 200 km,宽 100～250 km,海拔多在 1 000～2 000 m,最高峰 2 389 m。切尔斯基山脉,又译为"切尔科沃山脉",近于西北—东南向,长约 1 500 km,宽约 400 km,以中、高山为主,最高点胜利峰,海拔 3 147 m。科里亚克山脉位于俄罗斯东北部,东北—西南走向。北起白令海阿纳德尔湾南岸,南到堪察加半岛北端,长 800 km,宽 80～270 km。海拔多在 600～1 800 m,最高峰列佳纳亚山海拔 2 562 m。科雷马山脉位于俄罗斯西伯利亚东北部,东北—西南走向,长约 1 300 m,由一系列被构造凹地分割开的中山和块状山构成,最高峰奥姆苏克昌山海拔 1 962 m。楚科奇山脉位于俄罗斯东北部,临北冰洋,北西西—南东东走向,长约 450 km。西部山势较高,海拔多在 1 000 m 以上,最高峰伊斯霍特纳亚山海拔 1 843 m。

科雷马平原濒临拉普捷夫海和东西伯利亚海,平均海拔约 100 m。拉普捷夫海面积约 71.4×10⁴ km²,平均深度 578 m,最深处 2 980 m。安茹群岛也称新西伯利亚群岛,位于拉普捷夫海与东西伯利亚海之间,面积 3.84×10⁴ km²。最高点海拔 374 m。东西伯利亚海面积 93.6×10⁴ km²,平均深度 45 m,北深南浅,最大深度 358 m。大陆架宽达 600～900 km。弗兰格尔岛位于东西伯利亚海与楚科奇海之间,面积约 0.76×10⁴ km²,最高点海拔 1 096 m。楚科奇海面积 58.2×10⁴ km²,平均水深 88 m,56% 面积的水深浅于 50 m,最大水深 1 256 m(图 1-1-1)。

1.1.5 阿拉斯加及北部被动大陆边缘

阿拉斯加及北部被动大陆边缘包括阿拉斯加(Alaska)山脉、育空(Yukon)高原、布鲁克斯(Brooks)山脉、阿拉斯加西部低地、阿拉斯加北部低地和波弗特(Beaufort)海(图1-1-1)。

阿拉斯加山脉位于太平洋沿岸,向东南与加拿大太平洋海岸山脉相接,海拔多为1 000~2 000 m,主峰麦金利山海拔6 193 m,为北美洲最高峰。育空高原与加拿大马更些山脉相接,介于阿拉斯加山脉与布鲁克斯山脉之间,地形起伏较大,海拔多为500~1 000 m,西部过渡为阿拉斯加西部低地。布鲁克斯山脉是北极圈内最高山脉,从加拿大边境至楚克奇海,绵延约1 000 km,宽约120 km。西部海拔多为910~1 220 m,东部海拔多为1 520~1 830 m,最高峰为伊斯托(Isto)山,海拔2 761 m。

阿拉斯加西部低地也称苏华德半岛(Seward Peninsula),隔白令海峡距俄罗斯约80 m,地形起伏较大,海拔多为100~600。半岛西南部的基格卢艾克山中有几座山峰海拔超过900 m,最高峰达1 437 m。布鲁克斯北麓低地东西长约500 km,南北宽约160 km,面积约$8.0 \times 10^4 \text{ km}^2$,海拔多为100~500 m。波弗特海面积$47.6 \times 10^4 \text{ km}^2$。平均深度1 004 m,最大深度4 683 m。大陆架宽多为100~150 km,窄处不足50 km。

1.1.6 加拿大北部大陆及北部被动大陆边缘

加拿大北部大陆及北部被动大陆边缘包括马更些(Mackenzie)山脉、加拿大平原、哈德孙(Hudson)湾、拉布拉多(Labrador)半岛、加拿大北部群岛、福克斯(Foxe)湾、加拿大-格陵兰北冰洋陆架(图1-1-1)。

马更些山脉处于落基山脉北段,自不列颠哥伦比亚省边界向西北伸展,长约800 km。沿马更些河东岸延伸约480 km的富兰克林山,有时也被看作是马更些山脉的一部分。麦克布里恩爵士峰(Mt. Sir James MacBrien)为最高峰,海拔2 762 km。**加拿大平原**面积约$540 \times 10^4 \text{ km}^2$,海拔多为100~500 m(图1-1-1)。

哈德孙湾又称哈得逊湾、哈德森湾。位于北冰洋的边缘海,伸入北美洲大陆的海湾,位于加拿大东北部,东北经哈德孙海峡与大西洋相通,北与福克斯湾相连并通过其北端水道与北冰洋沟通。南北长约1 375 km,东西宽约960 km,面积$81.9 \times 10^4 \text{ km}^2$,平均深度约100 m,最大深度274 m。**拉布拉多半岛**,位于加拿大东部,哈得孙湾与大西洋及圣劳伦斯湾之间。东南以贝尔岛海峡与纽芬兰岛相隔,面积$140 \times 10^4 \text{ km}^2$,为地表起伏不大的低高原,海拔300~900 m,北部托加特山海拔超过1 500 m。**加拿大北部群岛**也称加拿大北极群岛,南起大陆北缘,北至埃尔斯米尔岛北端的埃尔德里奇海角,陆地面积$130 \times 10^4 \text{ km}^2$。其中,北纬$74°30'$以北的所有岛屿称为伊丽莎白女王群岛,除巴芬岛外,均位于北极圈内,属大陆岛。地形有平原、低地、高原、山脉等;地势西高东低,北部各岛地势较高,埃尔斯米尔岛上的巴比尤峰海拔2 604 m,是群岛最高峰。**福克斯湾**位于加拿大东北部,海湾被巴芬岛、梅尔维尔半岛和南安普顿岛所包围,南接福克斯海峡与哈得孙湾相连,长500 km,宽320~400 km,面积$18 \times 10^4 \text{ km}^2$,最深处为460 m。海湾内有查尔斯王子岛、艾尔福斯岛、罗利岛等岛屿。加拿大-格陵兰北冰洋陆架,面积约$150 \times 10^4 \text{ km}^2$,水深多为100~700 m,

大陆架宽多在 50～100 km,窄处不足 40 km(图 1-1-1)。

1.1.7 格陵兰岛及被动大陆边缘

格陵兰岛及被动大陆边缘包括格陵兰岛(Greenland)、巴芬(Baffin)湾、拉布拉多(Labrador)海、北大西洋北部洋盆、冰岛、格陵兰洋盆、挪威洋盆(图 1-1-1)。

格陵兰岛是世界上最大的岛屿,南北长约 2 574 km,最宽处约 1 290 km,海岸线全长约 $3.5×10^4$ km,面积约 $216.63×10^4$ km^2。整个岛屿超过 80% 的土地被冰盖覆盖,冰盖总面积达 $183.39×10^4$ km^2,其冰层平均厚度约 2 300 m。冰原平均海拔 2 000 m,东南的贡比约恩斯山海拔 3 700 m。尽管有这些高原,但是大部分格陵兰冰原的岩底实际上相当或略低于海平面。

巴芬湾是北大西洋西北部在格陵兰岛与巴芬岛之间的延伸部分,从戴维斯(Davis)海峡到内尔斯(Nares)海峡,南北长约 1 450 km,宽 110～640 km,面积约 $68.9×10^4$ km^2,平均水深约 860 m,最大水深约 2 740 m。海湾中央是巴芬凹地,深达 2 300 m。海底呈椭圆形,四周为格陵兰和加拿大浅海陆棚,深水多为 200～500 m。

拉布拉多海位于北大西洋西北部,在加拿大拉布拉多半岛和格陵兰岛之间。北经戴维斯海峡通巴芬湾,西经哈得孙海峡通哈得孙湾。海区东南界长 1 300 km,北界长 1 200 km,西南界长 1 400 km,面积约 $140×10^4$ km^2。加拿大和格陵兰岛海岸均为峡湾型海岸,岸线异常曲折、陡峭,多半岛、岛屿和峡湾。沿岸西侧大陆架北部较宽,最宽可达 150 km,南部较窄,一般为 50～100 km,中部地区水深在 2 000 m 以上,最深处在东南部,深达 4 193 m。

北大西洋北部洋盆是指西起格陵兰岛东海岸,东至英伦三岛西海岸,北至冰岛的广阔海域,中部雷克亚内斯海岭直抵冰岛。雷克亚内斯海岭北部水深不足 500 m,南部水深超过 1 300 m。两侧洋盆水深超过 3 000 m。

冰岛是大西洋中脊的火山岛,有 100 多座火山,陆地面积为 $10.3×10^4$ km^2,冰川面积占 $1.3×10^4$ km^2,海岸线长约 4 970 km。整个冰岛是个碗状高地,四周为海岸山脉,中间为一高原,大部分是台地,台地海拔大多为 400～800 m,个别山峰可达 1 300～1 700 m。冰岛最高峰是华纳达尔斯赫努克山,海拔 2 119 m。低地面积很小,西部和西南部分布有海成平原和冰水冲积平原,平原面积占全岛的 7% 左右。

格陵兰洋盆位于格陵兰岛以东,北纬在 66°～80°,面积 $120.5×10^4$ km^2。平均水深 1 450 m,最深点 4 800 m。西侧的格陵兰东部陆架北部最宽处超过 200 km,南部窄处不足 50 km。陆架区水深多为 200～500 m。

挪威洋盆西边与冰岛海连接,东北方与巴伦支海相邻。在西南方,冰岛与法罗群岛之间的海底山脊把格陵兰海与挪威海分开。挪威洋盆北侧的扬马延海底山脊为挪威海与北冰洋的界线。东边是挪威,海岸线有由冰川侵蚀而成的峡湾。挪威洋盆面积 $138.3×10^4$ km^2,平均深度 1 742 m,最大水深 4 487 m。东侧的挪威西部陆架最宽处超过 160 km,

南部窄处不足 20 km。陆架区水深多为 200～600 m(图 1-1-1)。

1.2　北极及邻区构造-地层分区

北极及邻区可划分为地盾、造山带、盆地等 260 个基本构造单元(图 1-2-1)。

北极及邻区根据不同基本构造单元发育的地层和构造演化特征,可划分为① 白垩纪—新生代扩张洋盆区;② 地台及地盾区;③ 新元古代—古生代变形基底区;④ 中新生代变形区(图 1-2-2)。

1.2.1　白垩纪—新生代扩张洋盆

白垩纪—新生代扩张洋盆南起北大西洋,北部为北冰洋。

1) 北冰洋洋盆

北冰洋洋盆被具有新元古代—古生代变形基底的罗蒙诺索夫陆块分隔为美亚和欧亚 2 个大的洋盆(图 1-2-2)。

美亚洋盆被阿尔法-门捷列夫海岭分隔为加拿大洋盆和马卡罗夫海盆、波德福德尼科夫海盆、诺德士(Nautilus)海盆。加拿大洋盆以侏罗纪—白垩纪洋壳基底为特色,上覆中新生代沉积盖层。阿尔法-门捷列夫海岭、马卡罗夫海盆、波德福德尼科夫海盆、诺德士海盆均以新元古代—古生代变形带的白垩纪—古近纪裂谷岩浆岩为基底,上覆古近纪—第四纪沉积盖层(图 1-2-2)。

欧亚洋盆被哈克尔海岭分隔为南森洋盆和阿蒙森洋盆。哈克尔海岭是北冰洋的现代扩张中心,主要发育新近纪—第四纪火山岩。南森海盆和阿蒙森洋盆均以古近纪洋壳为基底,上覆新近纪—第四纪沉积盖层(图 1-2-2)。

2) 北大西洋洋盆及巴芬湾

北大西洋最老的岩石是白垩纪洋壳,发育于北大西洋南部边缘,其上覆盖新生代沉积盖层。北大西洋中部为穿过冰岛的洋中脊,是北大西洋的现代扩张中心,主要发育新近纪—第四纪火山岩。洋中脊两侧的洋盆以古近纪洋壳为基底,上覆新近纪—第四纪沉积盖层(图 1-2-2)。

巴芬湾是古近纪伸展洋盆,以古近纪洋壳为基底,新近纪开始洋壳停止生长,在古近纪洋壳之上发育了新近纪—第四纪沉积盖层(图 1-2-2)。

1.2.2　地台及地盾区

地台也称克拉通,是指以前寒武系变形、变质岩为基底,寒武纪以来构造相对稳定,沉积作用广泛而较均一,岩浆作用、构造运动和变质作用都比较微弱,是地壳中相对稳定的大地构造单元。地盾是地台中前寒武系基岩大面积出露区。

北极及邻区的地台及地盾区包括北美地台及加拿大地盾、格陵兰地台及格陵兰地盾、

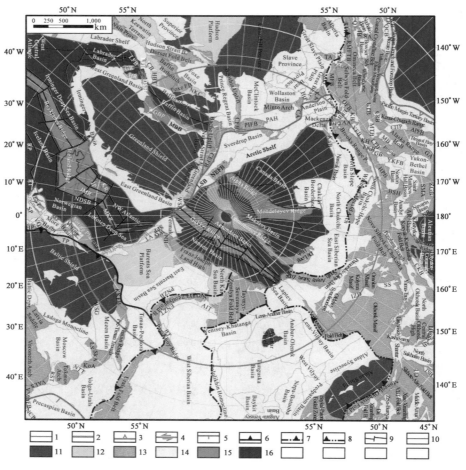

1—洋陆边界；2—北极圈纬度线；3—洋陆碰撞线及俯冲方向；4—龙滑断裂及走滑方向；5—伸展断裂及断面倾向；6—加里东陆陆碰撞线及俯冲方向；7—海西陆陆碰撞线及俯冲方向；8—中新生代陆陆碰撞线及俯冲方向；9—洋中脊；10—构造单元分界线；11—地盾；12—地台；13—隆起带；14—盆地；15—火山岩带；16—大洋盆地。

AA—Aklavik Arch；AB—Atlason Basin；AIT—Arctic Institut Trough；APFB—Alaska Peninsula Fold Belt；AR—Anadyr Ridge；BSH—Bering Strait High；BT—Blow Trough；CA—Coppermine Arch；CB—Cumberland Basin；CEFB—Central Ellesmere Fold Belt；CFB—Cornwallis Fold Belt；CITP—Cook Inlet Tertiary Province；CKB—Central Kamchatka-Ilpin Basin；CRB—Copper River Basin；DFB—Donbass Fold Belt；DSH—Davis Strait High；ENZT—East Novaya Zemlya Trough；EPB—Eagle Plain Basin；FCB—Flemish Cap Basin；FST—Faroes-Shetland Trough；GA—Goodnews Arch；GB—Galena Basin；GBB—Grand Banks Basin；GR—Gjoa Rise；HB—Hatton Basin；HBT—Hoare Bay Terrane；HoB—Holitna Basin；HP—Horda Platform；HPB—Hogatza Plutonic Belt；HR—Hecla Rise；HtP—Horton Plain；IB—Intermontane Belt；IP—Iceland Plateau；IZD—Indigirka-Zyryanka Depression；JMR—Jan Mayen Ridge；KA—Keele Arch；KaB—Kaktovik Basin；KB—Kandik Basin；KFB—Kobuk Flysch Belt；KH—Kokrines-Hodzana Highlands；KKFB—Kanin-Kamen Fold Belt；KoA—Kotelnich Arch；KR—Kolbeinsey Ridge；LB—Lebed Basin；LFB—Lady Franklin Basin；LFH—Lady Franklin High；LS—Luzskaya Saddle；LSB—Lincoln Sea Basin；LTB—Lower Tanana Basin；MB—Minchumina Basin；MBB—Melville Bay Basin；MFB—Mackenzie Fold Belt；MkP—Mackenzie Plain；MKR—Mohns-Knipovitch Ridge；MP—More Platform；MTB—Middle Tanana Basin；NCP—North Caucasus Platform；NDSB—Norwegian Deep Sea Basin；NEFB—Northern Ellesmere Fold Belt；NH—Nordauslandet High；NKC—North Keewatin Craton；NR—Navarin Ridge；NTT—North Tokmov Trough；OC—Old Crow Basin；OFB—Ogilvie-Wernecke Fold Belt；PAH—Prince Albert Homocline；PIFB—Parry Islands Fold Belt；PMTB—Pacific Margin Tertiary Basin；PNZB—Pre-Novaya Zemlya Belt；QCB—Queen Charlotte Basin；QT—Quesnel Trough；RA—Richardson Anticlinorium；RMFT—Rocky Mountain Frontal Thrust Belt；RMFTB—Rocky Mountain Fold and Thrust Belt；RP—Rockall Plateau；RST—Ryazan-Saratov Trough；RT—Rockall Trough；SA—Skeena Arch；SAB—Saint Anthony Basin；SIB—Saint Iona Basin；SkA—Syktyvkar Arch；SMA—Saint Matthew-Nunivak Arch；SP—Shetland Platform；SPP—Svalbard Paleozoic Platform；SS—Sugoy Synclinorium；StA—Stikine Arch；TA—Tathlina Arch；TB—Tofino Basin；TP—Trondelag Platform；TSB—Tatar Strait-Tenpoku-Mushasi Basin；UD—Udyl Depression；UTB—Upper Tanana Basin；VAES—Voronezh Atch Eastern Slope；VBT—Verkhne Bureya Trough；VGP—Viking Graben Province；VM—Volga Monocline；VT—Vestspitsbergen Trough；WB—Winona Basin；WG—Woodfjorden Graben；WGBP—West Greenland Basalt Province；WSB—Wandel Sea Basin；WSG—White Sea Graben；YFB—Yukon Flats Basin；YKFB—Yukon-Koyukuk Flysch Belt；ZGB—Zhemchug-Saint George Basin Province。

图 1-2-1　北极及邻区基本构造单元划分

（据 IHS，2008；Bally et al，2012 修改）

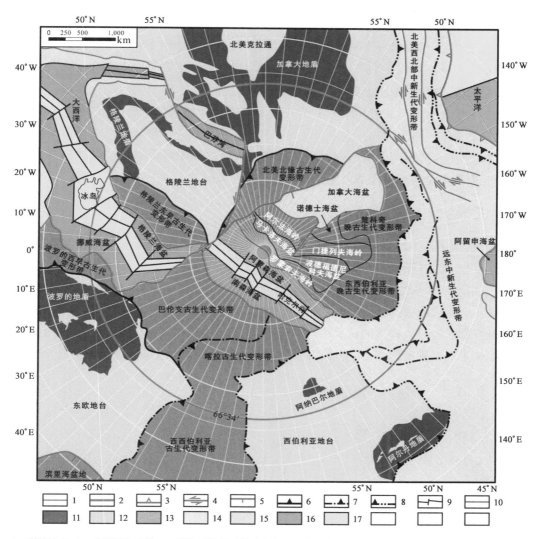

1—洋陆边界；2—北极圈纬度线；3—洋陆碰撞线及俯冲方向；4—走滑断裂及走滑方向；5—伸展断裂及断面倾向；6—加里东陆陆碰撞线及俯冲方向；7—海西陆陆碰撞线及俯冲方向；8—中新生代陆陆碰撞线及俯冲方向；9—洋中脊；10—构造单元分界线；11—地盾；12—地台；13—新元古代晚期—古生代变形带；14—中新生代变形带；15—白垩纪洋壳；16—古近纪洋壳；17—新近纪洋壳。

图 1-2-2　北极及邻区主要构造-地层单元划分

（据 Nokleberg et al,2001；Persits and Ulmishek,2003；Miller et al,2006；Bally et al,2012；Vernikovsky et al,2013；Pease et al,2014；刘恩然和辛仁臣,2015；李学杰等,2015；刘恩然等,2015；Chian et al,2016；Oakey and Saltus,2016；刘令宇等,2017；Nikishin et al,2021a；2021b 等修改）

东欧地台及波罗的地盾、西伯利亚地台及阿尔丹地盾和阿纳巴尔地盾。北美地台与格陵兰地台尚未完全分离，因此也统称为北美地台（图 1-2-2）。

1.2.3　环北极新元古代—古生代变形基底区

环北极新元古代—古生代变形基底区包括格陵兰东早古生代变形带、波罗的西早古生代变形带、巴伦支古生代变形带、北美北缘古生代变形带、西西伯利亚古生代变形带、喀拉古生代变形带、东西伯利亚晚古生代变形带、楚科奇晚古生代变形带(图1-2-2)。

　　格陵兰东早古生代变形带与波罗的西早古生代变形带主要是加里东造山阶段劳伦古陆与波罗的古陆拼贴、碰撞形成的变形基底。在中生代时期,随着大西洋打开,两者分离。巴伦支古生代变形带与北美北缘古生代变形带主要是受加里东造山期、海西造山期影响形成的变形基底。西西伯利亚古生代变形带和喀拉古生代变形带受加里东造山期影响较小,主要是受海西造山期影响形成的变形基底。东西伯利亚晚古生代变形带和楚科奇晚古生代变形带主要是受海西造山期影响形成的变形基底。

1.2.4　北极东缘中新生代变形区

　　北极东缘中新生代变形区以白令海峡为界,可分为远东中新生代变形带和北美西北部中新生代变形带(图1-2-2)。

　　远东中新生代变形带和北美西北部中新生代变形带均为中新生代多期造山作用下多种地块拼贴、碰撞形成的。拼贴、碰撞的地块有较古老的大陆微板块、岛弧地块、大洋板块。在这些地块拼贴、碰撞的过程中,伴随着不同程度的火山活动,形成了多期火山岩,同时,也发生了不同程度的变形、变质作用。

第 2 章

北极及邻区洋盆地质特征

北极及邻区洋盆是北极及邻区的特征地质单元,包括北冰洋洋盆和北大西洋洋盆。北冰洋洋盆被罗蒙诺索夫陆块分隔为美亚和欧亚 2 个大的洋盆。美亚洋盆被阿尔法-门捷列夫海岭分隔为加拿大洋盆和马卡罗夫海盆、波德福德尼科夫海盆。欧亚洋盆被哈克尔海岭分隔为南森洋盆和阿蒙森洋盆。北大西洋洋盆被北大西洋洋中脊分隔为格陵兰洋盆和挪威洋盆。巴芬湾作为北大西洋的海湾存在古近纪洋壳基底,也具有洋盆属性(图 1-2-2)。

2.1 美亚洋盆

美亚洋盆的东部为西北加拿大大陆,南部为阿拉斯加-欧亚大陆,西界为罗蒙诺索夫海岭。美亚洋盆分为南北两个构造域,其分界为美亚走滑断层(图 2-1-1)。

南美亚洋盆构造域相当于加拿大海盆,其基底由过渡壳和洋壳两部分组成(图 2-1-1)。其伸展作用分为两个阶段:第一阶段发生在 195～160 Ma,为大陆裂解、过渡壳形成阶段;第二阶段主要发生在 132～127.5 Ma,为海底扩张、洋壳形成阶段。第一阶段,西北加拿大大陆与阿拉斯加-欧亚大陆初期旋转裂离,旋转极位于马更些(Mackenzie)三角洲前方,美亚走滑断裂表现为右旋走滑特征。这一阶段的裂谷作用,致使陆壳减薄,形成洋陆过渡型地壳(ocean-continent transitional crust,OCT),其中发育超基性岩浆岩侵入体。第二阶段伸展形成了沿着加拿大海盆轴线的大洋中脊玄武岩(mid-ocean ridge basalt,MORB)带(Grantz et al,2011;Grantz and Hart,2012)。

北美亚洋盆构造域包括阿尔法海岭、门捷列夫海岭、马卡罗夫海盆、波德福德尼科夫海盆、诺德士海盆,伸展作用主要发生在白垩纪。阿尔法海岭和门捷列夫海岭表现为强烈的大陆裂谷和岩浆作用;马卡罗夫海盆、波德福德尼科夫海盆、诺德士海盆表现为陆壳伸展盆地,伴随火山作用(图 2-1-1)。阿尔法-门捷列夫海岭起伏较大(Grantz and Hart,2012),具有不规则的重力异常和磁异常特征(图 2-1-2,图 2-1-3),常称其为阿尔法-门捷列夫大岩浆岩省(Grantz and Hart,2012;Chian et al,2016;Oakey and Saltus,2016;Nikishin et al,2021a;2021b)。目前,对北美亚洋盆构造域的主流认识是火山-岩浆作用的被动大陆边缘裂谷[图 2-1-4(d)](Miller et al,2006;Chian et al,2016;Oakey and

Saltus,2016;Nikishin et al,2021a;2021b)。但也存在以下不同认识:① 加拿大海盆的中生代扩张洋中脊穿过阿尔法-门捷列夫海岭,一直延伸到罗蒙诺索夫海岭 87°N/170°E[图 2-1-4(a)](Grantz and Hart,2012;Seton et al,2012);② 阿尔法-门捷列夫海岭为

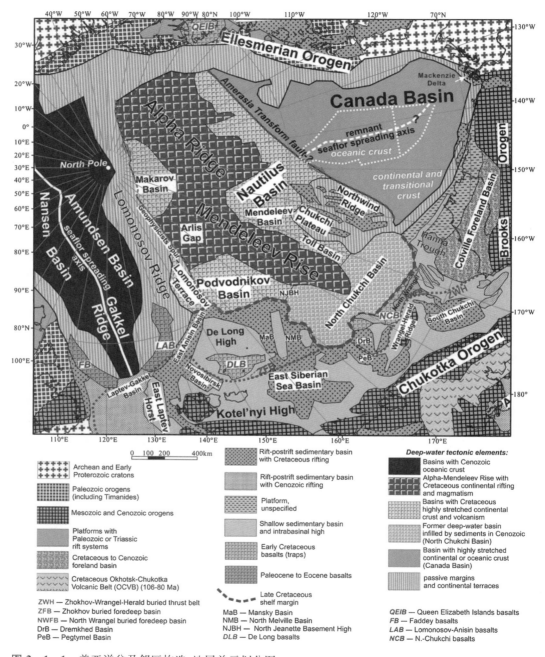

图 2-1-1 美亚洋盆及邻区构造-地层单元划分图

(据 Grantz et al,2011;Grantz and Hart,2012;Mosher et al,2012;Chian et al,2016;Nikishin et al,2014;2017;2018;2021b 修改)

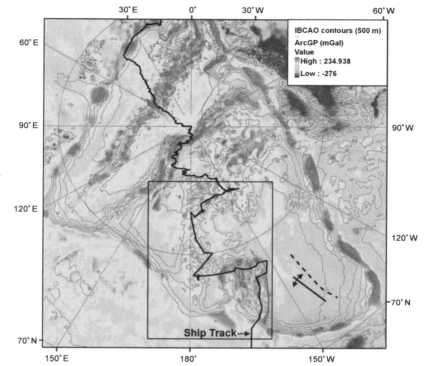

IBCAO — International Bathymetric Chart of the Arctic Ocean，北冰洋国际水深图。

图 2-1-2　美亚洋盆及邻区重力异常

（据 Dove et al，2010）
注：海洋区域为自由空气异常，陆地区域为布格异常。加拿大盆地的黑色虚线为假设扩张相关的重力低，黑色实线为由 Taylor et al(1981)初步确定的扩张轴。

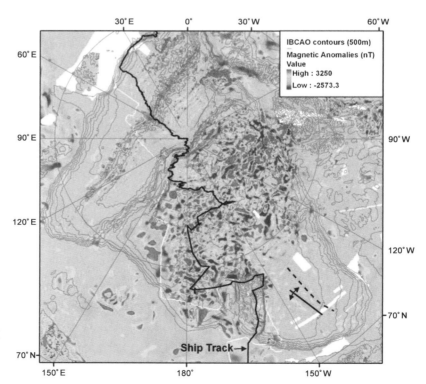

图 2-1-3　美亚洋盆及邻区磁异常

（据 Dove et al，2010）

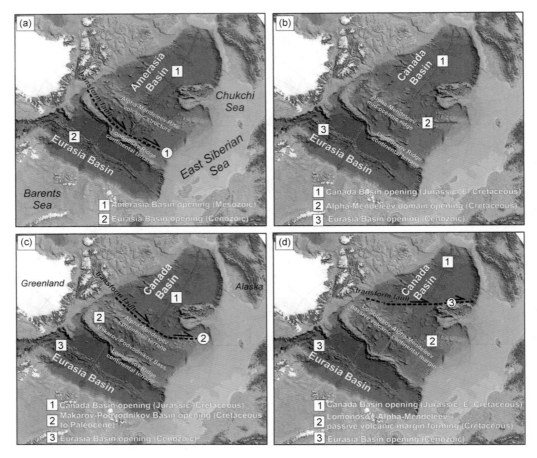

图 2 - 1 - 4　美亚洋盆 4 种成因认识

（据 Nikishin et al，2021a 修改）

注：（a）、（b）、（c）、（d）分别为美亚洋盆 4 种成因认识。

白垩纪扩张洋中脊［图 2 - 1 - 4（b）］，并认为与冰岛热点有关（Lawver and Muller，1994；Lawver et al，2002）；③ 马卡罗夫-波德福德尼科夫海盆为白垩纪—古新世扩张洋盆［图 2 - 1 - 4（c）］（Dore et al，2015）。

2.1.1　加拿大海盆

加拿大海盆北接阿尔法-门捷列夫大岩浆岩省，西邻楚科奇隆起带的罗斯文（Northwind）海岭，西南为波弗特陆架，东南为马更些盆地，东邻加拿大陆架，面积超过 $70 \times 10^4 \, \text{km}^2$。盆地中央基底为大洋中脊玄武岩（MORB），盆地周缘基底为洋陆过渡型地壳（OTC）。充填了早侏罗世至全新世碎屑沉积物，这些碎屑以来自马更些河流域为主，也有来自楚科奇、阿拉斯加和加拿大西北部的陆源碎屑。沉积地层厚度普遍超过 5 km，马更些三角洲的前三角洲部位沉积地层厚度最大，达 12 km 以上。加拿大盆地的水深普遍超过 1 000 m，最大水深超过 3 800 m（图 2 - 1 - 5）。

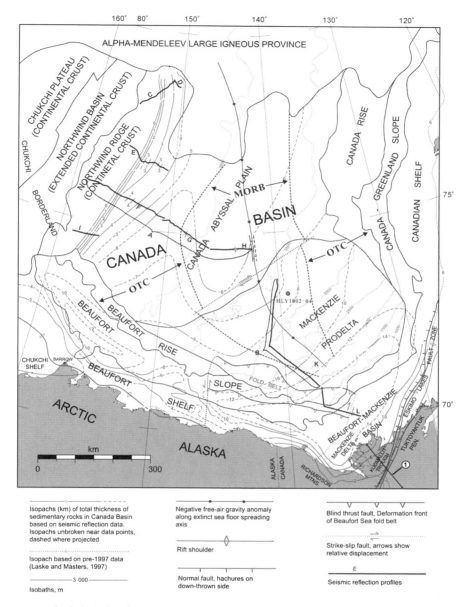

图 2-1-5　加拿大海盆及邻区基底构造、沉积地层厚度、水深、地震测线与钻井位置综合平面图

（据 Grantz et al，2011；Grantz and Hart，2012；Nikishin et al，2021b；Mosher and Boggild，2021 修改）

1. 盆地轮廓及基底特征

盆地重力异常特征是低密度的水体和沉积地层厚度响应。低密度的水体和沉积地层厚度大，表现为负重力异常，反之，表现为正重力异常。

加拿大海盆的陆架坡折带的具有明显的正重力异常。沿加拿大大陆边缘，异常是半连续的，幅度为 $50 \sim 100$ mGal（1Gal$=1$ cm/s^2）。沿阿拉斯加大陆边缘，也是由幅度相似的一系列孤立正异常组成[图 2-1-6(b)中位置 A]。陆架坡折正重力异常边界相当于加拿大海盆边界。

加拿大海盆具有负重力异常特征。中央深海区重力负异常幅度普遍小于−20 mGal，消亡的扩张洋中脊带重力负异常幅度小于 30 mGal[图 2−1−6(b)中位置 A]。靠近盆地边缘，由于密度较小的沉积地层厚度大(图 2−1−5)，重力负异常幅度小于−50 mGal[图 2−1−6(b)]。

美国海军研究实验室(NRL)在飞行高度为 300～900 m、北北东向飞行线间隔为 10～25 km、西北西向飞行线间隔为 40～100 km 的网格化航磁数据表明，加拿大海盆的磁场由 3 个区域组成[图 2−1−6(a)]。中央南南东—北北西向近对称的磁异常条带分布区，是被沉积地层覆盖的消亡扩张洋中脊，即洋壳的反映。中央区东北侧南西—北东向磁异常条带分布区，是加拿大大陆边缘伸展减薄的洋陆过渡型地壳的反映。中央区西南侧方向杂乱的磁异常分布区是阿拉斯加和楚科奇陆块边缘伸展减薄的洋陆过渡型地壳的反映。

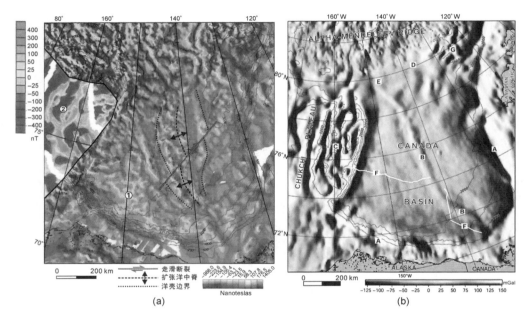

(a)　　　　　　　　　　　　　　　　(b)

图 2−1−6　加拿大海盆及邻区磁异常和重力异常平面图

(a) 磁异常；(b) 重力异常

(据 Grantz et al，2011 修改)

注：(a)中，① 区基于美国海军研究实验室(NRL)高精度数据；② 区基于 Roest et al (1996)低精度数据。(b)中，位置 A 为加拿大海盆靠近陆架坡折的正重力异常带；位置 B 为加拿大海盆中央的 MORB 域的负重力异常带；位置 C 为罗斯文(Northwind)盆地和楚科奇微大陆"盆山"构造的自由空气重力异常特征；位置 D 为加拿大海盆(通常＜−20 mGal)和阿尔法-门捷列夫大岩浆岩省(LIP)(一般＞−10 mGal)之间自由空气重力场水平的对比；位置 E 为在阿尔法-门捷列夫 LIP 南缘 80°N 附近，加拿大海盆的轴向负自由空气重力异常终止；位置 F 为加拿大海盆主要地震剖面；位置 G 为加拿大东北部盆地塞弗角(Sever Spur，Sever Hills)。

2．盆地充填特征

地震剖面揭示，加拿大海盆的充填序列可分为陆内伸展、洋底扩张、洋底停止扩张 3 个构造层。陆内伸展构造以断陷盆地充填序列为特征，洋底扩张构造层以洋壳发育与断陷盆地充填并存为特征，洋底停止扩张以巨厚的大洋沉积为特征(图 2−1−7 至图 2−1−10)。

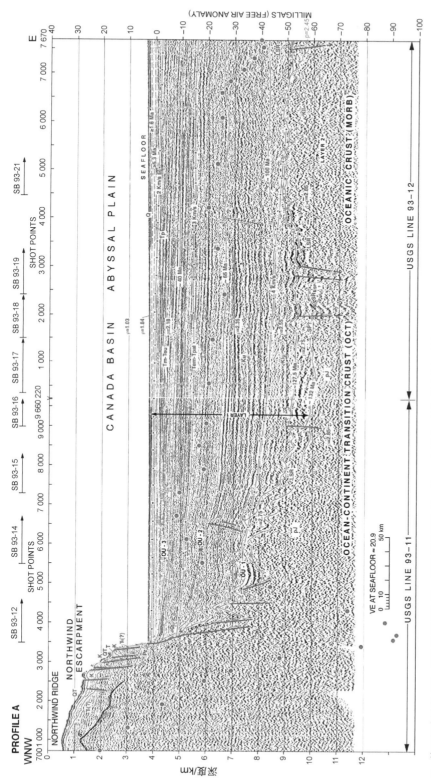

图 2 - 1 - 7　Northwind 海岭-加拿大海盆中央地震剖面及地质解释

Q-第四纪碎屑岩；QT-新生代碎屑岩；Tp-晚新世碎屑岩；Tm-Teu-中新世-始新世晚期泥质岩；Tem-Tpal-始新世中期-古新世晚期碎屑岩；Ku-晚白垩世碎屑岩；Klu-巴列姆期晚期-阿尔必期晚期碎屑岩（<127.5 Ma）；LSR-欧特里夫期晚期-巴列姆期同裂谷晚期-裂后期碎屑岩（132～127.5 Ma）；SR-早白垩世早期裂谷期碎屑岩（145～132 Ma）；KII-早白垩世早期洋中脊玄武岩；PJ-前侏罗纪基底；OU-上超不整合面；T-三叠系；ρ-平均密度（kg/m³）；●●海洋中自由空气重力异常测量值。

［位置见图 2 - 1 - 5 中位置 A 和图 2 - 1 - 6（b）中位置 F。据 Grantz et al.，2011 修改］

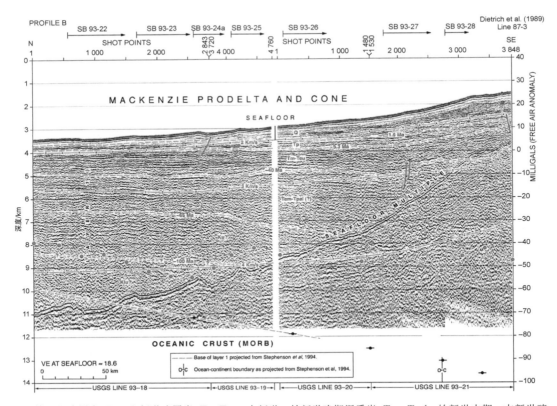

Q—第四纪碎屑岩;Tp—上新世碎屑岩;Tm-Teu—中新世—始新世晚期泥质岩;Tem-Tpal—始新世中期—古新世碎屑岩;Ku—晚白垩世碎屑岩;Klu—巴列姆期晚期—阿尔必期碎屑岩(<127.5 Ma);●●海洋中自由空气重力异常测量值。

图 2-1-8　加拿大海盆中央-马更些三角洲地震剖面及地质解释

[位置见图 2-1-5 中位置 B 和图 2-1-6(b)中位置 F,据 Grantz et al,2011 修改]

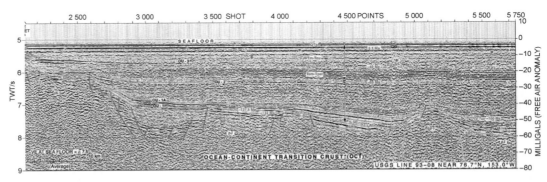

QTp—第四纪—上新世碎屑岩;Tm-Teu—中新世—始新世晚期泥质岩;Tem-Tpal—始新世中期—古新世碎屑岩;Ku—晚白垩世碎屑岩;Klu—早白垩世晚期碎屑岩;LSR—同裂谷晚期—裂后期碎屑岩;SR—裂谷期碎屑岩;SP—蛇纹橄榄岩(?)底辟;PJ—前侏罗纪基底;T—三叠系;OU—上超不整合面;ρ—平均密度(kg/m³);●●海洋中自由空气重力异常测量值。

图 2-1-9　加拿大海盆西北部地震剖面 E 及地质解释

(位置见图 2-1-5 中位置 E,据 Grantz et al,2011 修改)

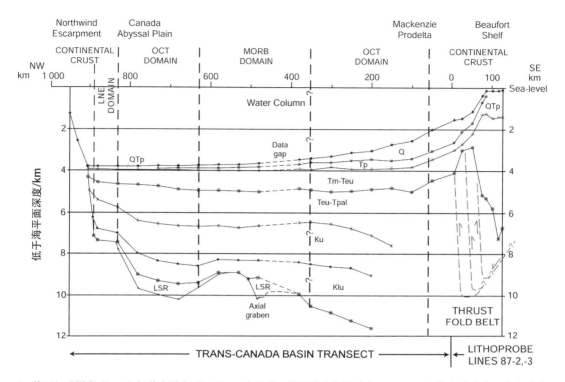

Q—第四纪碎屑岩；Tp—上新世碎屑岩；Tm-Teu—中新世—始新世晚期泥质岩；Tem-Tpal—始新世中期—古新世碎屑岩；Ku—晚白垩世碎屑岩；Klu—巴列姆期晚期—阿尔必期碎屑岩（<127.5 Ma）；LSR—欧特里沃期晚期—巴列姆期同裂谷晚期—裂后期碎屑岩（132～127.5 Ma）。

图 2-1-10 加拿大海盆 Northwind 陡崖-波弗特陆架地质剖面简图

（据 Grantz et al,2011 修改）

陆内伸展阶段形成了加拿大海盆洋陆过渡壳区域和陆上邻区的断陷盆地。加拿大海盆地震剖面 A 和 B（图 2-1-5 中位置 A 和 B）显示在洋陆过渡壳区域中断陷盆地只零星发育（图 2-1-7，图 2-1-8），而地震剖面 E（图 2-1-5 中位置 E）显示在洋陆过渡壳区域中断陷盆地规模较大（图 2-1-9 中 SR）。根据陆上邻区断陷盆地的研究成果，陆内断陷发育于侏罗纪（195～160 Ma），为一套陆相-浅海相陆源碎屑沉积地层，局部为火山岩（Dixon,1996；Mickey et al.,2002）。

洋底扩张阶段以洋壳发育与断陷盆地充填并存为特征。洋底扩张形成的玄武岩岩体在地震上表现为变振幅杂乱反射，在洋陆过渡壳区域发育的断陷盆地充填体的几何外形呈被断层切割的扁透镜体（图 2-1-7 中 LSR）。年代地层学研究表明，洋底扩张阶段主要发生在早白垩世 132～127.5 Ma（Grantz et al.,2011）。

洋底停止扩张阶段从晚白垩世一致持续至今，也称为裂后阶段，主要沉积体为马更些三角洲。马更些三角洲沉积物最大厚度超过 15 km。楚科奇微古陆、阿拉斯加微古陆、加拿大大陆西北部也为加拿大海盆提供陆源碎屑（Grantz et al.,2011）。裂后阶段的地层根据地震反射波组特征，自下而上可划分为下白垩统上部、上白垩统、古新统—始新统中部、始新统上部—中新统、上新统和第四系 6 个层系(图 2-1-7 至图 2-1-11),均以浊流和等深流混合陆源碎屑岩、泥岩为主(图 2-1-12,图 2-1-13)。各层系厚度及总体厚度均表现为马更些三角洲附近厚度大、向远离马更些三角洲厚度减小的特征(图 2-1-5,图 2-1-10)。

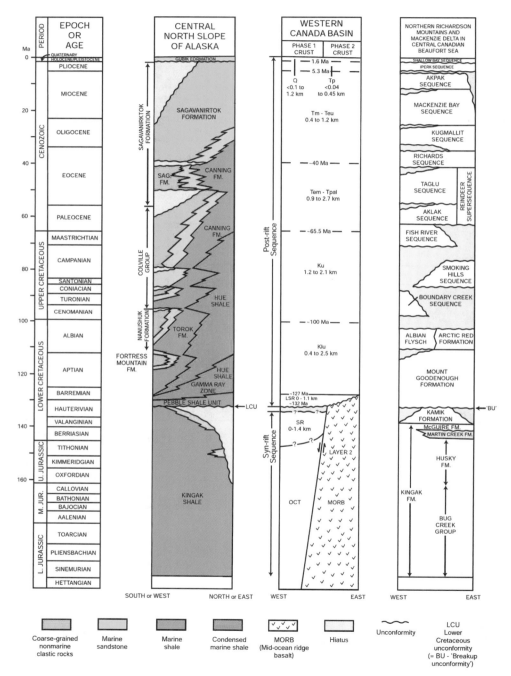

图 2-1-11　加拿大海盆与邻区地层序列对比图

(据 Grantz et al,2011 修改)

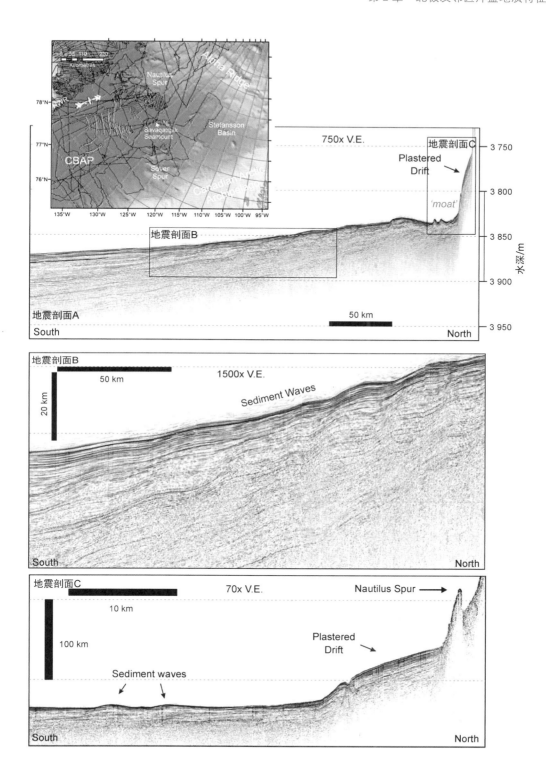

图 2 - 1 - 12　加拿大海盆深海平原等积体地震反射特征

（据 Mosher and Boggild,2021 修改）

注：红线 A 为地震剖面 A 的位置;黑线为地震测线;黄线为沉积物波底形槽线;橙色线为等深流沟渠位置。

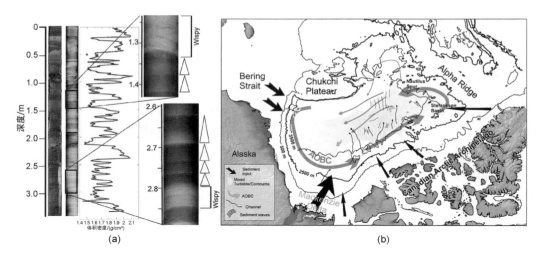

图 2 - 1 - 13　加拿大海盆深海平原等积-浊积混积体特征

(a) HLY1002 - 04 井(位置见图 2 - 1 - 5)岩芯；(b) 加拿大海盆等积-浊积岩成因解释
(据 Mosher and Boggild，2021 修改)

注：(a)中，由三角形表示的向上变细的岩层为浊积岩，具束状纹层(wispy)粉砂岩为等深流沉积。蓝线是 MSCL
密度曲线，红点表示从离散样品测量的体积密度。
(b)中，500 m，2 500 m 和 3 500 m 为等深线。北冰洋海底洋流(AOBC)用深灰色粗箭头表示环流方向，阿尔法海岭
和 Nautilus Spur 使洋流偏转向南回流(灰色细箭头)通过盆地中央，形成等积岩。浊积岩由来自海盆边缘(粗、较
粗黑箭头)的陆源碎屑由浊流(细黑箭头)搬运在深海平原沉积而成。

2.1.2　阿尔法-门捷列夫海岭

　　阿尔法-门捷列夫海岭穿过美亚洋盆北部，位于俄罗斯东西伯利亚-楚科奇海陆架和
加拿大群岛岛屿相关陆架之间。阿尔法-门捷列夫海岭是北极美亚洋盆的一级地貌单元，
也称为阿尔法-门捷列夫大岩浆岩省、高北极大岩浆岩省(high arctic large igneous
province，HALIP)，岩浆岩就位在白垩纪晚期，时限为 127～89 Ma(Grantz et al，2011)。阿
尔法-门捷列夫海岭具有高振幅不规则磁异常(high arctic magnetic high domain，HAMH)
和断续条带分布的重力异常特征(图 2 - 1 - 14)，相对水深较大(3 500～1 000 m)，地壳厚
度相对较厚，可达 20～30 km(Alvey et al，2008；Gaina et al，2014；Jokat and Ickrath，
2015；Petrov et al，2016；Lebedeva-Ivanova et al，2019；Piskarev et al，2019)。

　　关于阿尔法-门捷列夫海岭的地壳结构存在两种主要认识。一些学者提出，阿尔法-
门捷列夫海岭由白垩纪洋底高原和地幔柱上方形成的玄武岩地壳组成(Jokat，2003；Dove
et al，2010；Funck et al，2011；Grantz et al，2011；Bruvoll et al，2012；Jokat and Ickrath，
2015)。另一些学者基于阿尔法-门捷列夫海岭以复杂的构造和相关的显著海底起伏为特
征，通常表现为盆地和山脉交替，认为阿尔法-门捷列夫海岭区域由大陆地壳组成，大陆地
壳因裂谷作用而强烈变薄，并受到白垩纪热柱火山作用强烈影响(Døssing et al，2013；
Miller and Verzhbitsky，2009；Vernikovsky et al，2014；Nikishin et al，2014；2017；2021b；
Oakey and Saltus，2016；Petrov et al，2016；Chernykh et al，2018)。

1. 重磁异常特征及地质解释

一般而言,中短波(<100 km)残余布格重力异常高可能是由基底高(沉积盖层、水体厚度小)或高密度地壳块体(如大陆地壳中的致密镁铁质侵入体)引起的。阿尔法-门捷列夫海岭的自由空气重力异常表现为正异常和负异常(±60 mGal)的不规则相间分布模式,大致与海底地形高低起伏相对应。自由空气重力异常高(>80 mGal)与罗蒙诺索夫海岭和楚科奇高原的水下高地有关。半连续的"陆架边缘"高自由空气重力异常(>100 mGal)沿加拿大极地边缘和东西伯利亚陆架的部分延伸。低振幅(<−40 mGal)低自由空气重力异常延伸到加拿大盆地的大部分地区,而在 Northwind 海岭附近为高自由空气重力异常(∼20 mGal)。斯特凡松(Stefansson)盆地大部分地区出现了正的自由空气重力异常(>20 mGal),鹦鹉螺(Nautilus)盆地在低自由空气重力异常背景上有许多孤立的高自由空气重力异常。马卡罗夫和波德福德尼科夫盆地主要为负自由空气重力异常(<−40 mGal),局部正异常位置与水深直接相关[图 2 - 1 - 14(a)]。

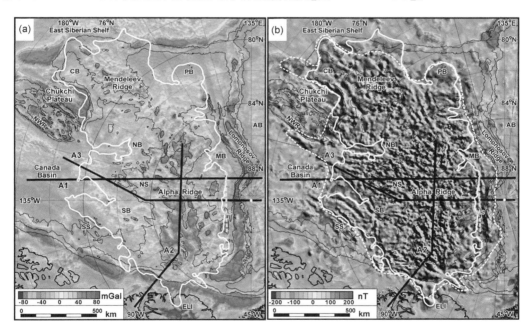

AB — Amundsen Basin;AX—Axel Heiberg Island;CB—Chukchi Basin;CG—Cooperation Gap;ELI —Ellesmere Island;NB—Nautilus Basin;NS—Nautilus Spur;NWR—Northwind Ridge;MB—Makarov Basin;PB—Podvodnikov Basin;SB—Stefansson Basin;SS—Sever Spur。

图 2 - 1 - 14　阿尔法-门捷列夫海岭重力异常和磁异常平面图

(a) 海洋自由空气重力异常/陆上布格重力异常;(b) 磁异常

(据 Oakey and Saltus,2016 修改)

注:(a)中,重力场的陆上部分使用 2 670 kg/m³ 的地壳密度和 900 kg/m³ 的冰密度进行布格校正。(b) 中,白色实线为阿尔法-门捷列夫大岩浆岩省(LIP)轮廓,白色虚线为 Saltus et al(2011) 的 LIP 轮廓,黑色实线为地震剖面。

根据对各种岩石的测定,岩浆岩、变质岩磁性比较大,而沉积岩一般几乎没有磁性。因而,通过测量磁力值的变化,可以大致确定岩浆岩或变质岩离地面的深浅。磁异常数据显示,美亚洋盆中存在高、低[(0～±200)nT]振幅磁异常杂乱分布区域[图2-1-14(b)]。Saltus et al(2011)将其解释为"阿尔法-门捷列夫大岩浆岩省(LIP)",面积为1.5×10^6 km²,呈椭圆形,长轴约1 780 km,短轴约885 km。基于更详细的分析,Oakey and Saltus(2016)重新圈定了磁异常区域的边界,并将其称为高北极高磁域(high arctic magnetic high domain,HAMH),代表了高北极大火成岩省(HALIP)的一部分,而且代表HALIP的核心源区。

Oakey和Saltus(2016)通过正演方法研究了3条重磁剖面(图2-1-14中A1、A2、A3)的结构。A1是一长约1 600 km的重/磁剖面,从加拿大海盆穿过阿尔法海岭、马卡罗夫盆地到罗蒙诺索夫海岭(图2-1-14中A1)。

用一组具有不同磁场强度(感应磁化和剩余磁化的组合效应)的地壳块体[图2-1-15(c)]拟合磁异常[图2-1-15(a)]。磁测数据向上延伸了10 km,以强调地壳的整体特征,而忽略了嘈杂的浅层变化。选择将这些块体的顶部固定在结晶地壳的顶部,根据该区域磁异常的整体振幅固定磁场强度,然后反转块体的底部几何结构。值得注意的是沿剖面600～750 km的Nautilus Spur地带存在一个反极性磁化率(−60 SI)的块体[图2-1-15(c)],其构造意义在于HALIP这部分火山岩就位期间发生了磁极反转。

将地壳简化为一个密度为2 800 kg/m³的单层,在阿尔法脊下面有一个更高密度(3 000 kg/m³)的地壳根岩体,用5层密度模型[水1 000 kg/m³、沉积岩2 300 kg/m³、地壳2 800 kg/m³、地壳根3 000 kg/m³、地幔3 300 kg/m³,图2-1-15(c)]很好地拟合了自由空气重力异常[图2-1-15(b)]。较短的波长变化仅仅是由于水深变化(即地壳岩石与水的横向密度对比)造成的。加拿大盆地上空普遍较低的自由空气重力异常是海洋沉积岩与结晶地壳岩横向密度并置的结果。阿尔法脊上的广泛重力膨胀是由阿尔法脊的长波分量的高和地壳根引起的补偿低共同造成的。

由此导出的地质模型[图2-1-15(d)]是受与HALIP相关的深部地壳岩脉和岩床影响的地壳部分的概念性说明。高磁性块体反映了与LIP事件相关的侵入和喷出镁铁质和超镁铁质物质的整体效应,并支持上地壳中侵入/喷出岩的总垂直厚度为5～10 km的解释。

2. 构造特征及地震层系

重磁资料和多道地震(multichannel seismic,MCS)资料揭示了门捷列夫海岭具有伸展构造特征,地堑和半地堑构造分布广泛(图2-1-16)。水深在很大程度上受正断层控制,正断层也影响了泥、砂分布(Dove et al,2010)。阿尔法海岭也具类似的伸展特征(Jokat 2003;Nikishin et al,2021b)。

伸展构造主要伸展方向为东—西至北东—南西。区域重力资料可以很好地反映大尺度构造,重力异常高值区与地垒相关,重力异常低值区与地堑相关,异常梯度陡变带大致相当于推测的伸展断层。

伸展构造在MCS剖面上表现十分明显。反射地震资料展示了Ⅰ、Ⅱ两个不同的沉

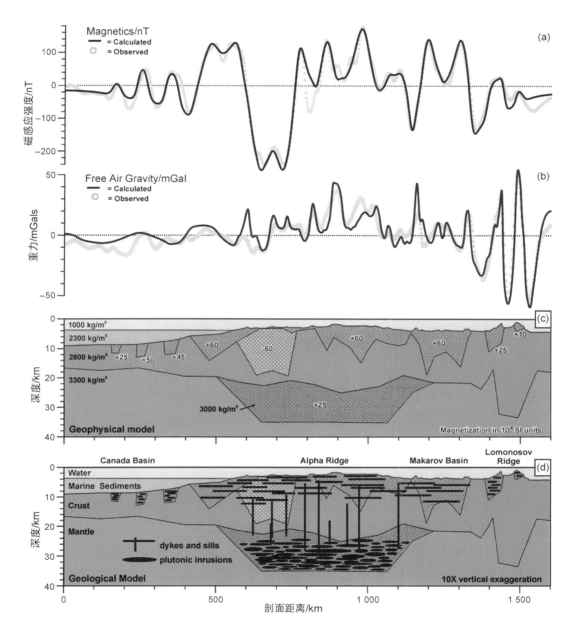

图 2 - 1 - 15　A1(位置见图 2 - 1 - 14)重磁曲线及地质解释

(a) 观测和计算的区域磁场(向上延伸 10 km,以强调地壳尺度特征);(b) 观测和计算的自由空气重力异常(在海平面上观测);(c) 地球物理块体模型几何图形[黑色斑点区域是正磁化块,白色斑点块具有负(反向)磁化,数值为磁化率值(单位为 10^{-3} SI)];(d) 地球物理块体模型的地质解释
(据 Oakey and Saltus,2016 修改)

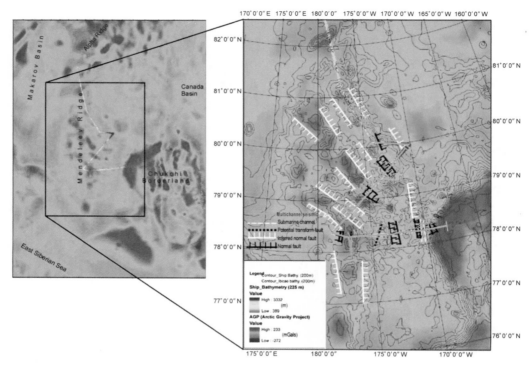

图 2-1-16　门捷列夫海岭重力异常及构造解释

（据 Dove et al, 2010 修改）

积单元。上部沉积的Ⅰ单元[厚度 0~0.7 s(双程旅行时①)(0~560 m)]横向连续,覆盖了门捷列夫海岭的大部分地区,平均厚度约 0.3 s(双程旅行时)(约 250 m)。由于单元Ⅰ下层(Ⅰb)的多重尖灭(CDP 21200—21800),单元Ⅰ内可能至少有两个不同的沉积层(图 2-1-17)。这种不整合可能代表两个连续的被动远洋沉积单元之间的间断。由于Ⅰb 没有明显变形,单元Ⅰ全部可能是在最近的构造运动之后沉积的。单元Ⅰ厚度稳定,受同沉积断裂影响微弱,仅东北部(MCS22,CDP 14000—16000)地堑同沉积断裂活动明显,为裂后沉积。Ⅰ单元与下伏Ⅱ单元区域不整合接触。

单元Ⅱ横向厚度变化大[0~1.0 s(双程旅行时)(0~900 m)],在某些地方明显变形。地堑中单元Ⅱ的厚度明显大于单元Ⅰ,且变化较大。最大变形发生在基底明显存在正断层的地方。在图 2-1-17 中 MCS Line 21,CDP 7000—8000 地段,沉积层向半地堑深洼倾斜,表明沉积和变形同时发生,Ⅱ单元可能在构造变形之前或同一时期沉积。

单元Ⅱ与单元Ⅰ在未受断层作用影响的区域上基本一致,其反射特征相似(图 2-1-17 中 MCS Line 22,CDP 7100—8800)。沿着陡坡,特别是楚科奇海底高原的侧翼,单元Ⅱ大部分沉积物似乎是块体滑塌的产物,在一些部位可见单位Ⅱ沉积物明显遭受单元Ⅰ大型海底水道冲刷的影响。

---

① 双程旅行时(TWT)为地震波在地层中传播的往返时间,单位为 s。

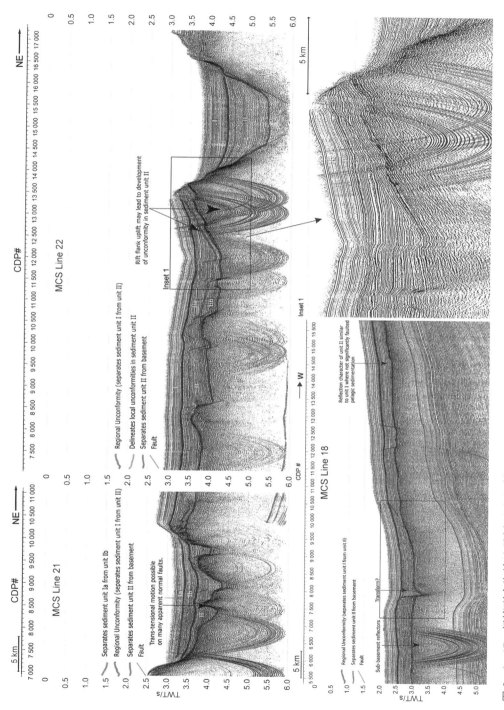

图 2 - 1 - 17　门捷列夫海岭地震剖面及地质解释

（据 Dove et al，2010 修改）

在图 2-1-17 中 MCS Line 18,CDP 8000 附近,可能存在走滑断层。它切割了地基底和单元Ⅱ,呈现出一个小型的花状结构。一些地堑内的小型高角度边界断层也显示出走滑运动特点。在图 2-1-17 中 MCS Line 22,CDP 12000—13200 部位,单元Ⅱ内存在较年轻的沉积物(Ⅱa)超覆不整合覆盖在较老沉积物(Ⅱb)之上,表明单元Ⅱ发育时期存在明显的差异沉降和高部位的地层缺失。

3. 剥蚀与沉积成因

门捷列夫海岭的声学基底之上,高部位普遍覆盖 0.6~0.8 s(双程旅行时)厚的沉积物,地堑内沉积物厚度达 1.8 s(双程旅行时)。Bruvoll et al(2010)根据海岭斜坡中上部,海底下方 0.18~0.23 s(双程旅行时)处出现明显的地层角度不整合,将沉积地层划分为上下两部分。上部为半深海披盖沉积(图 2-1-18 中单元 M1),平行-亚平行反射,厚度均匀,部分截切下伏单元(图 2-1-18 中单元 M2)。单元 M2 在海岭内地堑中较厚,划分出 3 个亚单位,在最上面的亚单位(图 2-1-18 中亚单位 M2a)中有丰富的碎屑流沉积。单元 M1 和单元 M2 之间的不一致很可能与沿中上坡的不稳定以及由构造活动引发块体崩塌有关。底流侵蚀使崩塌疤痕进一步平滑。在阿尔法海脊西北部也有类似的地震反射特征和地层不协调关系。在罗蒙诺索夫海岭,通过科学钻探取样揭示,在海岭斜坡部位,古

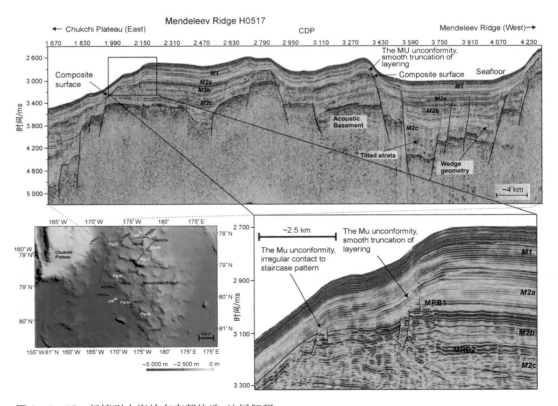

图 2-1-18　门捷列夫海岭东南部构造-地层解释

(据 Bruvoll et al,2010 修改)

新世和较新沉积物从角度不整合面覆盖在更老的沉积物之上(图 2 - 1 - 19)。三条主海岭上的沉积物的崩塌很可能是因短暂的构造活动(14.5～22 Ma)造成的。这些事件与弗拉姆海峡的初期开裂在同一时期。门捷列夫和阿尔法山脊中西部声学基底上方最古老沉积物的年龄估计为 75～70 Ma。

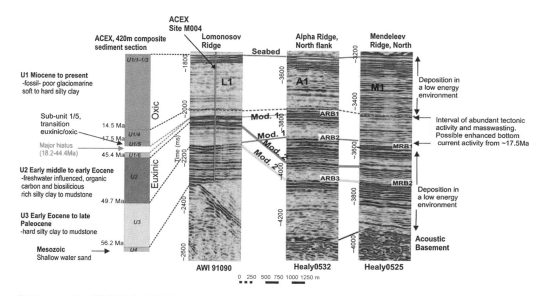

图 2 - 1 - 19　罗蒙诺索夫海岭、阿尔法海岭和门捷列夫海岭地震地层对比

(据 Bruvoll et al,2010)

注：罗蒙诺索夫海岭与阿尔法海岭、门捷列夫海岭有两种(Mod.1 和 Mod.2)可能的对比方案

Bruvoll et al(2010)将单元 M2 进一步划分为 M2a、M2b、M2c 3 个亚单元。

基底隆起上,亚单位 M2a 的声波图像是一个 0.10～0.15 s(双程旅行时)厚的低阻抗、良好分层的反射波组(图 2 - 1 - 18)。在基底隆起上方,亚单元 M2a 与上覆单位 M1 一致;但在基底隆起侧面的斜坡部位被截断(图 2 - 1 - 18)。地堑和加拿大盆地边缘的反射特征和几何结构更为复杂,亚单元 M2a 较厚[高达 0.48 s(双程旅行时)],可观察到局部不整合,并在斜坡上部与 MU 不整合合并。亚单元 M2a 的上部具有上凸/隆起几何形态(海底扇?)和弱反射、不连续特征,而亚单元 M2a 的下部主要由中强振幅反射波组组成。

亚单位 M2b 的特征是强振幅平行反射,被 MRB1 强反射覆盖。亚单元 M2b 中的沉积物可能局部具有波状内部反射结构(洋流沉积?),波长为 200～500 m,振幅为 10 ms。在基底隆起、缓倾斜坡和地堑上,亚单元 M2b 厚度为 0.17～0.23 s(双程旅行时)(图 2 - 1 - 18)。现今隆起部位,亚单元 M2a 与亚单元 M2b 产状一致,在地堑中亚单元 M2a 超覆于亚单元 M2b 之上。亚单元 M2a 与亚单元 M2b 之间的不连续面可沿斜坡向上追踪,并与亚单元 M2a 内的局部不整合面以及 MU 主不整合面合并成一个单一的复合面(图 2 - 1 - 18)。沿门捷列夫山脊东坡,在亚单元 M2a 和亚单元 M2b 之间的边界处可见下切谷和丘形反射(海底扇?)。在这一斜坡的某些部位,基底丘状杂乱反射(侵入体或气烟囱)延伸至亚单元 M2b 顶部,造成亚单元 M2b 和下伏地层连续性被破坏。

亚单元 M2c 顶部以 MRB2 反射层为标志,在现今该反射层的隆起高部位和地堑内仍清晰可见,但仅局部存在于地堑内的更深层次。MRB2 反射带在多处具有波状反射特征(洋流沉积?),规模与亚单元 M2b 中的波状反射特征相似。亚单元 M2c 分层良好,产状与隆起和缓坡上的声波基底一致(图 2 - 1 - 18),但在更陡的斜坡和地堑边缘超覆于基底之上(图 2 - 1 - 18)。在隆起和缓斜坡上,亚单元 M2c 和亚单元 M2b 之间的产状通常一致,但在地堑中不一致,亚单元 M2c 被亚单元 M2b 超覆。亚单元 M2c 在隆起上的厚度为 0.17~0.22 s(双程旅行时),在隆起内地堑和低洼处的厚度为 0.25~0.55 s(双程旅行时)。楚科奇高原和门捷列夫山海岭之间的深地堑的最大厚度为 0.68 s(双程旅行时)(图 2 - 1 - 18)。一些地堑下部存在一些楔形、微倾斜沉积反射体(海底扇?)。

下部单元,门捷列夫海岭的 M2、阿尔法海岭西北部的 A2、罗蒙诺索夫海岭的 L2,主要由内部多周期强反射波组组成。根据 ACEX 钻井揭示的沉积间断,有两种可能的海岭间地层对比方案。首选方案是在门捷列夫和阿尔法海岭的隆起部位持续沉积,而在罗蒙诺索夫海岭的顶部出现非沉积或侵蚀(图 2 - 1 - 19 中 Mod.1)。相关性表明,门捷列夫和西北阿尔法海岭上的地震反射很可能与富含黏土的沉积物-生物硅质沉积物-黏土占主导地位的岩性变化有关。

2.1.3 马卡罗夫盆地

马卡罗夫盆地(Makarov Basin)处于阿尔法海岭与罗蒙诺索夫海岭之间,面积约 $6.3 \times 10^4 \text{km}^2$,最大水深超过 4 000 m(图 2 - 1 - 20)。马卡罗夫盆地的基底为受岩浆岩作用(HALIP)伸展的陆壳,以杂乱地震反射为特征,顶面起伏较大,双程旅行时起伏达 1 s 以上(图 2 - 1 - 21)。基底岩石的最新年龄在 127 Ma 左右(Grantz et al,2011)。

Evangelatos 和 Mosher(2016)将基底之上的地层划分为 U1~U5 5 个地层单元(图 2 - 1 - 21)。

基底之上的第 1 个地层单元(图 2 - 1 - 21 中 U1)为晚白垩世斜坡至斜坡底部的沉积物,主要分布于深部凹陷,以杂乱地震反射为主,见层状地震反射波组。其岩性主要为火山成因物质,但在靠近罗蒙诺索夫海岭的深盆底部很可能为火山岩和沉积岩混合沉积。火山岩形成与 HALIP 岩浆活动有关,陆源碎屑沉积岩的物源来自巴伦支陆架。U1 顶部是一个明显的全盆地可见的强振幅反射,为从火山岩和沉积岩混合地层到沉积岩占主导地层的岩性转变。该界面的年代为阿尔法-门捷列夫大岩浆岩省的岩浆作用晚期,最小年龄约为 89 Ma(Jokat et al,2013)。

第 2 个地层单元(图 2 - 1 - 21 中 U2)分布较为局限,主要分布于邻近阿尔法海岭和罗蒙诺索夫海岭的深洼内,为中高连续、中强振幅反射波组,具前积反射结构,以沉积岩占绝对优势。U1 和 U2 的主要沉积物来源为中生代巴伦支大陆架。罗蒙诺索夫海岭从巴伦支大陆架裂开后,陆源供应中断。罗蒙诺索夫海岭从巴伦支大陆架开裂可能开始

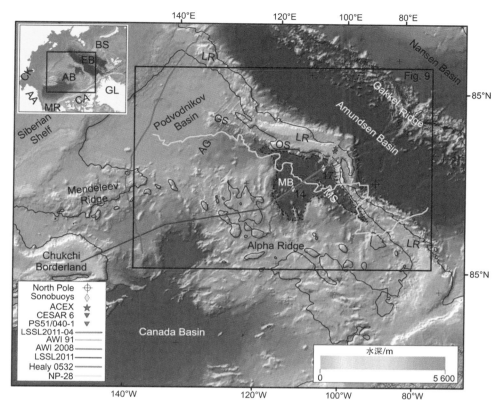

AA—Arctic Alaska；AB—Amerasia Basin；AG—Arlis Gap；BS—Barents Shelf；CA—Canadian Arctic margin；CK—Chukotka；EB—Eurasia Basin；GL—Greenland；GS—Geophysicists Spur；LR—Lomonosov Ridge；MB—Makarov Basin；MR—Mackenzie River delta；MS—Marvin Spur；OS—Oden Spur。

图 2 - 1 - 20　马卡罗夫盆地及邻区地貌

（据 Evangelatos and Mosher，2016 修改）

注：马卡罗夫盆地断线轮廓由 3 700 m 水深线圈定，海岭实线轮廓为 2 000 m 水深线。ACEX 为 IODP 302 航次的钻探地点；CESAR 6 为活塞芯；PS51/040 - 1 为沉积物岩芯。AWI 91、AWI 2008、Healy0532、LSSL2011、NP - 28 为地震测线位置。地图投影为北极赤平投影，起始纬度为北纬 75°，中心子午线为西经 90°。水深和高程来自北冰洋国际水深图（IBCAO），版本 3.0。

于白垩纪中晚期（120～105 Ma）（Miller and Verzhbitsky，2009），裂谷作用在 58 Ma 完成（Glebovsky et al，2006）。因此，U2 最新年龄不小于 58 Ma。

第 3 个地层单元（图 2 - 1 - 21 中 U3）分布较广，整合于 U2 之上，或超覆于 U1、基底之上，主要为一套中弱振幅、中高连续反射波组，岩性为一套最早的半远洋或远洋粉砂质黏土沉积。通过与罗蒙诺索夫海岭的地层年代格架（Backman et al，2008）对比，U3 地层单元的年龄在 56.2～49.7 Ma。

第 4 个地层单元（图 2 - 1 - 21 中 U4）逐层超覆，分布广泛，厚度大，进一步划分为 U4a 和 U4b 两套次级地层单元。U4a 主要为一套中强振幅、中高连续反射波组，岩性为一套半远洋或远洋含硅质岩、浊流岩沉积。U4b 为一套弱振幅、中高连续反射波组，岩性为一套半远洋或远洋黏土沉积。U4b 厚度巨大，内部存在一中振幅、高连续反射轴，其成

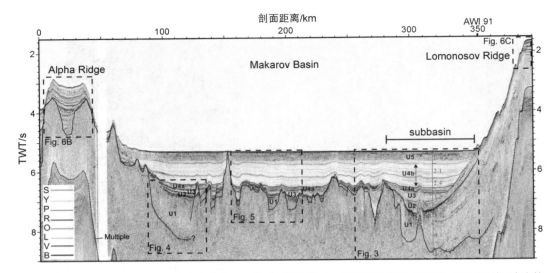

B—基岩顶面；V—U1/U2 分界面，盆地内为强反射，海岭反射较弱；L—U2/U3 分界面，不连续，反映 U2 单元存在缺失；O—U3/U4a 分界面；R—U4a/U4b 分界线；P—U4b 内部的较强反射面；Y—U4/U5 分界面；S—海底反射。

图 2 - 1 - 21　马卡罗夫盆地 LSSL2011 - 04 地震剖面（位置见图 2 - 1 - 20）及地质解释

（据 Evangelatos and Mosher，2016 修改）

注：图中点线为多次波。蓝色数字为利用声呐浮标 SB2011 - 17 的数据计算的纵波层速度（单位为 km/s）。

因有待进一步研究。U4 地层单元变形微弱，厚度均匀，是在始新世—中新世早期马卡罗夫盆地构造相对平静时形成的沉积地层。

第 5 个地层单元（图 2 - 1 - 21 中 U5）为中新世中期至第四系沉积，分布广泛，厚度稳定，主要为一套中强振幅、中低连续反射波组，岩性为一套半远洋或远洋冷水含生物硅质、钙质、冰碛等深流沉积（Xiao et al，2020）。

2.1.4　波德福德尼科夫盆地

波德福德尼科夫（Podvodnikov）盆地处于门捷列夫海岭与罗蒙诺索夫海岭之间，面积超过 $12.0 \times 10^4 \ km^2$，水深多为 $800 \sim 2\ 700 \ m$（图 2 - 1 - 20），地壳厚度为 $8 \sim 22 \ km$（Chernykh et al，2018）。其基底为受岩浆岩作用（HALIP）伸展的陆壳，以杂乱地震反射为特征，顶面起伏较大，双程旅行时起伏达 1 s 以上（图 2 - 1 - 22）。基底岩石的最新年龄约为 127 Ma（Grantz et al，2011）。

Nikishin et al（2021b）将基底之上的地层划分为 U1～U8 8 个地层单元（图 2 - 1 - 22）。

基底之上的第 1 个地层单元（图 2 - 1 - 22 中 U1）为早白垩世晚期同裂谷断陷盆地沉积物，分布局限，以中强振幅、中低连续反射波组为特征，岩性为一套滨浅海相碎屑岩夹火山岩沉积，其顶界年龄约为 100 Ma。

第 2 个地层单元（图 2 - 1 - 22 中 U2）为晚白垩世裂后早期阶段沉积物，主要分布于深部凹陷，以变振幅杂乱地震反射为主。沉积物主要为火山成因物质，但在靠近罗蒙诺索夫海岭的深盆底部见层状强反射地震反射波组（图 2 - 1 - 22 中 HARS - 2），岩性很可能

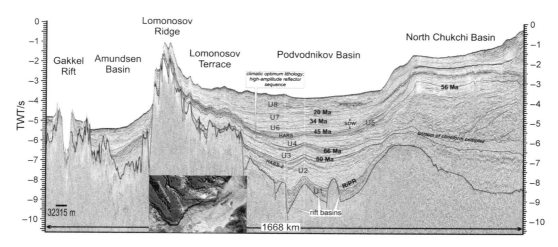

HARS—强反射地震反射波组；R/PR—裂谷/裂后界面，100 Ma±；SDW—同构造沉积楔。

图 2-1-22　波德福德尼科夫盆地及邻区地震剖面及地质解释

（据 Nikishin et al, 2021b 修改）

为火山岩和沉积岩混合沉积。火山岩的形成与 HALIP 岩浆活动有关，陆源碎屑沉积岩的物源来自未裂解的巴伦支陆架。U2 顶部是一个明显的全盆地可见的强振幅反射，为从火山岩和沉积岩混合地层到沉积岩占主导地层的岩性转变。该界面的年代略晚于阿尔法-门捷列夫大岩浆岩省的岩浆作用晚期，最小年龄约为 89 Ma（Jokat et al, 2013）。因此 U2 顶界面年龄约为 80 Ma。

第 3 个地层单元（图 2-1-22 中 U3）主要分布于门捷列夫海岭和罗蒙诺索夫海岭之间的深洼内，为中高连续、中弱振幅反射波组，岩性以沉积岩占绝对优势，碎屑沉积物主要源于中生代巴伦支大陆架和东西伯利亚大陆架。罗蒙诺索夫海岭与巴伦支大陆架、东西伯利亚大陆架裂开后，陆源供应减弱。U3 地层单元顶部界面年龄为 66 Ma。

第 4 个地层单元（图 2-1-22 中 U4）分布较广，主要为一套中弱振幅、中高连续反射波组，底部可见高连续强振幅反射轴，岩性为最早的深水粉砂质黏土沉积。U4 顶界面年龄为 56 Ma。

第 5 个地层单元（图 2-1-22 中 U5）主要为一套中强振幅、中高连续反射波组，岩性为半远洋或远洋含硅质岩、浊流岩沉积。U4 顶界面年龄为 45 Ma。

第 6 个地层单元（图 2-1-22 中 U6）为一套弱振幅、中高连续反射波组，岩性为一套半远洋或远洋黏土沉积。U6 顶界面为一中振幅、高连续反射轴，其成因可能与构造活动增强导致陆源碎屑供应增强有关。U6 顶界面年龄为 34 Ma。

第 7 个地层单元（图 2-1-22 中 U7）为一套弱振幅、中高连续反射波组，岩性为一套半远洋或远洋黏土沉积。U7 顶界面年龄为 20 Ma。

第 8 个地层单元（图 2-1-22 中 U8）分布广泛，厚度稳定，主要为一套变振幅、中低连续反射波组，岩性为一套半远洋或远洋冷水含生物硅质、钙质、冰碛等深流沉积（Xiao et al,2020)。

2.2　罗蒙诺索夫海岭

罗蒙诺索夫海岭(Lomonosov Ridge)宽 45～200 km,长约 1 700 km(Moore et al,2011),从格陵兰岛北部和加拿大极地边缘延伸至西伯利亚大陆边缘,横跨北冰洋,将北冰洋分为较年轻的欧亚洋盆和较老的北美海盆(图 2-1-1)。普遍认为罗蒙诺索夫海岭是在古新世欧亚洋盆打开时,从巴伦支海陆架和卡拉海陆架裂离的大陆地块。

2.2.1　分段特征

罗蒙诺索夫海岭形态的明显变化及其沿走向的分段性主要是由基底的非均质性造成的(Rekant et al,2019)。根据形态的变化和基底的差异,罗蒙诺索夫海岭分为 3 段:北美段、中段和西伯利亚段[图 2-2-1(a)]。

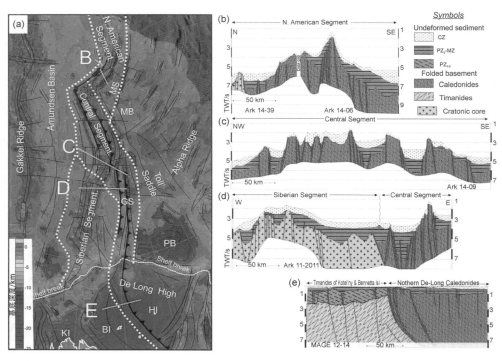

BI—Bennett Island;GS—Geophysicist Spur;HI—Henrietta Island;KI—Kotel'ny Island;MB—Makarov Basin;MR—Mendeleev Rise;MS—Marvin Spur;PB—Podvodnikov Basin。

图 2-2-1　罗蒙诺索夫海岭及邻区综合地质图

(a)罗蒙诺索夫海岭及邻区基底地形图;(b)横跨北美段地质剖面简图;(c)中段地质剖面简图;(d)西伯利亚段地质剖面简图;(e)德隆隆起地质剖面简图

(据 Kim and Glezer,2007;Evangelatos and Mosher,2016;Rekant,et al,2019 修改)

注:罗蒙诺索夫海岭基底具有分段性,黑色逆冲断层线显示了加里东期变形前锋,白色虚线表示线分段边界;A 和 F 为地震剖面位置,B、C、D、E 为地质剖面简图位置,ACEX 为钻井位置。

北美段基底主要是加里东期(Caledonian)变质变形岩系,靠近阿蒙森洋盆一侧发育前寒武系结晶岩系,其上依次发育上古生界—中生界和新生界[图 2-2-1(b)]。中段基底为加里东期变质变形岩系,其上依次发育上古生界—中生界和新生界,上古生界—中生界分布局限于断陷内,新生界分布广泛[图 2-2-1(c)]。西伯利亚段基底主要为前寒武系结晶岩系,其上依次广泛发育上古生界—中生界和新生界[图 2-2-1(d),图 2-2-2]。罗蒙诺索夫海岭的构造地层序列与德隆隆起(De Long High)的构造地层序列明显不同。德隆隆起基底为蒂曼造山期(新元古代)变质变形岩系上覆下-中古生界与加里东期变质变形岩系,其上的上古生界—中生界和新生界均较薄[图 2-2-1(e)]。

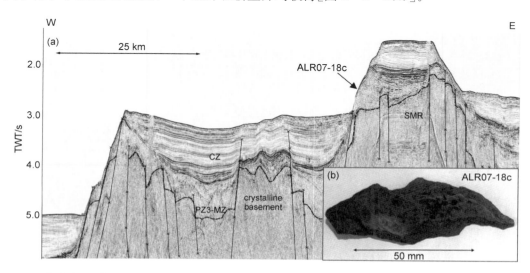

SMR—海底多重反射。

图 2-2-2　罗蒙诺索夫海岭西伯利亚段地震剖面[位置见图 2-2-1(a)中位置 A]及地质解释

(a) 地震剖面及地质解释;(b) 采样点 ALR07-18c(82.540 N,141.704E)样品(浅灰色细粒长石砂岩)

(据 Rekant,et al,2019 修改)

2.2.2　地层序列

根据地震剖面和钻井资料,罗蒙诺索夫海岭的基底是前寒武系结晶岩系。基底之上发育了古生界(LR1)碳酸盐岩及变质沉积岩,中生界(LR2)砂岩、泥岩,新生界(LR3～LR6)粉砂质泥岩、生物硅质泥岩[图 2-2-3(a)]。2004 年完成的钻井(arctic coring expedition,ACEX)只揭示了新生界,且在地震剖面上新生界反射品质较好[图 2-2-3(b),图 2-2-4]。中生界和古生界钻井未揭示,在地震剖面上反射品质较差[图 2-2-3(b),图 2-2-4]。

罗蒙诺索夫海岭是古近纪以来从巴伦支海陆架裂离的微陆块。巴伦支海陆架的基底为加里东期变质、变形岩系及侵入岩,罗蒙诺索夫海岭基底与其具有一致性。古生界 LR1 地震层系为中泥盆统—下石炭统裂谷盆地碎屑岩,中石炭统—二叠系裂后期碎屑岩、碳酸盐蒸发岩。中生界 LR2 地震层系为上侏罗统—白垩系裂谷盆地含煤岩系。古近

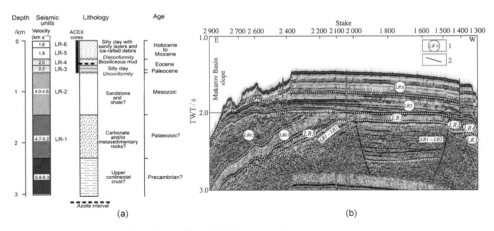

图 2-2-3　ACEX 钻井地层序列与地震剖面及地质解释

(a) ACEX 钻井处[位置见图 2-2-1(a)中 ACEX]地层序列(Moore,et al,2011)；(b) AW191091 地震剖面[位置见图 2-2-1(a)中位置 F]及地质解释
(据 Kim and Glezer,2007 修改)

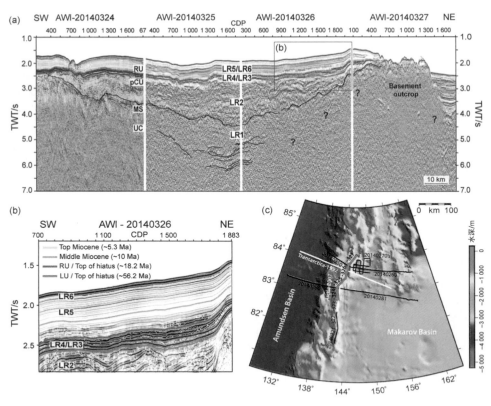

RU—区域不整合；pCU—(后坎潘期)不整合；MS—变质沉积岩地层；UC—上地壳。

图 2-2-4　罗蒙诺索夫海岭及围区地震剖面及解释

(a) 20140324、325、326、327 拼接地震剖面及地质解释[位置见(c)中红色实线]；(b) AWI20140326 地震剖面及地质解释[位置见(a)]；(c) 罗蒙诺索夫海岭及围区水深及地震测线
(据 Sauermilch et al,2018 修改)

纪早期,欧亚洋盆打开,新生界 LR3~LR6 地震层系为一套结构复杂的陆坡及深水沉积
[图 2-2-3(b)]。

　　IODP 302 航次 2004 年钻探的 ACEX 钻孔揭示了新生界 LR3~LR6 地震反射层系的岩性序列,Backman et al(2006)将其划分为 4 个岩性单元,自上而下命名为单元 1~4,单元 1又进一步划分为 6 个次级单元,自下而上命名为单元 1/1~1/6(图 2-2-5)。

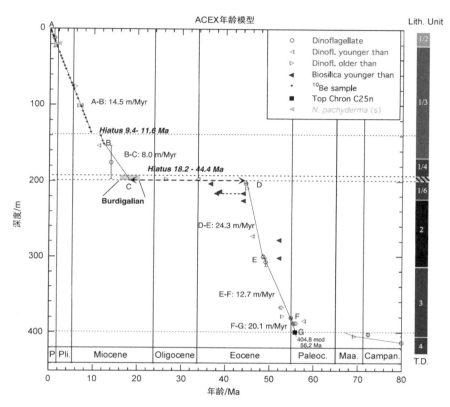

P—更新世;Pli—上新世;Miocene—中新世;Oligocene—渐新世;Paleoc—古新世;Maa—马斯特里赫特期;Campan—坎潘期。

图 2-2-5　ACEX 钻孔岩性单元划分及年代学分析

(据 Backman et al,2008 修改)

　　单元 1 深度从海底到 220.24 m 以硅质碎屑沉积物为主,深色与浅色交互,含砂质透镜体和孤立卵石。该单元被细分为 6 个子单元,主要通过颜色、质地和成分的变化[包括总有机碳(TOC)和微结核的含量]相互区别。年龄范围为全新世至始新世中期(图 2-2-5)。单元 1/1~1/4(0~192.94 m)和单元 1/5 上部(192.94~198.70 m)中的沉积物 TOC 含量较低。

　　单元 2 以含泥硅质生物软泥为特征,属于中始新世(图 2-2-5)。上覆单元 1 以硅质碎屑沉积物为主,两者之间岩性突变。在单元 2 的上部可见孤立卵石和砂层,下部含有大量淡水蕨类红萍的残余物。从单元 1/5 下部到整个单元 2(198.70~313.61 m)的 TOC 升高(最大值达 14%),代表在缺氧条件下的沉积。

　　单元3是以硅质碎屑为主的黏土沉积物为特征,并伴有黄铁矿结核和亚毫米级纹层。深度为313.61～404.8 m,年龄范围为古新世晚期至始新世早期(图2-2-5)。

　　单元4位于区域不整合面下方,由暗色黏土组成,底部为粉砂岩。深度为404.8～427.63 m,地质年龄为晚白垩世坎潘期—马斯特里赫特期(图2-2-5)。

2.2.3　主要沉积间断及成因

　　年代地层学研究结果(Backman et al,2008;Backman and Moran,2009)表明,ACEX钻孔揭示的地层序列存在3个沉积间断,分别是新生界底部(65.5～56.2 Ma)沉积间断、新近系底部(44.4～18.2 Ma)沉积间断、中新统内部(11.6～9.4 Ma)沉积间断(图2-2-5,图2-2-6)。

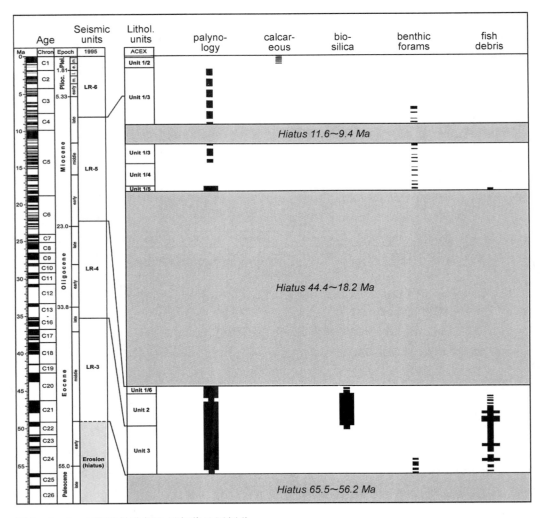

图2-2-6　ACEX钻孔新生界年代地层划分

(据Backman and Moran,2009;Nikishin et al,2021修改)

ACEX 钻井剖面新生界底部（65.5～56.2 Ma）沉积间断，在罗蒙诺索夫海岭形成了跨层系区域不整合。新生界下伏地层主要为中生界和下古生界[图 2-2-4(a)]。新生界与中生界之间的不整合接触主要与巴伦支陆架裂后隆升有关。新生界与下古生界之间的不整合接触主要与加里东造山期形成巴伦支陆架隆起区晚古生代—中生代长期暴露有关。

ACEX 钻井剖面新近系底部（44.4～18.2 Ma）沉积间断，是罗蒙诺索夫海岭的局部不整合面，其成因与欧亚洋盆打开强烈的构造活动、罗蒙诺索夫海岭地貌-构造-沉积响应有关。欧亚洋盆打开的初始年龄约在 45 Ma（Nikishin et al，2021）。在欧亚洋盆打开早期（45～20 Ma±），罗蒙诺索夫海岭与巴伦支陆架分离，陆源供应中断，海岭的高部位（如 ACEX 钻井位置）处于浅水环境或暴露状态，造成沉积层较薄（图 2-2-7）或地层缺失[图 2-2-3(b)]。在罗蒙诺索夫海岭的斜坡部位，发育了巨厚的 LR4 地震层序[图 2-2-3(b)]，具有滑塌型重力流沉积的地震反射特征，沉积物很可能是从罗蒙诺索夫海岭高部位滑塌而来的。因此，ACEX 钻井剖面新近系底部（44.4～18.2 Ma）沉积间断不能排除滑塌造成的沉积物缺失的可能性。

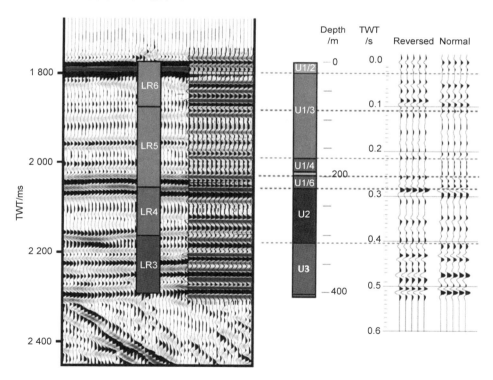

图 2-2-7　ACEX 钻孔合成记录与 AWI91090 剖面对比

（据 Backman et al，2008 修改）

ACEX 钻井剖面中新统内部（11.6～9.4 Ma）沉积间断处于地震反射层系 LR5 内部（图 2-2-6）。而 LR5 是一套平行-亚平行结构的反射波组（图 2-2-7），为稳定远洋沉积的地震响应特征。这一年龄约 2 Ma 的沉积间断很可能与底流冲刷有关。

2.3 欧亚洋盆

欧亚(Eurasian)洋盆的东部为拉普帖夫海陆架,南部为巴伦支海-喀拉海陆架,西部为格陵兰东北陆架,北接罗蒙诺索夫海岭。中部的哈克尔海岭将欧亚洋盆分为北部的阿蒙森洋盆和南部的南森洋盆(图2-3-1)。

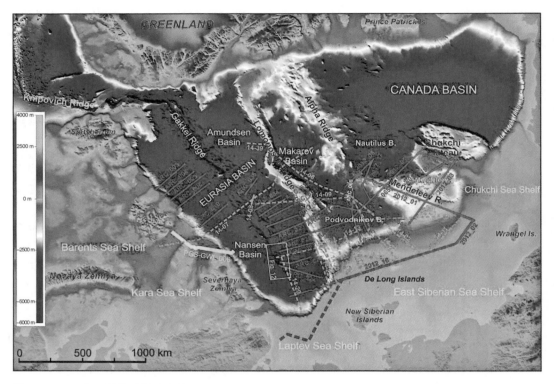

图 2 - 3 - 1　欧亚洋盆及邻区地貌

(据 Nikishin et al,2018 修改)

注：红色线为俄罗斯联邦项目 Arktika - 2011 和 Arktika - 2012 地震剖面位置,橙色线为 Arktika - 2014 地震剖面位置,黄色线为"地质无限(Geology Without Limits)"选定剖面位置,紫色线为 ION 选定地震剖面。

欧亚洋盆以 57~0 Ma 的洋壳为基底,哈克尔海岭是现代扩张洋中脊。欧亚洋盆的海底扩张开始于古新世晚期—始新世早期,且具有中等-低扩张速率(Brozena et al,2003；Glebovsky et al,2006),而哈克尔海岭是现代超慢速扩张洋中脊(Kullerud and Young,2020)。

欧亚洋盆的线性磁异常轴磁等时线南北两侧对称分布,磁异常轴编号为 2a - 24,对应的地质年龄为 53.25~3.55 Ma(图 2 - 3 - 2)。根据磁异常等时线的平面分布可以计算海底扩张速率。计算结果表明,欧亚洋盆在空间上和时间上均存在扩张速率的明显变化(图 2 - 3 - 3,图 2 - 3 - 4)。

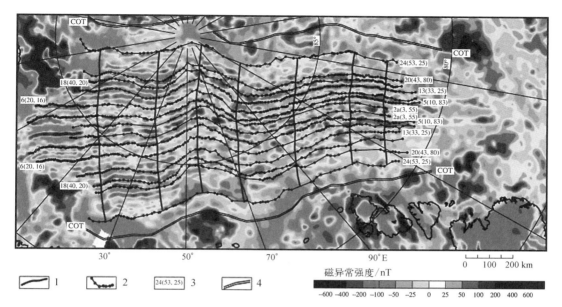

1—板块漂移路径;2—已识别异常的轴(点表示剖面位置);3—根据磁年代标度确定的异常编号及其年龄(Ma);4—根据重力资料确定的洋陆过渡带(COT)边界。

图 2-3-2　欧亚洋盆线性磁异常轴磁等时线图

(据 Glebovsky et al,2006)

从平均总扩张速率看:空间上,以不同时期西部的平均总扩张速率最大,中部次之,东部最小(图 2-3-3);时间上,以 53.25 Ma 左右扩张速率最大,欧亚洋盆中部的平均总扩张速率在 2.5 cm/y 左右,随后逐步减小,在 33.25 Ma 减小到最小,欧亚洋盆中部带平均总扩张速率在 0.8 cm/y 左右,在 20.16 Ma 扩张速率略有增大,欧亚洋盆中部的平均总扩张速率在 1.1 cm/y 左右(图 2-3-3)。海底扩张是以洋中脊为轴线向两侧扩张,不同时间段两侧的扩张速率[半扩张速率(half-rate)]均有一定差异(图 2-3-4)。

欧亚洋盆总体具有超覆充填特征(图 2-3-5)。阿蒙森洋盆沉积层厚度多不足 2 km,哈克尔海岭以沉积层分布局限、厚度小为特征,而南森洋盆的最大沉积层厚

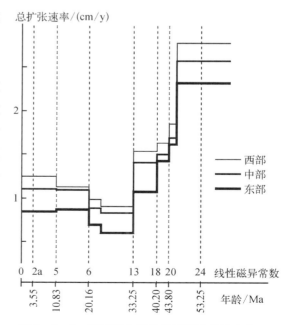

图 2-3-3　欧亚洋盆平均总扩张速率的变化

(据 Glebovsky et al,2006)

41

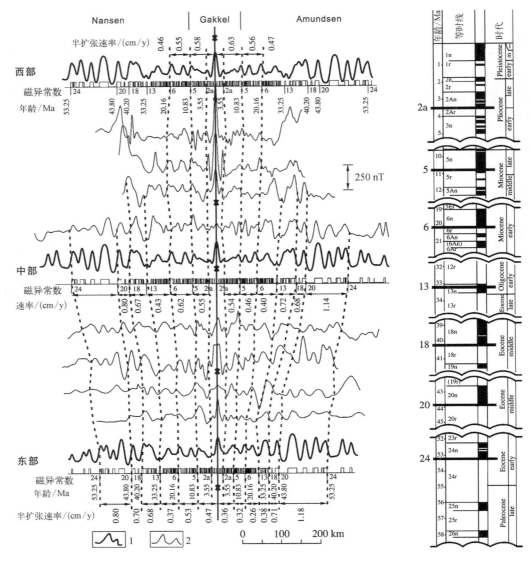

1—模型场;2—观测场。

图 2-3-4　欧亚盆地不同剖面线性磁异常及扩张速率

（据 Glebovsky et al,2006 修改）

注：异常编号对应于新生代序列（2a-24）。年龄（Ma）是据磁性年代表（右图）确定的。

度达 4 km 以上（图 2-3-5）。

2.3.1　阿蒙森洋盆

阿蒙森（Amundsen）洋盆具有明显的双层结构。以 45 Ma 界面为界，下部地层受断层改造强烈，上部地层基本不受地层影响。不论是下部还是上部地层的地震反射波组特征均存在明显变化（图 2-3-6）。

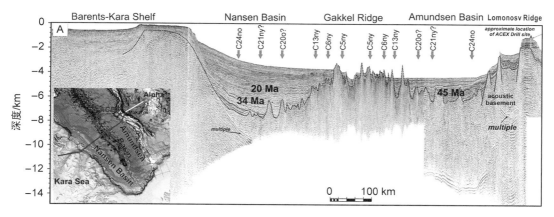

图 2 - 3 - 5　欧亚洋盆区域地震剖面 ARC 14 - 07 解释

（据 Nikishin et al,2021 修改）

注：剖面的位置为插图中红色实线。黑色虚线为基底,45 Ma、34 Ma 和 20 Ma 是地震层位及其年龄。蓝色箭头为线性磁异常的位置（如 C5ny）。

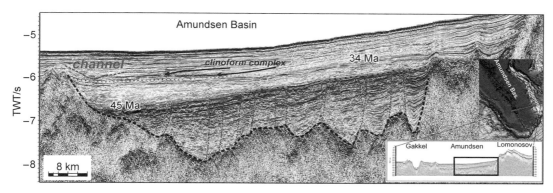

图 2 - 3 - 6　阿蒙森洋盆地震剖面 ARC 14 - 05 局部解释

（据 Nikishin et al,2021 修改）

注：剖面的位置为插图剖面中黑色方框,插图剖面位置见其上方插图中红色实线。黑色虚线为基底,45 Ma、34 Ma 是地震层位及其年龄。

　　Jokat et al(1995)根据 6 个声呐浮标测得的层速度数据和地震反射剖面资料,将阿蒙森洋盆沉积层划分为 8 个地震地层单元,自下而上命名为 AB1～AB8(图 2 - 3 - 7)。

　　AB1 在地震剖面上为 7.05～7.46 s(双程旅行时)(图 2 - 3 - 7),超覆在洋壳基底之上,2 个声呐浮标测得的层速度为 4.5 km/s,顶界面磁异常等时线编号 chron24(53 Ma±),按裂谷作用开始的最早年龄 60 Ma 计算,AB1 层的沉积时间跨度约为 7 Ma,最大厚度超过 900 m,沉积速率为 100～130 m/Ma。AB1 层岩性是一套同裂谷或裂后早期陆源碎屑＋火山岩沉积,明显向罗蒙诺索夫海岭上超,表明陆源碎屑主要来源于该海岭。

　　AB2 在地震剖面上为 6.73～7.05 s(双程旅行时)(图 2 - 3 - 7),层速度为 3.5 km/s,顶界面磁异常等时线编号 chron22(49 Ma±),AB2 层的沉积时间跨度约为 4 Ma,平均厚度约为 500 m,沉积速率约为 125 m/Ma。AB2 层具有明显向罗蒙诺索夫海岭上超、向洋壳

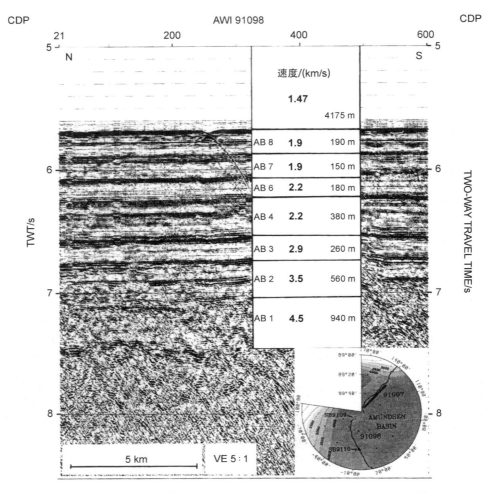

图 2-3-7　阿蒙森洋盆地震剖面 AWI91098 局部（插图红色短线）地震地层单元（AB1～AB8）划分和声呐浮标 SB9109 层速度数据图

（据 Jokat et al,1995 修改）

注：AB5 单元地震上难于分辨,未在图中解释。

下超的地震反射特征,岩性为一套陆架-陆坡-大洋环境形成的陆源碎屑、火山岩及远洋沉积复合体,陆源碎屑主要来源于该海岭。

AB3 在地震剖面上为 6.55～6.73 s（双程旅行时）（图 2-3-7）,层速度为 2.9 km/s,顶界面磁异常年龄不小于 46 Ma,AB3 层的沉积时间跨度约为 3 Ma,平均厚度约为 350 m（罗蒙诺索夫海岭附近厚度为 260 m,靠近哈克尔海岭厚度达 800 m）,沉积速率为 80～120 m/Ma。AB3 层覆盖罗蒙诺索夫海岭、超覆于哈克尔海岭之上,岩性主要为一套大洋环境形成的远洋沉积和火山岩沉积复合体,罗蒙诺索夫海岭为浅海沉积。

AB4 在地震剖面上为 6.22～6.55 s（双程旅行时）（图 2-3-7）,层速度为 2.2 km/s。顶界磁异常等时线编号 chron18（40 Ma±）,AB4 层的沉积时间跨度约为 6 Ma,平均厚度约为 350 m,沉积速率为 50～60 m/Ma。AB4 层为一套平行-亚平行反射波组,岩性主要为一套大洋环境形成的远洋沉积和浊流沉积复合体。

AB5 在地震剖面上为 6.20～6.22 s(双程旅行时),靠近哈克尔海岭厚度约为 200 m,层速度为 2.2 km/s,可划分为 AB5.1 和 AB5.2 两个次级单元。AB5.1 在罗蒙诺索夫海岭南 200 km 附近,厚度为 20～50 m,地震难于分辨。在罗蒙诺索夫海岭南 300 km 附近,AB5.2 层厚也低于地震分辨率。AB5 层顶界磁异常等时线编号 chron13(33 Ma±),AB5层的沉积时间跨度约为 7 Ma,按平均厚度 40 m 计算,沉积速率约为 6 m/Ma。AB5 层岩性主要为一套大洋环境形成的远洋沉积,哈克尔海岭附近发育火山岩和浊流沉积复合体。

AB6 在地震剖面上为 6.04～6.20 s(双程旅行时)(图 2-3-7),厚度 130～200 m,平均厚度 160 m,层速度为 2.2 km/s。顶界磁异常等时线年龄为 25 Ma±,AB6 层的沉积时间跨度约为 8 Ma,平均沉积速率约为 20 m/Ma。AB4 层为一套平行-亚平行反射波组,岩性主要为在一套大洋环境形成的远洋沉积和浊流沉积复合体。

AB7 在地震剖面上为 5.88～6.04 s(双程旅行时)(图 2-3-7),厚度 180～210 m,层速度为 1.9 km/s。顶界磁异常等年龄 12 Ma±,AB7 层的沉积时间跨度约为 13 Ma,平均沉积速率约为 15 m/Ma。AB7 层为一套平行-亚平行反射波组,岩性主要为在一套大洋环境形成的远洋沉积和浊流沉积复合体。

AB8 在地震剖面上为 5.68～5.88 s(双程旅行时)(图 2-3-7),厚度 180～210 m,层速度为 1.9 km/s。AB8 层的沉积时间跨度约为 12 Ma,平均沉积速率约为 15 m/Ma。AB8 层为一套平行-亚平行反射波组,靠近哈克尔海岭具有明显上超反射特征,岩性主要为一套大洋环境形成的远洋沉积、洋流沉积、冰筏沉积和海底扇沉积复合体。

NP-28 水道是现代地球上最北端的海底水道,从加拿大北部近海的 Klenova 河谷延伸至北冰洋阿蒙森洋盆中部,水道沿大致平行于罗蒙诺索夫海岭底部的低坡度、低弯曲路径发育[图 2-3-8(a)]。该水道具有较宽的横截面,水道具有内阶地和下切水道谷线[图 2-3-8(b)],它们可能是由牵引为主的洋流侵蚀形成的,成层性堤坝和沉积波可能为越岸流沉积。从整个水道路径上一致的堤坝不对称性可以看出受科里奥利力偏转水道流体影响。在水道内,水道底面几何形状表明水道底部局部同时受科里奥利力和离心力作用,当水道因基岩限制偏转时,离心力占优势。

以 NP-28 海底水道为特征的阿蒙森洋盆现代海底扇,主要由坡底滑塌体、补给水道、主水道、次级水道、堤岸沉积、水道末端朵叶沉积组成(图 2-3-9)。

补给水道和主水道以侵蚀作用为主,发育粗粒滞留沉积。主水道把物源区的碎屑输送到阿蒙森深海平原,距离达 500 km。次级水道由主水道分支水流或越岸流冲蚀主水道堤岸而成,沉积物一般为比主水道细的砂。堤岸沉积主要为水道越岸砂与远洋泥质沉积的不等厚互层,以及逆坡迁移的沉积物波(sediment waves)。沉积物波的形成很可能与底流(图 2-3-10)作用有关。在阿蒙森深海平原方向沉积物波的分布范围达到距主水道轴约 100 km 的位置。水道末端朵叶沉积是主水道最终卸载而成,以砂、泥不等厚互层为特征。

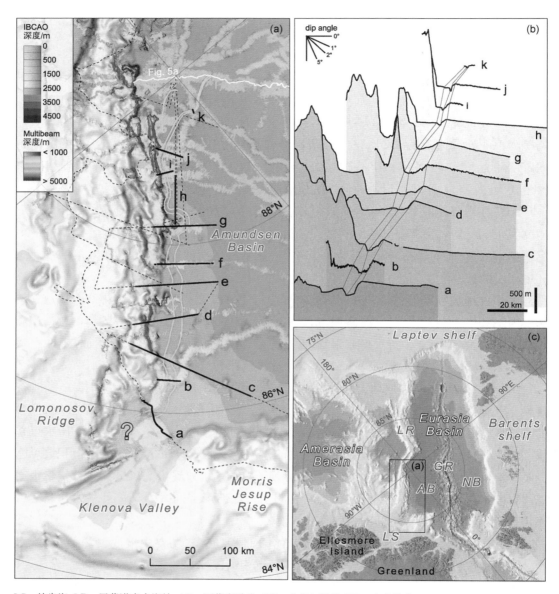

LS—林肯海；LR—罗蒙诺索夫海岭；AB—阿蒙森洋盆；GK—哈克尔海岭；NB—南森洋盆。

图 2 - 3 - 8 阿蒙森洋盆 NP - 28 水道及邻区水深剖面

（a）阿蒙森洋盆 NP - 28 水道（黄色实线）及邻区水深（多波束测深的覆盖范围以彩色显示，单波束测深以黑色虚线显示）；（b）水深剖面［位置见（a）中粗体黑线］；（c）阿蒙森洋盆 NP - 28 水道位置和周边地区地貌及地理单元
（据 Boggild and Mosher，2021）

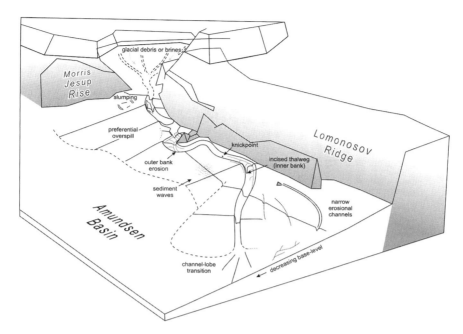

图 2 - 3 - 9 阿蒙森洋盆 NP - 28 水道侵蚀-沉积作用示意图

（据 Boggild and Mosher,2021 修改）

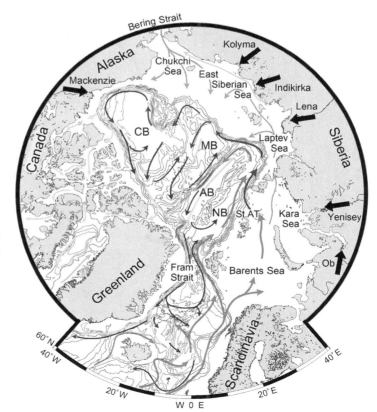

CB—加拿大海盆；MB—马卡罗夫海盆；AB—阿蒙森洋盆；NB—南森洋盆；St.AT—圣安娜海槽。

图 2 - 3 - 10 北冰洋主要洋流分布图

（据 Anderson and Macdonald,2015 修改）

注：北冰洋有流入的相对温暖的表面洋流（红色箭头）和较冷的表面洋流（浅蓝色箭头）以及中等和深部洋流（粉红色箭头、紫色箭头和深蓝色箭头）。

2.3.2 南森洋盆

南森(Nansen)洋盆沉积层厚度多为 1～6 km,圣安娜海槽附近新生界最大沉积物厚度超过 6 km(图 2-3-11),厚度高值区与海槽输入的陆源碎屑形成的海底扇密切相关。新生界具有明显的总体超覆的地震反射结构,根据地震反射特征可划分为 57～45 Ma、45～34 Ma、34～20 Ma、20～12 Ma 和 12～0 Ma 5 个地震地层单元(图 2-3-12)。

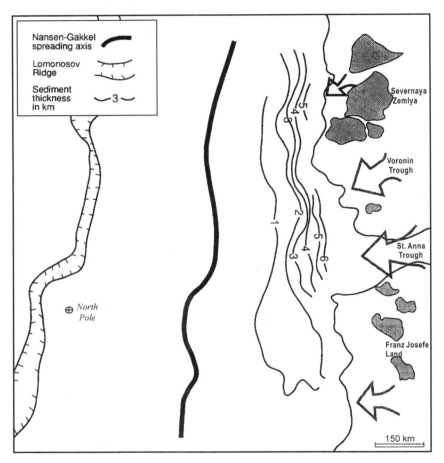

图 2-3-11　南森洋盆新生界等厚图

(据 Vlagne,1996 修改)

57～45 Ma 地震地层单元地层厚度较薄,平均厚度约为 500 m,以中强振幅、中高连续、平行-亚平行反射波组为特征(图 2-3-12),主要为一套泥质远洋沉积,平均沉积速率较低,约为 40 m/Ma。靠近哈克尔海岭的弱振幅杂乱反射(图 2-3-12),很可能为火山岩的响应。

45～34 Ma 地震地层单元,平均厚度约为 800 m,以中弱振幅、中低连续、楔形、波状反射波组为特征(图 2-3-12),主要为一套砂质海底扇和泥质远洋沉积,平均沉积速率约为

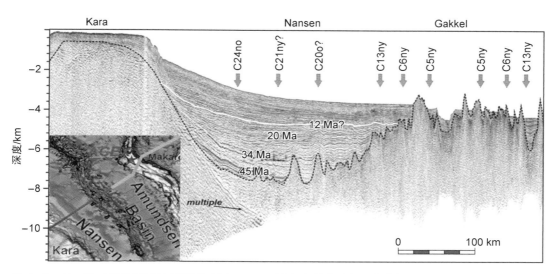

图 2 - 3 - 12　欧亚洋盆区域地震剖面 ARC 14 - 07 线南森洋盆及邻区段的解释

（据 Nikishin et al,2021 修改）

注：剖面的位置为插图中红色实线。黑色虚线为基底,45 Ma、34 Ma 和 20 Ma 等是地震层位及其年龄。蓝色箭头为线性磁异常的位置（如 C5ny）。

70 m/Ma。靠近哈克尔海岭的弱振幅杂乱反射（图 2 - 3 - 12）,很可能为火山岩的响应。

34～20 Ma 地震地层单元,平均厚度约为 1 000 m,以中振幅、中等连续、楔形、波状反射波组为特征（图 2 - 3 - 12）,主要为一套砂质海底扇和泥质远洋沉积,平均沉积速率较高,约为 170 m/Ma。靠近哈克尔海岭的中强振幅、中高连续、平行-亚平行反射（图 2 - 3 - 12）,很可能主要为泥质远洋沉积。

20～12 Ma 地震地层单元,平均厚度约为 800 m。以中强振幅、中等连续、楔形、丘形、波状反射波组为特征（图 2 - 3 - 12）,主要为一套砂质海底扇和泥质远洋沉积,平均沉积速率相对较高,约为 100 m/Ma。靠近哈克尔海岭的弱振幅杂乱反射（图 2 - 3 - 12）,很可能为火山岩的响应。

12～0 Ma 地震地层单元,平均厚度约为 1 200 m。以中强振幅、中高连续、平行-亚平行反射为主,局部为楔形、丘形反射（图 2 - 3 - 12）,为一套泥质远洋沉积夹砂质海底扇和火山岩沉积,沉积速率相对较高,约为 150 m/Ma。

2.3.3　哈克尔海岭

哈克尔海岭位于欧亚洋盆中央,是扩张的洋中脊。以无沉积物覆盖的洋中脊海山为标志,主要为 10 Ma 以来海底扩张形成的海山和谷地,海山与谷地之间发育陡倾的同沉积断层（图 2 - 3 - 13）。扩张轴线（深谷）两侧明显不对称（Nikishin et al,2018）。南森洋盆一侧较窄,平均宽度约 50 km;而阿蒙森洋盆一侧较宽平均宽度约为 100 km（图 2 - 3 - 5,图 2 - 3 - 12）。海山主要为 10 Ma 以来形成的洋中脊玄武岩。谷地主要充填 10 Ma 以来的火山碎屑岩和远洋泥质沉积。

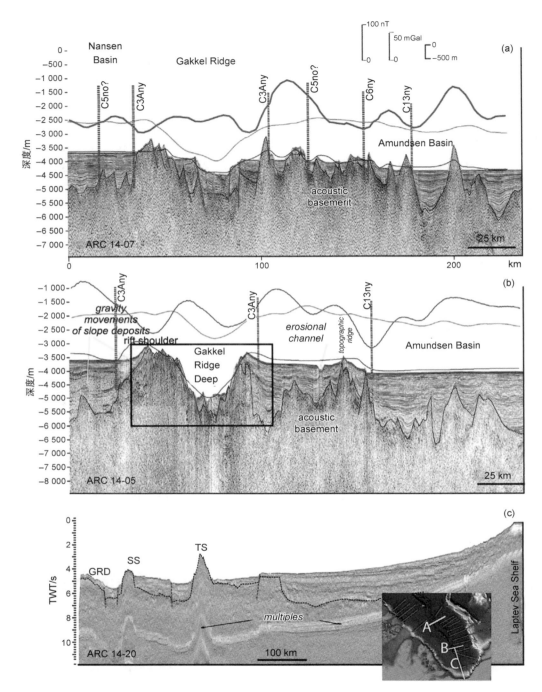

GRD—哈克尔海岭深部；SC—Shaykin 海山；TS—Trubyutchinsky 海山。

图 2-3-13　哈克尔海岭不同部位(位置见插图)地球物理剖面图

(a) ARC14-07 剖面；(b) ARC14-05 剖面；(c) ARC14-20 剖面

(据 Nikishin et al,2018 修改)

注：地震剖面内红色实线可能是正断层。(a)和(b)中上方曲线为磁异常(WDMAM,红色粗实线)、自由空气重力(DTU13,粉色细实线)和水深(蓝色细实线)。

2.4　北大西洋北部洋盆及巴芬湾

北大西洋北部洋盆被北大西洋莫恩斯-克尼波维奇（Mohns – Knipovitch）洋中脊分隔为格陵兰洋盆和挪威洋盆。格陵兰洋盆可进一步分为莫洛伊（Molloy）洋盆、博雷亚斯（Boreas）洋盆、格陵兰洋盆。挪威洋盆可进一步划分为罗福敦（Lofoten）洋盆和挪威洋盆（图 2 -4 - 1）。巴芬湾作为北大西洋的海湾存在古近纪洋壳基底，也具有洋盆属性（图 1 - 2 - 2）。

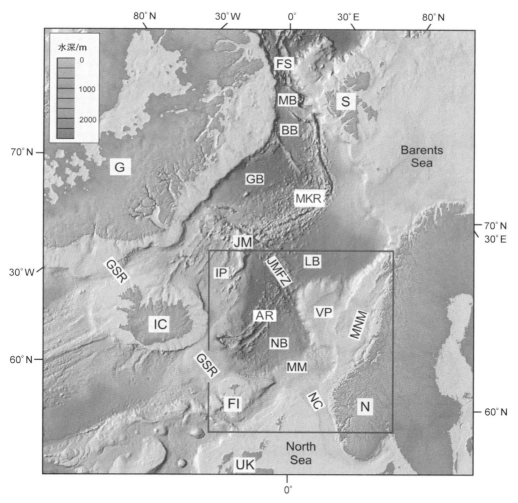

AR—Agir Ridge；BB—Boreas Basin；FI—Faroe Islands；FS—Fram Strait；G—Greenland；GB—Greenland basin；GSR—Greenland-Scotland Ridge；IC—Iceland；IP—Iceland Plateau；JM—Jan Mayen；JMFZ—Jan Mayen Fracture Zone；LB—Lofoten Basin；MB—Molloy Basin；MM—Møre Marginal High；MNM—Mid-Norwegin margin；MKR—Mohns-Knipovitch Ridge；N—Norway；NB—Norway Basin；NC—Norwegian Channel；S—Svalbard；UK—United Kingdom；VP—Vøring Plateau。

图 2 - 4 - 1　北大西洋北部及相邻大陆地貌简图

（据 Hjelstuen and Andreassen，2015 修改）

2.4.1 北大西洋北部洋盆形成的时代

北大西洋北部洋盆主要以 53.7 Ma 以来形成的洋壳为基底,中部夹 33 Ma 以来从格陵兰古陆分离的 Jan Mayen 微古陆(Faleide et al,2010),Jan Mayen 微古陆的西侧为洋陆过渡壳基底。不同次级洋盆基底洋壳的年龄均有变化(图 2-4-2)。其中,挪威洋盆(图 2-4-2

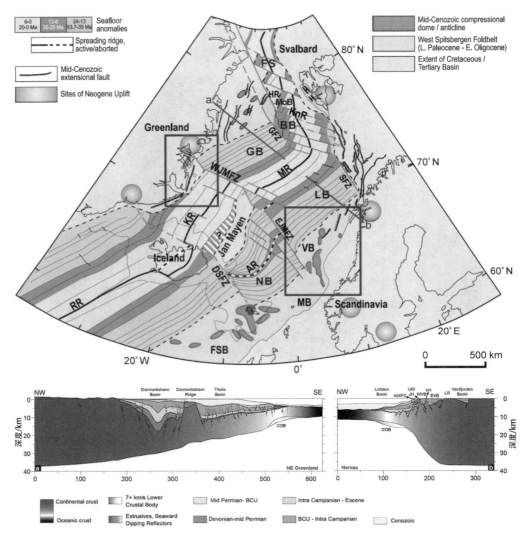

AR—Agir Ridge;BB—Boreas Basin;DSFZ—Denmark Strait Fracture Zone;EJMFZ—East Jan Mayen Fracture Zone;FSB—Faroe-Shetland Basin;FS—Fram Strait;GB—Greenland basin;GFZ—Greenland Fracture Zone;HR—Hovgaard Ridge;KR—Kolbeinsey Ridge;KnR—Knipovitch Ridge;LB—Lofoten Basin;MB—More Basin;MR—Mohns Ridge;MoB—Molloy Basin;NB—Norway Basin;RR—Reykjanes Ridge;SFZ—Senja Fracture Zone;VB—Voring Basin。

图 2-4-2 北大西洋北部构造简图

(据 Lundin and Dore,2002;Meza-Cala et al,2021 修改)

注:蓝色断层线为 Chron24B(53.7 Ma)～Chron13(35.5 Ma)形成的伸展断层,红色断层线为 Chron13(35.5 Ma)以后形成的伸展断层。Jan Mayen 为微陆块,西侧紫色条纹区为推测洋壳。深灰色粗实线 a 和 b 为区域剖面位置。

中 NB)洋壳年龄为 53.7～20 Ma,罗福敦洋盆、格陵兰洋盆和博雷亚斯洋盆(图 2-4-2 中 LB、GB 和 BB)洋壳年龄为 53.7～0 Ma,而连接北大西洋与北冰洋欧亚洋盆的弗雷姆海峡(图 2-4-2 中 FS)洋壳年龄为 35～0 Ma,以 20 Ma 以来形成的洋壳为主。

2.4.2　北大西洋北部洋陆转换带构造特征

北大西洋北部洋盆主要表现为自由空气重力正异常,随着洋壳之上沉积盖层厚度增大,自由空气重力正异常数值减小。沉积盖层较薄或缺失的海岭高部位,自由空气重力正异常数值大,沉积盖层较厚的深海洋盆和海岭间谷地自由空气重力正异常数值小,甚至出现自由空气重力负异常。格陵兰和欧洲大陆边缘以沉积岩为主的陆壳基底的沉积盆地主要为自由空气重力负异常(图 2-4-3)。

北大西洋北部洋陆转换带构造特征变化较大。图 2-4-4 中 A、D、N、O 剖面均展示由厚的(>20 km)陆壳基底的盆地,通过窄的洋陆过渡带转换为以洋壳为基底的洋盆。图 2-4-4 中 B、C、L、M 剖面则均展示陆壳大规模伸展减薄,形成大规模薄的(≤10 km)陆壳基底的盆地,通过宽窄不等的洋陆过渡带转换为以洋壳为基底的洋盆。图 2-4-4 中 E、F、K 剖面展示了厚度变化较大的冰岛型陆壳与下地壳的叠置结构。图 2-4-4 中 G 剖面展示了薄的冰岛型陆壳逐渐过渡为洋壳的剖面特征。图 2-4-4 中 H、I、J 剖面展示了 Jan Mayen 微陆块不同厚度的陆壳转换为洋壳的剖面特征。

2.4.3　北大西洋北部洋盆新生代沉积演化

北大西洋北部洋盆新生界沉积地质记录及演化历史研究成果较少。从挪威洋盆的研究成果看,北大西洋北部沉积演化历史可分为 3 个阶段(Hjelstuen and Andreassen,2015):① 始新世—上新世(53±～2.7 Ma)构造和洋流重组阶段(图 2-4-5 中 NBU Ⅰ);② 早-中更新世(2.7～0.5 Ma)大规模失稳滑塌阶段(图 2-4-5 中 NBU Ⅱ、Ⅲ、Ⅳ);③ 晚更新世至今(0.5～0 Ma)冰川阶段(图 2-4-5 中 NBU Ⅴ)。

1. 挪威洋盆地震地层序列

最古老的地层单元 NBU Ⅰ 由洋壳基底顶面和地层边界 Rf1 限定,主要由低至中等振幅反射波组组成,发育一系列小断层。NBU Ⅰ 在 Agir 海岭以西最大厚度达 1.5 s(双程旅行时)(约 1 650 m)。在 Agir 海岭谷地中,NBU Ⅰ 仍然很厚,而在该海岭高部位缺失(图 2-4-5)。

NBU Ⅱ 以 Rf1 和 Rf2 为地层单元边界,主要发育在 Agir 海岭以东地区,最大厚度为 0.60 s(双程旅行时)(约 660 m)。NBU Ⅱ 主要为弱振幅地震反射,然而,在 Agir 海岭地带,该地层单元杂乱反射地震相,界面起伏较大(图 2-4-5)。

地层界面 Rf2 和 Rf3 分别限定了地层单元 NBU Ⅲ 的底边界和顶边界。NBU Ⅲ 在地震剖面中为一套强振幅反射波组,在 Agir 海岭以东最大厚度达 0.60 s(双程旅行时)(约 660 m),而在该海岭以西较薄,海岭高部位缺失。NBU Ⅲ 为一套杂乱反射地震波组,局部因后期侵蚀(?)而缺失(图 2-4-5)。

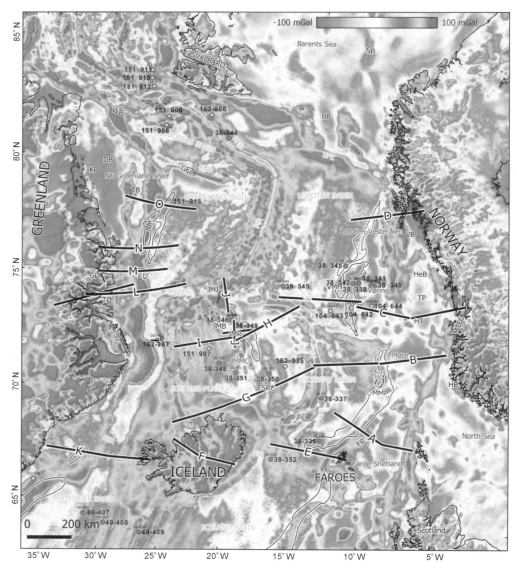

SDR—Seaward dipping reflectors；AR—Agir Ridge；BB—Bjørnøya Basin；BK—Blosseville Kyst；EGR—East Greenland Ridge；EJMFZ—East Jan Mayen Fracture Zone；FB—Froan Basin；FIR—Faroe-Iceland Ridge；FR—Fugløy Ridge；FSB—Faroes-Shetland Basin；GE—Greenland Escarpment；GIR—Greenland-Iceland Ridge；GFZ—Greenland Fracture Zone；GØ—Geographic Ø；HaB—Hammerfest Basin；HeB—Helgeland Basin；HB—Hornelen Basin；HR—Hovgård Ridge；JL—Jameson Land；JMB—Jan Mayen Basin；JMI—Jan Mayen Island；JMMC—Jan Mayen Microplate Complex；JMR—Jan Mayen Ridge；KP—Koldewey Platform；KnR—Knipovitch Ridge；KoR—Kolbeinsey Ridge；MR—Mohns's Ridge；MMP—Møre Marginal Plateau；MTFC—Møre-Trøndelag Fault Complex；NB—Nordkapp Basin；RR—Reykjanes Ridge；SFZ—Senja Fracture Zone；SRC—Southern Ridge Complex；TB—Thetis Basin；TP—Trøndelag Platform；TØ—Traill Ø；VB—Vestfjorden Basin；VS—Vøring Spur；WB—Westwind Basin；WJMFZ—West Jan Mayen Fracture Zone。

图 2‑4‑3 北大西洋北部自由空气重力异常及特征剖面位置

（据 Pérez et al，2018；Gernigon et al，2020 修改）

注：A～P 为特征剖面位置。深灰色细实线圈定的不规则长条形区域为向海倾斜的反射体，指示洋陆过渡带。黄色和绿色实心小圆圈为 ODP 和 DSDP 站位。

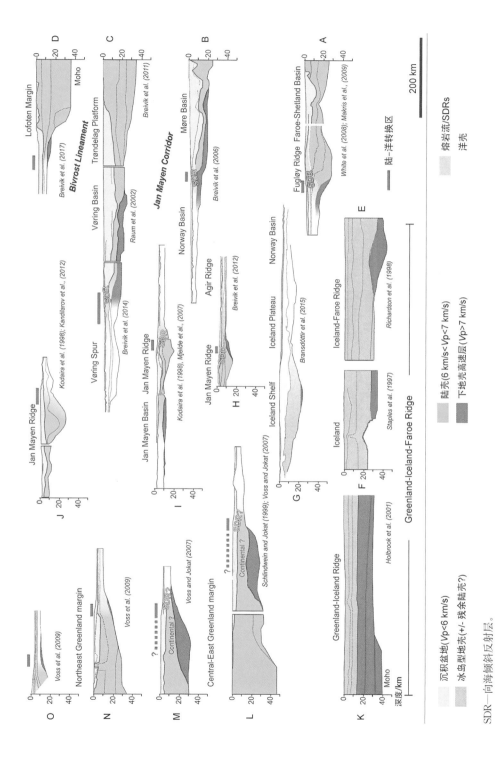

SDR—向海倾斜反射层。

图 2 - 4 - 4　北大西洋北部不同部位地质构造剖面图

（据 Gernigon et al.,2020 修改）

注：A～O 剖面位置见图 2 - 4 - 3。

图例：
沉积盆地（Vp<6 km/s）
冰岛型地壳（+/- 残余陆壳?）
陆壳（6 km/s<Vp<7 km/s）
下地壳高速层（Vp>7 km/s）
熔岩流/SDRs
洋壳
陆-洋转换区

200 km

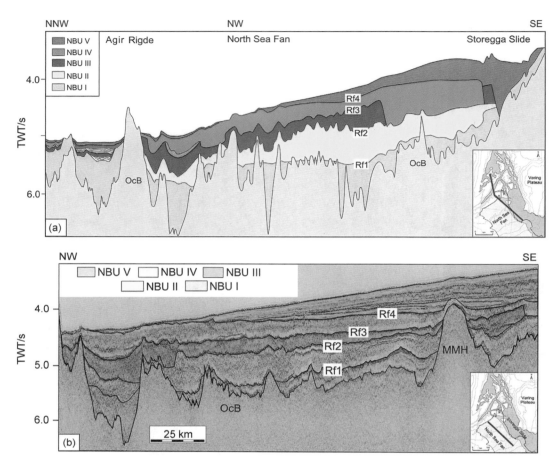

OcB—洋壳基底；MMH—More Marginal High。

图 2 - 4 - 5　挪威洋盆东北部及东部地震剖面及地质解释

（a）挪威洋盆东北部地震剖面地质解释［显示地层单元（NBU Ⅰ～NBU Ⅴ）的分界面（Rf1～Rf4），索引图中红线指示地震剖面位置］；（b）挪威洋盆东部（北海扇远端）地震剖面［显示地层单元（NBU Ⅰ～NBU Ⅴ）的分界面（Rf1～Rf4），索引图中红线指示地震剖面位置］

（据 Hjelstuen and Andreassen，2015 修改）

注：Rf1 界面年龄为 2.7 Ma±，Rf4 界面年龄为 0.5 Ma。索引图位置见图 2 - 4 - 1 红框。

　　NBU Ⅳ 地层单元以 Rf3 和 Rf4 为界。在 Agir 海岭以东，NBU Ⅳ 的最大厚度约为 0.50 s（双程旅行时）（约 550 m）。Agir 海岭以西和海岭谷地，NBU Ⅳ 厚度为 0.10 s（双程旅行时）（约 110 m）。NBU Ⅳ 局部侵蚀下伏地层，甚至造成下伏 NBU Ⅲ 缺失。NBU Ⅳ 主要以弱振幅地震反射为特征，局部为杂乱反射（图 2 - 4 - 5）。

　　NBU Ⅴ 地层单元底界为 Rf4 界面，顶界为海底，在 Agir 海岭以东最大厚度约为 0.6 s（双程旅行时）（约 660 m）。挪威洋盆最西端的 NBU Ⅴ 主要由平行-亚平行的反射波组构成，而 Agir 海岭以东 NBU Ⅴ 具有不同的地震相特征。在北海扇的中部，NBU Ⅴ 主要为透镜状地震反射，这些透镜体相互堆叠，宽度＞5 km，高度 50～60 m。在北海扇北部，杂乱反射与平行-亚平行反射交替出现。在斯托雷加（Storegga）滑坡沉积区，主要是弱振幅反射波组。局部 NBU Ⅴ的底面可切割下伏所有地层(图 2-4-5)。

2. 挪威洋盆沉积过程及沉积环境演化

1) 构造和洋流重组阶段

NBU Ⅰ是构造和洋流重组阶段形成的地质记录。

挪威洋盆的构造演化始于古新世与始新世之交(约 53 Ma),与沿 Agir 海岭的海底扩张和大西洋北部的开裂有关。北大西洋的开裂伴随着短暂的大规模火山活动,这一火山作用形成了莫雷边缘高地(图 2-4-5b 中 MMH),它限定了挪威盆地的东部边界。

整个始新世,随着 Agir 洋中脊扩张,海床不断延伸,挪威洋盆形成,到渐新世早期(约 35 Ma),Agir 洋中脊停止生长,同时海底扩张结束(Gernigon et al,2012),挪威洋盆很可能已经演化为类似现今的深水洋盆(Brekke et al,2001)。

始新世期间,挪威洋盆形成初期的洋流环流受到限制。然而,随着格林兰-苏格兰海岭(Greenland-Scotland Ridge)沉降(渐新世早期)和弗拉姆海峡(Fram Strait)打开(中新世晚期)(Davies et al,2001;Abelson et al,2008;Engen et al,2008),挪威洋盆的深水交换逐渐建立。北大西洋海流状况的这一重大变化似乎并未在地震剖面中表现出等深流沉积的丘状或波状特征。但在地震剖面中缺乏等深岩的典型指标并不表明不存在等深流沉积,因为大跨度网格的地震测线和低频中低振幅的地震资料品质难于获得精确的等积岩的地震相特征。

NBU Ⅰ由细粒沉积物组成(Cartwright et al,2003)。DSDP 38-337 站位(图 2-4-3)揭示了 113 m 早渐新世—上新世黏土和砂质泥岩。然而,由于岩芯位于 Agir 海岭基底之上,使得该站位不一定代表挪威洋盆本身的沉积物。挪威洋盆西部边缘的 ODP 162-985 站位(图 2-4-3)的钻探结果揭示渐新世和中新世沉积物由黏土组成。但从挪威洋盆 NBU Ⅰ地层单元与沃灵(Voring 或 Vøring)海底高原相应地层单元地震反射特征相似,在沃灵海底高原,ODP104 航次多个站位钻井揭示该地层单元主要为硅质软泥,表明挪威洋盆 NBU Ⅰ地层单元很可能也发育硅质软泥(Hjelstuen and Andreassen,2015)。

NBU Ⅰ发育在不断扩大和加深的洋盆中,以黏土和软泥为主,最大厚度达 1 900 m,覆盖在不规则的洋壳基底表面。根据 NBU Ⅰ的年龄跨度和厚度,估计在 53~2.7 Ma 平均沉积速率为 35~55 m/Ma。

2) 大规模失稳滑塌阶段

NBU Ⅱ-Ⅳ是大规模失稳滑塌阶段形成的地质记录。

侧向减薄尖灭(图 2-4-5)和 NBU Ⅱ-Ⅳ对下伏单元的局部侵蚀均暗示了滑塌成因。NBU Ⅱ-Ⅳ为三期滑塌成因单元。最古老的滑塌沉积体(NBU Ⅱ)覆盖面积为 63 700 km²,最大厚度约为 0.600 s(双程旅行时)(约 650 m)(图 2-4-6a),沉积物体积为 24 600 km³。滑塌沉积体 NBU Ⅲ覆盖面积比 NBU Ⅱ减小,最大厚度大致相同(图 2-4-6b)。最年轻的滑塌沉积体(NBU Ⅳ)覆盖面积为 72 300 km²,最大厚度约为 550 m,沉积物总体积约为 15 000 km³(图 2-4-6c)。

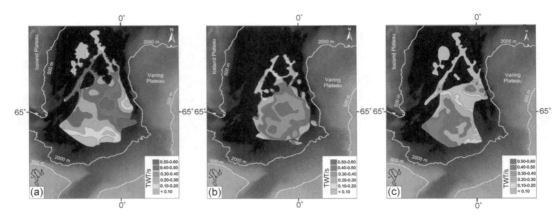

图 2 - 4 - 6　挪威洋盆滑塌沉积体厚度平面图

(a) NBU Ⅱ;(b) NBU Ⅲ;(c) NBU Ⅳ

(据 Hjelstuen and Andreassen,2015 修改)

　　三期滑塌沉积体均在 Agir 海岭以东达到最大厚度。这表明扩张脊可能起到了屏障的作用(图 2 - 4 - 5a),阻止大部分滑塌和碎屑流沉积物向挪威洋盆远端搬运。然而,Agir 海岭间谷地由于与海岭存在巨大的地形反差,有来自海岭的滑塌和碎屑流沉积物在谷地中沉积。此外,滑塌、碎屑流沉积物可能演变为浊流,在远端形成浊积岩。

　　NBU Ⅱ～NBU Ⅳ 总体沉积速率非常快,在 2.2 Ma 形成的沉积物最大厚度超过 1 800 m,最大沉积速率达 900 m/Ma。局部滑塌沉积体由连续强振幅反射波组分隔(图 2 - 4 - 5),表明不同滑塌事件之间存在正常远洋沉积的时间间隔。NBU Ⅲ 和 NBU Ⅳ 之间连续强振幅反射波组的最大厚度约为 100 ms(双程旅行时)(约 110 m),按照 NBU Ⅰ 最大远洋沉积速率 55 m/Ma,形成这套连续强振幅反射波组代表的正常远洋沉积的时间间隔约为 2 Ma,巨厚的滑塌沉积体是在极短的时间内形成。

　　3) 冰川阶段

　　NBU Ⅴ 是冰川阶段形成的地质记录。

　　挪威洋盆的远端(Agir 海岭以西),在 0.5～0 Ma 时间段形成的 NBU Ⅴ 主要为高连续、平行-亚平行地震相,反映了冰川半远洋沉积。

　　Agir 海岭以东 NBU Ⅴ 地层单元为透镜形状或楔形杂乱反射体。透镜状反射体很可能是冰川碎屑流沉积。这类碎屑流沉积在北海扇沉积区很常见(Nygard et al,2002)。楔形杂乱反射地震相是北海中部扇和斯托雷加滑坡区 NBU Ⅴ 的主要特征,楔形杂乱反射主要是滑塌沉积。Møre 滑坡和 Tampen 滑坡分别发生在海洋同位素阶段 MIS 9(0.33 Ma±)和 MIS 6(0.18 Ma±),而 Storegga 滑坡事件发生在全新世,斯托雷加滑塌沉积体对下伏地层单元局部有严重侵蚀[图 2 - 4 - 5(a)]。北海扇和斯托雷加滑塌沉积体占据了挪威洋盆的绝大部分,正常远洋-半远洋沉积物所占区域相对较小,且主要分布于 Agir 海岭以西地区(图 2 - 4 - 7)。

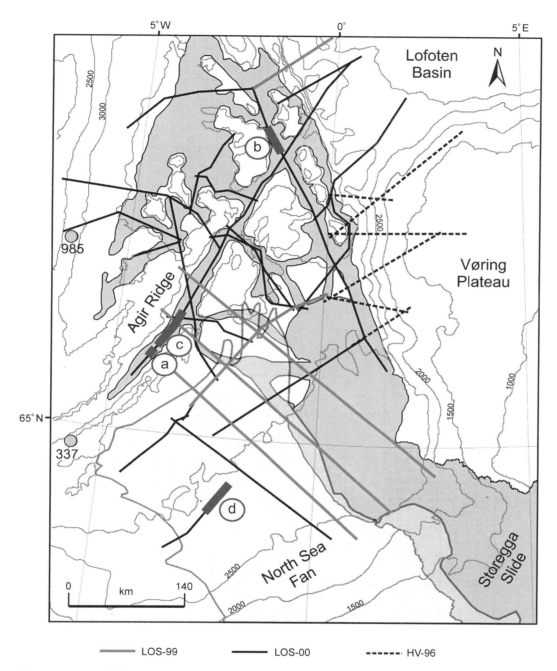

图 2 - 4 - 7　挪威洋盆北海扇(North Sea Fan)和斯托雷加滑坡(Storegga Slide)沉积区分布图

(据 Hjelstuen and Andreassen,2015 修改)

3. 格陵兰洋盆地层序列及沉积环境演化

ODP 162 - 987 站位的钻孔揭示了格陵兰洋盆南端晚中新世以来的地层序列(图 2 - 4 -
8)。根据钻探资料,ODP 162 - 987 站位自下而上划分为Ⅴ、Ⅳ、Ⅲ、Ⅱ、Ⅰ 5个岩性地层单元。

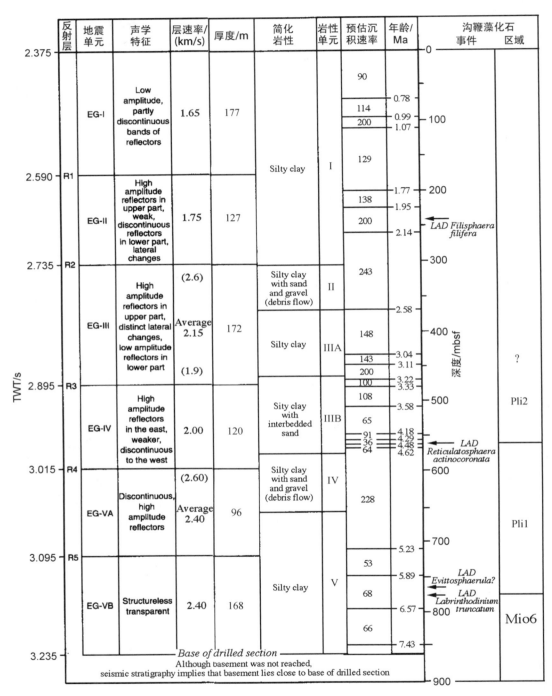

图 2-4-8 ODP162-987 站位综合地层柱状图

（据 Channel et al,1999 修改）

　　岩性地层单元 Ⅴ 处于中新统上部—上新统下部(7.9～4.9 Ma),主要为远洋粉砂质泥岩,厚度约为 200 m。沉积速率较低,为 68～53 m/Ma。岩性地层单元 Ⅳ 处于上新统中部偏下(4.9～4.62 Ma),为远洋粉砂质泥岩,等深流、重力流、冰筏碎屑流形成的砂岩、砾岩复合沉积体,厚度约为 90 m。沉积速率较高,达 228 m/Ma。岩性地层单元 Ⅲ 处于上新统中部,进一步划分为 Ⅲ B(4.62～3.2 Ma)和 Ⅲ A(3.2～2.58 Ma)2 个次级单元。岩性地层单元 Ⅲ B 为远洋粉砂质泥岩与等深流、重力流形成的砂岩互层,厚度约为 110 m。沉积速率变化较大,为 36～100 m/Ma。岩性地层单元 Ⅲ A 为等深流、重力流形成的海底扇远端的粉砂质泥岩,厚度约为 100 m。沉积速率较大,为 143～200 m/Ma。岩性地层单元 Ⅱ 处于更新统下部(2.58～约 2.3 Ma),为远洋粉砂质泥岩,等深流、重力流、冰筏碎屑流形成的砂岩、砾岩复合沉积体,厚度约为 80 m。沉积速率较高,达 243 m/Ma。岩性地层单元 Ⅰ 处于更新统中部—全新统(2.3～0 Ma),主要为等深流、重力流形成的海底扇远端的粉砂质泥岩,厚度约为 300 m。沉积速率较高,为 90～243 m/Ma(Channel et al,1999)。

　　尽管大洋钻探计划(Ocean Drilling Program,ODP)钻探船上研究团队识别的地震地层单元与 987 钻孔的岩性地层单元有较大出入(图 4-2-8),Pérez et al(2018)识别的地震地层单元与 ODP 船上研究团队识别的地震地层单元也有较大区别(图 4-2-9),但上述 5 个岩性地层单元在地震相上有一定相似性(图 4-2-9)。岩性地层单元 Ⅴ 呈亚平行、波状、席状反射地震相,为远洋粉砂质泥岩的地震响应。岩性地层单元 Ⅳ 呈亚平行、低幅度、丘状、

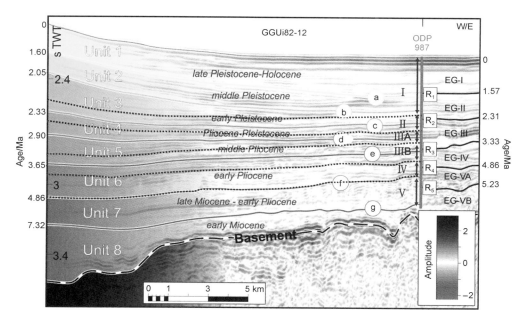

图 2-4-9　格陵兰深海区过 ODP 987 站位 GGUi82-12 地震剖面片段(位置见图 2-4-3 中剖面 P)地质解释

(据 Pérez et al,2018 修改)

注:ODP987 右侧为 Channel et al(1999)引用的 ODP 船上研究团队确定的地震反射界面及其年龄和地震地层单元。Ⅴ、Ⅳ、Ⅲ、Ⅱ、Ⅰ 为 5 个岩性地层单元。

透镜状反射地震相,为远洋粉砂质泥岩,等深流、重力流、冰筏碎屑流形成的砂岩、砾岩复合沉积体的地震响应。岩性地层单元ⅢB呈亚平行夹小透镜状反射地震相,为远洋粉砂质泥岩与等深流、重力流形成的砂岩互层的地震响应。岩性地层单元ⅢA呈楔形、亚平行反射地震相,为等深流、重力流形成的海底扇远端的粉砂质泥岩的地震响应。岩性地层单元Ⅱ呈变振幅、亚平行、席状反射地震相,为远洋粉砂质泥岩,等深流、重力流、冰筏碎屑流形成的砂岩、砾岩复合沉积体的地震响应。岩性地层单元Ⅰ呈亚平行、低幅度、丘状、透镜状、楔形反射地震相,为等深流、重力流形成的海底扇远端的粉砂质泥岩的地震响应。

2.4.4　巴芬湾洋盆新生代沉积演化

残留的拉布拉多-巴芬(Labrador - Baffin)洋盆和北大西洋北部洋盆均为新生代冈瓦纳超大陆裂解,欧亚大陆、格陵兰岛和北美大陆分离形成的残留洋盆(图2-4-10)。

1. 巴芬湾洋盆形成及演化

拉布拉多海-巴芬湾最早的同裂谷地层序列形成于早白垩世,即135～100 Ma(Chalmers and Pulvertaft,2001;Dickie et al,2011;Jauer et al,2015)。拉布拉多盆地最老的地质记录为以火山岩为主的Alexis组,上覆为一套火山作用和沿拉布拉多大陆架裂谷作用形成的半地堑内充填的楔形沉积(Bjarni组)。格陵兰岛西南部近海盆地下白垩统则划为下部的Kitsissut层序和上部的Appat层序,均为火山岩、碎屑岩为主的裂谷充填序列。格陵兰岛中西部陆上努苏阿格(Nuussuaq)盆地下白垩统为Kome组(图2-4-11)。

晚白垩世—古新世,拉布拉多海-巴芬湾进入裂后热沉降——西南西—东北东向伸展阶段,并在约75 Ma开始出现洋陆过渡壳。拉布拉多盆地上白垩统的地质记录为Markland组,古新统Cartwright组不整合于其上。格陵兰岛西南部近海盆地上白垩统的地质记录为Fylla砂岩和Kangeq层序,古新统Ikermut组不整合于其上。格陵兰岛中西部陆上努苏阿格盆地上白垩统的地质记录为Atane组、Itilli组和Kangilia组,上覆古新统Quikavsak组、Vaigat组、Maligat组和Svartenhuk组火山岩(图2-4-11)。

拉布拉多-巴芬洋盆确定的最老的海底磁异常是C27n,即62.2～62.5 Ma。洋陆过渡壳形成于C33和C27之间的西南西—东北东向伸展(图2-4-10,图2-4-11)。

古新世晚期(C25,57 Ma±),拉布拉多海-巴芬湾区域构造应力场发生转变,由前期的西南西—东北东向伸展转化为北—南向伸展阶段,并在始新统末(C13,约33 Ma)洋中脊停止扩张,拉布拉多-巴芬洋盆演化为残留洋盆。拉布拉多盆地始新统的地质记录为Kenamu组和Mokami组下部。格陵兰岛西南部近海盆地始新统的地质记录为Ikermut上部、Nukik组和Kangamiut组。格陵兰岛中西部陆上努苏阿格盆地始新统中上部缺失,下部地质记录为Naqerloq和Erqa组火山岩(图2-4-10,图2-4-11)。

渐新世(C13,约33 Ma)以来,拉布拉多-巴芬洋盆演化为残留洋盆。拉布拉多盆地渐新统的地质记录为Mokami组中上部。格陵兰岛西南部近海盆地和格陵兰岛中西部陆上努苏阿格盆地渐新统缺失(图2-4-11)。

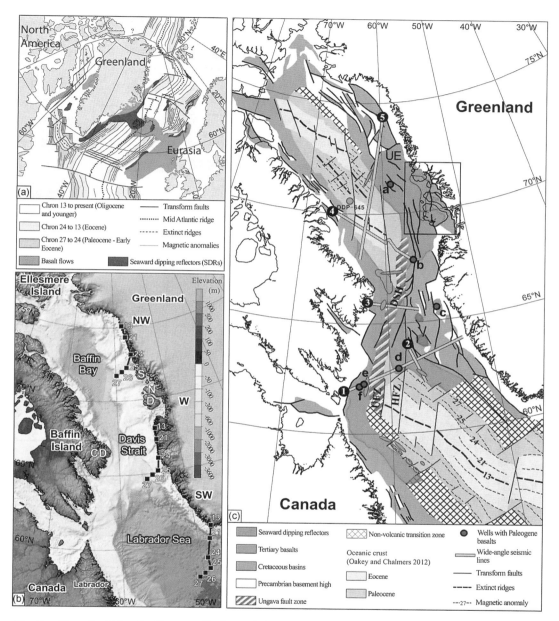

CD—Cape Dyer；D—Disko；N—Nuussuaq；S—Svartenhuk；UFZ—Ugava 断层带；HFZ—Hudson 断层带；DSH—Davis Straigh 隆起；UE—Upernavik 陡崖。

图 2-4-10　拉布拉多海-巴芬湾构造格架、水深及地质图

（a）巴芬湾及北大西洋构造格架；（b）拉布拉多海、戴维斯海峡和巴芬湾水深；（c）拉布拉多海-巴芬湾地质图
（据 Chauvet et al,2019 修改）

注：（a）中，格陵兰海岸 3 个位置的小方框-黑线表示格陵兰板块相对于北美板块的运动路径，小方框旁边的数字 27～13 为 C27～C13 磁异常编号，向北漂移始于 C25（古新世晚期）；（c）中，①～⑤ 为地震剖面位置。

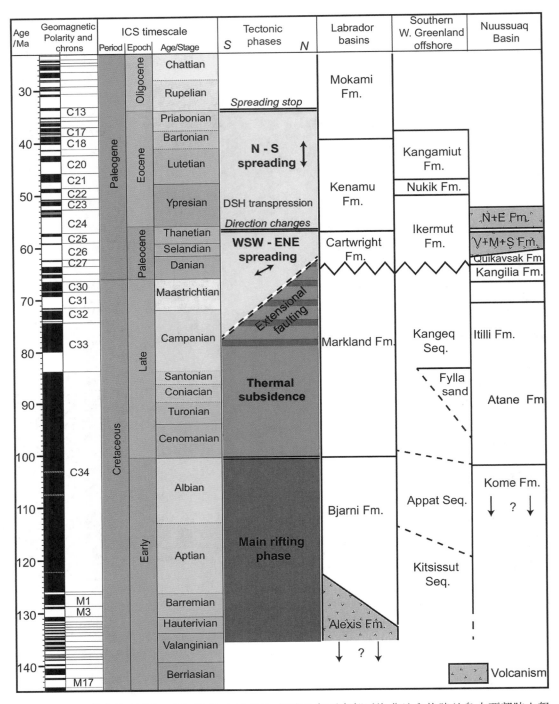

图 2 - 4 - 11　拉布拉多（Hopedale 和 Saglek）盆地、格陵兰岛西南部近海盆地和格陵兰岛中西部陆上努苏阿格（Nuussuaq）盆地的地层柱和主要构造事件

（据 Chauvet et al, 2019 修改）

注：努苏阿格盆地的火山岩地层字母 V 代表 Vaigat，M 代表 Maligat，S 代表 Svartenhuk，N 代表 Naqerloq，E 代表 Erqa。

2. 巴芬湾洋盆沉积演化

巴芬湾由中部始新世洋壳基底向两侧转变为古新世洋壳基底、洋陆过渡壳基底、陆壳基底，始新世洋壳基底区域新生界厚度和水深相对最大［图 2-4-12(a)］。

新生界最大厚度超过 4 s（双程旅行时）（约 6 km）（图 2-4-12）。地震资料上可以区分出古新统、始新统、渐新统、中新统、上新统—第四系［图 2-4-12(b)］。

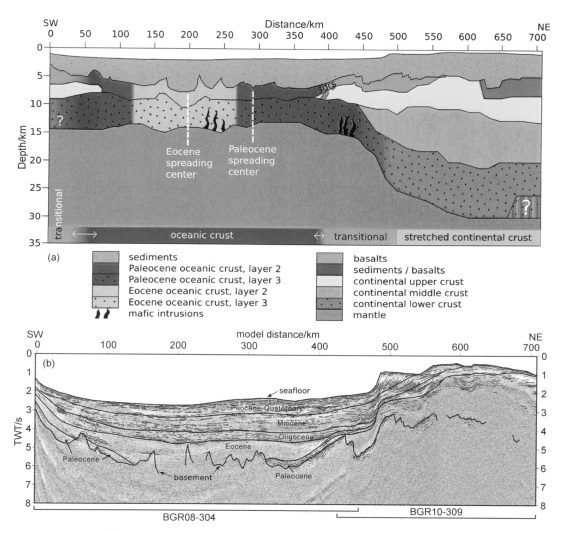

图 2-4-12　巴芬湾 P 波和密度模型与地震地质解释剖面

(a) 巴芬湾 P 波和密度模型地质解释剖面图［剖面位置见图 2-4-10(c)中剖面⑤］；(b) 巴芬湾地震地质解释剖面

注：地震剖面来自 Suckro et al(2012)，地质解释参考了 Gregersen et al(2013)研究成果。

古新统覆盖在古新世洋壳基底-陆壳基底上，古新统厚度较稳定，约为 180 ms（双程旅行时）（约 220 m），以弱振幅反射波组为主，局部见强振幅反射、杂乱反射［图 2-4-12(b)中古新统(Paleocene)］，主要为远洋沉积的泥质岩和火山岩。按时间跨度 5.5 Ma（62.5～

57 Ma)计算,古新统的沉积速率约为 40 m/Ma。

　　始新统主要覆盖于始新世和古新世洋壳基底上,厚度变化大,最大厚度约为 1 200 ms(双程旅行时)(约 2 000 m),以弱振幅反射波组为主,局部见强振幅反射[图 2 - 4 - 12(b)中始新统(Eocene)],主要为远洋沉积的泥质岩和火山岩。按时间跨度 24 Ma(57~33 Ma)计算,始新统的沉积速率约为 83 m/Ma。

　　渐新统厚度相对稳定,多为 400 ms(双程旅行时)(约 600 m),以中强振幅、亚平行反射波组为主,局部见丘形反射[图 2 - 4 - 12(b)中渐新统(Oligocene)],主要为远洋泥质沉积和砂质海底扇。按时间跨度 10 Ma(33~23 Ma)计算,渐新统的沉积速率约为 60 m/Ma。

　　中新统厚度多为 500~1 000 ms(双程旅行时),最大厚度约为 1 100 ms(双程旅行时)(约 1 800 m),以中强振幅反射波组为主,可见亚平行、丘形、透镜状等反射外形[图 2 - 4 - 12(b)中中新统(Miocene)],为一套远洋泥质沉积、海底扇沉积、冰筏碎屑流沉积的复合体。冰筏碎屑流沉积的形成与格陵兰冰盖密切相关,格陵兰的冰盖形成的最早时间约 18 Ma(Newton et al,2021)。ODP645 钻孔[位置见图 2 - 4 - 10(c)]揭示中新统主要由泥岩和泥质砂岩组成(Cremer,1989)。按时间跨度 18 Ma(23~5 Ma)计算,中新统的最大沉积速率约为 100 m/Ma。

　　上新统—第四系厚度为 400~800 ms(双程旅行时),最大厚度约为 900 ms(双程旅行时)(约 1 200 m),以中强振幅丘形反射波组为主,可见亚平行、透镜状等反射外形[图 2 - 4 - 12(b)中上新统—第四系(Pliocene - Quaternary)],为一套以冰川携带粗碎屑形成的海底扇沉积为主,远洋泥质沉积、冰筏碎屑沉积为辅的复合体。上新世以来,格陵兰的冰盖具有间歇性发育特征(Newton et al,2021)。ODP645 钻孔[位置见图 2 - 4 - 10(c)]揭示上新统—第四系主要为富含砾石的海相泥质岩(Cremer,1989)。按时间跨度 5 Ma 计算,上新统—第四系的最大沉积速率约为 240 m/Ma。

第3章

北欧大陆及被动大陆边缘地质特征

北极地区北欧大陆及被动大陆边缘是加里东造山期（志留纪—泥盆纪）劳伦古陆（Laurentia）、巴伦支微古陆（Barentsia）与波罗的古陆（Baltica）汇聚、拼贴，Iapetus 洋关闭，陆陆碰撞形成的由原地和异地地质体组成的变形带（Aarseth et al，2017；Jakob et al，2019；Billstrom et al，2020；Ceccato et al，2020）。西界为大西洋北部东侧洋陆边界，东界为乌拉尔-新地岛褶皱带（图 3-0-1）。可划分为波罗的西部早古生代变形带、波罗的地盾及东欧地台、巴伦支古生代变形带（图 1-2-2）。

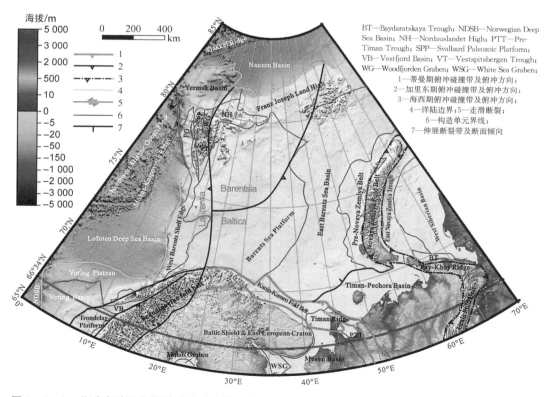

图 3-0-1　北欧大陆及北部被动大陆边缘地貌-构造简图

注：构造线参考 Lindquist(1999)、Persits and Ulmishek(2003)、Aarseth et al(2017)、Gernigon et al(2020)；构造单元分区根据 IHS(2009)全球构造单元分区数据库资料编绘；底图来自 https://maps.ngdc.noaa.gov/viewers/bathymetry。

3.1 波罗的西部早古生代变形带

波罗的西部早古生代变形带是加里东期(志留纪—泥盆纪)劳伦古陆与波罗的古陆汇聚、拼贴,Iapetus 洋关闭,陆陆碰撞形成的由原地和异地地质体组成的变形带(Jakob et al,2019;Billstrom et al,2020;Ceccato et al,2020)。后造山期经历了大规模的剥蚀和二叠纪—三叠纪、侏罗纪、白垩纪、新生代多期伸展,形成的构造单元主要包括斯堪的纳维亚褶皱带和北欧大陆边缘(图 3-0-1,图 3-1-1)。

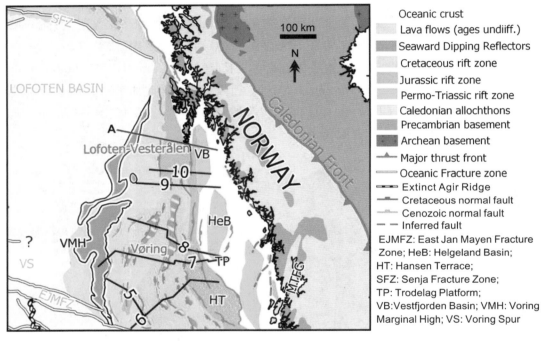

图 3-1-1　波罗的西部早古生代变形带区域构造图以及主要古生代至新生代裂谷带及沉积盆地分布

(据 Tasrianto and Escalona,2015;Gernigon et al,2020 修改)

注:图中 5~10 和 A 为地质剖面位置,剖面 5 和剖面 6 东部重叠。

北欧被动大陆边缘东界为斯堪的纳维亚褶皱带,西界为大西洋东部洋陆边界。北欧被动大陆边缘盆地以加里东造山期最后形成的变形、变质岩系为基底,局部发育上古生界沉积地层,中生界三叠系和侏罗系分布局限,白垩系和新生界分布广泛(Faleide et al,2015;Zastrozhnov et al,2020;Gernigon et al,2020;Meza-Cala et al,2021)。根据构造、基底和沉积盖层特征,北欧北部被动大陆边缘北侧称为罗弗敦-西奥伦(Lofoten-Vesterålen)被动陆缘,南侧称为沃灵(Voring 或 Vøring)被动陆缘(图 3-1-1),可划分为 Trondelag (或 Trøndelag)台地、Vestfjorden 盆地、沃灵盆地、沃灵海底高原 4 个基本构造单元(图 3-1-1,图 3-1-2)。

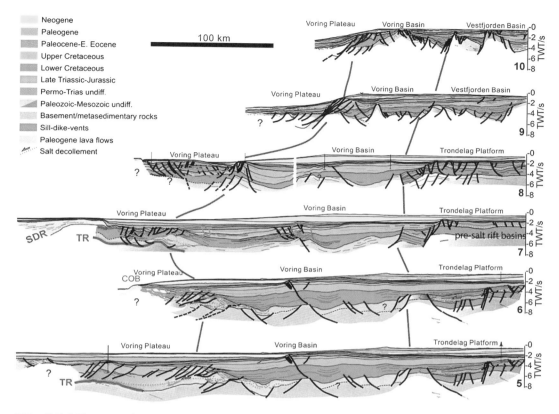

COB—洋陆边界；TR—基岩顶面强反射；SDR—向海倾斜反射，是洋陆过渡带的标志。

图 3-1-2　北欧被动大陆边缘不同部位地震资料解释的地质剖面图

（据 Gernigon et al，2020 修改）

注：图中地质剖面 5～10 的位置见图 3-1-1，剖面 5 和剖面 6 东部重叠，图中垂向比例尺标注数值的单位为 s（双程旅行时）。

3.1.1　斯堪的纳维亚加里东期褶皱带

斯堪的纳维亚（Scandinavian）褶皱带是加里东期（志留纪—泥盆纪）劳伦古陆与波罗的古陆碰撞，形成劳俄超大陆（Laurussia），多期推覆体逆冲到波罗的古陆之上形成的强烈变形、变质的地质体，可划分为原地基底、原地沉积盖层和外来地体三大构造地层单元。逆冲推覆的外来地质体可区分为下部外来地体（Lower Allochthon）、中部外来地体（Middle Allochthon）、卡拉克-塞夫逆冲推覆体（Kalak-Seve Nappes）、上部外来地体（Upper Allochthon）和最上部外来地体（Uppermost Allochthon）。这些外来的构造地层单元的平面分布如图 3-1-3 所示，成因及剖面结构如图 3-1-4 所示。

1. 原地基底及原地沉积盖层

处于北极范围的斯堪的纳维亚褶皱带主要是斯堪的纳维亚褶皱带北段，其原地基底主要为太古宙—古元古代片麻岩，局部发育古-中元古代岩浆岩侵入体（Robert et al，2021）。

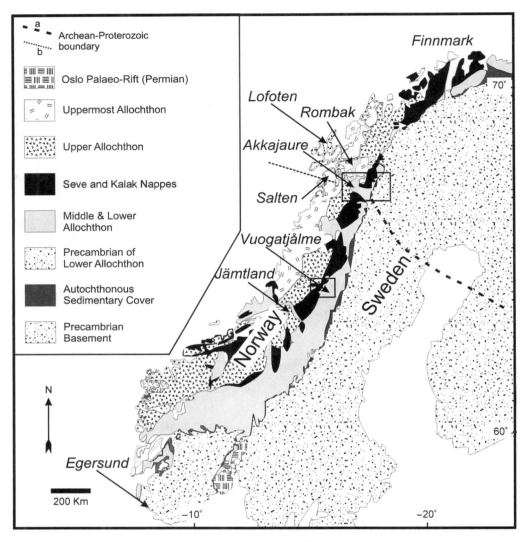

图 3-1-3　斯堪的纳维亚加里东褶皱带构造-地层单元分区

（据 Kirkland et al，2011 修改）

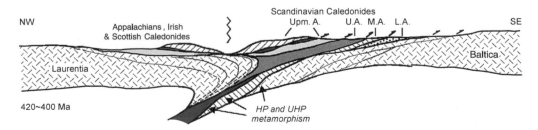

图 3-1-4　中志留世—早泥盆世(420～400 Ma)斯堪的纳维亚加里东褶皱带结构剖面图

（据 Roberts，2003 修改）

注：L.A.、M.A.、U.A. 和 Upm.A. 分别为下部、中部、上部和最上部外来地体。

未见拉伸纪—埃迪卡拉纪(Tonian–Ediacan)期间侵入岩的报道,但在伸展断层控制的地层中测得中元古代末[(1 050±15)Ma]到新元古代中期[825～(810±18)Ma],表明中元古代末—新元古代中期原地基底经历了幕式伸展(Koehl et al,2018)。斯堪的纳维亚褶皱带最古老的变质岩组成的地质体也称芬诺斯堪坎迪亚地盾(Fennoscandian shield)。最古老的原地片麻岩基底之上局部发育新元古界—中寒武统原地沉积盖层(图 3-1-5)。

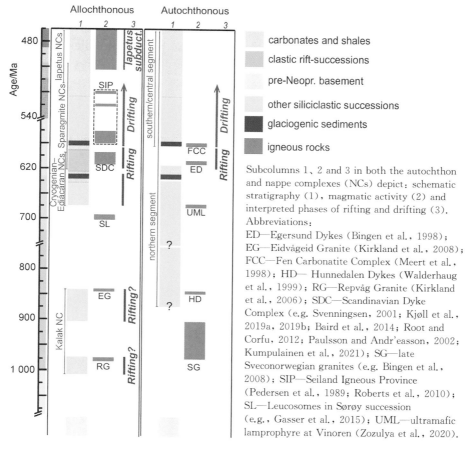

图 3-1-5　斯堪的纳维亚加里东褶皱带地层、岩浆作用、构造演化简图
(据 Robert et al,2021)

芬诺斯堪坎迪亚地盾的地核是太古宇,太古宇地核被古元古代至中元古代造山带包围,该造山带向西南方向变年轻(Bogdanova et al,2008),可细分为 3 个主要阶段:① "原 Svecofennian 阶段",包括最早的大洋-岛弧地壳形成(2 100～1 910 Ma);② 早Svecofennian 阶段,大量新生地壳的形成和老地壳改造(1 910～1 860 Ma);③ 晚Svecofennian 阶段,对应新生地壳和克拉通地壳的底侵和改造(1 850～1 750 Ma)。在1 850～1 650 Ma 期间,沿斯维科芬尼亚(Svecofennian)构造域西侧发育大量长英质岩浆岩,通常称为泛斯堪的纳维亚火成岩带。芬诺斯堪坎迪亚地盾基底主要出露于斯堪的纳

维亚褶皱带的东侧(Kirkland et al,2011)。

斯堪的纳维亚褶皱带残留的原地沉积岩系统称为 Dividal 群,地层年代范围从拉伸纪中期—寒武纪中期,是新元古代—寒武纪中期 Iapetus 洋开裂的沉积记录(图 3-1-5)。沿斯堪的纳维亚加里东冲断层前锋地带出露了 Dividal 群陆架和台地沉积物(Nystuen et al,2008)。Dividal 群的最底层为河流相砂岩和冲积泥石流砾岩堆积。其上为 Torneträsk 组海岸和陆架成因的页岩、碳酸盐岩和石英岩,夹冰川沉积,上部含有波罗的下寒武统动物化石。该群最顶部为中寒武统 Alum 页岩组的黑色页岩。在 Dividal 群之下是 Snavva Sjöfallet"岩系",由砂岩、泥岩和砾岩,以及火山岩组成。Snavva Sjöfallet"岩系"很可能是早元古代形成的,因为其底部含有火山夹层和火山碎屑。这些火山岩单元与约 1 880 Ma 的 Svecofennian 斑岩群相关。

2. 下部外来地体

下部外来地体包括 Osen-Røa 推覆体和 Gaissa 推覆体,主要为长石质硅质碎屑沉积物,沉积在芬诺斯堪的纳维亚地盾及其边缘,在加里东造山运动期间受到低级变质作用的影响(Kirkland et al,2011)。Osen-Røa 推覆体沉积岩沉积年龄为 959~611 Ma,Gaissa 推覆体沉积岩沉积年龄为 1 662~934 Ma(Zhang et al,2015;Olierook et al,2020)。

3. 中部外来地体

中部外来地体由中元古代晚期至新元古代无化石变质沉积岩系和结晶岩组成,以结晶岩为主(Kirkland et al,2011)。在瑞典北部,中部外来地体几乎全部由结晶岩组成,如 Akkajaure 推覆体杂岩,主要由花岗质到花岗闪长岩、正片麻岩组成,U-Pb 锆石年龄为 1 800~1 780 Ma(Rehnström and Corfu,2004)。

4. 卡拉克-塞夫逆冲推覆体

卡拉克-塞夫逆冲推覆体主要由硅质碎屑岩、镁铁质变质岩浆岩组成(Kirkland et al,2011;Ceccato et al,2020)。

卡拉克推覆体(Kalak Nappes)下部可分为下、上部两部分(Kirkland et al,2011;Ceccato et al,2020)。卡拉克推覆体下部变质沉积岩 Sværholt 岩系在 1 030 Ma 后沉积的,变形后被 980~970 Ma 花岗岩侵入(Kirkland et al,2007)。卡拉克推覆体下部的 Fagervik 长英质片麻岩和角闪岩覆盖在 Sværholt 岩系之上,Fagervik 片麻岩的碎屑锆石年龄为(1 948±17)Ma(Ceccato et al,2020)。卡拉克推覆体杂岩上部由准片麻岩和 Sørøy 变质沉积岩系组成。Sørøy 岩系原始沉积时段为 910~840 Ma,并在 Porsanger 造山期 850~820 Ma、Snøfjord 构造事件 710 Ma± 发生了变形、变质及花岗质岩浆的侵入作用。Sørøy 岩系也在 580~520 Ma 受到 Iapetus 洋裂谷作用和 Seiland 火成岩省(SIP)岩浆活动的影响,局部发生混合岩化和构造变形,形成一系列镁铁质-超镁铁质和碱性侵入体(Ceccato et al,2020)。

在处于北极圈的 Akkajaure 地区(图 3-1-3),塞夫(Seve)推覆杂岩由三个逆冲构造单元组成,最底部的 Skárjá 推覆体由石榴石云母片岩组成,有亚镁铁质岩浆岩透镜体和受变质叠加（640 Ma±）影响形成的花岗岩片麻岩（1 780 Ma±）（Rehnström et al,2002）。在 Skárjá 推覆体上方,Mihká 推覆体主要由石英岩和角闪岩组成。上覆的 Sarektjåhkkå 推覆体由变质沉积岩和大量辉绿岩脉组成（图 3－1－6）。年龄为 608 Ma± 的席状岩床杂岩体与 Iapetus 洋打开有关（Svenningsen,2001）。

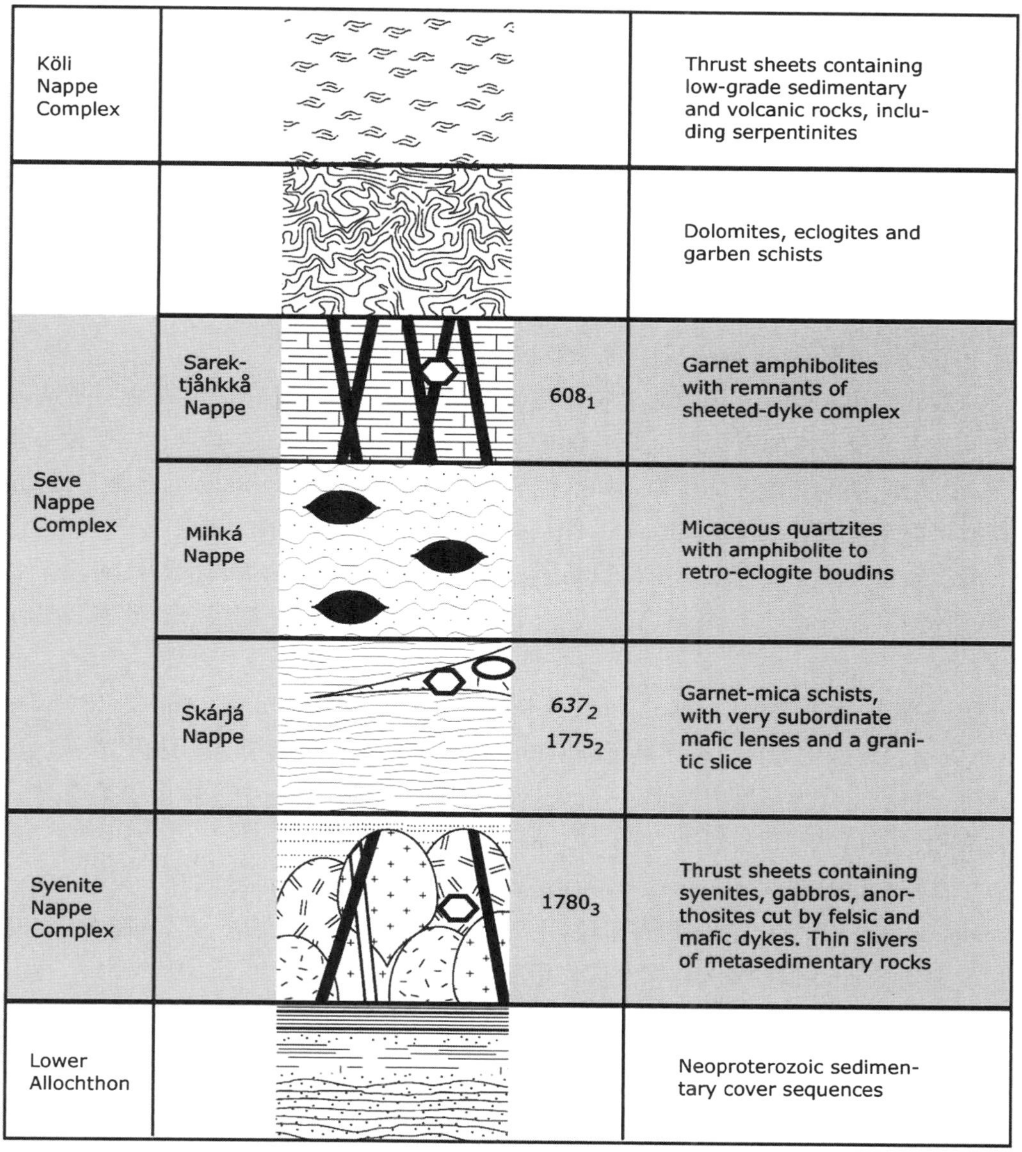

Köli Nappe Complex				Thrust sheets containing low-grade sedimentary and volcanic rocks, including serpentinites
Seve Nappe Complex				Dolomites, eclogites and garben schists
	Sarek-tjåhkkå Nappe		608_1	Garnet amphibolites with remnants of sheeted-dyke complex
	Mihká Nappe			Micaceous quartzites with amphibolite to retro-eclogite boudins
	Skárjá Nappe		637_2 1775_2	Garnet-mica schists, with very subordinate mafic lenses and a granitic slice
Syenite Nappe Complex			1780_3	Thrust sheets containing syenites, gabbros, anorthosites cut by felsic and mafic dykes. Thin slivers of metasedimentary rocks
Lower Allochthon				Neoproterozoic sedimentary cover sequences

图 3－1－6　Akkajaure 地区逆冲推覆体构造地层序列

（据 Rehnström et al,2002）

5.上部和最上部外来地体

卡拉克-塞夫逆冲推覆体之上的上部外来地体称为 Köli 推覆体（图 3－1－6）,它主要由来自 Iapetus 洋的沉积岩和火成岩构成,主要为寒武纪—志留纪的蛇绿岩和岛弧杂岩。最上部外来地体是在 Iapetus 洋和劳伦古陆边缘形成的外来地体,主要为低变质的沉积岩、火山岩及蛇绿岩(Roberts,2003)。

3.1.2 沃灵被动大陆边缘

沃灵被动大陆边缘包括 Trondelag 台地、沃灵盆地、沃灵海底高原 3 个基本构造单元。

1. Trondelag 台地

Trondelag 台地位于挪威中部近海,北邻 Vestfjorden 盆地,西邻 Voring 盆地,南邻 More 盆地,东部和东南部与斯堪的纳维亚加里东褶皱带相接(图 3-1-7)。水深多为 $100\sim400$ m,面积约为 $5\times10^4\,km^2$。油气地质储量达 $4\times10^8\,m^3$(IHS,2009)。

1) Trondelag 台地地层序列

总体上,Trondelag 台地在加里东期褶皱变质岩基底之上发育了石炭系、二叠系、三叠系、侏罗系、白垩系、古近系、新近系及第四系(图 3-1-8)。

一般认为,Trondelag 台地加里东期褶皱变质岩基底之上发育最老的地层是造山后首次同裂谷阶段形成的石炭系—下二叠统($332.9\sim255$ Ma±,图 3-1-8),主要为一套冲积相、沼泽相、湖泊相成因的砾岩、砂岩、泥岩。最新研究认为,Trondleag 台地 Halten 阶地极有可能发育泥盆系(Breivik et al,2011;Gernigon, et al,2020)。

晚二叠世—早三叠世($255\sim235$ Ma±),Trondelag 台地演化为首次裂后阶段。上二叠统主要为滨浅海相砂岩、膏岩、白云岩。下三叠统主要为陆相-滨浅海相砂岩、泥岩、白云岩。

中三叠世卡尼期(Carnian)—中侏罗世巴柔期(Bajocian)($235\sim166$ Ma±),Trondelag 台地演化为首次裂后热沉降阶段。中三叠统主要为潟湖-盐沼相泥岩、膏岩、盐岩。上三叠统主要为河流相泥岩、钙质泥岩夹砂岩。下侏罗统—中侏罗世巴柔阶为一套滨浅海相、三角洲相泥岩、砂岩(图 3-1-8)。

中侏罗世巴通期(Bathonian)—早白垩世贝里阿斯期(Berriasian)($166\sim141$ Ma±),Trondelag 台地演化为二次同裂谷阶段,主要形成一套滨浅海相泥岩、砂岩(图 3-1-8)。砂岩发育于 Rogn 组,主要为陆架潮流作用下形成的砂脊(Chiarella et al,2020)。

早白垩世贝里阿斯期末—晚白垩世土伦期($141\sim89$ Ma±),Trondelag 台地演化为二次裂后阶段,主要形成一套开阔浅海相泥岩、钙质泥岩、泥灰岩,顶部发育砂岩(图 3-1-8)。

晚白垩世科尼亚克期(Coniacian)—马斯特里赫特期($89\sim65$ Ma±),Trondelag 台地演化为二次裂后热沉降阶段,主要形成一套开阔浅海相泥岩,底部发育砂岩(图 3-1-8)。

古新世—始新世早期($65\sim50$ Ma±),Trondelag 台地演化为三次同裂谷阶段,主要形成一套开阔浅海相泥岩,强烈火山喷发形成的凝灰岩、钙质凝灰岩。始新世中期以来($50\sim0$ Ma±),Trondelag 台地演化为三次裂后阶段,主要形成一套开阔浅海相泥岩、粉砂岩(图 3-1-8)。

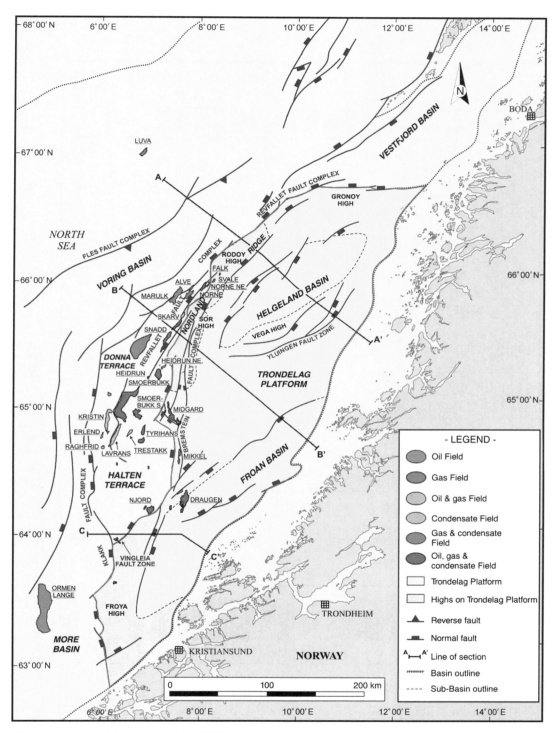

图 3 - 1 - 7　Trondelag 地台构造格架平面图

（据 IHS，2009 修改）

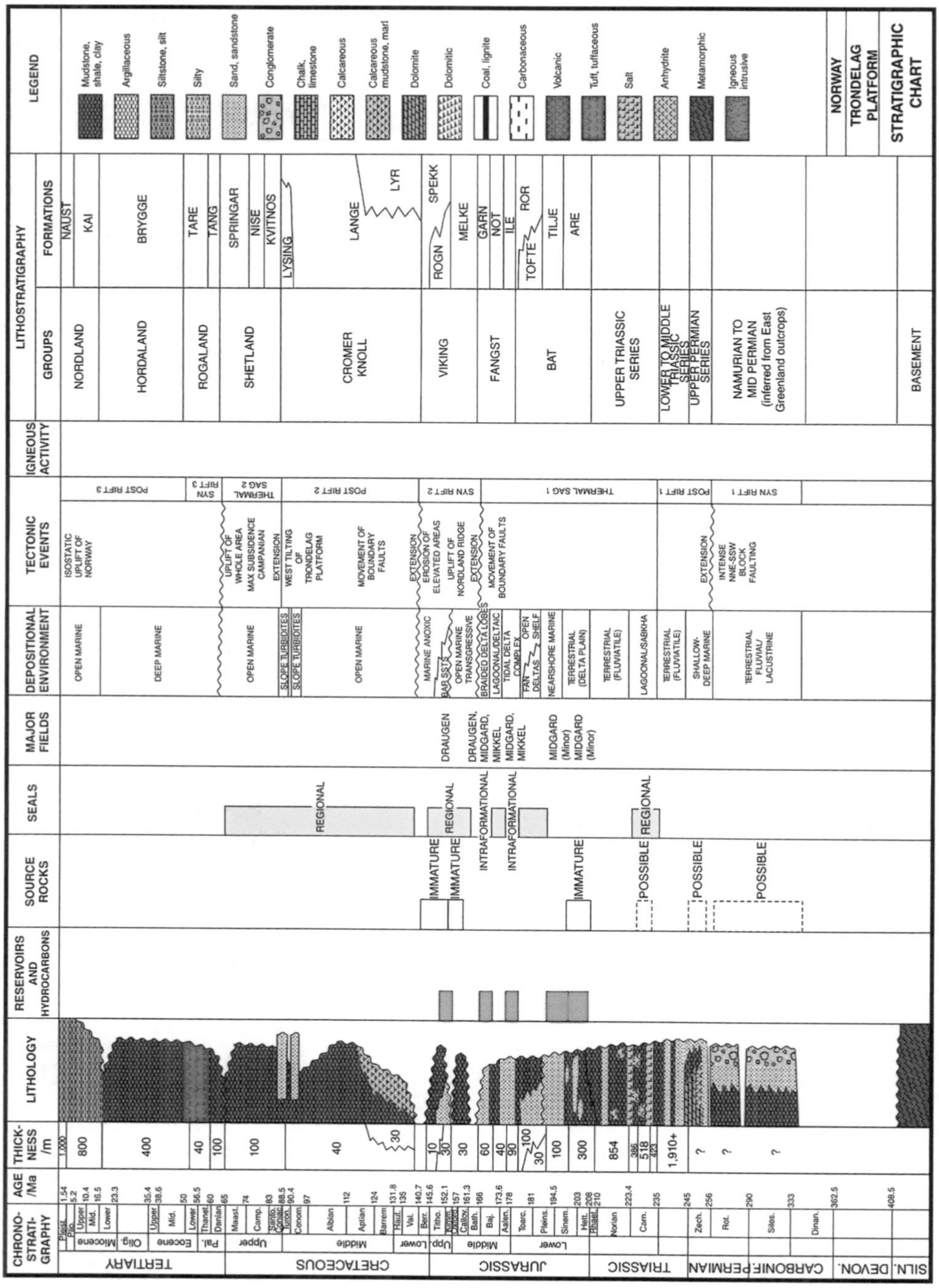

图 3-1-8 Trondelag 地台综合地层柱状图

（据 IHS. 2009 修改）

2) Trondelag 台地构造及地层分布

加里东造山期后,Trondelag 台地由地壳伸展形成的一系列北北东—南南西走向的正断层控制(图 3-1-7),多期幕式发育的正断层形成了一系列堑垒构造。地堑的深凹和低断阶普遍发育石炭系—第四系。受断层活动差异性影响,不同地垒的高断块的地层缺失或减薄有一定差异(图 3-1-9)。

Trondelag 台地北部 Helgeland 次盆西侧的 Nordland 脊,加里东期变质岩基底埋藏较浅,最浅不足 2 500 ms(双程旅行时)。中石炭统—中二叠统、上二叠统—中三叠统明显减薄,中-上三叠统普遍缺失,侏罗系、白垩系中下部局部缺失,白垩系上部有所减薄[图 3-1-9(a)],表明 Nordland 脊北部石炭纪中期—白垩纪断裂幕式差异活动较强。

Trondelag 台地中部西侧的 Nordland 脊,中石炭统—中二叠统、上二叠统—中三叠统厚度较大,中-上三叠统厚度与台地内部相当,侏罗系中下部有所减薄,侏罗系中上部高部位缺失,白垩系中下部大范围缺失,白垩系上部、古新统明显减薄[图 3-1-9(b)],表明 Nordland 脊中部侏罗纪—古新世断裂幕式差异活动较强。

Trondelag 台地南部西侧的 Froya 隆起,中石炭统—中二叠统缺失,上二叠统—中三叠统、中-上三叠统局部零星发育,侏罗系中下部基本缺失,侏罗系中上部厚度极薄且高部位缺失,白垩系厚度减薄[图 3-1-9(c)],表明 Froya 隆起中石炭世—中二叠世处于隆起剥蚀状态,晚二叠世—白垩纪断裂幕式差异活动较强。

2. 沃灵盆地及海底高原

沃灵盆地及海底高原位于挪威中部远海,东接 Trondelag 台地,北部与 Lofoten-Vesterålen 被动陆缘相接、西南部与 More 被动陆缘相邻(图 3-1-10)。其中,沃灵盆地水深多在 300 m 以上,西部最大水深超过 2 000 m,面积约为 10×10^4 km²。油气地质储量达 7 992.97 MMboe(油:1 MMboe = 15.9×10^4 m³ = 13.7×10^4 t),约 12.7×10^8 m³(IHS, 2009)。而沃灵海底高原处于沃灵盆地西侧与 Lofoten 洋盆之间的过渡带,水深普遍超过 2 000 m,面积约为 8.9×10^4 km²(IHS,2009)。油气地质储量不详。

1) 沃灵盆地及海底高原地层序列

沃灵盆地与 Trondelag 台地相似,在加里东期褶皱变质岩基底之上发育石炭系、二叠系、三叠系、侏罗系、白垩系、古近系、新近系及第四系(IHS,2009)。但白垩系至第四系地层巨厚,最厚超过 8 s(双程旅行时),造成白垩系以下地层钻井难以钻达、地震资料难以识别(图 3-1-9,图 3-1-11)。推测沃灵盆地的石炭系至侏罗系与 Trondelag 台地沉积类型相同,均为陆内裂谷盆地沉积。白垩纪以来,沃灵盆地进入大规模伸展沉降阶段。而沃灵海底高原以古新统上部—始新统下部巨厚的玄武岩为特征(图 3-1-11)。

2) 沃灵盆地及海底高原构造及地层分布

加里东造山期后,沃灵盆地及海底高原由地壳伸展形成的一系列北北东—南南西走向的正断层控制(图 3-1-10)。多期幕式发育的正断层形成了一系列堑垒构造。地堑的

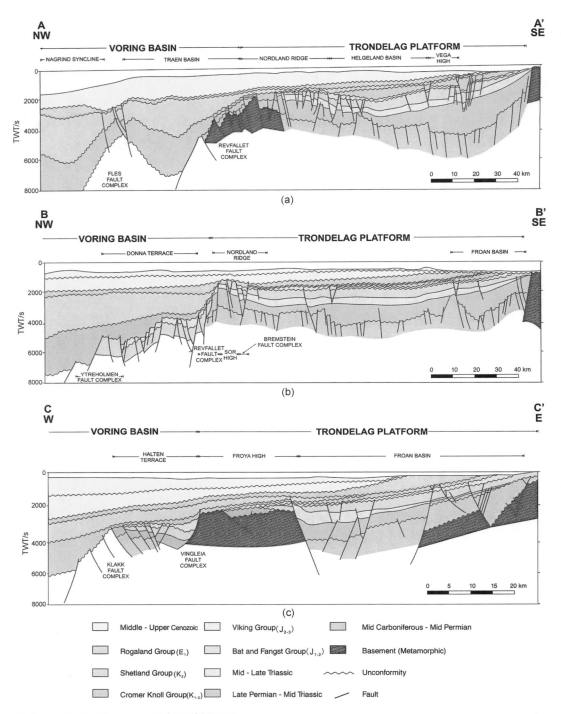

图 3-1-9 过 Trondelag 地台地质剖面图

（a）AA′剖面；（b）BB′剖面；（c）CC′剖面

（剖面位置见图 3-1-7，据 IHS，2009 修改）

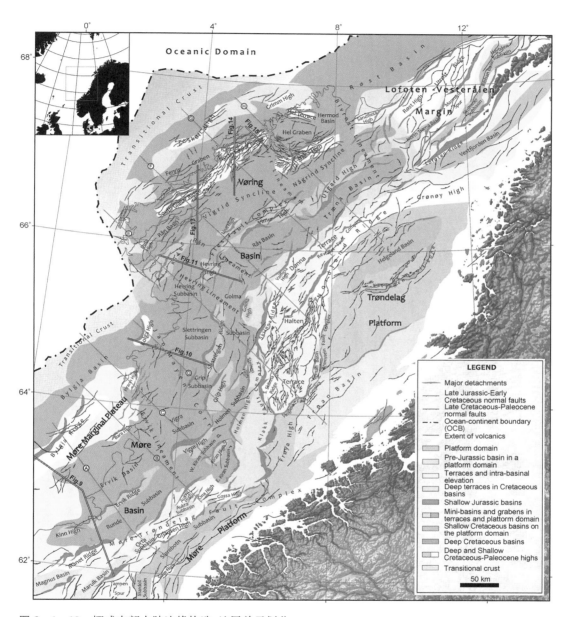

图 3 - 1 - 10　挪威中部大陆边缘构造-地层单元划分

（据 Zastrozhnov et al.2020 修改）

注：A～H 为区域剖面位置。

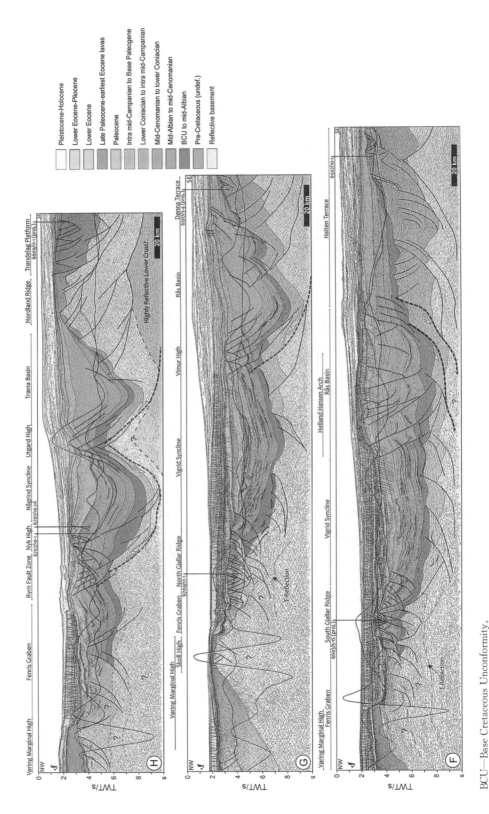

BCU—Base Cretaceous Unconformity。

图 3-1-11 过沃灵盆地地区区域地震-地质解释剖面

（剖面位置见图 3-1-10，据 Zastrozhnov et al, 2010 修改）

注：红色粗虚线表示主要拆离断层。棕色粗实线表示 50 km 高通滤波布格数据。蓝色实线表示 50 km 高通滤波磁数据。

深凹和低断阶普遍发育石炭系—第四系。受断层活动差异性影响,不同地垒的高断块的地层缺失或减薄有一定差异(图 3-1-11)。

沃灵盆地及海底高原北部,前白垩系厚度稳定,厚度多为 1 000 ms(双程旅行时)。白垩系底界—阿尔必阶(Albian)中部、阿尔必阶中部—塞诺曼阶中部厚度变化较小。塞诺曼阶中部—康尼亚克阶下部、康尼亚克阶下部—坎潘阶中部和坎潘阶中部—古近系底界厚度变化均较大。古新统地层厚度较为稳定。始新统—上新统主要发育于沃灵盆地西部及沃灵海底高原。更新统—全新统沃灵盆地中部厚度最大。沃灵海底高原发育了厚度超过 3 s(双程旅行时)的古新统上部—始新统下部玄武岩(图 3-1-11 中 H 剖面),表明沃灵盆地北部塞诺曼期中期—白垩纪末断裂幕式差异活动较强。

沃灵盆地及海底高原中部,前白垩系具有东厚西薄的特征。白垩系底界—阿尔必阶中部、阿尔必阶中部—塞诺曼阶中部厚度变化较小。塞诺曼阶中部—康尼亚克阶下部、康尼亚克阶下部—坎潘阶中部和坎潘阶中部—古近系底界厚度变化均较大。古新统地层厚度较为稳定。始新统—上新统沃灵盆地西部厚度增大。更新统—全新统沃灵盆地中部厚度最大。沃灵海底高原发育了最大厚度超过 4.5 s(双程旅行时)的古新统上部—始新统下部玄武岩(图 3-1-11 中 G 剖面),表明沃灵盆地中部塞诺曼期中期—白垩纪末断裂幕式差异活动较强。

沃灵盆地及海底高原南部,前白垩系具有东厚西薄的特征。白垩系底界—阿尔必阶中部、阿尔必阶中部—塞诺曼阶中部厚度存在明显变化。塞诺曼阶中部—康尼亚克阶下部、康尼亚克阶下部—坎潘阶中部和坎潘阶中部—古近系底界厚度变化均较大。古新统分布广泛,地层厚度具有东薄西厚的特征。始新统—上新统沃灵盆地西部厚度较大,中部缺失,东部较薄。更新统—全新统沃灵盆地中部厚度最大。沃灵海底高原发育了最大厚度超过 2.5 s(双程旅行时)的古新统上部—始新统下部玄武岩(图 3-1-11 中 F 剖面),表明沃灵盆地南部白垩纪—上新世存在多期较强的幕式差异构造活动。

3.1.3　Lofoten - Vesterålen 被动陆缘

Lofoten - Vesterålen 被动大陆边缘位于 Lofoten 洋盆与斯堪的纳维亚褶皱带之间,南部以 Bivrost 线性构造带与沃灵被动大陆边缘相接(图 3-1-12),北部以 Senja 断裂带(图 3-1-1)与巴伦支海剪切大陆边缘相邻(Faleide et al,2008)。主要构造单元包括 Utrøst 隆起、Ribban 盆地、Harstad 盆地和 Vestfjorden 盆地(图 3-1-12)。

1. 地层序列

Lofoten - Vesterålen 被动大陆边缘的地层序列是加里东造山期后多幕差异构造伸展裂谷作用导致差异沉积作用形成的。露头和钻井揭示的地层有上三叠统、侏罗系、白垩系、古近系、新近系和第四系(图 3-1-13,图 3-1-14)。地震资料解释结果表明,盆地深部很可能存在石炭系—中三叠统(图 3-1-15)。石炭纪—侏罗纪中期为第一裂谷幕;侏罗纪中期—白垩纪晚期为第二裂谷幕;白垩纪晚期—古新世为第三裂谷幕。始新世早期

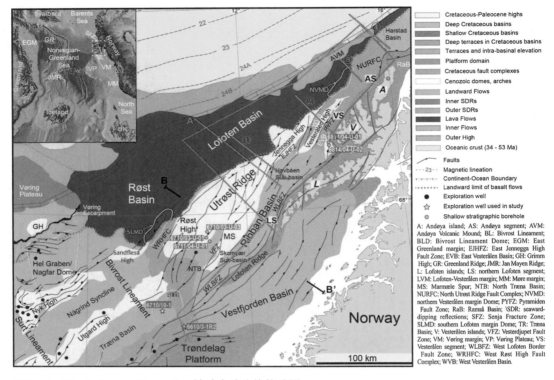

图 3 - 1 - 12 Lofoten - Vesterålen 被动大陆边缘构造图

（据 Meza - Cala et al,2021）

注：AA′、①～④ 为文中引用 Meza - Cala et al(2021)剖面位置，BB′为文中引用 Tasrianto and Escalona(2015)剖面位置。

岩石圈破裂，北大西洋洋壳出现，该区演化为被动大陆边缘（图 3 - 1 - 13）。

区域地质演化研究成果（Breivik et al,2011；Faleide et al,2015；Gernigon, et al,2020）表明，首幕同裂谷阶段形成的石炭系—下二叠统（332.9～255 Ma±），主要为一套冲积相、沼泽相、湖泊相成因的砾岩、砂岩、泥岩，局部极有可能发育泥盆系陆相砂岩、砾岩。晚二叠世—早三叠世（255～235 Ma±）演化为首幕裂后阶段。上二叠统主要为滨浅海相砂岩、膏岩、白云岩。下三叠统主要为陆相-滨浅海相砂岩、泥岩、白云岩。中三叠世卡尼期—中侏罗世巴柔期（235～166 Ma±）演化为首幕裂后热沉降阶段。中三叠统主要为潟湖-盐沼相泥岩、膏岩、盐岩。上三叠统主要为河流相砾岩、砂岩，夹泥岩、钙质泥岩（图 3 - 1 - 14 中 6710/03 - U - 03 钻孔）。下侏罗统—中侏罗统巴柔阶为一套滨浅海相、三角洲相砾岩、砂岩、泥岩（图 3 - 1 - 14 中 6811/04 - U - 01 钻孔和 Andoya 露头剖面）。

侏罗纪中期—白垩纪晚期为第二裂谷幕，中侏罗世巴通期—早白垩世末阿尔必期为二幕同裂谷阶段，晚白垩世塞诺曼期—坎潘期为裂后热沉降阶段（图 3 - 1 - 13）。中侏罗统巴通阶—上白垩统阿尔必阶主要为浅海相暗色泥岩，其次为滨浅海相砾岩、砂岩、粉砂岩（图 3 - 1 - 14 中 Andoya onshore outcrop、6710/03 - U - 01、6814/04 - U - 02 和

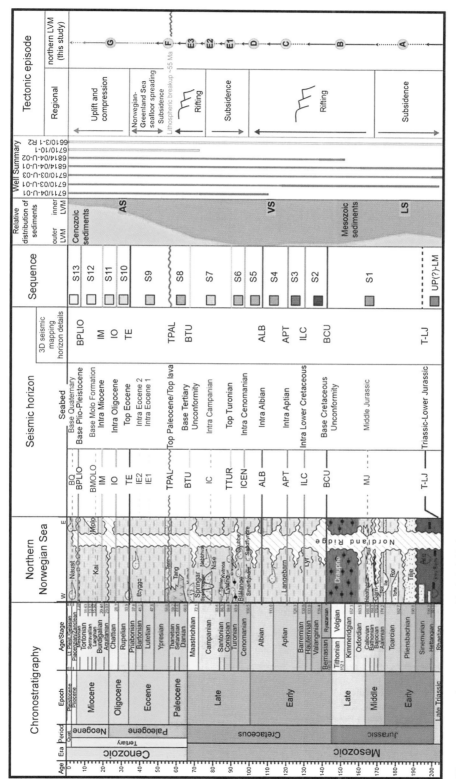

图 3 - 1 - 13 Lofoten - Vesterålen 被动陆缘综合地层柱状图

（据 Meza - Cala et al, 2021 修改）

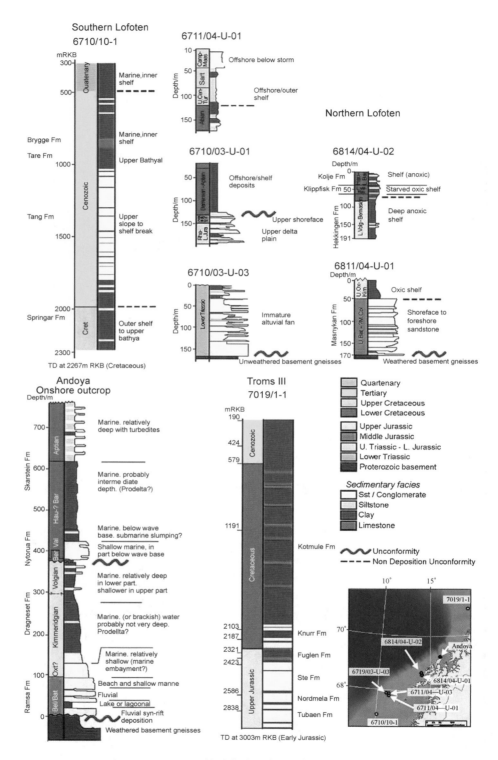

图 3 - 1 - 14　Lofoten - Vesterålen 被动大陆边缘主要钻井及露头剖面图

（据 Tasrianto and Escalona，2015 修改）

6811/04－U－01），见少量浅海相灰岩（图3－1－14中7019/1－1）。上白垩统塞诺曼阶—坎潘阶主要为深水浅海相泥岩夹浊流和风暴成因的粉砂岩、砂岩（图3－1－14中6710/10－1和6711/04－U－01），见少量浅海相灰岩（图3－1－14中7019/1－1）。

晚白垩世末马斯特里赫特期—古新世为第三裂谷幕。始新世初岩石圈开始破裂，北大西洋洋壳出现，该区演化为被动大陆边缘（图3－1－13）。上白垩统马斯特里赫特阶—古新统主要为深水浅海相砂岩、泥岩，夹少量浅海相灰岩（图3－1－14中6710/10－1和7019/1－1），在大陆边缘发育大量火山岩（图3－1－13）。始新统—第四系为一套以泥岩占优势，砂岩次之，并有少量碳酸盐岩的被动大陆边缘沉积序列。

Meza－Cala等（2021）在Lofoten－Vesterålen被动大陆边缘地震剖面的三叠系顶部以上地层中识别出S1～S13，共计13个地震层序，认为其下存在上古生界—三叠系中下部地层（图3－1－13，图3－1－15，图3－1－17）。而Tasrianto和Escalona（2015）认为，前三叠系基本不发育，陆壳之上主要发育三叠系、侏罗系、白垩系、新生界，洋陆过渡壳之上主要发育新生界（图3－1－16）。造成这种认识差异的主要原因：一是钻井和露头未发现前三叠系，二是深部地震资料品质较差。

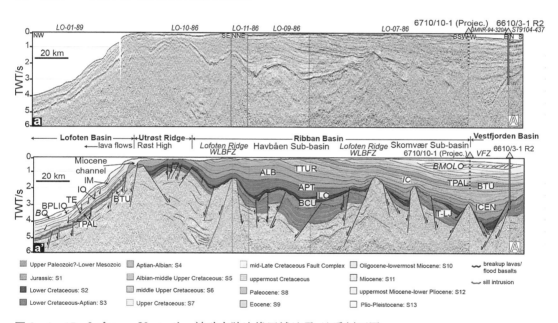

图3－1－15　Lofoten－Vesterålen被动大陆边缘区域地震－地质剖面图

（剖面位置见图3－1－12中AA′，据Meza－Cala et al,2021修改）

注：图中构造要素缩略词的全称如图3－1－12所示，界面名称缩略词地质意义如图3－1－13所示。

2. 构造及地层分布

从斯堪的纳维亚褶皱带到大西洋东部洋陆边界，Lofoten－Vesterålen被动大陆边缘呈现隆凹相间的构造格局。深凹部位地层厚度大，地层发育相对较全；隆起部位地层相对较薄，存在不同程度的地层缺失（图3－1－15，图3－1－16）。

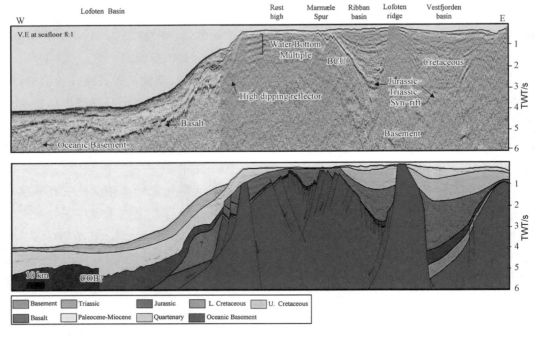

COB—洋陆边界。

图 3-1-16 Lofoten 洋盆-Vestfjorden 盆地地震剖面及地质解释

(剖面位置见图 3-1-1 中 A 或图 3-1-12 中 BB′,据 Tasrianto and Escalona,2015 修改)

Vestfjorden 盆地紧邻斯堪的纳维亚褶皱带,面积约为 $1 \times 10^4 \, km^2$,位于 Trondelag 台地北侧,两者以 Gronoy 断隆相分隔,西侧被 Lofoten 半岛凸起所限(图 3-1-7,图 3-1-10)。多期幕式发育的正断层形成了一系列堑垒构造(图 3-1-15)。基底最大埋深达 12 km(Maystrenko et al,2017)。地堑的深凹和低断阶普遍发育上三叠统—第四系(图 3-1-15,图 3-1-16),局部很可能发育上古生界—中三叠统(图 3-1-15)。受断层活动差异性影响,不同地垒的高断块的地层缺失或减薄有一定差异(图 3-1-15)。

Lofoten 半岛以西是 Lofoten-Vesterålen 被动大陆边缘的主体,具有明显的构造及地层南北分段、东西分带特征(图 3-1-12)。

南段构造相对简单,Lofoten 半岛西侧的西 Lofoten 边界断裂带(WLBFZ)以西依次为 Ribban 盆地、Utrøst 隆起,以洋陆边界向西与北大西洋相接(图 3-1-12)。Ribban 盆地(Havbåen 次盆)发育了上古生界—上白垩统;Utrøst 隆起(Vesterdjupet 断裂带)主要发育了上古生界—下白垩统,上白垩统不同程度缺失;Lofoten 洋盆发育古新统—第四系(图 3-1-17 中①)。

中段构造相对复杂,呈多隆多凹的构造格局,Lofoten 半岛西侧的西 Lofoten 边界断裂带(WLBFZ)以西依次为东 Vesterålen 盆地(EVB)、Vesterålen 凸起(VH)、西 Vesterålen 盆地(WVB)、Jennegga 凸起(JH)、北 Utrøst 隆起断裂破碎带(NURFC),以洋陆边界向西与北大西洋 Lofoten 洋盆相接(图 3-1-12,图 3-1-17 中②)。EVB 东部主要发育侏罗

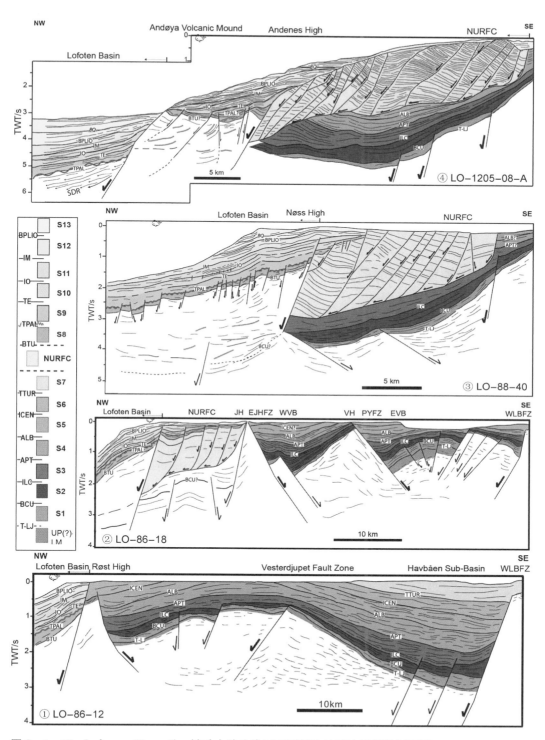

图 3 - 1 - 17　Lofoten - Vesterålen 被动大陆边缘区不同部位地震地质解释剖面图

（据 Meza - Cala et al，2021 修改）

注：剖面位置见图 3 - 1 - 12 中①、②、③、④，图中构造要素缩略词的全称见图 3 - 1 - 12。

系—下白垩统,EVB 中部发育上古生界—下白垩统,EVB 西部发育上古生界—上白垩统。VH 主要发育下白垩统。WVB 主要发育侏罗系—上白垩统。JH 高部位主要发育第四系。NURFC 主要发育上白垩统及新生界,其下很可能存在下白垩统及更老的地层。Lofoten 洋盆发育古新统—第四系(图 3-1-17 中②)。

北段东侧的北 Utrøst 隆起断裂破碎带(NURFC)与斯堪的纳维亚褶皱带直接相接,西侧与具有过渡壳性质的 Nøss-Andenes 凸起,以洋陆边界向西与北大西洋 Lofoten 洋盆相接(图 3-1-12,图 3-1-17 中③和④)。NURFC 主要发育侏罗系—上白垩统,上白垩统厚度巨大,且被断裂强烈改造,新生界较薄或缺失。Nøss-Andenes 凸起主要发育古新统—第四系,其下很可能存在被岩浆作用强烈改造的白垩系及更老的地层。Lofoten 洋盆发育古新统—第四系(图 3-1-17 中③和④)。

3.2 北极圈波罗的地盾及东欧地台

北极圈波罗的地盾及东欧地台西部以斯堪的纳维亚加里东褶皱带为界,东部以乌拉尔海西褶皱带为界,包括前寒武系的地盾区、东欧地台区、东欧地台东北缘增生带。东欧地台区包括白海(White Sea)地堑和梅辛(Mezen)盆地的北部。东欧地台东北缘增生带包括蒂曼-伯朝拉盆地的中北部、Kanin-Kamen 褶皱带、蒂曼脊(图 3-0-1)。

3.2.1 波罗的地盾及东欧地台基底构成特征

1. 东欧克拉通

波罗的地盾及东欧地台合称为东欧克拉通(East European Craton,EEC)(Kuznetsov et al,2010)。EEC 由 3 个古老的陆块芬诺斯堪坎迪亚、Volgo-Uralia 和 Sarmatia 在前寒武纪拼贴碰撞而成。芬诺斯堪坎迪亚、Volgo-Uralia 和 Sarmatia 最老的岩石为年龄大于 2 600 Ma 的太古宇变质杂岩。Sarmatia 和 Volga Uralia 的碰撞发生于 2 200~2 000 Ma,形成 Volga-Sarmatia 原克拉通(proto-craton)(Shchipansky et al,2007)。在 1 950~1 650 Ma,Volga-Sarmatia 与 Fenoscandia 发生碰撞,形成原波罗的克拉通(proto-Baltica Craton)。随后在 1 750~900 Ma,沿着原波罗的克拉通西部边缘发生了间歇性的增生和碰撞过程,分别为 Gothian(1 750~1 550 Ma)、Telemarian(1 520~1 420 Ma)、Danopolonian(1 500~1 400 Ma)和 Svekonor-wegian(1 140~900 Ma)造山事件。在中-新元古代时期,原波罗的克拉通内部发育裂谷盆地充填沉积(图 3-2-1)。

在 1 300~900 Ma,发生了全球范围的造山事件(Li et al,2008),原波罗的克拉通与全球其他古陆聚合,形成了罗迪尼亚(Rodinia)超级大陆。在新元古代晚期(825~740 Ma),罗迪尼亚超大陆发生强烈的裂谷作用,约在 600 Ma 波罗的古陆(东欧克拉通)与罗迪尼亚超大陆彻底分离,形成一个在大洋中漂移的独立大陆板块。早古生代晚期—晚古生代早期,波罗的古陆西部与劳伦古陆拼贴碰撞,波罗的古陆南部阿瓦隆(Avalonia)地块拼贴、

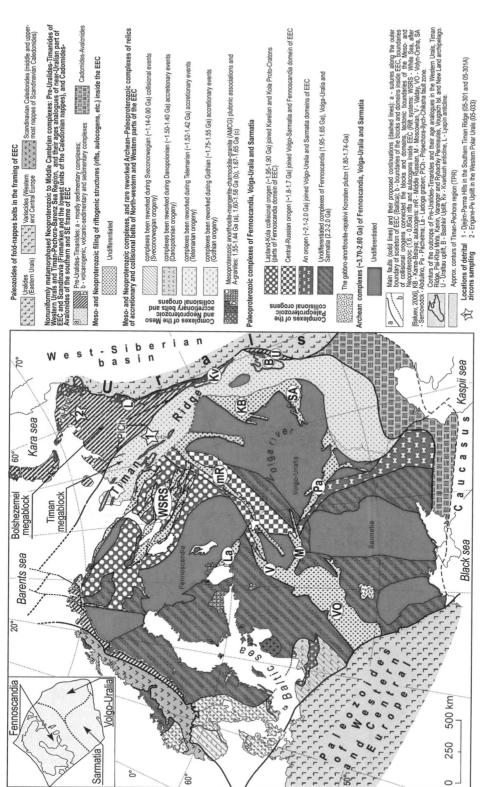

图 3 - 2 - 1　波罗的地盾及东欧地台及邻区基底构成简图

（据 Kuznetsov et al.，2010；Mezyk et al.，2021 修改）

碰撞形成了加里东期造山带。西南部的加里东造山带被晚古生代华力西期造山作用强烈改造。波罗的古陆的东部在晚古生代与西西伯利亚板块汇聚碰撞,形成乌拉尔海西期造山带(图3-2-1)。

2. 蒂曼脊及蒂曼-伯朝拉盆地

蒂曼脊(Timan Ridge)及蒂曼-伯朝拉(Timan-Pechora)盆地处于EEC东北缘。中元古代—新元古代晚期,EEC东北缘为被动大陆边缘盆地,大洋中发育洋内岛弧。成冰期开始,大洋开始俯冲,EEC东北缘转化为活动大陆边缘。蒂曼脊及蒂曼-伯朝拉盆地的基底就是埃迪卡拉纪—中寒武世蒂曼造山期(Timanide Orogen)洋壳向EEC俯冲、岛弧与EEC拼贴、碰撞(Pease et al,2016;Brustnitsyna et al,2022),形成陆缘增生造山带变质杂岩,该杂岩带从哈萨克斯坦到挪威,延伸约3 000 km(图3-2-1)。

3.2.2 东欧地台区盆地

北极圈东欧地台区盆地包括白海地堑(White Sea Graben)和梅辛(Mezen)盆地。白海地堑是新近纪以来在EEC基底上发育的断陷盆地,盆地沉积演化较为简单,为一套由砂岩、粉砂岩、泥岩构成的冲积相-浅海相沉积(Miettinen et al,2014;Nikishin et al,2021c)。而梅辛盆地(图3-2-2)在EEC基底上发育了前寒武系、古生界、中生界及新生界,其间存在多个不整合面(图3-2-3),具有漫长且复杂的构造、沉积演化历史。下文简要讨论梅辛盆地的地质特征。

1. 梅辛盆地地质概况

梅辛盆地位于东欧地台东北部,西部为波罗的地盾东坡,东接蒂曼前渊,向北延伸至白海沿岸,东南部的科特拉斯(Kotlas)断槽将梅辛盆地与伏尔加-乌拉尔巨型盆地分隔开,西南方向的卢兹卡亚(Luzskaya)鞍部将其与莫斯科盆地隔开。盆地内部可进一步划分为12个次级构造单元(图3-2-2)。

里菲纪(Riphean),东欧克拉通发生强烈的裂谷作用,形成了由一系列地垒、地堑构成的梅辛盆地。深地堑中沉积了由巨厚的陆源碎屑沉积物组成的里菲系(图3-2-3),现存最大厚度可达10 km(图3-2-4)。文德纪(Vendian)早期,蒂曼造山作用导致了梅辛裂谷盆地的反转、褶皱变形、抬升,造成文德系下部缺失(图3-2-3,图3-2-4)。文德纪晚期以来,梅辛盆地演化为间歇性抬升、暴露的克拉通内坳陷盆地(图3-2-3,图3-2-4)。

2. 梅辛盆地地层及构造演化

梅辛盆地以太古宙及古元古代变质岩为基底,基底之上间歇性发育了里菲系—斯图尔特系(Sturtian)、文德系中部—寒武系中部、志留系、泥盆系上部、石炭系中部—三叠系中部、侏罗系中部—白垩系下部、新近系—第四系(图3-2-3)。

里菲系—斯图尔特系为一套陆内裂谷盆地充填,以冲积相、三角洲相、湖泊相砂岩、粉砂岩、泥岩为特征,在多数断陷中该套地层最大厚度超过7 000 m。斯图尔特纪晚期—文德纪早期的蒂曼造山运动早期,使梅辛裂谷盆地整体抬升,造成文德系下部普遍缺失(图3-2-3)。

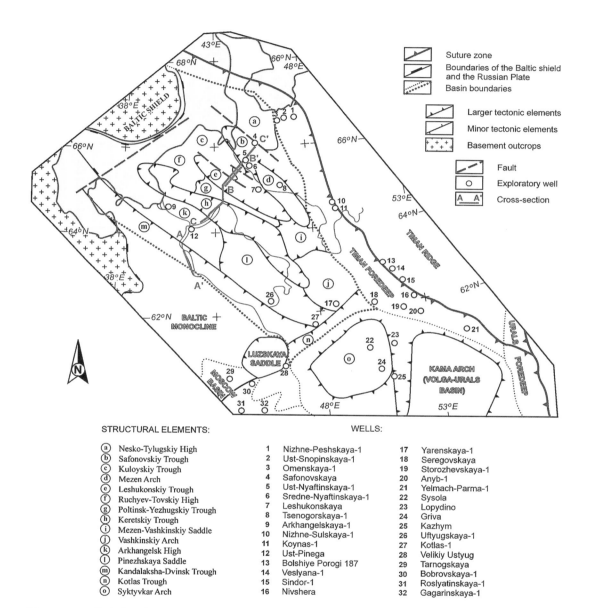

图 3-2-2　梅辛盆地构造纲要图

（据 IHS,2009 修改）

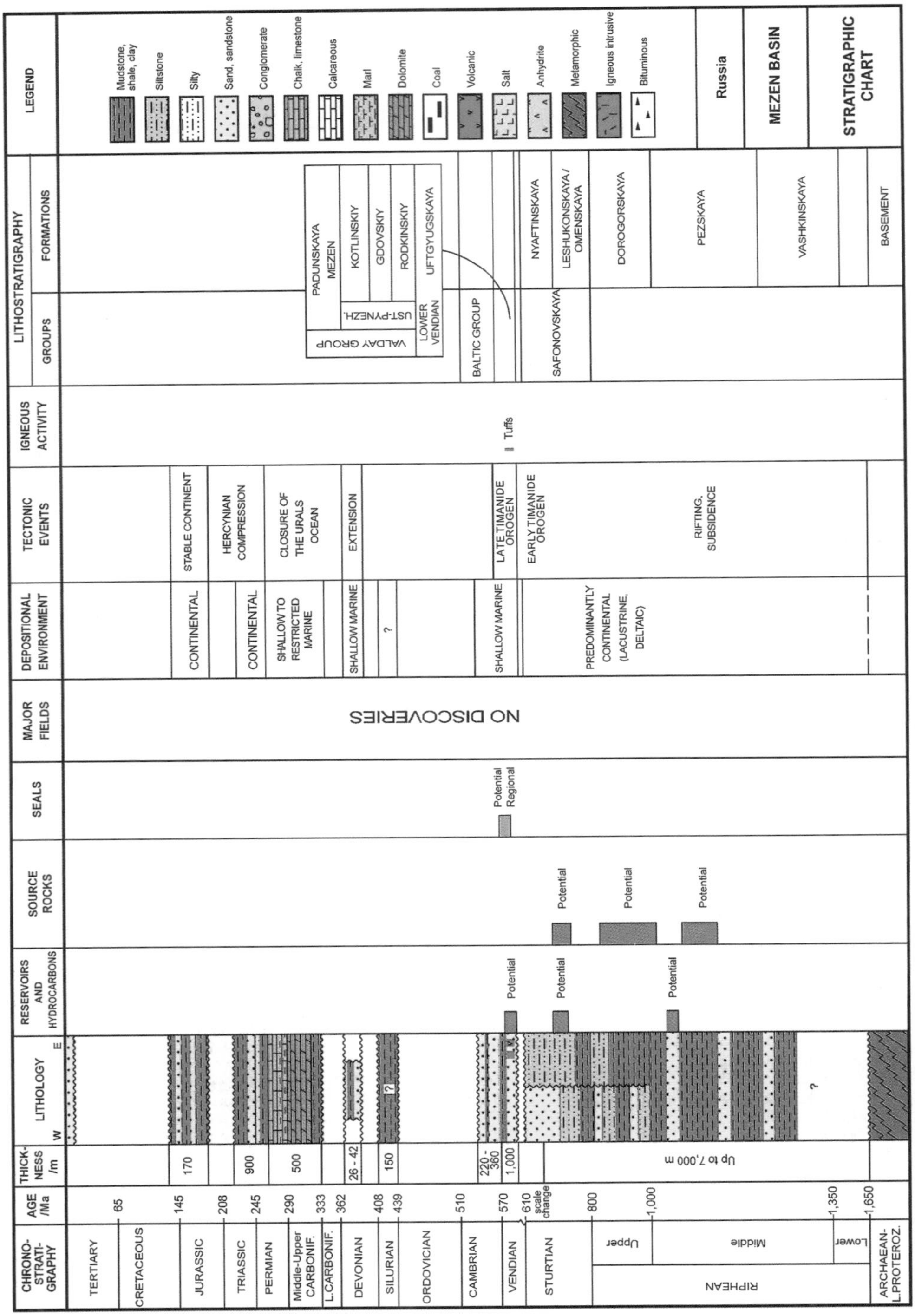

图 3 - 2 - 3　梅辛盆地地层综合柱状图
（据 IHS，2009 修改）

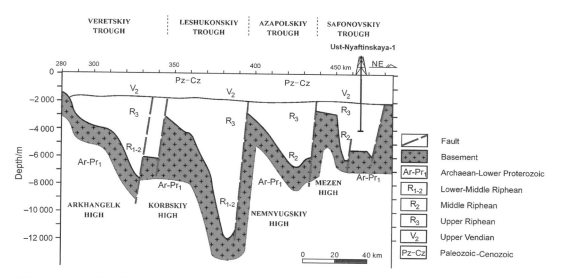

图 3-2-4　梅辛盆地地质剖面简图

（剖面位置见图 3-2-2 中 CC′，据 IHS，2009 修改）

　　文德系中部—寒武系中部为弧后坳陷盆地充填序列，以滨浅海相砂岩、泥岩、火山岩为特征，该套地层厚度多在 1 200 m 左右。文德纪中期—寒武纪中期为蒂曼造山运动晚期，随着东欧克拉通边缘的不断增生和洋壳的持续俯冲，梅辛盆地演化为弧后坳陷盆地。蒂曼造山运动结束后，东欧克拉通发生了大规模抬升，组成寒武系上部—奥陶系普遍缺失（图 3-2-3）。

　　志留系主要为克拉通坳陷盆地浅海相泥岩，厚度一般在 150 m 左右。泥盆系上部为克拉通坳陷盆地浅海相砂岩、泥岩，厚度多不足 50 m。缺失泥盆系下部和石炭系下部地层（图 3-2-3）。这种地层的缺失很可能与全球海平面升降和加里东造山运动有关。

　　石炭系中部—三叠系中部地层厚度多在 1 400 m 左右。石炭系中部—二叠系为克拉通坳陷盆地浅海相灰岩、泥岩，以灰岩为主。三叠系中下部为克拉通坳陷盆地陆相砂岩、泥岩。这一海相-陆相的转换与海西造山运动造成乌拉尔洋关闭、西西伯利亚板块与东欧克拉通碰撞、盘古超大陆形成有关。海西造山运动结束后，东欧克拉通普遍抬升，致使梅辛盆地缺失侏罗系下部地层（图 3-2-3）。

　　侏罗系中部—白垩系下部为克拉通坳陷盆地冲积相、湖泊相、三角洲相砂岩、泥岩，厚度一般在 170 m 左右。白垩系中上部和古近系普遍缺失。新近系—第四系主要为克拉通坳陷盆地冲积相砂岩。

3.2.3　蒂曼-伯朝拉盆地

　　蒂曼-伯朝拉盆地地理上跨越 61°N—72°N，44°E—66°E，盆地东边和东北边以北东—南西向乌拉尔山和北西—南东向的 Pay Khoy 褶皱带为界，西边和西南边以蒂曼脊与东欧地台相接,北部以南巴伦支断裂带与东巴伦支海盆地的南巴伦支海凹陷相接(图3-2-5)。蒂曼-伯朝拉盆地轮廓为一个顶端向南的三角形,向南逐渐变窄,蒂曼脊和乌拉尔山脉在南端交汇。盆地总面积为 $71 \times 10^4 \text{km}^2$,其中陆上面积约为 $49.8 \times 10^4 \text{km}^2$,海上面积约为 $12.4 \times 10^4 \text{km}^2$。

1. 构造单元划分构造演化过程

蒂曼-伯朝拉盆地由一系列北或北西走向的隆凹组成,主要构造单元包括西部斜坡、中部伯朝拉台向斜和东部前渊3个部分。

西部斜坡地层向西减薄尖灭,包括 Seduyakha 和东蒂曼2个隆起,Izhma-Pechora、Brykalan、Pechora 海和 Oksa 4个坳陷(图3-2-5)。

中部伯朝拉台向斜由两个主要地垒的反转形成隆凹相间构造格局,地层最大厚度达8 000 m。从西到东,正向构造有① Malozemelskaya 单斜,北部发育 Kolguyev 凸起,南部发育 Pechora Kozhvinskiy 凸起;② Shapkina Yuryakhinskiy 凸起;③ Laya Vozh 小凸起;④ Kolva 凸起;⑤ 上 Kolva-Salyukin 凸起;⑥ Sorokin-Varandey 凸起。负向构造单元有① Denisovskiy-Pechora Kolva 槽;② Khoreyver 坳陷;③ Pesiakov 槽;④ Khaypudyr 坳陷(图3-2-5)。负向构造单元通常是稳定的地块,构造扰动最小。正向构造单元发生了显著的后期构造变动。

东部前渊紧邻乌拉尔造山带,地层最大厚度达120 000 m。北部的 Pay Khoy 前渊的西界为 Chernov-Chernyshev 基底隆起,划分为 Korotaikhinskiy 和 Kosyu-Rogov 槽;南部的 Urals 前渊划分为 Bolshesyninskaya 坳陷和上 Pechora 槽(图3-2-5)。

蒂曼-伯朝拉盆地构造演化经历了① 东欧克拉通边缘增生阶段(新元古代—寒武纪中期);② 大陆边缘弧后裂谷盆地阶段(寒武纪晚期—奥陶纪);③ 大陆边缘弧后坳陷盆地阶段(志留纪—泥盆纪);④ 被动大陆边缘盆地阶段(石炭纪);⑤ 前陆盆地阶段(二叠纪—三叠纪);⑥ 构造平静阶段(侏罗纪—现今)。蒂曼-伯朝拉地盆层如图3-2-6所示。二叠系反转与乌拉尔造山运动有关,蒂曼-伯朝拉盆地现今隆起与凹陷间的构造格局主要与二叠纪—三叠纪前陆盆地阶段的乌拉尔造山运动有关。

2. 基底

蒂曼-伯朝拉盆地的基底是东欧地台东北缘蒂曼造山期增生带杂岩,主要由新元古代里菲纪—文德纪变质的火山岩和沉积岩以及花岗岩侵入岩组成,基底岩石年龄多在 510~690 Ma(图3-2-7)。在蒂曼脊和乌拉尔山脉有基岩出露地表,盆地内基底凸起上钻遇基岩。在紧邻乌拉尔和派霍伊/诺瓦亚赞姆亚褶皱带西侧的东部前渊盆地,基底埋藏深度达 12~14 km。蒂曼-伯朝拉盆地内部基底具有块断结构的特点,埋深一般为 8~10 km(Lindquist,1999)。

根据地球物理异常和代表不同地球动力学条件的火山和变质基岩的岩性变化,蒂曼-伯朝拉盆地的基底构造划分为两大地壳块(Prischepa et al,2011):西南部蒂曼块和东北部伯朝拉海-Bol'shaya Zemlya 块,分界为切割盆地的深大断裂(伯朝拉断裂和 Ilych-Chiksha 断

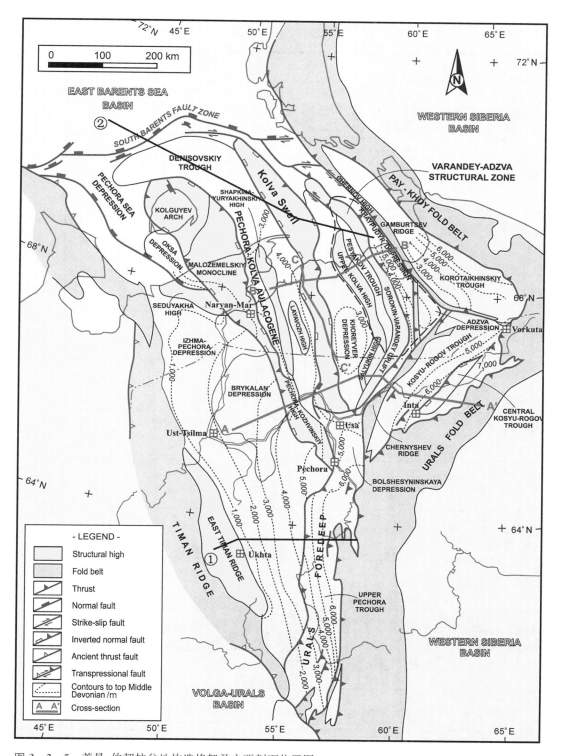

图 3 - 2 - 5　蒂曼-伯朝拉盆地构造格架及主要剖面位置图

（据 Fossum et al,2000；IHS,2009 修改）

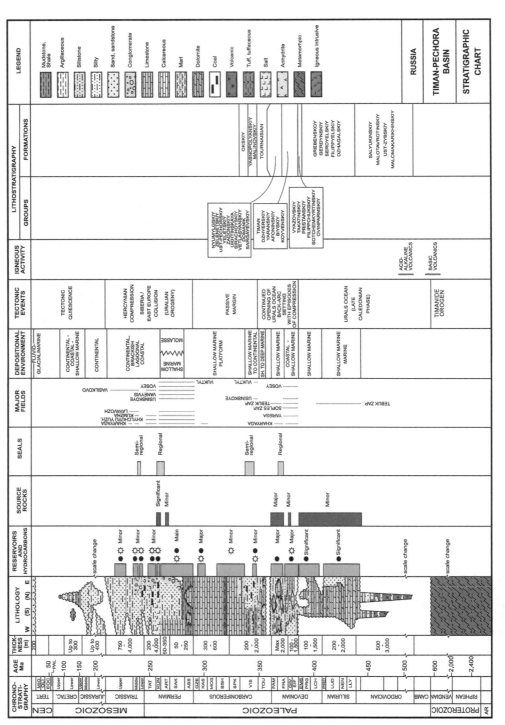

图 3－2－6　蒂曼-伯朝拉盆地地层综合柱状图

（据 IHS, 2009 修改）

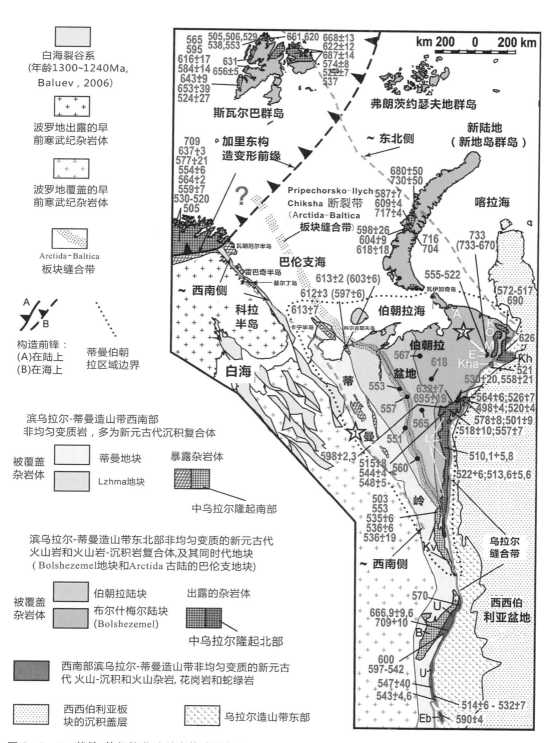

图 3-2-7　蒂曼-伯朝拉盆地基底构成及年龄

（据 Kuznetsov et al.2010 修改）

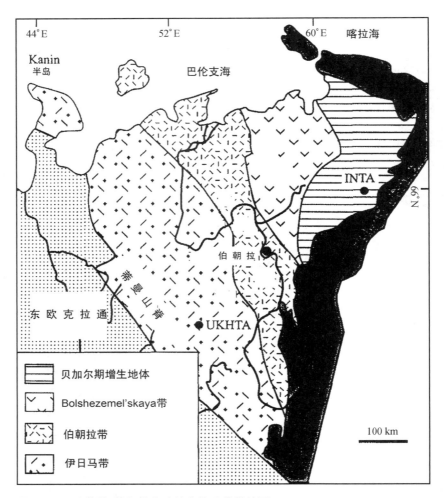

图 3 - 2 - 8　蒂曼-伯朝拉盆地基底构造分带简图

（据 Gee et al,2000 修改）

裂）。自西南到东北,进一步划分为五大北西向的构造带（Gee et al,2000）,分别为克拉通边缘、蒂曼脊、伊日马带、伯朝拉带和 Bolshezemel'skaya 带（图 3 - 2 - 8,图 3 - 2 - 9）。

　　位于蒂曼脊西南部的东欧克拉通被新元古界台地地层系列覆盖,钻孔和 Kanin 半岛上的露头显示,新元古界文德系上部与下伏地层呈角度不整合接触。中泥盆统覆盖在文德系之上,其间为平行不整合接触。文德系之下为新元古界地层系列（图 3 - 2 - 9）。

　　蒂曼脊基岩以深水盆地相新元古界杂砂岩和板岩为主,新元古界岩层具北东向陡倾斜的劈理（Olovyanishnikov et al,1997;Gee et al,2000）。地震资料显示,蒂曼盆地相岩石向西南方向逆冲距离至少达数十千米。东欧克拉通向北东延续到蒂曼脊之下直到伯朝拉盆地（图 3 - 2 - 9）。

　　钻孔资料表明,蒂曼脊盆地新元古界向北东延续到伊日马带古生界盖层的下面。辉绿岩-辉长岩系列和花岗岩不同程度侵入。前者侵入时代一般为新元古代晚期;后者侵入

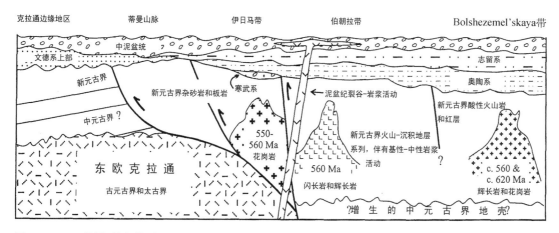

图 3 - 2 - 9　蒂曼-伯朝拉盆地基底构造分带剖面示意图

(据 Gee et al,2000 修改)

时代为文德纪。在 Mala Pera - ll 井花岗岩之上不整合覆盖页岩,含有中寒武世微体化石。

　　沿伊日马带的东北边缘前古生界基底特征发生显著变化,推测伊日马带和伯朝拉带之间为一条大型的断裂带分隔,泥盆纪沿该断裂带发生岩浆侵入(图 3 - 2 - 9)。

　　伯朝拉带新元古界基岩由变质火山岩-沉积岩及基性-中性侵入岩组成(图 3 - 2 - 9),侵入岩的形成与前奥陶纪基底岩浆活动有关。伯朝拉带基底岩石以岛弧岩浆活动形成的岩浆岩为主。伯朝拉带侵入岩成分为中性-铁镁质并偏向于钙碱性。

　　伯朝拉带的东北部,基底向极地乌拉尔山脉加深。Bolshezeme 隆起上一些钻井钻遇新元古界基底,红色砂岩和页岩、火山碎屑砾岩、凝灰岩、流纹岩和次火山斑岩和花岗斑岩侵入岩构成的火山岩-沉积岩层序。二云母花岗岩和辉长岩侵入该火山岩-沉积岩组合中(图 3 - 2 - 9),并含有该组合的捕虏体。

　　3. 地层及沉积演化

　　上覆的沉积地层可分为寒武系上部—奥陶系、志留系—下泥盆统、中-上泥盆统、石炭系、二叠系—三叠系、侏罗系—白垩系、上新统—第四系(图 3 - 2 - 6)。

　　寒武系上部—奥陶系覆盖在蒂曼期(Timanian)基底面上,分布局限,主要为弧后裂谷盆地陆相碎屑岩及火山岩,顶部以弧后裂谷盆地浅海相碳酸盐岩为主。志留系和下泥盆统主要为弧后坳陷盆地浅海相碳酸盐岩,东部发育浅海相砂岩;志留系和下泥盆统的顶部有不同程度的地层缺失,表明存在两期与加里东造山运动相关的明显的挤压抬升作用。中-上泥盆统为弧后坳陷盆地浅海相砂岩、泥岩、碳酸盐岩(图 3 - 2 - 6)。

　　石炭系底部地层缺失,与泥盆系不整合接触。石炭系下部为被动大陆边缘盆地陆相-浅海相砂岩、泥岩、碳酸盐岩,夹煤层。石炭系中部主要为被动大陆边缘盆地浅海台地相碳酸盐岩,底部发育膏岩,中部发育泥岩(图 3 - 2 - 6)。

　　二叠系下部主要为前陆盆地浅海相泥岩、碳酸盐岩。二叠系中部为前陆盆地浅海相碳酸盐岩、泥岩,以及砂岩、砾岩构成的磨拉石沉积组合。二叠系上部主要为前陆盆地滨岸相砂岩、泥岩、砾岩,发育蒸发岩和煤层。三叠系为前陆盆地陆相-滨岸相砂岩、泥岩、砾岩(图3-2-6)。三叠系顶部存在明显的地层缺失,是乌拉尔造山运动的响应。

侏罗系与三叠系不整合接触。侏罗系主要为陆内坳陷盆地冲积相砂岩、泥岩。白垩系为陆内坳陷盆地冲积相-滨岸相-浅海相砂岩、泥岩。侏罗系和白垩系内部存在不同程度的地层缺失,白垩系顶部—中新统几乎完全缺失。上新统—第四系再次沉降,形成陆内坳陷盆地冲积相-冰川相-浅海相砂岩、泥岩(图3-2-6)。

4. 岩相横向变化

蒂曼-伯朝拉盆地发育过程中西部以蒂曼脊与东欧大陆相接,东部与乌拉尔洋相邻,从蒂曼脊到乌拉尔造山带,不同层系均存在明显岩相规律性变化(Prischepa et al,2011)。

上寒武统顶部—中奥陶统,靠近蒂曼脊一侧的断陷发育陆相红色碎屑岩,靠近乌拉尔一侧的断陷则有灰色海相碎屑岩发育。上奥陶统—中泥盆统,靠近蒂曼脊一侧发育滨浅海相碎屑岩、碳酸盐岩,靠近乌拉尔西部陆坡则有生物礁发育,其间主要发育滨浅海相碳酸盐岩、蒸发岩。上泥盆统底部岩相变化不明显,为30~100 m厚的凝灰岩-碎屑岩。上泥盆统中上部,靠近蒂曼脊一侧向乌拉尔洋方向依次发育浅海陆棚碳酸盐岩、生物礁灰岩、瘤状灰岩、生物礁灰岩(图3-2-10,图3-2-11)。

石炭系底部地层大范围缺失,向蒂曼脊方向缺失厚度增大,乌拉尔西部陆坡及其以东地层连续发育,为一套厚约300 m的含煤碎屑岩。石炭系,靠近蒂曼脊一侧向乌拉尔洋方向依次发育浅海陆棚碳酸盐岩、生物礁灰岩、台地碳酸盐岩、生物礁灰岩、泥灰岩、生物礁灰岩(图3-2-10,图3-2-11)。

下二叠统,靠近蒂曼脊一侧向乌拉尔洋方向依次发育浅海陆棚碳酸盐岩、生物礁灰岩、台地碳酸盐岩、生物礁灰岩、泥灰岩。上二叠统,靠近蒂曼脊一侧向乌拉尔洋方向依次发育红色及灰色滨岸相碎屑岩、碎屑岩-碳酸盐岩-蒸发岩、含煤碎屑岩。三叠系及以上地层岩相横向变化规律不明显(图3-2-10,图3-2-11)。

5. 构造-地层横向变化

蒂曼-伯朝拉盆地构造-地层横向变化特征总体表现如下:构造方面,西部构造变形弱,东部构造变形强烈;地层方面,西部和南部地层厚度较薄,东部和北部地层厚度较大(图3-2-11至图3-2-16)。伯朝拉盆地北部经断裂过渡带向南巴伦支盆地地层厚度急剧增大(图3-2-16)。

蒂曼-伯朝拉盆地南部,主要发育奥陶系、志留系、泥盆系、石炭系、二叠系、三叠系和侏罗系。东部乌拉尔前渊的上伯朝拉槽地层厚度超过10 km,发育奥陶系—三叠系,被逆冲断裂改造。西部蒂曼凸起地层厚度在1 km左右,只发育上古生界,且以泥盆系为主,顶部存在明显的剥蚀。中部Izhma-Pechora坳陷的奥陶系、志留系、石炭系、二叠系、三叠系—侏罗系向蒂曼凸起较薄尖灭,地层厚度由西部的不足2 km,向东增大到超过8 km,下古生界主要发育伸展断层(图3-2-12)。

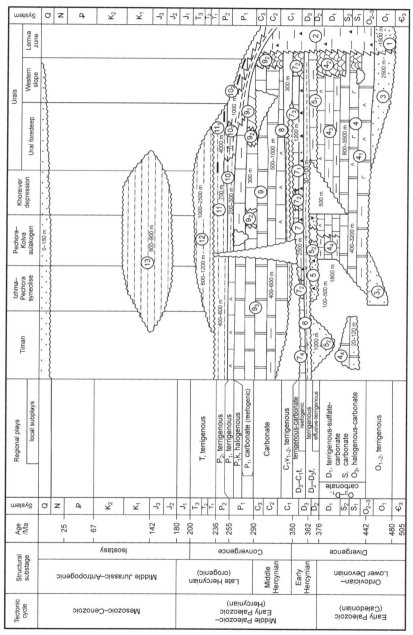

图 3 - 2 - 10 蒂曼-伯朝拉盆地地层结构及岩相简图

1—同裂谷粗碎屑岩；2—钙质硅质陆源碎屑岩；3—红色硅质陆源碎屑岩；3_1—红-灰色陆源碎屑岩；4—碳酸盐岩；4_1—盐岩-碎屑岩-碳酸盐岩；4_2—礁；4_3—膏岩-碳酸盐岩；4—碎屑岩-碳酸盐岩；5—灰色陆源异地相；5_1—碳酸盐陆源原地相；5_2—地堑灰岩；6—凝灰岩；7—碎屑岩-碳酸盐岩；7_1—礁；7_2—瘤状灰岩；7_3—碳酸盐岩-碎屑岩斜坡填充；7_4—浅海陆棚碳酸盐岩；8—含煤岩相；9—含煤质碎屑岩；9_1—泥灰岩（Sezymian）；9_2—礁；9_3—浅海架碳酸盐岩；10—下磨拉石组灰色岩层；10_1—含煤碎屑岩-盐岩；10_2—含煤碎屑岩；11—灰/红色边缘海和潟湖-陆相；11_1—灰-红色边缘海和潟湖-陆相；12—大陆红层；13—陆源碎屑岩。

（据 Prischepa et al，2011 修改）

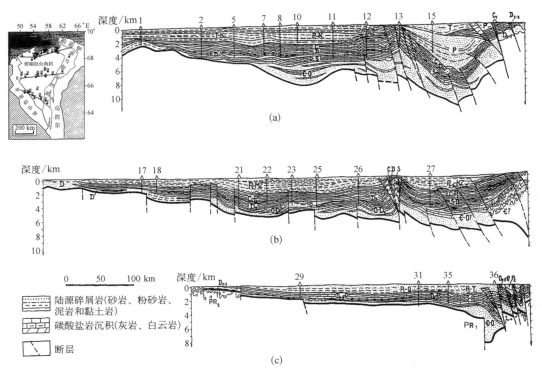

图 3‑2‑11 蒂曼-伯朝拉盆地地震地质解释剖面图

（a）Tcheshskaya Guba‑Pay Khoy 深部地震探测剖面（DDS）；（b）Vorkuta‑Tiksi 深部地震探测剖面（DDS）；
（c）Murmansk‑Kyzyl 深部地震探测剖面（DDS）

（据 IsmaiI‑Zadeh et al,1997 修改）

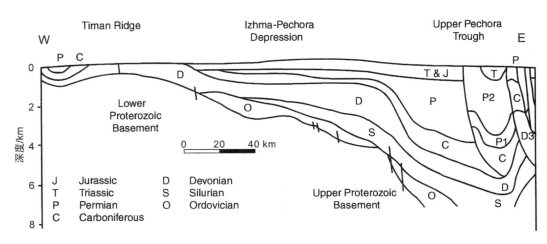

图 3‑2‑12 蒂曼-伯朝拉盆地南部构造-地层剖面图

（剖面位置见图 3‑2‑5 中①,据 Lindquist,1999 修改）

蒂曼-伯朝拉盆地中南部主要发育奥陶系—志留系、泥盆系、石炭系、二叠系、三叠系、侏罗系—白垩系。东部乌拉尔前渊的 Kosyu - Rogov 槽地层厚度达 10 km,发育奥陶系—二叠系,并被逆冲断裂改造。西部 Izhma - Pechora 坳陷发育奥陶系—侏罗系,地层厚度较为稳定,总厚度为 3～4 km,断裂不发育。分隔 Izhma - Pechora 和 Kozhva - Khoreyver 坳陷的 Pechora Kozhvinskiy 凸起只发育奥陶系—石炭系,西侧受逆冲断裂控制,东侧被二叠纪—三叠纪的同沉积伸展断层控制。中部 Kozhva - Khoreyver 坳陷地层厚度多为 4～6 km,下古生界、泥盆系和二叠系受同沉积断裂控制,地层厚度变化较大,石炭系、三叠系、侏罗系—白垩系厚度较为稳定。分隔 Khoreyver 坳陷和 Kosyu - Rogov 槽的 Chernyshev 隆起出露元古界基底(图 3 - 2 - 13)。

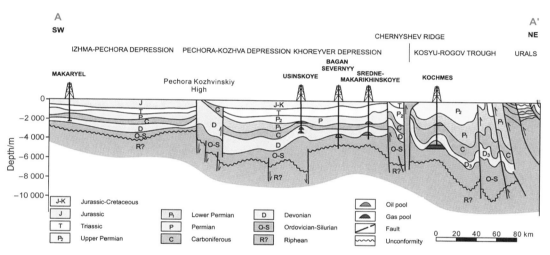

图 3 - 2 - 13　蒂曼-伯朝拉盆地中南部构造-地层剖面图

(剖面位置见 3 - 2 - 5 中 AA′,据 IHS,2009 修改)

蒂曼-伯朝拉盆地中北部主要发育奥陶系、志留系、泥盆系、石炭系、二叠系、三叠系、侏罗系、白垩系—第四系。蒂曼-伯朝拉盆地中北部的 BB′构造-地层剖面(图 3 - 2 - 14)位于盆地中部的伯朝拉台向斜。由剖面可见:地层总体厚度在 6 km 以上;奥陶系、志留系分布广泛,志留系厚度存在明显变化;下泥盆统和中泥盆统厚度变化大,且分布不连续;上泥盆统、石炭系、下二叠统、侏罗系、白垩系—第四系厚度较为稳定;上二叠统在 Chernov 隆起缺失;三叠系厚度存在明显的变化(图 3 - 2 - 14)。过 Kolva 隆起北—南向 CC′构造-地层剖面显示中-上泥盆统、二叠系、三叠系,地层厚度有向西北增大的趋势(图 3 - 2 - 15)。

蒂曼-伯朝拉盆地北部以伸展断裂带与南巴伦支盆地相邻。由蒂曼-伯朝拉盆地北部伯朝拉台向斜-南巴伦支盆地的剖面(图 3 - 2 - 16)可见:伯朝拉台向斜主要发育奥陶系—志留系、泥盆系、二叠系、三叠系、侏罗系、白垩系、新生界,地层总体厚度多在 7 km 以上,以泥盆系、二叠系、三叠系为主;南巴伦支盆地主要发育奥陶系—志留系、石炭系—二叠系、三叠系、侏罗系、白垩系、新生界,地层总体厚度多在 7 km 以上,以二叠系—白垩系为主(图 3 - 2 - 16)

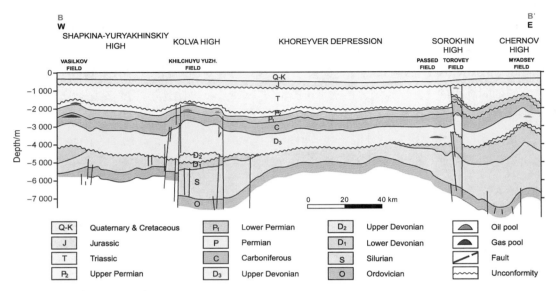

图 3-2-14　蒂曼-伯朝拉盆地中北部构造-地层剖面图

（剖面位置见图 3-2-5 中 BB′，据 IHS，2009 修改）

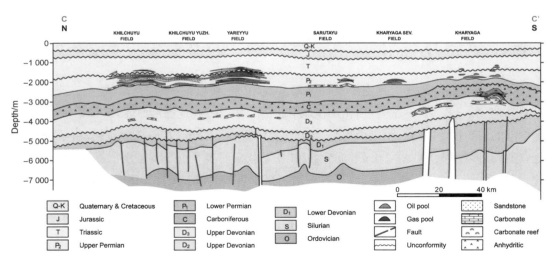

图 3-2-15　过 Kolva 隆起北—南向构造-地层剖面图

（剖面位置见图 3-2-5 中 CC′，据 IHS，2009 修改）

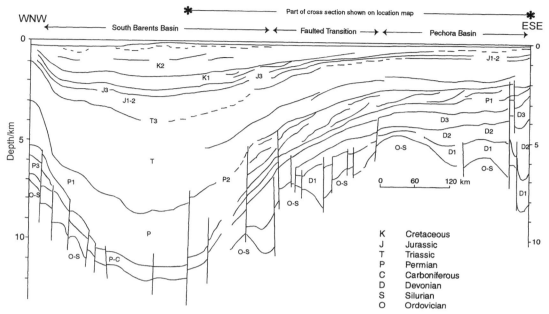

图 3-2-16　伯朝拉台向斜-南巴伦支盆地构造-地层剖面图

(剖面位置见图 3-2-5 中②,据 Lindquist,1999 修改)

3.3　巴伦支古生代变形带

巴伦支(Barents)古生代变形带全部处于北极圈内,北临北冰洋,西临北大西洋,南部以蒂曼期-加里东期褶皱带与东欧地台相接,东南部以伸展断裂带与蒂曼-伯朝拉盆地相接,东部与海西褶皱带相接,划分为濒新地岛(Pre-Novaya Zemlya)构造带、东巴伦支海盆地(East Barents Sea Basin)、巴伦支海台地(Barents Sea Platform)、西巴伦支陆架边缘(West Barents Shelf Edge)、斯瓦尔巴堑垒系、弗兰兹·约瑟夫隆起(Franz Joseph Land High)、Yermak 盆地等基本构造单元(图 3-0-1)。

3.3.1　巴伦支古生代变形带基底构成特征

巴伦支古生代变形带的基底主要是蒂曼期和加里东期两次造山事件形成的变形、变质基底(图 3-3-1)。

1. 蒂曼造山期基底

蒂曼造山期基底分布在波罗的古陆现今东北缘(图 3-3-1),蒂曼期构造走向为北西西—南东东向,是蒂曼造山期波罗的古陆的增生地体。由于蒂曼造山期后的构造伸展,形成了蒂曼造山期基底的沉积盆地(图 3-2-16)。由于加里东造山期的构造挤压、岩浆作用,导致巴伦支古生代变形带蒂曼造山期基底的盆地沉积地层发生了强烈的变形、变质作

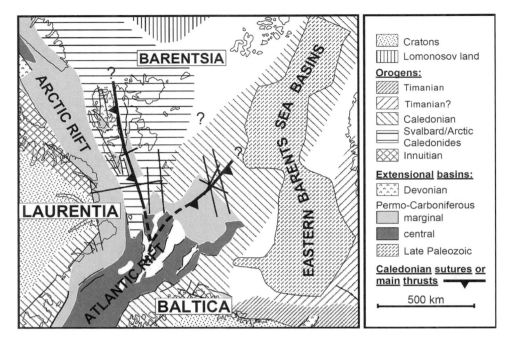

图 3-3-1　巴伦支古生代变形带基底构成特征

（据 Breivik et al，2005 修改）

用，使其改造为加里东造山期基底，导致蒂曼造山期基底的西部和北部边界难以确定（Breivik et al，2005；Barrère et al，2009；Aarseth et al，2017）。

2. 加里东造山期基底

加里东造山期基底分布于巴伦支古生代变形带中西部广大地区（图 3-3-1）。加里东造山运动始于早奥陶世，并在中志留世至早泥盆世劳伦古陆、巴伦支微古陆与波罗的古陆碰撞（图 3-3-2）、Iapetus 洋的关闭达到高潮。

Aarseth et al（2017）在前人研究成果的基础上，利用海底地震仪（ocean bottom seismometer，OBS）资料，研究了巴伦支海地区的加里东造山期缝合带的特征。研究结果表明，巴伦支海地区的加里东造山期缝合带是劳伦古陆、巴伦支微古陆与波罗的古陆碰撞的结果，并框定了加里东期缝合带的发育部位（图 3-3-2）。其陆陆碰撞方式是巴伦支海南部波罗的古陆向劳伦古陆之下俯冲，巴伦支海中北部巴伦支微古陆向劳伦古陆、波罗的古陆之下双向俯冲（图 3-3-3）。

斯瓦尔巴群岛的基底是在加里东造山期拼贴的。西部的基底与劳伦古陆有亲缘关系，东部地块解释为劳伦古陆和波罗的古陆之间的一个独立的微大陆，称为巴伦支微古陆（Johansson et al，2002）。斯瓦尔巴群岛可划分为中南部石炭系—新生界地层区、西北部泥盆系老红砂岩地层区、东北部前泥盆系基底杂岩地层区［图 3-3-4（a）］。东北部的北奥斯丹德（Nordausdandet）岛出露的基底杂岩，记录了前泥盆纪巴伦支微古陆的演化历史。

北奥斯丹德岛基岩基本上由加里东基底组成，上面覆盖着石炭纪和较年轻的台地沉积物。基底最老的岩石由格伦维尔杂岩组成,上覆新元古代和寒武纪—奥陶纪沉积物,并被加里东期岩浆岩侵入。

北奥斯丹德岛出露的最古老的地层是中元古界 Brennevinsfjorden 群,主要为变质浊积岩。其上不整合于 Kapp‐Hansteen 群的流纹岩到安山岩,铀‐铅年龄约为 960 Ma,并被地壳深熔花岗岩侵入,部分转化为眼球体片麻岩,测得的年代为 960~940 Ma,地球化学表明其形成于火山弧到同碰撞构造环境。Brennevinsfjorden 群和 Kapp‐Hansteen 群是新元古界 Murchisonfjorden 超群和文德系—奥陶系 Hinlopenstret 超群沉积的基底。加里东期褶皱、变质和混合岩化伴随着另一组地壳重熔花岗岩的侵入,其铀‐铅年龄为 440~410 Ma[图 3‐3‐4(b)]。

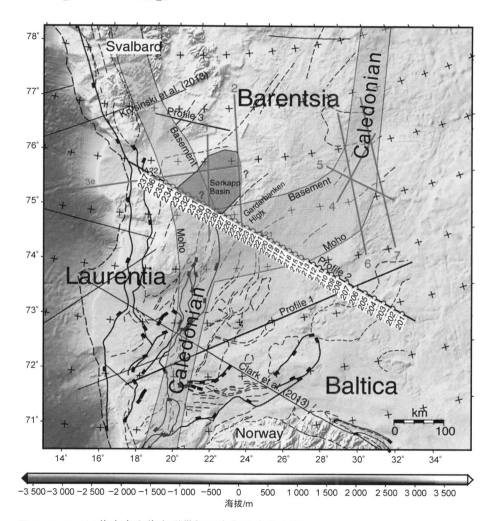

图 3‐3‐2　巴伦支古生代变形带加里东期缝合带分布

(据 Aarseth et al,2017 修改)

注:黑色和粉红色实线为 OBS 剖面位置,黑色实线上的黄色圆点为 OBS 测点位置,灰色区域(加里东造山带)的边缘是缝合带与莫霍面交切的位置。

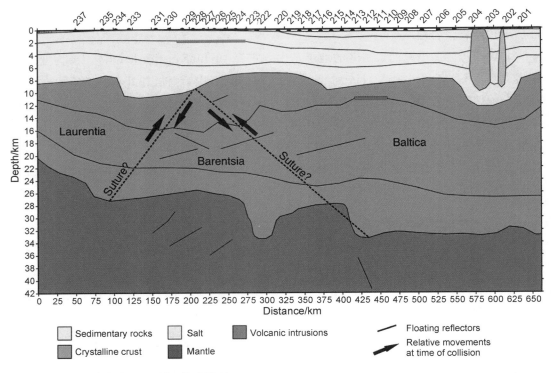

图 3 - 3 - 3　巴伦支海 OBS 剖面构造模型

(位置见图 3 - 3 - 2 中 Profile2,据 Aarseth et al,2017 修改)

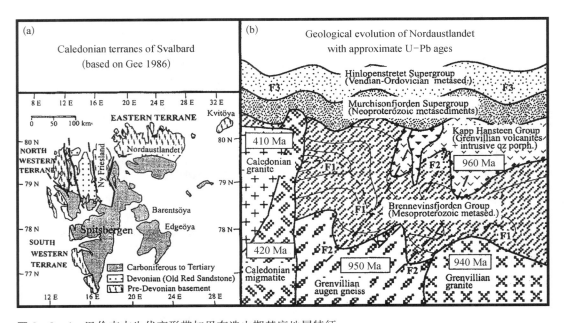

图 3 - 3 - 4　巴伦支古生代变形带加里东造山期基底地层特征

(据 Johansson et al,2002 修改)

(a) 斯瓦尔巴群岛地层分区;(b) 北奥斯丹德岛地层序列

分别位于法兰士·约瑟夫地群岛（Franz Josef Land）中亚历山大（Alexandra）、格雷厄姆·贝尔（Graham Bell）、海斯（Hayes）岛的 3 口探井揭示了其地质演化的差异，这 3 口探井深度分别为 3 200 m、3 500 m 和 3 400 m。只有西部亚历山大岛的探井钻遇前泥盆系基岩，基岩的岩石类型主要为绿片岩和石英岩，其次为辉绿岩、粗粒玄武岩和辉长岩（Dibner，1998），基岩之上不整合石炭系。

3.3.2　西巴伦支陆架边缘

西巴伦支陆架边缘盆地，主要为晚白垩世—古近纪裂谷盆地。西巴伦支陆架边缘南部的裂谷作用从晚侏罗世开始，发育了晚侏罗世—古近纪裂谷盆地（图 3 - 3 - 5）。

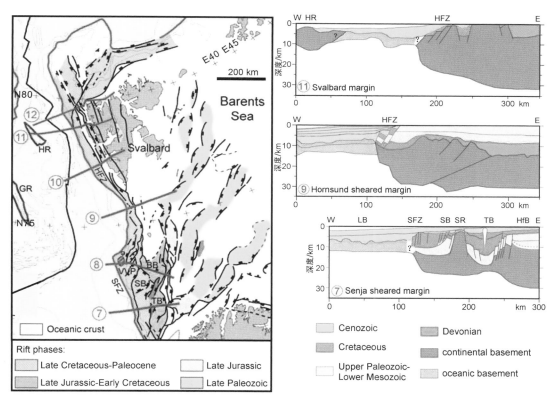

BB—Bjørnøya Basin；GR—Greenland Ridge；HfB—Hammerfest Basin；HFZ—Hornsund Fault Zone；HR—Hovgård Ridge；LB—Lofoten Basin；SB—Sørvestsnaget Basin；SFZ—Senja Fracture Zone；SR—Senja Ridge；TB—Tromsø Basin；TP—Trøndelag Platform；VVP—Vestbakken Volcanic Province。

图 3 - 3 - 5　巴伦支陆架边缘构造格架综合图

（据 Faleide et al，2008 修改）

西巴伦支陆架边缘盆地面积约为 $10.3 \times 10^4 \, \mathrm{km}^2$。南部最宽处达 250 km，北部最窄处不足 30 km。其西界为洋陆剪切断裂边界，东界为大陆边缘伸展-剪切断裂系（图 3 - 3 - 6）。

西巴伦支陆架边缘以加里东期变质变形岩系为基底，上覆泥盆系—第四系（图 3 - 3 - 7）。

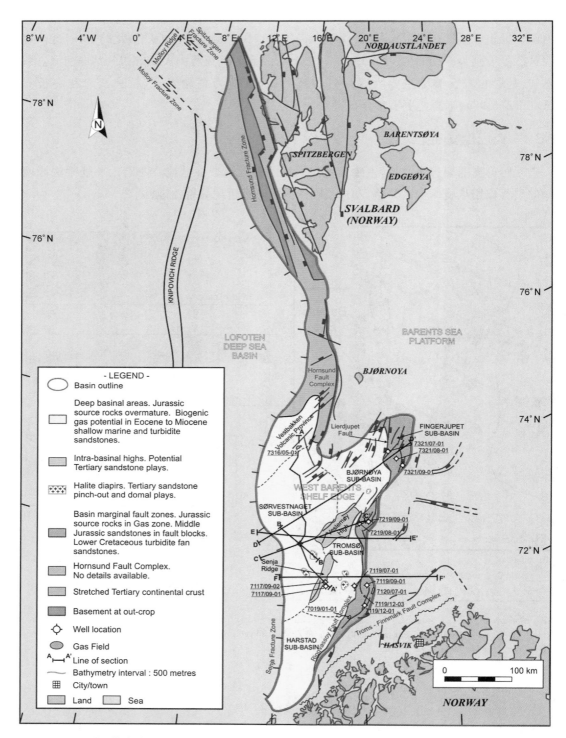

图 3-3-6　西巴伦支陆架边缘构造格架综合图

（据 IHS，2009 修改）

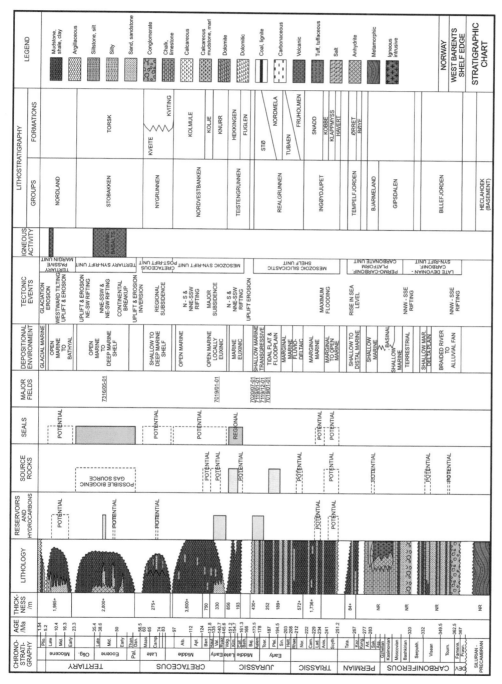

图 3-3-7　西巴伦支陆架边缘地层综合柱状图

（据 IHS，2009 修改）

西巴伦支陆架边缘以加里东期结晶岩系、变形变质岩系为基底,其上发育上泥盆统—第四系。其中,上泥盆统—石炭系中部为同裂谷阶段沉积;石炭系上部—二叠系为台地碳酸盐岩沉积;三叠系—中侏罗统为被动大陆边缘碎屑岩沉积;上侏罗统—下白垩统为裂谷盆地海相沉积;上白垩统为裂后海相沉积;古近系为同裂谷盆地海相沉积;新近系—第四系为被动大陆边缘盆地海相沉积(图 3-3-7)。

1. 上泥盆统—石炭系中部同裂谷沉积

上泥盆统—石炭系中部,其底部的 Billefjorden 群(Soldogg 组)主要由中-粗砂岩组成,见砾石质砂岩(图 3-3-7)、泥质岩和少量煤层,为法门期(Famennian)和维宪期(Visean)早期裂谷初期冲积相沉积。上覆 Tettegras 组(维宪阶)由细砂岩、粉砂岩、泥岩和煤层不等厚互层组成,整体呈现向上变细的沉积序列。这些沉积物沉积在广泛的河流冲积平原或三角洲平原上,填充在半地堑盆地中。Billefjorden 群的最顶部单元 Blaereot 组由生物扰动石灰岩和白云石(部分白云石化泥岩)组成,上覆深灰色粉质页岩、粉砂岩和细粒至中粒砂岩。这些是滨海平原沉积物,代表了初始海泛。

2. 石炭系上部—二叠系台地碳酸盐岩沉积

在相邻盆地,石炭系上部至下二叠统的最底部是在晚石炭世海侵期间台地沉积的 Gipsdalen 群 Falk 组红棕色砾岩、粗粒砂岩、海侵浅海砂岩、海相粉砂岩和浅海碳酸盐岩。Falk 组被 Orn 组覆盖。Orn 组主要为浅海碳酸盐岩,包括台地上以藻类为主的建造和局限盆地的硬石膏、岩盐(图 3-3-7)。

邻区,Gipsdalen 群之上整合 Bjarmeland 群(图 3-3-7),Bjarmeland 群分为 3 个组。Polarrev 组由台地相苔藓虫和藻类组成,而 Ulv 组由薄层深色盆地碳酸盐岩组成。上覆的 Isbjorn 组由层状生物碎屑灰岩和泥粒灰岩组成。这些地层尚未在西巴伦支陆架边缘揭示。

Templefjorden 群不整合于 Bjarmeland 群之上(图 3-3-7)。Roye 组为海侵期间形成的地层,标志着海平面快速上升,由深陆架至深海硅质黏土岩、燧石和硅化苔藓虫为主的石灰岩组成。其上整合覆盖 Orret 组的砂岩、粉砂岩和页岩,向东相变为富含有机质的页岩。

3. 三叠系—中侏罗统被动大陆边缘碎屑岩沉积

三叠纪至中侏罗世[斯基甫期(Scythian)—巴柔期]为构造平静期,只是 Stappen 和 Loppa 高地发生掀斜,沉积物从东部注入。

三叠系 Ingoydjupet 群[斯基甫阶—诺利阶(Norian)]不整合于 Templefjorden 群之上,由边缘海相页岩、黏土岩、粉砂岩和砂岩组成(图 3-3-7)。早三叠世快速沉降和大规模海侵形成了厚层硅质碎屑层序(Havert 组和 Klappymyss 组)。周围陆地区域的侵蚀形成了富砂河流相-三角洲相和滨浅海相沉积物。中三叠统(Kobbe 组和 Snadd 组)的最大海泛以及海平面的反复波动使海岸线在广阔的大陆架上来回移动,发育的局限海沉积环境形成了分布较广泛的富含有机质页岩。

在晚三叠世—中侏罗世,海平面相对下降导致沉积物供应增加,形成了相对富砂的 Realgrunnen 群。Fruholmen 组[诺利阶—埃唐日阶(Hettangian)]的海侵页岩和上覆海退砂岩被 Tubaen 组[瑞替阶(Rhaetian)—埃唐日阶]的进积浅海-河流相砂岩覆盖。Nordmela 组(西涅缪尔阶—普林斯巴赫阶)由潮坪至泛滥平原粉砂岩、砂岩和黏土岩组成,上覆 Sto 组(普林斯巴赫阶—巴柔阶)的进积海岸砂岩。这些砂岩(图 3 - 3 - 7)是良好的油气储层。

4. 上侏罗统—下白垩统裂谷盆地海相沉积

卡洛维期(Callovian),沿南北走向的 Ringvassoy - Loppa 断裂系开始发生裂陷作用,该断裂系构成了 Harstad 和 Tromso 次盆的东部边界,并且,Bjornoya(也称 Bjørnøya)次盆地东侧南北走向的 Lierdjupet 断裂系也发生裂陷作用(图 3 - 3 - 6)。类似的断块作用发生在北北东—南南西走向的 Bjornoyrenna(也称 Bjørnøyrenna)断裂系,该断裂系将 Bjornoya 次盆的东南侧翼与 Loppa 隆起隔开。同时,Loppa 隆起(剥蚀量达 2 300 m)和 Finnmark 地台(剥蚀量达 1 000 m)都出现了相当大的隆升和侵蚀。

Teistengrunnen 群的沉积物不整合于 Sto 组之上(图 3 - 3 - 7)。由于同沉积构造活动,Fuglen 组(卡洛维阶—牛津阶)的最下部深棕色页岩和泥岩的厚度变化相当大,从 Tromso 和 Bjornoya 次盆的 10～70 m 到 Veslemøy 隆起的 32～193 m。整合于上覆的 Hekkingen 组深水缺氧页岩是该盆地的主要生油岩,其厚度也相当大,从 Veslemøy 隆起侧翼 7 219/08 - 1 井的 856 m 到 Tromso 和 Bjornoya 次盆的 17～142 m。

下白垩统 Nordvestbanken 群不整合于 Hekkingen 组页岩之上(图 3 - 3 - 7)。最底部,即 Knurr 组[贝里阿斯阶上部—巴列姆阶(Barremian)],由深灰色黏土岩组成,在 Loppa High 的南翼发育有厚层海底扇砂岩。上覆的 Kolje 组[巴列姆阶—阿普特阶(Aptian)]主要由黏土岩和页岩组成,局部沉积在缺氧条件下。在阿普特期和阿尔必期期间,沿活动断裂系的 Harstad、Tromso 和 Sørvestnaget 次盆发生了大规模沉降。Kolmule 组(阿普特阶—赛诺曼阶)黏土岩和页岩的钻孔厚度在 Senja 脊超过 3 600 m,在 Tromso 次盆超过 1 200 m。但区域地震数据表明,Nordvestbanken 群的厚度在 Bjornoya 和 Sorvestnaget 次盆超过 7 000 m,在 Tromso 次盆超过 4 500 m。

5. 上白垩统裂后海相沉积

中生代晚期裂谷作用之后,Horstad、Tromso、Sorvestnaget 和 Bjornoya 次盆进一步沉降。Kveite 组(塞诺曼—马斯特里赫特期)的页岩和黏土岩不整合于 Kolmule 组之上,Tromso 次盆南部厚度达 1 483 m,Bjornoya 和 Sorvestnaget 次盆的厚度相似。Kveite 组在 Senja 脊和 Veslemøy 隆起被全部剥蚀。

晚白垩世末期,沿 Ringvassoy 断裂系和 Bjornoyrenna 断裂系发生了新的伸展断裂作用和一些反转,伴随着 Finnmark 台地和 Hammerfest 次盆的隆起和侵蚀。

6. 古近系同裂谷盆地海相沉积

西巴伦支陆架边缘西部,古新统(丹尼阶—塔内特阶)为 600～800 m 厚的半深海页岩,古新统不整合于白垩系之上,厚度较为稳定,是在平静的构造条件下沉积的。7316/05 - 1 井(Vestbakken 火山区)未区分古新统和始新统,厚度约 500 m。7216/11 - 1 井(Sorvestnage 次盆)的厚度超过 664 m。

始新世早期的大陆裂解导致格陵兰岛与欧亚大陆分离,并在挪威-格陵兰海形成洋壳。裂谷作用发生在 Vestbakkan 火山区的离散大陆边缘,而右旋转换运动主要发生在 Senja 和 Hornsund 断裂带。早始新世裂谷期是大陆裂解的直接结果,大陆裂解导致西巴伦支陆架边缘盆地和高地的重大重组。沿南北走向的 Knølegga 断裂带的 Vestbakkan 火山区沉降,而 Stappen 隆起隆升。

Vestbakkan 火山省在熔岩流陆上喷出的同时,沿 Knolegga 断裂带形成北北东—南南西走向地堑,以及更西侧的北东—南西走向地堑和地垒。此时,Sorvestnaget 次盆发育为一个广阔的北东—南西走向盆地,其沉积物厚度约为 2 000 m。7216/11 - 1 井(Sorvestnage 次盆)的始新统厚度为 638 m,其中有许多储层质量优良的浊积砂岩。在 7316/5 - 1 井(Vestbakken 火山省)中,始新世厚度约为 2 000 m,下部为大量火成侵入体,上部发育高孔隙浅海砂岩。

在渐新世早期,西巴伦支陆架边缘的西北部受 Knolegga 断裂带频繁间歇性构造活动的影响。在 Knølegga 断裂带以西的多个北东—南西走向次盆中存在以泥岩为主的渐新世同构造沉积,并延伸至 Sorvestnage 次盆。

7. 新近系—第四系被动大陆边缘盆地海相沉积

西巴伦支陆架边缘的东部陆架部分,未发现渐新世晚期至上新世之间的沉积物。区域地震剖面显示,Tromso 和 Hammerfest 盆地的前期沉积物受到深度侵蚀,晚更新世地层不整合于向西倾斜的古新统至渐新统之上。在 Loppa 隆起,更新统覆盖在三叠系之上。相对而言,在 Vestbakken 火山省、Sorvestnaget 和 Harstad 次盆西缘,一个巨厚的新生代沉积楔(古新统—中新统)不整合于反转、侵蚀的前期断陷充填序列之上。沉积楔向西显著进积并加厚,最西侧发育在新生成的古近纪洋壳玄武岩之上。未发生错断的沉积楔底部的不整合面为渐新世晚期至中新世早期。沉积楔主要为海底扇沉积,在西侧洋壳上的厚度为 4 000~6 000 m,但在 Sorvestnaget 次盆东缘尖灭。

8. 西巴伦支陆架边缘区域构造-地层格架

由地震剖面解释的区域构造-地层格架剖面(图 3 - 3 - 8)显示可知西巴伦支陆架边缘断裂十分发育。二叠系和三叠系分布于 Vestbakken 火山省以东,厚度相对稳定。侏罗系和白垩系主要发育于断凹中(Bjørnøya 次盆),隆起部位减薄(Stappen 隆起)或缺失(Loppa 隆起)。新生界主要发育于陆架边缘(Vestbakken 火山省),陆架主体部位厚度较薄,但相对稳定。

3.3.3　Yermak 盆地

Yemrak 盆地,也称为 Yemrak 海底高原,位于 Svalbard 群岛西北部,北冰洋欧亚洋盆与北大西洋洋盆之间的 Fram 海峡东侧(图 3 - 3 - 9)。构造上,Yemrak 盆地处于西部剪切带与 Svalbard 群岛北部陆缘裂谷之间的构造转换带。Yemrak 盆地和 Svalbard 群岛从格林兰北部分离最早的时间是 50 Ma,与欧亚洋盆、格林兰洋盆海底扩张的时间基本一致(Geissler et al,2011)。

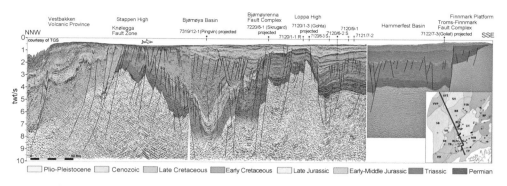

BB—Bjørnøya 次盆；BFC—Bjørnøyrenna 复合断裂带；BP—Bjarmeland 台地；FP—Finnmark 台地；FSB—Fingerdjupet
次盆；HfB—Hammerfest 盆地；KFZ—Knølegga 断裂带；LFC—Leirdjupet 复合断裂带；LH—Loppa 隆起；PSP—
Polheim 次台地；RLFC—Ringvassøy‐Loppa 复合断裂带；SB—Sørvestsnaget 盆地；SFZ—Senja 破裂带；SH—Stappen
隆起；SR—Senja 脊；TB—Tromsø 次盆；VH—Veslemøy 隆起；VVP—Vestbakken 火山岩省。

图 3‐3‐8　西巴伦支陆架边缘区域构造‐地层格架

（据 Blaich et al,2017 修改）

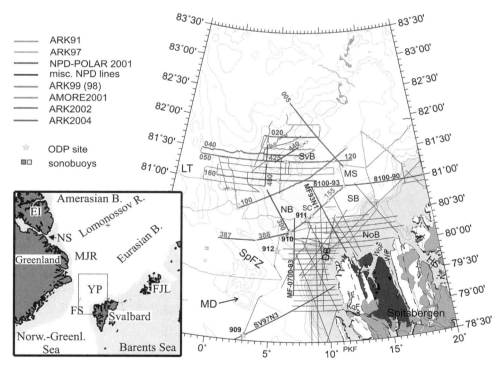

DB—Danskoya 盆地；MD—Molloy Deep；HS—Hinlopen Strait；KoF—Kongsfjorden；LT—Lena 海槽；MS—Mosby
海山；NB—Nansen Bank；NoB—Norskebanken；SB—Sophia 盆地；SC—Sophia Canyon；SvB—Sverdrup Bank；
SpFz—Spitsbergen 断裂带；WiF—Wijdefjorden；WoF—Woodfjorden。

图 3‐3‐9　Svalbard 群岛西北部和 Yermak 盆地水深及主要地震测线

（据 Geissler et al,2011 修改）

注：一般等深线间距为 500 m，1 000 m 以浅的区域（阴影）等深线间距为 250 m。黄色方框表示声呐浮标位置。
ARK91 至 ARK2004 是 Alfred Wegener Institute 的测线。测线编号为缩写，例如，绿色测线编号"040"是指"AWI‐
20040040"。陆上地质图中白色为前泥盆系，深灰色为泥盆纪沉积岩，黑色为 Woodfjorden 地区的第四纪火山岩。

Yemrak 盆地和 Svalbard 群岛西北部在加里东构造运动前处于劳伦古陆边缘，在 Yemrak 盆地和 Svalbard 群岛西北部均发现了前寒武纪片麻岩（Ritzmann and Jokat，2003；Jokat et al，2008）。加里东期劳伦古陆、巴伦支微古陆、波罗的古陆拼贴、汇聚、碰撞形成了劳俄古陆（Aarseth et al，2017）。加里东造山运动后，劳俄古陆解体之前，Yemrak 盆地处于劳俄古陆的加里东褶皱带。

Yemrak 盆地以加里东期变形、变质岩系为基底，主要发育新生代沉积盖层。由于缺少钻井资料，对沉积盖层的认识主要是基于地球物理资料。Geissler et al（2011）在前人研究成果（Geissler and Jokat，2004）基础上，把 Yemrak 盆地的沉积盖层自下而上划分为 YP-1、YP-2、YP-3 地震地层单元。YP-1 地震地层单元发育于深断陷内，主要为始新统—中新统，可能有更老的地层。YP-2 地震地层单元底界年龄小于 7 Ma，主要是上新统。YP-3 地震地层单元可以与 ODP 的 910 和 911 站位（图 3-3-9）钻孔的 IA 地层单元对比，底界年龄小于 2.6 Ma，基本上相当于第四系。

剖面 AWI-20020440（图 3-3-10）从西南向东北穿过 Sverdrup 突起（水深小于 500 m）。该剖面横向上可以分为 3 个部分：① 西南部基底较浅，且顶面起伏较大（CDP 1900—2500），主要发育 YP-3 地震地层单元，具有起伏较大的波状反射结构；② Sverdrup 突起（CDP 1000—1400），突起内部可见断续成层反射，与东侧北断层分隔的 YP-1 地震地层单元反射特征具有相似性；③ 突起两侧均为深洼，自下而上均发育 YP-1、YP-2、YP-3 地震地层单元。YP-1 地震地层单元以中弱振幅、中低连续反射波组为特征。YP-2 地震地层单元振幅变化较大，但连续性较好。YP-3 地震地层单元以中强振幅反射为主，由于一些反射被截断，表明沉积期间存在侵蚀事件。声呐浮标探测结果揭示 YP-1、YP-2、YP-3 的 P-波速度分别为 4.6～2.4 km/s、2.4～1.9 km/s、1.8 km/s[图 3-3-10（a）]。

剖面 AWI-20040040（图 3-3-11）位于 Yermak 盆地中部，从西部的 Lena 海槽延伸至东部的 Sverdrup 突起（图 3-3-9）。重磁异常意味着在 CDP 4800 以西可能为洋壳基底。声波基底呈起伏较大的堑垒结构。YP-1 地震地层单元主要分布于地堑内，在隆起的地垒，YP-1 地震地层单元厚度较薄或缺失。YP-2 地震地层单元分布广泛，只是东侧（CDP 200—2400）主要分布于地堑内，在隆起的地垒厚度较薄或缺失；在中部（CDP 3200—3800），YP-2 地震地层单元厚度极薄，很可能与后期断失有关。YP-3 地震地层单元分布广泛，几乎不受基底起伏的影响；在中部（CDP 3200—3800），YP-3 地震地层单元厚度快速增大，具有陆坡特征。在 CDP 5400—5600 附近，存在明显的滑塌残痕。Lena 海槽沉积物很少，主要分布在类似扩张洋中脊间的谷地。

剖面 AWI-20040100（图 3-3-12）位于 Yermak 盆地南部，方向为南西—北东，跨越 Sverdrup 突起（图 3-3-9）。重磁异常意味着在 CDP 1200 以西可能为洋壳基底。声波基底表现为规模较大的堑垒结构。YP-1 地震地层单元主要分布于地堑内，在隆起的地垒，YP-1 地震地层单元厚度较薄。YP-2 地震地层单元分布广泛，只是东侧（CDP 200—2400）主要分布于地堑内，向隆起的地垒超覆尖灭。YP-3 地震地层单元分布广泛，厚度

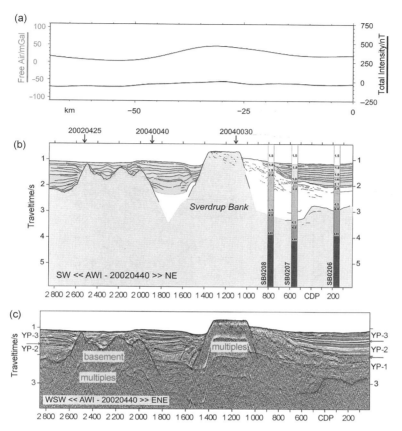

图 3 - 3 - 10　AWI - 20020440 测线地震剖面及地质解释

（a）重力（红色曲线）和磁（蓝色曲线）异常；（b）AWI - 20020440 测线地震-地质解释剖面；（c）AWI - 20020440 地震剖面
（据 Geissler et al,2011 修改）
注：（b）中，灰色阴影表示声波基底，地震地层单元 YP - 3(IA) 和 YP - 2 分别以黄色和橙色显示，YP - 1 以白色显示，图中标注了 3 个声呐浮标的层速度，单位为 km/s。（c）中，Sverdrup 突起为缺少沉积盖层的水下高地（CDP 1000—1400），剖面中红线为明显的声波基底，西南部（CDP 1900—2500）基底起伏较大，Sverdrup 突起东侧（CDP 500—1000）是杂乱反射结构地震单元，为 YP - 1 地震地层单元，成层性较好的 YP - 2 和 YP - 3 地震地层单元超覆于 YP - 1 地震地层单元之上。

较为稳定，向隆起的地垒高部位超覆尖灭。在 CDP 7800 以东，YP - 3 地震地层单元存在明显的滑塌、泥石流等重力流成因的块体沉积。

　　剖面 AWI - 20040005（图 3 - 3 - 13）位于 Yermak 盆地东北部，方向为近北—南，南端到达 Mosby 海山（图 3 - 3 - 9）。声波基底表现为幅度差异明显的堑垒结构。YP - 1 地震地层单元主要分布于地堑内，在隆起的地垒，YP - 1 地震地层单元厚度较薄或缺失。YP - 2 地震地层单元分布广泛，在前期地堑内厚度较大，向隆起的地垒超覆尖灭或减薄。YP - 3 地震地层单元分布广泛，厚度有明显变化，向隆起的地垒高部位减薄或超覆尖灭。在南部洼陷（CDP 600—2000），YP - 3 地震地层单元上部存在明显的滑塌、泥石流等重力流成因的块体沉积。

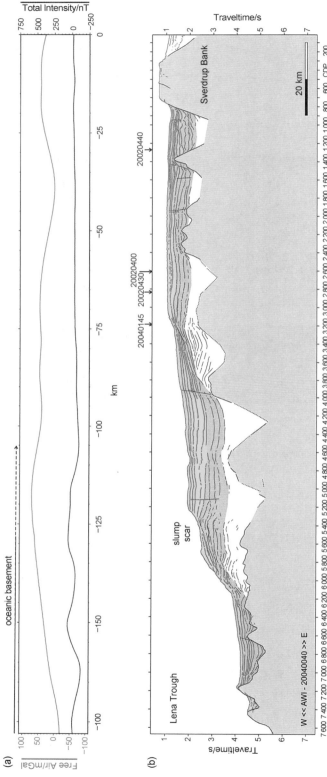

图 3 – 3 – 11 AWI – 20040040 测线地震剖面及地质解释

(a) 重力 (红色曲线) 和磁 (蓝色曲线) 异常; (b) AWI – 20040040 测线地震-地质解释剖面
(据 Geissler et al., 2011)

注: 灰色阴影表示声波基底; 地震地层单元 YP – 3(IA) 和 YP – 2 分别以黄色和橙色显示; YP – 1 以白色显示。

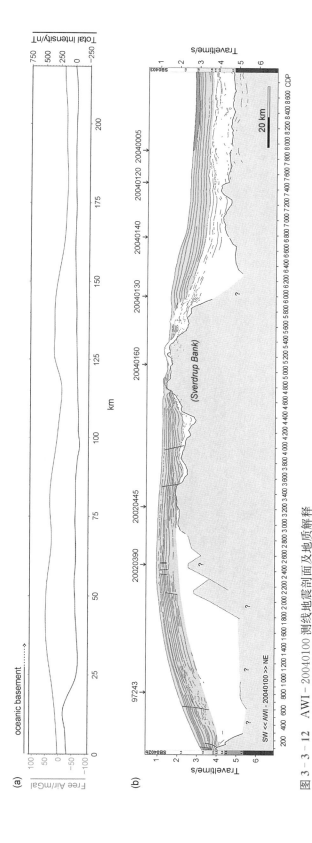

图 3 - 3 - 12　AWI - 20040100 测线地震剖面及地质解释

（a）重力（红色曲线）和磁（蓝色曲线）异常；（b）AWI - 20040100 测线地震 - 地质解释剖面
（据 Geissler et al.，2011 修改）

注：灰色阴影表示声波基底；地震地层单元 YP - 3（IA）和 YP - 2 分别以黄色和橙色显示；YP - 1 以白色显示，橘红色表示重力流沉积。

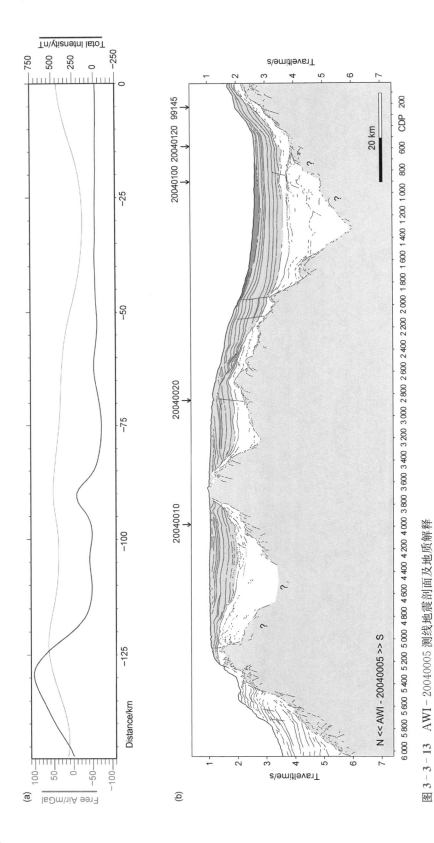

图 3-3-13 AWI-20040005 测线地震剖面及地质解释

（a）重力（红色曲线）和磁（蓝色曲线）异常；（b）AWI-20040005 测线地震-地质解释剖面

（据 Geissler et al,2011 修改）

注：灰色阴影表示声波基底；地震地层单元 YP-3（IA）和 YP-2 分别以黄色和橙色显示；YP-1 以白色显示，橙红色表示重力流沉积。

3.3.4 巴伦支海台地

巴伦支海台地几乎完全位于海域,主要位于挪威水域,主要岛屿有 Bjornoya、Edgoya、Barentsoya 和 Kong Karl Land 岛,部分位于俄罗斯水域。平均水深 $100\sim300$ m。南北长约 1 000 km,东西宽约 700 km,面积约 60.5×10^4 km^2(图 3 - 3 - 14)。

巴伦支海台地四周均以断裂带为边界,由 4 个主要基本地台组成,自晚古生代以来,这些基本地台一直相对稳定,包括西北部的 Edgoya 台地、东北部的 Kong Karl 台地、中部的 Bjarmeland 台地和南部的 Finnmark 台地。Finnmark 台地南部边界以外的挪威大陆发育加里东期基底露头。台地内部和边缘存在许多伸展断裂分隔的次盆和凸起。Bjarmeland 台地周缘和 Kong Karl 台地内部凸起众多(图 3 - 3 - 14)。

1. 巴伦支海台地基底

巴伦支海台地基岩出露于斯匹次卑尔根岛(Spitsbergen)北部和西部、Bjornoya 西南部以及 Finnmark 台地南部(挪威大陆)。Norsel、Loppa、Troms - Finnmark 断裂带和 Finnmark 台地中的 6 口井钻遇基岩。在斯匹次卑尔根岛,元古宇由加里东造山运动期间拼贴的 3 个北西北—南东南走向的地体组成。古元古界为片麻岩、混合岩和角闪岩组成的高级变质杂岩,被 1 750 Ma 花岗岩切割(IHS,2009)。

中元古界由中高级变质杂岩组成,被 950 Ma 花岗岩侵入。上覆新元古界杂砂岩、冰碛岩和大理岩为低级变质岩。寒武系至志留系岩石类型有碳酸盐岩、砾岩、砂岩和页岩,为滨浅海相沉积。这些地层在早加里东期(中奥陶世)和晚加里东期(晚志留世)遭受了冲断和褶皱等构造作用改造(IHS,2009)。

斯匹次卑尔根岛、Bjornoya 和挪威北部的构造格局继承了元古宙的北西北—南东南和北—南走向。斯堪的纳维亚北部加里东期变形总体呈北东东—南西西到北东—南西向的趋势。这些古老的基底断裂系统极大地影响了巴伦支海台地新生代的构造发育,北部地区的构造走向为北西北—南东南,南部地区为北东—南西(IHS,2009)。

2. 上泥盆统—下石炭统同裂谷沉积

晚泥盆世裂谷作用在北部地区呈北西北—南东南走向,在南部地区呈北东—南西走向,明显受基底构造的控制。Billefjorden 群的底部沉积物,即 Soldogg 组,由中粗粒砂岩组成,偶见砾岩。在法门期和早维宪期的早期裂谷作用阶段发育少量煤层。

上覆的 Tettegras 组(维宪阶)由细砂岩、粉砂岩、泥岩和煤互层组成,形成向上变细的沉积序列。这些沉积物主要是河流相或三角洲平原亚相,发育于半地堑中。

Billefjorden 群最顶部的 Blaererot 组[谢尔普霍夫阶(Serpukhovian)],由生物扰动石灰岩和白云石(部分白云石化泥岩)组成,上覆深灰色粉砂质页岩、粉砂岩和细粒至中粒砂岩为滨浅海相,代表了第一次海泛。Blaererot 组沉积末期发生了区域沉积缺失(图 3 - 3 - 15,图 3 - 3 - 16)。

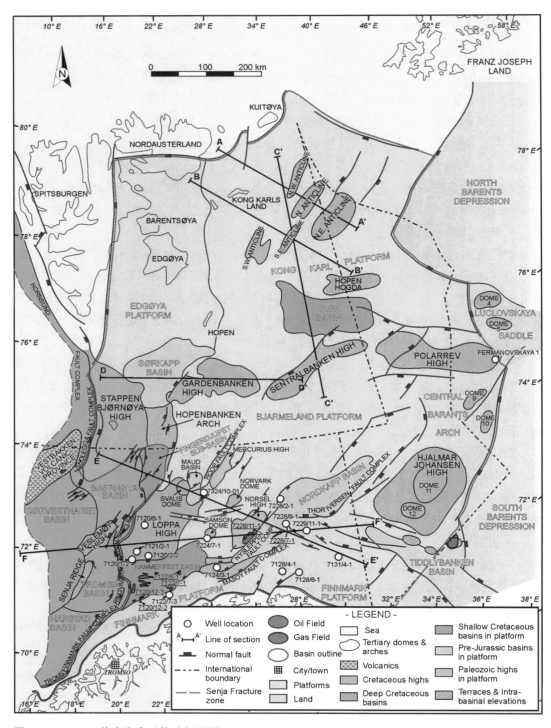

图 3‑3‑14　巴伦支海台地构造纲要图

（据 IHS，2009 修改）

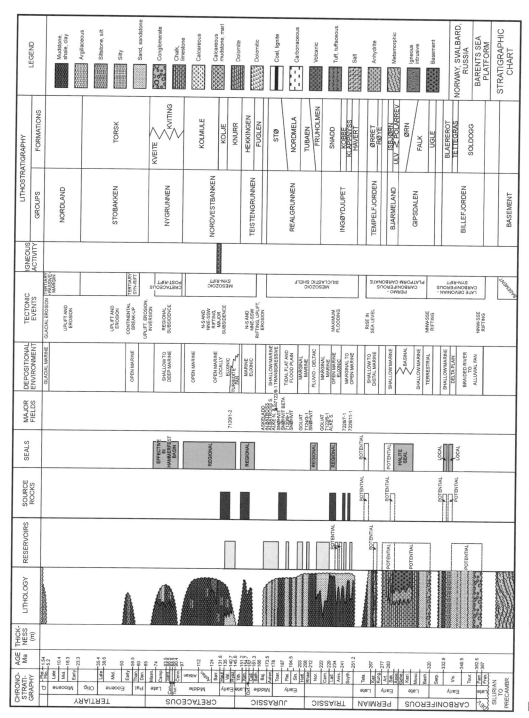

图 3-3-15 巴伦支海台地综合地层柱状图

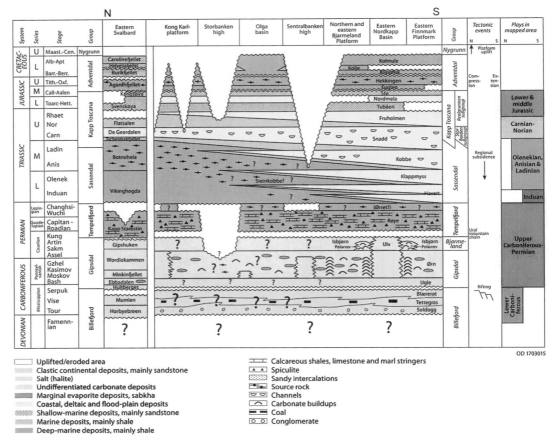

图 3-3-16 巴伦支海台地南北向地层岩相格架

（据 Lutz et al，2021）

3. 上石炭统—二叠系台地沉积

上石炭统—二叠系 Gipsdalen 群底部 Ugle 组［巴什基尔阶（Bashkirian）］为裂谷期沉积，主要为沉积在半地堑中的红棕色砾岩、粗粒砂岩和少量粉砂岩。上覆晚石炭世台地在海侵期间沉积了 Falk 组海侵浅海砂岩、海相粉砂岩和浅海碳酸盐岩。Falk 组之上为 Orn 组，主要为浅海碳酸盐岩，其次是台地上以藻类为主的灰质堆积物和盆地边缘的硬石膏、岩盐。

Gipsdalen 群整合于上覆 Bjarmeland 群，划分为 3 个组，分别为 Polarrev 组、Ulv 组和 Isbjørn 组。Polarrev 组由地台上的苔藓虫和藻类灰岩组成，而 Ulv 组由薄层深色盆地碳酸盐岩组成。上覆 Isbjørn 组由层状生物碎屑粒状灰岩和泥粒灰岩组成（图 3-3-15，图 3-3-16）。

Templefjorden 群不整合于 Bjarmeland 群之上。Røye 组是在海平面快速上升的海侵过程中形成的，由深陆架至盆地硅化泥岩、针状石、燧石和硅化苔藓虫为主的石灰岩组成。其上覆 Orret 组岩性由砂岩、粉砂岩和页岩向东相变为富含有机质的页岩（图 3-3-15，

图 3 - 3 - 16)。

4. 三叠系—中侏罗统被动大陆边缘沉积

三叠纪至中侏罗世为一个构造平静期,Stappen 和 Loppa 凸起掀斜,沉积物从东部注入。Nordkapp 盆地的大规模盐构造开始形成于早三叠世,结束于晚三叠世。

三叠系 Ingøydjupet 群(斯基甫阶—诺利阶)由边缘海相页岩、泥岩、粉砂岩和砂岩组成。早三叠世快速沉降和大规模海侵形成了厚硅质碎屑层序的沉积(Havert 组和 Klappmyss 组)。周围陆地的隆升和侵蚀为河流-三角洲体系和滨浅海体系富砂沉积物的形成提供了物源。中三叠世(Kobbe 组和 Snadd 组)的最大海泛以及海平面的反复波动使海岸线在广阔的大陆架上来回移动。Anisian 期的局限海发育期间形成了广泛的富有机质的页岩(图 3 - 3 - 15,图 3 - 3 - 16)。Ingoydjupet 群在 Edgoya、Barmeland 和 Finnmark 次台地以及 Loppa、Stappen 凸起的大部分地区均有揭示。Nordkapp 次盆的钻孔最大厚度为 2 552～2 777 m,Norsel 凸起的钻孔最大厚度为 2 581 m。Loppa 凸起 Ingoydjupet 群较薄(1 297～2 201 m),Finnmark 台地 Ingoydjupet 群更薄(904～1 426 m)。

在晚三叠世,陆地区域的重新隆起导致沉积物供应增加,并开始了 Realgrunnen 群的沉积。Fruholmen 组(诺利阶—埃唐日阶)发育海侵页岩,上覆 Tubaen 组(瑞替阶—埃唐日阶)发育进积浅海相和河流-三角洲相砂岩。Nordmela 组(西涅缪尔阶—普林斯巴赫阶)由潮坪至冲积相粉砂岩、砂岩和泥岩组成,上覆 Sto 组(普林斯巴赫阶—巴柔阶)发育进积海岸砂岩(图 3 - 3 - 15,图 3 - 3 - 16),这些砂岩是良好的储层。许多钻井揭示了 Realgrunnen 群,其厚度范围从 Hammerfest 次盆的 154～581 m 到 Norkapp 次盆的 247～281 m。

5. 上侏罗统—下白垩统裂谷沉积

卡洛维期,南北走向的 Ringvassøy - Loppa 断裂带的断块开始差异活动,该断裂带将 Hammerfest 次盆与快速沉降的 Harstad 和 Tromso 次盆分隔,Harstad 和 Tromso 次盆属于相邻的西巴伦支陆架,处于 Bjornoya 次盆东端的是南北走向的 Lierdjupet 断裂带。类似的断块作用发生在北东北—南西南走向的 Bjørnøyrenna 断裂带,该断裂带将 Bjornoya 次盆的东南侧翼与 Loppa 凸起分隔开来(图 3 - 3 - 14)。同时,Loppa 凸起(侵蚀厚度达 2 300 m)和 Finnmark 次台地(侵蚀厚度达 1 000 m)都出现了巨幅隆起和侵蚀(图 3 - 3 - 17)。晚侏罗世,Kong Karls 次台地和 Sentralbanken 凸起受到挤压,导致古生代裂谷盆地反转,上覆中生界发生轻微褶皱(图 3 - 3 - 18)。

Teistengrunnen 群不整合于 Sto 组之上。最底部的 Fuglen 组(卡洛维阶—牛津阶)为深棕色页岩和泥岩,厚度变化较大。Hammerfest 次盆的厚度为 11～53 m,Nordkapp 次盆的厚度为 4～40 m,Finnmark 次台地的厚度为 3～4 m。整合上覆 Hekkingen 组的暗色页岩是该盆地的主要生油岩,其厚度变化也很大,Hammerfest 次盆西南部厚度达 359 m,而 Hammerfest 次盆其余部分厚度多为 40～60 m,Nordkapp 次盆的厚度为 33～39 m,Norsel 凸起的厚度为 47 m,Finnmark 次台地 Hekkingen 组缺失。

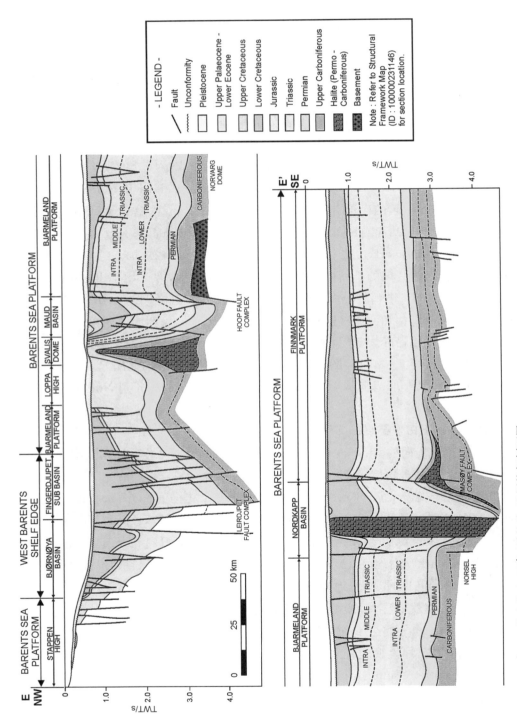

图 3 - 3 - 17 巴伦支海台 EE'区域构造-地层格架剖面图

（剖面位置见图 3 - 3 - 14，据 IHS，2009）

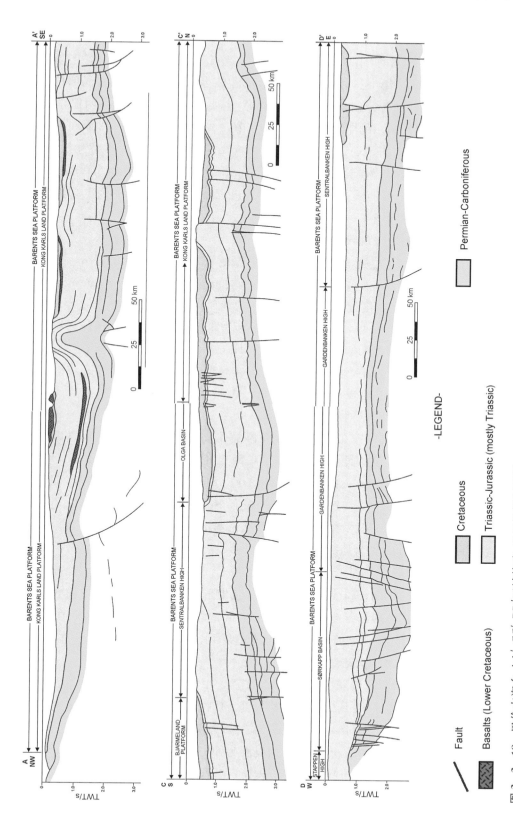

图 3 - 3 - 18　巴伦支海台 AA′、CC′、DD′ 区域构造-地层格架剖面图

（剖面位置见图 3 - 3 - 14，据 IHS，2009）

下白垩统 Nordvestbanken 群不整合于 Hekkingen 组页岩之上。底部 Knurr 组[里亚赞阶(Ryazanian)—巴列姆阶]由深灰色泥岩组成,在 Hammerfest 次盆的南北两侧发育海底扇砂岩。上覆 Kolje 组(巴列姆阶—阿普特阶)主要由泥岩和页岩组成,局部是在缺氧条件下沉积的。Kolmule 组(阿普特阶—塞诺曼阶)主要为泥岩和页岩,在西巴伦支边缘的 Senja 海岭,该组钻井揭示的厚度超过 3 600 m,在 Tromso 次盆超过 1 200 m。区域地震数据表明,在 Bjornoya 和 Sorvestnaget 次盆中 Nordvestbanken 组的厚度为 7 000 m以上,在 Tromso 次盆中厚度为 4 500 m 以上。而 Hammerfest 次盆厚度为 600～800 m,Nordkapp 次盆的厚度为 1 255 m。在 Edgeoya 和 Kong Karl 次台地,可能为巴列姆期的玄武质火山岩(图 3 - 3 - 15,图 3 - 3 - 18 中 AA′剖面)。

6. 上白垩统被动大陆边缘沉积

在中生代晚期裂谷作用之后,西巴伦支陆架边缘的 Horstad、Tromso、Sorvestnaget 和 Bjornoya 次盆进一步沉降,形成 Nygrunnen 群厚层页岩和泥岩。在 Hammerfest 次盆,几乎没有沉降,该组平均厚度仅为 50 m。

晚白垩世末期,沿 Ringvassøy 和 Bjornoyrenna 断裂带发生了新的构造伸展和局部构造反转,Finnmark 台地(侵蚀厚度 100～300 m)和 Hammerfest 次盆(隆起幅度 100 m)发生隆升和侵蚀,Kong Karl 次台地和 Sentralbanken 高地凸起的区域抬升,造成上白垩统大部分缺失(图 3 - 3 - 15 至图 3 - 3 - 18)。

7. 古近系—中中新统总体相对隆升

南北走向的 Ringvassoy 断裂带和 Knolegga 断裂带将巴伦支海台地与主要为古近系和新近系的西巴伦支陆架边缘分隔开来。在西巴伦支陆架边缘,Tromso 次盆、Sorvestnaget 次盆和 Vestbakken 火山岩省发育了 600～800 m 的古新世晚期的半深海页岩和约 2 000 m 的深水沉积物,这些沉积物共同构成了 Stobakken 群。然而,在巴伦支海台地的大部分地区,Stobakken 群么非常稀少,要么根本不存在(图 3 - 3 - 15 至图 3 - 3 - 18)。该群物在 Hammerfest 次盆最厚(200～1 000 m),在 Loppa 隆起厚度为 100～200 m(图 3 - 3 - 17)。

古新世晚期—始新世早期,Spitsbergen 西部褶皱带形成。渐新世,巴伦支海台地西北部(包括斯匹次卑尔根岛)隆起。在台地的更东向,隆起幅度较小,但压应力导致 Kong Karl 次台地和 Sentralbanken 凸起的先存的线性构造复活。

8. 中中新统—第四系被动大陆边缘沉积

巴伦支海台地中 Nordland 群厚度较小,但分布广泛,由冰川砂和泥岩组成,不整合于较老的沉积物之上,分布范围从 Bjarmeland 次台地的白垩系到 Nordkapp 次盆的石炭纪—二叠纪底辟盐岩。该群在 Hammerfest 次盆的西端厚度超过 300 m,向东变薄至50～100 m。Finnmark 次台地和 Loppa 凸起的厚度为 60～130 m。而在相邻的西巴伦支陆架边缘,Nordland 群是一个向西进积增厚的沉积楔,在 Vestbakken 火山省、Sorvestnage 次盆地和 Harstad 次盆地的西缘,其厚度高达 4 000～6 000 m。

3.3.5　东巴伦支海盆地

东伦支海盆地位于巴伦支海东部,水深均小于 400 m,为俄罗斯北极近海最西端。该盆地西邻巴伦支海台地,东接濒新地岛构造带,北以法兰士·约瑟夫地群岛所在的格鲁芒特隆起(Grumant Uplift)为限,东南部与蒂曼-伯朝拉盆地相接,西南部以 Kola - Kanin 单斜为限,面积约为 $53.5 \times 10^4 \, km^2$,可以划分为南巴伦支坳陷(South Barents Depression)、北巴伦支坳陷(North Barents Depression)、Saint Annes 坳陷、Albanov - Gorbov 凸起和 Shtokman - Lunin 凸起(图 3 - 3 - 19)。

盆地主体以加里东变形岩系为基底,发育上泥盆统—新生界沉积盖层(图 3 - 3 - 20)。盖层厚度达 19~20 km,以二叠系、三叠系厚度最大,最大厚度均超过 5 km(图 3 - 3 - 21,图 3 - 3 - 22)。

这一超深盆地的形成与盆地中央区域镁铁质下板块有关(Gac et al,2012):① 泥盆纪—石炭纪伸展相关的岩浆作用导致地壳适度减薄,盆地中央区域下方的镁铁质底板导致晚古生代最初的沉降[图 3 - 3 - 21(a)];② 晚二叠世—早三叠世的东西向挤压导致先前侵位的镁铁质下板块岩体致密化,沉降显著增强,从而形成超深盆地[图 3 - 3 - 21(b)]。

1. 盆地基底

东巴伦支海盆地的基底岩石较为复杂。南部的基底主要为蒂曼造山期形成的变质、变形及侵入岩系。古元古代,东欧地台与太古代波罗的地盾相连。东欧地台的新元古代(里菲纪)裂谷作用导致一些微大陆分离,然后漂移到前乌拉尔洋。在文德期(前寒武纪末和古生代初,650~530 Ma),元古代期间形成一些微大陆增生与东欧地台碰撞。这一碰撞事件,即蒂曼造山运动(Timanide),形成了北西—南东走向的 Kanin - Timan 山脊和 Kola - Kanin 单斜(图 3 - 3 - 19)。寒武纪以后,东欧地台和波罗的地盾不断地从赤道纬度向北漂移,与蒂曼-伯朝拉盆地紧邻的南巴伦支坳陷发育了奥陶系—第四系沉积盖层(图 3 - 2 - 16)。而盆地绝大部分的基底主要为加里东造山期形成的变质、变形及侵入岩系。Iapetus 洋的萎缩始于晚寒武世至早奥陶世(约 500 Ma),加里东造山运动始于中志留世至晚志留世(约 420 Ma)(Aplonov et al.1996),并在早泥盆世(约 400 Ma)达到顶峰(见 3.3.1 节)。加里东期基底之上覆盖了上泥盆统—第四系。

2. 上泥盆统—下二叠统被动大陆边缘沉积

晚泥盆世—早二叠世,盆地处于被动大陆边缘构造背景,发育石灰岩、含生物礁碳酸盐岩的白云石,以及蒸发岩互层(图 3 - 3 - 20)。这些沉积物与东欧地台的同时代地层相似。

晚泥盆世和早石炭世,沉积中心开始向北或西北延伸。石炭纪,盆地北部沉降量大于南部沉降量,新地岛近海形成碳酸盐堆积,在靠近乌拉尔洋的盆地更深处,沉积了更多的硅质沉积物。这种沉积格局一直持续到早二叠世末。西伯利亚板块与劳俄超大陆的软碰撞最早发生于萨克马尔期—亚丁斯克期(285 Ma)(IHS,2009)。

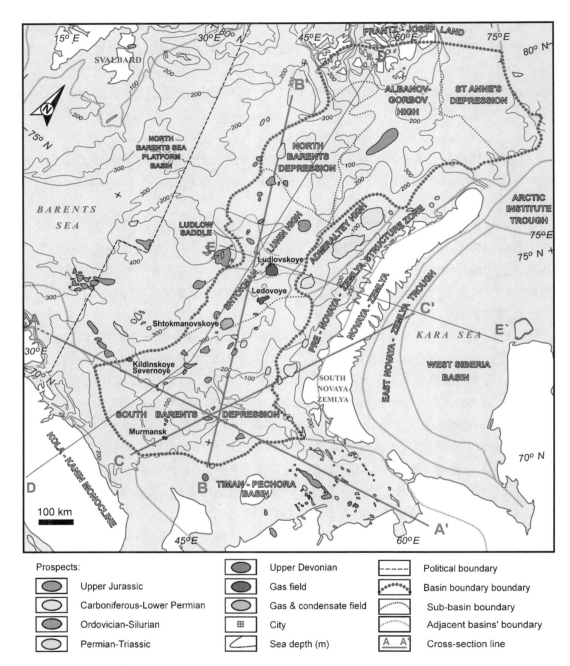

图 3 - 3 - 19　东巴伦支海盆地构造纲要及剖面位置图

（据 Ivanova et al，2006；IHS，2009 修改）

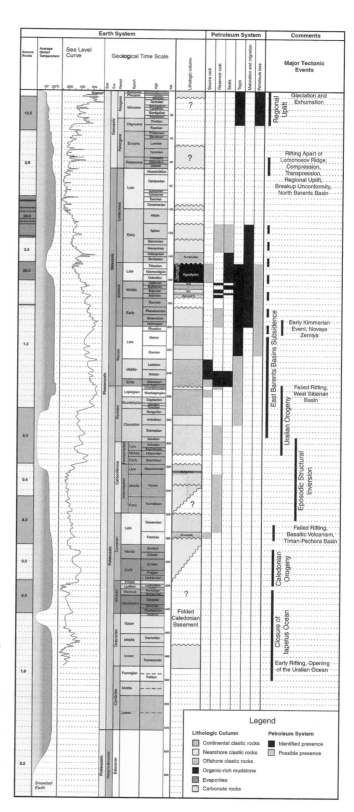

图 3-3-20　东巴伦支海盆地地质演化综合柱状图

（据 Klett and Pitman，2011）

注：① "源岩（Source Rock）"表示源岩产生的石油占世界石油总储量的百分比，红线代表海洋缺氧事件。

② 全球平均温度（Average Global Temperature）参考 Barrett（2003）和 Frakes et al（1992）。

③ 海平曲线（Sea Level Curve）参考 Golonka and Kiessling（2022）和 Hardenbol et al（1998）。

④ 地质年代表参考 Gradstein et al（2004）。

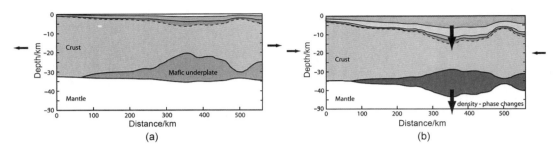

图 3-3-21　东巴伦支海盆形成的地球动力学模型

(a) 泥盆纪—石炭纪伸展；(b) 晚二叠世—早三叠世挤压

（据 Gac et al, 2012）

注：泥盆纪—石炭纪，该地区受到与西伯利亚克拉通向西迁移相关的西倾俯冲系统触发的弧后伸展和岩浆作用的影响。这导致地壳变薄，并使变薄地壳下的岩浆物质底侵。晚二叠世—早三叠世，该地区经历了挤压与乌拉尔造山运动，伴随压力的升高，岩浆体内的岩石相变为密度更高的岩石，导致沉降量急剧增加。此后的中新生代期间，该地区的构造活动基本平静。

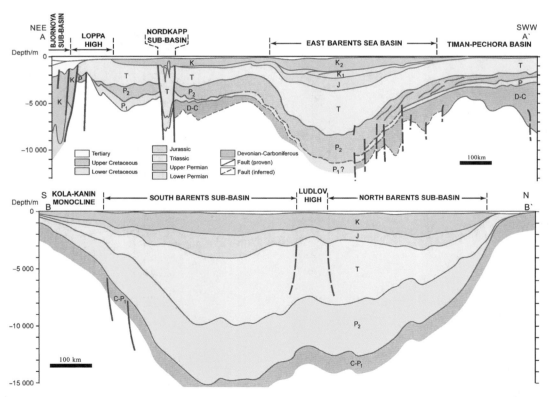

图 3-3-22　东巴伦支海盆地 AA' 和 BB' 构造-地层剖面图

（剖面位置见图 3-3-19，据 IHS，2009）

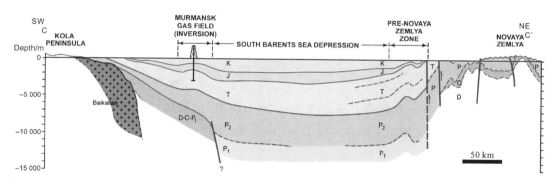

图 3 - 3 - 23 东巴伦支海盆地 CC′构造-地层剖面图

(剖面位置见图 3 - 3 - 19,据 IHS,2009)

3. 上二叠统—三叠系同裂谷期沉积

大西洋西北欧边缘早三叠世至中三叠世以沿原大西洋一线的地壳伸展为特征。这与乌拉尔造山、陆源碎屑岩从东部注入一起,结束了晚古生代的区域碳酸盐岩和蒸发岩沉积(图 3 - 3 - 20)。晚石炭世至二叠纪的乌拉尔造山运动,形成乌拉尔和新地岛亚褶皱带,为东巴伦支海盆地和蒂曼-伯朝拉盆地提供陆源碎屑沉积物。

晚二叠世,主要的构造体制是与强烈沉降有关的伸展(150 mm/yr)。南巴伦支次盆充填了乌拉尔物源碎屑岩,而北巴伦支次盆仍然缺乏粗碎屑供应,上二叠统为 2～3 km 厚的页岩。

晚二叠世伸展和沉降持续到三叠纪,早三叠世沉降速率加快,三叠纪期间沉积了大量碎屑沉积物。东部的乌拉尔高原是重要的沉积物源区,沉积物也从波罗的地盾和其他地区供应到巴伦支海。坳陷中部的三叠纪沉积物厚度超过 7 km(图 3 - 3 - 22 中 BB′剖面)。

在北巴伦支次盆和南巴伦支次盆最深处,地层解释仅基于地震数据。与该成因单元相对应的巨层序细分为 4 个层序:上二叠统—下三叠统、下三叠统、中三叠统和上三叠统(图 3 - 3 - 23 中 CC′剖面)。上二叠统—下三叠统层序在巴伦支子盆地南部识别得最好,而其他层序存在于东巴伦支海盆地的大部分地区。

晚二叠世和早三叠世期间,在东巴伦支海盆周缘地区(Kola - Kanin 单斜、Pechora 地块、新地岛以西以及部分南巴伦支次海盆)为陆相沉积,而盆地内为海相沉积。早三叠世晚期,盆地大面积暴露。早三叠世河道系统已在南巴伦支次盆两侧确定,来自乌拉尔高地的大量沉积物沿着这些河道系统输送到巴伦支海,尤其是东部和东南部地区。

中三叠世、晚三叠世沉降持续,但速率较低(中三叠世早期为 100 mm/kyr,晚三叠世末为 40 mm/kyr),向北西进积的三角洲沉积体系继续填充盆地。晚三叠世,海岸线移回南巴伦支次盆的南部和东部。三叠纪以海退和侵蚀结束。

另外,在早-中三叠世伴随有少量玄武岩岩脉侵入。

在新地岛以东的喀拉海和西西伯利亚盆地,以及乌拉尔北部也发现了三叠纪裂谷作用。新地岛被解释为乌拉尔山脉的弧形延伸,形成于晚二叠世—早三叠世西伯利亚板块和劳俄超大陆之间的陆陆碰撞。然而,地震剖面显示,新地岛以西没有前渊,相反,存在大型褶皱(包括 Admiraltey 隆起和濒新地岛构造带)。它们是由晚三叠世构造反转形成的,影响了巴伦支北部和南部次盆东部的厚层序。沿着新地岛西翼的三叠纪反转意味着该地块在三叠纪首次隆升。这种隆升很可能是一个向西侵位的异地冲断岩片引起的,该冲断岩片位于 Admiraltey 和濒新地岛构造带的相关褶皱之上。

4. 侏罗系—古近系裂后期沉积

裂后热沉降开始于晚三叠世末—早侏罗世,盆地中充填了连续的滨浅海陆源碎屑岩。晚三叠世末沉降和堆积速率开始减缓并一直持续到侏罗纪。侏罗系比三叠系薄得多(图 3-3-21,图 3-3-22,图 3-3-23)。中-下侏罗统碎屑岩在区域上被上侏罗统页岩覆盖,上侏罗统页岩以富含有机质的黑色页岩为主(图 3-3-20)。

两个次盆地的中心区域的下-中侏罗统为浅海和海岸平原沉积,向盆地两侧延伸并变薄,并向 Pechora 地块相变为陆相沉积为主。侏罗纪大部分时间,物源区为波罗的地盾、蒂曼山脉和乌拉尔山脉。

下-中侏罗统沉积物形成于海侵过程,而上侏罗统沉积物形成于海侵高峰期。上侏罗统下部为海相暗色页岩和粉砂岩,上部由沥青页岩组成。

下白垩统下部,盆地主体主要为暗色页岩,浅部地区为粉砂岩和细粒砂岩与褐煤互层为代表。下白垩统上部为海相和陆相互层岩石,以陆相沉积物为主。关于上白垩统的资料较为缺乏。早白垩世,盆地内的沉积物主要来自北部,部分来自东部和东北部。

古近纪和新近纪,局部发育陆相沉积,盆地大部分地区抬升,造成上白垩统(局部为下白垩统)遭受剥蚀。巴伦支北部和南部次盆最深地带的隆起幅度为 0.2~0.3 km;Ludlov 鞍部隆升幅度为 0.75 km;盆地北部和西北边缘隆升幅度为 1.5~3.0 km。

3.3.6 濒新地岛构造带

濒新地岛(Pre-Novaya Zemlya)构造带包括 Admiraltey 隆起和濒新地岛负向构造带(图 3-3-19),有的学者(如 Ivanova et al,2006)也将濒新地岛负向构造带称为 Sedov 槽(Sedov Trough)。濒新地岛构造带以里菲系—下古生界变形变质杂岩为基底,发育了上古生界泥盆系、石炭系、二叠系,中生界三叠系和侏罗系。Admiraltey(也称 Admiralteiskiy)隆起侏罗系剥蚀殆尽(图 3-3-24 中 EE′剖面)。

新元古界为波罗的古陆边缘增生部分,主要为大洋及岛弧相关的沉积岩、岩浆岩及其变质岩。

下古生界为弧后-岛弧-深水盆地形成的碎屑岩、碳酸盐岩、岩浆岩及其相关变质岩。泥盆纪及石炭纪早期形成了被动大陆边缘-深海沉积的碎屑岩、碳酸盐岩。石炭纪晚期—二叠纪形成了深海-前陆盆地形成的陆源碎屑岩、岩浆岩及其相关变质岩。二叠纪末—侏罗纪形成了前陆盆地陆源碎屑岩、火山岩及火山碎屑岩。

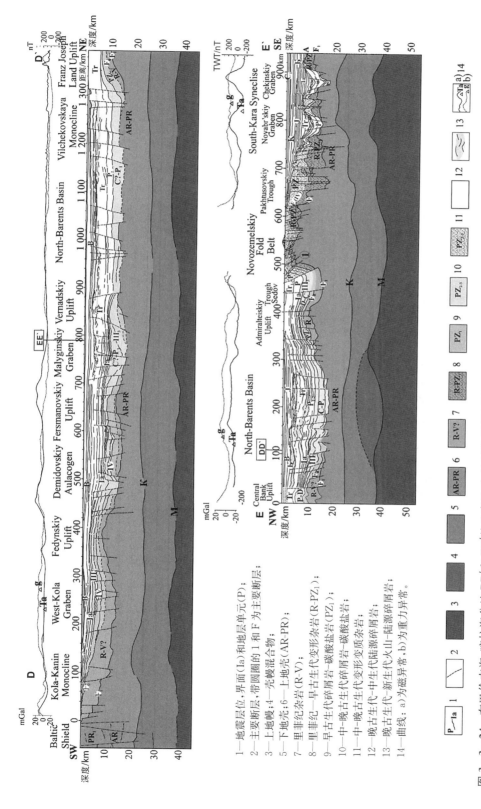

1—地震层位、界面（Ia）和地层单元（P）；
2—主要断层，带圆圈的 1 和 F 为主要断层；
3—上地幔；4—壳幔混合物；
5—下地壳；6—上地壳（AR-PR）；
7—里菲纪杂岩（R-V）；
8—里菲纪—早古生代变形杂岩（R-PZ₁）；
9—早古生代碎屑岩 碳酸盐岩（PZ₁）；
10—中—晚古生代碎屑岩 碳酸盐岩；
11—中—晚古生代变质杂岩；
12—晚古生代—中生代陆源碎屑岩；
13—晚古生代—新生代火山—陆源碎屑岩；
14—曲线：a）为磁异常，b）为重力异常。

图 3 - 3 - 24　东巴伦支海—喀拉海盆地 DD′和 EE′的地壳地质-地球物理剖面图

（剖面位置见图 3 - 3 - 19，据 Ivanova et al.，2006）

3.3.7　弗兰兹·约瑟夫隆起

弗兰兹·约瑟夫隆起是北极最北端的群岛。基底为太古宇和元古宇,发育了新元古界里菲系—文德系、下古生界、上古生界,以及中生界(图 3-3-24 中 DD′剖面)。地表主要出露晚侏罗世—早白垩世由板内玄武岩岩浆作用形成的喷出岩和浅成侵入岩、三叠纪和侏罗纪陆源碎屑沉积岩(图 3-3-25)。

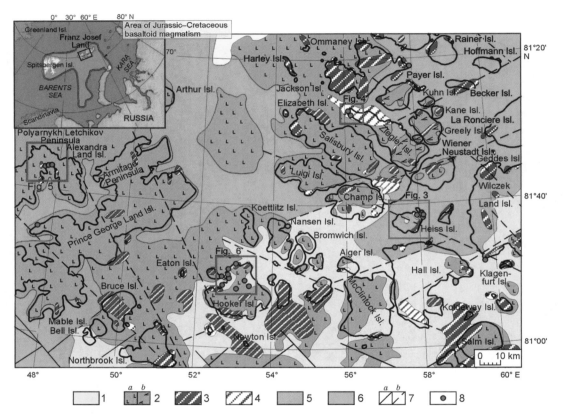

1—渐新世-上新世沉积物(粉砂岩、黏土);2—a 为凝灰岩和玄武岩,b 为安山玄武岩;3—浅成岩浆岩(岩墙、岩床、岩盘)辉长岩、辉长岩闪长岩、辉长岩-辉长岩、辉长岩-辉绿岩、辉绿岩和二长岩;4—含有玄武岩、安山玄武岩喷出体的火山口相;5—侏罗纪沉积岩系(泥岩、粉砂岩、砂、砂岩);6—三叠纪沉积岩系(砂、砂岩、黏土、泥岩、粉砂岩);7—断层:a 为确定的,b 为推断的;8—古地磁采样点。

图 3-3-25　弗兰兹·约瑟夫群岛地质简图

(据 Abashev et al,2018)

注:插图中的红线描绘了巴伦支海玄武岩岩浆作用范围。

侏罗纪—早白垩世形成的喷出岩和浅成侵入岩是一个大火成岩省(LIP),覆盖了巴伦支海的整个北部,包括 Svalbard 群岛(图 3-3-25)。除了大量的熔岩、凝灰岩外(图 3-3-26,图 3-3-27),还有侵入三叠系—侏罗系的大型岩墙和岩床(图 3-3-28)。

图 3 - 3 - 26　Ziegler 岛西北岸火山熔岩露头写实照片

（据 Abashev et al,2018）

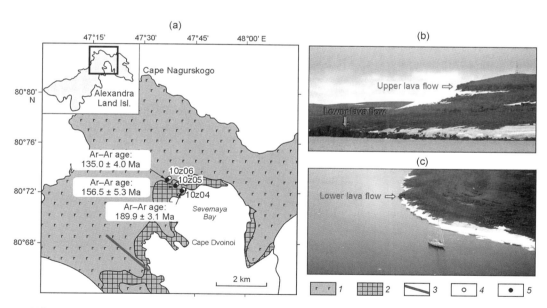

1—早白垩世玄武岩；2—早侏罗世和晚侏罗世玄武岩；3—早白垩世(?)辉绿岩脉；4—古地磁采样点及其编号；5—地质年代学分析的采样点，箭头指示样品测定年龄。

图 3 - 3 - 27　Alexandra Land 岛东北部地质图及露头剖面

（a）地质图；（b）Severnaya 湾火山剖面的全景图；（c）地质年代学分析的采样点位置

（据 Abashev et al,2018）

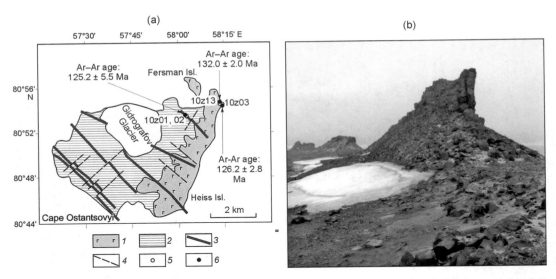

1—早白垩世熔岩；2—中生代沉积岩；3—早白垩世辉绿岩岩墙；4—断层；5—带编号的古地磁采样点；6—地质年代学分析采样点，有测定年龄指示。

图 3 - 3 - 28　Heiss 岛地质图及露头照片

(a) 地质图；(b) Ametistovaya 岩墙写实照片［位置为(a)中 10z01,02］
(据 Abashev et al,2018)

与早白垩世地幔热柱活动有关的晚中生代高北极火成岩省相比，弗兰兹·约瑟夫隆起地区的玄武岩岩浆作用历史要长得多。同位素地球化学研究表明，从早侏罗世到早白垩世，3 个峰值年龄分别在 190 Ma、155 Ma 和 125 Ma。弗兰兹·约瑟夫隆起地区火成岩的平均古磁极与西伯利亚地台而非东欧地台的早白垩世(145～125 Ma)视极漂移路径重合(Abashev et al,2018)，表明欧亚大陆北缘中生代存在明显的走滑活动。

第4章

西伯利亚大陆及北部被动大陆边缘地质特征

北极地区西伯利亚大陆及北部被动大陆边缘是华力西-海西造山期(石炭纪—二叠纪)西伯利亚古陆、喀拉(Kara)微古陆与泰梅尔微古陆汇聚、拼贴,乌拉尔洋、蒙古-鄂霍茨克洋关闭,陆陆碰撞形成的由原地和异地地质体组成的变形带(Shmelev,2011;Xiong et al,2020;Nikishin et al,2021c)。西界为北乌拉尔-新地岛褶皱带,东界为上扬斯克褶皱带东侧的 Aduche – Taryn 逆冲构造缝合带(Oxman,2003)。可划分为北乌拉尔-新地岛褶皱带、东新地岛-北极研究所槽(Arctic Institut Through)、西西伯利亚盆地、北喀拉海盆地、东西伯利亚盆地群、Laptev 海盆地、泰梅尔-北地岛褶皱带(Taymyr – Severnaya Zemlya Fold Belt)和上扬斯克褶皱带(图 4 – 0 – 1)。

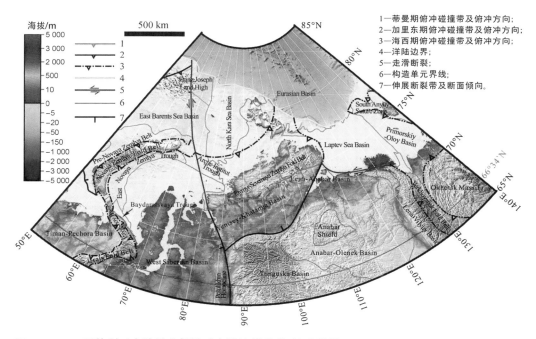

图 4 - 0 - 1　西伯利亚大陆及北部被动大陆边缘地貌-构造简图

注:构造线参考 Lindquist(1999)、Oxman(2003)、Persits and Ulmishek(2003)、Aarseth et al(2017)、Gernigon et al(2020);构造单元分区根据 IHS(2009)全球构造单元分区数据库资料编绘;底图来自 https://maps.ngdc.noaa.gov/viewers/bathymetry。

4.1 北乌拉尔-新地岛-泰梅尔褶皱带

北乌拉尔-新地岛褶皱带是华力西-早基梅里(Kimmerian)造山期西伯利亚板块与劳俄超大陆汇聚、碰撞的结果,进一步划分为北乌拉尔褶皱带、Pay - Khoy 山脉、新地岛褶皱带。而泰梅尔褶皱带是喀拉微板块与西伯利亚板块碰撞的结果(图 4 - 0 - 1)。

4.1.1 北乌拉尔褶皱带

北乌拉尔褶皱带也称极地乌拉尔褶皱带,是古生代中后期东欧板块和西伯利亚板块之间大洋关闭形成的。北乌拉尔褶皱带岩性构成较为复杂[图 4 - 1 - 1(a)]。西北缘为具陆壳基底的下-中古生代裂谷-半深海杂岩,由奥陶纪至石炭纪浅水陆棚沉积岩和深水浊积岩与镁铁质火山岩组成,以强烈变形为主,向西冲断至浅水大陆边缘沉积岩系之上。东南缘为古生代岛弧火山-沉积杂岩。其间为① 具有前寒武系基底块体的古生代变质沉积岩-火山岩;② 蛇绿岩套(Syum - Keu、Ray - Iz、Voikar 蛇绿岩套);③ 辉长岩和纯橄榄岩-斜辉石杂岩;④ 花岗岩类。

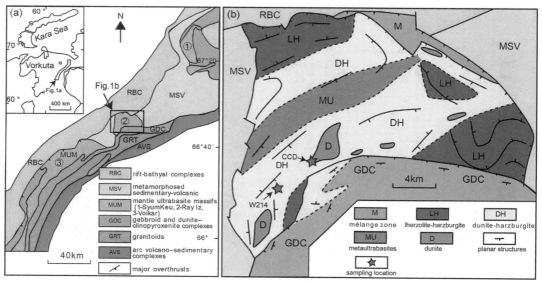

RBC—早-中古生代裂谷-半深海杂岩(陆壳基底);MSV—具有前寒武系基底块体的古生代变质沉积-火山岩;MUM—蛇绿岩套(1—Syum - Keu;2—Ray - Iz;3—Voikar);GDC—辉长岩和纯橄榄岩-斜辉石杂岩;GRT—花岗岩类;AVS—Voikar - Shchuchya 古生代岛弧火山-沉积杂岩;M—混合岩带;LH—主要为二辉橄榄岩和方辉橄榄岩;DH—纯橄榄岩和方辉橄榄岩;MU—变质超基性岩;D—纯橄榄岩;红星—采样位置。

图 4 - 1 - 1 乌拉尔山脉北部及 Ray - Iz 蛇绿岩套地质图

(a) 乌拉尔山脉北部地质图;(b) Ray - Iz 蛇绿岩套地质图
(据 Shmelev,2011;Yang et al,2014 修改)
注:(a)中插图显示了北乌拉尔山脉的位置。

代表消亡大洋的蛇绿岩套包含多种超基性岩,岩石类型有混合岩、二辉橄榄岩、方辉橄榄岩、纯橄榄岩、变质超基性岩[图 4-1-1(b)]。

极地乌拉尔的 3 个蛇绿杂岩体 Syum-Keu、Rai Iz 和 Voykar(图 4-1-1)具有类似成因,其中矿物同位素年龄从中奥陶世初一直延续到泥盆纪末(Xiong et al,2020)。Ray Iz 蛇绿岩套底部附近的红宝石矿脉有两个不同的伽-锶年龄,分别为 358±3 Ma 和 373.1±5.4 Ma。Ray-Iz 蛇绿岩套中的辉长岩、闪长岩侵入体测得 418±2 Ma 的稳定锆石铀-铅年龄(Shmelev and Meng,2013),铬铁矿的铼-锇年龄为 470 Ma(Walker et al,2002)。南端的 Voykar 蛇绿岩套原岩形成于 397 Ma± 的大洋中脊(Edwards and Wasserburg,1985)。北端的 Syum-Keu 蛇绿岩套中硬玉的锆石铀-铅年龄为 404 Ma,代表俯冲开始的年龄和老乌拉尔海盆开始闭合的时间。

Syum-Keu 超镁铁质地块西侧的蓝晶石榴辉岩的钐-钕年龄为 366±8.6 Ma,蓝晶石榴辉岩的铀-铅年龄为 338±40 Ma(Shatsky et al,2000;Glodny et al,2003)。榴辉岩相脉中的锆石铀-铅年龄为 360~355 Ma(Glodny et al,2004)。这些年龄可能代表俯冲期间榴辉岩变质的时间,或东欧板块和岛弧系统之间碰撞的年龄(Shatsky et al,2000)。杂岩中蓝片岩的角闪石和白云母的钾-氩年龄分别为 346 Ma 和 347 Ma(Udovkina,1985),这些可能代表了剥露期间高压片岩的冷却年龄。古地磁数据表明,劳俄大陆与西伯利亚板块之间的汇聚、碰撞发生在 370~245 Ma(Scotese et al,1979)。Marun Keu 杂岩快速抬升可能发生在 250 Ma,估计抬升速率为 2±1.3 km/Ma(Glodny et al,2003)。

4.1.2　Pay-Khoy 山脉褶皱带

Pay-Khoy 山脉是古生代后期劳俄超大陆和西伯利亚板块之间大洋关闭形成的褶皱带,在白垩纪末(约 70 Ma)又遭受了陨石撞击。Pay-Khoy 山脉褶皱带发育的地层有新元古界、奥陶系、志留系、泥盆系、石炭系、二叠系、三叠系和白垩系[图 4-1-2(a),图 4-1-3,图 4-1-4]。

新元古界(可能有寒武系)总厚度超过 6 km,由含云母、黏土、硅质和阳起石的千枚岩组成,带有变质流纹岩和凝灰岩透镜体。

古生界(奥陶系—二叠系)厚度约为 5.6 km,岩石类型多样,由黏土硅质、云母硅质和碳酸盐黏土页岩、黏土和含云母的石灰岩、砂岩等组成。在二叠纪沉积物中广泛分布黑色页岩和煤透镜体。

中生界发育了三叠系和白垩系,由陆相-滨浅海相砾岩、砂岩、泥岩组成。三叠系发育于西侧的巴伦支海南部及蒂曼-伯朝拉盆地北部,白垩系发育于西西伯利亚盆地北部。

Pay-Khoy 山脉地区白垩纪末遭受强烈的陨石撞击,喀拉和乌斯季卡拉(Ust'-Kara)撞击坑的直径分别达到 60 km 和 25 km,撞击岩具有厚度高达 2 km 的 Suevite 岩系和熔融撞击岩。熔融撞击岩以透镜体或层状体出现,观察到的厚度达 15 m。可见,陨石撞击不仅改变了地质构造特征,也组成了岩石类型和矿物成分的变化,富碳岩层是在撞击过程中形成了金刚石[图 4－1－2(b)(c)(d)]。Shumilova et al(2020)把这种陨石撞击富碳岩石形成的金刚石称为 karite。

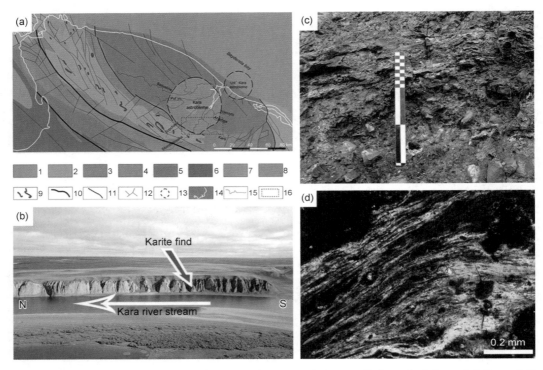

1—新元古界；2—奥陶系和志留系；3—泥盆系；4—石炭系；5—二叠系；6—三叠系；7—白垩系；8—冲击岩；9—晚泥盆世辉长岩、辉绿岩-辉长岩脉和板状岩体(岩浆侵入体)；10—深断裂；11—逆冲断层；12—小断层；13—撞击坑边界；14—海岸线；15—河流；16—卡拉撞击坑取样区域。

图 4－1－2 Pay-Khoy 山脉地区地质图及含金刚石 Suevites 岩系露头

(a) 根据俄罗斯国家地质图简化的 Pay－Khoy 山脉南部及邻区地质图；(b) Pay Khoy 地区卡拉河研究区域的含金刚石 Suevites 岩系露头(这是首次发现 karite 的地方，照片中露头长度约 800 m，照片是用无人机拍摄的)；(c) Suevites 岩系(具有大型透镜状冲击玻璃碎屑，含有大量金刚石)；(d) 冲击岩石熔融碎屑的透射光显微照片

(据 Shumilova et al,2020 修改)

4.1.3　新地岛褶皱带

新地岛褶皱带为一个弧形(图 4－0－1)的向西逆冲的褶皱-冲断带(图 3－3－23)，是古生代末乌拉尔洋关闭，西伯利亚板块与劳俄板块、喀拉微板块汇聚、碰撞，早基梅里造山期发生褶皱、逆冲的结果(Guo et al,2010；Pease and Scott,2012；Lorenz et al,2013；Abashev et al,2017)，出露前寒武系—三叠系(图 4－1－3,图 4－1－4)。

1. 前寒武系—寒武系

前寒武纪—早古生代基底岩石在新地岛褶皱带多处出露(图 4－1－3,图 4－1－4)，以 Baidaratskii(BR)碰撞缝合线(图 4－1－4)为界，新地岛褶皱带的前寒武系—下古生界基底分为两部分：南部为新元古代晚期—古生代早期蒂曼造山期(也称 Cadomian 造山期)

波罗的古陆增生固结基底,与伯朝拉地块的 Bol'shezemel'skaya 部分有关;北部为中元古代晚期—新元古代早期格伦维尔(Grenville)造山期固结基底,与喀拉微板块相关(Pease and Scott,2012;Abashev et al,2017)。

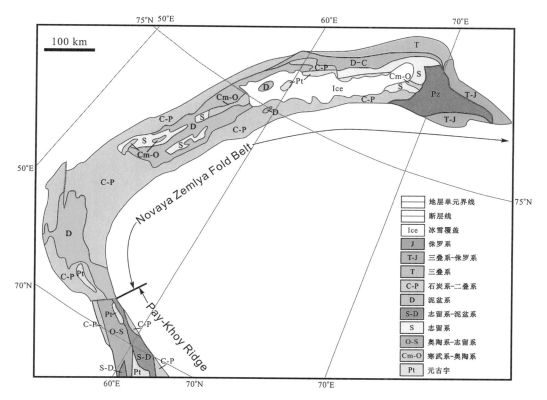

图 4-1-3　派霍伊-新地岛褶皱带地质图

(据 Persits and Ulmishek,2003;Abashev et al,2017 修改)

新地岛褶皱带最南端,前寒武纪—早古生代基底岩石为褶皱、劈理发育的弱变质浊积岩,包含辉长岩-辉绿岩和煌斑岩侵入体,为北西—南东走向的早中生代定型的背斜构造的核部(图 4-4-5)。浊积岩结构和成熟度低,含有丰富的火成岩屑和多种重矿物组合,反映了物源的多样性,包括火山弧、蛇绿岩带和结晶基底。基底岩石中含有新元古代疑源类和丝状藻类的不同组合(Pease and Scott,2012)。基岩之上被奥陶系—二叠系覆盖(图 4-1-3,图 4-1-4)。

新地岛褶皱带北部,前寒武纪—早古生代基底岩石类型多样(Pease and Scott,2012)。南部的 Mityushev Kamen 岩体为元古宙花岗岩;中部的 Severnaya Sulmenevsky 岩体为里菲纪(新元古代早期)花岗岩;最北部为里菲纪—寒武纪变质碎屑岩(图 4-4-5)。

2. 下古生界

以 Baidaratskii(BR)碰撞缝合线(图 4-1-4)为界,新地岛褶皱带南部和北部的下古生界有一定差异(Pease and Scott,2012;Abashev et al,2017)。

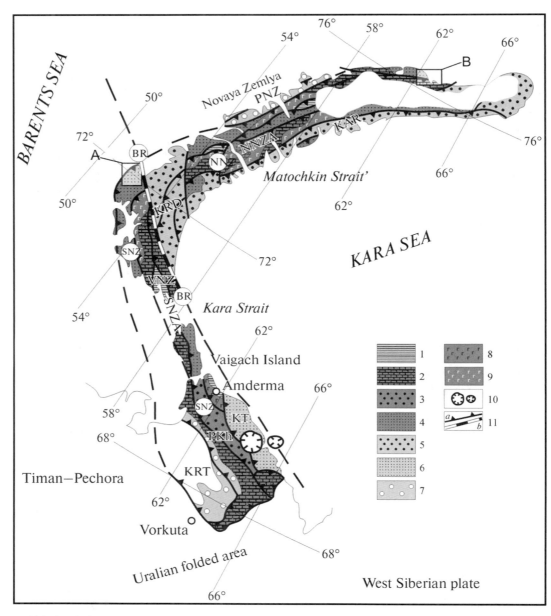

1—前寒武纪变质岩；2—碳酸盐岩和碳酸盐-陆源碎屑岩陆架沉积；3—陆坡和陆隆浊积岩；4—碎屑滨岸和陆架；5—陆坡和陆隆浊积岩；6—碎屑岩-碳酸盐岩滨岸和陆架；7—三叠纪磨拉石；8—裂谷作岩浆用；9—区域岩浆作用；10—撞击坑；11—a 为大型逆冲断层，b 为 Baidaratskii(BR) 碰撞缝合线。虚线为推测构造线；NNZA—北新地岛背斜；SNZA—南新地岛背斜，包括瓦伊加赫-新地岛(VNZ)和 Pai Khoi(PKh) 隆起；KT—喀拉槽；KRT—Korotaikha 槽；KAR—喀拉凹陷；KRD—喀拉马库利凹陷；PNZ—濒新地岛凹陷。2～4 为新地岛南段(SNZ)早古生代被动大陆边缘沉积和新地岛北段(NNZ)文德纪-早古生代沉积；5～6 为晚古生代—早中生代大陆边缘沉积；8～9 为古生代板内岩浆作用。

图 4-1-4　派霍伊-新地岛褶皱-冲断带构造沉积学平面图

（据 Abashev et al,2017）

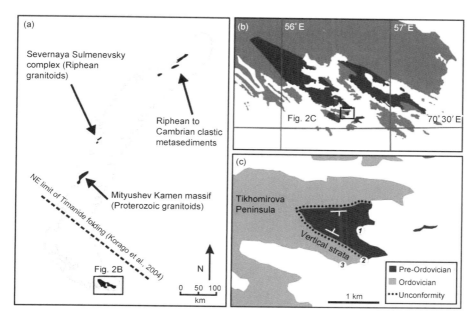

图 4-1-5　新地岛褶皱带露头分布图

(a) 新地岛褶皱带前奥陶系基岩露头分布图；(b) 新地岛褶皱带南部基岩露头分布图；(c) 新地岛南部 Tikhomirova 半岛露头分布图

(据 Pease and Scott,2012)

　　新地岛褶皱带南部,奥陶系不整合于前寒武纪—早古生代复理石基底之上(图 4-1-6)。奥陶系走向为北西—南东向,而不整合面下伏地层走向近东西向。奥陶系下部为杂色碎

图 4-1-6　新地岛南部奥陶系与基岩之间的不整合面

(据 Pease and Scott,2012)

注：不整合面(由虚线表示)之下为前寒武纪北东向倾斜的绿片岩相变质杂砂岩①,之上为近直立的奥陶纪红色砂岩②和陆架碳酸盐岩③,圆圈中的人作为比例尺。

屑沉积物（砾岩、砂岩和粉砂岩），以及少量含化石的碳酸盐岩。奥陶系上部主要为碳酸盐岩（图4-1-6）。奥陶系为海侵过程中在增生的波罗的古陆被动大陆边缘盆地中形成的冲积相、滨浅海相及潟湖沉积。志留系为陆架滨浅海相陆源碎屑岩、碳酸盐岩，半深海-深海相泥质岩及复理石（图4-1-4）。

新地岛褶皱带北部，下古生界不整合于里菲系基底之上。最老的盖层为文德系。文德系与寒武系为弱变质碎屑岩。奥陶系和志留系为陆架滨浅海相陆源碎屑岩、碳酸盐岩，半深海-深海相泥质岩及复理石，以复理石为主（图4-1-4，图4-1-7）。复理石主要为碳酸盐岩复理石（Abashev et al，2017）。

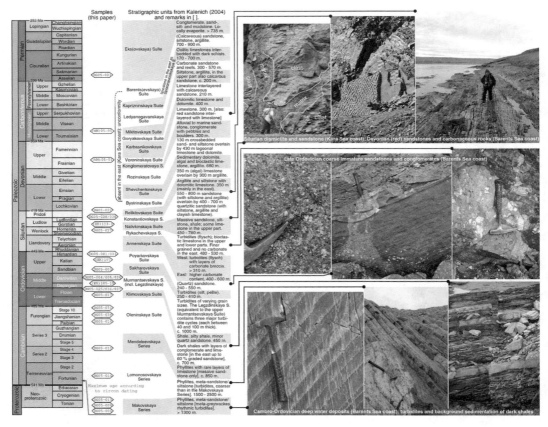

图4-1-7　新地岛褶皱带北部地层序列及主要岩性露头照片

（据 Lorenz et al，2013）

3. 上古生界

新地岛褶皱带广泛出露了上古生界泥盆系、石炭系和二叠系（Guo et al，2010；Pease and Scott，2012；Lorenz et al，2013；Abashev et al，2017）。

Guo et al（2010）把新地岛褶皱带泥盆系划分为北部、西部、南部、中部和东部5个地层区，并将北部和南部进一步划分为东部和西部地层小区［图4-1-8（c）］，并总结了不同

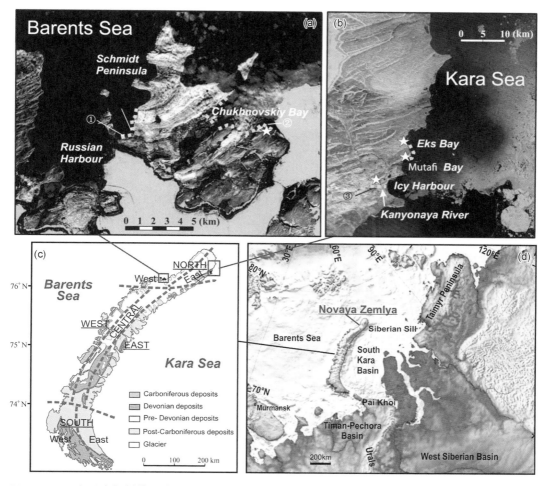

图 4 - 1 - 8　新地岛褶皱带泥盆系地层区及露头位置图

（a）巴伦支海岸的俄罗斯港口地区泥盆系露头（图 4 - 1 - 10），上部为含叠
层石白云岩、含生物礁浅海相灰岩（图 4 - 1 - 11）。中泥盆统为深海相页岩（图 4 - 1 - 13）。
上泥盆统与下伏不整合接触，底部为非海相碎屑岩，其上为含生物礁灰岩（图 4 - 1 - 14）和
（据 Guo et al,2010）

地层区泥盆系的特征（图 4 - 1 - 9）。

北部地层区：① 西部小区。下泥盆统下部为非海相碎屑岩（图 4 - 1 - 10），上部为含叠
层石白云岩、含生物礁浅海相灰岩（图 4 - 1 - 11）。中泥盆统为深海相页岩（图 4 - 1 - 13）。
上泥盆统与下伏不整合接触，底部为非海相碎屑岩，其上为含生物礁灰岩（图 4 - 1 - 14）和
白云岩。② 东部小区。下泥盆统底部为海相碎屑岩，其上为含叠层石白云岩、灰岩、灰
岩-泥质岩互层、白云岩（图 4 - 1 - 12）。中泥盆统下部为海相碎屑岩，上部为白云岩、灰
岩。上泥盆统底部为非海相碎屑岩，其上为含叠层石灰岩、灰岩（图 4 - 1 - 9）。

西部地层区：下泥盆统底部为海相碎屑岩，其上分别为浅海相灰岩、含生物礁灰岩，
深水相泥灰岩、灰岩与泥质岩互层；中泥盆统为深海相页岩，上部遭受不同程度剥蚀；上泥
盆统底部为海相碎屑岩夹玄武岩，其上分别为浅海相含生物礁灰岩、白云岩（图 4 - 1 - 9）。

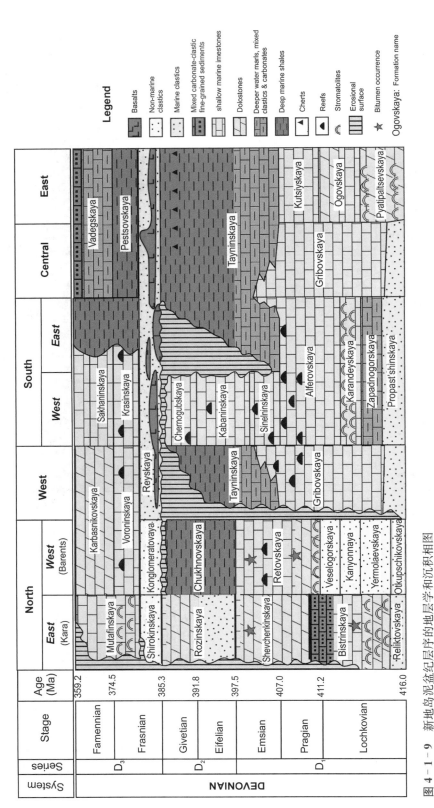

图 4 - 1 - 9 新地岛泥盆纪层序的地层学和沉积相图

[地层分区见图 4 - 1 - 8(c),据 Guo et al,2010]

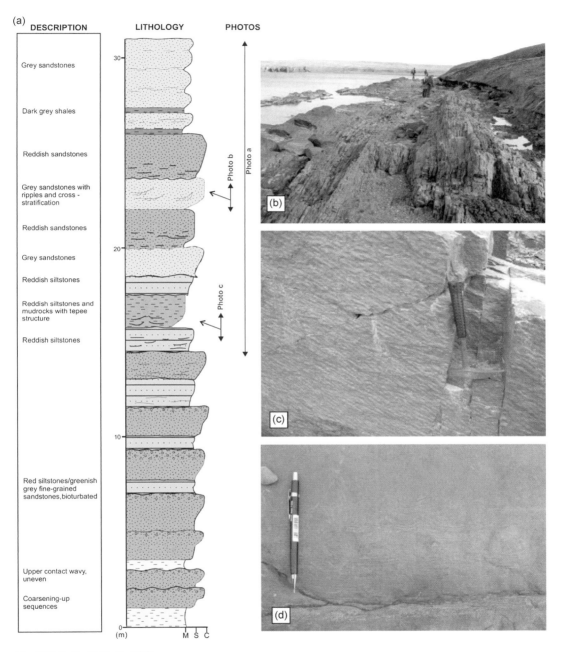

M—泥质岩；S—砂岩；C—砾岩。

图 4 - 1 - 10　下泥盆统 Veselogorskaya 组岩性序列和新地岛北部巴伦支海岸 Schmidt 半岛露头照片（位置见图 4 - 1 - 8）

（a）下泥盆统 Veselogorskaya 组岩性序列；（b）红色粉砂岩和绿灰色细粒砂岩露头；（c）波纹层理露头；（d）帐篷构造露头（据 Guo et al, 2010）

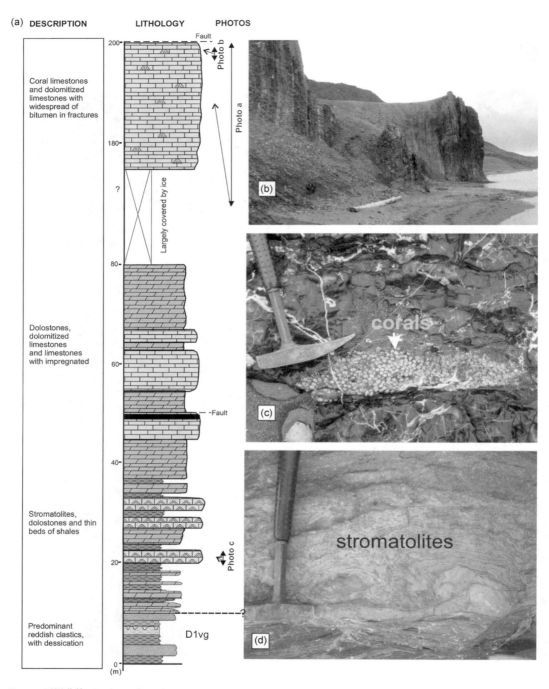

D1vg—下泥盆统 Veselogorskaya 组。

图 4 - 1 - 11 下泥盆统 Retovskaya 组下部岩性序列和新地岛北部巴伦支海岸 Chukhnovskiy 湾南岸露头照片(位置见图 4 - 1 - 8 中①)

(a) 下泥盆统 Retovskaya 组下部岩性序列;(b) 含珊瑚灰岩与白云石化灰岩露头(裂隙中含沥青);(c) 含珊瑚灰岩露头;(d) 叠层石灰岩露头

(据 Guo et al,2010)

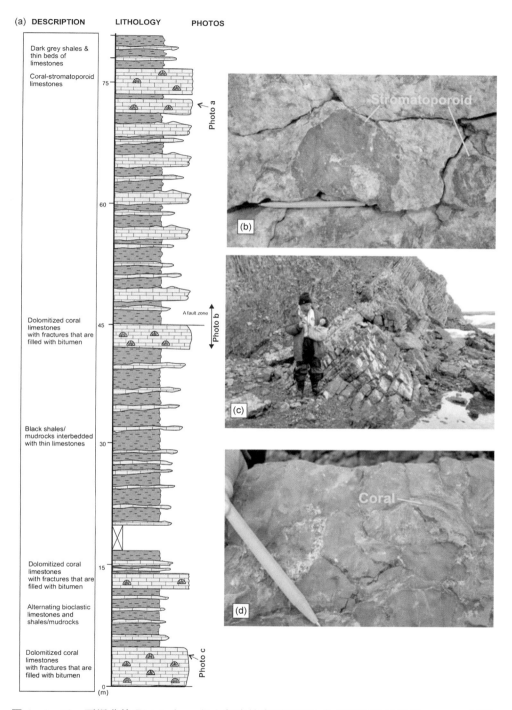

图 4-1-12　下泥盆统 Bistrinskaya 组上部岩性序列和新地岛北部喀拉海岸 Kanyonaya 河岸的露头照片（位置见图 4-1-8 中②）

（a）下泥盆统 Bistrinskaya 组上部岩性序列；（b）具叠层石白云石化灰岩露头；（c）深灰色含沥青生物碎屑灰岩露头（上覆泥岩）；（d）具裂隙含沥青白云石化珊瑚灰岩露头

（据 Guo et al,2010）

图 4-1-13 新地岛北部巴伦支海岸 Schmidt 半岛河岸露头照片(中泥盆统 Chukhnovskaya 组深灰色和黑色页岩)照片

(位置见图 4-1-8,据 Guo et al,2010)

图 4-1-14 新地岛北部巴伦支海岸 Schmidt 半岛西海岸露头照片(上泥盆统 Voroninskaya 组下部)照片

(a) 珊瑚礁灰岩;(b) 珊瑚和层孔虫灰岩

(位置见图 4-1-8中③,据 Guo et al,2010)

南部地层区:① 西部小区。下泥盆统底部为海相碎屑岩,其上依次为深水相泥灰岩、灰岩与泥质岩互层,浅海相含叠层石灰岩,灰岩、含生物礁灰岩。中泥盆统分别为浅海相灰岩、含生物礁灰岩,上部略有剥蚀。上泥盆统底部为海相碎屑岩夹玄武岩,其上为浅海相含生物礁灰岩、灰岩。② 东部小区。下泥盆统底部为海相碎屑岩,其上依次为深水相泥灰岩、灰岩与泥质岩互层,浅海相含叠层石灰岩、灰岩、含生物礁灰岩,深水相泥灰岩、灰岩与泥质岩互层。中泥盆统为深海相页岩,遭受不同程度剥蚀。上泥盆统底部为海相碎屑岩夹玄武岩,其上为深海相页岩(图 4-1-9)。

中部地层区:下泥盆统底部为海相碎屑岩,其上分别为浅海相灰岩、深水相泥灰岩;中泥盆统为深海相页岩;上泥盆统底部为海相碎屑岩夹玄武岩,其上依次为深海相页岩、深水相泥灰岩、灰岩与泥质岩互层(图4-1-9)。

东部地层区:下泥盆统下部为含叠层石白云岩,其上分别为白云岩、浅海相灰岩、深水相泥灰岩;中泥盆统为深海相页岩;上泥盆统底部为海相碎屑岩夹玄武岩,其上依次为深海相页岩、深水相泥灰岩、灰岩与泥质岩互层(图4-1-9)。

石炭系—二叠系在新地岛褶皱带广泛出露(图4-1-3,图4-1-4)。新地岛西部,下石炭统主要为被动大陆边缘-深海沉积的碎屑岩和碳酸盐岩(图4-1-7,图4-1-15),以碳酸盐岩为主(Matveev and Tarasenko,2020;Tkachenko et al,2020),灰岩类型多样,有生物灰岩、碎屑灰岩、角砾灰岩、生物碎屑灰岩(图4-1-16);上石炭统—二叠系和三叠系主要为深海-前陆盆地形成的砂岩、粉砂岩和泥岩等陆源碎屑岩(图4-1-7,图4-1-15)。新地岛东部,下石炭统主要为被动大陆边缘-深海沉积的碎屑岩、碳酸盐岩,深海沉积的泥质岩相对发育;上石炭统—二叠系和三叠系主要为深海-前陆盆地形成的陆源碎屑岩,深海相泥质岩相对发育(Abashev et al,2017)。

4.1.4　泰梅尔—北地岛褶皱带

泰梅尔-北地岛褶皱带位于西伯利亚克拉通北缘的北极圈内,根据构造、地层、岩石特征,可划分为北泰梅尔、中泰梅尔和南泰梅尔3个次级构造带(图4-1-17,图4-1-18)。

北泰梅尔位于主泰梅尔逆冲断裂(MTT)以北,包括泰梅尔半岛的北部和北地群岛,是晚古生代—早中生代乌拉尔造山期喀拉微古陆与西伯利亚板块碰撞、高度变形和变质的结果。中泰梅尔为包含蛇绿岩套(800~740 Ma)的前寒武纪增生地体(Faddey地体),于蒂曼造山期早期(600~570 Ma)与南泰梅尔构造带碰撞,增生到西伯利亚板块边缘(Torsvik and Andersen,2002;Khudoley et al,2018;Kuzmichev et al,2019;Ershova et al,2020)。

1. 北泰梅尔次级构造带

北泰梅尔主要发育了中元古界、新元古界和下古生界,局部发育上古生界和中生界(图4-1-18,图4-1-19)。下古生界以老的岩石普遍发生了绿片岩相至角闪岩相的不同程度的变质作用。

泰梅尔半岛北部已揭示的最老地层是Voskresenskaya组(图4-1-19),中下部为绿灰色变质砂岩和变质粉砂岩,以及深灰色页岩,上部以页岩为主,砂岩和粉砂岩偶见,局部变质为片麻岩或片岩。地层厚度从700 m到1 200 m不等。Voskresenskaya组之上为Sterligovskaya组(图4-1-19),分别为绿灰色、深灰色变质砂岩和变质粉砂岩不等厚互层,罕见页岩,局部变质为片麻岩或片岩。总厚度为1 400~2 000 m。

Sterligovskaya组之上为Konechnenskaya组(图4-1-19),由深灰色和绿色变质砂岩、变质粉砂岩和页岩互层组成。总厚度为1 500~1 600 m。Konechnenskaya组变形

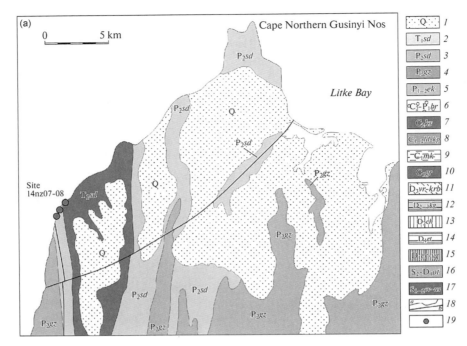

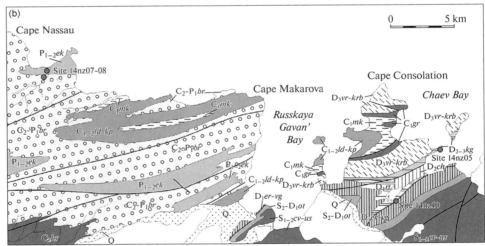

1—第四系：卵石、砂岩、黏土和泥炭；2—下三叠统 Sedoyakhskaya 组：砂岩和粉砂岩；3—上二叠统 Gysinaya Zemlya 组：泥岩、粉砂岩、砂岩；4—上二叠统 Gusinaya Zemlya 组：泥岩、粉砂岩、砂岩；5—下二叠统和上二叠统 Eksovskaya 组：泥岩、粉砂岩、砂岩；6—中石炭统—下二叠统巴伦采夫斯卡亚：砂岩、泥岩；7—中石炭统 Kseninskaya 组：泥岩、砂岩；8—下-中石炭统 Ledyanaya Gavan 组和 Kaprizninskaya 组：石灰岩、泥岩、粉砂岩；9—下石炭统 Goryakovskaya 组：碳酸盐角砾岩、石灰岩、钙质岩；10—下石炭统 Goryakovskaya 组：碳酸盐角砾岩、石灰岩、钙质岩；11—上泥盆统 Voroninskaya 组和 Karbasnikovskaya 组：石灰岩、泥岩和白云石；12—中-上泥盆统砾岩建造：砾岩和砂岩、石灰岩；13—中泥盆统 Chukhnovskaya 组：泥岩、粉砂岩、石灰岩；14—下泥盆统 Retovskaya 组：白云石和石灰岩；15—下泥盆统 Ermolaevskaya 组、Kan'onnaya 组和 Veselogorskaya 组：砂岩、粉砂岩、泥岩；16—上志留统—下泥盆统 Otkupshchikovskaya 组：石灰岩、粉砂岩；17—下-上志留统 Chaevskaya 组和 Usachevskaya 组：粉砂岩、石灰岩、砂岩；18—地质边界：a 为地层界线，b 为构造线；19—古地磁采样点。

图 4-1-15　新地岛局部区域地质图

［位置见图 4-1-4(a)和(b)，据 Abashev et al，2017；Guo et al，2010］

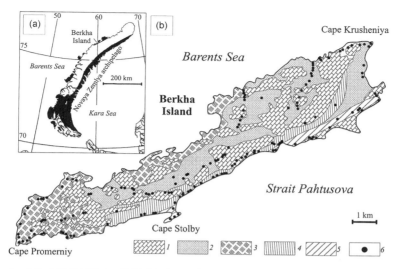

1—生物成因石灰岩；2—碎屑石灰岩；3—角砾岩；4—生物碎屑石灰岩；5—泥质岩；
6—地质观察和取样点。

图 4-1-16　新地岛和 Berkha 岛地层和岩性分布

（a）新地岛石炭系—下二叠统分布（黑色显示）；（b）Berkha 岛石炭纪早中期岩性分布
（据 Matveev and Tarasenko，2020）

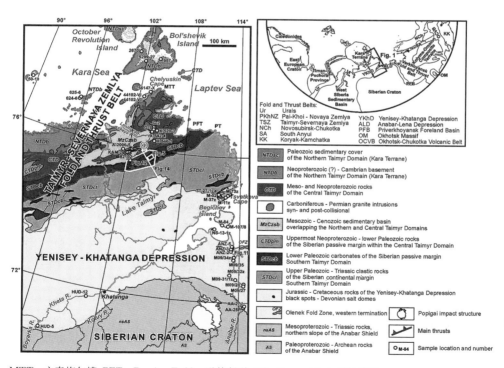

MTT—主泰梅尔槽；PFT—Pyasino-Faddey 逆伸断裂；PT—Pogranichniy 逆冲断裂。

图 4-1-17　泰梅尔-北地岛褶皱带-西伯利亚地台北部构造-地层平面图

（据 Khudoley et al，2018）

注：①为图 4-1-22 所在位置。

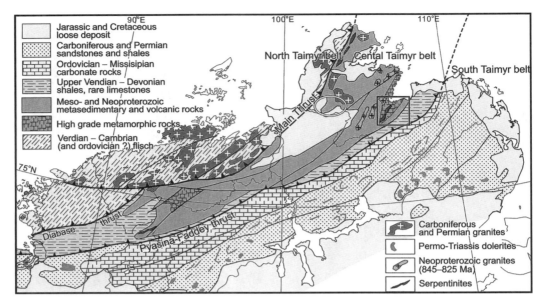

图 4 - 1 - 18　泰梅尔褶皱带构造-岩相平面图

（据 Kuzmichev et al，2019）

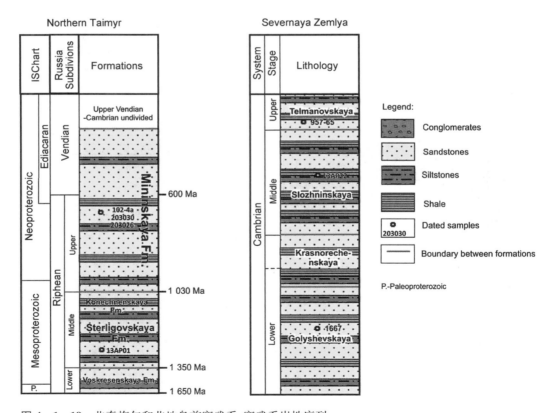

图 4 - 1 - 19　北泰梅尔和北地岛前寒武系-寒武系岩性序列

（据 Ershova et al，2020）

强烈,局部发生了变质作用。Konechnenskaya 组之上为 Mininskaya 组(图 4-1-19),由深灰色和绿灰色砂岩、粉砂岩和页岩不等厚互层组成,厚度为 1 000 m。Mininskaya 组上覆 Khutudinskaya 组,由砂岩、粉砂岩和页岩组成,形成复理石沉积(图 4-1-18),其中含有碎片状三叶虫和海绵巨石等寒武纪代表性化石。Mininskaya 组本身的地质年代也存在争议,已发表的北泰梅尔东部 Mininskaya 组碎屑锆石铀-铅年龄(Pease and Scott,2009)表明,最大沉积年龄小于 450~500 Ma,这表明以前被认为是新元古代的 Mininskaya 组实际上是寒武纪—奥陶纪。泰梅尔半岛北部的变质沉积岩分区中有大量晚古生代花岗岩(图 4-1-17,图 4-1-18),这些花岗岩是晚古生代在喀拉微古陆与西伯利亚大陆碰撞期间侵入的。

寒武系出露于北地群岛。寒武系最下部的 Golyshevskaya 组(下寒武统)广泛分布于 Bol'shevik 岛(图 4-1-17)东部。由砂岩、粉砂岩和页岩互层组成,见石英质砾岩透镜体,厚度在 500 m 左右。Krasnorechenskaya 组(下-中寒武统)整合于 Golyshevskaya 组之上,由细粒砂岩、粉砂岩和页岩互层组成,厚度约为 260 m。Slozhninskaya 组(中寒武统)整合在 Krasnorechenskaya 组之上,主要为绿色砂岩、夹灰绿色粉砂岩和页岩,厚度约为 300 m。Telmanovskaya 组(上寒武统)由 300~450 m 厚的杂色砂岩、页岩、粉砂岩不等厚互层组成,下部砂岩占优势(图 4-1-19)。下奥陶统为陆源碎屑岩,整合在上寒武统之上。

上古生界泥盆系和石炭系—下二叠统为中等变形的陆源碎屑岩,在北地群岛零星分布,角度不整合于下古生界寒武系—奥陶系之上。Bol'shevik 岛发育的火成岩由早-中石炭世侵入的花岗岩组成。中生界侏罗系—白垩系局部发育(图 4-1-17,图 4-1-18),与老地层角度不整合接触,由陆源碎屑岩组成。

2. 中泰梅尔次级构造带

中泰梅尔次级构造带也称为中泰梅尔增生带,文德纪前(~610 Ma)为西伯利亚板块的主动大陆边缘(Khudoley et al,2018;Kuzmichev et al,2019),最老的地层由中-新元古代变质的碎屑岩和碳酸盐岩、蛇绿岩和不同构造环境的岩浆岩组成,岩浆岩的年龄从 1 365±11 Ma 到 617±4 Ma 不等(Priyatkina et al,2017)。变质程度从绿片岩相至角闪岩相。其上被埃迪卡拉系至下古生界覆盖(图 4-1-20,图 4-1-21)。

中元古界 Oktyabr 组[图 4-1-21(a)中 ok]厚度超过 2 000 m,主要为浅灰色石英岩,夹千枚岩和砾岩;局部发育交错层理;砾岩主要由石英和石英岩细砾、中砾组成,少见花岗岩和角闪岩砾石。Zhdanov 组[图 4-1-21(a)中 zhd]最大厚度超过 1 000 m,整合在 Oktyabr 组之上,由灰色千枚岩、石英岩和大理岩组成。这两个组合称 Oktyabr-Zhdanova 序列[图 4-1-21(a)中 ok+zhd],最大厚度超过 5 km。

中元古界 Oktyabr-Zhdanov 序列被 Severobyrang 超基性岩切割(图 4-1-22)。超基性岩侵入体厚度多在 20~100 m,沿走向追踪长达 30 km,其中 90% 以上为岩床,约 10% 为岩墙。微量和稀土元素地球化学特征表明其具有亚碱性[图 4-1-21(b)]洋中脊(MORB)超基性岩性质[图 4-1-21(c)]。

图 4-1-20 中泰梅尔 Korallovaya 河岸中元古界变质岩(MPRzd)与埃迪卡拉系(Ed)、寒武系($\text{\textepsilon}_{1-2}$)被动大陆边缘沉积序列不整合接触

(据 Khudoley et al,2018)

上覆的 Verkhneleningradskaya 组[图 4-1-21(a)中 vl]厚度超过 250 m,由绿片岩相变质火山岩组成,主要为变质酸性火山熔岩和凝灰岩,有少量变质安岩和变质玄武岩。变质辉绿岩和变质流纹岩中的锆石铀-铅年龄为 870~820 Ma(Proskurnin et al,2014),与侵入 Oktyabr-Zhdanov 序列的花岗岩具有较好的时空共生关系(Priyatkina et al,2017)。Verkhneleningradskaya 组与 Oktyabr-Zhdanova 序列多见断层接触,其变质程度和构造样式的相似,表明两者都经历了相同的新元古代蒂曼造山期构造事件(Proskurnin et al,2014)。

Stanovskaya 组[图 4-1-21(a)中 st]不整合于年龄为 850~820 Ma 的 Oktyabr-Zhdanova 组花岗岩和变质沉积岩之上,总厚度为 1 200~1 500 m。Oktyabr-Zhdanov 组多逆冲推覆到新元古界 Stanovskaya 组之上,两者主要表现为逆冲断层接触(图 4-1-22,图 4-1-23)。Stanovskaya 组下部以灰绿色砂岩为主,包括长石砂岩和岩屑砂岩,偶夹砾岩(图 4-1-22);中上部主要为红色交错层砂岩,夹少量杂色页岩(图 4-1-22),砂岩为岩屑至岩屑质砂岩,骨架主要由石英、石英岩、富含石英的片岩碎屑和火山岩碎屑组成[图 4-1-21(f)],火山岩碎屑表明,物源可能来自 Verkhnelengradskaya 组。

Stanovskaya 组之上发育 Kolosova 组[图 4-1-21(a)中 kl],厚度达 2 km,主要为石灰岩和白云岩,见玄武岩熔岩、粗面岩、火山颈和超基性岩脉。侵入体的锆石铀-铅年龄在 720 Ma 左右。部分地区,Kolosova 组被 800~1 000 m 厚的碳酸盐岩和 Laptev 双峰火山岩系[图 4-1-21(a)中 lp,图 4-1-22]覆盖。

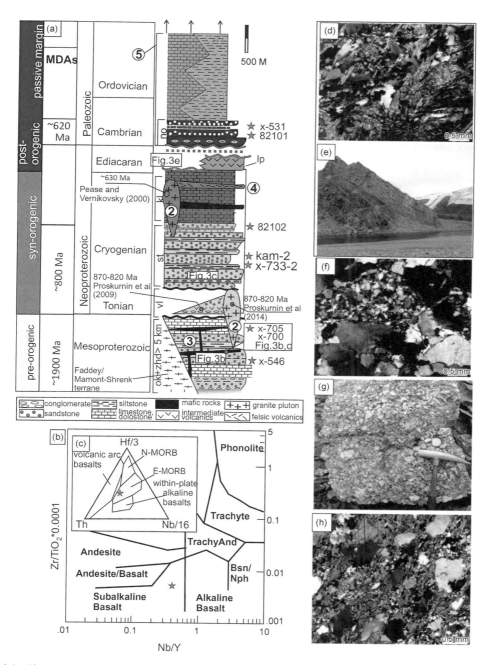

ok＋zhd—Oktyabr＋Zhdanov 组；vl—Verkhnelening‐radskaya 组；st—Stanovskaya 组；kl—Kolosova 组；lp—Laptev
岩系；no—Nizhneostatsovaya 组。

图 4‐1‐21　中泰梅尔构造带综合地层柱状图及露头照片

（a）中泰梅尔构造带综合地层柱状图；（b）红星为超基性岩岩床 X‐700 的化学成分在 Winchester and Floyd（1977）
判别图上的位置；（c）红星为超基性岩岩床 X‐700 的化学成分在 Wood（1980）判别图上的位置；（d）Oktyabr 组石英
片岩显微照片；（e）变形的中元古界绿片岩相 Oktyabr 组与上覆地层角度不整合接触；（f）Stanovskaya 组岩屑砂岩
显微照片；（g）Nizhnostantsovaya 组钙质砾岩；（h）Nizhneostantsovaya 组钙质砾石显微照片
（据 Priyatkina et al，2017）

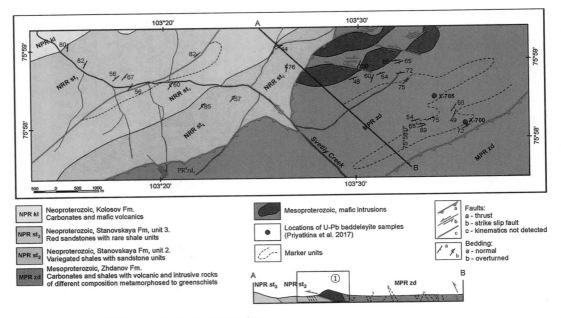

图 4-1-22　中泰梅尔 Svetliy Creek 地区地质图

(位置见图 4-1-17 中①)

注：中元古界 Zhdanov 组逆冲推覆到新元古界 Stanovskaya 组之上(Khudoley et al,2018)。Zhdanov 组中超基性岩床的斜锆石铀-铅年龄为 1 365±11 Ma(X-705)和 1 345±35 Ma(X-700)(Priyatkina et al,2017)。①为图 4-1-23 所在位置。

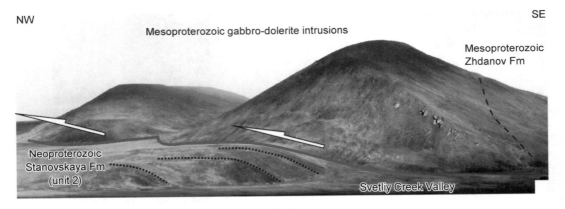

图 4-1-23　中泰梅尔 Svetliy Creek 河谷逆冲推覆构造

(位置见图 4-1-22 中①,据 Khudoley et al,2018)

注：中元古界 Zhdanov 组中辉长岩-辉绿岩侵入岩体的逆冲推覆到新元古界 Stanovskaya 组之上。

　　埃迪卡拉系—古生界角度不整合于变形的中-新元古界之上[图 4-1-20,图 4-1-21(e)]。最下部的 Nizhneostantsovaya 组[图 4-1-21(a)中 no]底部为 0.4～20 m 厚的底砾岩,由浅灰色砾岩、富含石英砾石的粗砂岩组成,填隙物主要为方解石和白云石,而卵石为石英岩和白云石[图 4-1-21(g)(h)]。Nizhneostantsovaya 组之上的寒武系和奥陶系—志留系为台地碳酸盐岩和深水盆地相泥岩(图 4-1-24)。

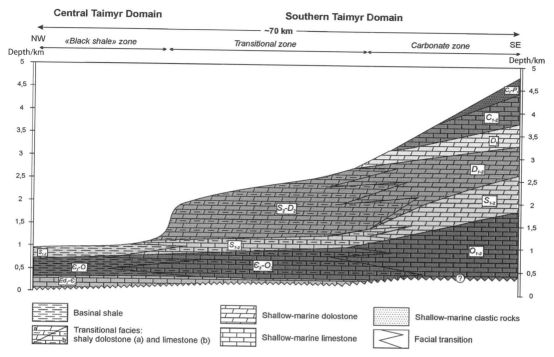

图 4 - 1 - 24　中泰梅尔-南泰梅尔古生界岩相变化剖面图

(据 Khudoley et al,2018)

中生界侏罗系—白垩系局部发育(图 4 - 1 - 17,图 4 - 1 - 18),与下伏老地层角度不整合接触,由陆源碎屑岩组成。

3. 南泰梅尔次级构造带

南泰梅尔次级构造带由新元古代晚期(埃迪卡拉纪)至三叠纪的沉积岩组成,在现代坐标系中,代表西伯利亚板块西北侧大陆边缘。中石炭统—二叠系的许多辉绿岩岩床与三叠系最下部的玄武岩和不同成分的凝灰岩,以及年龄相似的长英质侵入岩,可能均与西伯利亚区域岩浆作用有关(Vernikovsky et al,2003)。朝西北方向,上寒武统—志留系的沉积岩从厚碳酸盐岩序列先过渡为碳酸盐岩＋页岩序列,再相变为相对较薄页岩序列(图 4 - 1 - 24)。寒武纪—早石炭世,南泰梅尔为西伯利亚古陆被动大陆边缘。中石炭统—三叠系的碎屑岩(图 4 - 1 - 17,图 4 - 1 - 18)为乌拉尔造山期的弧后-前陆盆地沉积。

4.2　西西伯利亚盆地

西西伯利亚盆地(West Siberian Basin)位于俄罗斯境内,地处乌拉尔褶皱带以东,新地岛褶皱带和北西伯利亚海潜山(Sill)以南,图尔盖(Turgay)凹陷和阿尔泰-萨颜岭褶皱带以北,叶尼塞(Yenisey)山脉、Turukhan - Norlissk 褶皱带、叶尼塞-哈坦加(Yenisey - Khatanga)盆地和泰梅尔褶皱带以西,为一巨型裂谷-坳陷区。西西伯利亚盆地是世界上最大的含油气盆地,已探明的石油储量超过 $200×10^8$ t,天然气储量超过 $4.53×10^{12}$ m^3,发现了许多大型油气田(图 4-2-1)。

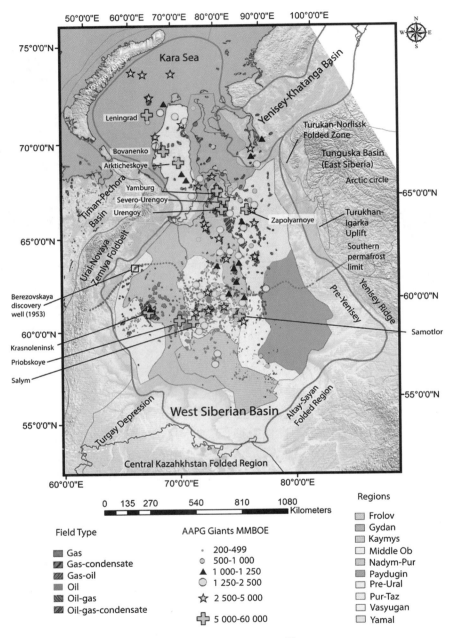

图 4-2-1　西西伯利亚盆地构造单元划分及油田规模

(据 Khafizov et al,2022)

西西伯利亚盆地地处俄罗斯乌拉尔山脉和叶尼塞河之间巨大的沼泽平原区,并向北延伸到喀拉海南部海上。盆地北部陆上区域永久性冻土厚达数百米,向南逐渐变薄,到鄂毕河东西向河段的北边,冻土消失。盆地面积超过 $230 \times 10^4 \, \text{km}^2$,其中 $53 \times 10^4 \, \text{km}^2$ 处于海上(图 4-2-1)。

4.2.1　构造单元划分

西西伯利亚盆地构造单元划分十分复杂。美国 IHS 能源公司将其划分为 5 个含油气省(province):北部南喀拉海-亚马尔(Yamal)油气省、西部的乌拉尔-弗洛罗夫(Ural-Frolov)油气省、中部的中鄂毕(Ob)油气省、东北部的纳蒂姆-塔兹(Nadym-Taz)油汽省和东南部的凯梅斯-瓦休甘(Kaymys-Vasyugan)油气省(图 4-2-2)。

北部的南喀拉海-亚马尔油气省处于南喀拉海海上、亚马尔和格旦(Gydan)半岛陆上(图 4-2-2)。海上部分为南喀拉海油气区;陆上部分划分为西边的亚马尔区和东北部的格旦油气区(图 4-2-1)。

西部乌拉尔-弗洛罗夫油气省完全位于陆上(图 4-2-2),西以乌拉尔山脚为界,南部边缘延伸到哈萨克斯坦的北部。包括两大亚区:西部为濒乌拉尔(Pre-Ural)油气区,东部为弗洛罗夫(Frolov)油气区(图 4-2-1)。

中部的中鄂毕油气省也称中鄂毕油气区(图 4-2-1,图 4-2-2),处于中鄂毕复背斜上,包括 3 个主要的正向构造,西边为苏尔古尔特(Surgut),东边为 Vartovsk(也称 Nizhnevartovsk),西南部是 Salym 隆起,后两者被 Rodnikovaya 鞍部分隔。其他构造单元包括北苏尔古尔特单斜和 Vartovsk 北部单斜(IHS,2009)。

东北部的纳蒂姆-塔兹油气省完全处于陆上,北东侧与叶尼塞-哈坦加盆地相接,北侧为南喀拉海-亚马尔油气省,南侧为中鄂毕和凯梅斯-瓦休甘油气省,西侧为乌拉尔-弗洛罗夫油气省(图 4-2-2)。以 Urengoy-Pur 缝合带为界划分为东西两个油气区。西部为纳蒂姆-普尔(Nadym-Pur)油气区,东部为普尔-塔兹(Pur-Taz)油气区。其主体均处于北极圈以南,永久冻土带以北(图 4-2-1)。

东南部的凯梅斯-瓦休甘油气省,东邻前叶尼塞(Pre-Yenisey)单斜,东南与西南西伯利亚盆地相接,东北侧为纳蒂姆-塔兹区油气省,西北侧为中鄂毕油气省,西侧与乌拉尔-弗洛罗夫油气省相接。其划分为 3 个油气区:西部为凯梅斯油气区,中部为瓦休甘油气区,东部为派度津(Paydugin)油气区(图 4-2-1,图 4-2-2)。

4.2.2　基底

西西伯利亚盆地的基底以海西期(晚古生代)杂岩为主,其中有大小不等具前寒武系基底的微陆块,西南部为哈萨克斯坦陆块边缘的加里东期(早古生代)增生杂岩基底,东南部为阿尔泰-萨彦(Altay-Sayan)加里东褶皱带基底,东部边缘为西伯利亚板块的蒂曼造山期(也称贝加尔造山期,新元古代早中期)的增生杂岩基底(图 4-2-3)。南喀拉海油气区,海西期杂岩基底又被早基梅里造山期(早三叠世)挤压改造。由于南喀拉海油气区南北向挤压,造成了西西伯利亚盆地东西向伸展,形成了一系列早三叠世裂谷(图 4-2-3,图 4-2-4)。

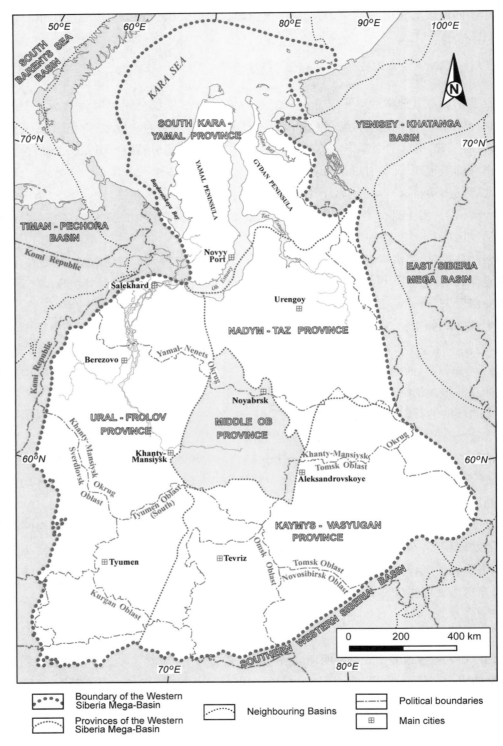

图 4-2-2　西西伯利亚盆地油气区省划分

（据 IHS，2009 修改）

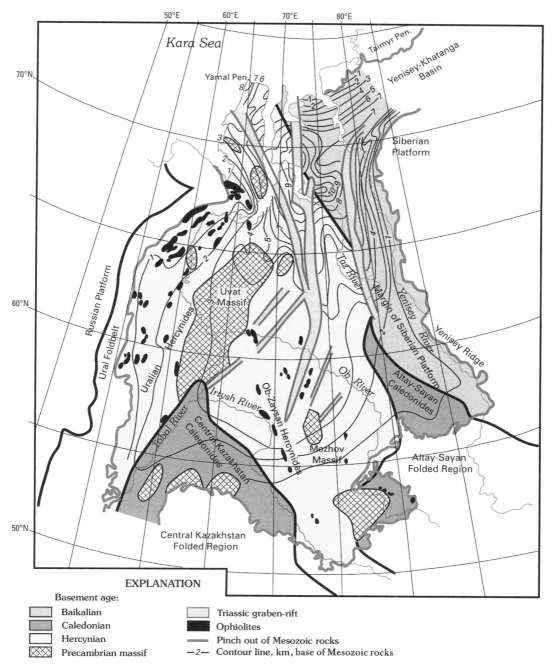

图 4 - 2 - 3　西西伯利亚盆地基底结构

（据 Ulmishek，2003）

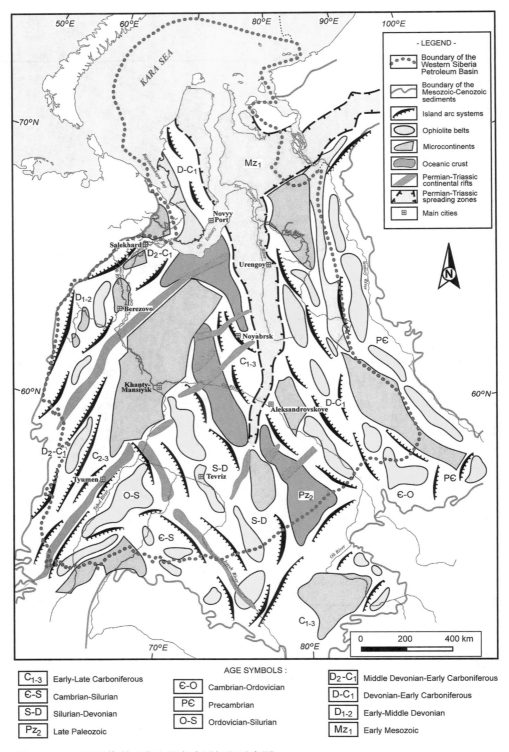

图 4 - 2 - 4　西西伯利亚盆地基底成因解释示意图

（据 IHS，2009）

　　西西伯利亚盆地的基底是由于晚古生代—早三叠世劳俄超大陆、哈萨克斯坦地块、西伯利亚板块、喀拉微板块之间的乌拉尔洋关闭,导致乌拉尔洋中的微陆块、碎陆块、岛弧、洋壳残体(蛇绿岩)汇聚、拼贴、碰撞、变形、变质形成的。

　　西西伯利亚盆地东部的基底是西伯利亚台地的西部延续部分,属于叶尼塞褶皱带的一部分,是新元古代早中期增生到西伯利亚板块边缘的微陆块、蛇绿岩及岛弧杂岩。微陆块、岛弧与西伯利亚大陆边缘的增生碰撞结束时间为 850~820 Ma,增生碰撞导致造山运动、变质作用和褶皱带的形成(Ulmishek,2003)。微陆块和褶皱基底之上,发育了新元古代滨浅海相碎屑岩、碳酸盐岩,寒武系台地碳酸盐岩,早寒武世蒸发岩,泥盆纪碳酸盐岩、蒸发岩、页岩,碳酸盐岩(图 4 - 2 - 5)。这些沉积物沿西西伯利亚盆地东部 150~200 km 宽的范围分布。

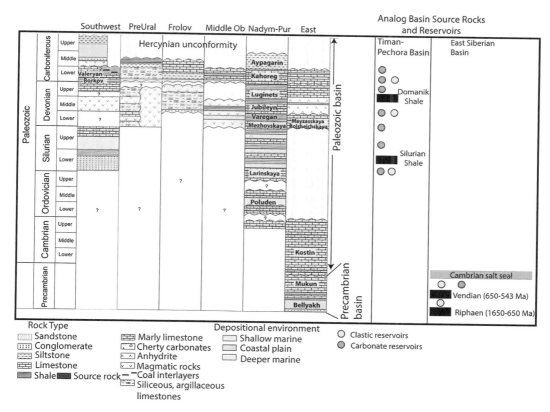

图 4 - 2 - 5　西西伯利亚盆地不同油气区古生界地层对比

(据 Khafizov et al,2022)

　　西西伯利亚盆地西南部的基底为早古生代增生到哈萨克斯坦陆块边缘的碎陆块、蛇绿岩及岛弧杂岩。西西伯利亚盆地东南部的基底属于早古生代碎陆块、蛇绿岩、岛弧杂岩形成的阿尔泰-萨彦加里东褶皱带的组成部分。在西南部早古生代褶皱基底之上发育了志留纪滨浅海相砾岩、砂岩、页岩、碳酸盐岩,泥盆纪火山岩,浅海相碳酸盐岩、泥岩,石炭纪滨浅海相碳酸盐岩、泥岩、砂岩、砾岩、火山岩,早石炭世泥岩含煤层(图4-2-5)。

西西伯利亚盆地的主体——广阔的中部和西部海西期基底,是前寒武纪微陆块、碎陆块、蛇绿岩、岛弧杂岩在晚古生代期间汇聚形成的(图4-2-4)。在前寒武纪微陆块中以乌瓦特微陆块(图4-2-3中Uvat Massif)规模最大,面积达1 500 km²以上。

海西期形成乌拉尔褶皱带的构造向东倾伏在中生界岩石之下并构成西西伯利亚盆地西部边缘的基底(图4-2-3)。盆地中部的基底是鄂毕-斋桑(Ob-Zaysan)洋,晚石炭世—二叠纪闭合形成的另外一条海西褶皱带,鄂毕-斋桑洋阿尔泰-萨彦岭地区斋桑-戈壁(Zaysan-Gobi)洋盆的北延部分。在鄂毕-斋桑洋盆闭合之前,它与亚马尔半岛南边的乌拉尔洋是连通的。这些洋盆包围的Uvat(Khanty-Mansi)地块可能是哈萨克斯坦陆块的延续部分,或是一个分离的微型陆块,具有前寒武系基底。中哈萨克斯坦和阿尔泰-萨彦岭褶皱区的加里东期构造向北延伸,覆盖在盆地南部的中生界岩层之下。在这些构造中包含另一个微陆块(Mezhov地块),其被轻微构造变形的古生代台地碳酸盐岩覆盖。其他一些微型陆块可能分布在海西期和加里东期褶皱带内(Ulmishek,2003)。

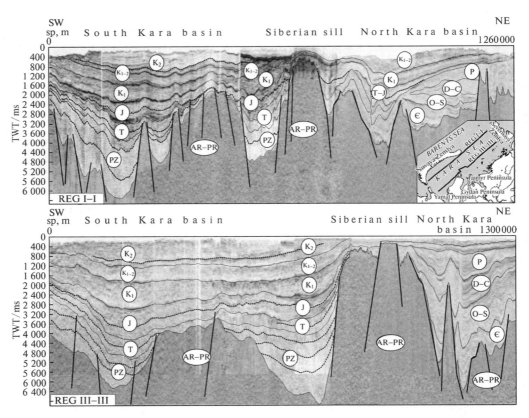

AR-PR—前寒武系;PZ—古生界;T—三叠系;J—侏罗系;K₁—尼欧可木阶(贝里阿斯阶—下阿普特阶);K₁₋₂—阿普特阶—阿尔必阶—赛诺曼阶;K₂—土伦阶—马斯特里赫特阶。

图4-2-6　南喀拉海-北喀拉海地震地质解释剖面

(据Kontorovich and Kontorovich,2019)

海西期基底区由于存在微陆块和不同时期的岛弧,在微陆块和岛弧之上发育了古生代不同时期、不同岩性的沉积盖层(图 4 - 2 - 5)。

西西伯利亚盆地北部(南喀拉海)的基底是前寒武纪蒂曼造山期的变质、变形杂岩(图 4 - 2 - 6),与西伯利亚地台边缘的南泰梅尔和中泰梅尔相似。上覆的新元古界—古生界台地沉积与西伯利亚地台的新元古界—古生界类似(Kontorovich and Kontorovich,2019),地震解释表明西伯利亚地台的古生界碳酸盐岩可能向西延伸到西西伯利亚盆地北部(Ulmishek,2003)。

4.2.3 地层及构造-沉积演化

西西伯利亚盆地的盖层总体上为海西期基底之上的中生界和新生界,经历了同裂谷期(二叠纪—三叠纪早期)、过渡期(三叠纪后期—中侏罗世)、坳陷期(晚侏罗世—古近纪早期)和反转期(古近纪晚期—第四纪)4 个构造演化阶段(图 4 - 2 - 7)。但由于盆地范围大,不同油气区基底特征差别较大,同一地质时期不同油气区发育的地层及其形成的沉积环境也存在一定差别(图 4 - 2 - 8)。

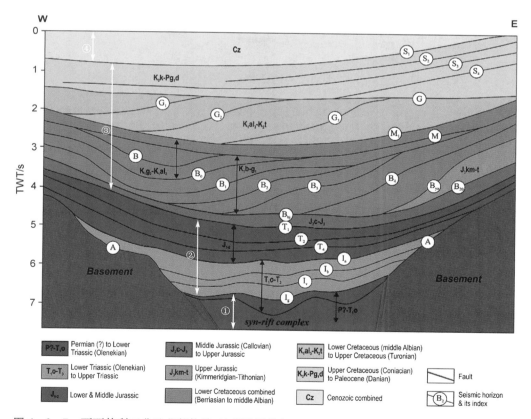

图 4 - 2 - 7 西西伯利亚盆地北部构造-地震地层格架

(据 Shemin et al,2019 修改)

注:① 同裂谷期;② 过渡期;③ 坳陷期;④ 反转期。

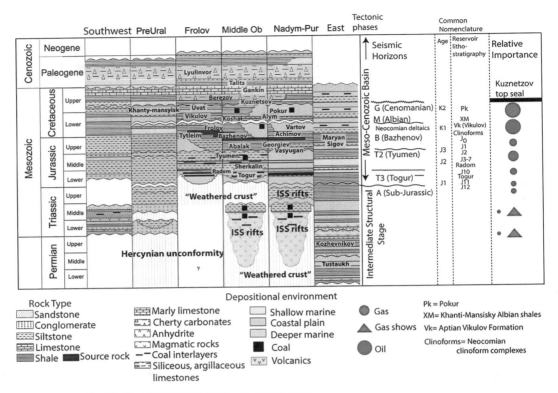

图 4-2-8　西西伯利亚盆地不同油气区古生界地层对比

（据 Khafizov et al,2022）

注：J0～J12 为岩石地层名称，主要指由广泛分布的页岩分隔的碎屑岩层组。Clinoforms 是指由盆地底部扇（Achimov）、斜坡扇和顶超层组成的尼欧可木期斜坡带沉积复合体。Vikulov 组储层分布广泛，覆盖在斜坡带沉积复合体之上，并被广泛分布的阿尔必期海相页岩覆盖，尤其是在 Khanti-Mansisky(XM)地区发育良好。Pk 表示塞诺曼阶 Pokur 组。ISS 表示 Intermediate Structural Stage。

1. 二叠系—三叠系

石炭纪后期，西西伯利亚盆地绝大部分地区处于隆升剥蚀状态，造成石炭系绝大部分缺失，只有盆地西南部发育了石炭纪陆相碎屑岩（图 4-2-5）。

二叠纪开始再次接受沉积，东部发育了由较深水浅海相泥岩、滨海相砂岩及火山岩构成的二叠系、三叠系地层序列，西南部发育了陆相碎屑岩＋火山岩三叠系地层序列（图 4-2-10），弗洛罗夫油气区缺失二叠系—三叠系（图 4-2-8）。二叠纪—三叠纪为同裂谷阶段，形成两个大型地堑系[图 4-2-3,图 4-2-4,图 4-2-9(a)]。裂谷作用的发生与 P/T 界线附近西伯利亚大规模岩浆活动密切相关。濒叶尼塞油气区南部[图 4-2-9(a)中 Ho、Pe]的同裂谷期玄武岩样品获得的氩-氩年龄在 250 Ma 左右，与西伯利亚岩浆岩大规模活动的峰值年龄完全一致[图 4-2-9(b)]。

裂谷系地堑底部由橄榄玄武岩组成。SG6 井位于近南北向穿过整个西西伯利亚盆地长达 1 800 km 的 Urengoy-Koltogor 裂谷系地堑的轴部[图 4-2-9(a)]，在井深 6.5～7.4 km 钻遇 900 m 厚的玄武岩和玄武质凝灰岩，其中含有泥质红土透镜体。这一套玄武

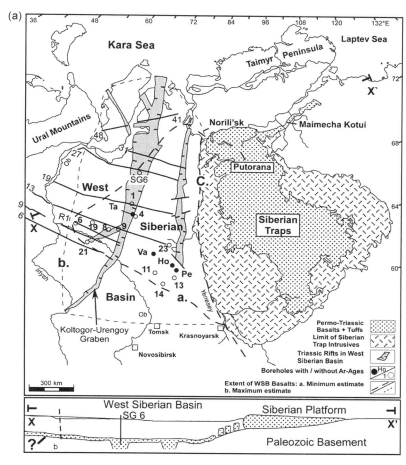

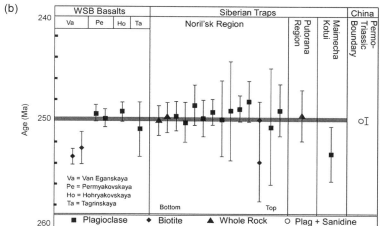

图 4-2-9　西西伯利亚盆地和西伯利亚地台简图、剖面示意图及玄武岩年龄分布

（a）西西伯利亚盆地和西伯利亚地台简图和剖面示意图；（b）玄武岩氩-氩年龄分布

（据 Vyssotski et al, 2006）

注：用氩-氩法测年的采样井在图上用字母标记（Ta 代表 Tagrinskaya；Va 代表 Van Eganskaya；Ho 代表 Hohryakovskaya；Pe 代表 Permyakovskaya）。西西伯利亚盆地被玄武岩覆盖，推测的最小边界为 a；最大值边界为 b；西伯利亚地台西界为 c。

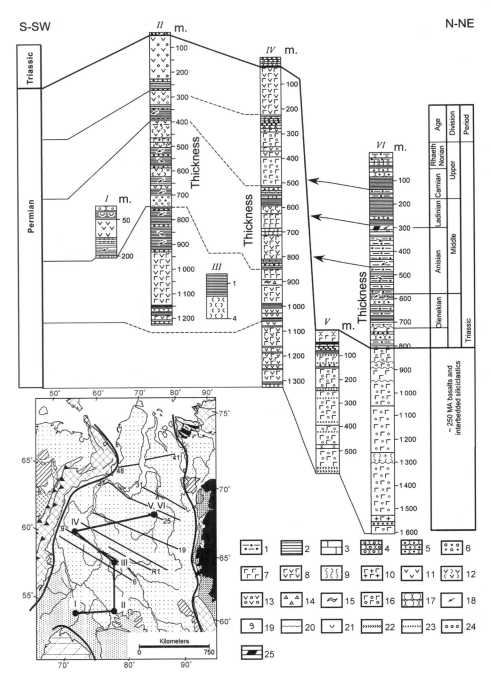

井号：Ⅰ—Lebyazh'ev 1 井；Ⅱ—Nikol'sk 1/P 井；Ⅲ—Asomkinsk 2/P 井；Ⅳ—Krasnoleninsk 851 井；Ⅴ～Ⅵ—SG-6 井。岩性：1—粉砂岩；2—页岩；3—灰岩；4—粗砂岩；5—砂岩；6—砾岩；7—无斑隐晶质的玄武岩；8—斑状玄武岩；9—凝灰岩；10—辉绿岩和斑状辉绿岩；11—斑岩；12—凝灰质斑岩；13—杏仁状斑岩；14—角砾岩；15—凝灰质熔岩；16—杏仁状玄武岩；17—玄武质凝灰岩；18—植物残余；19—化石；20—地层不整合面；21—红色蚀变；22—石英-绿帘石；23—红土壳；24—红土；25—碳质页岩。

图 4-2-10 西西伯利亚盆地二叠系—三叠系对比剖面图

（据 Vyssotski et al，2006 修改）

被粉砂质、泥质火山沉积岩序列覆盖,含有 Krasnoselkup 群的煤透镜体(Yapaskurt and Shikhanov,2013)。

位于盆地南部和中部的裂谷外侧的很多井也钻遇到二叠纪—三叠纪玄武岩、粗玄岩和凝灰岩(图 4-2-10)。这些喷发岩充填局部地堑和凹陷,并形成火山岩高原,一般可与西伯利亚地台和泰梅尔褶皱带三叠纪高原玄武岩和凝灰岩对比。火山岩高原是后期形成裂谷内火山岩-沉积岩的重要物源(图 4-2-10)。

中三叠世后期岩浆作用减弱,中三叠统上部以湖泊相和冲积相碎屑岩为主(图 4-2-8)。在亚马尔-格旦地区,南北向的地堑发育了三叠纪陆相-浅海相碎屑沉积物,海相地层局限于格旦半岛以北地区,据地震资料,厚度可达 2.5 km。三叠纪末,发生区域性隆升,形成了三叠系和侏罗系之间的区域性不整合面。

2. 侏罗系

侏罗系与下伏地层不整合接触(图 4-2-8),是在盆地总体不断沉降背景下,旋回式海侵过程中形成的,由砂岩、泥岩组成的陆相-浅海相沉积序列(图 4-2-8,图 4-2-11)。

下侏罗统下部(图 4-2-11 中 Zimniy)以冲积相砾岩、砂岩为主,夹泥岩,沉积区范围受三叠纪裂谷控制,主要分布在西西伯利亚盆地中部。靠近叶尼塞盆地,发育浅海相砂岩、泥岩(图 4-2-12)。

下侏罗统上部—中侏罗统下部(图 4-2-11 中 Nadoyach)演化为以滨浅海相砂岩、粉砂岩、泥岩为主。沉积区范围显著扩大,水深 25～100 m 的较深水区受先存裂谷控制,主要分布在西西伯利亚盆地中部。叶尼塞盆地为连接西西伯利亚盆地与广海的通道(图 4-2-13)。

中侏罗统中部(图 4-2-11 中 Vym)演化为以滨浅海相砂岩、粉砂岩、泥岩为主,盆地边缘发育有冲积相砾岩、砂岩、泥岩。沉积区范围进一步扩大,水深 25～100 m 的较深水区仍受先存裂谷控制,主要分布在西西伯利亚盆地中部(图 4-2-14)。

中侏罗统顶部卡洛维阶,滨浅海相砂岩、粉砂岩、泥岩占绝对优势,盆地边缘发育了冲积相砾岩、砂岩,泥岩非常有限。沉积区范围扩大到覆盖整个盆地,水深 25～100 m 的较深水区和超过 100 m 的更深水区基本不受先存裂谷控制(图 4-2-15),标志着西西伯利亚盆地演化为整体坳陷阶段。

晚侏罗世提塘期—早白垩世贝里阿斯期早期(图 4-2-11 中 Bazhenov),发生了大规模的海侵,以滨浅海相砂岩、粉砂岩、泥岩为特征,以深水浅海相富有机质泥岩占绝对优势,盆地边缘几乎不发育冲积相砾岩、砂岩、泥岩。沉积区范围超过现今的盆地边界,绝大部分地区水深超过 100 m,盆地中央地带水深超过 200 m(图 4-2-16)。

深水区主要为饥饿状态下沉积的富含生物的有机质泥岩,是西西伯利亚盆地的重要烃源岩(Pinous et al,2001;Ulmishek,2003;Kontorovich et al,2014;Shaldybin et al,2021)。

3. 下白垩统

下白垩统下部尼欧可木阶(贝里阿斯阶—巴列姆阶)总体上形成了一套巨厚具有前积

地层叠置样式的沉积序列（图 4-2-17 中 K_1）。在地震资料上，大型的向西前积的楔状体可分辨出 19～25 期。楔状体宽度为数十千米，长度为数百千米，由西西伯利亚盆地南部向北端延伸。在西西伯利亚盆地的西部边缘，地震资料上也识别出向东前积的楔状体，物源来自乌拉尔物源区，但范围窄（图 4-2-17 中 K_1）。东部楔形体可以区分为浅水陆架、斜坡和斜坡脚。盆地中部地区浅水陆架地层序列划分为 Megion 组和 Vartov 组。斜坡和斜坡脚海底扇沉积为 Achimov 组（图 4-2-18）。

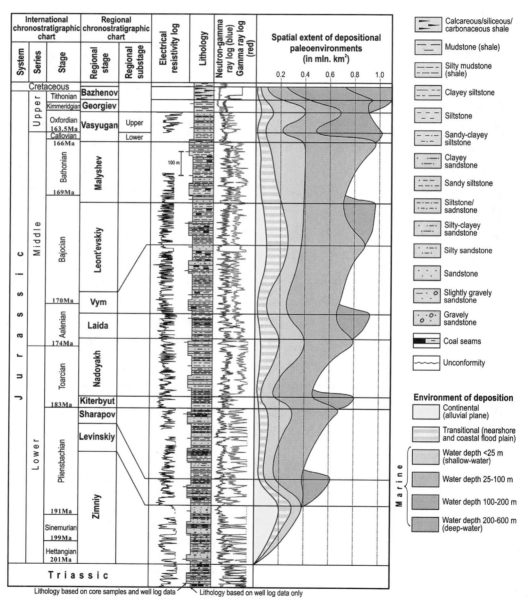

图 4-2-11　西西伯利亚盆地北部地层综合柱状图

（据 Shemin et al，2019 修改）

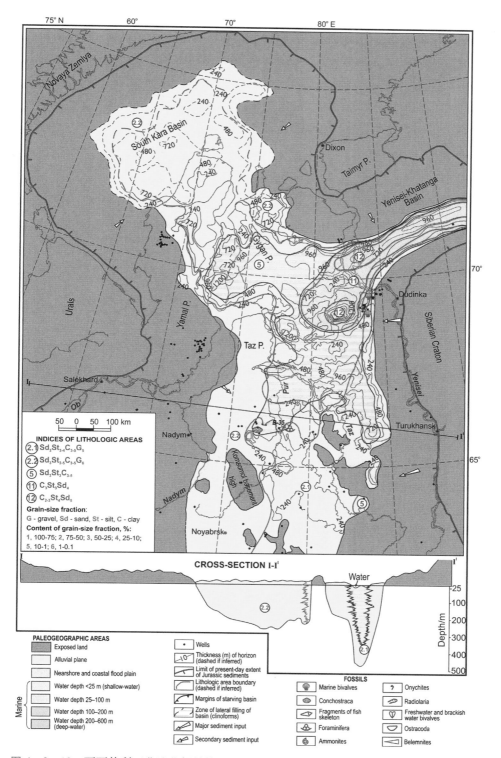

图 4 - 2 - 12　西西伯利亚盆地北部早侏罗世早期 Zimniy 阶段岩相古地理图

（据 Shemin et al．2019）

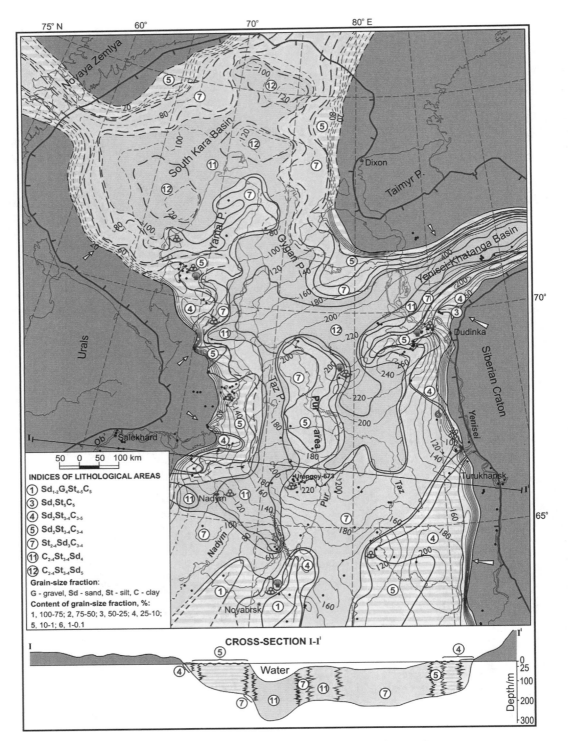

图 4 - 2 - 13 西西伯利亚盆地北部早侏罗世晚期 Nadoyach 阶段岩相古地理图

（据 Shemin et al,2019）

注：图例见图 4 - 2 - 12。

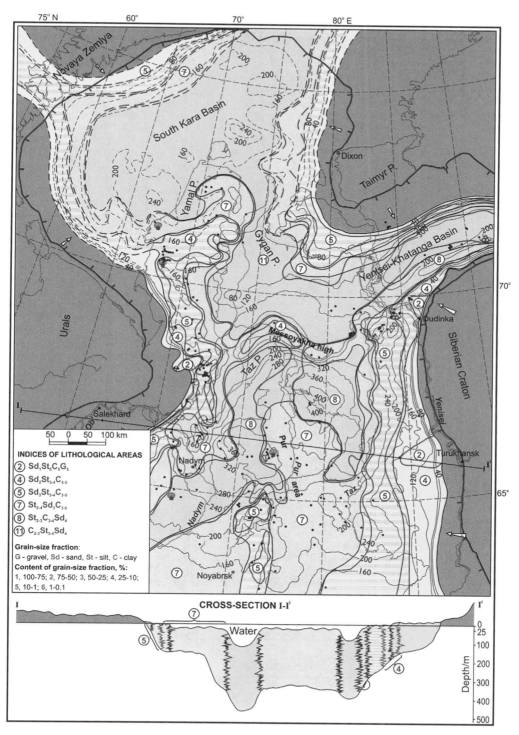

图 4-2-14　西西伯利亚盆地北部中侏罗世中期 Vym 阶段岩相古地理图

（据 Shemin et al,2019）

注：图例见图 4-2-12。

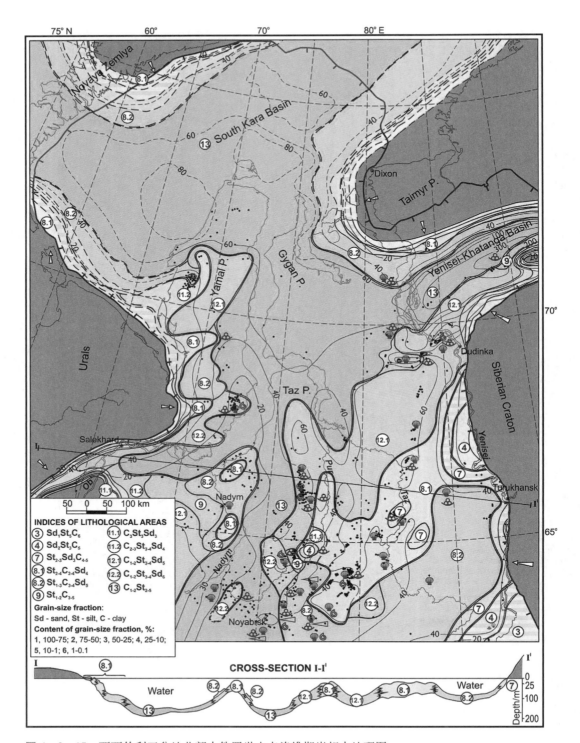

图 4 - 2 - 15　西西伯利亚盆地北部中侏罗世末卡洛维期岩相古地理图

（据 Shemin et al,2019）

注：图例见图 4 - 2 - 12。

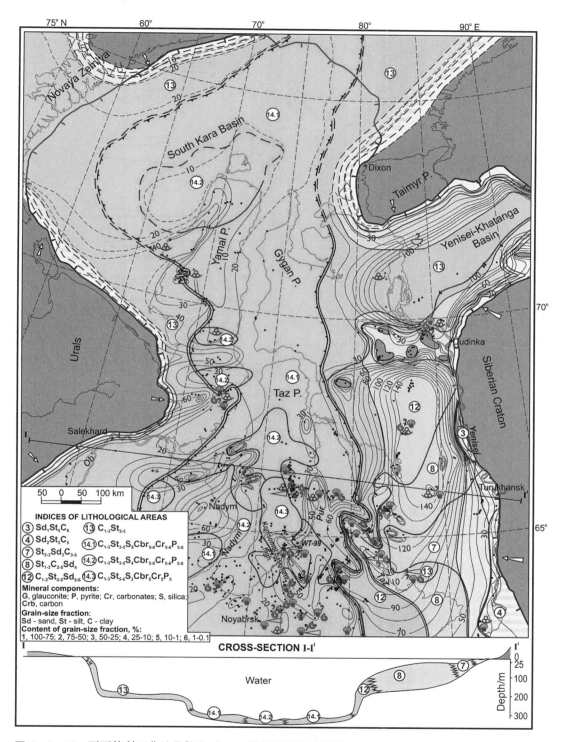

图 4－2－16　西西伯利亚盆地北部 Bazhenov 阶段岩相古地理图

（据 Shemin et al，2019）

注：图例见图 4－2－12。

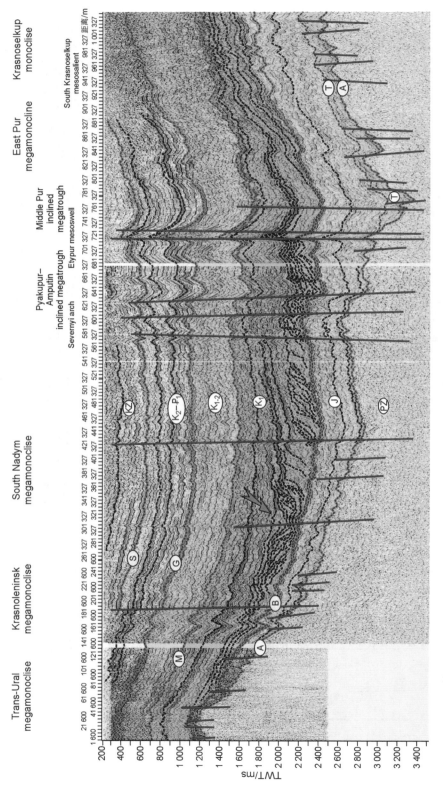

图 4 - 2 - 17　西西伯利亚盆地 Reg - 19 线的地震 - 地质解释剖面
（据 Kontorovich et al，2014）

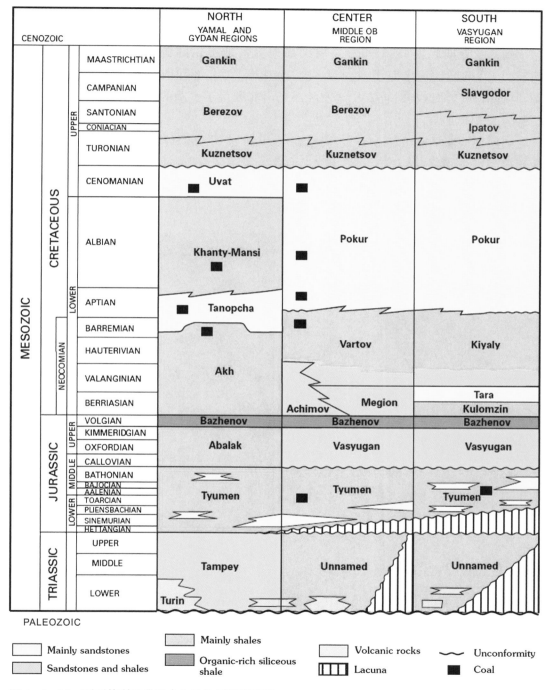

图 4-2-18　西西伯利亚盆地中生界地层特征简图

（据 Ulmishek,2003）

早白垩世贝里阿斯期—凡兰吟期(Valanginian),西西伯利亚盆地周围陆块(古阿尔泰、古叶尼塞脊、西伯利亚地台)开始抬升,导致陆源碎屑供应逐渐增强。在贝里阿斯期—凡兰吟期早期,由饥饿深水环境转变为过补偿沉积环境。

到凡兰吟期晚期(135 Ma±),周缘高地为盆地提供陆源碎屑,海域面积减少到$215×10^4$ km²。深海区面积减少到$34×10^4$ km²,为北部和南部洼地。东部浅海区宽阔,其他方向浅海区相对较窄。盆地西部东南部发育了宽阔的间歇性盐沼和滨海平原[图4-2-19(a)]。

到阿普特期早期(125 Ma±),周缘高地为盆地提供陆源碎屑的能力逐步增强,海域面积显著减少,并分化为南、北2个浅海海盆。深海区消失。盆地中部东侧发育了宽阔的滨海平原,其他方向滨海平原相对较窄。滨海平原的外侧发育了宽窄不等的冲积平原[图4-2-19(b)]。

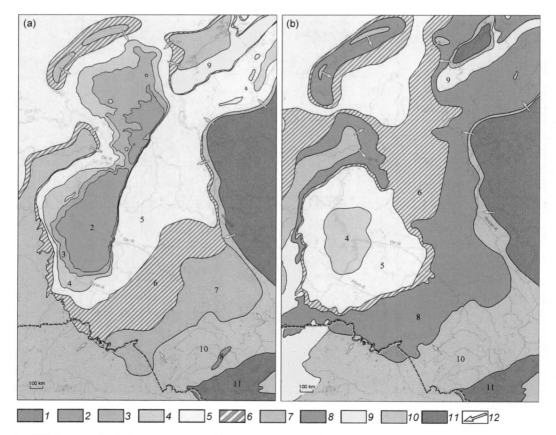

1—深海,>400 m;2—深海,200~400 m;3—浅海,100~200 m;4—浅海,25~100 m;5—浅海,<25 m;6—周期性被海水淹没的海岸平原(漫滩、湖泊沼泽、河道和三角洲、海滩相);7—间歇性盐沼;8—冲积平原(河道、漫滩、湖泊相);9—辫状河;10—高原(侵蚀);11—低山;12—碎屑沉积物供给方向。

图4-2-19 西西伯利亚盆地下白垩统岩相古地理图

(a)凡兰吟阶上部;(b)阿普特阶下部

(据 Kontorovich et al,2014)

4. 上白垩统

上白垩统发育时期,陆源碎屑供应减弱,形成一套冲积相-浅海相砂岩、泥岩、碳酸盐岩混积沉积物。

到土伦期中晚期(90 Ma±),周缘高地逐步夷平,为盆地提供陆源碎屑的能力显著减弱,海域面积有所扩大,形成统一的浅海海盆。水深 25～100 m 的浅海区发育厚层硅质泥岩(Kuznetsov 页岩),而富砂地层发育于浅海区边缘。盆地东侧发育了宽窄不等的滨海平原,其他方向滨海平原基本不发育。东南部发育了宽窄不等的冲积平原[图 4 - 2 - 20(a)]。

到马斯特里赫特期,西西伯利亚盆地为亚热带温暖气候。这一时期的特点是钙质超微化石的大量出现。海退导致盆地普遍变浅,滨海平原逐渐扩大,间歇性被海水淹没。泰梅尔岛周围发育冲积平原[图 4 - 2 - 20(b)]。西西伯利亚盆地大部分地区为水深小于25 m 的浅海,盆地中部有水深 25～100 m 的浅海。浅海区主要是灰色钙质岩和粉砂质黏

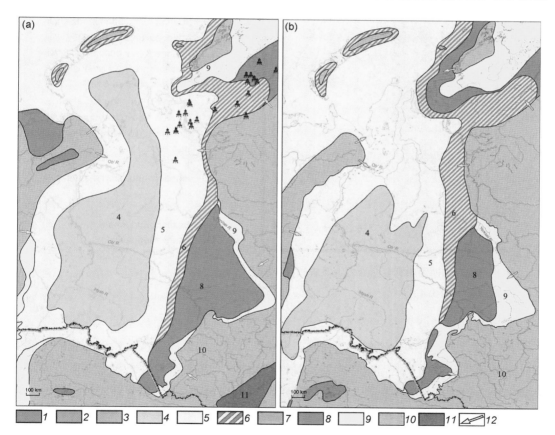

1—深海,＞400 m;2—深海,200～400 m;3—浅海,100～200 m;4—浅海,25～100 m;5—浅海,＜25 m;6—周期性被海水淹没的海岸平原(漫滩、湖泊沼泽、河道和三角洲、海滩相);7—间歇性盐沼;8—冲积平原(河道、漫滩、湖泊相);9—辫状河;10—高原(侵蚀);11—低山;12—碎屑沉积物供给方向。

图 4 - 2 - 20　西西伯利亚盆地上白垩统岩相古地理图

(a) 土伦阶中上部;(b) 马斯特里赫特阶

(据 Kontorovich et al,2014)

土交替沉积(Gankin 组)(图 4-2-18),钙质岩的比例向盆地中部增加。东北部主要为砂岩、粉砂岩,夹杂黏土(Tanam 组),东南部为 Kostrov 组和 Sym 组的富砂相沉积。

5. 古新统—始新统

古新统—始新统由硅质页岩、粉砂岩、细砂岩和泥灰岩组成(图 4-2-8),厚度达 600 m(图 4-2-21)。始新世,西西伯利亚盆地经历了古近纪的最大海侵。始新世中期,盆地80%的面积被海水覆盖。在始新统有海绿石砂岩发育。

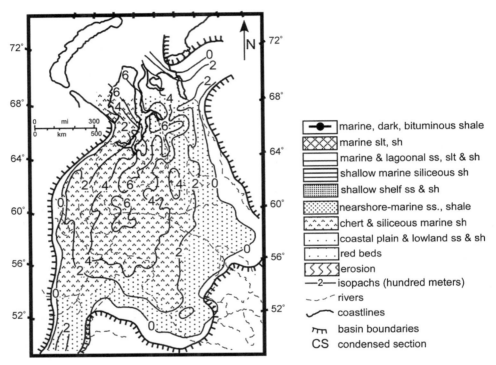

图 4-2-21　西西伯利亚盆地古近系岩相古地理图

(据 Vyssotski et al,2014)

6. 渐新统—现今

西西伯利亚盆地的古地理环境在始新世与渐新世之交发生了从海相到陆相的突然变化。这是由于西西伯利亚盆地在始新世晚期开始抬升,并在始新世纪与渐新世边界附近达到高潮。最大构造变形抬升发生在盆地的北部和东南部,其余部分则继续沉降。始新统为富含黄铁矿和菱铁矿的海相硅质页岩,而渐新统为陆相砂岩和含煤岩系(Vyssotski et al,2014)。

4.3　北喀拉海盆地

北喀拉海盆地(North Kara Sea Basin)也称北喀拉盆地和台地省(North Kara Basins

and Platforms Province)，位于北喀拉海陆架上，处于 67°E～100°E 与 75°N～85°N 之间的北极圈内，南邻南喀拉海，西接巴伦支海，东部与北地岛和泰梅尔半岛相邻，北部为北喀拉海陆架边缘，面积约为 $33.8×10^4 \text{km}^2$，约 93% 的区域水深小于 500 m（图 4-3-1）。

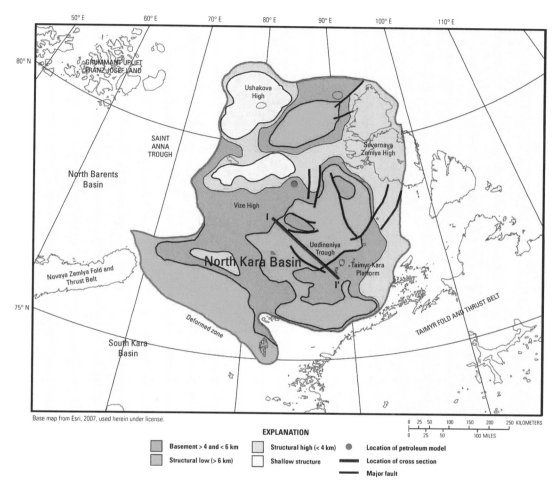

图 4-3-1　北喀拉海盆地构造单元划分

（据 Klett and Pitman，2008）

4.3.1　构造单元划分

北喀拉海盆地可划分为多个构造单元，有的构造单元尚未命名（Klett and Pitman，2008）。已命名的构造单元有北喀拉盆地（包括 Uedineniya 海槽）、北喀拉地台（包括 Vize 隆起、Ushakova 隆起和北地岛隆起）、Schmidt 海槽（也称 Voronina 海槽）和泰梅尔-喀拉台地的一部分（图 4-3-1）。北喀拉盆地沿 Saint Anna 海槽（也称 Sviataya-Anna 海槽）东缘断裂带与巴伦支盆地北部分隔开来（图 4-3-1），并沿与新地岛褶皱冲断带有关的基梅里早期海底潜山（北西伯利亚海潜山）与南喀拉海盆分开（图 4-2-6，图 4-3-2）。

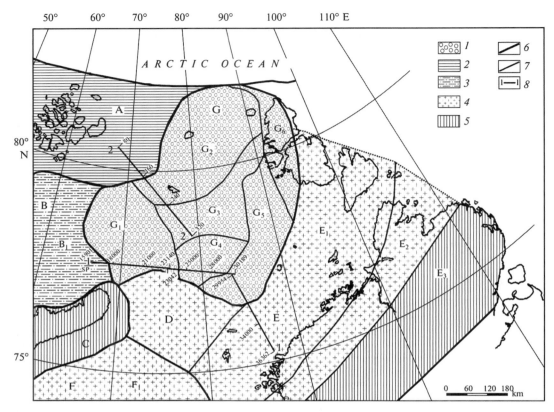

1—格伦维尔阶基底;2—文德系基底;3—前奥陶系基底;4—海西期基底;5—早基梅里期基底;6—构造域边界;7—构造单元边界;8—地震测线;A—弗兰兹·约瑟夫隆起;B—东巴伦支海盆地;B₁—北巴伦支海次盆;C—新地岛褶皱带;D—北西伯利亚海底潜山;E—泰梅尔褶皱带;E₁—北泰梅尔-北地岛褶皱带;E₂—中泰梅尔碰撞带;E₃—南泰梅尔褶皱带;F—西西伯利亚盆地;F₁—南喀拉海次盆;G—北喀拉海盆地;G₁—西喀拉坳陷;G₂—Vise隆起;G₃—中喀拉鞍部;G₄—中喀拉隆起;G₅—东喀拉槽;G₆—北地岛隆起。

图 4-3-2　北喀拉海地区及围区构造分区图

(据 Daragan-Sushchova et al,2014)

Daragan-Sushchova et al(2014)基于地震资料分析,将北喀拉海盆地划分为 6 个一级构造单元:G_1,西喀拉坳陷;G_2,Vise隆起,G_3,中喀拉鞍部;G_4,中喀拉隆起;G_5,东喀拉槽;G_6,北地岛隆起(图 4-3-2)。

古生代和中生代历史和地层层序表明,北喀拉海盆地可以视为一个单一的裂谷盆地,最深处(Uedineniya 海槽)的古生界厚度达 10 km,推测新元古界厚度在 4 km 左右。中新生界厚度较小,多不足 1 km(图 4-3-3)。

4.3.2　基底

北喀拉海盆地的基底是前里菲系结晶岩系,基底埋深变化较大,最大埋深超过 14 km,最小埋深不足 1 km(图 4-3-3,图 4-3-4)。北喀拉海盆地与北地岛均属于喀拉微地块。有的学者认为喀拉微地块是一个独立的具有格伦维尔阶基底的微古陆(Cocks

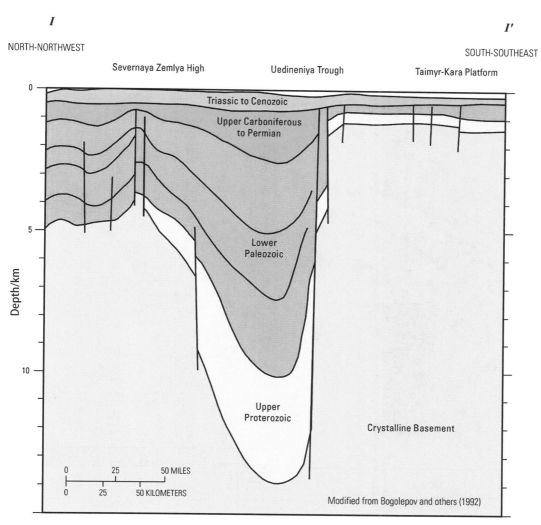

图 4 - 3 - 3　北喀拉海盆地 I - I′地质剖面简图

（剖面位置见图 4 - 3 - 1，据 Klett and Pitman，2008）

and Torsvik，2005；Metelkin et al，2005；Daragan - Sushchova et al，2014）。而有的学者认为在 Timanide 造山运动（新元古代）之前或期间，喀拉微地块是一个较大古陆（如 Arctida 古陆或波罗的古陆）的一部分（Zonenshain et al，1990；Gee et al，2006；Lorenz et al，2007）。盆地形成始于新元古代的陆内裂谷作用，形成厚度达 4 km 的里菲系和文德系裂谷填充序列（图 4 - 3 - 3）。

　　如 4.1.4 节中所述，喀拉微古陆也包括北泰梅尔。北泰梅尔有古元古界（2.4～2.2 Ga）结晶基底、强烈变形的新元古界和可能的寒武系深海层序，成分主要是复理石（Zonenshain et al，1990）。里菲系复理石沉积（砂岩和泥岩互层）为变质的陆坡沉积（Zonenshain et al，1990；Uflyand et al，1991；Vernikovsky，1995）。

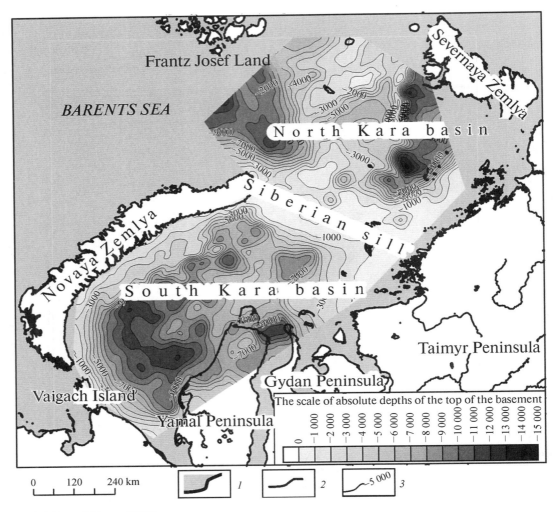

1—海岸线;2—河流;3—等值线。

图 4-3-4　喀拉海地区基底埋深等值线图

(据 Kontorovich and Kontorovich,2019)

4.3.3　构造-地层格架

北喀拉海盆地在前里菲系结晶基底上发育了新元古界、下古生界、上古生界、中生界及新生界,经历了多次伸展和挤压事件。主要的伸展事件有里菲纪晚期—文德纪裂谷事件、寒武纪—志留纪裂谷事件、泥盆系—早石炭世断坳转化事件和晚白垩世罗蒙诺索夫海岭裂离事件;主要的挤压事件有新元古代末—早古生代初蒂曼造山事件、早古生代末—晚古生代初加里东造山事件、晚古生代晚期—中生代初乌拉尔造山事件、中生代早期早基梅里造山事件和新近纪区域隆升事件(图 4-3-5)。这些伸展和挤压事件在北喀拉盆地内部和周围隆起区具有不同的影响,并形成了不同的构造-地层格架表现形式。

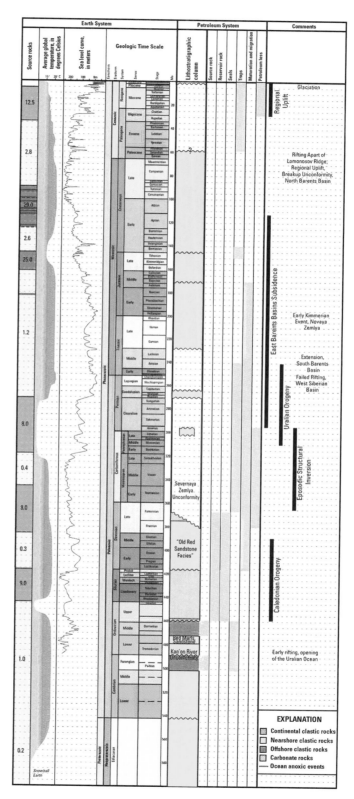

图 4-3-5　北喀拉海盆地地质演化
综合柱状图

（据 Klett and Pitman，2008）

在北喀拉海盆地内,挤压作用表现不明显,主要表现为差异隆升和部分地区的某些地层缺失,这些沉积地层被大量断层复杂化(图 4-2-6,图 4-3-3,图 4-3-6,图 4-3-7)。在地震剖面上可以识别出如下地层界面:F_1,格伦维尔期基底顶界面;F_2,年代不同的声波基底;Ⅵ,寒武系底界面;Ⅴ—Ⅵ,奥陶系底界面/寒武系顶界面;Ⅴ,奥陶系内部界面;Ⅴ—Ⅳ,

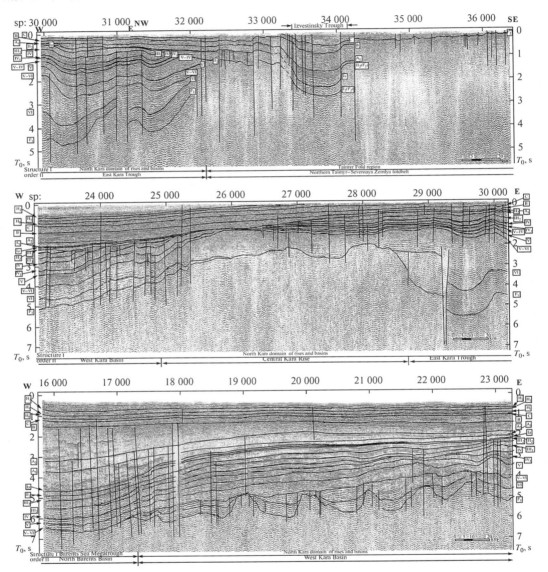

F_1—格伦维尔期基底顶界面;F_2—年代不同的声波基底;Ⅵ—寒武系底界面;Ⅴ～Ⅵ—奥陶系底界面/寒武系顶界面;Ⅴ—奥陶系内部界面;Ⅴ～Ⅳ—志留系底界面/奥陶系顶界面;$Ⅳ_1$—下志留统顶界面;Ⅳ—志留系顶界面;$Ⅲ_1$—下泥盆统内部界面;$Ⅲ_2$—中泥盆统内部界面;$Ⅲ_3$—上泥盆统底界面;$Ⅱ_2$—中石炭统内部界面;Ⅰ～Ⅱ—下二叠统底界面/上石炭统顶界面;Ⅰa—下二叠统碳酸盐岩顶界面;$Ⅰ_1$—下二叠统顶界面;$Ⅰ_2$—上二叠统内部界面;Ⅰ—上二叠统顶界面;A_1—下三叠统顶界面;A_2—中三叠统顶界面;B—三叠系顶界面;C—侏罗系顶界面;$H_{0,1,2}$—白垩系内部界面。

图 4-3-6　北喀拉海盆地 1-1 地震-地质解释剖面

(剖面位置见图 4-3-2 中 1-1,据 Daragan-Sushchova et al,2014)

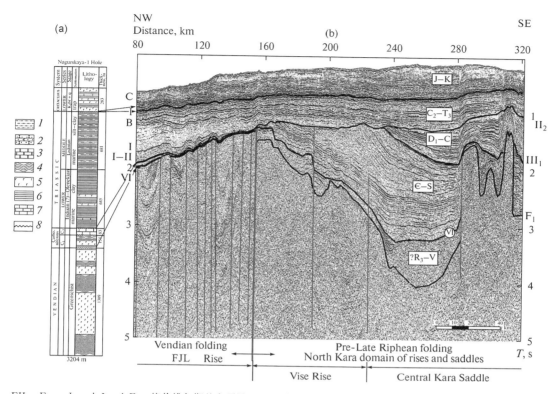

FJL—Franz Joseph Land；F₁—格伦维尔期基底顶界面；Ⅵ—寒武系底界面；Ⅲ₁—下泥盆统内部界面；Ⅱ₂—中石炭统内部界面；Ⅰ～Ⅱ—下二叠统底界面/上石炭统顶界面；B—三叠系顶界面；C—侏罗系顶界面；1—粉砂岩；2—砂岩；3—白云石；4—石英绢云母片岩；5—辉绿岩；6—黏土岩，黏土；7—石灰岩；8—不整合。

图 4-3-7　北喀拉海盆地 2-2 地震-地质解释剖面

（剖面位置见图 4-3-2 中 2-2，据 Daragan-Sushchova et al,2014）

志留系底界面/奥陶系顶界面；Ⅳ₁，下志留统顶界面；Ⅳ，志留系顶界面；Ⅲ₁，下泥盆统内部界面；Ⅲ₂，中泥盆统内部界面；Ⅲ₃，上泥盆统底界面；Ⅱ₂，中石炭统内部界面；Ⅰ—Ⅱ，下二叠统底界面/上石炭统顶界面；Ⅰa，下二叠统碳酸盐岩顶界面；Ⅰ₁，下二叠统顶界面；Ⅰ₂，上二叠统内部界面；Ⅰ，上二叠统顶界面；A₁，下三叠统顶界面；A₂，中三叠统顶界面；B，三叠系顶界面；C，侏罗系顶界面；H₀,₁,₂，白垩系内部界面（图 4-3-6，图 4-3-7）。

北喀拉海盆地 F₁反射界面与Ⅵ反射界面之间的里菲系上部—文德系、Ⅵ反射界面与Ⅲ₁反射界面之间的寒武系—志留系明显受同沉积断裂控制，反映了北喀拉海盆地主要处于同裂谷期；Ⅲ₁反射界面与Ⅱ₂反射界面之间的泥盆系—下石炭统受同沉积控制减弱，反映了北喀拉海盆地进入断坳转化期；Ⅱ₂反射界面之上，进入裂后坳陷期及挤压反转期（图 4-3-6，图 4-3-7）。

在北地群岛，不同伸展事件形成的沉积地层，被不同挤压事件造成的不同程度的改造变形，形成复杂的褶皱-逆冲断裂系统，尤其以晚古生代末—中生代初的乌拉尔造山事件形成的褶皱-逆冲断裂系统变形最为强烈（图 4-3-8）。

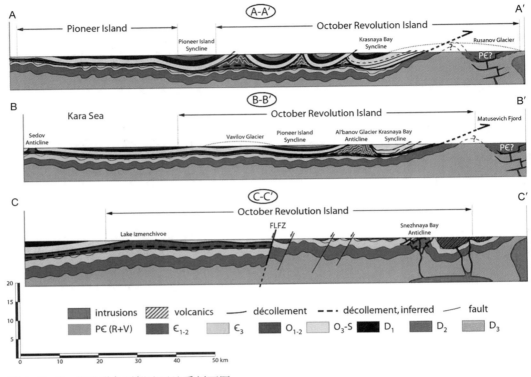

图 4-3-8　北地群岛西部地区地质剖面图

（剖面位置见图 4-3-11，据 Lorenz et al,2008）

4.3.4　地层及沉积演化

北喀拉海盆地在前里菲系结晶基底上发育了新元古界、下古生界、上古生界、中生界及新生界（图 4-3-3，图 4-3-5）。由于北喀拉海盆地内部只有地震资料，缺少岩性资料，因此借用处于喀拉微古陆的北地岛隆起区的资料（图 4-3-9，图 4-3-10，图 4-3-11），来讨论喀拉微古陆的地层及沉积演化。

1. 新元古界

北地岛群岛新元古界可划分为 Golyshev Svita、Krasnaya Reka Svita、Slozhnaya Svita、Tel'manov Svita 和 Kasatkin Svita 5 个地层单元（图 4-3-9）。在 Bol'shevik 岛（图 4-3-10），新元古界厚度为 2 100~2 500 m，主要由浊积岩和一些黑色页岩或千枚岩组成。

Golyshev Svita 地层单元的底部未出露，观测厚度约为 700 m，位于 Bol'shevik 岛东部和中部的背斜核部，由砂岩、粉砂岩和泥岩不等厚互层组成，厚度从 1 m 到 7 m 不等。砂岩占主导地位（约 60%），通常富含长石。旋回底部的罕见卵石层和砾岩含有花岗岩碎屑、长英质至中性火山岩和片岩。旋回顶部为黑色泥岩，有机质含量高达 1.5%。本套地层和上覆 Krasnaya Reka Svita 地层单元的变质作用达到下绿片岩相。

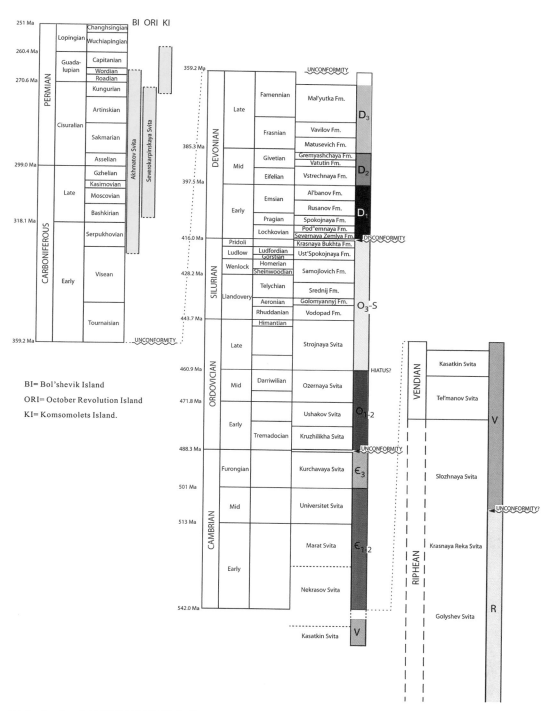

图 4-3-9　北地群岛地区地层序列

（据 Lorenz et al, 2008）

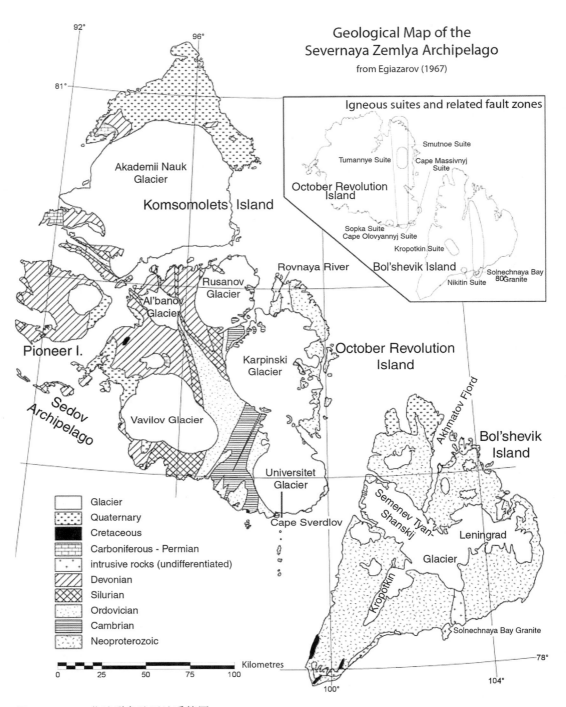

图 4-3-10　北地群岛地区地质简图

（据 Lorenz et al，2008）

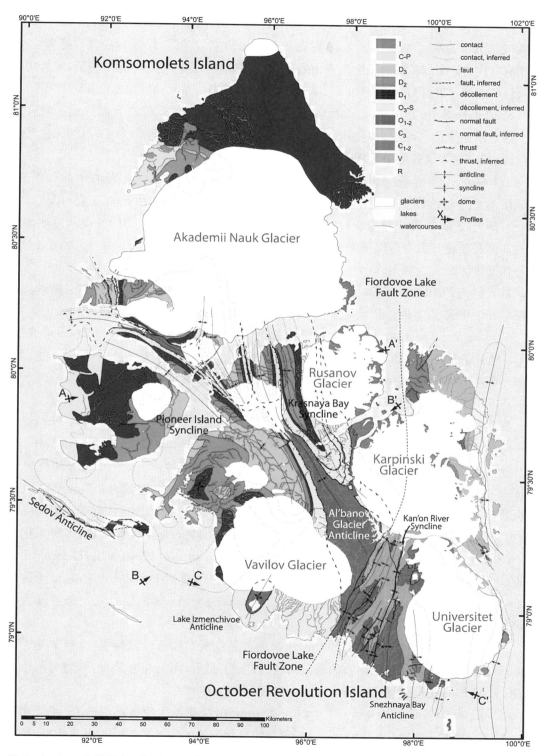

图 4 - 3 - 11　北地群岛西部地区地质图

（据 Lorenz et al, 2008）

Krasnaya Reka Svita 地层单元(厚度 150～200 m)出露于 Bol'shevik 岛东部。砂泥岩构成的沉积旋回通常为 0.1～1 m,以浅灰色砂岩为主(70%～75%),富含石英和长石,偶尔有花岗岩碎屑和长英质至中性火山岩。小碳酸盐结核是该地层单元的特征,泥岩中常见黄铁矿晶体。来自 Golyshev 和 Krasnaya Reka svitas 地层单元的疑源类化石属于里菲纪。

Slozhnaya Svita 地层单元(厚度 450～580 m)在 Bol'shevik 岛的大部分地区均有出露。该地层单元内的浊积岩旋回厚度通常为 0.3～0.8 m,以绿色砂岩为主,与深绿色泥岩互层,其成分与下伏地层单元相似。疑源类化石属于里菲纪。

Tel'manov Svita 地层单元(厚度 150～350 m)出露在 Bol'shevik 岛的中部和西部。该地层单元的岩性特点是以红色和绿色泥质岩为主,常见灰岩和泥质灰岩(厚度 1～5 cm),砂岩较少,碎屑成分为长石、石英和火成岩碎屑。沉积旋回底部的波纹和侵蚀是常见的。疑源类化石最有可能属于文德纪。

新元古界最上面是 Kasatkin Svita 地层单元(厚度 600 m),仅出露于 Bol'shevik 岛西部。其岩性与 Slozhnaya Svita 地层单元相似,但沉积旋回较厚,含有砾岩层和透镜体。该地层单元由疑源类化石确定为文德纪晚期,与上覆地层接触关系未知。

Slozhnaya - Kasatkin svitas 地层序列很可能不整合于 Golyshev - Krasnaya Reka svitas 地层序列之上。新元古界地层序列也出露于更西面的、邻近的十月革命岛(图 4 - 3 - 8),其中含寒武纪化石,部分由浊积岩组成,岩性类似 Bol'shevik 岛。

2. 寒武系

寒武系在十月革命岛中部出露良好(图 4 - 3 - 10,图 4 - 3 - 11),可划分为 Nekrasov Svita、Marat Svita、Universitet Svita 和 Kurchavaya Svita 4 个地层单元(图 4 - 3 - 9)。

Nekrasov Svita 地层单元(厚度约 900 m),下部为薄的(厚度 0.3～0.8 m)浊积岩旋回序列,主要由粗砂岩、粉砂岩和泥岩,以及少量砾岩构成,向上过渡为非旋回性陆源碎屑沉积序列,上部碎屑粒度粗,粒度变化大。碎屑颗粒成分有花岗岩、长英质至中性火山岩、石英和长石、泥岩和粉砂岩。与上覆含早寒武世晚期化石地层整合接触,推断无化石的 Nekrasov Svita 地层单元年龄为寒武纪。然而,Proskurnin(1999)指出,Bazarnaya 山附近的 Nekrasov Svita 地层单元下部的岩相和变质作用类似 Bol'shevik 岛的新元古代 Golyshev 和 Krasnaya Reka svitas 地层单元,将 Nekrasov Svita 地层单元上部解释为浅海海侵沉积物(Lorenz et al,2008)。

Marat Svita 地层单元(厚度 400 m)由灰色和黑色页岩和粉砂岩组成,含有罕见的粉砂质砂岩层。常见含三叶虫化石的钙质结核,其生物地层年龄为早寒武世,可能为阿特达班期(Atodabanian)—图央期(Rozanov and Zhuralev, 1992)。

Universitet Svita 地层单元(厚度 240～560 m)由绿灰色生物扰动细砂岩、泥岩和粉砂岩组成。常见石灰岩结核和化石,三叶虫和腕足化石的生物地层年龄为中寒武世,可能为 Amgan 期—Mayan 期(Rozanov and Zhuralev, 1992)。

寒武系最上面的地层单元是 Kurchavaya Svita,厚度超过 2 000 m,主要由黑色页岩组成,部分由泥岩和砂岩组成。在下部,页岩富含有机质,与薄的深灰色粉砂岩互层,而在上部,页岩为灰色,并与递变层理、交错层理砂岩互层。整个地层单元存在一些石灰岩层和灰岩结核,其丰度向上增加。该单元与下伏单元整合接触,与上覆地层不整合接触。常见的化石有三叶虫和腕足动物。Kruzhikha 河剖面的三叶虫化石为晚寒武世 *Agnostus* 和 *Peltura*(Bogolepova et al,2001;Rushton et al,2002)。

3. 奥陶系

奥陶系出露于十月革命岛西部(图 4-3-10,图 4-3-11),可划分为 Kruzhilikha Svita、Ushakov Svita、Ozernaya Svita 和 Strojnaya Svita 4 个地层单元(图 4-3-9)。

Kruzhikha Svita 地层单元(厚度 100～250 m)不整合覆盖在褶皱变形的 Kurchavaya Svita 地层单元之上。下部由砾岩、砂岩和含化石的石灰岩组成,夹薄层凝灰岩。砾石成分为石英岩、花岗岩和长英质至中性火山岩。上部以石灰岩为主,含有丰富的牙形刺、腕足类和腹足类化石,表明其地质时代为早奥陶世晚期(Lorenz et al,2008)。该地层单元下部凝灰岩锆石铀-钍-铅年龄为 489.5±2.7 Ma(Lorenz et al,2007)。

Ushakov Svita 地层单元(出露于十月革命岛中部,厚度 600～1 200 m),主要由杂色砂岩、凝灰质砂岩、泥灰岩、砂质石灰岩和白云石组成。在十月革命岛东部至中部,红色和绿色凝灰岩、凝灰质砂岩与粉砂质、泥质凝灰岩,以及基性至中性熔岩一起出现。这些岩石之上覆盖着红色和绿灰色的凝灰质砂岩、粉砂岩、泥灰岩和白云石,以及叠层石石灰岩。在十月革命岛的其他部分,该地层单元由石英砂岩、白云石和砂质白云石组成,含极少量的石灰岩和石膏层。在 Fiordovoe 湖沿岸发育以蒸发岩为主的层序,该层序不整合覆盖在寒武系之上,并延伸至十月革命岛中部。海洋动物群化石以罕见的腕足类和腹足类为代表,表明这些岩石的时代为早奥陶世晚期(Lorenz et al,2008)。

Ozernaya Svita 地层单元(出露于先锋岛和十月革命岛西部,厚度 100 m;十月革命岛中部,厚度 300 m)与下伏地层局部不整合接触。该地层单元由黑色页岩、泥质和粉质石灰岩以及含石膏的碳酸盐岩组成。苔藓动物和鹦鹉螺类化石指示该地层单元的地质年代为中奥陶世。

Strojnaya Svita 地层单元(出露于先锋岛和十月革命岛西部,厚度 10～15 m;十月革命岛中部,厚度 100～200 m),主要为不同颜色的长石和石英砂岩、白云岩,次为石灰岩和泥灰岩。砂岩在该单元的上部和下部占主导地位,通常具有交错层理、波痕并含有遗迹化石。而生物和碎屑灰岩、白云岩和泥灰岩在中部很常见。板状珊瑚指示晚奥陶世时代。Strojnaya Svita 地层单元底部通常是构造接触,下伏含蒸发岩的奥陶系发育不协调褶皱变形。

4. 志留系

志留系出露于十月革命岛中部和西部,以及先锋岛西部和共青团岛西南部(图 4-3-10,图 4-3-11),自下而上划分为 Vodopad、Golomyannyj、Srednij、Samojlovich、Ust'-Spokojnaya、Krasnaya Bukhta 6 个组(图 4-3-9)。在十月革命岛中部,各组地层都向东变厚,这可能受到 Krasnaya 湾向斜构造重复的影响。

最下部为 Vodopad 组(厚度 240～360 m),主要由灰色至深灰色生物碎屑灰岩和白云质灰岩组成,分为泥质灰岩、叠层石灰岩层两段。这两个段,特别是上部都存在板状和皱纹状珊瑚、层孔虫、腕足类、介形虫和棘皮动物化石,指示兰多弗里世(鲁丹期—埃隆阶早期)时代。该组为海侵期间在开阔大陆架条件下沉积。

Golomyannyj 组在十月革命岛厚度为 100～120 m,在 Sedov 群岛厚度为 60～70 m,主要由薄层泥质灰岩组成,夹杂砂岩、叠层石灰岩及少量白云岩。泥裂是常见的特征。介形虫、腹足类、小型腕足类和棘皮动物化石碎片很常见,而珊瑚和层孔虫化石非常罕见。这些动物群化石表明该地层年代为埃隆期。Bogolepova 等(2000)报道了 Ushakov 河在距离 Krasnaya 湾河口上游 8～10 km 的 Golmyannyj 组剖面中含有笔石页岩,其时代为特列奇期。Golomyannyj 组为海退期间的滨浅海沉积。

Srednij 组在十月革命岛(厚度 290～500 m)、共青团群岛西南部和 Samojlovich 岛(厚度 300 m)、Sedov 群岛(130 m)以及先锋岛(Pioneer Island)被发现。其下部为含化石灰岩,覆盖在 Golomyannyj 组最上部砂岩之上。Srednij 组由平行层状灰岩(有时为硅化)组成,具有板状层孔虫生物层和生物礁,含有介形类、腹足类、棘皮动物、头足类化石,少见板状珊瑚化石。岩性以棕灰色含化石石灰岩占主,也有绿灰色含介形类化石白云质石灰岩。在该组中,也发现叠层石和泥裂。牙形刺化石表明该组为兰多弗里世晚期(特列奇期)。Srednij 组为海侵期间的浅海相沉积。

Samojlovich 组在十月革命岛(厚度 240～400 m)、共青团岛(厚度 150～180 m)、先锋岛和 Samojlovich 岛以及 Sedov 群岛均有出露,覆盖在 Srednij 组最上部含有丰富层孔虫的灰岩层之上。Samojlovich 组灰岩类型多样,有叠层石灰岩、鲕粒灰岩、核形石灰岩和泥质灰岩,含大量腹足类、腕足类、介形类和三叶虫化石,也有几乎不含化石的白云质石灰岩和泥晶白云岩。罕见的珊瑚化石只在该组上部发现。在白云质岩石中,泥裂很常见,叠层石构造通常与碳酸盐砾岩透镜体共生。牙形刺化石表明该组下部时代为兰多弗里世晚期(特列奇期晚期),该组上部时代为文洛克世中晚期。Samojlovich 组是在陆架边缘盆地中连续变浅的条件下形成的滨浅海沉积。

Ust'-Spokojnaya 组出露于十月革命岛(厚度 60～340 m)、共青团岛(厚度 180 m)和先锋群岛以及 Sedov 群岛东部。其底边界为 Samojlovich 组碳酸盐岩之上第一个砂层的底面。在 Matusevich 和 Ushakov 河剖面,Ust'-Spokojnaya 组被泥盆系不整合覆盖,该组上部仅发现于 Krasnaya 湾地区。在底部砂岩层上方,该组主要为五色泥灰岩,其中含有泥质灰岩薄透镜体,以及介形类、双壳类、腹足类等化石。在该组下部,细粒鲕粒灰岩,双壳类等化石、介形类化石、头足类化石、叠层石和核形石很常见。该组形成于比下伏 Samojlovich 组水体更浅的沉积环境,红色陆源物质输入不断增加。

志留系最上部是 Krasnaya Bukhta 组,出露于十月革命岛(中部,厚度 350～400 m;北部,厚度 600～700 m)、共青团岛西南部和先锋岛。从 Krasnaya 湾开始,其厚度向北增加,但向西迅速减小,在泥盆系沉积之前,志留系已被侵蚀。Krasnaya Bukhta 组的底边界由第一个红色砂岩层确定,该红色砂岩层覆盖在 Ust'-Spokojnaya 组的泥灰岩和石灰石之上。Krasnaya Bukhta 组主要由棕红色粉砂岩、泥质岩、泥灰岩、砂岩和泥质石灰岩组成。碳酸盐岩含介形类、双壳类、藻类化石。动物化石很常见,时代为 Pidoli 世。该组是在持续海退期间在边缘海环境中沉积的。

5. 泥盆系

泥盆系出露于十月革命岛,共青团岛和先锋群岛以及 Sedov 群岛南部(图 4 - 3 - 10,图 4 - 3 - 11),自下而上划分为 11 个组,即 Severnaya Zemlya、Podemnaya、Spokojnaya、Rusanov、Albanov、Vstrechnaya、Vatutin、Gremyashchaya、Matusevich、Vavilov、Mal'yutka 组(图 4 - 3 - 9)。泥盆系的厚度从西向东增加,下泥盆统和中泥盆统的主要沉积方向为西和西北向,上泥盆统的沉积方向为北至东北向。

最下部的 Severnaya - Zemlya 组出露在十月革命岛(厚度 30～100 m)、共青团岛(厚度 100 m)和先锋岛上。它覆盖在 Krasnaya Bukhta 组之上,当 Krasnaya Bukhta 组缺失时,则不整合覆盖在 Ust' - Spokojnaya 组之上。该组底部主要为绿灰色粗砂岩,含砾岩透镜体,该组中上部主要为杂色粉砂岩和泥质岩。该组上部由深灰色条带状石灰岩、泥灰岩和泥质岩组成,含有保存完好的鱼类、广翅目、介形类和藻类化石。这些化石暗示形成时代为洛赫科夫期。该组是在非常浅的滨浅海条件下沉积的。

Podemnaya 组出露在十月革命岛(厚度 160～280 m)、共青团和先锋岛上。其底界为 Severnaya - Zemlya 组的钙质泥页岩与石英-长石砂岩、灰色粉砂岩和泥页岩互层之间的分界面。植物化石很常见,动物化石仍然很少见。Podemnaya 组上部由红棕色和绿灰色砂岩、粉砂岩和泥质岩互层,以及泥质白云岩夹层组成。白云岩中含有丰富的介形类和鱼类化石,表明该地层的形成时代为洛赫科夫晚期。该组为浅陆表盆地的海退沉积物。

Spokojnaya 组出露于十月革命岛(厚度 25～300 m)、共青团岛和先锋岛(厚度达 100 m)。其底界对应于 Podemnaya 组上部红色至棕色粉砂岩与之上的杂色砂岩和粉砂岩的分界面。Spokojnaya 组下部由红色和多色石英-长石砂岩、粉砂岩和泥页岩组成,并有罕见的泥灰岩夹层。该组中上部,渐变为灰色至绿灰色的白云质泥灰岩,其中夹有泥质白云岩。该组上部含有介形类、双壳类和叠层石化石,指示布拉格期。该组是在早泥盆世海侵期间的滨浅海环境中沉积的。

Rusanov 组(厚度 50～250 m)出露在十月革命岛、共青团岛和先锋群岛以及 Sedov 群岛南部。其底界为灰色白云石化灰岩的底面,覆盖在 Spokojnaya 组的泥灰岩和白云岩之上。Rusanov 组分为两段,下段由灰色白云石化石灰岩组成,上段为灰色石膏与白云岩互层。化石主要是层孔虫、板状和皱纹状珊瑚、腕足类、双壳类、介形虫、三叶虫、棘皮动物等,出现在该组下部,指示布拉格晚期至埃姆斯期(Emsian)。该组下段是在最大海侵期间形成的;上段是在快速海退期间形成的,导致蒸发岩沉积。

十月革命岛(厚度 35～80 m)、共青团岛和先锋群岛以及 Sedov 群岛南部均出露出 Albanov 组。Rusanov 组膏岩层顶界面为 Albanov 组的底界面。Albanov 组下部为灰色白云质泥灰岩和白云岩,上覆灰色白云岩、石灰岩和泥质石灰岩互层,含鱼类、介形类、广翅目和双壳类化石。该组上段的特征是浅色杂色粉砂岩、砂岩和泥质岩互层,见鲕粒针铁矿和角砾岩。两段之间存在沉积间断。化石表明该组为埃姆斯期晚期。该组是在浅水盆地短期海侵和海退交替作用条件下沉积的。

Vstrechnaya 组在十月革命岛(西部,厚度 70～160 m;北部,厚度 400 m)、共青团岛和先锋岛均有出露。其底界为含有中泥盆世动物化石的粗砂岩底面。覆盖在 Albanov 组的细粒硅质碎屑岩上。Vstrechnaya 组由棕红色陆源碎屑岩的沉积旋回组成,每个旋回从交错层理粗砂岩开始,其中含有砾岩透镜体、赤铁矿结核和骨砾。旋回向上,粒度减小为粉砂岩和泥页岩。旋回顶部通常受到侵蚀。粉砂岩和泥质岩中含有介形虫、腕足类和植物化石。化石表明该组的年代为艾费尔期至吉维期早期。

Vatutin 组出露于十月革命岛(厚度 100～130 m)、共青团岛和先锋岛,以红棕色粉砂岩和泥页岩的韵律互层为主,罕见绿灰色白云质泥灰岩夹层。该组下部的灰色泥质岩含有腕足类和介形类化石,该组的年代为吉维期。

Gremyashchaya 组出露于十月革命岛(厚度 15～150 m)、共青团岛和先锋岛。其底界为 Vatutin 组细粒碎屑沉积物之上第一层粗砂岩的底部。Gremyashchaya 组由杂色石英砂岩、稀有砾岩、红色粉砂岩、泥页岩和泥灰岩组成,见鲕状和结核状石灰岩。植物化石常见于砂岩,介形类化石和叠层石出现在泥质岩和泥灰岩中。动物化石丰富且保存完好,表明其形成年代为吉维中期。该组为海退沉积。

Matusevich 组出露在十月革命群岛(厚度达 600 m)和共青团群岛(厚度 470 m)上。其底界为砾岩、粗砂岩层的底面。该组下部为具有交错层理的红棕色粗粒砂岩,上部由细砂岩、粉砂岩和泥页岩组成。植物和动物化石丰富,指示吉维期晚期至弗拉斯期早期。该组形成于逐渐加深但仍是非常浅的陆表海盆地中。

Vavilov 出露于十月革命群岛(厚度 200～300 m)和共青团群岛(厚度 150～290 m),主要由杂色粉砂岩和泥质岩组成,夹细砂岩,少见灰色石灰岩,但含有丰富的植物和动物化石。该组地质时代为弗拉斯期,形成于晚泥盆世海侵最大期。

泥盆系最顶部为 Malyutka 组,仅发现于 Vavilov 冰川以北的十月革命群岛中部至西部(厚度＞300 m)。Malyutka 组由红色和杂色砂岩夹砾岩、粉砂岩和泥质岩组成,见动物和植物化石,地质年代为法门期,形成于逐渐变浅的盆地中。

6. 石炭系和二叠系

泥盆系及更古老地层的褶皱和逆冲变形(Severnaya‐Zemlya 变形)发生在石炭系及更年轻的非海相砂岩和页岩沉积之前。石炭系及二叠系露头发现于 Bol'shevik 岛北部(Akhmatov 湾)、十月革命岛东北部(Matusevich 湾南侧)以及共青团岛西北海岸沿线(图 4‐3‐10,图 4‐3‐11)。

在 Bol'shevik 岛北部,石炭系—二叠系被命名为 Akhmatov Svita,由灰色石英长石砂岩、石英砂岩和粉砂岩,以及少量泥岩、近源卵石砂岩和砾岩构成。厚度 100 m。植物化石、孢子和花粉化石表明该单元年代为早石炭世晚期至早二叠世。

在十月革命岛,石炭系—二叠系被命名为 Severokarpinskaya Svita,厚度约为 30 m,不整合于下奥陶统之上,为由灰色砂岩、粉砂岩、砾岩、卵石砂岩和碳质泥岩组成的近水平岩层。碎屑通常来自当地,包括粉砂岩、砂岩、石灰岩、花岗岩和脉石英的卵石。植物化石和花粉化石表明,这一序列是在晚石炭世和早二叠世期间沉积的。

在 Komsomolets 岛西北部,石炭系—二叠系厚度为 20～80,为石英长石砂岩和多云母砂岩,以及泥岩、碳质泥岩,多成分砾岩互层,含灰岩透镜体,不整合于早泥盆世和中泥盆世地层之上。灰岩透镜体含腕足类、腹足类、介形类和有孔虫类化石,年代为早二叠世。

石炭系—二叠系的岩石类型和古生物特征反映其形成于潟湖或三角洲-潟湖沉积环境。

7. 中新生界

北喀拉海盆地中新生界相对较薄,绝大部分地区厚度不足 2 000 m(图 4-3-12)。仅在北地岛和北泰梅尔出露了较薄的中生界(上三叠统至白垩系)、古近系碎屑岩(主要是砂岩)和松散的更新统和全新世沉积。露头大多为松散的白垩系碎屑沉积物,地质时代从阿普特期到赛诺曼期和桑顿期(Klett and Pitman,2008)。

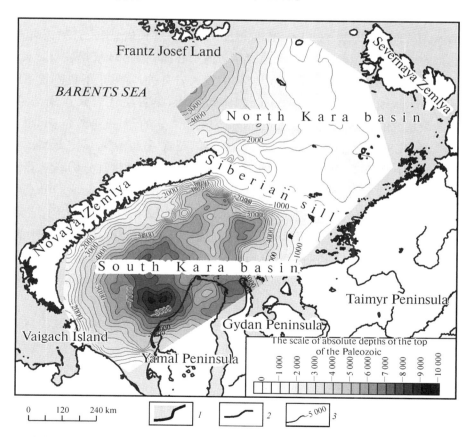

1—海岸线;2—河流;3—等值线。

图 4-3-12　喀拉海地区古生界顶面埋深等值线图

(据 Kontorovich and Kontorovich,2019)

4.3.5 岩浆作用

北地群岛主要存在新元古代、早古生代、中古生代、晚古生代—早中生代4幕岩浆活动。

1. 新元古代岩浆作用

十月革命岛东南部出露两个类似花岗岩侵入体(Cape Olovyannyj 和 Cape Massivnyj 岩套,图4-3-10),接触变质的变质沉积岩(角闪岩-角岩相)可能为新元古代。Proskurnin(1999)报道了 Cape Olovyannyj 岩套角闪岩-角岩相变质主岩中花岗岩的锆石多颗粒铀-铅年龄为740±40 Ma。此外,Proskurnin and Shul'ga(2000)报告的 Nikitin 和 Kropotkin 岩套(图4-3-10)花岗岩的锆石铀-铅年龄分别为870±50 Ma 和 2 000±70 Ma(Lorenz et al,2008)。

2. 早古生代岩浆作用

北地群岛早古生代岩浆岩 Smutnoe 和 Nora 岩套属于奥陶纪。Bol'shevik 岛南部的 Nora 岩套由碱性安山岩和英安岩斑岩侵入体组成,地球化学特征表明其与十月革命岛东部的 Smutnoe 岩套相关。Smutnoe 岩套(图4-3-10)位于南部的 Sverdlov 角和北部的 Rovnaya 河之间,宽度20~30 km,长度超过100 km;辉长岩、正长岩和花岗岩岩基侵入该带北部的寒武系和下奥陶统主岩;该岩浆带的中心部分侵入体规模较小。火山岩,包括安山岩、粗面岩和流纹岩,与 Smutnoe 岩套的侵入岩有关,常见于下奥陶统 Kruzhikha 和 Ushakov svitas 地层单元。Proskurnin(1995)认为,早古生代岩浆作用与沿推断的北—南向断裂系统的裂谷作用有关。Smutnoe 岩套侵入岩的钾-氩年龄介于411±32 Ma 和456±15 Ma 之间。十月革命岛东部辉长岩的角闪石氩-氩年龄为434±2 Ma,花岗岩的锆石铀-铅年龄为470±15 Ma。Lorenz et al(2007)通过离子微探针分析确定了 Smutnoe 岩套中部和南部的若干火山岩和侵入岩的年代,Kruzhikha 和 Ushakov svitas 地层单元中的凝灰岩的锆石铀-钍-铅年龄介于489.5±2.7 Ma 和482.0±4.2 Ma 之间,岩浆带中部的斜长花岗岩的年龄为474.4±3.5 Ma。因此,根据锆石年龄,Smutnoe 岩套中的岩浆活动似乎主要为早奥陶世。较年轻的钾-氩和氩-氩年龄可能反映了冷却或后期构造热活动。

在 Kurchavaya 河口以东的 Snezhnaya 湾附近,下寒武统 Kurchavalya Svita 地层单元被石英-长石斑岩岩床和 Sopka 岩套的相关岩体侵入。岩床覆盖在黑色页岩之上。Sopka 岩套的次火山侵入体的离子探针分析的锆石铀-钍-铅年龄为488.7±3.9 Ma(Lorenz et al,2007),地质时代为寒武纪最晚期的芙蓉世。

3. 中古生代岩浆作用

中古生代岩浆岩分布于十月革命岛和 Bol'shevik 岛,常见沿断裂带发育的闪长岩和花岗闪长岩侵入体,如 Solnechnaya 湾花岗岩(图4-3-10)。Solnechnaya 湾花岗岩出露在从南部的 Solnechna 湾到北部的 Akhmatov 峡湾之间的10 km 区域内。Proskurnin 和 Shul'ga(2000)测得的钾-氩年龄范围在292±10 Ma 和439±37 Ma 之间。Markovskij 等(1988)报告的年龄介于292±10 Ma 和320±11 Ma 之间。Lorenz et al(2007)通过离子探针对锆石进行铀-钍-铅法测年,两个花岗岩样品中的锆石年龄分别为 342.0±3.6 Ma 和 343.5±4.1 Ma。Bol'shevik 岛南部的花岗岩和淡色花岗岩岩基形成了 Nikitin 岩套,十月革命岛形成了 Tumannye 岩套(图 4-3-10)。

4. 晚古生代—早中生代岩浆作用

晚古生代至早中生代岩浆活动以基性岩墙和次级岩床的形式出现。在 Bol'shevik 岛的西海岸,二长岩组成的岩脉长 10~15 km,宽 30~40 m。在十月革命岛的北岸和东岸以及共青团岛西北部也有类似的岩脉。辉长岩脉和较小的侵入体也出现在 Bol'shevik 岛和十月革命岛。侵入体通常位于断裂带内或断裂带附近,最年轻的主岩为晚泥盆世。侵入体的钾-氩年龄为 222±15 Ma。岩石学和地球化学特征表明,其与晚二叠世至早三叠世期间的西伯利亚区域岩浆作用密切相关(Lorenz et al,2008)。

4.4　东西伯利亚盆地群

东西伯利亚盆地群位于俄罗斯西伯利亚的东部,占据了西边 Enisei(Yenisey)河至东边 Lena 河之间的广阔地区(图 4-0-1,图 4-4-1),西边及西南边与 Enisei(Yenisey)岭、Sayan 岭以及 Baikal-Patom 山区相邻,东边与 Verkhoyan 山脉相邻,北面是北冰洋。行政区划上,东西伯利亚盆地群位于俄罗斯东部的克拉斯诺亚尔斯克边疆区、萨哈自治共和国和伊尔库茨克州。盆地面积为 630×10^4 km^2,其中有油气远景地区的面积为 347×10^4 km^2。

东西伯利亚盆地群的多数地区为中西伯利亚高原,是一块被沟谷等充分切割的高地,海拔 200~1 000 m。北边和勒纳河下游的东北地区为低地区,海拔小于 200 m。北边为北西伯利亚低地,地貌和地质上为西西伯利亚低地的延伸。两大低地区都在 Katanga-Vilyui 含油气区内。

4.4.1　构造单元划分

东西伯利亚盆地群也称西伯利亚地台(如 Kuznetsov and Varnavsky,2018;Khomich and Boriskina,2021)、西伯利亚克拉通(如 Donskaya,2020;Donskaya and Gladkochub,2021),可划分为地盾、台背斜、台向斜、前陆盆地、阶地、隆升褶皱 6 种不同特征的构造单元(图 4-4-1)。

地盾有 Anabar 地盾、Aldan 地盾。台背斜有 Anabar 台背斜[阿纳巴尔-奥列尼奥克(Anabar-Olenek)盆地,图 4-0-1]、Baikit 台背斜、Nepsk-Botuoba(Nepa-Botuoba)台背斜(Kuznetsov and Varnavsky,2018)、Aldan 台背斜。台向斜有 Tunguska(Kuri)台向斜(Kuznetsov and Varnavsky,2018)、Prisayan-Enisei(Prisayan-Yenisey)台向斜(Kuznetsov and Varnavsky,2018)、Vilyui 台向斜。前陆盆地有 Enisei-Katanga(Yenisey-Khatanga)前陆盆地(图 4-0-1)、Lena 前陆盆地(图 4-0-1 中 Lena-Anabar 盆地和

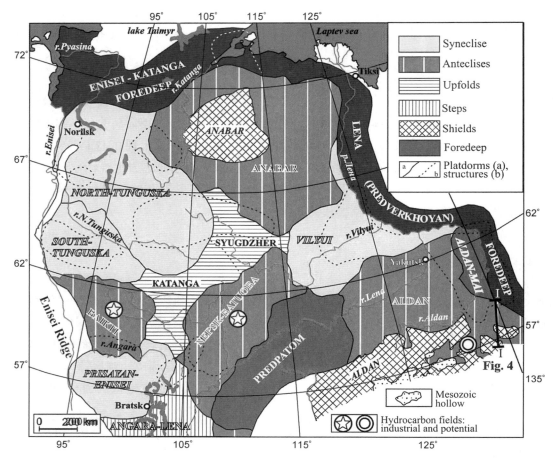

图 4 - 4 - 1　西伯利亚地台构造单元划分图

（据 Khomich and Boriskina,2021）

Lena - Vilyuy 盆地）。阶地为西南部的 Angara - Lenaj 阶地。隆升褶皱为 Syugdzher -
Katanga 隆升褶皱（图 4 - 4 - 1）。

4.4.2　基底

1. 基底成因

西伯利亚克拉通是由太古宙和古元古代地体通过太古宙和古元古代造山带和缝合带
拼贴而成（图 4 - 4 - 2）。基底岩石出露于 Aldan 和 Anabar 地盾，以及基底边缘的多个隆
起：西南部的 Kan、Sayan 和 Sharyzhalgay 隆起；南部的 Baikal 和 Tonod 隆起；东南部的
Stanovoy 隆起；北部的 Olenek 隆起[图 4 - 4 - 2(a)]。

西伯利亚克拉通是由 Tungus、Anabar、Olenek、Aldan 和 Stanovoy 超地体（包括多个
较小地体），通过 Angara - Lena、Akitkan、Hapschan 和 Cis - Stanovoy 古元古代造山带、
缝合带拼贴、汇聚而成[图 4 - 4 - 2(b)]。

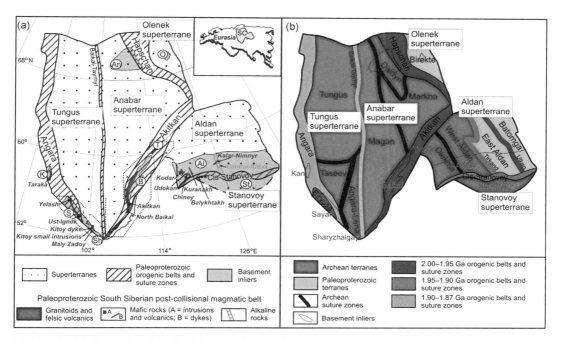

圆圈中的字母为基岩露头名称的缩略词：Al—Aldan 地盾；An—Anabar 地盾；B—Baikal 隆起；K—Kan 隆起；O—Olenek 隆起；S—Sayan 隆起；Sh—Sharyzhalgay 隆起；St—Stanovoy 隆起；T—Tonod 隆起。

图 4-4-2　西伯利亚克拉通基底结构平面图

(a) 基底结构简图与基岩出露分布[插图为西伯利亚克拉通(SC)在欧亚大陆中的位置]；(b) 细化的西伯利亚克拉通基底结构图

(据 Donskaya and Gladkochub，2021)

　　Tungus 超地体结晶岩的年龄为 2 600±100 Ma 或更老（Chara 造山运动），Aldan 和 Anabar 超地体结晶岩的年龄为 3 300±200 Ma 或更老。Anabar 隆起顶部出露结晶基底 [图 4-4-2(a)] 的主要岩石类型为麻粒岩相紫苏辉石-斜长石片麻岩和片岩。

　　西伯利亚克拉通古元古代拼贴、碰撞历史分为 3 个主要阶段，这 3 个拼贴、碰撞事件都在同构造花岗岩和变质岩中留下了记录（Donskaya，2020）。第一次大规模拼贴、碰撞事件发生在 2.00 Ga 至 1.95 Ga 之间，并导致克拉通地核形成。Anabar、Olenek 和 Aldan 西部超地体的碰撞，以及古元古代岛弧的增生形成了 Hapschan 和 Akitkan 造山带[图 4-4-2(b)，图 4-4-3]。第二次拼贴碰撞事件发生在 1.95 Ga 至 1.90 Ga 之间，东部 Aldan 和 Stanovoy 超地体以及几个较小的地块拼贴到克拉通地核上，并形成了 Cis-Stanovo 造山带 [图 4-4-2(b)，图 4-4-3]。第三次拼贴碰撞事件发生在 1.90 Ga 和 1.87 Ga 之间，西伯利亚克拉通南部和西南部 Tungus 超地体与 Anabar 超地体碰撞，形成 Angara-Lena（Baikal-Taymyr）造山带和缝合带[图 4-4-2(a)]，并在 Tungus 超地体西部形成 Angara 造山带[图 4-4-2(b)，图 4-4-3]，这很可能是华北克拉通与西伯利亚克拉通碰撞的结果（图 4-4-4）。

　　在西伯利亚克拉通南部，发育大量地质年龄为 1.88～1.84 Ga 的岩浆岩（图 4-4-3），而西伯利亚克拉通北部几乎没有发现这一地质时期的岩浆岩。这一地质年龄的岩浆岩出

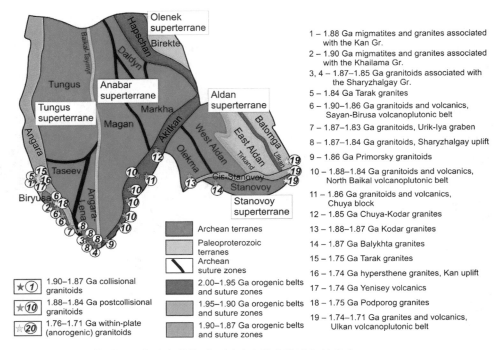

1 – 1.88 Ga migmatites and granites associated with the Kan Gr.
2 – 1.90 Ga migmatites and granites associated with the Khailama Gr.
3, 4 – 1.87–1.85 Ga granitoids associated with the Sharyzhalgay Gr.
5 – 1.84 Ga Tarak granites
6 – 1.90–1.86 Ga granitoids and volcanics, Sayan-Birusa volcanoplutonic belt
7 – 1.87–1.83 Ga granitoids, Urik-Iya graben
8 – 1.87–1.84 Ga granitoids, Sharyzhalgay uplift
9 – 1.86 Ga Primorsky granitoids
10 – 1.88–1.84 Ga granitoids and volcanics, North Baikal volcanoplutonic belt
11 – 1.86 Ga granitoids and volcanics, Chuya block
12 – 1.85 Ga Chuya-Kodar granites
13 – 1.88–1.87 Ga Kodar granites
14 – 1.87 Ga Balykhta granites
15 – 1.75 Ga Tarak granites
16 – 1.74 Ga hypersthene granites, Kan uplift
17 – 1.74 Ga Yenisey volcanics
18 – 1.75 Ga Podporog granites
19 – 1.74–1.71 Ga granites and volcanics, Ulkan volcanoplutonic belt

Archean terranes
Paleoproterozoic terranes
Archean suture zones
2.00–1.95 Ga orogenic belts and suture zones
1.95–1.90 Ga orogenic belts and suture zones
1.90–1.87 Ga orogenic belts and suture zones

1.90–1.87 Ga collisional granitoids
1.88–1.84 Ga postcollisional granitoids
1.76–1.71 Ga within-plate (anorogenic) granitoids

图 4 - 4 - 3　西伯利亚地台基底结构平面图及南缘岩浆岩年龄分布

（据 Donskaya，2020 修改）

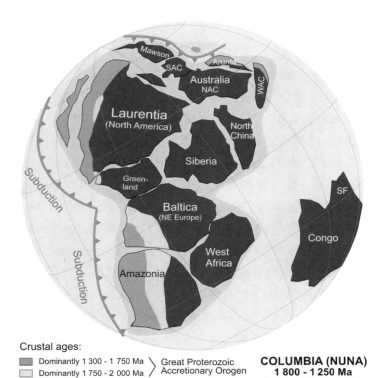

Crustal ages:
Dominantly 1 300 - 1 750 Ma
Dominantly 1 750 - 2 000 Ma
Great Proterozoic Accretionary Orogen
Dominantly > 2 000 Ma, or undifferentiated

COLUMBIA (NUNA)
1 800 - 1 250 Ma
Reconstruction at 1 590 Ma

图 4 - 4 - 4　哥伦比亚 (Columbia)联合古陆重建

（据 Johansson et al,2022 修改）

露于超地体和造山带内的多个隆起区：Kan 和 Sayan 隆起（Angara 造山带）、Sharyzhalgay 隆起（Tungus 超地体）、Baikal 和 Tonod 隆起（Akitkan 造山带）、Aldan 地盾（阿尔丹超地体的 Olekma 和 Aldan 西部地体）、Stanovoy 隆起（Stanovoy 超地体和 Cis - Stanovoy 造山带）。花岗岩类发现于所有基底隆起内，而同期长英质火山岩分别来自 Baikal 隆起北部和 Sayan - Biryusa 火山岩-侵入岩带。少量的基性岩浆岩体为辉绿岩和煌斑岩脉、基性-长英质岩脉、基性岩浆岩侵入体。在 Sayan、Sharyzhalgay、Baikal 隆起和 Aldan 地盾还有火山岩发育。此外，在 Aldan 地盾中部 Aldan 镁-碳酸盐岩省发现了岩浆成因的、含磷灰石矿的碳酸盐岩（Prokopyev et al,2017；2019；Doroshkevich et al,2018）。

因此，西伯利亚克拉通南部地质年龄为 1.88～1.84 Ga 的多种岩浆岩是在克拉通通过拼贴、碰撞形成后的大陆板块内环境形成的（Donskaya,2020；Donskaya and Gladkochub，2021）。

2. 基底构造

西伯利亚地台结晶基底被断层切割，起伏较大。下陷基底之上覆盖巨厚的新元古代—古生代沉积；隆起基底沉积盖层相对较薄，或基岩直接出露地表[图 4 - 4 - 2(a)]。

阿尔丹地盾（Aldan Shield）和阿纳巴尔地盾（Anabar Shield）为两个大规模的隆起区。阿尔丹地盾最高海拔超过 2 km，阿纳巴尔地盾最高海拔超过 500 m。环绕阿纳巴尔隆起的阿纳巴尔-奥列尼奥克盆地边缘的基底最大埋深超过 3 000 m，最深处海拔低于—5 000 m。阿尔丹地盾北侧的阿尔丹台向斜（Aldan Syneclise）北部边缘的基底最大埋深超过 3 000 m（图 4 - 4 - 5）。

西伯利亚地台东北边缘的勒拿-阿纳巴尔（Lena - Anabar）盆地和勒拿-维柳伊（Lena - Vilyuy）盆地基底埋深多超过 5 000 m，最深处海拔低于—7 000 m。西北边缘的叶尼塞-哈坦加（Yenisey - Khatanga）盆地，基底海拔多低于—5 000 m，最深处海拔低于—15 000 m（图 4 - 4 - 5）。

西伯利亚地台西部的通古斯（Tunguska）盆地基底顶面海拔为—5 000～—3 000 m，西部边缘最深处海拔低于—10 000 m；向南，拜基特（Baykit）盆地基底具有东高西低的构造特点，东部最高处海拔不足—3 000 m，西部最大埋藏在 10 000 m 以上，这种巨大的构造落差受基底断裂的控制；西南部的安加拉-叶尼塞（Angara - Yenisey）盆地基底埋藏西北深东南浅；东南部仅萨颜岭-叶尼塞凹陷海拔低于—3 000 m，大部分地区基底海拔不低于—1 000 m；西北部大部分地区基岩顶面海拔为—5 000 m，最深处海拔低于—7 000 m（图 4 - 4 - 5）。

西伯利亚地台中部南侧：涅帕-鲍图奥巴（Nepa - Botuoba）盆地基岩顶面海拔在—5 000 m 以浅，最高处海拔不足—1 000 m；前帕托姆（Predpatom）盆地基底起伏较大，西南部基岩顶面海拔不足—1 000 m，而东北部基岩顶面海拔低于—10 000 m；西维柳伊（West Vilyuy）盆地基岩顶面呈隆凹相间的构造特征，隆起带基岩顶面海拔深度不足—3 000 m，凹陷带基岩顶面海拔低于—7 000 m（图 4 - 4 - 5）。

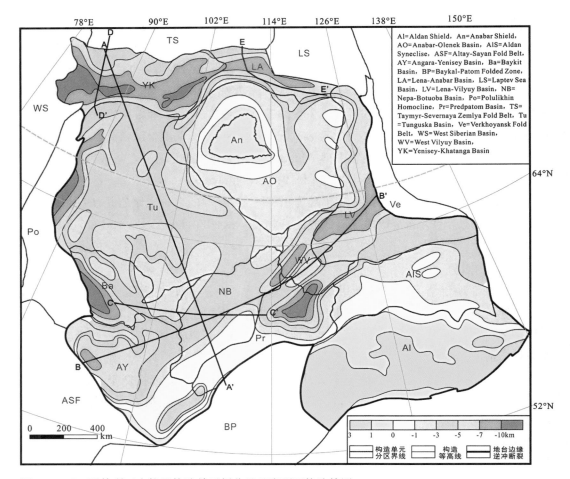

图 4-4-5　西伯利亚克拉通构造单元划分及基岩顶面构造简图

（据 IHS,2009;Clarke,1985;Vernikovsky et al,2018 修改）

4.4.3　构造-地层格架及构造演化

1. 构造-地层格架

西伯利亚地台不同构造单元构造-地层格架存在明显差异（图 4-4-6,图 4-4-7,图 4-4-8）。

地台的地盾区［图 4-4-2(a)中 Anabar 地盾和 Aldan 地盾］基岩直接出露地表,缺少沉积盖层。

地台主体基岩之上的沉积盖层主要是里菲系—石炭系,以下古生界为主（图 4-4-6,图 4-4-7）。里菲系主要发育于基岩顶面的凹陷和断陷,厚度变化剧烈,断陷中最大厚度超过 3 km,基底高部位,里菲系缺失（图 4-4-6,图 4-4-7）。文德系以局部不整合超覆于里菲系和基岩之上,前期坳陷和断陷中厚度较大,基底高部位较薄,甚至缺失（图 4-4-7）。下古生界主要为寒武系,与文德系整合接触（图 4-4-7）,奥陶系分布于构造低部位,向构

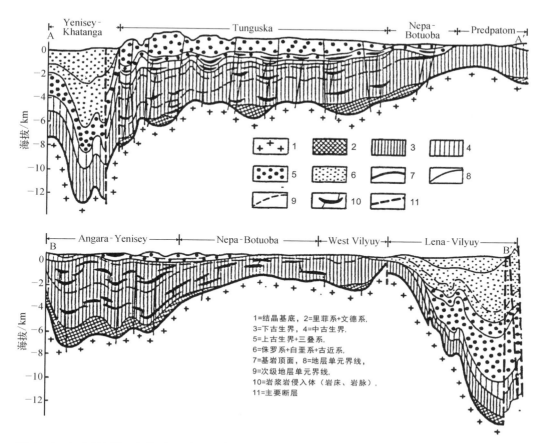

图 4-4-6　西伯利亚克拉通 AA′ 和 BB′ 区域构造-地层格架剖面简图

（剖面位置见图 4-4-5，据 Clarke，1985 修改）

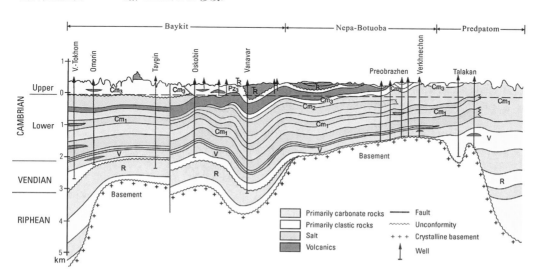

图 4-4-7　西伯利亚克拉通 CC′ 区域构造-地层格架剖面简图

（剖面位置见图 4-4-5，据 Ulmishek，2001 修改）

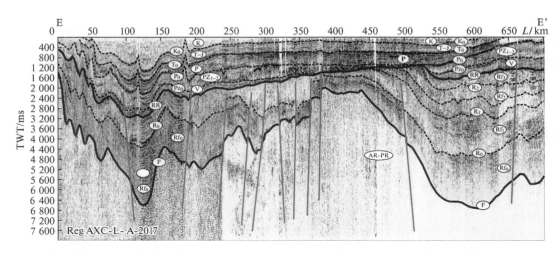

界面代码：P—基岩顶面；R_0—里菲系下部顶面；R_1—里菲系中部顶面；R_2—里菲系中上部顶面；RR—里菲系顶面；Pz_0—文德系顶面；P_0—二叠系底面；T_0—三叠系底面；K_0—白垩系底面。

图 4-4-8　Lena-Anabar 盆地 EE′构造-地层格架剖面图

(剖面位置见图 4-4-5,据 Kontorovich and Kontorovich,2021 修改)

造高部位尖灭(图 4-4-6)。中古生界(志留系)整合于奥陶系之上,厚度减小,尖灭于下古生界之上(图 4-4-6 中 AA′剖面)。上古生界—三叠系与下伏地层不整合接触,局部超覆于下古生界之上,厚度变化大,顶面出露于地表(图 4-4-6)。在地台主体新元古界和古生界中可见大量岩浆岩侵入体(图 4-4-6),主要是二叠纪末—三叠纪初西伯利亚区域强烈的岩浆活动形成的。

西伯利亚地台北缘和东缘的中新生代前陆盆地(Yenisey-Khatanga、Lena-Anabar、Lena-Vilyuy)发育在里菲系、文德系、寒武系、奥陶系、志留系之上,普遍发育了较厚的上古生界、中生界(图 4-4-6,图 4-4-8 至图 4-4-11)。

2. 构造演化

根据区域地质特征和构造-地层格架特征,东西伯利亚盆地群的构造演化可划分为6 个阶段(Nikishin et al,2010)。

(1) 太古宙—古元古代(>1 800 Ma)结晶基底形成阶段。

(2) 里菲纪(1 650~650 Ma)裂谷盆地巨厚的碎屑岩和碳酸盐岩充填阶段,形成了西伯利亚地台厚度变化巨大的里菲系(图 4-4-6 至图 4-4-8)。

(3) 文德纪—志留纪(650~420 Ma)被动大陆边缘盆地阶段,形成了整合接触超覆的文德系、寒武系、奥陶系、志留系(图 4-4-6 至图 4-4-8,图 4-6-10)。

(4) 早中泥盆世(420~380 Ma)挤压隆升阶段,主要受加里东期萨彦岭造山运动影响,西伯利亚地台西南部(现今位置)表现强烈,形成广泛分布的上古生界底界不整合面(图 4-4-6 至图 4-4-8,图 4-6-10)。

(5) 晚泥盆世—中石炭世(380~315 Ma)被动边缘盆地阶段,加里东造山后,应力松

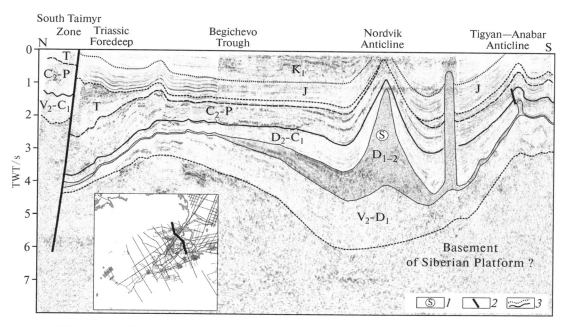

1—盐；2—断层；3—地震反射界面。

图 4 - 4 - 9　Lena - Anabar 盆地 lines 5109307 - 240804 - 5109310 构造-地层格架剖面图

（插图粗黑线为剖面位置，据 Afanasenkov et al，2016）

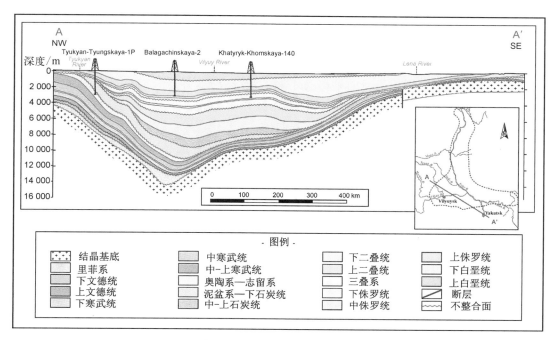

图 4 - 4 - 10　Lena - Vilyuy 盆地 AA′构造-地层格架剖面图

（据 IHS，2009 修改）

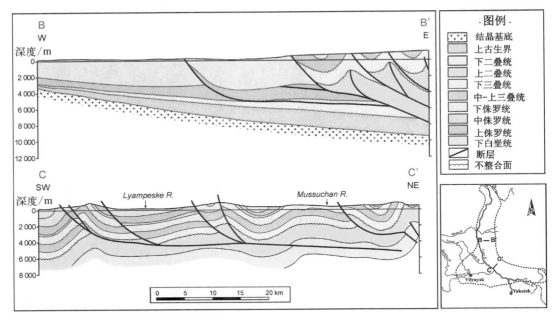

图 4-4-11　Lena-Vilyuy 盆地 BB′和 CC′构造-地层格架剖面图

（据 IHS,2009 修改）

弛,西伯利亚地台的西北部、北部和东北部沉降,形成了上泥盆统——中石炭统(图 4-4-6,
图 4-4-9 至图 4-4-11BB′)。

(6) 晚石炭世——新生代(315~0 Ma)前陆盆地及地台差异隆升阶段。由于受乌拉
尔、泰梅尔、上扬斯克及 Baykal-Patom 差异造山运动的影响,在西伯利亚地台的北缘、
东北缘及东南缘局部形成发育时期略有不同的前陆盆地,并造成整个地台的差异隆升,
形成厚度变化较大的上石炭统——新生界,以及规模不等的逆冲、褶皱构造(图 4-4-8 至
图 4-4-11)。

西伯利亚地台西北部的 Yenisei-Khatanga 盆地,有的学者(如 Khomich and Boriskina,
2021)认为是前陆盆地,但其二叠系和三叠系的分布明显受正断层控制,具有裂谷盆地的
构造-地层格架特征(图 4-4-12),这一裂谷很可能与二叠纪晚期——三叠纪早期大规模的
西伯利亚岩浆作用有关(Afanasenkov et al,2016;Unger et al,2017)。三叠纪末发生了强
烈的挤压、差异隆升,形成了侏罗系底界的角度不整合面。侏罗系的分布局部也受正断层
的控制(图 4-4-12),这种正断层与总体挤压背景下的区域性右旋走滑断层有关。挤压
导致南泰梅尔和西伯利亚地台主体隆升的同时,也造成 Yenisei-Khatanga 盆地的沉陷。
剪切作用与挤压作用相结合,在该盆地中部形成了一系列褶皱和正断层。白垩系分布范
围显著扩大,最大厚度约 4 km(图 4-4-12),反映了该盆地白垩纪以沉降为主,泰梅尔和
西伯利亚隆起区提供了充足的物源(Afanasenkov et al,2016;Unger et al,2017)。白垩系
明显的褶皱变形(图 4-4-12),表明白垩纪以后遭受了构造挤压。

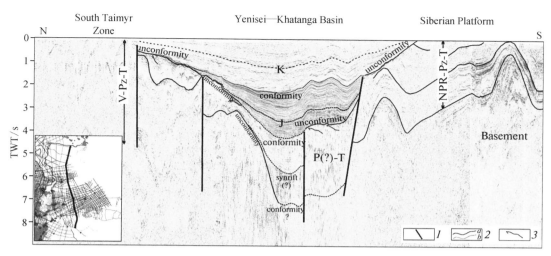

1—断层；2—地震反射界面；3—被削截的同相轴。

图 4-4-12　Yenisei-Khatanga 盆地 lines 0 409209-0 411109 构造-地层格架剖面图

（插图粗黑线为剖面位置，据 Afanasenkov et al，2016）

4.4.4　地层及沉积演化

西伯利亚地台沉积盖层最大总地层厚度超过 10 km（图 4-4-5）。沉积盖层均未变质，自下而上发育了中-新元古界里菲系和文德系，古生界寒武系、奥陶系、志留系、泥盆系、下石炭统、中上石炭统和二叠系，中生界三叠系、侏罗系、白垩系和新生界新近系（图 4-4-13）。不同构造的单元地层及沉积演化特征有所变化。地台主体以前中生界为主，较年轻的岩石相对较薄。北部和东北部边缘凹陷中生界厚度较大。现将各层系的地层及沉积演化特征简要讨论。

1. 里菲系

里菲系（1650～650 Ma）为克拉通基底裂陷中充填的碎屑岩和碳酸盐岩（图 4-4-13）。碎屑岩主要类型有泥岩、富有机质泥岩、粉砂岩、砂质或粉砂质泥岩、砂岩；碳酸盐岩类型有石灰石、藻灰岩、碎屑灰岩、白云岩、藻白云岩、碎屑白云岩；碎屑岩与碳酸盐岩的过渡岩类有含泥岩夹层的石灰岩、含泥岩夹层的白云岩、白云石、砂、黏土和硬石膏混积岩、钙质泥岩、白云岩与泥岩薄互层、砂质白云岩（图 4-4-14）。

太古宙—古元古代西伯利亚地台形成和准平原化以后，西伯利亚地台作为哥伦比亚联合古陆的组成部分（图 4-4-4），里菲纪早期（1650～1350 Ma）发生拉张，形成多个裂陷盆地。在局限狭窄的槽盆和边缘凹陷中发育陆相碎屑岩沉积。里菲纪中—晚期（1350～800 Ma），西伯利亚地台经历了从哥伦比亚联合古陆分离到罗迪尼亚联合古陆再次聚合的过程（Li et al，2008；Johansson et al，2022），发生了大规模沉降，沉积范围有所扩大，地台主体发育陆相-滨浅海相碎屑岩和海相碳酸盐，地台边缘发育被动大陆边缘碳酸盐台地沉积（图 4-4-15）。里菲纪末（800～650 Ma），西伯利亚地台作为罗迪尼亚联合古陆的组成

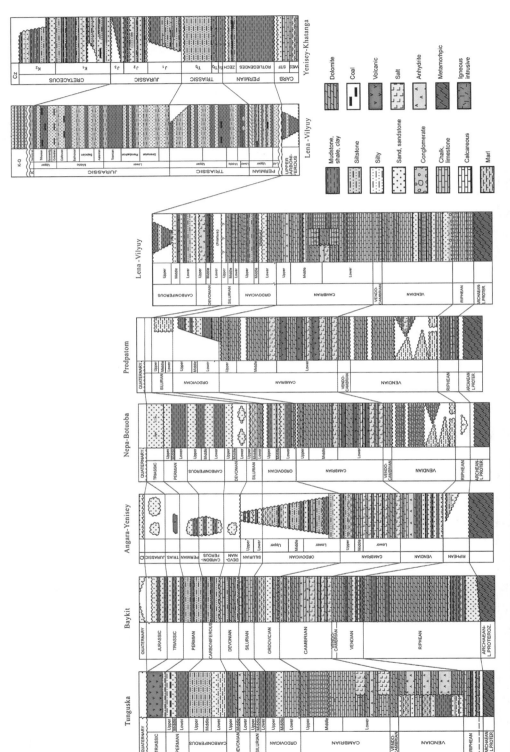

图 4 - 4 - 13　东西伯利亚盆地群主要构造单元地层对比图

（据 IHS, 2009 修改）

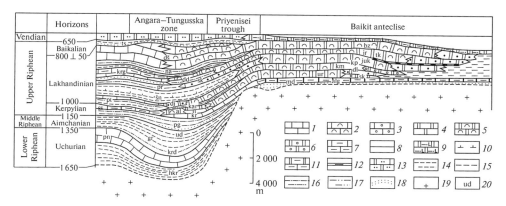

1—石灰石;2—藻石灰岩;3—碎屑灰岩;4—白云岩;5—藻白云岩;6—碎屑白云岩;7—含泥岩夹层的石灰岩;8—含泥岩夹层的白云岩;9—白云石、砂、黏土和硬石膏混积岩;10—钙质泥岩;11— 白云岩与泥岩互层(白云岩超过 50%);12—同 11(白云岩不足 50%);13—砂质白云岩;14—泥岩;15—富含有机质泥岩;16—粉砂岩;17—砂质、粉砂质泥岩;18—砂岩;19—片麻岩和花岗岩片麻岩;20—组名缩略词;hKr—Karpinsky ridge;pn—Penchenga;krd—Korda;gr—Gorbilok;ud—Uderei;pg—Pogoryui;kr—Kartochki;al—Alad'i;kgr—Krasnogorskaya;dj—Dzhur;ss—Sosnovskaya;pt—Potoskui;sn—Shuntar;Sk—Seryi Klyuch;pr—Perekhodnaya;dd—Dadykta;na—Nizhnyaya Angara;ds—Dashkinskaya Subgroup;krg—Kirgitei;ts—Taseev Group;dlg—Dilingdeken;md—Madra;jur—Yurubchen;sk—Shikta;dl—Dolgokta;km—Kuyumba;kp—Kopchera;juk—Yukten;tk—Tokur;ir—Iremken;bz—Bezymyannaya。

图 4‑4‑14　Baikit 盆地西—东向文德系—里菲系沉积断面图

(据 Kuznetsov and Varnavsky,2018)

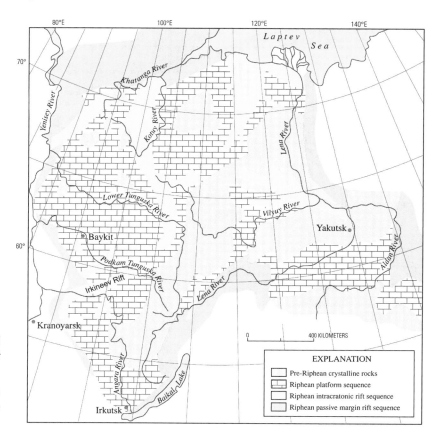

图 4‑4‑15　西伯利亚地台里菲系岩相古地理图

(据 Ulmishek,2001;Khomich and Boriskina,2021 修改)

部分,发生了贝加尔造山运动,微型地块(如 Kansk 微地块、Barguzin 微陆块)与西伯利亚地台汇聚、碰撞,造成西伯利亚地台大规模抬升,形成里菲系顶和上覆的文德系底之间的区域角度不整合面(图 4－4－8)。

2. 文德系

文德系(650~540 Ma)主要以不整合覆盖在里菲系之上,凹陷局部里菲系、文德系连续沉积,隆起区局部缺失文德系。文德系下部主要为碎屑岩,上部主要为碳酸盐岩,局部夹蒸发岩(图 4－4－13,图 4－4－17)。碎屑岩主要为砂岩和泥岩;碳酸盐岩主要为白云岩、泥灰岩、灰岩;蒸发岩类主要是膏岩和盐岩;过渡性岩类有黏土质灰岩、黏土质白云岩、含膏盐白云岩。在 Aldan 区域隆起,文德系下部砂岩的海绿石放射性年龄为 580~685 Ma。安加拉-勒纳构造阶地,文德系下部灰色石英长石中粗粒砂岩海绿石放射性年龄为 597~609 Ma。

文德纪初,西伯利亚地台开始逐渐从罗迪尼亚联合古陆分离,并发生沉降。文德纪

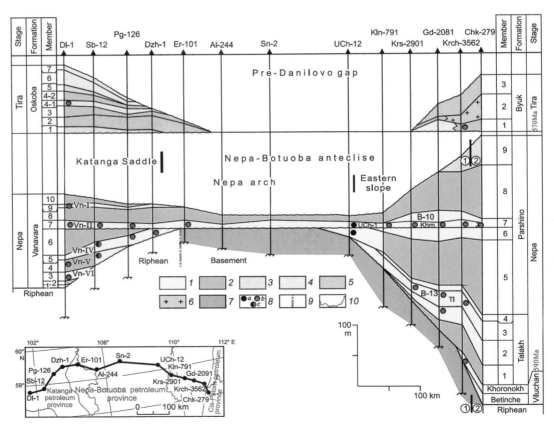

图例:1—砂岩;2—泥岩;3—黏土质白云岩;4—白云岩;5—含膏盐白云石;6—盐岩;7—基岩;8—气(a)、油(b)、气和油(c)产层;9—断层;10—插图中行政区边界。储层名称缩略词:Vn—Vanavara;Uch—Upper Chona;Hm—Khamaka;Tl—Talakh。圆圈内数字:1—东部斜坡;2—Cis-Patom 前渊。

图 4－4－16　西伯利亚地台西南部文德系地层格架剖面图

(插图中粗黑线显示剖面位置,据 Mel'nikov,2021)

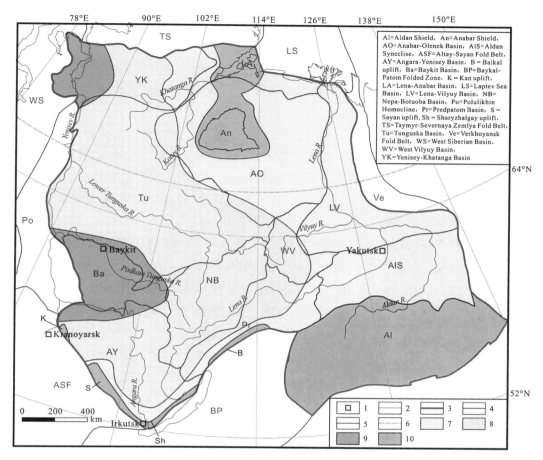

1—城镇;2—河流及海湖岸线;3—地台边界;4—构造单元界线;5—相带界线;6—北极圈;7—碎屑岩＋碳酸盐岩混积滨浅海相;8—碳酸盐岩＋蒸发岩局限台地滨浅海相;9—碳酸盐岩开阔台地浅海相;10—隆起剥蚀区。

图 4 - 4 - 17　西伯利亚地台文德系岩相古地理图

(据 Clarke,1985;IHS,2009;Donskaya and Gladkochub,2021 修改)

末,西伯利亚地演化为孤立台地。文德纪时期,由地台边缘向地台主体发生了广泛海侵,晚期整个地台几乎被海水淹没,形成了西伯利亚地台典型的台地型岩相古地理格局:在现今的地理方位,地台东部以混积滨浅海相碎屑岩＋碳酸盐岩为主;地台中西部以局限台地滨浅海相碳酸盐岩＋蒸发岩为主;地台西部边缘以浅海相碳酸盐岩台地为主;地台的高隆起区(Anabar 地盾、Aldan 地盾等)处于隆起剥蚀状态(图 4 - 4 - 17)。

(1)文德纪早期(650～590 Ma),地台大部分为隆起区,尚未被海水淹没,仍然处于剥蚀状态(图 4 - 4 - 16),沉积区分布于地台边缘带及其外围褶皱区,以滨浅海碎屑岩沉积为主,深水浅海相仅分布于 Baykal - Patom 褶皱带(Clarke,1985)。

(2)文德纪中期(590～570 Ma),西伯利亚地台与罗迪尼亚联合古陆完全分离(Li et al,2008),地台沉积面积逐渐扩大,发育以砂岩、泥岩为特征的冲积相-滨浅海相,局部为碳酸盐岩浅海相(图 4 - 4 - 16)。文德纪中期末(570 Ma±)发生岛弧与西伯利亚

217

地台的汇聚、拼贴事件(Nozhkin et al,2017),形成了 Nepa 阶与 Tira 阶之间的不整合面(图4-4-16)。

(3)文德纪晚期(570~540 Ma),沉积区范围进一步扩展,隆起区陆源碎屑供应较弱,形成了以泥岩、碳酸盐岩、硫酸盐岩、蒸发岩为特征的孤立台地滨浅海相岩相古地理格局(图4-4-16)。

3. 寒武系

寒武系与文德系连续沉积,自下而上划分为下、中、上3个统。下寒武统主要以蒸发岩、白云岩为特征,台地边缘深水区主要为灰岩、泥质灰岩,局部发育火山岩及侵入岩。中寒武统以泥质灰岩、灰岩、白云岩为主,局部发育蒸发岩、砂岩、泥岩。上寒武统以白云岩、灰岩为主,局部发育泥灰岩、蒸发岩,以及火山岩(图4-4-7,图4-4-13)。

寒武纪,整个西伯利亚地台被海水覆盖,地台的北缘(现今位置)向开阔的海洋。下寒武统,地台北缘发育以泥岩和碳酸盐岩为特征的陆坡深水相。在台地边缘地带发育以碳酸盐岩为特征的开阔台地浅海相,在地台的中北部发育半环状分布的碳酸盐岩生物礁相,在地台的南部边缘发育以碎屑灰岩为特征的障壁岛相,障壁岛露出海面成为陆地。地台内部受隆起地形(如生物礁沉积隆起、继承性古隆起)限制的地台主体区域发育以蒸发岩、白云岩为特征的局限台地滨浅海相。中寒武统,以蒸发岩、白云岩为特征的局限台地滨浅海相显著萎缩,以碳酸盐岩为特征的开阔台地浅海相明显扩展。上寒武统,局限台地滨浅海相几乎消失,开阔台地浅海相占绝对主导地位(图4-4-18)。

4. 奥陶系

奥陶系与寒武系整合接触,没有明显的沉积间断。下奥陶统以碳酸盐岩为主,次为砂岩、泥岩。其中,碳酸盐岩主要岩石类型有泥质灰岩、灰岩和白云岩。西南部的 Angara-Yenisey、Nepa-Botuoba 的下奥陶统以砂岩、泥岩为主。中奥陶统以砂岩为主,次为泥岩、碳酸盐岩。上奥陶统主要为泥岩,次为泥灰岩、砂岩、碳酸盐岩(图4-4-13)。

西伯利亚地台奥陶纪古地理与寒武纪有明显差异。碎屑岩明显增多,地台南部以碎屑岩开阔台地滨浅海相为主,地台中部广阔区域以碎屑岩+碳酸盐岩混积滨浅海相为主,地台北缘以碳酸盐岩开阔台地浅海相为主(图4-4-19)。

早奥陶世,盆地南部为滨海相沉积区,以砂岩沉积为主,向北相变为砂质含鲕粒灰岩和生物碎屑灰岩;地台其余绝大部分地区为以碳酸盐岩为主要特征的台地滨浅海相。地台西北部局部发育生物礁;地台主体局部为局限台地滨浅海相,由白云岩构成,含石膏、硬石膏、钙质砂岩、粉砂岩和泥灰岩层(Clarke,1985)。早奥陶世末至中奥陶世初,长时间暴露,地层剥蚀导致沉积间断。中奥陶世海水只淹没地台的北缘和西部局部地区,东部为海岸平原,只周期性遭受海泛,形成以砂岩、泥岩、碳酸盐岩为特征的混积滨浅海相占绝对优势。晚奥陶世沉积范围进一步缩小,只有地台北部和西北部被海水淹没,大范围的长期暴露,形成了广泛分布的上奥陶统红层(Clarke,1985)。

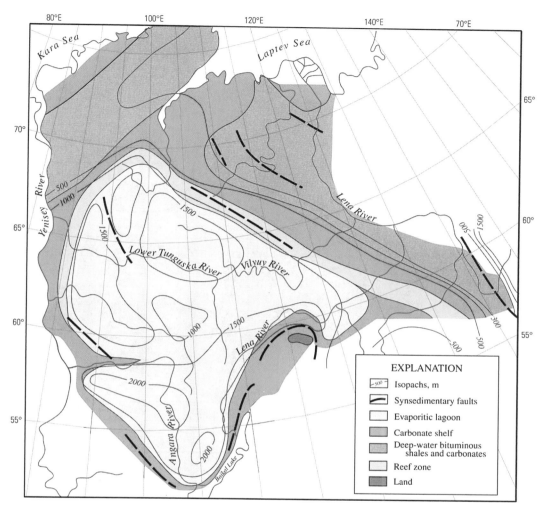

图 4 - 4 - 18　西伯利亚地台下-中寒武统岩相古地理图

(据 Ulmishek,2001;Khomich and Boriskina,2021 修改)

5. 志留系

志留系不整合覆盖在奥陶系之上,岩性变化较大。下志留统(兰多弗里阶),在地台西北部和东部地区为含黏土灰岩和含灰质泥岩;在 Tunguska 地区主要为泥岩;在 Baykit 地区主要为灰岩;在地台中南部主要为浅灰色砂岩、粉砂岩和泥岩,含少量白云岩和灰岩;在 Vilyuy 地区主要为灰岩,次为白云岩和含石膏泥岩。中-上志留统[文洛克统—拉德洛统 (Ludlow)],在地台西北部为暗灰-黑色结核状灰岩、藻灰岩和叠层石灰岩;在 Baykit 地区为灰岩、泥岩;在地台中部-南部主要为砂岩、泥岩构成,局部为泥灰岩;在 Vilyuy 地区主要为白云岩,可见含石膏泥岩。上志留统顶部在地台中南部明显遭受剥蚀(图 4 - 4 - 13)。

志留纪初,西伯利亚地台发生了广泛的海侵,形成了多种岩相古地理并存的格局,靠近南部隆起区发育碎屑岩开阔台地滨浅海相,地台西部、西北部边缘发育碳酸盐岩开阔台

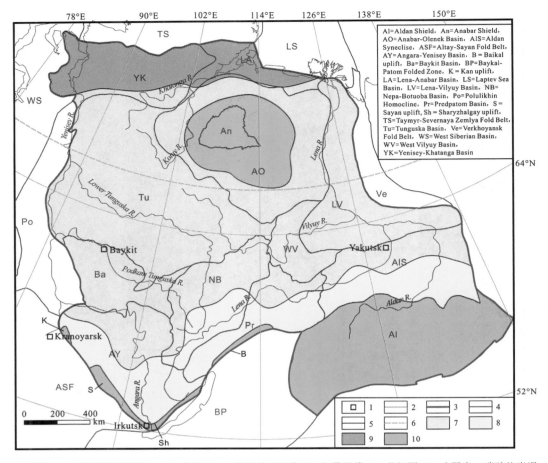

1—城镇；2—河流及海湖岸线；3—地台边界；4—构造单元界线；5—相带界线；6—北极圈；7—碎屑岩＋碳酸盐岩混积滨浅海相；8—碎屑岩开阔台地滨浅海相；9—碳酸盐岩开阔台地浅海相；10—隆起剥蚀区。

图 4-4-19 西伯利亚地台奥陶系岩相古地理图

（据 Clarke，1985；IHS，2009；Khudoley et al，2018；Donskaya and Gladkochub，2021 修改）

地浅海相，地台主体广阔区域发育碎屑岩＋碳酸盐岩混积滨浅海相，Tunguska 地区发育泥岩＋碳酸盐岩开阔台地浅海相（图 4-4-20）。

下志留统，地台西北部和东部地区为以含黏土灰岩和含灰质泥岩为特征的深水台地相；Tunguska 地区主要为以泥岩为特征的深水台盆相；Baykit 地区主要为以灰岩为特征的台地浅海相；地台中南部主要为以浅灰色砂岩、粉砂岩和泥岩，并含少量白云岩和灰岩为特征的台地混积滨浅海相；Vilyuy 地区主要为以灰岩，次为白云岩和含石膏泥岩为特征的局限台地滨浅海相。上志留统自下而上可见灰岩和白云岩薄互层→白云岩→层状、透镜状硬石膏和石膏的垂向沉积序列，反映了志留纪西伯利亚地台发生了大规模的构造抬升、显著的海平面下降（Clarke，1985）。地台大部分出露地表，造成了志留系顶部广泛遭受剥蚀。这一构造抬升与加里东期 Sayan 岭造山及周缘微地台与西伯利亚地台拼贴有关（Nikishin et al，2010）。

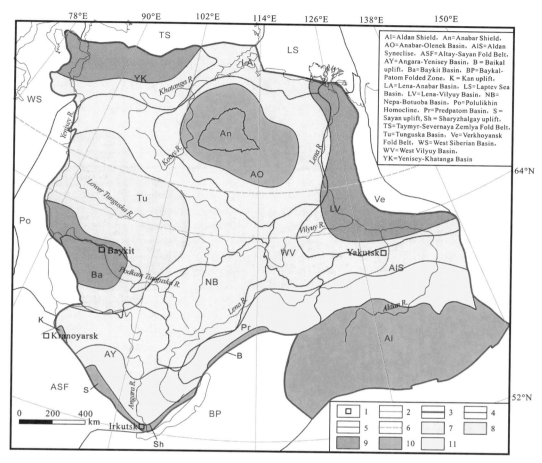

1—城镇;2—河流及海湖岸线;3—地台边界;4—构造单元界线;5—相带界线;6—北极圈;7—碎屑岩+碳酸盐岩混积滨浅海相;8—泥岩+碳酸盐岩开阔台地浅海相;9—碳酸盐岩开阔台地浅海相;10—隆起剥蚀区;11—碎屑岩开阔台地滨浅海相。

图 4-4-20　西伯利亚地台志留系岩相古地理图

(据 Clarke,1985;IHS,2009;Khudoley et al,2018;Donskaya and Gladkochub,2021 修改)

6. 泥盆系

泥盆系横向上不连续,与志留系多为不整合接触,地台北部边缘盆地泥盆系与志留系整合接触。下泥盆统,地台北部及东北部边缘盆地主要为杂色白云岩,夹白云质泥岩、硬石膏,及少量火山岩;Tunguska 地区下泥盆统中下部主要为白云岩,上部为膏岩;Baykit地区下泥盆统主要为白云岩;地台中南部局部发育碎屑岩,主要是砂岩。中泥盆统,地台北部及东北部边缘盆地主要为白云岩、灰岩、泥灰岩、火山岩,夹泥岩、蒸发岩;Tungusk 地区中泥盆统下部主要为膏岩,上部为白云岩;Baykit 地区中泥盆统下部主要为白云岩,上部主要为粉砂岩;地台中南部局部发育碎屑岩,主要是砂岩。上泥盆统,地台北部及东北部边缘盆地岩石类型多样,有钙质和白云质泥岩、含黏土白云岩、膏岩、泥灰岩、泥岩、砂岩;Tungusk 地区上泥盆统下部主要为白云岩,上部为泥岩;Baykit 地区上泥盆统下部主要为粉砂岩,上部主要为灰岩;地台中南部局部发育碎屑岩,主要是砂岩(图4-4-13)。

志留纪末大规模海退后,泥盆纪初开始,西伯利亚地台再次遭受海侵,形成暴露区与多种岩相古地理单元并存的沉积格局。隆起区发育于南部和中部,隆起周缘发育碎屑岩滨浅海相及冲积相,西北部和Baykit地区以碳酸盐岩开阔台地浅海相为主,Tungusk地区和Vilyuy地区以蒸发岩为特色的局限台地浅海相占优势,地台西部局部发育碎屑岩+碳酸盐岩混积滨浅海相(图4-4-21)。

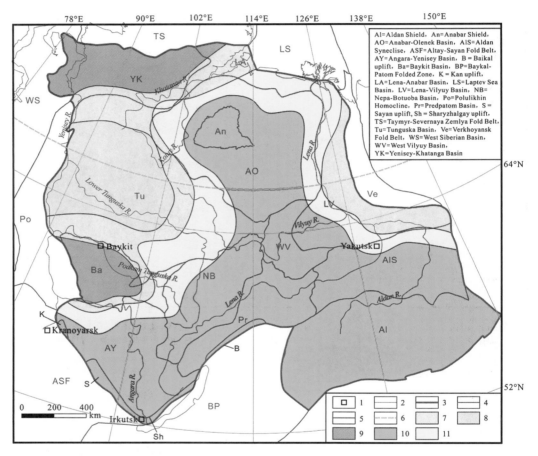

1—城镇;2—河流及海湖岸线;3—地台边界;4—构造单元界线;5—相带界线;6—北极圈;7—碎屑岩+碳酸盐岩混积滨浅海相;8—蒸发岩+碳酸盐岩局限台地浅海相;9—碳酸盐岩开阔台地浅海相;10—隆起剥蚀区;11—碎屑岩开阔台地滨浅海相。

图4-4-21 西伯利亚地台泥盆系岩相古地理图

(据Clarke,1985;IHS,2009;Khudoley et al,2018;Donskaya and Gladkochub,2021修改)

下泥盆统,地台西北部及东北部持续保持陆表海环境,形成以杂色白云岩,夹白云质泥岩、膏岩为特征的滨浅海相;Tunguska地区形成以白云岩、膏岩为特征的蒸发台地滨海相;Baykit地区是以白云岩为特征的局限台地浅海相。地台中南部局部是以碎屑岩为特征的冲积相。中泥盆统,地台北部及东北部边缘盆地是以白云岩、灰岩、泥灰岩、火山岩为标志的弧后盆地浅海相；Tungusk 地区是以膏岩、白云岩为特征的局限台地滨浅海相；Baykit 地区是以白云岩、粉砂岩为特征的局限台地浅海相；地台中南部局部是以碎屑岩为特征的冲积相。上泥盆统，地台北部及东北部边缘盆地为钙质和白云质泥岩、含黏土白云岩、膏岩、泥灰岩、泥岩、砂岩多种岩石类型并存的滨浅海相；Tungusk 地区是以白云岩、泥岩为特征的局限台地浅海相；Baykit 地区是以粉砂岩、灰岩为特征的开阔台地浅海相；地台中南部继承性发育以碎屑岩为特征的冲积相(Clarke，1985)。

7. 石炭系

石炭系超覆于泥盆系之上，分布范围有所扩大。下石炭统在地台的西北部，由 Serebryanka 组、Khanel'birin 组和 Brusskaya 组构成。Serebryanka 组和 Khanel'birin 组以灰岩为主，地层时代为杜内期(Tournaisian)。Brusskaya 组(维宪阶)底部角砾岩含有杜内阶灰岩碎屑，上部以粉砂岩和砂岩为主。Tunguska 地区下石炭统主要为砂岩、粉砂岩。Baykit 地区下石炭统主要为粉砂岩、泥岩。Lena - Vilyuy 地区下石炭统主要由砂岩、粉砂岩、泥岩组成。地台中南部局部发育砂岩、泥岩。中-上石炭统，在地台西北部地区，由粉砂岩、泥岩、细粒砂岩和少量泥质灰岩构成。其余沉积区主要为砂岩、泥岩，局部含煤层、火山岩(图 4 - 4 - 13)。

石炭纪开始，西伯利亚地台演变为以碎屑岩沉积为主。总体上，石炭纪隆起区发育于中南部，隆起区西缘发育了冲积相，外侧发育较广泛的砂岩＋粉砂岩＋泥岩滨浅海相，地台北部发育碳酸盐岩＋碎屑岩浅海相，地台西部发育粉砂岩＋泥岩浅海相(图 4 - 4 - 22)。

石炭纪早期，西伯利亚地台东北部阿纳巴尔为隆起剥蚀高地，周围为滨海平原，周期性受到海水入侵的影响，形成地台北部边缘地区以砂岩、泥岩、碳酸盐岩为特征的混积浅海相，地台绝大部分沉积区是以砂岩、泥岩为主要特征的碎屑滨浅海相。石炭纪中后期，受总体海退影响，地台北部边缘地区演化为以砂岩、泥岩、泥质灰岩为特征的滨浅海相，地台绝大部分沉积区演化为以含煤岩系为主要特征的碎屑滨海-沼泽相(Clarke，1985)。

8. 二叠系

二叠系下部，在 Yenisey - Khatanga、Tunguska、Nepa - Botuoba 盆地主要为泥岩；在 Baykit 盆地主要为粉砂岩和泥岩；在 Lena - Vilyuy、Lena - Anabar 盆地以砂岩为主，粉砂质-泥质岩石次之；在 Angara - Yenisey 盆地局部发育砂岩、泥岩。二叠系上部，在 Tunguska 盆地以砂岩为主，次为粉砂岩、泥岩，含煤层；在 Yenisey - Khatanga、Baykit 盆地主要为粉砂岩、泥岩，夹煤层；在 Nepa - Botuoba 盆地主要为砂岩，次为泥岩；在 Lena - Vilyuy、Lena - Anabar 盆地为砂岩、粉砂岩、泥岩互层的含煤岩系；在 Angara - Yenisey 盆地二叠系上部几乎不发育。二叠系顶部可见凝灰岩(图 4 - 4 - 13)。

与石炭系相比，二叠系陆相沉积区显著扩大，在隆起区的周边普遍发育宽阔的碎屑岩含煤岩系冲积相，在地台的西部、北部、东部边缘发育碎屑岩含煤岩系滨浅海相(图 4 - 4 - 23)。

早二叠世，北边 Yenisey - Khatanga 盆地持续沉降，Angara 区域隆起仍然露出水面。在台地西北地区，发育滨浅海相粉砂岩、泥岩、煤沉积。在地台西部边缘，发育滨浅海相泥质灰岩、泥岩和少量煤层，含煤泥岩和泥质灰岩韵律性互层。隆起区周缘的广阔地带主要

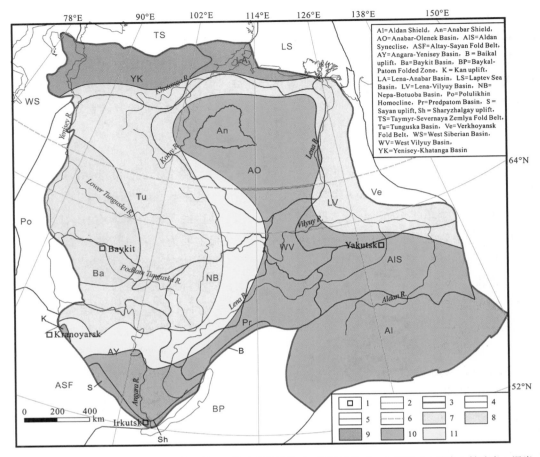

1—城镇；2—河流及海湖岸线；3—地台边界；4—构造单元界线；5—相带界线；6—北极圈；7—砂岩＋粉砂岩＋泥岩
滨浅海相；8—粉砂岩＋泥岩浅海相；9—碳酸盐岩＋碎屑岩浅海相；10—隆起剥蚀区；11—碎屑岩冲积相。

图 4 - 4 - 22　西伯利亚地台石炭系岩相古地理图

（据 Clarke,1985；IHS,2009；Khudoley et al,2018；Donskaya and Gladkochub,2021 修改）

发育冲积相砂岩，粉砂质-泥质岩石次之。在 Vilyuy 盆地形成的冲积相砂岩和少量粉砂岩中夹薄煤层。晚二叠世，陆相沉积环境进一步扩大，因而煤炭沉积的规模大大增加。在晚二叠世后期发生碱性-基性火山活动，形成厚层凝灰岩，或凝灰岩夹层，或沉积岩中的混入物，偶见火山熔岩（Clarke,1985）。

9. 三叠系

三叠系分为完全不同的两大地层区：Tunguska 地层区和 Lena - Vilyuy 地层区。Tunguska 地层区包括 Tunguska 盆地和 Anabar 地盾西北翼，主要由火山岩构成；Lena - Vilyuy 地层区包括 Lena - Vilyuy 盆地、Lena - Anabar 盆地、Yenisey - Khatanga 盆地和 Nepa - Botuoba 盆地，以碎屑岩为主（图 4 - 4 - 13）。

在 Tunguska 地层区，三叠系由高原玄武岩、凝灰岩和基性和碱性-超基性岩浆喷发物质形成的凝灰质沉积岩构成，根据植物化石，其时代确定为早三叠世，分布面积

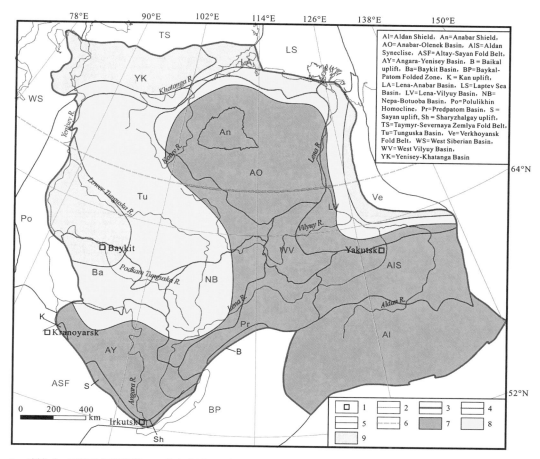

1—城镇；2—河流及海湖岸线；3—地台边界；4—构造单元界线；5—相带界线；6—北极圈；7—隆起剥蚀区；8—含煤碎屑岩系冲积相；9—含煤碎屑岩系滨浅海相。

图 4 - 4 - 23　西伯利亚地台二叠系岩相古地理图

（据 Clarke, 1985；IHS, 2009；Khudoley et al, 2018；Donskaya and Gladkochub, 2021 修改）

$100 \times 10^4 \, \text{km}^2$，最大厚度 2 800～3 000 m。与火山岩同期的岩脉和岩席在西伯利亚地台中-新元古界和古生界地层序列中分布很广。在 Tunguska 盆地，三叠系几乎全部为火山岩（图 4 - 4 - 13）。基性火山岩的时代为印度期（Induan）和奥列尼克期（Olenikian）。印度阶代表第一次火山活动期，由下而上划分为 4 个组，底部为 Noril'sk 组，覆盖在上古生界顶部剥蚀面之上，为安山质玄武岩，厚度 60～70 m，上覆流纹质玄武熔岩，厚度 100～120 m；Tomulakh 组由斑状玄武熔岩构成，厚度 145～170 m；Tuklon 组下部为拉斑玄武岩，厚度 30～50 m，上部为凝灰质沉积岩，厚度 25～33 m；Nadezhdin 组为斑状玄武岩，厚度 500 m。奥列尼克阶为第二期火山活动，自下而上划分为 4 个组，Kutaramakan 组由辉绿岩熔岩构成，厚度 450～600 m；上覆 Khonna - Makit 组主要为碱晶玄武岩熔岩，含火山岩-沉积岩，含植物化石，厚度 550～600 m；Nerakar 组由玄武岩构成，厚度约 500 m；顶部 Neguikon 组由火山岩-沉积岩和玄武岩构成，厚度 150～200 m（Clarke, 1985）。除 Tunguska 盆地外，在

Baykit、Angara - Yenisey、Yenisey - Khatanga 盆地也发育下三叠统火山岩(图 4 - 4 - 13)。

在 Lena - Vilyuy 地层区,下三叠统主要为碎屑岩,岩性为杂色砂岩、粉砂岩和泥岩,在 Lena - Vilyuy、Lena - Anabar、Yenisey - Khatanga 盆地发育凝灰质泥岩。中-上三叠统主要由砂岩、粉砂岩和泥岩构成,局部为砾岩。Lena - Vilyuy 盆地,中-上三叠统为碎屑岩含煤岩系(图 4 - 4 - 13)。

西伯利亚地台三叠系最显著的岩相古地理特征是 Tunguska 地层区中巨型的岩浆岩省和萎缩的海相沉积区。除 Tunguska 岩浆岩省之外,地台内隆起剥蚀区周缘主要为碎屑岩冲积相,仅在地台的北缘发育受海泛影响的碎屑岩滨海平原相(图 4 - 4 - 24)。

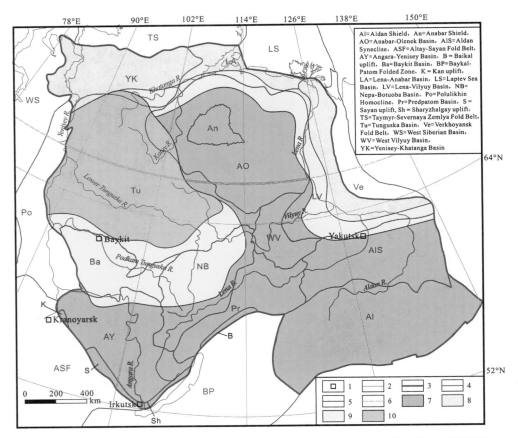

1—城镇;2—河流及海湖岸线;3—地台边界;4—构造单元界线;5—相带界线;6—北极圈;7—隆起剥蚀区;8—碎屑岩冲积相;9—碎屑岩系受海泛影响的滨海平原相;10—岩浆岩省。

图 4 - 4 - 24 西伯利亚地台三叠系岩相古地理图

(据 Clarke,1985;IHS,2009;Khudoley et al,2018;Donskaya and Gladkochub,2021 修改)

在 Tunguska 地层区,下三叠统发育大量的火山岩堆积,并形成了岩浆岩高原。中-上三叠统成为隆起剥蚀区。除 Tunguska 地层区外,其他沉积区的整个三叠系岩相古地理格架变化较小,只是中-上三叠统的沉积区范围比下三叠统有所缩小(Clarke,1985)。

10. 侏罗系

侏罗系与三叠系不整合接触，分布于地台边缘的中生界凹陷，为灰色碎屑岩，最大厚度超过 3 000 m。在 Lena‑Anabar 盆地和 Yenisey‑Khatanga 盆地，主要发育滨浅海相砂岩，夹粉砂岩、暗灰色泥岩和少量砾岩，局部夹灰岩；在 Lena‑Vilyuy 盆地，东部主要发育海相砂岩、粉砂岩和泥岩，西部主要为陆相-浅海相砂岩、粉砂岩，局部夹煤层；Baykit 盆地发育陆相砂岩、泥岩；Angara‑Yenisey 盆地零星发育陆相砂岩、砾岩（图 4‑4‑13）。

侏罗系，地台绝大部分为隆起剥蚀区，在 Lena‑Anabar 盆地和 Yenisey‑Khatanga 盆地，发育以砂岩，夹粉砂岩、暗灰色泥岩和少量砾岩，局部夹灰岩为特征的滨浅海相；在 Lena‑Vilyuy 盆地，东部发育以砂岩、粉砂岩和泥岩为特征的滨浅海相，西部主要发育以砂岩、粉砂岩，局部夹煤层为特征的冲积相；在 Baykit 盆地、Angara‑Yenisey 盆地的局部地带发育以砾岩、砂岩、泥岩为特征的冲积相（图 4‑4‑25）。在整个侏罗纪，西伯利亚地台有海侵范围扩大的趋势（Clarke，1985）。

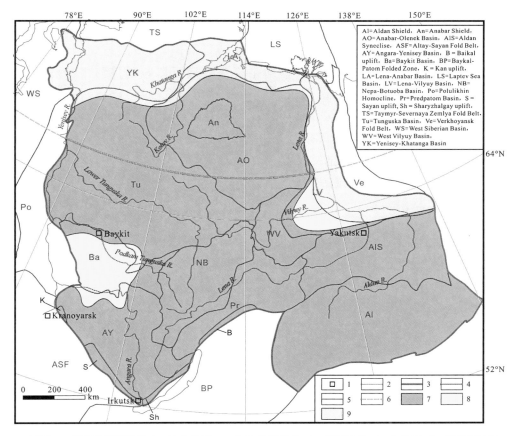

1—城镇；2—河流及海湖岸线；3—地台边界；4—构造单元界线；5—相带界线；6—北极圈；7—隆起剥蚀区；8—碎屑岩冲积相；9—碎屑岩系受海泛影响的滨海平原相。

图 4‑4‑25　西伯利亚地台侏罗系岩相古地理图

（据 Clarke，1985；IHS，2009；Khudoley et al，2018；Donskaya and Gladkochub，2021 修改）

11. 白垩系

白垩系分布于 Yenisey – Khatanga、Lena – Anabar、Lena – Vilyuy 盆地中,与侏罗系局部不整合接触,岩性为灰色碎屑岩(图 4 – 4 – 13),最大厚度约 3 500 m,主要为含植物的陆相沉积,常含煤。海相沉积见于 Yenisey – Khatanga 盆地。

下白垩统,在 Yenisey – Khatanga 盆地为陆相-滨浅海相沉积,与西西伯利亚盆地连为一体(图 4 – 2 – 19);在 Lena – Vilyuy 盆地以陆相为主,厚度可达 3 850 m。贝里阿斯阶,在 Yenisey – Khatanga 盆地为暗灰色黏土岩和粉砂岩,厚度 0～703 m;在 Lena – Anabar 盆地为滨海相粉砂岩、砂岩和黏土岩,厚度 120 m;在 Lena – Vilyuy 盆地为含煤碎屑沉积,厚度 100～1 250 m。凡兰吟阶,在 Yenisey – Khatanga 盆地为海相砂岩、粉砂岩和泥岩沉积,厚度可达 825 m,由 Nizhnekhet 组和 Sukhodudin 组下部构成;在 Lena – Anabar 盆地为陆相-滨海相碎屑岩和煤层,厚度 100～400 m;在 Lena – Vilyuy 盆地主要为陆相碎屑岩。欧特里沃阶,在西伯利亚地台中生代盆地主要为陆相碎屑岩,只有 Yenisey – Khatanga 盆地该阶下部为海相碎屑岩,厚度 170～590 m,上覆陆相砂岩。巴列姆阶—阿普特阶,西伯利亚地台中生代盆地绝大部分为陆相含煤沉积,仅 Yenisey – Khatanga 盆地西部受海侵影响。

上白垩统,在 Yenisey – Khatanga 盆地主要为受海泛影响的滨海平原相沉积(见图 4 – 2 – 20);Lena – Anabar 盆地上白垩统普遍缺失;在 Lena – Vilyuy 盆地为陆相沉积。塞诺曼阶,在 Yenisey – Khatanga 盆地西部由砂、砂岩和少量黏土岩和粉砂岩层构成,厚度大于 500 m,向东相变为 Begichev 组砂岩,厚度 180 m。在 Lena – Vilyuy 盆地东部,Agrafenov 组为 Cenomania 阶—土伦阶,由绿灰色砂组成,上部含黏土层,厚度 400～500 m。在 Lena – Vilyuy 盆地西部,Timerdyakh 组为 Cenomania 阶—马斯特里赫特阶,由砂岩和易碎砂岩组成,厚度 500～700 m。在 Yenisey – Khatanga 盆地,土伦—坎潘阶为滨海相黏土岩、黏土质粉砂岩、粉砂岩和砂岩韵律性互层,每个韵律层段底部见含磷层。科尼亚克阶—马斯特里赫特阶在 Lena – Vilyuy 盆地东部为砂和黏土岩,厚度 500 m。马斯特里赫特阶在 Yenisey – Khatanga 盆地西部为近滨海相沉积,东部以及 Lena – Vilyuy 盆地为陆相沉积,厚度小于 100 m。

由上述可知,西伯利亚地台白垩系总体岩相古地理具有如下特征:绝大部分为隆起剥蚀区,Yenisey – Khatanga、Lena – Anabar、Lena – Vilyuy 盆地为沉积区,Yenisey – Khatanga 盆地西部为受海泛影响的滨海平原相,其余沉积区主要为碎屑岩冲积相,其中局部发育碎屑岩湖泊相、沼泽相(图 4 – 4 – 26)。

12. 新生界

白垩纪末西伯利亚地台普遍隆升。古近纪和新近纪,西伯利亚地台总体处于暴露剥蚀状态,只有 Yenisey – Khatanga 盆地局部发育古新统和始新统,产状近于水平,为松散的陆相碎屑沉积物。第四系分布范围有所扩大,分布于河谷、海湾、海岸等地带,主要为松散的陆源碎屑沉积物,沉积相类型以河流相为主,近海地区发育碎屑滨岸相。

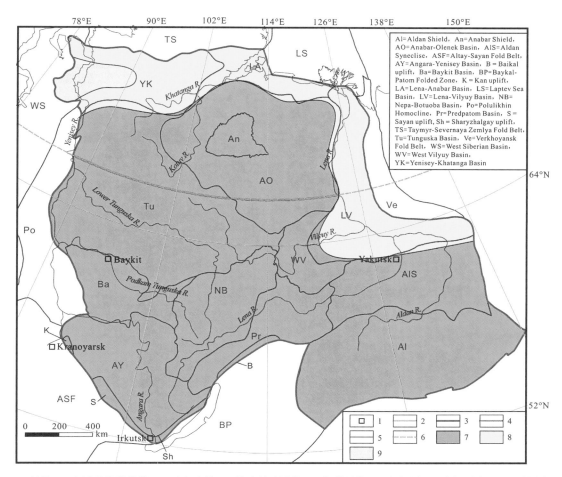

1—城镇;2—河流及海湖岸线;3—地台边界;4—构造单元界线;5—相带界线;6—北极圈;7—隆起剥蚀区;8—碎屑岩冲积相;9—碎屑岩系受海泛影响的滨海平原相。

图 4 - 4 - 26　西伯利亚地台白垩系岩相古地理图

(据 Clarke,1985;IHS,2009;Khudoley et al,2018;Donskaya and Gladkochub,2021 修改)

4.5　拉普捷夫海盆地和上扬斯克褶皱带

新元古代以来,拉普捷夫海盆地和上扬斯克褶皱带长期处于西伯利亚地台边缘。中生代以来,拉普捷夫海盆地主要经历了构造伸展沉降,而上扬斯克褶皱带主要经历了挤压隆升。

4.5.1　拉普捷夫海盆地

拉普捷夫海盆地绝大部分处于拉普捷夫海的大陆架上,西侧为泰梅尔半岛,东侧为 Primorskiy - Oloy 盆地,南部与 Lena - Anabar 盆地相接,北界为北冰洋中欧亚盆地的大陆架边缘。盆地总面积约为 $25×10^4 km^2$，其中陆上面积约为 $1.4×10^4 km^2$，海上面积为 $23.6×10^4 km^2$（图 4 - 5 - 1）。

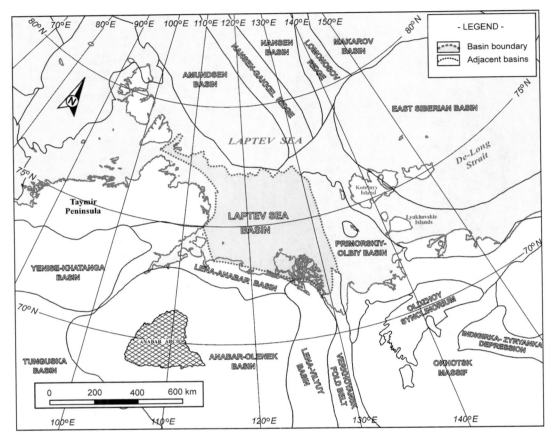

图 4 - 5 - 1　拉普捷夫海盆地地理位置

（据 IHS,2009）

1. 拉普捷夫海盆地基底和构造单元划分

地球物理资料研究结果表明,拉普捷夫海盆地与西伯利亚地台具有相似的基底,两者只是被海岸潜山（Coastal Ridge）分隔。海岸潜山的二叠系—中生界盖层既发育于西伯利亚地台北缘的 Lena - Anabar 盆地,也发育于拉普捷夫海盆地,在地震资料上可连续大区域追踪对比。基岩之上,海岸潜山两侧均发育了巨厚的里菲系—石炭系（图 4 - 5 - 2）。

前文述及西伯利亚地台的基底是由太古宙和古元古代地体通过太古宙和古元古代造山带和缝合带拼贴而成的。到古元古代末（>1.6 Ga）,拉普捷夫海盆地的基底、北泰梅尔地块也完成了与西伯利亚克拉通的拼贴、碰撞,形成统一的大陆（Drachev et al,1998;Khoroshilova et al,2014）。古元古代末以来,拉普捷夫海盆地一直没有脱离西伯利亚古陆,而北泰梅尔地块从西伯利亚古陆分离（图 4 - 5 - 3）。

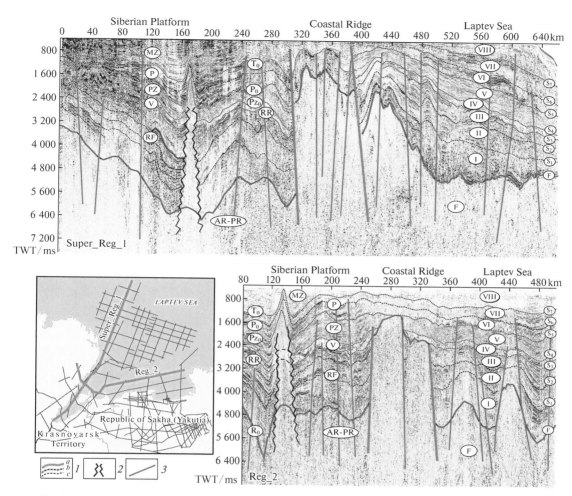

1—地震反射界面：a 为基岩顶面，b 为主要反射界面，c 为次级反射界面；2—侵入岩体；3—断裂；AR-PR—太古宇—古元古界；RF—里菲系；V—文德系；PZ—寒武系—石炭系；P—二叠系；MZ—中生界；Ⅰ+Ⅱ+Ⅲ—里菲系；Ⅳ—文德系；Ⅴ—寒武系—石炭系；Ⅵ+Ⅶ—二叠系；Ⅷ—中生界。

图 4-5-2　西伯利亚地台北部-拉普捷夫海盆地地震-地质解释剖面

（据 Kontorovich and Kontorovich，2021 修改）

　　拉普捷夫海盆地西侧的南泰梅尔褶皱造山带是早基梅里（中生代早期）造山运动的结果。拉普捷夫海盆地东侧广泛的造山带是晚基梅里（中生代晚期）造山运动的结果，与鄂霍茨克-蒙古洋关闭有关（Nikishin et al，2021c）。其中，上扬斯克褶皱带是西伯利亚板块边缘和板内褶皱变形的结果，其他褶皱带是由洋盆关闭、不同地块拼贴和碰撞形成的（图 4-5-3）。

2. 基底构造及构造单元划分

　　由于拉普捷夫海盆地基底形成于古元古代末（>1.6 Ga），中元古代以来接受沉积，沉积历史漫长，沉积盖层厚度巨大，根据地震资料估算，基底最大埋深超过 12 km，基底绝大部分埋深超过 5 km。与其东侧晚基梅里褶皱基底的 Primorskiy-Oloy 盆地形成鲜

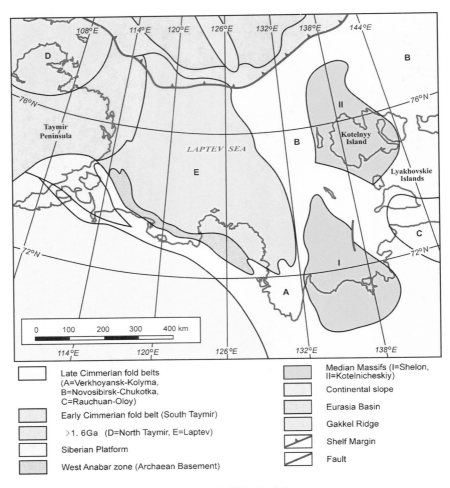

图 4-5-3　拉普捷夫海盆地及围区基底结构平面图

（据 IHS，2009 修改）

明对比。Primorskiy - Oloy 盆地绝大部分基底埋深不足 2 km，最大埋深仅 5 km 左右（图 4-5-4 至图 4-5-6）。

根据基底的埋深和构造特征，拉普捷夫海盆地呈现盆岭相间的构造格局，划分为 9 个构造单元（图 4-5-4 中①~⑨）。分别是① Lena - Taymir 隆起带；② Olenek - Begichev 地堑；③ South Laptev 槽；④ Trofimov 凸起；⑤ Ust - Lena 地堑；⑥ Minin 脊；⑦ Omoloy 槽；⑧ West Laptev 凸起；⑨ North Lapt 边缘槽（图 4-5-4）。

Lena - Taymir 隆起带基底高点埋深不足 2 km；Olenek - Begichev 地堑基底最大埋深超过 8 km；South Laptev 槽基底最大埋深超过 12 km；Trofimov 凸起基底高点埋深接近 8 km；Ust - Lena 地堑基底最大埋深超过 12 km；Minin 脊基底高点埋深接近 5 km；Omoloy 槽基底最大埋深超过 10 km；West Laptev 凸起基底高点埋深接近 4 km；North Lapt 边缘槽基底最大埋深超过 9 km（图 4-5-4）。

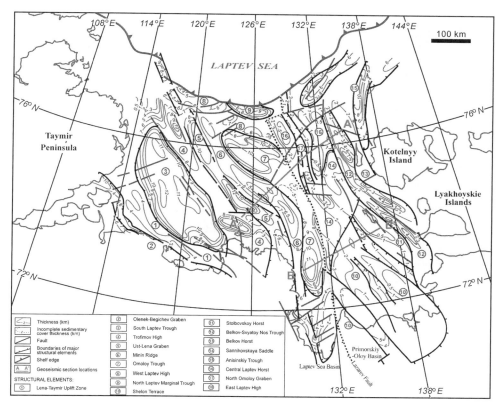

图 4 - 5 - 4　拉普捷夫海陆架基岩顶面构造及构造单元划分

（据 IHS,2009 修改）

3. 构造-地层格架

拉普捷夫海盆地发育了中元古界里菲系至新生界第四系,由于受一系列伸展、断裂造成的隆凹地貌控制,不同时代的地层厚度变化均较大(图 4 - 5 - 2,图 4 - 5 - 5,图 4 - 5 - 6)。

拉普捷夫海陆架 AA′剖面,揭示了拉普捷夫海盆地 Trofimov 凸起、Ust - Lena 地堑、Minin 脊、Omoloy 槽的构造-地层格架特征(图 4 - 5 - 5)。Trofimov 凸起具有正花状构造样式,根据地震资料解释了新元古界—古生界中下部、古生界中部、古生界上部—白垩系下部、白垩系上部—新近系下部、新近系上部—第四系。Ust - Lena 地堑具有地堑构造样式,根据地震资料解释了新元古界—古生界下部、古生界中下部、古生界中部、古生界上部—白垩系下部、白垩系上部、古近系—新近系下部、新近系上部—第四系。Minin 脊具有地垒构造样式,根据地震资料解释了新元古界—古生界下部、古生界中下部、古生界中部、古生界上部—白垩系下部、白垩系上部、古近系、新近系下部、新近系上部—第四系,构造高部位缺失新近系下部。Omoloy 槽具有地堑构造样式,根据地震资料解释了新元古界—古生界中下部、古生界中部、古生界上部—白垩系下部、白垩系上部、古近系、新近系下部、新近系上部—第四系。拉普捷夫海陆架的 Primorskiy - Oloy 盆地只发育了白垩系上部、古近系、新近系下部、新近系上部—第四系,而且白垩系上部分布极为局限(图 4 - 5 - 5)。

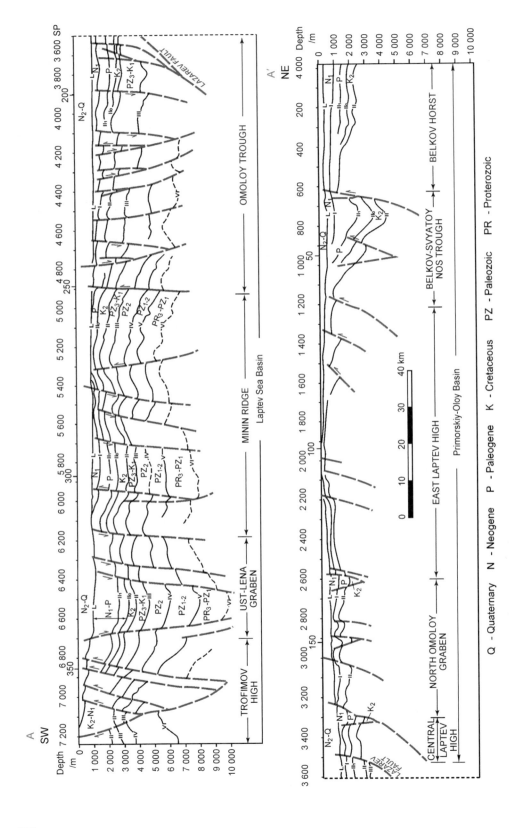

图 4 - 5 - 5 拉普捷夫海陆架 AA′剖面构造-地层格架

（剖面位置见图 4 - 5 - 4，据 IHS，2009 修改）

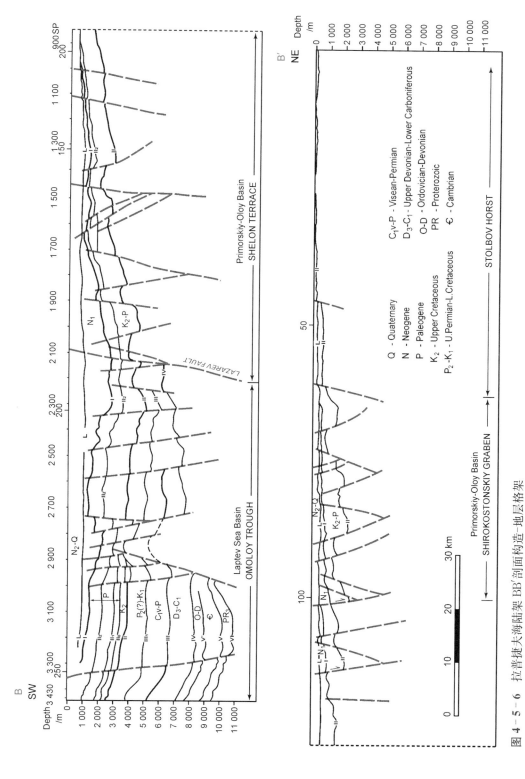

图 4-5-6　拉普捷夫海陆架 BB' 剖面构造-地层格架

（剖面位置见图 4-5-4，据 IHS，2009 修改）

拉普捷夫海陆架 BB′剖面,只揭示了拉普捷夫海盆地 Omoloy 槽的构造-地层格架特征。Omoloy 槽具有地堑-地垒相间构造样式,根据地震资料解释了新元古界、寒武系、奥陶系—泥盆系、泥盆系上部—石炭系下部、石炭系维宪阶—二叠系、二叠系上部—白垩系下部、白垩系上部、古近系、新近系下部、新近系上部—第四系。而拉普捷夫海陆架的 Primorskiy - Oloy 盆地解释了白垩系上部—古近系、新近系下部、新近系上部—第四系,以白垩系上部—古近系为主(图 4 - 5 - 5)。

4. 地层及构造-沉积演化

拉普捷夫海盆地在前中元古界基底上,发育了里菲系、文德系、寒武系、奥陶系、志留系、泥盆系、石炭系、二叠系、三叠系、侏罗系、白垩系、古近系、新近系和第四系。根据地层特征和构造背景,可划分为 6 个构造-沉积演化阶段:① 里菲纪同裂谷阶段;② 文德纪—中泥盆世被动边缘阶段;③ 晚泥盆世—杜内期同裂谷阶段;④ 维宪期—中侏罗世裂后伸展阶段;⑤ 晚侏罗世—早白垩世上扬斯克碰撞隆升阶段;⑥ 晚白垩世—第四纪同裂谷阶段(图 4 - 5 - 7)。

由于拉普捷夫海盆地缺少钻井揭示的地层岩性资料,人们对拉普捷夫海盆地的地层及构造-沉积演化的认识主要是根据本区地震资料、邻区西伯利亚地台地层岩性序列(图 4 - 5 - 8)、西伯利亚地台总体构造-沉积演化特征推测的。

西伯利亚地台,里菲系(1 650～650 Ma)为裂谷盆地充填的碎屑岩和碳酸盐岩(图 4 - 4 - 13,图 4 - 4 - 14)。推测拉普捷夫海盆地的里菲系也是由碳酸盐岩和碎屑岩组成的裂谷盆地陆相-浅海相沉积,由于处在西伯利亚地台边缘,因此里菲系以碳酸盐岩浅海相为主(图 4 - 5 - 7)。

西伯利亚地台,文德系(650～540 Ma)主要以不整合覆盖在里菲系之上,是在西伯利亚地台整体沉降背景下克拉通盆地内形成的,下部主要为碎屑岩,上部主要为碳酸盐岩,局部夹蒸发岩(图 4 - 4 - 13,图 4 - 4 - 17)。在上扬斯克前渊,文德系以碳酸盐岩为主,夹碎屑岩,在 Lena - Anabar 盆地,文德系以碳酸盐岩为主(图 4 - 5 - 8)。推测拉普捷夫海盆地的文德系是由碳酸盐岩和泥岩组成的被动大陆边缘盆地浅海相沉积(图 4 - 5 - 7)。

西伯利亚地台,寒武系与文德系连续沉积。下寒武统主要以蒸发岩、白云岩为特征,台地边缘深水区主要为灰岩、泥质灰。中寒武统以泥质灰岩、灰岩、白云岩为主。上寒武统以白云岩、灰岩为主(图 4 - 4 - 7,图 4 - 4 - 13)。推测拉普捷夫海盆地的寒武系主要是由碳酸盐岩和泥岩组成的被动大陆边缘盆地浅海相沉积(图 4 - 5 - 7)。

西伯利亚地台,奥陶系与寒武系整合接触。地台南部以碎屑岩开阔台地滨浅海相为主,地台中部广阔区域以碎屑岩＋碳酸盐岩混积滨浅海相为主,地台北缘以碳酸盐岩开阔台地浅海相为主(图 4 - 4 - 19)。推测处于西伯利亚板块北缘的拉普捷夫海盆地,奥陶系主要是由碳酸盐岩组成的被动大陆边缘盆地浅海相沉积(图 4 - 5 - 7)。

志留系,西伯利亚地台具有多种岩相古地理并存的格局,地台西部、西北部边缘发育碳酸盐岩开阔台地浅海相(图 4 - 4 - 20)。在阿纳巴尔-奥列尼奥克盆地,志留系主要为泥

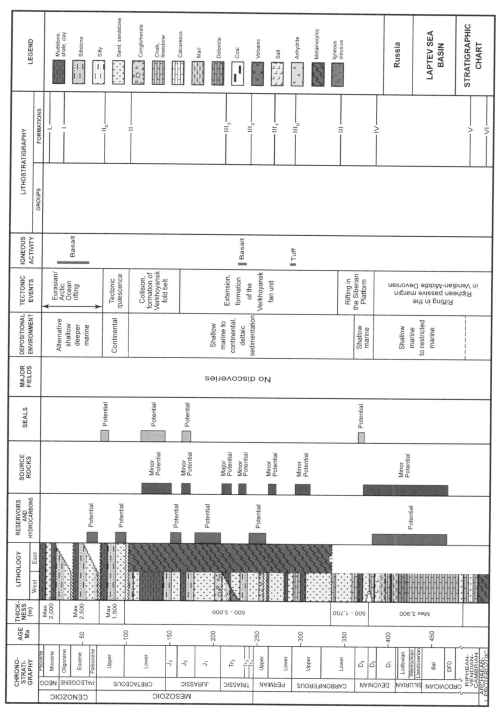

图 4 - 5 - 7　拉普捷夫海陆架地层综合柱状图

（据 IHS.2009）

灰岩(图4-5-8)。推测处于西伯利亚板块北缘的拉普捷夫海盆地,志留系主要是由碳酸盐岩、泥质岩组成的被动大陆边缘盆地浅海相沉积(图4-5-7)。

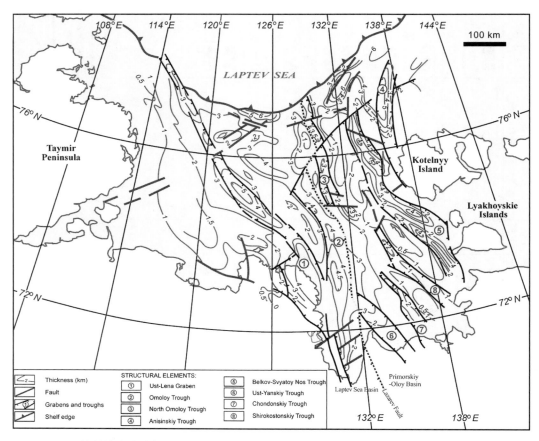

图4-5-8 拉普捷夫海陆架上白垩统-新生界厚度平面图

(据 IHS,2009 修改)

泥盆系,西伯利亚地台西北部以碳酸盐岩开阔台地浅海相为主,东北部主要为碎屑岩冲积相(图4-4-21)。推测处于西伯利亚板块北缘的拉普捷夫海盆地,泥盆系主要是由碳酸盐岩、碎屑岩组成的被动大陆边缘盆地滨浅海相沉积,可能有少量蒸发岩(图4-5-7)。

从石炭纪开始,西伯利亚地台演变为以碎屑岩沉积为主。石炭系,地台北部发育碳酸盐岩+碎屑岩浅海相(图4-4-22)。在邻近地区,石炭系以碳酸盐岩为主(图4-5-8)。推测处于西伯利亚板块北缘的拉普捷夫海盆地,石炭系主要是由碳酸盐岩、碎屑岩组成的大陆边缘裂谷盆地浅海相沉积(图4-5-7)。

二叠系,在西伯利亚地台隆起区的周边普遍发育宽阔的碎屑岩含煤岩系冲积相,在地台的西部、北部、东部边缘发育碎屑岩含煤岩系滨浅海相(图4-4-23)。推测处于西伯利亚板块北缘的拉普捷夫海盆地,二叠系主要是由碎屑岩组成的大陆边缘裂谷盆地浅海相沉积(图4-5-7)。

三叠系,西伯利亚地台发育巨型的岩浆岩省,在地台的北缘发育受海泛影响的碎屑岩滨海平原相(图 4-4-24)。推测处于西伯利亚板块北缘的拉普捷夫海盆地,三叠系主要是由碎屑岩组成的大陆边缘裂谷盆地滨浅海相沉积,可能夹有火山岩(图 4-5-7)。

侏罗系,地台绝大部分为隆起剥蚀区,在地台北缘发育了以碎屑岩为主的滨浅海相(图 4-4-25)。推测处于西伯利亚板块北缘的拉普捷夫海盆地,侏罗系主要是由碎屑岩组成的大陆边缘裂谷盆地滨浅海相沉积(图 4-5-7)。

白垩系,在西伯利亚地台主要是下白垩统,且绝大部分地区地层缺失,地台北缘主要为碎屑岩冲积相(图 4-4-26)。而拉普捷夫海盆地白垩系广泛发育,且上白垩统分布更广(图 4-5-5,图 4-5-6)。推测处于西伯利亚板块北缘的拉普捷夫海盆地,下白垩统是由碎屑岩组成的前陆盆地滨浅海相沉积(图 4-5-7)。上白垩统是由碎屑岩组成的裂谷盆地冲积相-湖泊相沉积(图 4-5-7)。

新生界,西伯利亚地台主要为隆起剥蚀区,而拉普捷夫海盆地形成了巨厚的沉积地层,上白垩统和新生界最大厚度超过 5 km(图 4-5-8)。古近系和新近系均为由砂岩、泥岩构成的裂谷盆地浅水-深水浅海相沉积(图 4-5-7)。

4.5.2　上扬斯克褶皱带

上扬斯克褶皱带(Verkhoyansk Fold Belt)也称上扬斯克褶皱-冲断带(Verkhoyansk Fold and Thrust Belt),从北部拉普捷夫海的勒拿河三角洲延伸至南部的鄂霍次克海,全长约 2 000 km(图 4-5-9)。上扬斯克褶皱带处于 Verkhoyansk-Kolyma 造山带的西部,东部边界为 Aducha-Taryn 逆冲构造缝合带(图 4-5-9,图 4-5-10)。

晚中生代上扬斯克造山期(130~115 Ma,90~60 Ma),与蒙古-鄂霍茨克洋(Mongol-Okhotsk Ocean)连通的 Oimyakon 洋关闭,西伯利亚板块与 Kolyma-Omolon 地块碰撞形成了 Verkhoyansk-Kolyma 造山带,Aducha-Taryn 逆冲构造缝合带是西伯利亚板块与 Kolyma-Omolon 地块的缝合线(Oxman,2003;Sokolov,2010;Malyshev et al,2018;Pavlovskaia et al,2022)。

上扬克褶皱带以具褶皱、逆冲变形的中元古界、新元古界、古生界、中生界沉积物为特征,东部发育花岗岩侵入体(图 4-5-10)。根据构造、地层特征,上扬斯克逆冲褶带可划分为南上扬斯克、西上扬斯克和 Olenek 3 段,各段出露的地层差别较大。南上扬斯克段出露中元古界—二叠系,西上扬斯克段主要出露寒武系—侏罗系;Olenek 段主要出露中新生界(图 4-5-9)。

1. 构造-地层格架

上扬斯克褶皱-冲断带以发育大规模、多层次逆冲断裂系为特征。沿着上扬斯克褶皱-冲断带的不同片段,构造-地层格架样式的差异很大。

南上扬克褶皱段西部,可见主逆冲断面为基岩顶面,通过 Kyllakh 逆冲断裂带,发育里菲系+文德系—寒武系的断块逆冲推覆到发育里菲系+文德系—寒武系+侏罗系沉积序列的西伯利亚地台之上。上扬克褶皱带南带中部，通过 Sette‐Daban 逆冲断裂带，发育里菲系＋文德系—寒武系＋奥陶系—泥盆系的断块逆冲推覆到发育里菲系＋文德系—寒武系沉积序列的断块之上（图 4‐5‐11）。

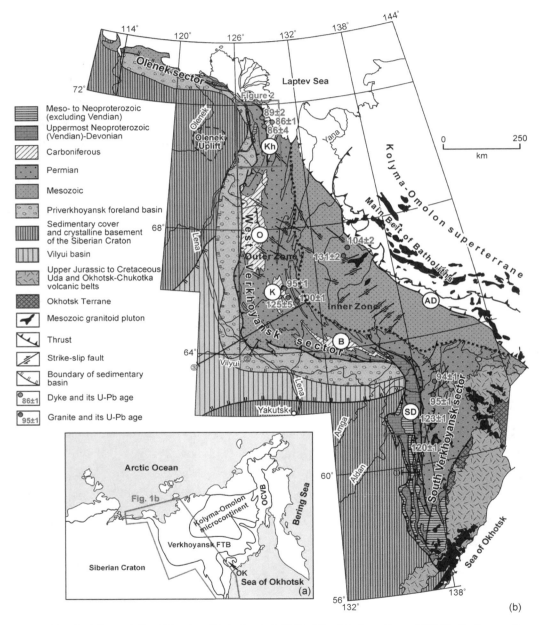

OK—Okhotsk 地块；OCVB—Okhotsk‐Chukotka 火山岩带；AD—Adycha‐Taryn 断裂带；B—Baraya；K—Kuranakh；Kh—Kharaulakh；O—Orugan；SD—Sette‐Daban。

图 4‐5‐9　上扬斯克褶皱带及邻区构造‐地质图

（a）东北亚构造略图；（b）上扬斯克褶皱带地质图

（据 Khudoley and Prokopiev，2007；Malyshev et al，2018；Pavlovskaia et al，2022 修改）

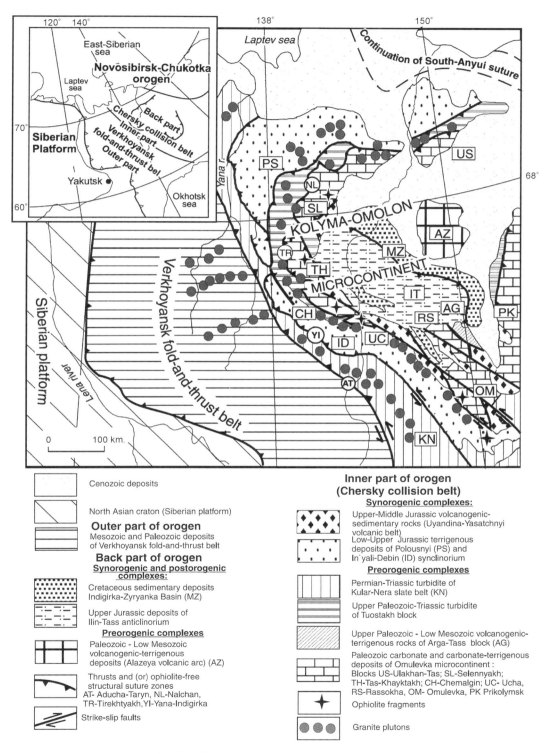

图 4 - 5 - 10　上扬斯克褶皱带及邻区构造-地层平面图

（据 Oxman，2003）

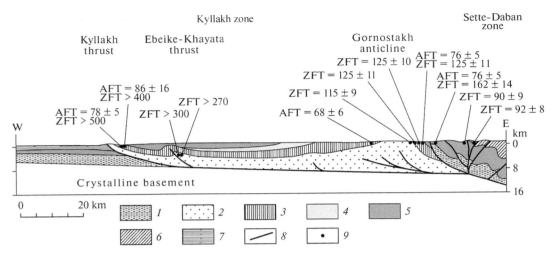

1—里菲系；2—里菲系下部；3—里菲系中部；4—里菲系上部；5—文德系—寒武系；6—奥陶系—泥盆系；7—侏罗系；
8—断层；9—样品点及 AFT（磷灰石裂变径迹）和 ZFT（锆石裂变径迹）年龄。

图 4-5-11　上扬斯克褶皱带南段 AA′构造-地层格架剖面简图

（剖面位置见图 4-5-9，据 Malyshev et al，2018）

南上扬斯克段，也可见主逆冲断裂位于里菲系内部，形成以出露里菲系为主的褶皱-冲断构造样式［图 4-5-12(a)］。前渊带，在中生界内部发育了主逆冲断裂，形成以白垩系覆盖为主要特征的褶皱-冲断构造样式［图 4-5-12(b)和(c)剖面西侧］。在西上扬斯克段，中泥盆统—侏罗系发育了主逆冲断裂，形成出露石炭系、二叠系、三叠系、侏罗系的褶皱-冲断构造样式［图 4-5-12(c)剖面中部和东部］。

根据西伯利亚克拉通东缘构造演化的主要阶段，上扬斯克褶皱带的地层划分为 3 个主要沉积序列：① 中元古界至新元古界（里菲系）；② 新元古界上部（文德系）至下泥盆统；③ 中泥盆统至侏罗系（Khudoley and Prokopiev，2007）。

1）里菲系

里菲系出露于南上扬斯克段和西上扬斯克段的 Kharaulakh 隆起（图 4-5-9），由碳酸盐和陆源碎屑岩组成，总厚度为 12～14 km，其中存在 2 个明显的不整合面，将里菲系分为 3 部分。里菲系上部见玄武岩（图 4-5-13），玄武岩的年龄在 1 Ga 左右。滨浅海相占主导地位，一些较厚的陆源碎屑岩为冲积相。沉积主要发生在克拉通盆地，但里菲纪晚期受到裂谷作用和局部挤压的影响（Khudoley and Guriev，2003）。

2）文德系—下泥盆统

文德系—下泥盆统出露于南上扬斯克段和西上扬斯克段的 Kharaulakh 和 Orugan 隆起（图 4-5-9），这一地层序列的厚度约为 11 km，主要由碳酸盐岩和页岩单元组成，且碳酸盐岩占优势（图 4-5-13）。文德系由砂岩、泥岩、灰岩、白云岩组成。寒武系下部主要为泥岩，底部为白云岩，中上部为灰岩夹泥岩。奥陶系下部为灰岩夹泥岩，中上部主要为灰岩和白云岩。志留系下部为白云岩和灰岩，上部主要为白云岩。下泥盆统为灰岩和泥

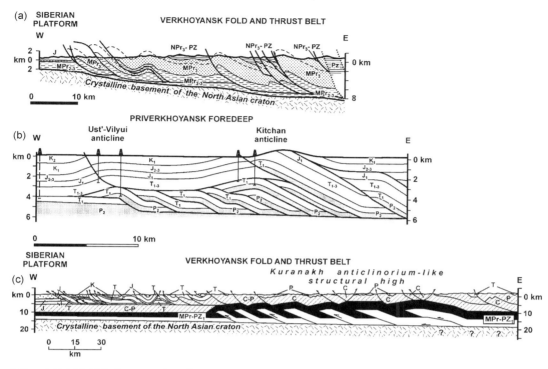

MPr—中元古界(里菲系);NPr—新元古界(文德系);PZ—古生界;C—石炭系;P—二叠系;T—三叠系;J—侏罗系;
K—白垩系。

图 4-5-12　上扬斯克褶皱带外带构造典型构造样式剖面图

(a) 南上扬斯克段;(b) Priverkhoyansk 前缘;(c) 西上扬斯克段 Kuranakh 片段
(剖面位置见图 4-5-9 中①②③,据 Khudoley and Prokopiev,2007)

岩。这一地层序列主要是被动大陆边缘盆地浅海相沉积,寒武系和奥陶系从西伯利亚地
台向东,泥质深水浅海相沉积增多,发育陆坡-海底扇沉积(图 4-5-13)。

3) 中泥盆统—侏罗系

中泥盆统—侏罗系主要由陆源碎屑岩组成,该套地层序列下部发育碳酸盐岩和蒸发
岩,以及玄武岩(图 4-5-13)。

中-上泥盆统由碎屑岩、蒸发岩、碳酸盐岩及火山岩组成(图 4-5-13),多为向上变粗
的沉积旋回,包含多个不整合面。火山岩主要为拉斑玄武岩和碱性玄武岩熔岩。这种沉
积旋回特征和玄武岩类火山岩均与裂谷作用密切相关,是在裂谷构造中的冲积、滨浅海环
境下形成的。在西伯利亚地台、上扬斯克褶皱-冲断带、鄂霍茨克(Okhotsk)和奥穆列夫
卡(Omulevka)地体,均有中-晚泥盆世裂谷事件的地质记录。在南上扬斯克地区,裂谷作
用发生的更早,最晚开始于早泥盆世(Khudoley and Prokopiev,2007)。

下石炭统(杜内阶和维宪阶)不整合于泥盆系及更老的岩石之上,表明区域沉降和沉
积盆地的扩展。地层最下部主要由灰岩组成,是在开阔的浅海碳酸盐台地沉积的。上覆
浅海灰岩,斜坡至盆地钙质浊积岩、页岩和凝灰岩。可见含有海绵骨针和放射虫的无碳酸

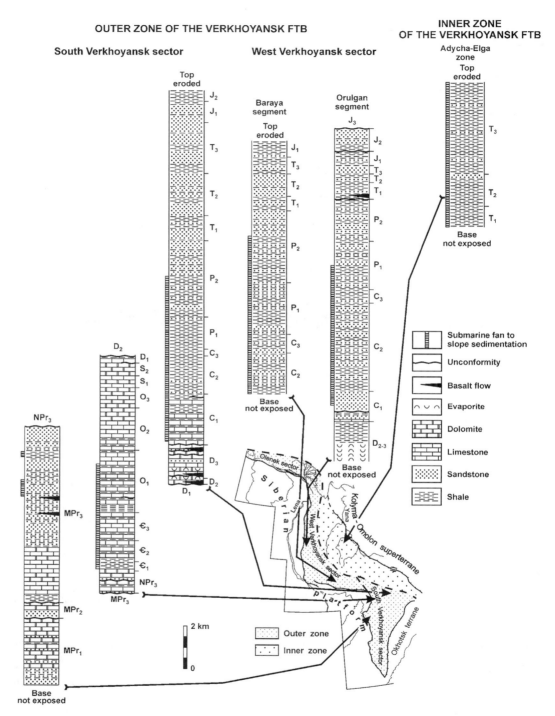

MPr—中元古界(里菲系);NPr—新元古界(文德系);Є寒武系;O—奥陶系;S—志留系;D—泥盆系;C—石炭系;P—二叠系;T—三叠系;J—侏罗系。

图 4 - 5 - 13 上扬斯克褶皱带地层柱状图

(据 Khudoley and Prokopiev,2007)

盐页岩,在南上扬斯克地区,页岩中有泥盆纪碳酸盐岩的大型滑塌体。这些特征是碳酸盐台地、陆坡-海底扇、远洋的沉积特征(图 4-5-13)。

　　早石炭世末(维宪期末—谢尔普霍夫期),沉积环境发生了显著变化,下石炭统顶部至侏罗系由陆源碎屑岩组成,统称为 Verkhoyansk 岩系,总厚度为 14~16 km。其中,石炭系和二叠系主要由细粒陆源碎屑浊积岩组成,很少有等深岩。三叠系和侏罗系主要是浅海-三角洲相沉积,粗粒陆源碎屑岩增多(图 4-5-13)。Verkhoyansk 岩系内部没有明显的不整合面,但在不同期次的三角洲-海底扇沉积体之间,局部发育侵蚀界面(图 4-5-14)。三角洲-海底扇的物源来自西伯利亚地台,三角洲及滨浅海相沉积发育于西部,陆坡海底扇沉积发育于东部(图 4-5-14)。

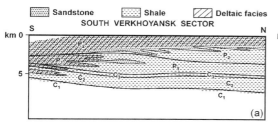
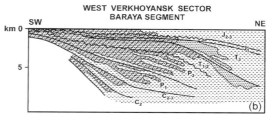

C—石炭系;P—二叠系;T—三叠系;J—侏罗系。

图 4-5-14　上扬克岩系沉积断面简图

(a) 南上扬斯克段;(b) 西上扬斯克段 Baraya 片段

(Khudoley and Prokopiev,2007)

2. 前渊盆地沉积

　　在西伯利亚地台东缘,中生代 Prverkhoyansk 前陆盆地(图 4-5-9)沉积的开始是以底部具有侵蚀面的侏罗系顶部提塘阶陆源碎屑岩为标志。与下伏陆源碎屑岩海相沉积地层相比,包含大量陆相沉积,且具有向上扬斯克褶皱-冲断带逐渐增厚的特征。Prverkhoyansk前陆盆地的陆源碎屑岩形成向上变粗的地层序列,内部没有明显的不整合面,表明这一地层序列是连续沉积的。其中,上侏罗统和大部分下白垩统由页岩和砂岩组成,而上白垩统主要为砂岩,均含有煤层和薄透镜状砾岩。上侏罗统和下白垩统的绝大部分为冲积、湖泊和滨浅海相沉积,而阿尔必阶和上白垩统以河流和冲积扇占主导地位。河流相交错层理测量以及砂岩和卵石成分分析表明,在晚侏罗世提塘期—早白垩世欧特里沃期,碎屑沉积物主要来自西伯利亚地台,直到欧特里沃期末—巴列姆期,上扬斯克褶皱-冲断带才成为前陆盆地的陆源碎屑物质的主要来源(Khudoley and Prokopiev,2007)。

3. 上扬斯克褶皱带演化模型

　　基性岩脉、深水沉积岩和玄武岩熔岩等大量证据表明,Okhotsk、Omolon、Kolyma 和Omulevka 地块是在奥陶纪开始从西伯利亚古陆分离的(Sokolov,2010)。里菲纪早期,上扬斯克地区为裂谷盆地;里菲纪中期—寒武纪,上扬斯克地区为克拉通盆地[图 4-5-15 (a)];奥陶纪开始,发生裂谷作用[图 4-5-15(b)];到泥盆纪中期,Omolon、Kolyma 地块与西伯利亚古陆分离，Oimyakon 洋基本形成，并一直持续到侏罗纪［图 4‐5‐15（c）］；侏罗纪晚期开始，Oimyakon 洋逐渐关闭，Omolon‐Kolyma 地块与西伯利亚地台汇聚、碰撞；到白垩纪末，上扬斯克褶皱带基本形成［图 4‐5‐15（d）］。

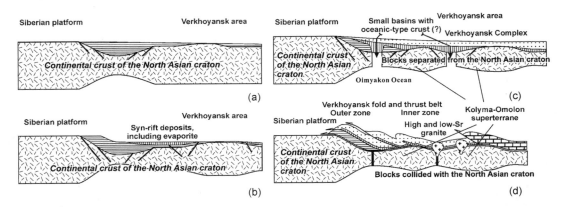

图 4‐5‐15　上扬克褶皱带演化模式简图

（a）里菲纪—寒武纪；（b）奥陶纪—早泥盆世；（c）中泥盆世—侏罗纪末；（d）侏罗纪末—白垩纪
（据 Khudoley and Prokopiev,2007；Sokolov,2010 修改）

第 5 章

东北亚及北部被动大陆边缘地质特征

北极地区东北亚及北部被动大陆边缘是基梅里造山期(侏罗纪—白垩纪)西伯利亚古陆(Siberian)、鄂霍茨克(Okhotsk)微古陆、科利马-奥莫隆(Kolyma - Omolon)微古陆、楚科奇(Chukchi)微古陆、太平洋北缘增生体汇聚、拼贴,南 Anyui 洋、蒙古-鄂霍茨克洋关闭,陆陆碰撞形成的由原地和异地地质体组成的变形带(Sokolov,2010;Ikhsanov,2012;Tikhomirov et al,2012;Imaeva et al,2017;Luchitskaya et al,2017;Poselov et al,2017;Fridovsky,2018;Prokopiev et al,2018a;2018b;Freiman et al,2019;Kuzmin et al,2018;2020;Soloviev et al,2020;Nikishin et al,2021c;Metelkin et al,2022)。西界为上扬斯克褶皱带东侧的 Aduche - Taryn 逆冲-走滑构造缝合带(Oxman,2003),东界为白令海峡。可划分为鄂霍茨克地块、科利马-奥莫隆微古陆、楚科奇微古陆、新西伯利亚-楚科塔褶皱带(Novo Sibirsko - Chukotka Fold Belt)、南安友伊缝合带(South Anyuy Suture Zone)、Wrangel - Herald 隆起、Primorskiy - Oloy 盆地、东西伯利亚海盆地、北楚科奇盆地、南楚科奇-霍普盆地(South Chukchi - Hope Basin)等主要构造单元(图 5 - 0 - 1)。

本章涉及的东北亚及北部被动大陆边缘的拼合基底可以归并为鄂霍茨克微古陆及其陆缘、科利马-奥莫隆(Kolyma - Omolon)微古陆及其陆缘、楚科奇微古陆及边缘、微陆块间洋壳地体和太平洋北缘增生体(图 5 - 0 - 2)。

5.1 鄂霍茨克微古陆及其陆缘

鄂霍茨克微古陆及其陆缘位于西伯利亚地台与科利马-奥莫隆微古陆之间(图 5 - 0 - 1,图 5 - 0 - 2,图 5 - 1 - 1),具有古太古代—古元古代基底,上覆地层为中元古界—中生界。在变质沉积岩、变质火山岩和变质花岗岩中获得了的锆石铀-铅年龄分别为 $3\,350\pm20\sim2\,530\pm50$ Ma、$2\,030\pm80$ Ma、$1\,900\sim2\,090$ Ma 和 $1\,830\pm50$ Ma(Sokolov,2010;Kuzmin et al,2018、2020)。中里菲系—下奥陶统为浅水碳酸盐岩-陆源碎屑岩,其上不整合中-晚泥盆世碳酸盐岩-陆源碎屑岩、晚泥盆世火山岩和沉积岩、石炭纪和二叠纪陆相陆源碎屑岩(含火山岩)、晚三叠世和侏罗纪—白垩纪粗碎屑沉积物(含火山岩)(Sokolov,2010)。

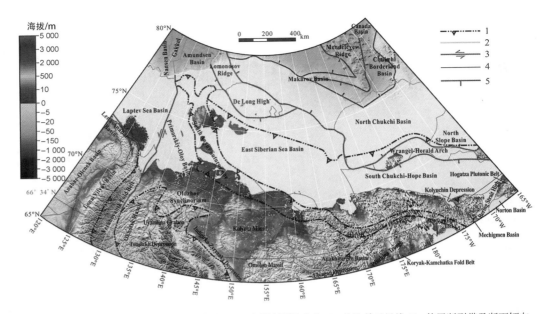

1—中生代俯冲碰撞带及俯冲方向;2—洋陆边界;3—走滑断裂及方向;4—构造单元界线;5—伸展断裂带及断面倾向。

图 5 - 0 - 1　北极东北亚及北部被动大陆边缘地貌-构造简图

注：构造线参考 Oxman(2003)、Drachev et al(2010)、Sokolov(2010)、Ikhsanov(2012)、Tikhomirov et al(2012)、Imaeva et al(2017)、Luchitskaya et al(2017)、Poselov et al(2017)、Fridovsky(2018)、Prokopiev et al(2018a)、Freiman et al (2019)、Kuzmin et al(2020)、Soloviev et al(2020)、Metelkin et al(2022);构造单元分区根据 IHS(2009)全球构造单元分区数据库资料编绘;底图来自 https://maps.ngdc.noaa.gov/viewers/bathymetry。

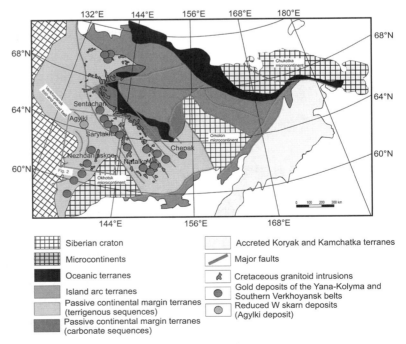

图 5 - 0 - 2　东北亚基底主要构造单元划分

(据 Soloviev et al,2020)

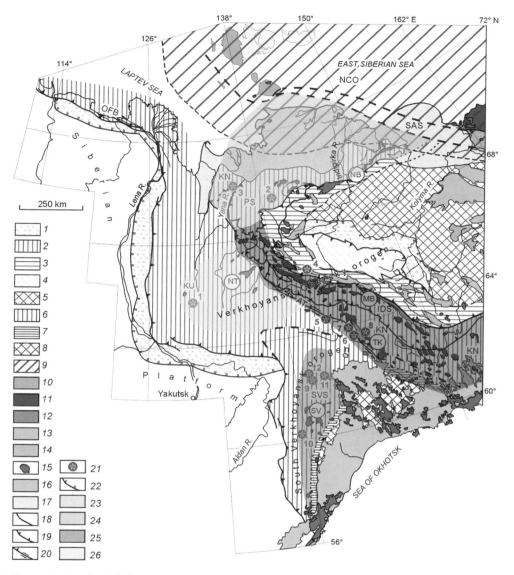

Verkhoyansk - Chersky 造山带：1—Verkhoyansk 前渊；2—Verkhoiansk 褶皱-冲断带西段；3—内带。陆内带：4—
Ilin' - Tas 盆地（Moma 背斜）；5—Kolyma - Omolon 微陆块。南 Verkhoyansk 造山带：6—Verkhoiansk 褶皱-冲断
带南段；7—内带；8—陆内带（Okhotsk 地块）。Novosibirsk - Chukotka 造山带（NCO）：9—推测范围；10—南 Anyui、
Shalaurov、Lyakhov 地体；11—Chukotka 地体。主要岩浆带：12—中古生代北 Okhotsk；13—晚侏罗世 Uyandina -
Yasachnaya；14—晚侏罗世—早白垩世 Oloi；15—晚侏罗世—白垩纪花岗岩带（NB—北带；MB—主带；TK—Tas -
Kystabyt；SV—南 Verkhoyansk；NT—北 Tirekhtyakh）；16—晚侏罗世—白垩纪 Uda - Murgal 和 Okhotsk -
Chukotka 杂岩带；17—新生代沉积物；18—断层；19—逆冲断层；20—走滑断层（AT—Adycha - Taryn）；21—矿点，数
字代表其名称（1—Mangazeya；2—Deputatsky；3—Kyuchus；4—Khotoidokh；5—Tallalakh；6—Dora Pil'；7—Malotarynskoe；
8—Kupol'noe；9—Nezhdaninskoe；10—Zaderzhnoe；11—Kuta；12—Dyby）；22—沉积盆地边界。成矿带：23—北
Verkhoyansk；24—Verkhoyansk - Okhotsk；25—Yana - Kolyma；26—西 Verkhoyensk。KU—Kuranakh 背斜；
PS—Polousny 向斜；IDS—In'yali - Debin sybclinorium；SVS—南 Verkhoyansk 向斜；KN—Kular - Nera 地体；
OO—Olenek 褶皱带；SAS—南 Anyui 缝合带。虚线表示大型构造的推测边界。

图 5 - 1 - 1　Verkhoyansk - Kolyma 褶皱区的主要构造单元和采样位置

（据 Prokopiev et al，2018）

5.1.1 鄂霍茨克微古陆结晶基底

鄂霍茨克微古陆的库赫图隆起(Kukhtui uplift)是一个由古太古代—古元古代麻粒岩相和角闪岩相岩石(鄂霍茨克杂岩)组成的大型(45 km×120 km)构造块体[图5-1-2(b)]。鄂霍茨克杂岩以古太古代片麻岩和结晶片岩为主,其年龄范围主要为3.25~3.6 Ga,只有少数岩石属于始太古代(3.6~3.7 Ga)和古元古代。库赫图隆起的变质历史是古太古代—古元古代岩石在麻粒岩相和角闪岩相的 P-T 条件下的多阶段(3.25 Ga、2.7 Ga、2.6 Ga、2.0 Ga、1.9~1.8 Ga)完成的(Kuzmin et al,2009;2018;2020)。

研究程度最高的上 Khorandzha 地区(面积约 2.5 km²)位于库赫图隆起变质岩区东北部[图5-1-2(b)]。该地区出露的岩石主要是古太古代的片麻岩、结晶片岩、角闪岩及少

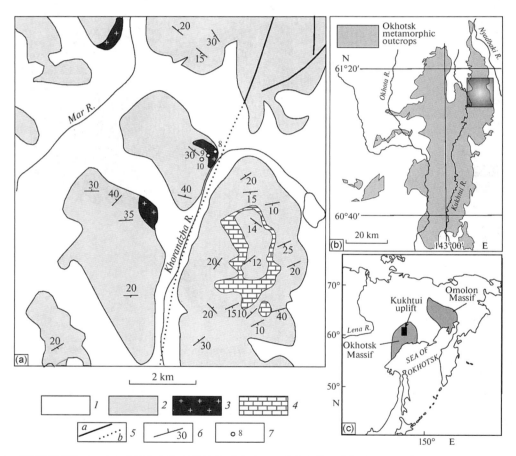

1—第四纪沉积物;2—古太古代片麻岩、结晶片岩、角闪岩;3—古太古代亚碱性片麻岩-花岗岩;4—古元古代大理岩;5—断层:a 为确定的;b 为推测的;6—岩层倾角和走向;7—取样点。

图5-1-2 鄂霍茨克微古陆库赫图隆起 Khorandzha 地区地质图

(a)鄂霍茨克微古陆 Khorandzha 地区地质图;(b)库赫图隆起变质岩分布(方框为上 Khorandzha 地区所处位置);
(c)鄂霍茨克微古陆区域地理位置(黑色矩形为库赫图隆起所处位置)
(据 Kuzmin et al,2018 修改)

量亚碱性片麻岩-花岗岩,峰值年龄在 3 343 Ma 左右(Kuzmin et al,2018),东南部出露古元古代大理岩[图 5-1-2(a)]。

在库赫图隆起变质岩区中央的 Maimachan 地区广泛出露古太古代—古元古代混合岩-片麻岩和始元古代结晶片麻岩(图 5-1-3)。始元古代结晶片麻岩的自形锆石峰值年龄在 3.7 Ga 左右。古太古代—古元古代混合岩-片麻岩的锆石铀-铅年龄分别为 3.3～3.2 Ga、2.8～2.7 Ga、1.9～1.8 Ga(Kuzmin et al,2009)。

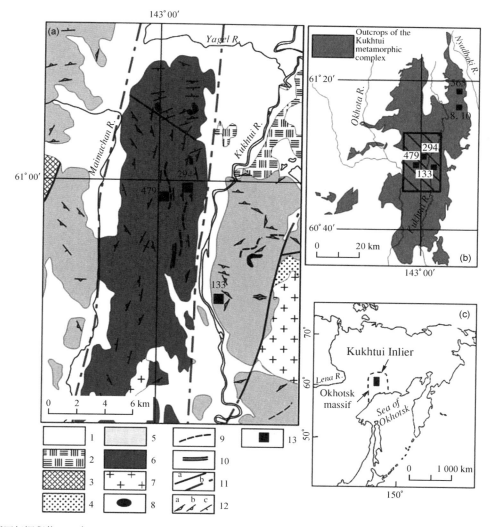

1—第四纪沉积物;2—古近纪火山岩;3—晚白垩世火山岩;4—泥盆纪陆源沉积物;5—古太古代—古元古代混合岩-片麻岩;6—始元古代结晶片麻岩;7—古生代和中生代花岗岩;8—前寒武纪早期超镁铁质岩;9—石英岩;10—大理岩;11—主要断裂(a 为确定的,b 为推测的);12—岩层产状(a 为倾角 0°～29°,b 为 30°～59°,c 为 60°～90°);13—采样点

图 5-1-3 鄂霍茨克微古陆库赫图隆起 Maimachan 地区地质图

(a)鄂霍茨克微古陆 Maimachan 地区地质图;(b)Maimachan 地区在 Kukhtui 隆起位置;(c)Kukhtui 隆起在俄罗斯东北部位置

(据 Kuzmin et al,2009 修改)

西伯利亚地台和鄂霍茨克微古陆结合部（Bilyakchan 构造带）出露① 古元古界 Bilyakchan 群的砂岩、砾岩、玄武岩、安山岩;② 上玛雅(Maya)群的石榴石-黑云母、硅线石-石榴石、堇青石-黑云母片岩、片麻岩和角闪岩(图 5-1-4)。Bilyakchan 群的原岩为裂谷型火山岩-陆源碎屑岩,其锆石铀-铅年龄峰值在 2 055~2 050 Ma,这与鄂霍茨克微古陆与西伯利亚古陆裂谷事件密切相关(Kuzmin et al,2020)。

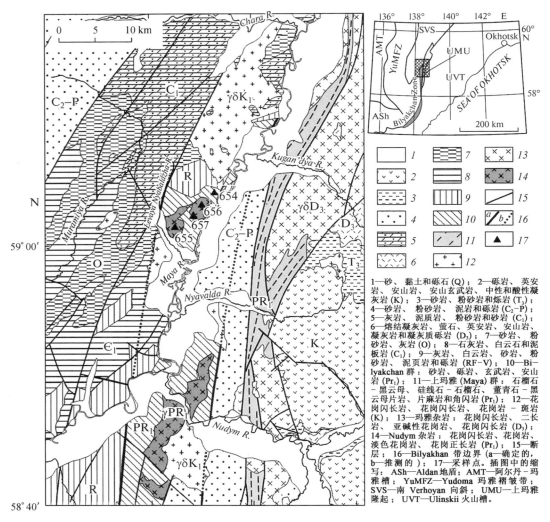

图 5-1-4　西伯利亚地台和鄂霍茨克地块结合部 Bilyakchan 构造带地质图

(据 Kuzmin et al,2020 修改)

5.1.2　鄂霍茨克微古陆盖层

鄂霍茨克微古陆盖层主要有里菲系—下奥陶统的浅水碳酸盐岩-陆源碎屑岩、中-上泥盆统的碳酸盐岩-陆源碎屑岩、上泥盆统上部火山岩和沉积岩、石炭系—二叠系的陆相陆源碎屑岩(含火山岩)以及上三叠统—侏罗系—白垩系的粗碎屑沉积物(含火山岩)(Sokolov,2010;Kuzmin et al,2020)。

西伯利亚地台和鄂霍茨克微古陆结合部(Bilyakchan 地区)出露① 里菲系—文德系的灰岩、白云岩、砂岩、粉砂岩、泥页岩和砾岩;② 寒武系的石灰岩、白云岩和泥板岩;③ 奥陶系的砂岩、粉砂岩、灰岩;④ 泥盆系的熔结凝灰岩、萤石、英安岩、安山岩、凝灰岩和凝灰质砾岩;⑤ 下石炭统的灰岩、泥质岩、粉砂岩和砂岩;⑥ 上石炭统—二叠系的砂岩、粉砂岩、泥岩和砾岩;⑦ 三叠系的砂岩、粉砂岩和砾岩;⑧ 白垩系的砾岩、英安岩、安山岩、安山玄武岩、中性和酸性凝灰岩(图 5-1-4)。

在鄂霍茨克微古陆与奥莫隆微古陆结合部(Chersky 蛇绿岩带)中靠近鄂霍茨克微古陆一侧的地区主要出露① 由二叠纪—三叠纪深水成因的黑色泥岩变质而成的板岩;② 中-晚侏罗世弧前和弧后盆地的浊积;③ 古生代早中期陆架沉积的碳酸盐岩-陆源碎屑岩和碳酸盐岩(图 5-1-5)。鄂霍茨克微古陆与奥莫隆微古陆结合部中蛇绿岩的年龄为 370～430 Ma(Oxman et al,1995),表明鄂霍茨克微古陆与奥莫隆微古陆之间的洋盆扩张年代至少是从志留纪中期开始的,并一直持续到泥盆纪晚期。

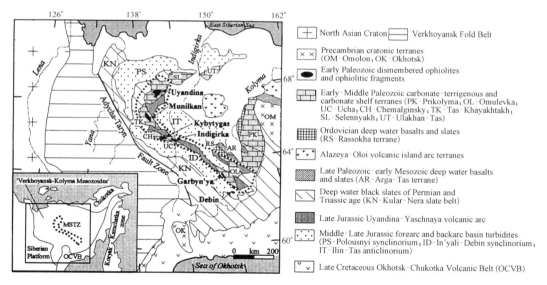

图 5-1-5　俄罗斯东北部 Chersky 蛇绿岩带围区构造-地层简图

(据 Oxman et al,1995)

鄂霍茨克微古陆与奥莫隆微古陆结合部(Chersky 蛇绿岩带)中的 Garbynya 蛇绿岩体为长约 1.5 km、宽约 500 m 的透镜体(图 5-1-6),由蛇纹岩、辉长岩角闪岩和角闪岩组成。Garbynya 蛇绿岩体的边缘由蛇纹岩构成,而核心为辉长岩和角闪岩。辉长岩和角闪岩的特征是带状弯曲成大的 S 形褶皱(图 5-1-6)。蛇绿岩体与相邻岩石陡峭接触,接触带中的蛇纹岩和碳酸盐岩强烈糜棱岩化和叶理化。角闪岩中的条带被后来的含低温矿物(阳起石、绿泥石和绿帘石)的变糜棱岩条带切割(Oxman et al,1995)。

Garbynya 蛇绿岩体的围岩有中-新元古代片岩,寒武纪大理岩,早奥陶纪石英砂岩、砾岩、绿泥石和绢云母片岩、酸性火山岩,以及中奥陶纪石灰岩、白云石和钙质泥质片岩(图 5-1-6)。

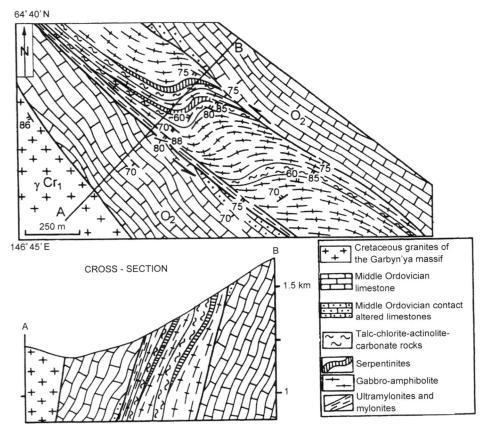

图 5-1-6 俄罗斯东北部 Garbynya 蛇绿岩体及围区地质平剖面图

(据 Oxman et al,1995)

5.2 科利马-奥莫隆微古陆及其陆缘

科利马-奥莫隆微古陆及其陆缘,西侧北段以上扬斯克褶皱带与西伯利亚古陆相接,西侧南段以 Chersky 褶皱带与鄂霍茨克微古陆相接,东北部以南 Anyuy 缝合带与东西伯利亚海盆地相接,东南部与新西伯利亚-楚科塔褶皱带(Novo Sibirsko - Chukotka Fold Belt)相接(图 5-0-1)。

科利马-奥莫隆微古陆是科利马微古陆和奥莫隆微古陆的合称,是中泥盆世从西伯利亚古陆分离的,被白垩纪关闭的 Oimyakon 洋盆分隔。

科利马微古陆以多个地区出露结晶基底-古生代早中期沉积岩为特征,这些地区包括

Selennyakh、Ucha、Chemalginsky、Tas-Khayakhtakh、Prikolyma、Omulevka、Ulakhan-Tas(图 5-1-5)。科利马-奥莫隆微古陆在前里菲系结晶基底之上,发育了里菲系、文德系—寒武系、奥陶系、泥盆系—白垩系(图 5-2-1)。

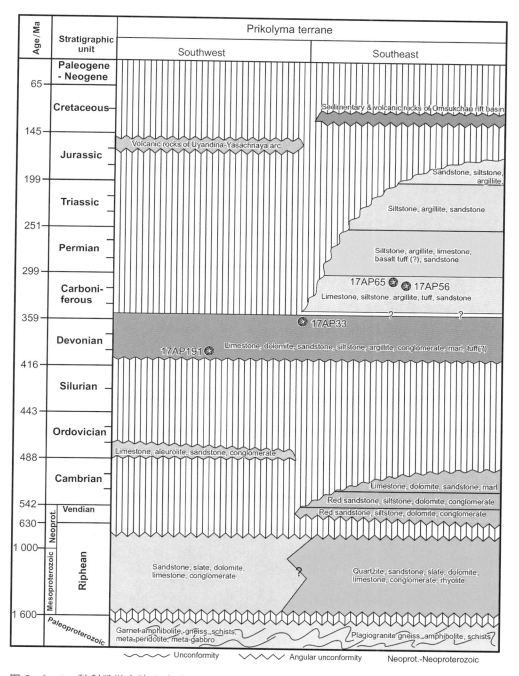

图 5-2-1　科利马微古陆 Prikolyma 地区南部地层格架简图

(据 Prokopiev et al,2019)

奥莫隆微古陆具有 2.8～3.4 Ga 的太古宙结晶基底,并发育里菲系和奥陶系陆表海型碎屑岩和碳酸盐岩。中-晚泥盆世滑石碱性熔岩和流纹质凝灰岩、粗面岩、粗安岩和玄武岩与砂岩、砾岩和粉砂岩互层分布广泛,上覆石炭系至中侏罗统(Parfenov,1991)。

5.2.1　科利马-奥莫隆微古陆结晶基底

科利马微古陆的结晶基底由片麻岩、角闪岩、结晶片岩等变质岩和花岗岩组成,变质岩年龄为 2 360±90 Ma,花岗岩年龄为 1 735±20 Ma(Sokolov,2010)。在 Prikolyma 地区出露古元古代变质岩(图 5-2-2)。在 Prikolyma 地区出露的泥盆纪—石炭纪陆源碎屑岩样品(图 5-2-2 中 17AP33、17AP56、17AP65)中,获得了 1 740～2 080 Ma 和 2 460～2 800 Ma 的碎屑锆石铀-铅年龄(Prokopiev et al,2019),反映了其物源来自科利马微古陆新太古界—古元古界。

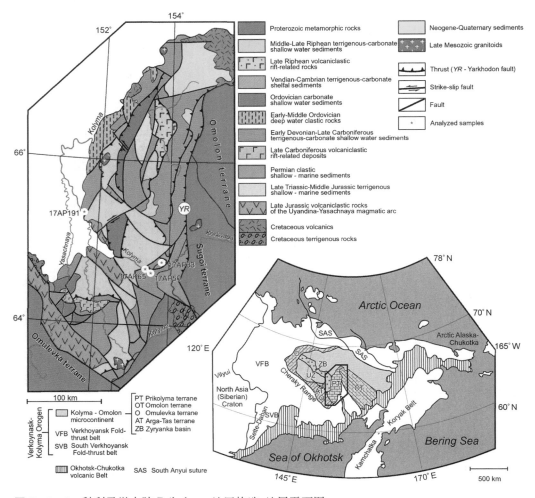

图 5-2-2　科利马微古陆 Prikolyma 地区构造-地层平面图

(据 Prokopiev et al,2019)

在奥莫隆微古陆的奥兰扎(Aulandzha)地垒出露太古宙结晶基底,其岩石类型多样: ① 黑云母花岗岩-片麻岩,含石榴石变质超基性岩透镜体;② 石榴石-黑云母斜长片麻岩、黑云母-紫苏辉石片岩;③ 透辉石斜长片岩、二辉石-角闪石片岩、石榴石-黑云母片麻岩; ④ 角闪石、透辉石-角闪石片麻岩;⑤ 石榴石-黑云母片麻岩,含少量堇青石;⑥ 透辉石角闪岩、二辉石-角闪岩、石榴石-透辉石-角闪石片岩;⑦ 紫苏长石、角闪石-二辉片岩和淡色麻粒岩(图 5-2-3)。

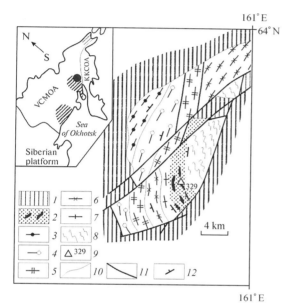

1. 里菲纪—古生代沉积岩;2—8. 太古宙。2. 黑云母花岗岩-片麻岩,含石榴石变质超基性岩透镜体; 3. 石榴石-黑云母斜长片麻岩、黑云母-紫苏辉石片岩;4. 透辉石斜长片岩、二辉石-角闪石片岩、石榴石-黑云母片麻岩;5. 角闪石、透辉石-角闪石片麻岩; 6. 石榴石—黑云母片麻岩,含少量堇青石;7. 透辉石角闪岩、二辉石-角闪岩、石榴石-透辉石-角闪石片岩;8. 紫苏长石、角闪石-二辉片岩和淡色麻粒岩;9. 取样位置;10. 地质界线;11. 断层;12. 变质叶理的方向。插图:阴影区域显示了俄罗斯东北部褶皱构造内的前里菲纪变质岩露头(从西南到东北: Okhotsk,Omolon - Taigonos,East Chukotka)。 VCMOA — Verkhoyansko - Chukotka 中生代造山区。 KKCOA — Koryak - Kamchatka 新生代造山区。黑点表示 Aulandzha 地区的位置。

图 5-2-3　奥莫隆微古陆奥兰扎地区地质图

(据 Akinin and Zhulanova,2016)

奥兰扎地区的石榴辉石岩中锆石的同位素地球化学和年代学研究结果表明,多晶杂岩形成的最早事件发生在古太古代(3.25~3.22 Ga,可能为 3.4 Ga)。这一事件由具有高重稀土元素和钛含量的锆石核心区记录。新太古代(约 2.6 Ga)变质事件留下了不太明显的印记。在角闪岩相条件下,导致石榴石-绿柱石形成的古元古代(1.9 Ga)变质事件被先前存在的大锆石颗粒和新形成的小颗粒的透明重结晶边缘记录下来。与锆石核心相比,锆石边缘显示明显较低的结晶温度和低一个数量级的铀、钍和重稀土元素,这标志着奥莫隆微古陆基底此时已演化为成熟大陆地壳(Akinin and Zhulanova,2016)。

5.2.2　科利马-奥莫隆微古陆盖层

科利马-奥莫隆微古陆及邻区在前里菲系结晶基底之上,发育了里菲系、文德系—寒武系、奥陶系、志留系、泥盆系、石炭系、二叠系、三叠系、侏罗系和白垩系。

里菲系厚度达 5 000 m(Prokopiev et al,2019),为裂谷盆地滨浅海相砾岩、砂岩、泥岩、白云岩、灰岩,夹流纹岩,局部岩石浅变质为板岩(图 5-2-1,图 5-2-2,图 5-2-3)。

文德系—寒武系厚度约为1 600 m(Prokopiev et al,2019),与里菲系角度不整合接触,为克拉通盆地滨浅海相砾岩、砂岩、粉砂岩、泥岩、泥灰岩、白云岩、灰岩(图5-2-1,图5-2-2)。

奥陶系为裂谷盆地滨浅海相砾岩、砂岩、凝灰质砂岩、钙质泥岩、灰岩、白云岩、灰岩、膏岩(图5-2-1,图5-2-4,图5-2-5,图5-2-6)。

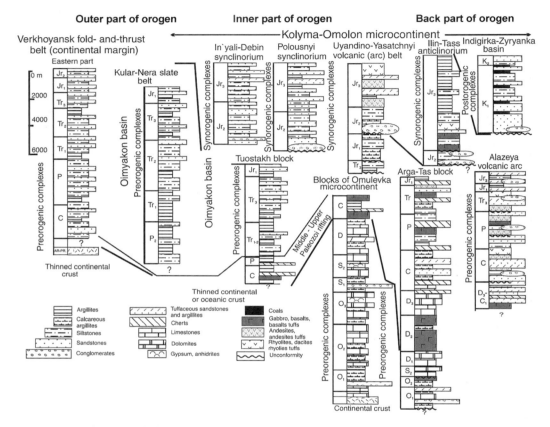

图5-2-4 科利马-奥莫隆微古陆及邻区不同地区地层对比图

(据Oxman,2003)

注:不同地区的位置见图4-5-10和图5-1-5。

志留系为裂谷盆地滨浅海相砾岩、砂岩、钙质泥岩、灰岩、白云岩、灰岩、膏岩(图5-2-4,图5-2-5,图5-2-6)。

下泥盆统为裂谷盆地滨浅海相钙质泥岩、灰岩、白云岩、灰岩;中泥盆统为裂谷盆地滨浅海相砾岩、砂岩、粉砂岩、泥岩、泥灰岩、灰岩、白云岩及玄武岩、玄武质凝灰岩;上泥盆统为被动大陆边缘盆地滨浅海相-深海相砾岩、砂岩、粉砂岩、泥岩、泥灰岩、灰岩、白云岩及硅质岩(图5-2-1,图5-2-4,图5-2-5,图5-2-6)。

石炭系为被动大陆边缘裂谷盆地滨浅海相-深海相砂岩、粉砂岩、泥岩、泥灰岩、灰岩、玄武岩、流纹岩、凝灰岩、凝灰质砂岩及硅质岩(图5-2-1,图5-2-4,图5-2-5,图5-2-6)。

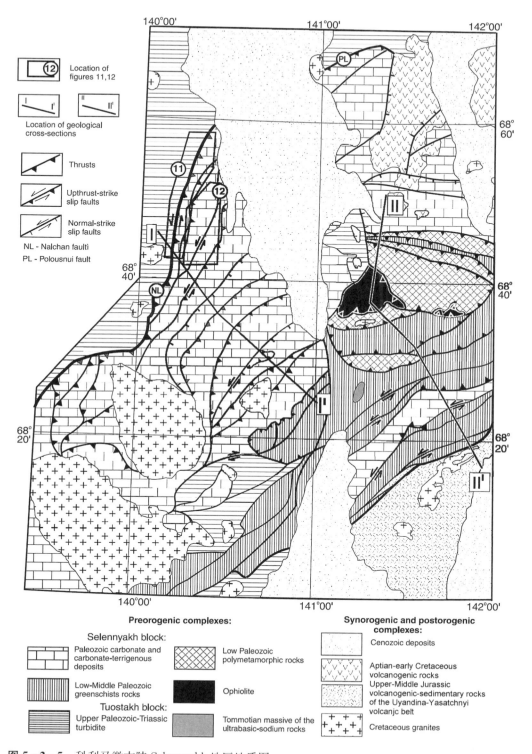

图 5 - 2 - 5　科利马微古陆 Selennyakh 地区地质图

（据 Oxman，2003）

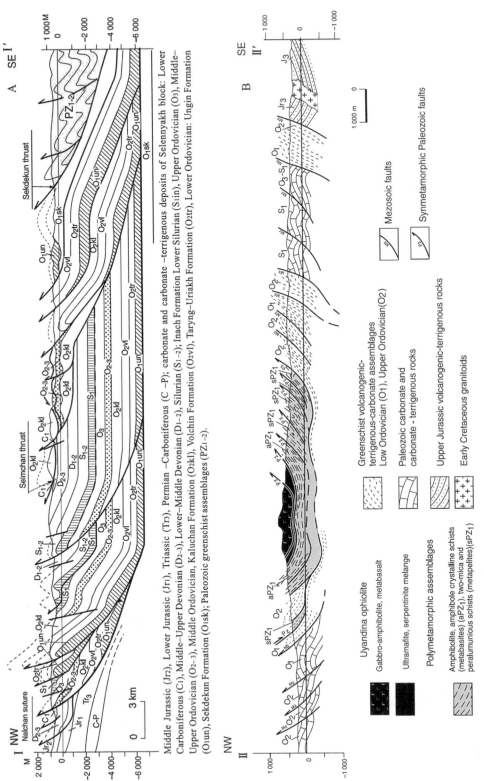

Middle Jurassic (Jr2), Lower Jurassic (Jr1), Triassic (Tr3), Permian –Carboniferous (C –P); carbonate and carbonate –terrigenous deposits of Selennyakh block: Lower Carboniferous (C1), Middle–Upper Devonian (D2–3), Lower–Middle Devonian (D1–2), Silurian (S1–2); Inach Formation Lower Silurian (S1in), Upper Ordovician (O3), Middle Upper Ordovician (O2–3), Middle Ordovician, Kaluchan Formation (O2kl), Volchin Formation (O2vl), Taryng–Uriakh Formation (O2tr), Lower Ordovician: Ungin Formation (O1un), Sekdekun Formation (O1sk); Paleozoic greenschist assemblages (PZ1–2).

Uyandina ophiolite
Gabbro-amphibolite, metabasalt

Ultramafite, serpentinite melange

Polymetamorphic assemblages

Amphibolite, amphibole crystalline schists (metabasites) (aPZ1), two-mica and peraluminous schists (metapelites)(sPZ1)

Greenschist volcanogenic-terrigenous-carbonate assemblages

Low Ordovician (O1), Upper Ordovician (O2)

Paleozoic carbonate and carbonate - terrigenous rocks

Upper Jurassic volcanogenic-terrigenous rocks

Early Cretaceous granitoids

Mezosoic faults

Synmetamorphic Paleozoic faults

图 5－2－6 科利马微古陆 Selennyakh 地区 Ⅰ－Ⅰ′和Ⅱ－Ⅱ′地质剖面图

（位置见图 5－2－5，据 Oxman，2003）

二叠系为弧后盆地滨浅海相-深海相砾岩、砂岩、粉砂岩、泥岩、泥灰岩、灰岩、玄武岩、安山岩、硅质岩(图 5-2-1,图 5-2-4)。

三叠系为弧后盆地滨浅海相-深海相砾岩、砂岩、凝灰质砂岩、粉砂岩、泥岩、玄武岩、安山岩、流纹岩、硅质岩(图 5-2-1,图 5-2-4)。

中-下侏罗统为弧后盆地滨浅海相-深海相砾岩、砂岩、凝灰质砂岩、粉砂岩、泥岩、硅质岩;上侏罗统为弧后前陆盆地滨浅海相砂岩、凝灰质砂岩、粉砂岩、泥岩、玄武岩、安山岩、流纹岩(图 5-2-1,图 5-2-4)。

白垩系为弧后前陆盆地陆相-滨浅海相砂岩、凝灰质砂岩、粉砂岩、泥岩、火山岩(图 5-2-1,图 5-2-4)。

5.3　新西伯利亚-楚科塔褶皱带

新西伯利亚-楚科塔褶皱带(Novo Sibirsko - Chukotka Fold Belt)是中生代安友伊洋关闭,科利马-奥莫隆微古陆、楚科塔微古陆碰撞,并伴随岩浆活动而形成的褶皱带。楚科塔微古陆南部褶皱隆起形成造山带或岛屿,北部沉降形成沉积盆地(图 5-0-1,图 5-3-1)。

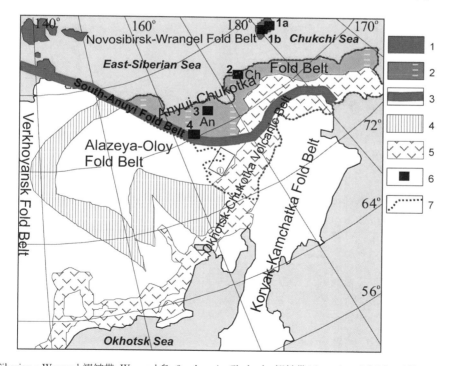

1—New Siberian - Wrangel 褶皱带,Wrangel 岛;2—Anyui - Chukotka 褶皱带(An—Anyui 岛弧亚地块,Ch—Chaun 亚地块);3—南 Anyui 褶皱带;4—Kolyma 褶皱带;5—Okhotsk - Chukotka 火山岩带;6—古生代碳酸盐岩露头地点(1—Wrangel 岛;2—Kuul 隆起;3—Alyarmaut 隆起;4—Polyarnyui 隆起);7—新西伯利亚-楚科塔褶皱带边界。

图 5-3-1　俄罗斯东北部构造组成简图和古生代碳酸盐岩露头位置

(据 Tuchkova et al,2018 修编)

5.3.1 楚科塔微古陆结晶基底及隆起区盖层

弗兰格尔岛(Wrangel Island)、楚科塔褶皱带和新西伯利亚群岛(New Siberian Islands)研究成果表明,楚科塔微古陆具有前寒武系结晶基底,结晶基底最终形成时间为 600 Ma 左右。结晶基底之上覆盖了古生界、中生界及新生界(Sokolov,2010;Sokolov et al,2017;Ershova et al,2018;Kuzmichev et al,2018;Moiseev et al,2018;Tuchkova et al,2018;2021;Metelkin et al,2020;Metelkin et al,2022)。

1. 弗兰格尔岛结晶基底及盖层

在弗兰格尔岛出露的新元古代变质基底,由角闪石、绿帘石-角闪岩和绿片岩组成,是沉积岩和火山岩变质作用的产物,后被花岗岩切割(677～609 Ma)(Sokolov,2010;Sokolov et al,2017;Moiseev et al,2018)。

弗兰格尔岛结晶基底称为 Wrangelian 新元古界杂岩,厚度为 1.5～2 km,主要出露于佛罗伦萨角(Cape Florence)到中央山脉一带(图 5-3-2,图 5-3-3,图 5-3-4),由强烈

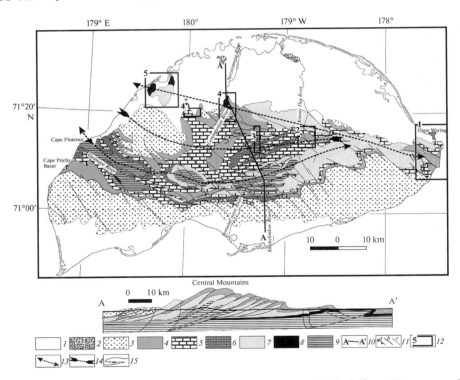

图中方框:1—东部地区,Cape Waring 地区;2～4—中央地区(2—Krasny Flag 河中游;3—Neizvestanaya 河中游;4—Lemingovaya 河口);4'—Tundrovaya 河;5—西北地区 Dream-Head 山脉。

图例:1—第四纪;2—上白垩统—古近系;3—三叠系;4—二叠系;5—石炭系;6—下石炭统;7—泥盆系和泥盆系—下石炭统;8—上志留统—下石炭统;9—新元古界;10—剖面线;11—断层(a—平面图上的逆冲断层;b—剖面上的逆冲断层;c—走滑断层);12—重点区域边界;13—背斜;14—向斜;15—海岸线。

图 5-3-2　楚科塔古陆 Wrangel 岛地质图及剖面图

(据 Moiseev et al,2018 修改)

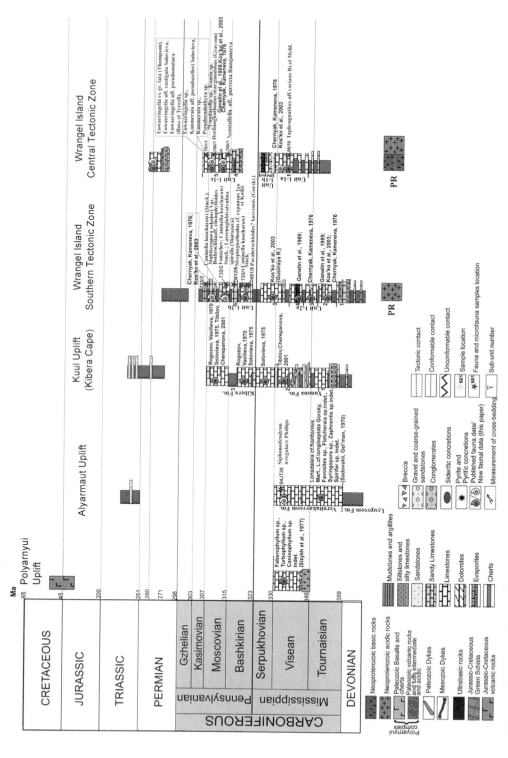

图 5－3－3 新西伯利亚－楚科奇褶皱带及 Wrangel 岛地层对比图

（据 Tuchkova et al.，2018 修改）

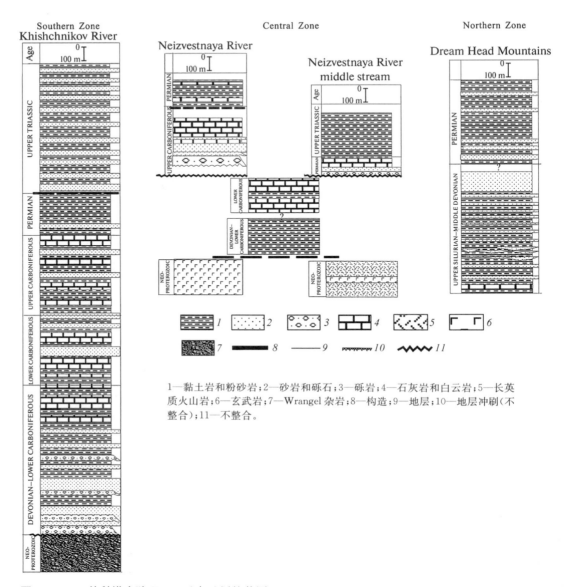

1—黏土岩和粉砂岩；2—砂岩和砾石；3—砾岩；4—石灰岩和白云岩；5—长英质火山岩；6—玄武岩；7—Wrangel 杂岩；8—构造；9—地层；10—地层冲刷（不整合）；11—不整合。

图 5-3-4　楚科塔古陆 Wrangel 岛地层柱状图

（据 Sokolov et al,2017 修改）

变形的、绿片岩和绿帘石角闪岩相条件下变质的火山岩和沉积岩组成，有零星的透镜状和层状蚀变的碳酸盐岩、花岗岩和角闪岩岩体。地球化学研究表明，弗兰格尔岛花岗岩为形成于安第斯型大陆边缘的过铝质 I 型花岗岩（Sokolov et al,2017）。三叠系广泛出露（图 5-3-2），三叠系砂岩的锆石年龄多为 600～2 400 Ma（图 5-3-5）（Miller et al,2006；Tuchkova et al,2021）。

弗兰格尔岛变形沉积盖层由上志留统—下泥盆统的滨浅海相陆源碎屑岩-碳酸盐岩、泥盆系的冲积相-滨浅海相陆源碎屑岩、上泥盆统—下石炭统的滨浅海相碳酸盐岩-陆源

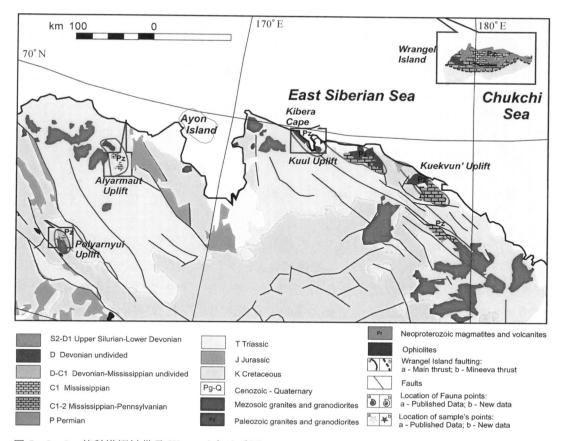

图 5 - 3 - 5　楚科塔褶皱带及 Wrangel 岛地质图

（据 Tuchkova et al,2018 修改）

碎屑岩、中-上石炭统的滨浅海相陆源碎屑岩-碳酸盐岩、二叠系的滨浅海相碳酸盐岩-陆源碎屑岩和三叠系的浅海相-深海相浊积岩杂岩组成（图 5 - 3 - 3,图 5 - 3 - 4）。弗兰格尔岛不同时期的盆地类型：志留纪为裂谷-被动大陆边缘盆；早泥盆世为被动大陆边缘盆地；中-晚泥盆世为与埃尔斯米尔造山运动（Ellesmerian）相关的前陆盆地；石炭纪——二叠纪为被动大陆边缘盆地；三叠纪为与早基梅里造山运动相关的弧后前陆盆地。

　　2. 楚科塔褶皱带结晶基底及盖层

　　在东楚科塔褶皱带东部，出露了角闪岩相和绿片岩相的变质火山岩和变质碎屑沉积岩、大理石、花岗片麻岩、超镁铁质岩。东楚科塔和阿拉斯加西沃德（Seward）半岛的变质杂岩具有相似性,因此可以视为与结晶基底相同的同一地体。结晶基底的年龄,用铷-锶测年法确定其为 2 565 Ma 和 1990 Ma,用钾-氩测年法确定其为 1 570 Ma 和 1 680 Ma。正片麻岩的锆石年龄为 650～540 Ma（Sokolov,2010）。楚科塔褶皱带三叠系广泛分布（图 5 - 3 - 5）,上三叠统岩石的锆石年龄范围为 2 700～205 Ma（图 5 - 3 - 6）（Miller et al,2006；Tuchkova et al,2021）。

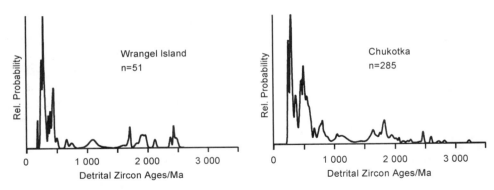

图 5 - 3 - 6 楚科塔褶皱带及 Wrangel 岛三叠系砂岩锆石年龄分布

（据 Miller et al,2006 修改）

楚科塔褶皱带的盖层主要包括古生界和中生界（图 5 - 3 - 7）。古生界主要为中奥陶世至中石炭世碳酸盐岩、碳酸盐岩-陆源碎屑岩（图 5 - 3 - 3,图 5 - 3 - 7），古生代沉积岩大多发生了角闪岩相和绿片岩相变质作用（图 5 - 3 - 7）。中生界三叠系为沉积在陆架、陆坡和隆起上的浊积岩。三叠系下部出现大量的粗玄岩床和小型片状侵入体，与围岩一起变形为褶皱。从此类侵入体中分离出年龄为 252±4 Ma 的锆石,表明楚科塔褶皱带盖层中有二叠纪岩石的存在。上侏罗统—下白垩统为陆源碎屑岩,包括砾岩和含植物碎屑的页岩夹层（Sokolov,2010）。根据区域构造演化和地质记录分析可知,楚科塔褶皱带不同时期的盆地类型：奥陶纪为裂谷盆地；志留纪为裂谷-被动大陆边缘盆；早泥盆世为被动大陆边缘盆地；中-晚泥盆世为与埃尔斯米尔造山运动相关的前陆盆地；石炭纪—二叠纪为被动大陆边缘盆地；三叠纪为与早基梅里造山运动相关的弧后前陆盆地；侏罗纪—白垩纪为滨浅海相-冲积相前陆盆地。

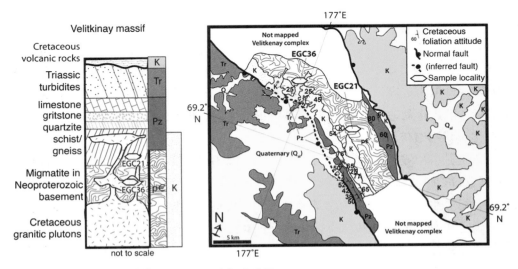

图 5 - 3 - 7 楚科塔褶皱带 Velitkenay 隆起地质图

（据 Gottlieb et al,2018 修改）

3. 新西伯利亚群岛结晶基底及盖层

新西伯利亚群岛包括 3 组岛屿,分别是 Lyakhov 岛屿组(Bol'shoi 岛和 Malyi Lyakvov 岛、Stolbovoi 岛)、Anzhu 岛屿组(Kotel'nyi 岛、l'kovskii 岛、Faddeevskii 岛和 New Siberia 岛)和 De Long 岛屿组(Vil'kitskii 岛、Zhokhov 岛、Bennett 岛、Jeannette 岛和 Henrietta 岛)。其中,Lyakhov 岛屿组发育于晚侏罗世—早白垩世前陆盆地,而 Anzhu 岛屿组发育于古生代碳酸盐岩台地,De Long 岛屿组发育于中新生代沉积盆地(图 5-3-8)。其结晶基底均为前寒武系。

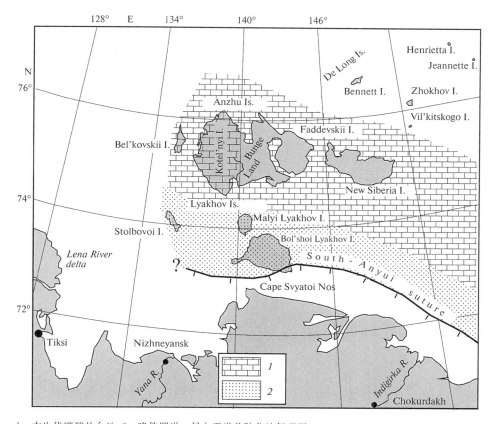

1—古生代碳酸盐台地;2—晚侏罗世—早白垩世前陆盆地复理石。

图 5-3-8　新西伯利亚群岛地质简图

(据 Korago et al,2014)

在德隆(De Long)岛屿组的亨利埃塔(Henrietta)岛的粗玄岩和二长闪长斑岩样品中获得的锆石铀-铅年龄分别为 655～637 Ma、850 Ma、1 100～1 000 Ma、1 200 Ma、1 400 Ma、1 500 Ma、1 650 Ma、2 450 Ma、2 650 Ma、2 950 Ma(图 5-3-9);凝灰岩样品中获得的锆石铀-铅年龄分别为 661～637 Ma、3 000～1 000 Ma。在霍霍夫(Zhokhov)岛的新生代花岗岩和砂岩样品中获得的锆石铀-铅年龄分别为 647～547 Ma、1 100～1 000 Ma、1 400 Ma、1 900 Ma、2 650 Ma 和 2 900 Ma(Korago et al,2014)。

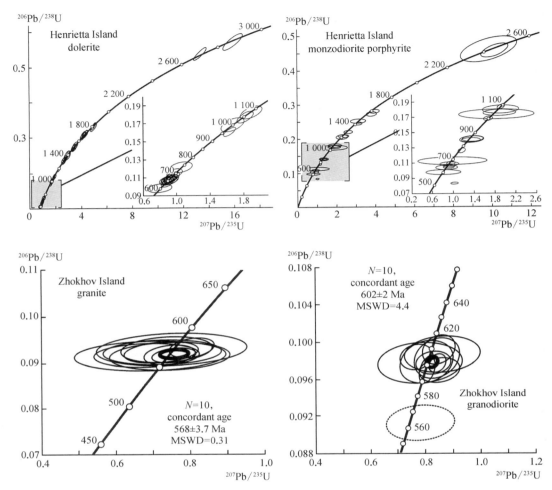

图 5 - 3 - 9 亨利埃塔岛和霍霍夫岛不同岩性样品锆石年龄分布

（据 Korago et al,2014 修改）

在安竹(Anzhu)岛屿组的科特尔尼(Kotel'nyi)岛西部出露了奥陶系、志留系、泥盆系、石炭系和二叠系(图 5 - 3 - 10)。

在泥盆系弗拉斯阶(Nerpalakh 组)石英砂岩样品中,92%的锆石颗粒的年龄为前寒武纪,1 个锆石颗粒的年龄为 2 654±10 Ma(新太古代)。古元古代的锆石颗粒占比为 26%,峰值年龄分别为 1 753 Ma、1 714 Ma 和 1 616 Ma。中元古代的锆石颗粒占比为 32%,峰值年龄分别为 1 553 Ma、1 365 Ma、1 264 Ma 和 1 157 Ma,并在 1 505 Ma 和 1 479 Ma 形成较小峰值。新元古代的锆石颗粒占比为 31%,峰值年龄分别为 972 Ma、948 Ma、743 Ma、670 Ma、628 Ma、598 Ma、585 Ma 和 568 Ma(图 5 - 3 - 11)。早古生代至中古生代的锆石颗粒占比为 8%,峰值年龄不明显(Ershova et al,2018)。

在石炭系杜内阶—维宪阶 Tas - Ary 组石英砂岩样品中,大多数锆石颗粒的年龄为前寒武纪,新太古代的锆石颗粒占比为 4%,峰值年龄为 2 674 Ma。古元古代的锆石颗粒占

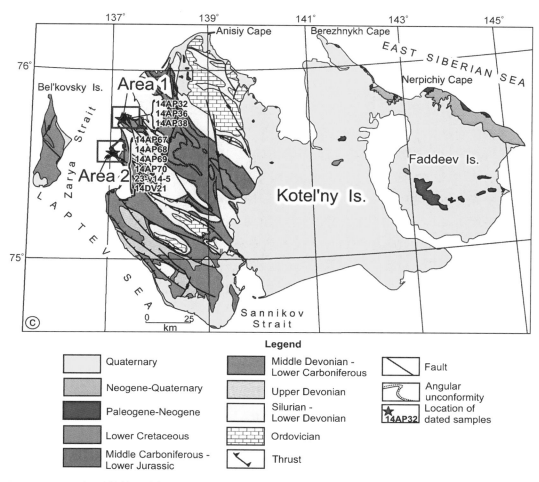

图 5 - 3 - 10　新西伯利亚群岛 Kotel'ny 岛及邻区地质图

（据 Ershova et al,2018）

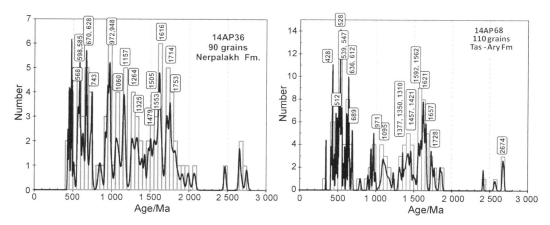

图 5 - 3 - 11　科特尔尼岛 Nerpalakh 组和 Tas - Ary 组锆石年龄分布

（据 Ershova et al,2018 修改）

269

比为 20%，峰值年龄分别为 1 728 Ma、1 657 Ma 和 1 621 Ma。34% 的锆石颗粒为中元古代，在 1 590 Ma 和 1 300 Ma 之间形成多个峰值。新元古代的锆石颗粒占比为 22%，峰值年龄分别为 971 Ma、689 Ma、636 Ma、612 Ma。古生代的锆石颗粒占比为 26%，其中，早古生代的锆石颗粒占比为 21%，峰值年龄分别为 547 Ma、539 Ma、528 Ma、512 Ma 和 428 Ma（图 5-3-11）。

新西伯利亚群岛出露的沉积地层有寒武系、奥陶系、志留系、泥盆系、石炭系、二叠系、三叠系、侏罗系、白垩系、古近系、新近系和第四系（Bragin et al，2012；Danukalova et al，2014；2015；Nikitenko et al，2017；Ershova et al，2018）。

在德隆岛屿组的 Bennett 岛出露了寒武系（图 5-3-12）。下寒武统[Unit1，阿特达班阶—波托姆阶（Botomian）?]由浅海相透镜状砂岩，砂岩，粉砂岩和暗色泥岩的互层，以及少量含砾砂岩和砾岩组成，含三叶虫化石，砂岩中发育丘状和洼状交错层理。中-下寒武统（Unit2，图央阶—玛雅阶底部）主要由浅海相灰色和绿灰色页岩，以及少量粉砂岩、砂岩、生物碎屑石灰岩组成，含三叶虫化石，砂岩见强生物扰动构造、浪成交错层理、波痕。中寒武统（Unit3，玛雅阶）由低能局限浅海相灰绿色粉砂质泥岩、粉砂岩和粉色灰岩组成，泥岩和碳酸盐岩都含有三叶虫化石。上寒武统（Unit4）由陆坡半深海相黑色页岩、灰岩、粉砂岩、细砂岩组成，含三叶虫化石、黄铁矿结核，见厘米级-分米级滑塌褶皱构造（Danukalova et al，2014）。

新西伯利亚群岛的 Kotelny 岛出露的奥陶系主要为浅海相灰岩，夹暗色泥岩，含燧石结核、珊瑚化石和叠层石（图 5-3-13）。志留系底部主要为深水浅海相薄层灰岩与暗色泥岩互层；志留系中部主要为深水浅海相薄层灰岩夹暗色泥岩，含燧石结核、角砾灰岩透镜体；志留系上部为浅海相白云岩、灰岩（图 5-3-13）。泥盆系为滨浅海相砂岩、粉砂岩、泥岩，夹灰岩（图 5-3-13）。石炭系下部为滨浅海相砂岩、粉砂岩、泥岩；石炭系中上部为泥质灰岩、泥灰岩、灰岩、砂质灰岩（图 5-3-13）。二叠系为滨浅海相砂岩、粉砂岩、泥岩（图 5-3-13）。三叠系（图 5-3-14）主要为深水陆架泥岩，夹薄层粉砂岩、粉砂质泥岩，含钙质结核、黄铁矿结核，含双壳类、放射虫类化石（Konstantinov et al，2022）。

下侏罗统 Pessovaya 组主要为黑色和棕色泥岩，其中含有黑色和灰色粉砂岩、砂岩薄层，含有孔虫和保存较差的双壳类化石（Nikitenko et al，2017），地层总厚度为 265 m，沉积类型为深水浅海相复理石沉积。Pessovaya 组上覆 Erge - Yuryakh 单元，主要为浅灰色或绿灰色和棕色砂岩，有泥岩和粉砂岩夹层，具有海底滑塌构造、黄铁矿结核、煤透镜体和夹层以及碳化植物碎片，含有孔虫、介形类化石（Nikitenko et al，2017），可见厚度为 102 m，沉积类型为半深海-深海相海底扇沉积。下侏罗统 Murunnakh 单元和中侏罗统 Zeeberga 单元由浅灰色或局部棕色粉砂岩、砂岩组成，具有小型和大型波痕、交错层理，含致密钙质砂岩小透镜体，见有孔虫、浮游植物、孢粉化石（Nikitenko et al，2017），出露厚度分别为 10~20 m 和 40~90 m，沉积类型为浅海相沉积。在 Dragotsennaya 河下游出露了不到 2 m 的巴通阶海绿石砂岩。上侏罗统—下白垩统 Krestoviy 单元主要为含铁棕色页岩和浊积岩，含双壳类化石，浊积岩表现为浅灰色砂岩、深灰色至黑色泥岩、粉砂岩的交替

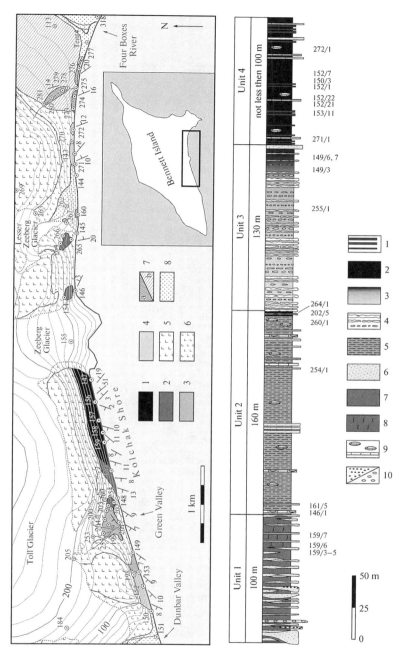

地质图：1—下寒武统(Unit1,阿特达班阶—波托姆阶?)；2—中-下寒武统(Unit2,图央阶—玛雅阶底部)；3—中寒武统(Unit3,玛雅阶)；4—上寒武统(Unit4)；5—下白垩统玄武岩；6—冰碛物；7—奥陶系(a—岩层露头；b—碎石)；8—第四系。柱状图图例：1—上寒武统黑色页岩中的粉砂岩夹层；2—黑色页岩；3—中寒武统绿色泥岩粉砂岩,向上呈深灰色；4—中寒武统石灰岩块状层和结核；5—页理状和板状灰色粉砂岩和泥岩；6—砂岩；7—粉砂岩和泥岩,含砂岩透镜体；8 与 7 相同,具强烈生物扰动；9—碳酸盐层和结核；10—砾石/砾岩。

图 5-3-12　新西伯利亚群岛 Bennett 岛地质图及寒武系地层柱状图

(据 Danukalova et al,2014 修改)

注：右边的数字是指三叶虫化石的标本编号。

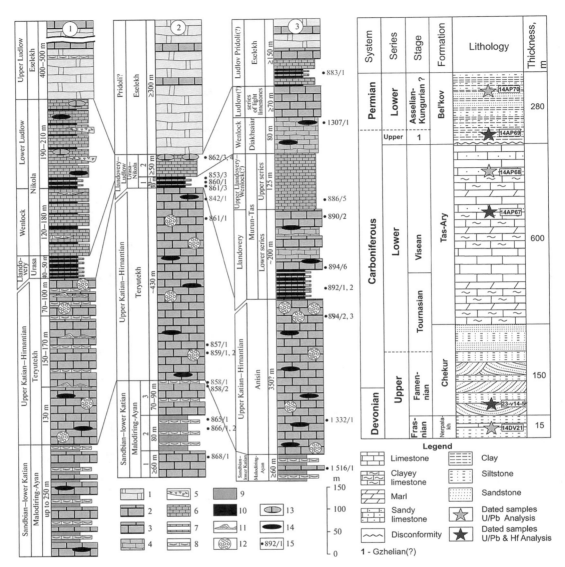

奥陶系—志留系地层柱状对比图：① 西南地区；② Tuor Yuryakh 地区；③ Kazarka 地区。图例：1—白云岩；2—块状石灰岩；3—块状灰-灰褐色微晶和细粒石灰岩；4—灰色粗板状石灰岩；5—碳酸盐角砾岩；6—灰色、深灰色薄层状石灰岩；7—深色泥质石灰岩；8—生物碎屑石灰岩；9—绿灰色泥岩；10—黑色泥岩；11—叠层石；12—珊瑚；13—碳酸盐结核；14—燧石结核；15—化石样本编号（Danukalova et al，2015）。

图 5-3-13 新西伯利亚群岛 Kotelny 岛奥陶系—二叠系地层柱状图

注：泥盆系—二叠系地层柱状图基于图 5-3-10 中 Area2 区露头测量数据（Ershova et al，2018）。

韵律，韵律厚度几十厘米到几米不等（Nikitenko et al，2017），厚度为 700～1 500 m，沉积类型为浅海相沉积（图 5-3-15）。

下白垩统 Glubokoe 单元主要为灰色泥质粉砂岩和深灰色泥岩，夹薄层粉砂岩，底部为厚层绿灰色海绿石砂岩，含火山岩卵石和巨砾，在顶部的泥质粉砂岩中见古生代灰岩巨砾（Nikitenko et al，2017），厚度 106 m，为滨浅海相沉积。阿普特阶顶部—阿尔必阶，下部

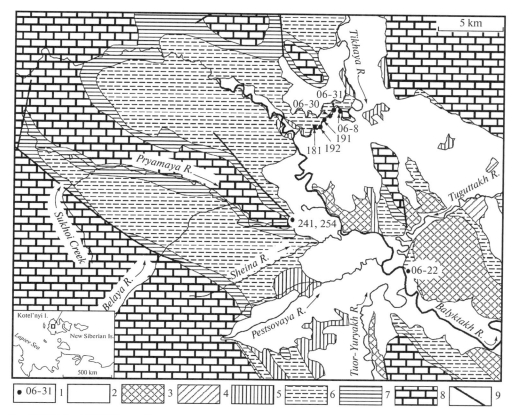

1—重要的露头及其编号；2—第四系；3—白垩系含煤岩系；4—下侏罗统；5—瑞替阶（?）—里阿斯阶；6—上三叠统；7—下、中三叠统；8—古生界；9—断裂。

图 5-3-14　新西伯利亚群岛 Kotelny 岛中部三叠系露头围区地质图

（据 Bragin et al,2012）

主要为灰色、黄灰色或褐色泥质粉砂岩、泥岩、细砂岩,具有水平、透镜状或交错层理,含煤层（厚度 1～25 m）,以及菱铁矿标志层；上部岩性多样,有凝灰岩、灰色或深灰色泥岩、浅灰色或黄色砂岩、煤、石英斑岩、熔结凝灰岩、流纹岩（Nikitenko et al,2017）,为陆相火山-陆源碎屑沉积（图 5-3-15）。

上白垩统 Bunge 组与下伏地层不整合接触,主要为杂色（浅灰色、绿色、棕色或淡紫色）泥岩、泥质粉砂岩、砂岩,含砾砂岩,含植物化石和薄煤层。Derevyannogorskaya 组由棕灰色和黄色泥岩、浅灰色或黄色粉砂岩、细粒和中粒凝灰质砂岩组成,含植物化石（Nikitenko et al,2017）。上白垩统为陆相沉积（图 5-3-15）。古近系和新近系为冲积相-滨海相泥岩、粉砂岩、含砾砂岩（Kos'ko and Korago,2009）。

根据区域构造演化和地质记录分析,寒武纪—早奥陶世为裂谷盆地；中奥陶世—志留纪为裂谷-被动大陆边缘盆；早泥盆世为被动大陆边缘盆地；中-晚泥盆世为与埃尔斯米尔造山运动相关的前陆盆地；石炭纪—二叠纪为被动大陆边缘盆地；三叠纪为与早基梅里造山运动相关的弧后前陆盆地。侏罗纪—白垩纪为滨浅海相-冲积相前陆盆地。

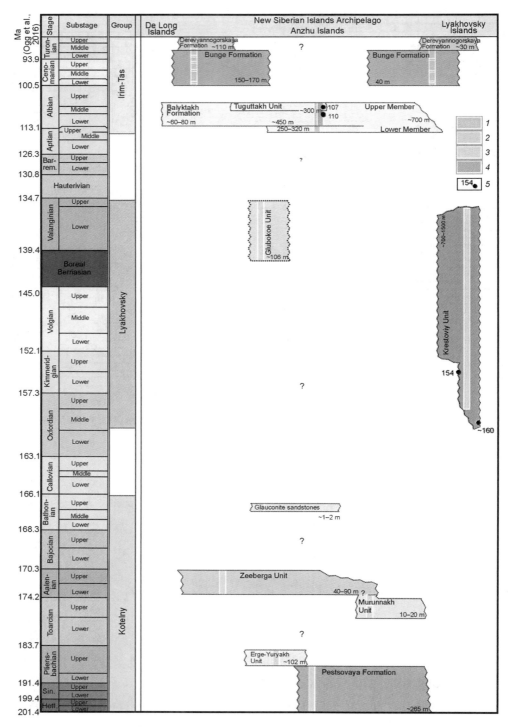

1—陆相；2—潟湖、滨浅海相；3—深水浅海相；4—火山岩-沉积岩；5—测年样品位置及地质年龄。

图 5‐3‐15　新西伯利亚群岛侏罗系—白垩系露头分布及沉积相带

（据 Nikitenko et al,2017）

5.3.2　岩浆岩带及其沉积地层

新西伯利亚-楚科塔褶皱带的火山弧地块有安友伊岩浆岩带、阿拉泽亚-奥洛伊（Alazeya-Oloy）岩浆岩带和鄂霍茨克-楚科塔（Okhotsk-Chukotka）岩浆岩带（图5-3-1）。中生代晚期，安友伊岩浆岩带作用于楚科塔微古陆边缘，阿拉泽亚-奥洛伊作用于科利马-奥莫隆微古陆边缘，两者被南安友伊缝合带分隔。鄂霍茨克-楚科塔岩浆岩带作用于鄂霍茨克-奥莫隆-楚科塔古陆东南缘（现今方位）的巨型岩浆岩带（Sokolov，2010；Amato et al，2015；Prokofiev et al，2018；Tsukanov and Skolotnev，2018；Tuchkova et al，2018；Kara et al，2019；Sokolov et al，2021）。

1. 安友伊岩浆岩带

Alyarmaut 隆起的地质记录表明，安友伊岩浆岩带北部为白垩纪楚科塔微古陆边缘遭受岩浆作用形成的岩浆岩带。Alyarmaut 隆起出露了晚泥盆世—早石炭世云母片岩、页岩、灰岩；下-中三叠统粉砂岩、砂岩复理石；上三叠统黏土岩夹砂岩复理石、片岩；上侏罗统—下白垩统砂岩；白垩系火山沉积岩；第四系陆源碎屑沉积物；白垩系花岗岩类侵入体、闪长岩和辉长岩类侵入体（图5-3-16）。花岗岩的锆石铀-铅年龄为 $116\pm2\sim109\pm2$ Ma；

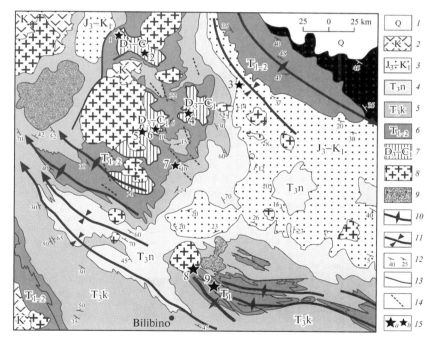

1—第四纪沉积物；2—火山沉积（K）；3—块状砂岩（J_3-K_1）；4—片岩（T_3n）；5—黏土岩夹砂岩（T_3k）；6—粉砂岩、砂岩（T_{1-2}）；7—云母片岩，石灰岩（D_3-C_1）；8—花岗岩类（K）；9—闪长岩、辉长岩（K）；10—背斜轴；11—向斜轴；12—岩层和节理产状；13—逆冲断层；14—侵入岩脉（K_1）；15—a 为金矿床，b 为矿化点（1—Kan'on；2—Tainyi；3—Vstrechnyi；4—Vernitakaiveem；5—Levyi Lyupveem；6—Pravyi Lyupveem；7—Yanramkyvaam；8—Ozernoye；9—Karalveem）。

图 5-3-16　Anyui 岩浆岩带 Alyarmaut 隆起地质图

（位置见图 5-3-1，据 Prokofiev et al，2018 修编）

长英质凝灰岩与熔岩的钾-氩年龄94±6 Ma(Prokofiev et al,2018)。

Polyarnyui隆起的地质记录表明,安友伊(Anyui)岩浆岩带南部为洋岛和洋壳遭受白垩纪岩浆作用形成的岩浆岩带。Polyarnyui隆起出露石炭系、三叠系、侏罗系、白垩系和新生界[图5-3-17(a)],逆冲推覆构造发育,多见石炭纪杂岩逆冲推覆到白垩纪玄武岩之上[图5-3-17(b)]。石炭系以洋壳超基性玄武岩(蛇绿岩)为基底[图5-3-17(b)中CD剖面],自下而上岩石类型如下:玄武岩,夹硅质岩;复成分角砾岩(火山岩、灰岩角砾);碳酸盐岩,含硅质岩,含珊瑚、腕足类化石;复成分含砾砂岩,砾石和砂粒的成分主要为火山碎屑和灰岩碎屑(图5-3-17)。这一沉积序列为典型的洋岛沉积序列(Tuchkova et al,2018)。

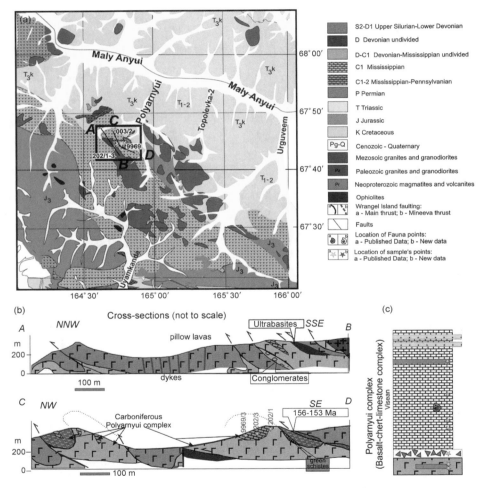

图5-3-17 Anyui岩浆岩带Polyarnyui隆起地质图、剖面图、岩性序列

(a)地质图;(b)剖面图;(c)岩性序列

(位置见图5-3-1,据Tuchkova et al,2018修改)

2. 阿拉泽亚-奥洛伊岩浆岩带及安友伊缝合带

阿拉泽亚-奥洛伊(Alazeya - Oloy)岩浆岩带位于安友伊缝合带南侧,出露前碰撞阶

段岩石包括晚古生代火山岩和沉积岩,二叠纪—三叠纪蛇绿岩、超基性杂岩,三叠纪辉长岩,花岗岩,中侏罗世阿拉泽亚-奥洛伊岩浆弧的火山碎屑沉积岩。同碰撞阶段的岩石包括侏罗系超基性岩,侏罗系火山岩、火山碎屑岩,上侏罗统沉积岩,白垩系沉积岩。后碰撞阶段的岩石包括白垩纪火山岩、沉积岩,白垩纪中性侵入岩,白垩纪花岗岩,局部覆盖第四纪玄武岩和未固结沉积物(图 5 - 3 - 18)。

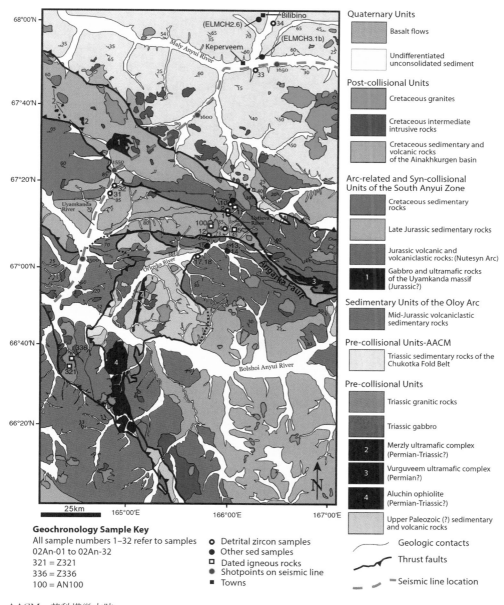

AACM—楚科塔微古陆。

图 5 - 3 - 18　南安友伊缝合带及邻区地质图

(据 Amato et al,2015 修改)

南安友伊缝合带主要是洋壳及岛弧地体向楚科塔微古陆之下俯冲形成的(图5-3-19)。俯冲造山带中的基性-超基性杂岩体在南安友伊缝合带解释为蛇绿岩或蛇绿岩残片,包括Aluchin、Vurguvem(或Gromadnesky)、Uyamkanda(或Polyarny)和Merzlyui蛇绿岩(图5-3-1)。这些杂岩体由蛇纹石化橄榄岩和其他基性和超基性岩石组成,包括辉石岩、辉长岩、辉绿岩脉、玄武岩-燧石序列和斜长花岗岩(Amato et al,2015)。

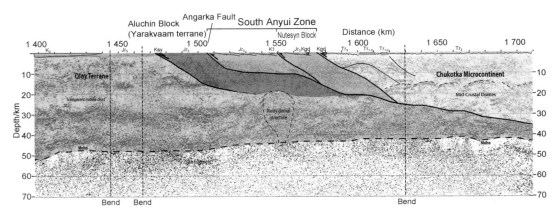

图5-3-19　南安友伊缝合带及邻区地震剖面地质解释

(剖面位置见图5-3-18,据Amato et al,2015)

Uyamkanda超基性岩的氩-氩年龄为257~229 Ma,相当于二叠纪晚期或三叠纪早期,可能是原岩的年龄,也可能是随后的变质作用年龄。Vurguvem超基性杂岩的氩-氩年龄为石炭纪。Aluchin超基性杂岩中的辉长岩中锆石获得了280 Ma的铀-铅年龄,相当于二叠纪中期。Aluchin超基性杂岩中的辉绿岩脉的氩-氩年龄为三叠纪。总体来说,安友伊缝合带的超基性杂岩和辉长岩的氩-氩年龄为320 Ma±至220 Ma±(Amato et al,2015)。

3. 鄂霍茨克-楚科塔岩浆岩带

鄂霍茨克-楚科塔(Okhotsk-Chukotka)岩浆岩带也称火山岩带,宽100~300 km,北东向延伸超过3 000 km,露头面积超过45×10⁴ km²,是与活动大陆边缘空间相关的最大火山区,是环太平洋中生代岩浆弧系统的重要组成部分(Tikhomirov et al,2012;2020;Akinin et al,2019;Ganelin et al,2019;Akinin and Bindeman,2021;Lebedev et al,2021;Polin et al,2021;Yakich et al,2021;Bobrovnikova et al,2022)。

鄂霍茨克-楚科塔岩浆岩带由西南向东北可划分为6段,依次为西鄂霍茨克段、鄂霍茨克段、Penzhin段、Anadyr段、中央楚科塔段和东楚科塔段。尽管不同段的岩浆岩年龄有差异,但岩浆活动主要时期是晚白垩世(图5-3-20,图5-3-21)。

多数学者认为晚白垩世鄂霍茨克-楚科塔岩浆岩带具有安第斯型超俯冲岩浆弧的特征,具有前晚白垩世陆壳基底,是受太平洋库拉(Kula)和/或Isanagi大洋板块强烈俯冲作用影响形成的。陆壳基底为多种地体拼合而成,包括克拉通地块、晚古生代至早白垩世岛弧、增生杂岩以及小型蛇绿岩。早白垩世构造拼贴的最后阶段(Tytylveym带,121~

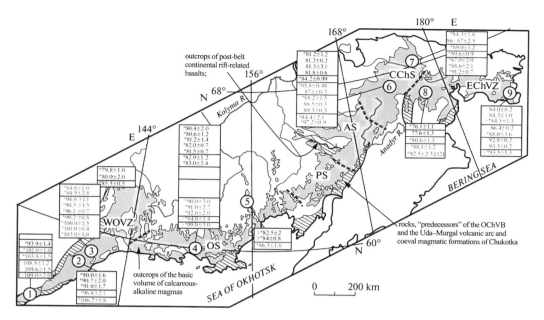

OChVB—Okhotsk - Chukotka marginal continental (supra-subduction) volcanogenic belt；WOVZ—West Okhotsk volcanic zone；OS—Okhotsk sector；PS—Penzhin sector；AS—Anadyr sector；CChS—Central Chukotka sector；EChVZ—East Chukotka volcanic zone。

图 5 - 3 - 20　鄂霍茨克-楚科塔岩浆岩带分区及地质年龄

（据 Polin et al,2021）

注：带数字的圆圈为测年火山岩样品的大致位置。数字列为 OChVB 同位素年龄值（Ma）；带星号的数字为
SHRIMP 测定值,无星号数字表示氩-氩年龄。蓝色字体表示"下安山岩"的年龄,绿色字体表示"熔结凝灰岩"的
年龄,红色字体表示含金-银粗面英安岩-粗面闪长岩年龄。

112 Ma）,北极阿拉斯加-楚科塔微古陆、鄂霍茨克微古陆、科利马-奥莫隆微古陆、西伯利亚古陆发生碰撞,安友伊-安加尤查姆（Anyui - Angayucham）洋盆完全闭合,形成了南安友伊缝合带（Tikhomirov et al,2012；2020；Akinin et al,2019；Ganelin et al,2019；Akinin and Bindeman,2021；Lebedev et al,2021；Nikishin et al,2021c；Polin et al,2021；Yakich et al,2021；Bobrovnikova et al,2022）。在现今的方位上,新西伯利亚-楚科塔褶皱带前白垩系基底构造走向为北西—南东向,鄂霍茨克-楚科塔岩浆岩带的走向近乎与其垂直（图 5 - 3 - 21）。

晚白垩世鄂霍茨克-楚科塔岩浆岩带除少数花岗岩岩体（Magadan 和 Taigonos 花岗岩岩基）外,主要为火山岩（图 5 - 3 - 21）。花岗岩岩浆主要是在晚白垩世侵入的,如 Taigonos 花岗岩年龄为 106.5～97 Ma（Luchitskaya et al,2003）。鄂霍茨克-楚科塔岩浆岩带分为 2 个带（图 5 - 3 - 21）：向洋一侧的内带（也称前带）的火山岩覆盖于晚侏罗世—早白垩世古太平洋火山弧（Uda - Murgal 弧）岩系之上；向陆一侧的外带（也称后带）的火山岩角度不整合于晚侏罗世—早白垩世新西伯利亚-楚科塔褶皱造山带之上（Tikhomirov et al,2012）。火山岩类型多样。内带主要由安山岩和玄武安山岩组成,火山岩厚度多为 4～6 km,最厚达 7.5 km。外带火山岩以流纹岩和英安岩等酸性火山岩为特征,酸性喷出岩占火山岩的比例在 10%～85% 不等,火山岩的厚度多为 2～5 km（图 5 - 3 - 22）。

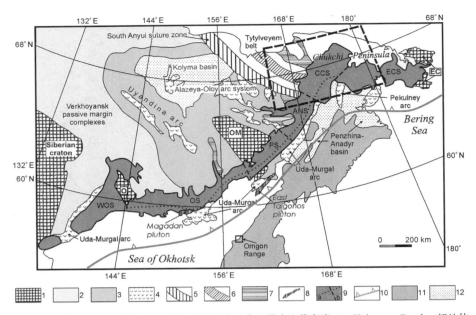

1—西伯利亚古陆和微古陆；2—西伯利亚古陆被动边缘古生代至早中生代杂岩；3—Kolyma‑Omolon 超地体，在早白垩世之前拼贴的不同性质地体（包括古生代至中生代岛弧、弧后盆地、弧前盆地和弧内盆地、增生楔、被动边缘和古陆残余）；4—晚侏罗世至早白垩火山弧的残余；5—南安友伊缝合带；6—Tytylveym 火山带；7—同碰撞期盆地，由晚侏罗世至早白垩世碎屑沉积物填充；8—Magadan 和 Taigonos 花岗岩岩基；9—鄂霍茨克‑楚科塔火山带（OCVB）[a 为内带（洋侧）和外带（陆侧）边界，b 为分段边界（段的名称：WOS—West Okhotsk；OS—Okhotsk；PS—Penzhina；ANS—Anadyr；CCS—Central Chukotka；ECS—East Chukotka）]；10—OCVB 活动期俯冲带位置；11—科里亚克‑堪察加构造省（新生代增生的多种地体，主要与晚白垩世至新生代岛弧有关）；12—新生代陆相盆地，充填碎屑沉积物。

图 5‑3‑21　鄂霍茨克‑楚科塔岩浆带与邻区关系

（据 Tikhomirov et al，2012；Nikishin et al，2021 修改）

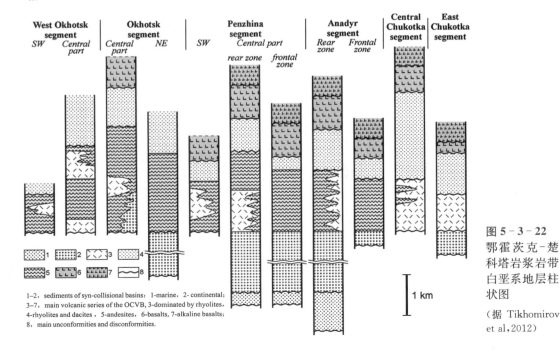

1–2, sediments of syn-collisional basins: 1-marine, 2- continental;
3–7, main volcanic series of the OCVB, 3-dominated by rhyolites,
4-rhyolites and dacites, 5-andesites, 6-basalts, 7-alkaline basalts;
8, main unconformities and disconformities.

**图 5‑3‑22
鄂霍茨克‑楚
科塔岩浆岩带
白垩系地层柱
状图**

（据 Tikhomirov
et al，2012）

5.4　东北亚北极陆架沉积盆地

东北亚北极陆架的主要沉积盆地包括东西伯利亚海盆地(East Siberian Sea Basin)、北楚科奇盆地(North Chukchi Basin)和南楚科奇-霍普盆地,盆地面积分别为 $54.6×10^4\,km^2$、$31.9×10^4\,km^2$ 和 $28.7×10^4\,km^2$(IHS,2009)。东北亚北极陆架盆地南部与上扬斯克-楚科塔白垩纪造山带相接,北部以陆坡、大陆阶地与北冰洋深海盆地相接(图 5-4-1)。

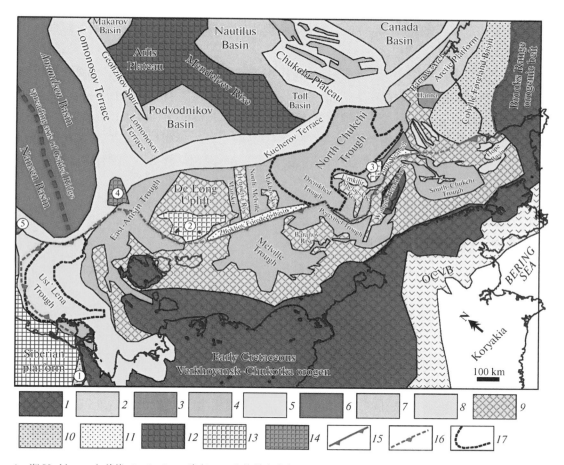

1—濒 Verkhoyansk 前缘;2—De Long 隆起;3—北楚科奇隆起;4—Anisin Lomonosov 隆起;5—Faddei 隆起;OCVB—白垩纪鄂霍茨克-楚科塔火山带。
图例:1—白垩纪造山带;2—性质不明的沉积盆地;3~5—谷沉积盆地(3—石炭系);4—阿普特阶—阿尔必阶;5—新生代;6—欧亚盆地,具洋壳;7—陆壳超伸展的盆地;8—陆坡和大陆阶地;9—中新世界覆盖的潜山;10~11—前渊(10—中生代;11—Zhhokhov 上侏罗统—尼欧可木阶,上覆较年轻的沉积物);12—门捷列夫隆起的白垩纪裂谷火山岩;13~14—较年轻沉积物下的可能隆起(13—阿普第阶—阿尔比阶;14—古新统—始新统);15~16—逆冲带的前锋(15—中生代逆冲带;16—Zhokhov-Wrangel-Herald 中生代逆冲带被较年轻的沉积物覆盖);17—地壳强烈变薄的沉积盆地的最深处。

图 5-4-1　东北亚北极陆架构造单元划分

(据 Nikishin et al,2019 修改)

　　东北亚北极陆架盆地是发育于楚科塔微古陆上的叠合盆地（Artyushkov，2010；Ikhsanov，2012；Verzhbitsky et al，2012；Lineva et al，2015；2018；Poselov et al，2017；Freiman et al，2019；Nikishin et al，2019），以前寒武系结晶岩系为基底（见5.3.1节）。经历了寒武纪—志留纪的裂谷-被动大陆边缘盆；早泥盆世的被动大陆边缘盆地；中-晚泥盆世与埃尔斯米尔造山运动相关的前陆盆地；石炭纪—二叠纪的被动大陆边缘盆地；三叠纪—早白垩世巴列姆期的与基梅里造山运动相关的前陆盆地；早白垩世阿普特期—现今的裂谷-被动大陆边缘盆地（图5-4-2）。

　　中生代的基梅里造山运动造成本区先存岩石强烈的变形，形成了 Zhokhov - Wrangel - Herald 逆冲带，新西伯利亚群岛、德隆群岛和弗兰格尔岛的隆起地貌均与该逆冲带密切相关（图5-4-1）。

　　早白垩世阿普特期—阿尔必期的裂谷作用造成了显著差异沉降，在东西伯利亚海盆地、北楚科奇盆地和南楚科奇-霍普盆地均形成了一系列裂陷槽和潜山隆起。在东西伯利亚海盆地发育的阿普特期—阿尔必期裂陷槽有东 Anisin 槽、北 Melville 槽、Melville 槽和 Pegtymel 槽；在北楚科奇盆地发育的阿普特期—阿尔必期裂陷槽有北楚科奇槽和 Dremkhed 槽；在南楚科奇-霍普盆地发育的阿普特期—阿尔必期和新生代裂陷槽分别是南楚科奇槽和霍普盆地（图5-4-1）。

　　由于不同期次构造活动的差异，导致不同盆地构造-地层格架存在一定差别。

5.4.1　东北亚北极陆架盆地地层序列

　　综合陆地（新西伯利亚群岛、德隆群岛、弗兰格尔岛、楚科塔隆起）和海域的研究成果（Artyushkov，2010；Sokolov，2010；Ikhsanov，2012；Verzhbitsky et al，2012；Lineva et al，2015；2018；Poselov et al，2017；Sokolov et al，2017；Ershova et al，2018；Kuzmichev et al，2018；Moiseev et al，2018；Tuchkova et al，2018；2021；Freiman et al，2019；Nikishin et al，2019；Metelkin et al，2020；2022）可知，东北亚陆架盆地在前寒武系结晶基底发育了古生界、中生界及新生界（图5-4-2）。由于前阿普特期的基梅里造山运动强烈改造，使得前阿普特期的沉积地层发生了不同程度的变形与变质作用。加之阿普特期以来的裂陷、沉降，形成了巨厚的（厚达13 km）晚白垩世以来的沉积地层。在海域地震剖面地质解释中，往往将阿普特阶的底界反射作为盆地的基底（声波基底），前寒武纪结晶基底的顶面很难识别（图5-4-3）。

　　前文述及，寒武系出露于 Bennett 岛，为裂谷盆地充填序列，分为4个单元（图5-3-12）。下寒武统由浅海相透镜状砂岩，砂岩、粉砂岩和暗色泥岩的互层，以及少量含砾砂岩和砾岩组成。中-下寒武统主要由浅海相灰色和绿灰色页岩，以及少量粉砂岩、砂岩、生物碎屑石灰岩组成。中寒武统由低能局限浅海相灰绿色粉砂质泥岩、粉砂岩和粉色灰岩组成。上寒武统由陆坡半深海相黑色页岩、灰岩、粉砂岩、细砂岩组成（Danukalova et al，2014）。

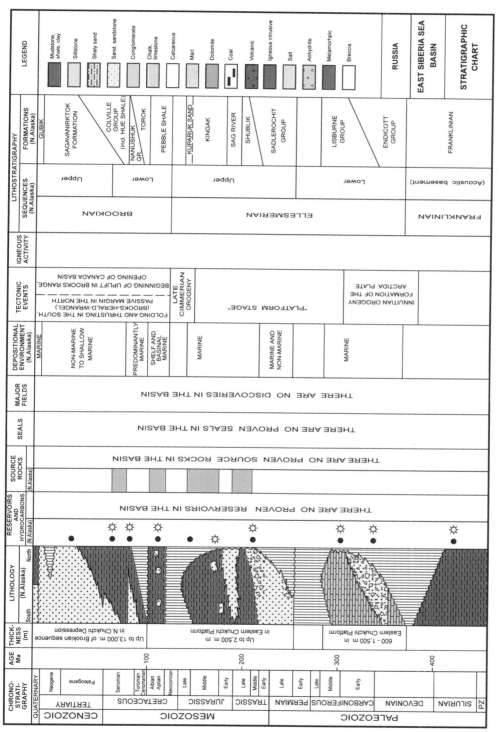

图 5 - 4 - 2　东北亚北极陆架盆地综合地层柱状图

（据 IHS,2009）

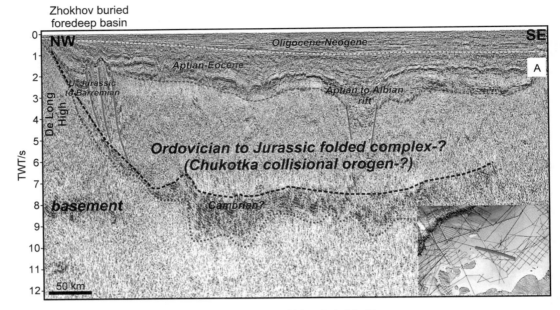

图 5 - 4 - 3　东北亚北极陆架东西伯利亚海盆地地震剖面及地质解释

(据 Nikishin et al,2021b 修改)

注：阿普特阶底界(125 Ma)通常作为声波基底。该界面之下的中弱振幅杂乱反射地震层系推测为变形的奥陶系—侏罗系，不排除有白垩系贝里阿斯阶—巴列姆阶(民欧可木阶)，内部难以分层。下部的中强振幅反射地震层系推测为寒武系，底界难于追踪识别。

　　奥陶系在楚科塔褶皱带和新西伯利亚群岛均有出露,但楚科塔褶皱带的奥陶系发生了明显的变质(Gottlieb et al,2018)。新西伯利亚群岛的 Kotelny 岛出露的奥陶系主要为裂谷-被动大陆边缘盆地浅海相灰岩,夹暗色泥岩、含燧石结核、珊瑚化石和叠层石(Danukalova et al,2015)。

　　志留系在弗兰格尔岛、楚科塔褶皱带和新西伯利亚群岛均有出露,但楚科塔褶皱带的志留系发生了明显的变质(Gottlieb et al,2018)。新西伯利亚群岛的 Kotelny 岛出露的志留系底部主要为裂谷-被动大陆边缘盆地深水浅海相薄层灰岩与暗色泥岩互层;志留系中部主要为深水浅海相薄层灰岩夹暗色泥岩、含燧石结核、角砾灰岩透镜体;志留系上部为浅海相白云岩、灰岩(Danukalova et al,2015)。而弗兰格尔岛出露的志留系为滨浅海相陆源碎屑岩-碳酸盐岩(Sokolov et al,2017)。IHS(2009)推测东北亚北极陆架盆地的志留系主要为深水泥岩(图 5 - 4 - 2)。

　　泥盆系在弗兰格尔岛、楚科塔褶皱带和新西伯利亚群岛均有出露,但楚科塔褶皱带的泥盆系发生了明显的变质(Gottlieb et al,2018)。新西伯利亚群岛的 Kotelny 岛仅出露晚泥盆世前陆盆地滨浅海相砂岩、粉砂岩、泥岩,夹灰岩(Danukalova et al,2015)。而弗兰格尔岛出露早泥盆世滨浅海相陆源碎屑岩-碳酸盐岩、中泥盆世冲积相-滨浅海相陆源碎屑岩、晚泥盆世滨浅海相碳酸盐岩-陆源碎屑岩(Sokolov et al,2017)。IHS(2009)推测东北亚北极陆架盆地的泥盆系内部存在明显与埃尔斯米尔造山运动相关的不整合,下泥盆统主要为深水泥岩,中-上泥盆统为滨浅海相碳酸盐岩-陆源碎屑岩(图 5 - 4 - 2)。

石炭系在弗兰格尔岛、楚科塔褶皱带和新西伯利亚群岛均有出露,但楚科塔褶皱带的石炭系发生了明显的变质(Gottlieb et al,2018)。新西伯利亚群岛的 Kotelny 岛出露的石炭系下部为滨浅海相砂岩、粉砂岩、泥岩;石炭系中上部为泥质灰岩、泥灰岩、灰岩、砂质灰岩(Danukalova et al,2015)。而弗兰格尔岛出露的石炭系为滨浅海相陆源碎屑岩-碳酸盐岩(Sokolov et al,2017)。IHS(2009)推测东北亚北极陆架盆地的石炭系为滨浅海相碳酸盐岩-陆源碎屑岩,以碳酸盐岩为主(图 5 - 4 - 2)。

二叠系在弗兰格尔岛、楚科塔褶皱带和新西伯利亚群岛均有出露,但楚科塔褶皱带的二叠系发生了明显的变质(Gottlieb et al,2018)。新西伯利亚群岛的 Kotelny 岛出露的二叠系为滨浅海相砂岩、粉砂岩、泥岩(Danukalova et al,2015)。而弗兰格尔岛出露的二叠系为滨浅海相碳酸盐岩-陆源碎屑岩(Sokolov et al,2017)。IHS(2009)推测东北亚北极陆架盆地的二叠系为冲积相-滨浅海相陆源碎屑岩,石炭系与二叠系之间存在地层缺失(图 5 - 4 - 2)。

三叠系在弗兰格尔岛、楚科塔褶皱带和新西伯利亚群岛均有出露。楚科塔褶皱带的三叠系为沉积在陆架、陆坡和隆起上的浊积岩(Gottlieb et al,2018)。新西伯利亚群岛的三叠系主要为深水陆架泥岩(Konstantinov et al,2022)。而弗兰格尔岛出露的三叠系由浅海相陆源碎屑岩-深海相浊积岩组成(Sokolov et al,2017)。IHS(2009)推测东北亚北极陆架盆地的三叠系为浅海相陆源碎屑岩(图 5 - 4 - 2)。

侏罗系在楚科塔褶皱带和新西伯利亚群岛均有出露。楚科塔褶皱带的侏罗系为滨浅海相陆源碎屑岩(Gottlieb et al,2018)。新西伯利亚群岛的下侏罗统主要为深水陆架沉积黑色和棕色泥岩、复理石沉积;中侏罗统由浅海相浅灰色或局部棕色粉砂岩、砂岩组成;上侏罗统主要为含铁棕色页岩和浊积岩(Nikitenko et al,2017)。IHS(2009)推测东北亚北极陆架盆地的侏罗系为浅海相陆源碎屑岩,以暗色泥岩为主(图 5 - 4 - 2)。

下白垩统出露于楚科塔褶皱带和新西伯利亚群岛。楚科塔褶皱带的下白垩统为前陆盆地冲积相-滨浅海相陆源碎屑岩(Gottlieb et al,2018)。新西伯利亚群岛的下白垩统为前陆盆地滨浅海相沉积,厚度为 106 m。下部主要为灰色泥质粉砂岩和深灰色泥岩,夹薄层粉砂岩;底部为厚层绿灰色海绿石砂岩,含火山岩卵石和巨砾;顶部的泥质粉砂岩中见古生界灰岩巨砾(Nikitenko et al,2017)。阿普特阶顶部—阿尔必阶,下部主要为灰色、黄灰色或褐色泥质粉砂岩、泥岩、细砂岩;上部为凝灰岩、灰色或深灰色泥岩、浅灰色或黄色砂岩、煤、石英斑岩、熔结凝灰岩、流纹岩(Nikitenko et al,2017),为裂谷盆地陆相火山-陆源碎屑沉积。IHS(2009)推测东北亚北极陆架盆地的下白垩统下部缺失,阿普特阶—阿尔必阶为浅海相陆源碎屑岩,以暗色泥岩为主(图 5 - 4 - 2)。

上白垩统在弗兰格尔岛、楚科塔褶皱带和新西伯利亚群岛均有出露,与下伏地层不整合接触,主要为杂色(浅灰色、绿色、棕色或淡紫色)泥岩、泥质粉砂岩、砂岩、含砾砂岩、凝灰质砂岩,含植物化石和薄煤层,为陆相沉积(Nikitenko et al,2017;Sokolov et al,2017;Gottlieb et al,2018)。东北亚北极陆架盆地的上白垩统为浅海相陆源碎屑岩,以暗色泥岩为主(图5-4-2)。

古近系和新近系在弗兰格尔岛、楚科塔褶皱带和新西伯利亚群岛均有零星分布,为冲积相-滨海相泥岩、粉砂岩,含砾砂岩(Kos'ko and Korago,2009;Nikitenko et al,2017;Sokolov et al,2017;Gottlieb et al,2018)。东北亚北极陆架盆地的古近系和新近系为冲积相-浅海相陆源碎屑岩,以砂岩为主(图5-4-2)。

5.4.2 东北亚北极陆架盆地构造-地层格架

东北亚北极陆架盆地构造-地层格架的建立主要是基于地震资料(Artyushkov,2010;Verzhbitsky et al,2012;Lineva et al,2015;Poselov et al,2017;Freiman et al,2019;Nikishin et al,2019)。识别的主要地震反射界面的年龄分别约为125 Ma、100 Ma、80 Ma、66 Ma、56 Ma、45 Ma、34 Ma、20 Ma,内部可进一步识别追踪次级地震反射界面(图5-4-4)。这些主要地震反射界面与区域地质事件密切相关(Nikishin et al,2019)。

125 Ma地震反射界面代表阿拉斯加布鲁克(Brookian)造山期(前阿普特期)不整合面。在德隆隆起区,裂谷盆地充填序列底部有一组强反射,这组强反射可能对应于德隆高原的玄武岩,同位素年龄为130~110 Ma。

100 Ma地震反射界面大致对应于东西伯利亚海盆区域的裂谷期与裂后期边界,与阿拉斯加陆架上的塞诺曼期不整合面(CU)一致。

80 Ma地震反射界面大致对应于门捷列夫海隆火山活动的结束。

66 Ma地震反射界面大致对应于北楚科奇盆地下部斜坡层序的底部,相当于阿拉斯加陆架上的中布鲁克期不整合面(MBU)。

56 Ma地震反射界面对应于欧亚洋盆扩张的开始,相当于拉普捷夫海盆西部的裂谷期与裂后期的破裂不整合边界。

45 Ma地震反射界面对应于Gakkel海岭超慢扩张的开始,与北楚科奇槽上部楔状地震层序底部相关。根据南楚科奇-霍普盆地霍普次盆的钻探数据,45 Ma地震反射界面对应于始新统与古生代沉积物之间的不整合面。与阿拉斯加陆架上的中始新世不整合面(MEu)大致相当。

34 Ma地震反射界面的年龄是根据欧亚洋盆磁异常年龄确定的,为始新统顶界。根据霍普次盆的钻探数据,始新统与渐新统之间为不整合接触。

20 Ma地震反射界面的年龄是根据欧亚洋盆磁异常年龄确定的,对应于罗蒙诺索夫海岭沉积间断的底界,阿尔法海岭的构造活动和侵蚀阶段(22~14.5 Ma)与界面密切相关。

1. 北楚科奇盆地构造-地层格架

北楚科奇盆地呈隆凹相间的构造格局,主要隆起有Baranov隆起和Shelagskoe隆起,

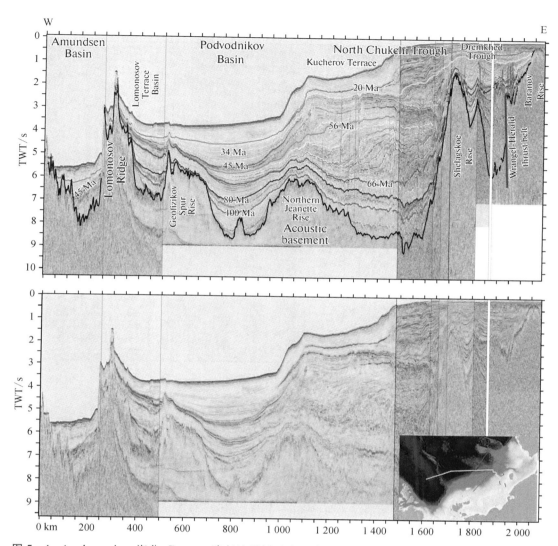

图 5 - 4 - 4　Amundsen 海盆- Baranov 隆起地震剖面及地质解释

（据 Nikishin et al.2019 修改）

注：阿普特阶底界（125 Ma）为声波基底。该界面之下地层埋深普遍较大，以中弱振幅杂乱反射为特征，未作地质解释。

主要凹陷有北楚科奇槽和 Dremkhed 槽（图 5 - 4 - 1,图 5 - 4 - 4）。

Baranov 隆起顶部新近系直接覆盖在前阿普特基底之上；Shelagskoe 隆起顶部覆盖了上白垩统和新生界（图 5 - 4 - 4）。

Dremkhed 槽发育了 125～100 Ma、100～80 Ma、80～66 Ma、66～56 Ma、56～45 Ma、45～34 Ma、34～20 Ma、20～0 Ma 的地层。其中,125～100 Ma 的地层厚度最大,厚达 4 s（双程旅行时）[深度 2～6 s（双程旅行时）]；其次是 66～56 Ma 的地层,最大厚度约 1 s（双程旅行时）；其他层系相对较薄（图 5 - 4 - 4,图 5 - 4 - 5）。

北楚科奇槽发育了 125～100 Ma、100～80 Ma、80～66 Ma、66～56 Ma、56～45 Ma、

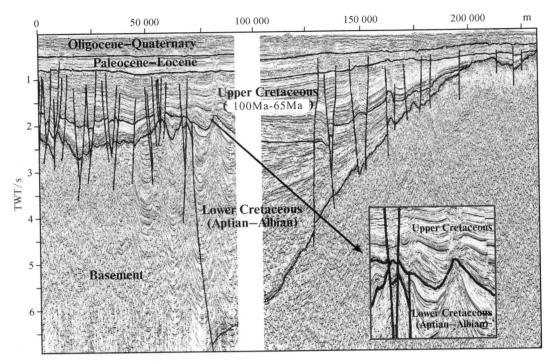

图 5 - 4 - 5　Dremkhed 槽地震剖面及地质解释

（据 Lineva et al,2015 修改）

45～34 Ma、34～20 Ma、20～0 Ma 的地层。其中,66～56 Ma 的地层厚度最大,最厚达 3 s
(TWT)[深度 3～6 s(双程旅行时)];其次是 125～100 Ma 地层,厚度变化较大,最大厚度
约 1 s(TWT)[深度 7～8 s(双程旅行时)];其他层系相对较薄(图 5 - 4 - 4)。

北楚科奇槽的地震剖面清楚地展现 66～45 Ma、45～34 Ma、34～0 Ma 3 套地震层系
为明显的陆架边缘迁移反射结构。在 66～45 Ma 地震层系,陆架边缘向北冰洋方向迁移
近 400 km,形成了宽阔的陆架沉积。在 45 Ma 地震反射界面附近,深水区快速向陆扩展
至 Shelagskoe 隆起附近,扩展幅度超过 450 km。随后,在 45～34 Ma 地震层系,陆架边缘
向北冰洋方向迁移近 60 km。在 34 Ma 地震反射界面附近,深水区向陆扩展约 10 km。随
后,在 34～0 Ma 地震层系,陆架边缘向北冰洋方向迁移约 10 km(图 5 - 4 - 6)。

北楚科奇盆地的基底(阿普特阶底)埋深普遍超过 8 km,最大埋深超过 18 km,深渊靠
近楚科奇台地一侧,受伸展断层的控制(图 5 - 4 - 7)。楚科奇台地分隔了南北楚科奇盆
地。北楚科奇盆地的早白垩世不整合面(LCU)切割了楚科奇台地的前阿普特阶(CS - 1
和 CS - 2,图 5 - 4 - 8)。

2. 南楚科奇-霍普盆地构造-地层格架

南楚科奇-霍普盆地位于 Wrangel - Herald - Lisburne 以南,楚科塔褶皱带以北,基底
埋深不超过 6 km,最深处位于霍普次盆(图 5 - 4 - 7)。是晚白垩世以来,在复杂的构造背

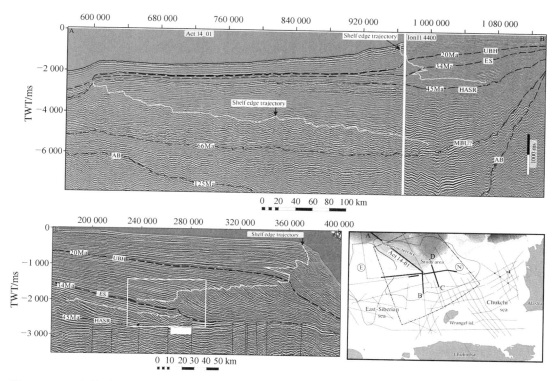

图 5 - 4 - 6　北楚科奇盆地地震剖面及地质解释

（据 Freiman et al,2019 修改）

注：AB 和 CD 剖面位置见平面图。平面图中，Ⓔ为东西伯利亚海盆地；Ⓝ为北楚科奇盆地；灰色实线为 2D 地震测线；阿拉斯加陆架的黑色圆点为探井位置。

景下发育的裂谷盆地（图 5 - 4 - 8,图 5 - 4 - 9,图 5 - 4 - 10）。晚白垩世盆地以发育火山岩和火山碎屑岩为特征,局部含煤（图 5 - 4 - 9）,为裂谷盆地陆相沉积。

南楚科奇-霍普盆地基底的强烈挤压变形造山作用主要发生于晚侏罗世—早白垩世早期的尼欧可木期。强烈的挤压变形造山作用造成前造山期地层强烈变形、变位,形成褶皱、逆冲断裂及劈理构造。同时也在局部形成了以碎屑岩为主的同造山期前陆盆地沉积单元 SCB - FB - 2 和 SCB - FB - 1（图 5 - 4 - 9,图 5 - 4 - 10,图 5 - 4 - 11）。

阿普特期—阿尔必期早期盆地进入碰撞后的塌陷伸展阶段,伴有岩浆活动,形成了以火山熔岩、火山碎屑岩、含煤岩系为特征的 SCB - 1 单元。阿尔必期晚期（106 Ma±）发生了右旋挤压,SCB - 1 沉积单元发生变形,形成下白垩统与上白垩统之间的不整合。通常将这一不整合作为南楚科奇-霍普盆地的基底（图 5 - 4 - 8,图 5 - 4 - 9）。

晚白垩世,受鄂霍茨克-楚科塔火山带（OCVB）岩浆活动影响,伸展和左旋走滑断层发育,形成一系列断陷,以火山熔岩、火山碎屑岩、含煤岩系充填为特征,并伴有晚白垩世岩脉。晚白垩世末至新生代初的北美和欧亚板块汇聚有关的中布鲁克期挤压事件,形成白垩系与古近系之间的区域不整合（图 5 - 4 - 9,图 5 - 4 - 11）。

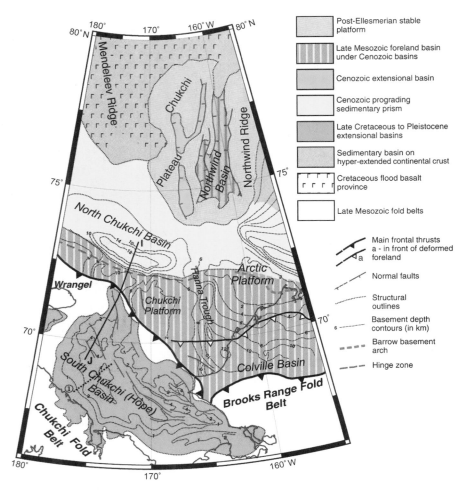

图 5 - 4 - 7　楚科奇海构造格架及陆架盆地基底埋深平面图

（据 Drachev et al,2010 修改）

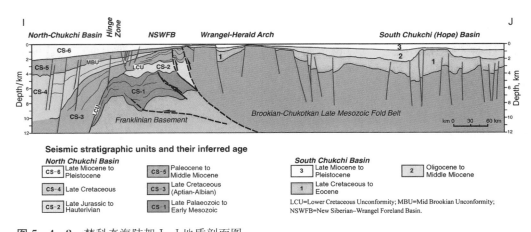

图 5 - 4 - 8　楚科奇海陆架 I - J 地质剖面图

（位置见图 5 - 4 - 7,据 Drachev et al,2010 修改）

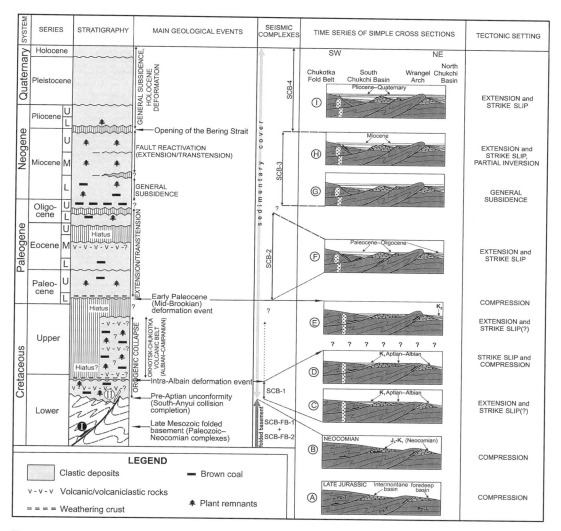

图 5 - 4 - 9　南楚科奇盆地地层与构造演化

（据 Verzhbitsky et al,2012 修改）

注：构造演化主要阶段为Ⓐ 晚侏罗世，同造山期碰撞初始阶段沉积（SCB - FB - 2 单元）；Ⓑ 尼欧可木期同造山岩石主碰撞阶段沉积（SCB - FB - 1 单元），南楚科奇盆地褶皱基底形成；Ⓒ 阿普特期-阿尔必期碰撞后塌陷伸展，伴有岩浆活动；Ⓓ 阿尔必晚期（106 Ma±）发生了右旋挤压，SCB - 1 沉积单元发生变形；Ⓔ 晚白垩世，受鄂霍茨克-楚科塔火山带（OCVB）岩浆活动影响，伸展和左旋走滑断层发育，形成一系列断陷，以火山熔岩、火山碎屑岩、含煤岩系充填为特征，并伴有晚白垩世岩脉。晚白垩世末新生代初的北美和欧亚板块汇聚有关的中布鲁克期挤压事件，形成白垩系与古近系之间的区域不整合；Ⓕ 古近纪，受北美和欧亚板块之间的右旋伸展运动控制，盆地主要沉降期沉积（SCB - 2）；Ⓖ 早中新世总体沉降；Ⓗ 中新世中晚期断层在伸展环境重新激活，部分反转（例如，Ushakov 高地），SCB - 3 单元随后变形；Ⓘ 上新世以来，受北美板块和白令地块之间的相互作用影响，在楚科塔地块最东部和南楚科奇盆地地区形成南—北向伸展、北东—南西向右旋走滑断层。

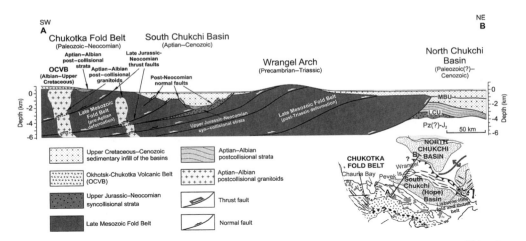

LCU—下白垩统不整合（前阿普特系）；MBU—中布鲁克阶不整合（白垩系—新生界界面）；OCVB—Okhotsk－Chukotka 火山岩带。

图 5‐4‐10　过南楚科奇盆地南西—北东向地质剖面图

（据 Verzhbitsky et al,2012 修改）

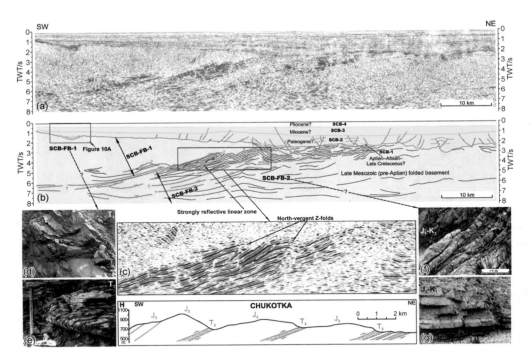

图 5‐4‐11　南楚科奇盆地地震剖面及地质解释与露头剖面类比

（a）地震剖面（位置见图 5‐4‐7 中蓝色点画线①）；（b）地震剖面（a）的地质解释（红线为主要断层,黑色实线对应于反射体的解释,在推断的地方用虚线表示,箭头表示位移方向）；（c）褶皱‐逆冲构造［（b）中局部（矩形框）放大的地震剖面］；（d）上三叠统北倾紧密同斜褶皱（轴面劈理复杂）；（e）上三叠统两期劈理（早期劈理南倾,后期劈理北倾）；（f）上侏罗统—尼欧可木阶东北向倾斜的单斜构造（被西南向倾斜的逆冲断层复杂化）；（g）上侏罗统顶部—尼欧可木阶近水平岩层；（h）楚科塔褶皱带 Myrgovaam Nappe 区的地质剖面示意图（发育晚期侏罗世同造期山碎屑层序和晚三叠世前造山期碎屑岩的逆冲断片）

（据 Verzhbitsky et al,2012）

古近纪,受北美和欧亚板块之间的右旋伸展运动控制,发生大规模沉降,形成一系列断陷盆地,以裂谷盆地陆源碎屑滨浅海相沉积为特征(图 5-4-9,图 5-4-11 中 SCB-2)。由于始新世后期存在明显的沉积间断(图 5-4-9),也常把这一界面作为重要的地层单元界面(图 5-4-8)。

新近纪,以裂后期区域性总体沉降为特征,形成以陆源碎屑滨浅海相沉积为主的充填序列 SCB-3 沉积单元。中新世中晚期局部反转,SCB-3 沉积单元微弱变形。上新世以来,受北美板块和白令地块之间的相互作用影响,在楚科塔地块最东部和南楚科奇盆地地区形成南—北向伸展、北东—南西向右旋走滑断层(图 5-4-9,图 5-4-11)。

3. 东西伯利亚海盆地构造-地层格架

东西伯利亚海盆地南邻新西伯利亚-楚科奇褶皱带,北邻北冰洋深海盆地,主要沉积盖层是下白垩统阿普特阶—新生界(图 5-4-12 至图 5-4-16)。下白垩统阿普特阶—新生界下伏的基底构成复杂:主要是中生代新西伯利亚-楚科奇褶变形、变质基底;其次是受中生代挤压影响较小的德隆隆起和埃尔斯米尔造山期(中泥盆世)后的裂谷盆地陆源碎屑岩和碳酸盐岩;靠近新西伯利亚-费兰格尔(New Siberian - Wrangel)逆冲断裂发育了晚中生代(晚侏罗世—早白垩世巴列姆期)前陆盆地(新西伯利亚—费尔格兰前陆盆地)陆源碎屑岩(图 5-4-12)。

东西伯利亚海盆地下白垩统阿普特阶—新生界最大厚度超过 7 km,绝大部分厚度超过 3 km。沉积最大厚度明显受北西—南东向伸展断裂控制(图 5-4-12)。断裂差异伸展沉降活动在早白垩世阿普特期—阿尔必期(125~100 Ma)最为强烈,形成一系列垒堑相间构造(图 5-4-14,图 5-4-16),或出现地层厚度明显变化(图 5-4-15)。晚白垩世,断裂差异伸展沉降活动持续,但活动强度明显减弱。上白垩统在前期断槽中厚度普遍偏大,而在断垒中厚度普遍较小,地层具有超覆、披覆的特征(图 5-4-14 至图 5-4-16)。

晚白垩世末至古新世初(约 66 Ma)的与北美和欧亚板块汇聚有关的中布鲁克期区域挤压事件,形成白垩系与古近系之间的区域不整合(图 5-4-14 至图 5-4-16)。随后,在古新世—始新世,东西伯利亚海盆地以整体沉降为主,尽管地层厚度存在明显变化,但同沉积断裂活动极其微弱(图 5-4-14,图 5-4-15),仅在东西伯利亚海盆地的西北部地震剖面可见同沉积伸展断裂的特征(图 5-4-16)。

始新统与渐新统之间的地层(34 Ma±)地震反射界面具有不整合面的特征,界面之下可见顶超(图 5-4-14)、削截(图 5-4-15,图 5-4-16)反射终止现象;界面之上可见明显的上超反射终止现象(图 5-4-14 至图 5-4-16)。这一界面几乎不受断层影响,为裂后充填序列的内部不整合界面。这种地震反射特征的不整合面是区域性海平面(或基准面)相对下降形成的。

这一不整合面之上的渐新统—第四系厚度也存在明显变化,先存的古隆起高部位地层厚度普遍较薄(图 5-4-13 至图 5-4-16)。这种厚度变化既受古地貌的控制,也受内部差异沉积和差异剥蚀的影响。在中新世早中期（22～14.5 Ma）罗蒙诺索夫海岭和阿尔法海岭发生了明显的构造抬升和沉积间断（Nikishin et al,2019;2021b）。在东西伯利亚海盆地,中新世中期发生过明显的反转和差异升降,在中新统内部形成明显的不整合面（图 5 - 4 - 13）。

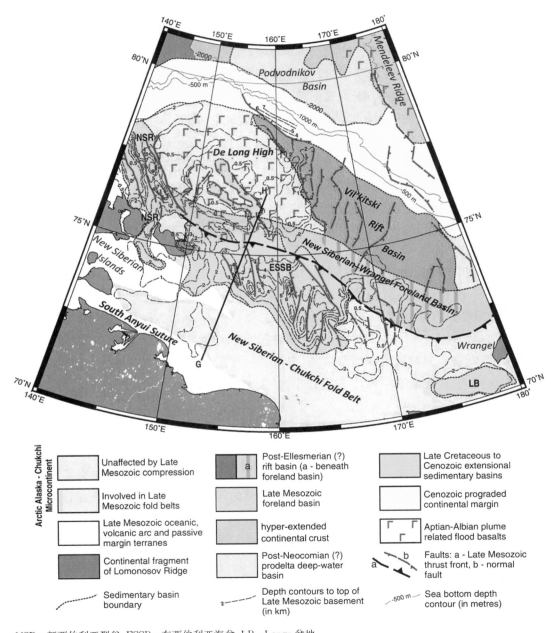

NSR—新西伯利亚裂谷;ESSB—东西伯利亚海盆;LB—Longa 盆地。

图 5 - 4 - 12 东西伯利亚海盆地地层厚度分布及邻区构造格架

（据 Drachev et al,2010 修改）

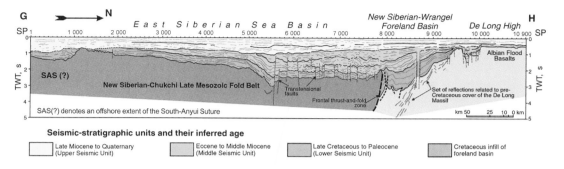

图 5 - 4 - 13　过东西伯利亚海盆地 G - H 地质剖面图

（位置见图 5 - 4 - 12，据 Drachev et al，2010 修改）

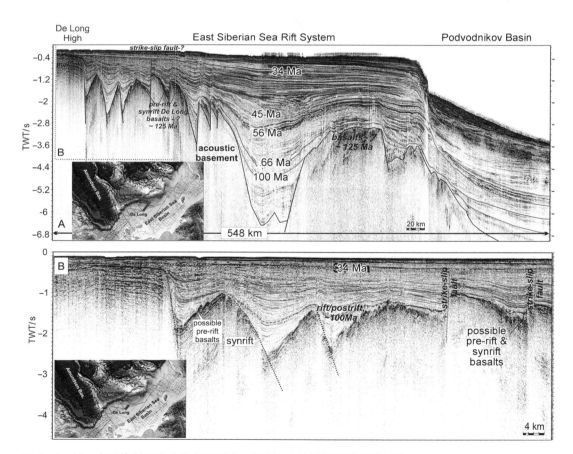

图 5 - 4 - 14　东西伯利亚海盆地 ESS1611 - ESS1601 地震剖面及地质解释

（据 Nikishin et al，2021b 修改）

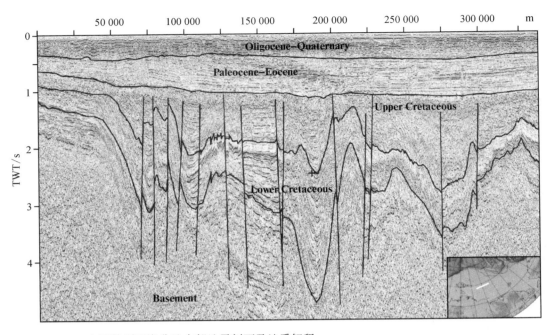

图 5 - 4 - 15　东西伯利亚海盆地中部地震剖面及地质解释

（据 Lineva et al,2015 修改）

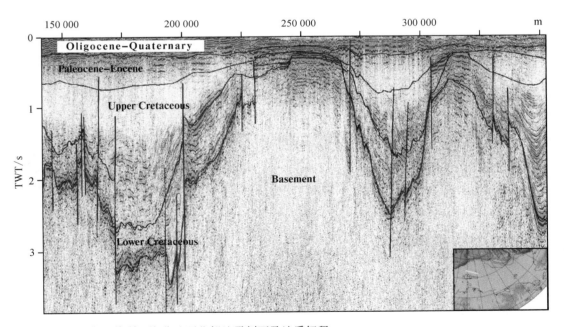

图 5 - 4 - 16　东西伯利亚海盆地西北部地震剖面及地质解释

（据 Lineva et al,2015 修改）

5.4.3　东北亚北极陆架盆地地质演化

东北亚北极陆架盆地的地质演化历史既有一定相似性，又有一定差异性（图5－4－17）。

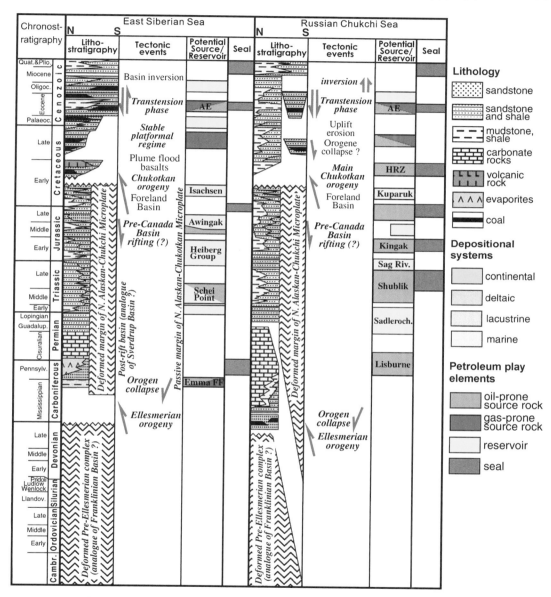

图5－4－17　东北亚北极陆架盆地地质演化及油气地质对比图

（据 Drachev et al，2010 修改）

综合已有的研究成果（Artyushkov，2010；Ikhsanov，2012；Verzhbitsky et al，2012；Lineva et al，2015；2018；Poselov et al，2017；Freiman et al，2019；Nikishin et al，2019）可知，东北亚北极陆架盆地的演化经历了如下过程：最古老地层为前寒武系结晶岩系；寒武

纪—志留纪发育裂谷-被动大陆边缘盆地;早泥盆世发育被动大陆边缘盆地;中晚泥盆世发育与埃尔斯米尔造山运动相关的前陆盆地;埃尔斯米尔造山运动致使东北亚北极陆架盆地前石炭纪地层普遍发生强烈的变形、变质,形成东北亚北极陆架盆地统一的变形、变质基底;石炭纪—二叠纪发育被动大陆边缘盆地陆相-浅海相陆源碎屑岩、碳酸盐岩;三叠纪—早白垩世巴列姆期发育与基梅里造山运动相关的前陆盆地陆相-浅海相陆源碎屑岩;早白垩世早中期的强烈造山运动,伴随强烈的岩浆活动,致使东北亚北极陆架盆地的南部(现今方位)的石炭系—早白垩世巴雷姆阶沉积岩系发生强烈变形变质,形成新的变形变质基底;而东北亚北极陆架盆地北部的石炭系—早白垩世巴雷姆阶沉积岩系变形变质较弱,在地震资料可识别(图5-4-18);早白垩世阿普特期—现今发育裂谷-被动大陆边缘盆地陆相-浅海相陆源碎屑岩(图5-4-17)。

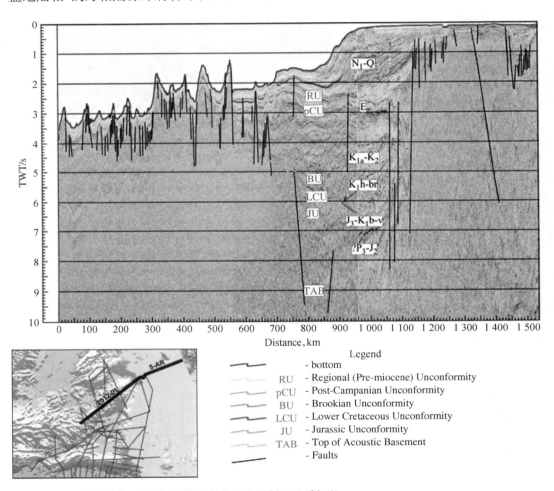

图 5-4-18 Mendeleev 海岭-北楚科奇盆地地震剖面地质解释

(据 Poselov et al,2019)

第6章

阿拉斯加及北部被动大陆边缘地质特征

阿拉斯加及北部被动大陆边缘东邻北美克拉通及其北部大陆边缘，IHS（2009）将其划分为 Chukchi Borderland 盆地、North Chukchi 盆地、North Slope 盆地、Nuwuk 盆地、Kaktovik 盆地、Brooks 山区、Romanzof 隆起、Wrangel‐Herald 隆起、Bering 海峡凸起、南 Chukchi‐Hope 盆地、Kobuk 复理石带、Yukon‐Koyukuk 复理石带、Hogatza 岩浆岩带、Galena 盆地、Norton 盆地、Blow 槽、Old Crow 盆地、Yukon Flats 盆地、下 Tanana 盆地、Kokrines‐Hodzana 高地、Aklavik 隆起、Alaska 山脉、Bonnet Plume 盆地、Mackenzie 褶皱带、Ogilvie‐Wernecke 褶皱带、Selwyn 褶皱带、Omineca 构造带、Richardson 背斜、Eagle Plain 盆地、Ykandik 盆地、中 Tanana 盆地等 31 个主要构造单元（图 6‐0‐1）。

这些构造单元可归并为① 楚科奇‐阿拉斯加（Chukchi‐Alaskan）地块盆地群（Chukchi Borderland 盆地、North Chukchi 盆地、North Slope 盆地、Nuwuk 盆地、Kaktovik 盆地）；② 阿拉斯加地块边缘‐岩浆弧变形带（Brooks 山区、Romanzof 隆起、Wrangel‐Herald 隆起、Bering 海峡隆起、南 Chukchi‐Hope 盆地、Kobuk 复理石带、Yukon‐Koyukuk 复理石带、Hogatza 岩浆岩带、Galena 盆地、Norton 盆地、Blow Trough、Old Crow 盆地、Yukon Flats 盆地、下 Tanana 盆地、Kokrines‐Hodzana 高地、Aklavik 隆起）；③ 加拿大地盾西缘及科迪勒拉变形带（Mackenzie 褶皱带、Ogilvie‐Wernecke 褶皱带、Selwyn 褶皱带、Omineca 构造带、Richardson 背斜、Alaska 山脉、Eagle Plain 盆地、Ykandik 盆地、中 Tanana 盆地）。

阿拉斯加及北部被动大陆边缘大地构造上处于北科迪勒拉。北科迪勒拉是由北美克拉通边缘长期受构造变动、岩浆作用形成的众多地体构成的造山带（Moore et al，1992；Harris，2004；Symons and McCausland，2006；Symons et al，2009；Shephard et al，2013；Moore and Box，2016；van Staal et al，2018；Houseknecht，2019a；Miall and Blakey，2019；Biasi et al，2020；Masterson and Holba，2021；Steiner and Hickey，2022）。楚科奇‐阿拉斯加地块盆地群相当于北极‐阿拉斯加地体（AA）。加里东造山期，北极‐阿拉斯加地块与劳伦古陆拼贴碰撞，成为劳俄古陆的边缘。基梅里造山期（晚侏罗世—白垩纪），北极‐阿拉斯加地体从劳俄古陆旋转裂离，加拿大洋盆打开，形成楚科奇‐阿拉斯加地块盆地

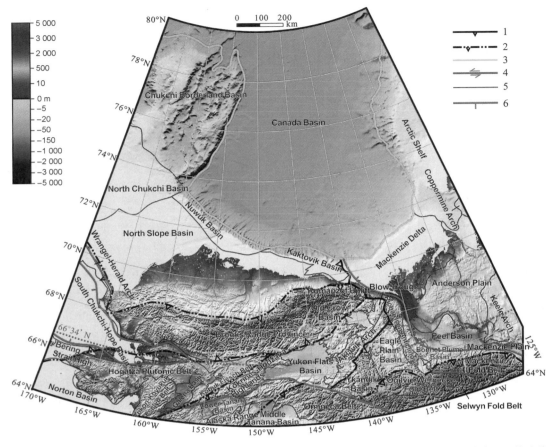

1—埃尔斯米尔碰撞带及俯冲方向;2—中生代俯冲碰撞带及俯冲方向;3—洋陆边界;4—走滑断裂及方向;5—构造单元界线;6—伸展断裂带及断面倾向。

图 6-0-1 北极东北亚及北部被动大陆边缘地貌-构造简图

注:构造线参考 Moore et al(1992)、Harris(2004)、Symons and McCausland(2006)、Colpron et al(2007)、Symons et al (2009)、Moore and Box(2016)、van Staal et al(2018)、Houseknecht(2019a)、Biasi et al(2020)、Keough1 and Ridgway (2021)、Masterson and Holba(2021)、Steiner and Hickey(2022);构造单元分区根据 IHS(2009)全球构造单元分区数据库资料编绘;底图来自 https://maps.ngdc.noaa.gov/viewers/bathymetry。

群的裂谷及被动大陆边缘盆地;中生代,Angayucham 洋关闭,北极-阿拉斯加地块与科尤库克岛弧碰撞,形成楚科奇-阿拉斯加地块盆地群的前陆盆地和布鲁克斯隆起带。Angayucham 洋的地质记录称为 Angayucham 地体(AG),科尤库克岛弧相关的地质记录称为科尤库克地体(KY),科尤库克岛弧与北美克拉通边缘碰撞带的地质记录称为茹贝地体(RB)。阿拉斯加地块边缘-岩浆弧变形带包括布鲁克斯隆起带、Angayucham 地体、科尤库克地体、茹贝地体和育空地体。加拿大地盾西缘及科迪勒拉变形带主要包括北美地台地体(NAp)、北美大陆边缘(NAb)地体和育空-塔纳纳地体。上述地体的地理分布见图 6-0-2。

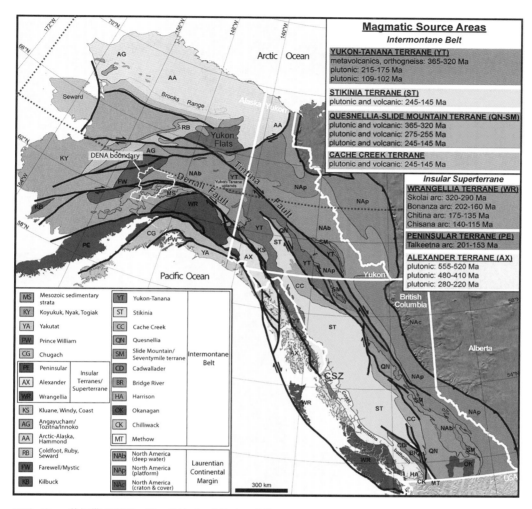

CSZ—Coast 剪切带；DENA—Denali National Park and Preserve。

图 6 - 0 - 2　北科迪勒拉地体构成平面图

（据 Keoughl and Ridgway,2021）

注：紫色点线为本章涉及的区域边界。

6.1　楚科奇-阿拉斯加地块与北美大陆的拼贴与裂离

　　楚科奇-阿拉斯加古老地块与北美大陆的走滑拼贴开始于晚奥陶世。志留纪后期,楚科奇-阿拉斯加古老地块与北美大陆开始发生左行走滑挤压拼贴,Ellsmerian 造山运动开始。到早泥盆世末—中泥盆世初,Ellsmerian 造山运动基本结束,楚科奇-阿拉斯加古老地块及增生地体与北美大陆碰撞,形成 Ellsmerian 造山带及相关沉积盆地(Colpron et al,2007；Miall and Blakey,2019),楚科奇-阿拉斯加地块成为北美大陆的增生边缘,形成 Franklin - Innuition 造山带[图 6 - 1 - 1(a)]。

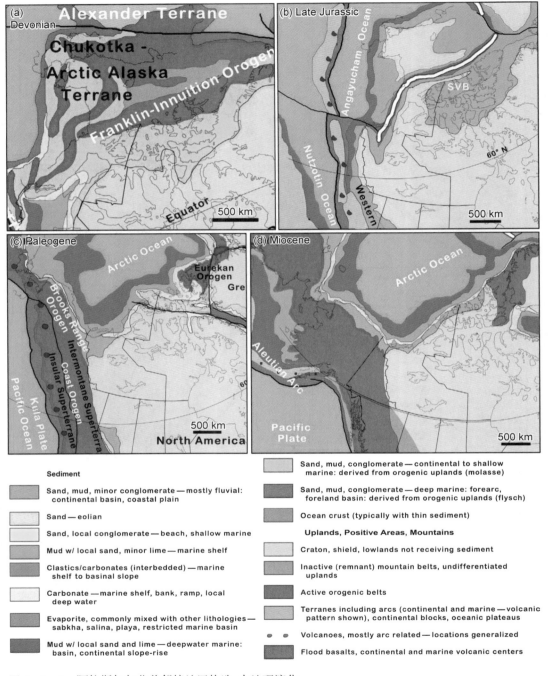

图 6-1-1 阿拉斯加与北美邻接地区构造-古地理演化

（a）前中泥盆世（Ellsmerian 造山运动，楚科奇-阿拉斯加地块增生到北美大陆边缘，并形成 Franklin‑Innuition 造山带）；（b）晚侏罗世（楚科奇-阿拉斯加地块开始从北美大陆边缘裂离）；（c）古近纪（Insular 岛弧与晚白垩世形成的布鲁克斯造山带右行走滑碰撞）；（d）中新世[始新世—渐新世与阿拉斯加地块拼贴碰撞的阿留申（Aleutian）岩浆弧发生弧后伸展，弧后盆地扩张]

（据 Miall and Blakey，2019 修改）

从中泥盆世开始,直到中侏罗世,增生到北美大陆边缘的楚科奇-阿拉斯加地块演化为大陆边缘盆地,接受了陆相-浅海相陆源碎屑岩-碳酸盐岩沉积(Colpron et al,2007; Miall and Blakey,2019)。

从晚侏罗世开始,楚科奇-阿拉斯加地块从北美大陆边缘逐渐旋转裂离,加拿大洋盆(加拿大盆地)逐步打开、扩张。晚侏罗世,楚科奇-阿拉斯加地块中央为隆起区,周缘主要为浅海相陆源碎屑岩-碳酸盐岩沉积[图 6-1-1(b)]。

早白垩世,楚科奇-阿拉斯加地块夹持于加拿大洋盆与太平洋之间。楚科奇-阿拉斯加地块在加拿大洋盆一侧为被动大陆边缘盆地,而在太平洋一侧为弧后盆地,此时岩浆弧开始与楚科奇-阿拉斯加地块拼贴。到晚白垩世,太平洋一侧的岩浆弧与楚科奇-阿拉斯加地块碰撞,形成布鲁克斯造山带(Miall and Blakey,2019)。古近纪早期,Insular 岛弧地块与布鲁克斯造山带右行走滑碰撞,使得阿拉斯加地区造山带规模显著扩大[图 6-1-1(c)]。

古近纪中后期(始新世—渐新世),阿留申(Aleutian)岩浆弧逐渐向阿拉斯加地块汇聚碰撞。中新世,阿留申岩浆弧发生了弧后伸展,形成弧后盆地[图 6-1-1(d)]。

6.2　楚科奇-阿拉斯加地块盆地群地质特征

楚科奇-阿拉斯加地块盆地群包括楚科奇陆缘(Chukchi Borderland)盆地、北楚科奇盆地、北坡盆地[也称科尔维尔(Colville)盆地]、纽乌科(Nuwuk)盆地、卡克托维克(Kaktovik)盆地(图 6-0-1)。北楚科奇盆地的地质特征在 5.4.2 节中已述及,本章不再赘述。

6.2.1　楚科奇陆缘盆地地质特征

楚科奇陆缘盆地南邻北楚科奇盆地,西侧与马卡罗夫盆地、门得列夫海岭相接,东侧和北侧被加拿大洋盆包围,面积超过 $25 \times 10^4 \, km^2$。该盆地可划分为楚科奇深海平原(Chukchi Abyssal Plain)[也称楚科奇深海盆地或土尔(Toll)盆地]、楚科奇海底高原(Chukchi Plateau)、北风深海平原(Northwind Abyssal Plain)(也称北风盆地)、北风海岭(图 6-2-1)。

由于缺乏钻探资料,对楚科奇陆缘盆地地质特征的认识主要基于地球物理资料,并且在地震资料的地质层位认识上存在较大争议。

Nikishin et al(2021b)认为,楚科奇陆缘盆地及邻区声波基底的最老年龄是 125 Ma±,因为在土尔盆地 125 Ma 反射界面最大埋深约为 9 s(双程旅行时),并认为 125 Ma 反射界面代表布鲁克构造运动形成的不整合面,界面之上发育了一系列高角度倾斜的裂谷期地层,与裂后期地层以角度不整合接触,裂谷期与裂后期地层分界面 R/PR 的年龄为 100 Ma(图 6-2-2)。

Butsenko 等(2019)、Poselov 和 Butsenko(2019)认为,楚科奇陆缘盆地的声波基底(TAB 界面)代表了前中泥盆世(390 Ma±)埃尔斯米尔(Ellesmerian)造山运动形成的不

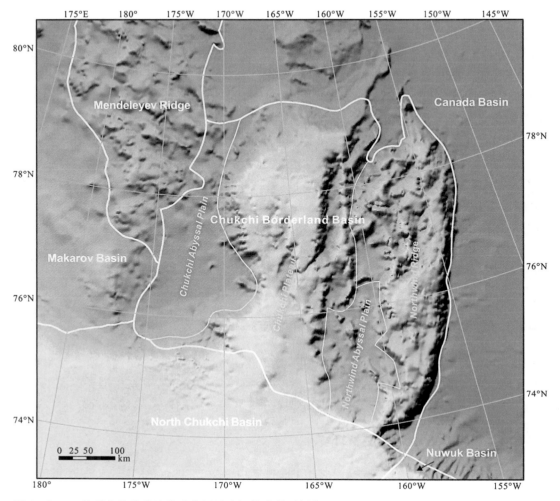

图 6 - 2 - 1　楚科奇陆缘盆地构造位置及次级构造单元划分

注：构造单元分区根据 IHS（2009）全球构造单元分区数据库资料编绘；底图来自 https：//maps. ngdc. noaa. gov/
viewers/bathymetry，水深图例见图 6 - 0 - 1。

整合面（图 6 - 2 - 3）。TAB 界面的地震反射同相轴在楚科奇深海盆地最大埋深在 6 km
左右（图 6 - 2 - 3），与 Nikishin 等（2021b）解释的 R/PR（100 Ma）地震反射同相轴相当，反
射界面最大埋深约为 5.5 s（双程旅行时）（图 6 - 2 - 2）。

　　根据地震反射特征和区域地质演化研究成果（见 6.1 节），笔者采用 Butsenko 等（2019）、
Poselov 和 Butsenko（2019）的观点。Nikishin 等（2021b）在楚科奇深海盆地的地震解释中
认为，早白垩世晚期（125～100 Ma）裂谷期地层严重变形，并与上覆地层大角度不整合接
触。这种不整合被解释为是由 Ellesmerian 造山运动造成的更为合理，这是因为早、晚白
垩世之交发生的布鲁克构造运动发生在楚科奇-阿拉斯加地块南缘，在楚科奇陆缘盆地地
区难以造成强烈的挤压，也难以形成这种角度不整合。

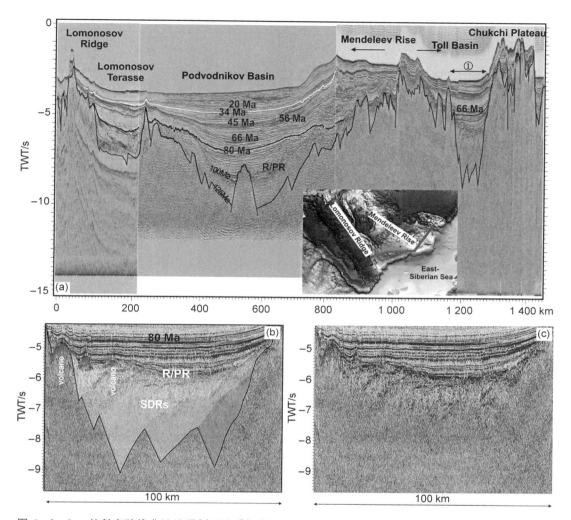

图 6 - 2 - 2　楚科奇陆缘盆地地震剖面地质解释

(a) 罗蒙诺索夫海岭-楚科奇深海平原地震剖面地质解释；(b) Toll 盆地深部地震剖面地质解释[剖面位置见(a)中①]；
(c) Toll 盆地未解释深部地震剖面[剖面位置见(a)中①]
(据 Nikishin et al,2021b 修改)

　　中泥盆世—中侏罗世,Ellesmerian 造山运动后,增生到北美大陆边缘的楚科奇-阿拉斯加地块演化为大陆边缘盆地,接受了陆相-浅海相陆源碎屑岩-碳酸盐岩沉积,在楚科奇深海盆地及楚科奇深海高原局部形成了在 TAB 界面与中、晚侏罗世之交的破裂不整合界面(JU 界面)之间的上古生界—中侏罗统(P_3-J_2)地震反射层系(图 6 - 2 - 3 至图 6 - 2 - 5)。

　　晚侏罗世,楚科奇-阿拉斯加地块从北美大陆边缘逐渐旋转裂离,加拿大洋盆逐步打开、扩张,在楚科奇深海盆地及楚科奇海底高原形成 JU 界面,以及 JU 界面和 LCU 界面之间的上侏罗统—下白垩统凡兰吟阶断陷盆地浅海相陆源碎屑岩充填序列(J_3-K_1b-v)(图 6 - 2 - 3 至图 6 - 2 - 5)。

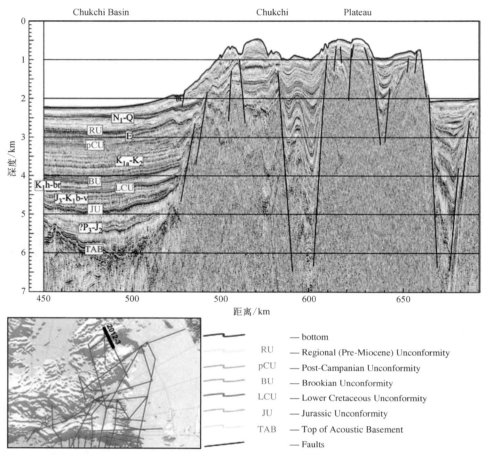

图 6‐2‐3　楚科奇深海盆地‐楚科奇深海平原地震剖面地质解释

（据 Butsenko et al,2019）

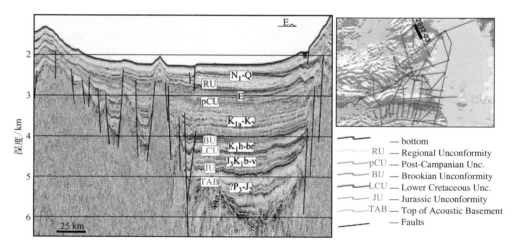

图 6‐2‐4　楚科奇深海盆地地震剖面地质解释

（据 Poselov and Butsenko,2019 修改）

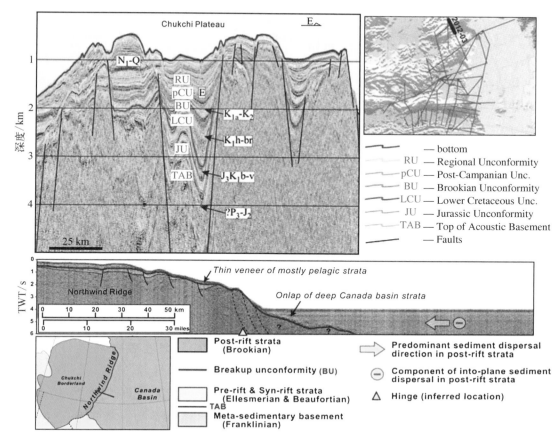

图 6－2－5　楚科奇海底高原地震剖面地质解释和北风海岭地震剖面地质解释

（据 Poselov and Butsenko,2019；Houseknecht and Bird,2011 修改）

自早白垩世欧特里沃期开始,楚科奇-阿拉斯加地块夹持于加拿大洋盆与太平洋之间。楚科奇-阿拉斯加地块的加拿大洋盆一侧为被动大陆边缘盆地,而太平洋一侧为弧后盆地,岩浆弧开始与楚科奇-阿拉斯加地块拼贴。到早白垩世巴列姆期末,太平洋一侧的岩浆弧与楚科奇-阿拉斯加地块碰撞的布鲁克斯造山运动形成不整合面（LCU 界面）和 BU 界面,以及 LCU 界面和 BU 界面之间的下白垩统欧特里沃阶—巴列姆阶（K_1h-br）厚度较薄的地震反射层系（图 6－2－3 至图 6－2－5）。

阿普特期开始至晚白垩世末,布鲁克斯造山运动后,楚科奇-阿拉斯加地块区域构造挤压应力松弛,发生了区域裂陷作用,形成了 BU 界面之上厚度较大的阿普特阶—上白垩统（K_1a-K_2）地震反射层系（图 6－2－3 至图 6－2－5）。

白垩纪末古近纪初,Insular 岛弧地块与布鲁克斯造山带右行走滑碰撞,形成不整合面（pCU 界面）。随后,应力松弛,在 pCU 界面之上形成古近系（E）地震反射层系（图 6－2－3 至图 6－2－5）。

古近纪末至新近纪初,阿留申（Aleutian）岩浆弧与阿拉斯加地块汇聚碰撞,形成 RU

区域不整合面。随后,在阿留申岩浆弧发生弧后伸展的同时,楚科奇-阿拉斯加地块也发生区域伸展,形成广泛分布的新近系—第四系(N_1-Q)地震反射层系(图6-2-3至图6-2-5)。

楚科奇陆缘盆地在晚古生代以来的演化过程中,整体呈现隆凹相间的断陷盆地结构,在凹陷区(如楚科奇深海盆地、北风深海盆地)地震层系发育相对较全,各层系厚度相对较大;而隆起区(如楚科奇深海高原、北风海岭)地震层系发育不全,各层系厚度相对较薄(图6-2-3至图6-2-5)。

6.2.2 北坡盆地及陆缘裂谷地质特征

据IHS(2009)资料显示,北坡盆地南邻布鲁克斯山脉(Brooks Range Province),西南以弗兰格尔-赫拉尔德隆起(Wrangel-Herald Arch)与南楚科奇-霍普盆地(South Chukchi-Hope Basin)相隔,西北侧紧邻北楚科奇盆地(North Chukchi Basin),东北侧以Nuwuk和Kaktovik陆缘裂谷盆地与加拿大洋盆相隔,面积超过$36.5 \times 10^4 \, km^2$。该盆地可划分为北楚科奇凸起(North Chukchi High)、楚科奇台地(Chukchi Platform)、汉纳槽(Hanna Trough)、东北楚科奇次盆(Northeast Chukchi Sub-basin)、温赖特隆起(Wainwright Arch)、科尔维尔前渊(Colville Foredeep Belt)、北坡褶皱-冲断带(North Slope Fold and Thrust Belt)、米德次盆(Meade Sub-basin)、米德隆起(Meade Arch)、艾克皮科普柯次盆(Ikpikpuk Sub-basin)、巴罗隆起(Barrow High)、丁库姆地堑(Dinkum Graben)、鱼溪台地(Fish Creek Platform)、米德隆起(Meade Arch)、乌米亚特次盆(Umiat Sub-basin)、丁库姆地垒(Dinkum Horst)、玛氏背斜(Marsh Anticline)、贾戈背斜(Jago Anticline)(图6-2-6)。

东北侧的巴罗隆起带通常视作北坡盆地的边界,Nuwuk盆地和Kaktovik盆地也称波弗特裂谷边缘(Beaufort rifted margin)。科尔维尔前陆盆地(Colville Foreland Basin)是布鲁克斯造山期的前陆盆地。密西西比世(Mississippian)发育多个伸展次盆地,如Endicott-Niakuk次盆、Hanna次盆、Ikpikpuk次盆、Meade次盆、Umiat次盆、Dinkum台地(图6-2-7)。这些密西西比世伸展次盆与IHS(2009)划分的北坡盆地次级负向构造单元具有一致性,只是规模有所变化。

1.北坡盆地地层序列

北坡盆地的地层划分为4个构造地层层序:弗兰克林层序(Franklinian)、埃尔斯米尔层序(Ellesmerian)、波弗特层序(Beaufortian)和布鲁克层序(Brookian)(图6-2-8)。

1)弗兰克林层序

大多数地区,弗兰克林层序是声学基底[图6-2-8(b)],包括前密西西比世沉积岩和变质沉积岩,局部有花岗岩侵入体(图6-2-8,图6-2-9),构成劳伦古陆大陆边缘,在埃尔斯米尔造山运动期间逐渐变形并形成泥盆纪前陆盆地(Embry,2009;Anfinson et al, 2012;Hadrari et al,2014)。这些岩石被多期造山运动广泛改造(Moore et al,1992;Lane,

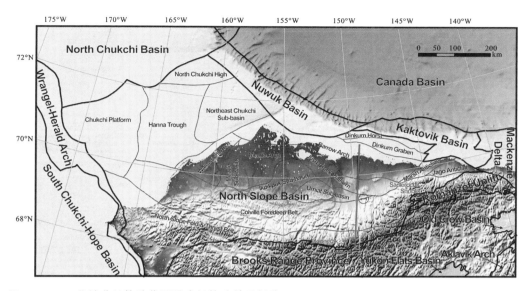

图 6-2-6　北坡盆地构造位置及次级构造单元划分

（据 Moore et al,1992）

注：构造单元分区根据 IHS（2009）全球构造单元分区数据库资料编绘；底图来自 https://maps.ngdc.noaa.gov/viewers/bathymetry，水深图例见图 6-0-1。图中黑色粗线为一级构造单元分区线，深灰色细线为次级构造单元分区线，白线实心五星为标注了名称的山。

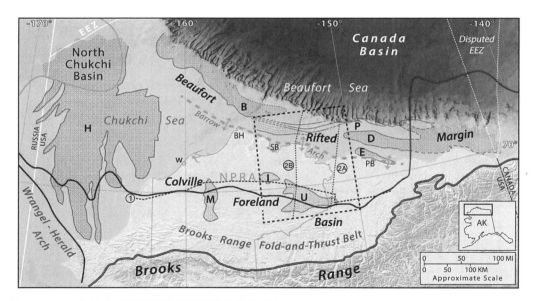

图 6-2-7　北坡盆地构造要素及密西西比世伸展次盆

（据 Houseknecht,2019a;2019b 修改）

注：灰色粗虚线为巴罗隆起近似轴线。蓝色边线点画充填多边形为伸展盆地（B—Barrow；D—Dinkum；E—Endicott-Niakuk；H—Hanna；I—Ikpikpuk；M—Meade；P—Dinkum Plateau；U—Umiat）。Beaufort 陆架上的蓝线是北倾主要正断层，其中大部分与包含凡兰吟阶和较老地层的旋转地块有关。标注①、②A和②B的灰色虚线是地震线的位置。布鲁克斯山脉褶皱冲断带的非活动前锋为红色虚线和黑色虚线，活动前锋为实心红色。黑色虚线框为研究区。标有"W"的黄色圆点是美国地质调查局 Wainwright1 号取芯钻孔。BH—Barrow high；EEZ—专属经济区的外部界限（有争议的地方用虚线表示）；PB—Prudhoe Bay；SB—Smith Bay。

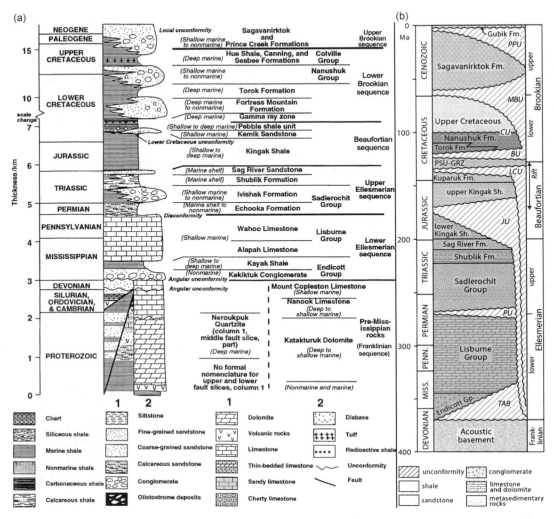

PPU—Pliocene‐Pleistocene unconformity；CU—Cenomanian unconformity；JU—Jurassic unconformity；LCU—Lower Cretaceous unconformity；BU—Brookian unconformity；Fm.—Formation；Gp.—Group；MBU—mid‐Brookian unconformity；MISS.—Mississippian；PENN.—Pennsylvanian；PSU‐GRZ—pebble shale unit-gamma ray zone；PU—Permian unconformity；Sh.—Shale；TAB—top acoustic basement。

图 6‐2‐8 北坡盆地层层序划分

(a) 北坡盆地前密西西比统综合地层柱状图；(b) 北坡盆地年代地层柱状图
(据 Moore et al,1992；Craddock and Houseknecht,2016 修改)
注：前泥盆系分 1 和 2 两部分。1. 基于 Romanzof 山(位置见图 6‐2‐6)资料；2. 基于 Sadlerochit 和 Shublik 山(位置见图 6‐2‐6)资料。

2007；Strauss et al,2013；Houseknecht and Connors,2016)，包括加里东造山运动、Ronmanzof
造山运动、埃尔斯米尔造山运动(图 6‐2‐10)。盆地南缘及邻近山区有弗兰克林层序的
沉积岩出露(图 6‐2‐9)，在巴罗隆起带的钻井也揭露了弗兰克林层序(Houseknech and
Connors,2016)。

　　弗兰克林层序地质年代从新元古代到早泥盆世，由深海相泥质岩和燧石，浅海相碳酸

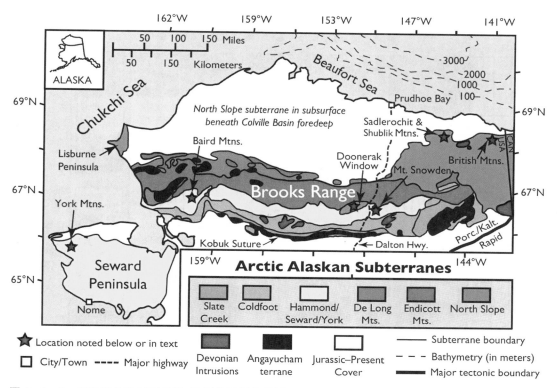

图6-2-9　北坡盆地及邻区构造-地层单元划分简图

(据 Strauss et al,2013 修改)

盐岩和石英岩,非海相砾岩、砂岩和泥岩,以及火山岩组成。不同地区的地层序列存在明显差异[图6-2-8(a)至图6-2-10]。

　　新元古界:在 Romanzof 山地区发育海相页岩、钙质砂岩,夹少量火山岩[图6-2-8(a)];在 York 山地区主要出露火山岩;在 Baird 山地区主要出露白云岩;在 Sadlerochit 和 Shublik 山地区自下而上出露灰岩、砂岩、火山岩、白云岩;在 British 山地区出露灰岩和砂岩(图6-2-10)。

　　寒武系:在 York 山地区主要出露火山岩;在 Baird 山地区主要出露页岩、灰岩,以灰岩为主;在 Snowde 山地区出露白云岩、页岩、砂岩;在 Doonerak 构造窗出露火山岩、页岩、硅质岩及少量砂岩;在 Sadlerochit 和 Shublik 山地区出露灰岩、白云岩,灰岩中含三叶虫化石;在 British 山地区出露硅质岩、页岩、砂岩、火山岩(图6-2-10)。

　　奥陶系:在 York 山、Baird 山、Snowde 山地区出露页岩、灰岩;在 Doonerak 构造窗出露页岩、硅质岩、火山岩及少量砂岩;在 Sadlerochit 和 Shublik 山地区出露灰岩,灰岩中含三叶虫和牙形石化石;在 British 山地区出露页岩、火山岩、硅质岩,夹少量砂岩(图6-2-10)。

　　志留系:在 York 山出露灰岩、白云岩;在 Baird 山以灰岩为主,底部局部出露白云岩、砂岩,白云岩与砂岩不整合接触;在 Snowde 山地区出露厚层灰岩;在 Doonerak 构造窗出

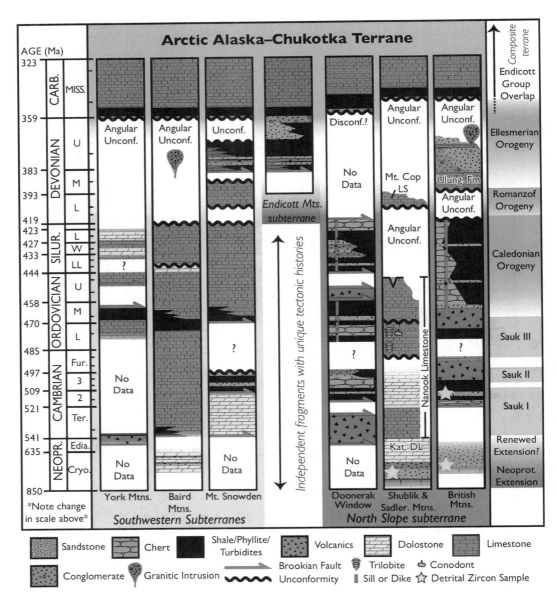

Kat. DL—Katakturuk 白云岩；Mt. Cop LS—Mount Copleston 石灰岩；Ulung. Fm—Ulungarat 组；Sauk Ⅰ、Ⅱ、Ⅲ—劳伦古陆普遍发育的 3 个构造-地层层序。

图 6-2-10　北坡盆地南部邻区不同地区构造-地层对比图

（剖面位置见图 6-2-9，据 Strauss et al,2013 修改）

露的主要是页岩、硅质岩，页岩中夹少量砂岩；在 Sadlerochit 和 Shublik 山地区志留系缺失；在 British 山地区出露页岩、硅质岩，夹少量砂岩（图 6-2-10）。

　　泥盆系：在 York 山、Baird 山地区缺失泥盆系；在 Baird 山地区见晚泥盆世花岗岩侵入体；在 Snowde 山地区出露灰岩、页岩，夹砂岩、火山岩；在 Endicott 山区出露页岩、白云岩、砂岩、砾岩，夹火山岩；在 Doonerak 构造窗未发现泥盆系出露；在 Sadlerochit 和

Shublik 山地区出露灰岩;在 British 山地区出露灰岩、砂岩、砾岩,见晚泥盆世花岗岩侵入体(图 6 - 2 - 10)。

由上述可见,北坡盆地南部邻区的富兰克林层序可归并为 3 类不同特征的构造-地层序列(图 6 - 2 - 10)。

一是阿拉斯加西南部台地碳酸盐岩构造-地层序列(图 6 - 2 - 10 中 York - Baird - Snowde),在平面上分布于布鲁克斯山脉南侧(图 6 - 2 - 9 中黄色区),可能是在与波罗的古陆相连并位于劳伦古陆和西伯利亚古陆之间的碳酸盐台地背景下形成的(Miller et al, 2011;Strauss et al,2013)。

二是阿拉斯加东北部与火山弧相关复杂岩性构造-地层序列(图 6 - 2 - 9 中 Doonerak - Shublik - British),在平面上主要分布于布鲁克斯山脉北侧(图 6 - 2 - 9 中绿色区),是在劳伦古陆边缘弧前(Koyukuk 岩浆弧)背景下形成的。

三是布鲁克斯山脉逆冲推覆泥盆系层序(图 6 - 2 - 10 中 Endicott),分布于布鲁克斯山脉的 Endicott 山区(图 6 - 2 - 9 中褐色区),是在埃尔斯米尔造山运动期间阿拉斯加西南地块和阿拉斯加东北地块拼贴后的前陆盆地背景下形成的(Embry,2009;Anfinson et al,2012;Hadrari et al,2014)。布鲁克斯山脉的 Endicott 山区的逆冲推覆构造受到在布鲁克斯造山运动期间的侏罗纪 Angayucham 洋盆关闭,以及 Koyukuk 岛弧与阿拉斯加地块碰撞的强烈改造,在布鲁克斯山脉的 Endicott 山区出露大量侏罗纪蛇绿杂岩(Biasi et al,2020)。

2)埃尔斯米尔层序

密西西比统(局部可能包括上泥盆统)至三叠系埃尔斯米尔层序由陆源碎屑岩和碳酸盐岩组成,分为下埃尔斯米尔(Lower Ellesmerian)和上埃尔斯米尔(Upper Ellesmerian)两个亚层序(图 6 - 2 - 8)。

下埃尔斯米尔亚层序年代跨度从晚泥盆世至二叠纪中期,由 Endicott 群和 Lisburne 群组成(图 6 - 2 - 8)。Endicott 群由砾岩、砂岩、泥岩组成(图 6 - 2 - 8),为一套被动大陆边缘盆地在海侵过程中形成的陆相-浅海相沉积(Moore et al,1992;Craddock and Houseknecht,2016;Houseknecht,2019a)。Lisburne 群由碳酸盐岩组成(图 6 - 2 - 8),为被动大陆边缘台地浅海相沉积(Moore et al,1992;Craddock and Houseknecht,2016;Houseknecht,2019a)。

上埃尔斯米尔亚层序底界为二叠系内部不整合面(PU),顶界为侏罗系底界不整合面(JU),年代为二叠纪中期至三叠纪末,由 Sadlerochit 群、Shublik 组和 Sag River 组成(图 6 - 2 - 8)。

Sadlerochit 群主要由砾岩、砂岩和泥岩组成(图 6 - 2 - 8)。砾岩和砂岩的物源主要来自巴罗隆起,靠近巴罗隆起一侧砂岩厚度大,靠近布鲁克斯山脉一侧以富有机质泥岩为主(图 6 - 2 - 11)。Sadlerochit 群可划分为二叠系海侵旋回和三叠系下部海侵-海退复合旋回,为被动大陆边缘陆相-浅海相沉积(Houseknecht,2019a)。

Shublik 组整合于 Sadlerochit 群之上,主要由富有机质页岩组成(图 6 - 2 - 8),也可见海绿石砂岩、灰岩、硅质岩,布鲁克斯山脉东北部相对富砂(Houseknecht,2019a),为

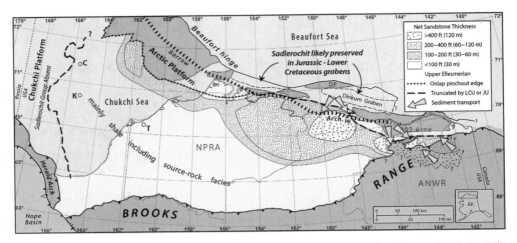

BH—Barrow 隆起；DP—Dinkum 高原；PB—Prudhoe 湾；NPRA—National Petroleum Reserve in Alaska，阿拉斯加国家石油储备。

图 6-2-11　北坡盆地及陆缘裂谷 Sadlerochit 群砂岩等厚图

（据 Houseknecht，2019a）

注：C、K、T 为钻井。

一套浅海相-陆坡相沉积。Shublik 组地层厚度明显受古地貌控制，靠近巴罗隆起一侧相对大，但厚度变化也较大；靠近布鲁克斯山脉一侧地层厚度相对较小，厚度变化也较小（图 6-2-12）。Sag River 组主要由砂岩组成（图 6-2-8），为被动大陆边缘浅海相沉积。

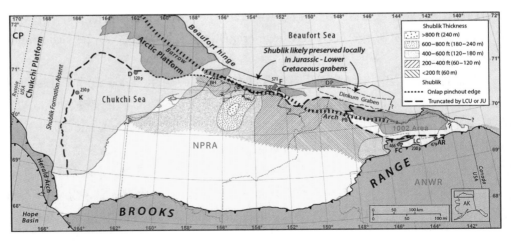

BH—Barrow 隆起；DP—Dinkum 高原；PB—Prudhoe 湾；NPRA—National Petroleum Reserve in Alaska，阿拉斯加国家石油储备。

图 6-2-12　北坡盆地及陆缘裂谷 Shublik 组地层等厚图

（据 Houseknecht，2019a）

注：A、D、F、K、AR、FC、LC 为钻井编号，井旁数字为钻遇 Shublik 组的厚度。

3）波弗特层序

波弗特层序底界为侏罗系底部不整合面（JU 界面），顶界为布鲁克不整合面（BU 界面），由侏罗纪至早白垩世巴列姆期陆源碎屑岩组成，可划分为 Kingak 页岩、Kuparuk 组（Kemik 砂岩）、含砾页岩（PSU）（图 6-2-8）。波弗特层序由一系列向布鲁克斯山脉方向进积的陆架沉积层序组成（图 6-2-13），厚度从巴罗隆起附近的 1 300 m，向布鲁克斯山脉方向变薄至不足 700 m（Houseknecht，2019a）。波弗特层序是在伴随加拿大海盆打开的裂谷作用期间形成的，为一套裂谷盆地浅海相、深海相、海底扇相沉积（Houseknecht，2019a）。

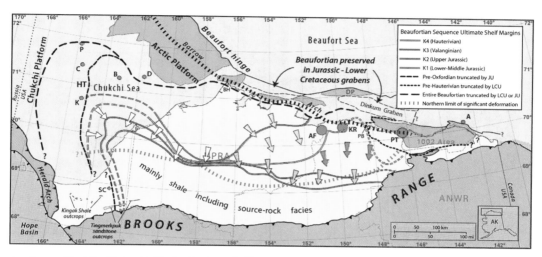

A—Aurora 井；AF—Alpine 油田；C—Crackerjack 井；D—Diamond 井；HT—Hanna 槽；K— Klondike 井；KR—Kuparuk 河油田；P—Popcorn 井；PT—Point Thomson；SC—Surprise Creek 露头；BH— Barrow 隆起；DP— Dinkum 高原；PB— Prudhoe 湾；NPRA—National Petroleum Reserve in Alaska，阿拉斯加国家石油储备。

图 6-2-13　北坡盆地波弗特层序陆架边缘迁移平面图（据 Houseknecht，2019a）

注：不确定的地方用虚线表示。箭头表示陆架边缘进积方向；白色箭头是 4 个时期陆架进积的总体方向，其他颜色箭头为相同颜色的陆架边缘进积方向。灰色宽虚线表示布鲁克斯山脉前缘褶皱-冲断带中波弗特层序显著变形的北部大致边界。

4）布鲁克层序

布鲁克层序由早白垩世阿普特期至新生代同造山期和后造山期陆源碎屑岩夹火山岩组成，分为下布鲁克（Lower Brookian）和上布鲁克（Upper Brookian）两个亚层序（图 6-2-8）。

下布鲁克亚层序年代跨度从早白垩世阿普特期至白垩纪末，底界为布鲁克不整合面（BU），顶界为中布鲁克不整合面（MBU），由下白垩统高伽马带（GRZ）、Fortress 山组、Torok 组和 Nanushuk 组，上白垩统 Colville 群（Hue 页岩、Canning 组、Seabee 组）组成（图 6-2-8）。下布鲁克亚层序主要岩石类型为砾岩、砂岩、泥页岩，局部夹凝灰岩（图 6-2-8），沉积类型为一套前陆盆地陆相-深海相沉积（Houseknecht，2019a）。

下布鲁克亚层序下白垩统高伽马带、Torok 组和 Nanushuk 组为一套大型陆架进积序列，高伽马带为底积层，Torok 组为前积层，Nanushuk 组为顶积层（图 6-2-14）。该套由大型陆架进积形成的前积反射地震相分布广泛，几乎覆盖了整个北坡盆地，陆架边缘从楚科奇台地一侧向 Kaktovik 盆地方向大规模迁移（图 6-2-15）。

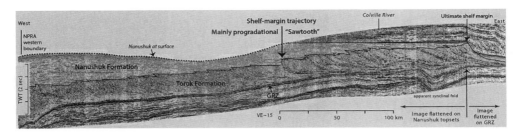

图 6 - 2 - 14　北坡盆地中部布鲁克亚层序下白垩统地震-地质解释剖面（Houseknecht，2019a）

注：剖面位置见图 6 - 2 - 7 和图 6 - 2 - 15 中①。垂向刻度双向旅行时，2 s＝3.0～3.5 km。

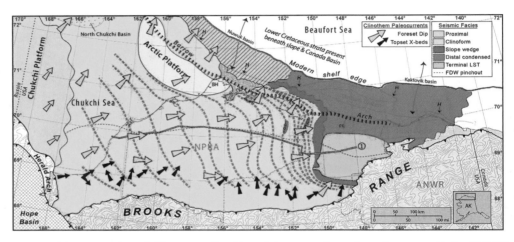

BH—Barrow 隆起；DP—Dinkum 高原；PB—Prudhoe 湾；NPRA—National Petroleum Reserve in Alaska，阿拉斯加国家石油储备。

图 6 - 2 - 15　北坡盆地下布鲁克亚层序下白垩统地震相平面图

（据 Houseknecht，2019a）

注：深绿色粗虚线为不同时期陆架边缘。浅灰色虚线为前渊楔（FDW）向北尖灭线。细斜黑线花纹区是生长断层区，前积层较厚；斜坡前积层分布区中灰色区为上白垩统底边界（CU）深切区。实心红色椭圆区是 Nanushuk 组发现的大型油藏；带黑色斜线的红色椭圆区是 Torok 组发现的大型油藏。H 箭头所指的细灰色线为埋藏的波弗特陆架坡折线。

　　下布鲁克亚层序在上白垩统沉积时期，物源方向和构造格局发生了显著变革。布鲁克斯山脉成为主要物源区，加拿大洋盆形成（Miall and Blakey，2019），在加拿大洋盆边缘为深水陆坡沉积区。随着布鲁克斯山脉的隆升，物源供应增强，陆架边缘持续向加拿大海盆方向迁移（图 6 - 2 - 16）。

　　上布鲁克亚层序形成于新生代，底界为中布鲁克不整合面（MBU），由古近系—新近系 Sagavanirktok 组、Prince Creekz 组和第四系 Gubik 组组成（图 6 - 2 - 8）。上布鲁克亚层序岩石类型为砾岩、砂岩、泥页岩（图 6 - 2 - 8），沉积类型为一套前陆盆地陆相-深海相沉积（Houseknecht，2019a）。

　　上布鲁克亚层序主要发育于北坡盆地靠近加拿大海盆的陆架区域，分布局限，厚度不足 2 km。沉积类型为陆相-浅海相陆源碎屑沉积，物源来自布鲁克斯山脉和北坡盆地隆起区。在北坡盆地大部分地区上布鲁克亚层序缺失（图 6 - 2 - 17）。

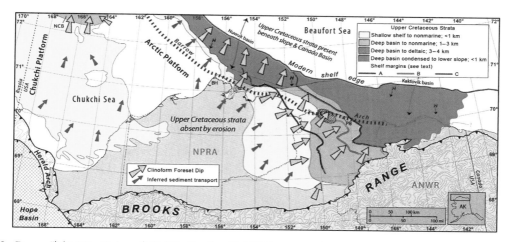

BH—Barrow 隆起；DP—Dinkum 高原；PB—Prudhoe 湾；NPRA—National Petroleum Reserve in Alaska，阿拉斯加国家石油储备。

图 6‐2‐16 北坡盆地下布鲁克亚层序上白垩统厚度及相带平面图

（据 Houseknecht，2019a）

注：A、B、C 为陆架边缘。地层大致年龄（A 为坎潘中期；B 为坎潘晚期；C 为马斯特里赫特晚期）。带有黑色斜线的红色椭圆区是重油聚集区。H 箭头所指的细灰色线为埋藏的波弗特陆架坡折线。

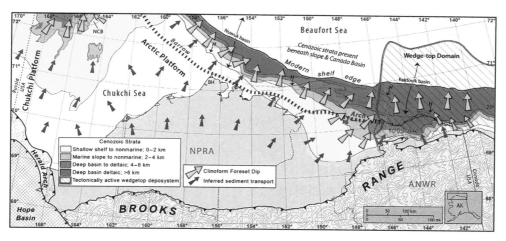

BH—Barrow 隆起；DP—Dinkum 高原；PB—Prudhoe 湾；NPRA—National Petroleum Reserve in Alaska，阿拉斯加国家石油储备。

图 6‐2‐17 北坡盆地上布鲁克亚层序厚度及相带平面图

（据 Houseknecht，2019a）

注：H 箭头所指的细灰色线为埋藏的波弗特陆架坡折线。

2. 北坡盆地及陆缘裂谷构造‐地层格架

在北坡盆地划分的 4 个构造地层层序中，弗兰克林层序经历多期构造运动改造，普遍发生了变形、变质作用，成为北坡盆地的基底；埃尔斯米尔层序和波弗特层序受布鲁克造山运动的影响，形成了挠曲、褶皱‐逆冲构造‐地层样式；布鲁克层序形成于同造山期和后造山期，具有前陆盆地的构造‐地层样式（图 6‐2‐18）。

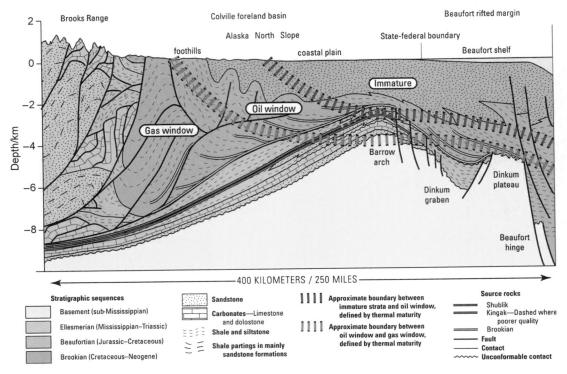

图 6-2-18 北坡盆地中东部地质剖面

(剖面位置见图 6-2-6 中①,据 Masterson and Holba,2021)

从北坡盆地前密西西比纪不整合面地震反射时间构造图(图 6-2-19)上看,北坡盆地除楚科奇台地(Chukchi Platform)和汉纳槽(Hanna Trough)外,总体表现为前陆盆地的基底构造特征,科尔维尔前渊(Colville Foredeep)地带基底埋深大(双程旅行时>6 s),向前隆区基底埋深快速变浅(双程旅行时<3 s)。而夹持于楚科奇台地和北极台地之间的汉纳槽表现为南北向延伸的隆洼相间构造,具有断陷盆地特征。陆缘裂谷 Nuwuk 盆地和 Kaktovik 盆地基底埋深普遍较大,最大埋深超过 6 s(双程旅行时)。而大陆边缘裂谷肩地带(巴罗隆起),最浅基底埋深普遍不足 3 s(双程旅行时)。

北坡盆地区域地震剖面揭示:埃尔斯米尔层序具有伸展断陷盆地的构造-地层样式(图 6-2-20,图 6-2-21);波弗特层序在北坡盆地西部的汉纳槽仍具有伸展断陷盆地的构造-地层样式(图 6-2-20),在北坡盆地中东部表现为坳陷盆地的构造-地层格架特征(图 6-2-20);布鲁克层序在整个北坡盆地表现为布鲁克斯山脉不断隆升、沉积体持续向山前推进的前陆盆地的构造-地层样式(图 6-2-20,图 6-2-21)。

阿拉斯加北部大陆边缘裂谷盆地主要发育布鲁克层序,且厚度变化巨大(图 6-2-21,图 6-2-22)。Nuwuk 盆地西部陆缘裂谷肩地带的前裂谷期和同裂谷期地层缺失,后裂谷期地层也相对较薄;陆缘基底断裂坡折外侧的后裂谷期地层厚度巨大,造成现今陆架坡折较基底断裂坡折向海推进约 60 km[图 6-2-22(a)]。Nuwuk 盆地东部裂谷肩地带的地

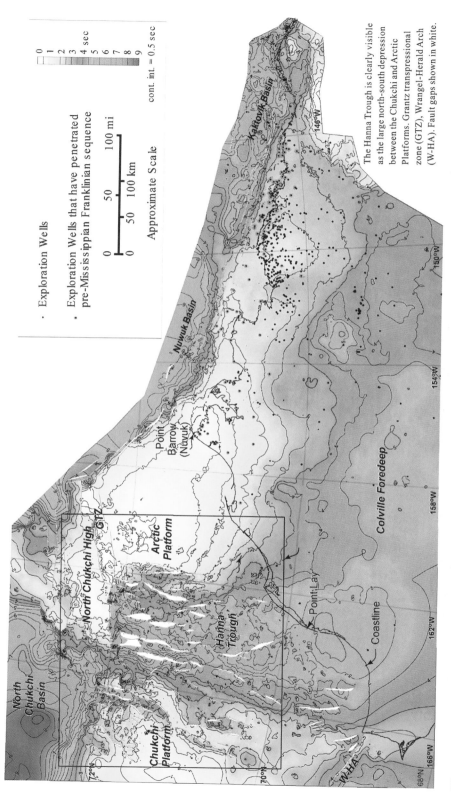

图 6 - 2 - 19 北坡盆地前密西西比世不整合面地震反射时间构造图

（据 Connors and Houseknecht，2022 修改）

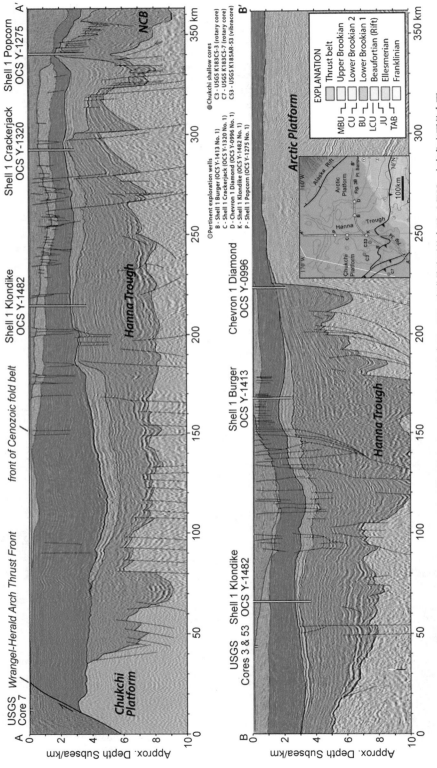

TAB—声波基底顶面；JU—侏罗系不整合面；LCU—下白垩统不整合面；BU—布鲁克不整合面；CU—塞诺曼阶不整合面；MBU—中布鲁克不整合面。

图 6-2-20　北坡盆地西部地震-地质解释剖面

（据 Craddock and Houseknecht，2016 修改）

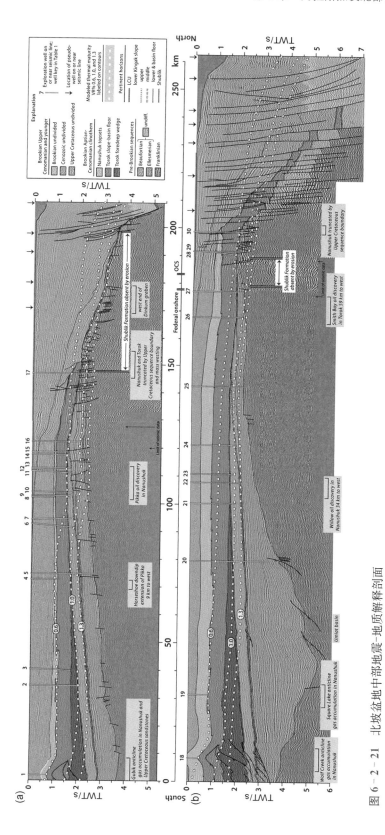

图 6 - 2 - 21　北坡盆地中部地震-地质解释剖面

(a) Gubik - Phoenix 剖面（位置见图 6 - 2 - 7 中②A）；(b) Wolf Creek - Fireeed 剖面（位置见图 6 - 2 - 7 中②B）

（据 Houseknecht，2019b 修改）

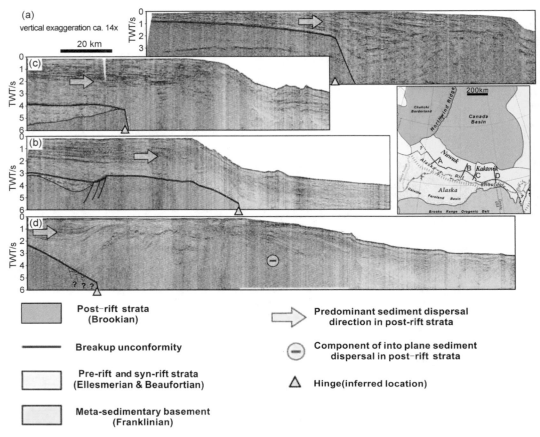

图 6 - 2 - 22　阿拉斯加北部陆缘裂谷盆地地震-地质解释剖面

（据 Houseknecht and Bird,2011 修改）

堑中发育前裂谷期或同裂谷期地层,后裂谷期地层也相对较厚;陆缘基底断裂坡折外侧的后裂谷期地层厚度相对较薄,现今陆架坡折较基底断裂坡折向陆有所退缩[图 6 - 2 - 22(b)]。Kaktovik 盆地西部裂谷肩地带发育前裂谷期或同裂谷期地层,后裂谷期地层厚度相对较大;陆缘基底断裂坡折外侧的后裂谷期地层厚度也相对较厚,现今陆架坡折较基底断裂坡折向盆地方向迁移了约 30 km[图 6 - 2 - 22(c)]。Kaktovik 盆地东部裂谷肩的小地堑中发育前裂谷期或同裂谷期地层,后裂谷期地层厚度变化较大;陆缘基底断裂坡折外侧的后裂谷期地层厚度相对较厚,现今陆架坡折较基底断裂坡折向盆地方向迁移了约 50 km[图 6 - 2 - 22(d)]。

6.3　阿拉斯加地块边缘-岩浆弧变形带

北极阿拉斯加褶皱带隆起及盆地包括 Wrangel - Herald 隆起、Bering Strait 隆起、South Chukchi - Hope 盆地、Brooks 山脉、Romanzof 隆起、Kobuk 复理石带、Yukon - Koyukuk

复理石带、Hogatza 火成岩带、Galena 盆地、Norton 盆地、Blow 槽、Old Crow 盆地、Yukon Flats 盆地、Lower Tanana 盆地、Kokrines - Hodzana 高地、Aklavik 隆起(图 6 - 0 - 1)。其中,南楚科奇-霍普盆地地质特征在 5.4.2 节已作讨论,在此不再赘述。

6.3.1　赫拉尔德隆起地质特征

弗兰格尔-赫拉尔德隆起(Wrangel - Herald Arch)是弗兰格尔隆起和赫拉尔德隆起的合称(图 6 - 3 - 1)。弗兰格尔隆起的地质特征在 5.3.1 节已作讨论,本节着重讨论赫拉尔德隆起的地质特征。

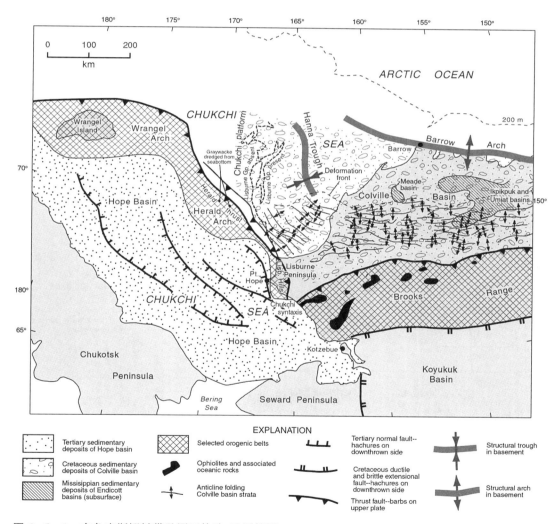

图 6 - 3 - 1　布鲁克斯褶皱带及围区构造-地层简图

(据 Moore et al,2002)

注:北冰洋的界线(灰色虚线)为现代北极大陆架的 200 m 水深等深线。埃尔斯米尔层序在楚科奇台地上的超覆尖灭线(黑色虚线)相当于楚科奇海埋藏的 Lisburne 群向西尖灭线。

赫拉尔德隆起（Herald Arch）属于弗兰格尔-赫拉尔德隆起带东段，向东延伸，直到Lisburne 半岛西端，并在 Lisburne 半岛褶皱-冲断带出露变形期前和变形期的造山带地层，表现为向西南方向俯冲的褶皱和冲断带（图 6-3-1，图 6-3-2），与北美和欧亚大陆在中生代晚期—新生代早期碰撞、地壳缩短密切相关（Moore et al，2002）。赫拉尔德隆起的走向为北西—南东向，其东北侧为北坡盆地，西南侧为霍普盆地（图 6-3-1）。

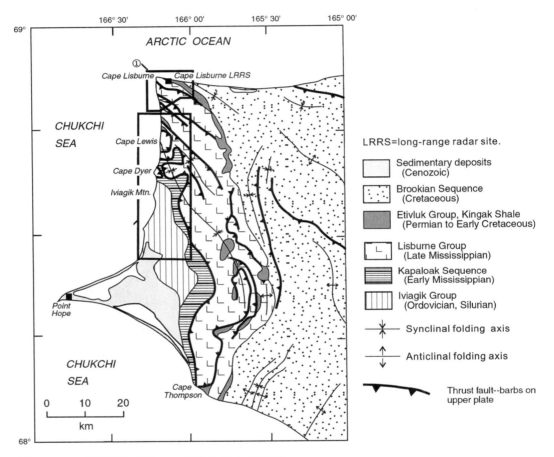

图 6-3-2　阿拉斯加 Lisburne 半岛构造-地层简图

（据 Moore et al，2002 修改）

1. Lisburne 半岛褶皱-冲断带地层序列

在阿拉斯加 Lisburne 半岛西部出露奥陶系—志留系 Iviagik 群、石炭系下密西西比统 Kapaloak 层序（Endicott 群）、上密西西比统 Lisburne 群、二叠系—侏罗系下部 Etivluk 群、侏罗纪中期—白垩纪早期 Kingak 页岩-含砾石页岩、白垩系布鲁克层序和新生代沉积（图 6-3-2）。这一地层序列基本上可与北坡盆地的 4 个层序相对比。Iviagik 群对应于弗兰克林层序的一部分，Kapaloak 层序＋Lisburne 群＋Etivluk 群相当于埃尔斯米尔层序，Kingak 页岩-含砾石页岩相当于波弗特层序，白垩纪的布鲁克层序相当于布鲁克层序下部（图 6-3-3）。

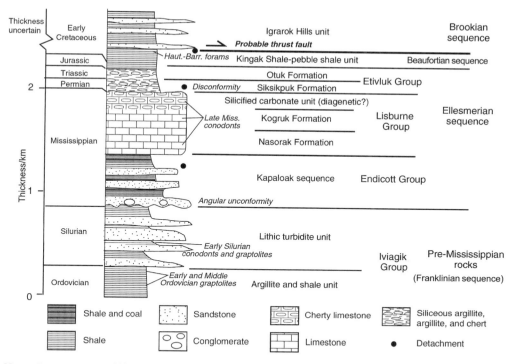

Haut.- Barr. Forams—欧特里沃期—巴列姆期有孔虫化石。

图 6 - 3 - 3 阿拉斯加 Lisburne 半岛地层综合柱状图

（据 Moore et al,2002 修改）

（1）**Iviagik 群**可划分为两个地层单元：① 黑色泥质岩和硅质页岩,含少量粉砂岩和燧石;② 富砂海底扇沉积,以岩屑砂岩为主(图 6 - 3 - 3)。

泥质岩和页岩单元为薄到中层的深水盆地沉积,出露厚度大于 50 m,其中含膨润土薄层,产多种中奥陶世笔石化石(Moore et al,2002)。

浊积岩单元主要由水道化、厚层状中粒砂岩组成;局部为含砾砂岩,以及少量的粉砂岩和钙质泥岩。砂岩中含有丰富的碳酸盐岩和碎屑沉积岩岩屑、白云母和长石碎屑,表明其物源主要为沉积岩和花岗岩。该单元的最小厚度约为 300 m,其中的钙质泥岩夹层含志留纪(兰多弗里中期至文洛克早期)牙形石和笔石化石(Moore et al,2002)。

（2）**Kapaloak 层序**相当于区域上埃尔斯米尔层序最底部的 Endicott 群。Kapaloak 层序以角度不整合覆盖于 Iviagik 群之上,在 Lisburne 半岛中部测得厚度超过 600 m,由指状交互的薄层至中层海相和非海相砂岩,粉砂岩和页岩组成,其上部含有大量的煤层(图 6 - 3 - 3)。Kapaloal 层序中含早密西西比世植物化石,其顶部附近见晚密西西比世海相化石。Kapaloak 层序的砂岩主要由石英和燧石组成,与阿拉斯加北部埃尔斯米尔层序中的其他砂岩相似;Kapaloal 层序底部的卵石砾岩由燧石和少量泥质岩碎屑组成(Moore et al,2002)。

（3）**Lisburne 群**为广泛分布于阿拉斯加北部的台地碳酸盐岩序列,从下到上可细分为 3 个单元,分别为 Nasorak 组、Kogruk 组和 Tupik 组。Nasorak 组、Kogruk 组主要由灰岩组成，最上部的 Tupik 组主要为硅质灰岩（图 6 - 3 - 3）。

Nasorak 组在 Lisburne 半岛南部约 500 m 厚，不同地区出露厚度有变化。它以突变接触覆盖在 Kapaloak 层序之上（图 6 - 3 - 3），由薄层至中薄层浅黄褐色风化泥质灰岩夹少量钙质页岩组成，具韵律层理，局部见颗粒灰岩（包括鲕粒灰岩），带有臭味的、中至深灰色的海百合、节肢动物和苔藓虫化石的粒灰岩和泥粒灰岩是 Nasorak 组的主要岩性，主要为低能碳酸盐岩台地沉积。Nasorak 组局部见孔洞中的沥青和裂隙中的沥青脉（Moore et al，2002）。

Kogruk 组以渐变接触覆盖在 Nasorak 组之上（图 6 - 3 - 3），主要由中厚层状、块状浅灰色风化碳酸盐岩组成。Kogruk 组岩石类型主要为含有腕足动物、棘皮动物、苔藓虫化石的泥粒灰岩、泥粒灰岩和少量粒状灰岩，具交错层理。见角砾灰岩、藻灰岩和珊瑚灰岩，主要为浅水高能碳酸盐岩台地沉积。这些岩石普遍经历白云石化作用，并含有结核状至条带状的硅化物。本组出露厚度变化大，从超过 1 000 m 到不足 250 m。在 Lisburne 半岛，Kogruk 组厚度明显向北变薄（Moore et al，2002）。

在 Lisburne 半岛南部，Tupik 组整合覆盖在 Kogruk 组之上（图 6 - 3 - 3），主要由薄层深灰色硅质岩、白云岩和黏土泥岩组成，硅质岩含放射虫，厚度在 100 m 左右，主要为深水环境沉积。Lisburne 角地区 Tupik 组局部见薄层深灰色细粒白云岩、厚层块状硅化石灰岩。多见浅灰色至白色致密燧石层，而且在剖面中向上单层厚度增加。局部见中-厚层状部分硅化石灰岩，与 Kogruk 组中发现的石灰岩相似，为燧石和硅化石灰岩互层。Tupik 组顶部为粗粒硅化角砾石灰岩，角砾灰岩横向渐变为厚层状硅化石灰岩（Moore et al，2002）。

（4）**Etivluk 群**包括二叠系、三叠系和侏罗系底部，主要为泥岩、页岩，划分为二叠系 Siksikpuk 组和三叠系—侏罗系底部 Otuk 组（图 6 - 3 - 3）。

Siksikpuk 自下而上分为① 黄褐色风化含化石的钙质粉砂岩；② 深绿色、灰色生物扰动粉质页岩；③ 薄层状泥质燧石和硅质页岩；④ 深灰色粉质页岩。沉积类型整体上为陆架环境中的海侵沉积序列（Moore et al，2002）。

Otuk 组自下而上分为① 页岩层段，主要由黑色、灰白色钙质页岩组成，局部在顶部见岩屑砂岩；② 燧石段，由薄层黑色硅化泥岩、钙质泥岩、灰岩组成，向上灰岩增多；③ 灰岩段，由黄棕色风化、部分硅化灰岩和少量页岩组成，含有 *Monotis* 似球藻层。沉积类型整体上为一套外陆架深水沉积（Moore et al，2002）。

（5）**Kingak 页岩-含砾石页岩**主要为深灰色至黑色粉质页岩，夹极细粒石英砂岩薄层，见明显的生物扰动构造。含欧特里沃期—巴列姆期有孔虫化石。沉积类型主要是一套深水陆架沉积。

（6）**布鲁克层序**也称 Igrarok Hills 单元，由褶皱变形的砂岩、泥岩不等厚互层组成。其中由薄层砂岩、泥岩组成的层段（>30 m），呈韵律层状，层厚约 10 cm，砂岩与页岩之比约为 1∶5。厚层砂岩单层厚度达 2～8 m，主要为中粒砂岩，向上单层厚度增加，砂岩与页岩之比高达 10∶1[图 6 - 3 - 4(a)]。砂岩中可见槽模、工具模、递变层理、缓波纹层理[图 6 - 3 - 4(b)]。根据槽模和工具模确定的古水流方向为北西向至南东向。Igrarok

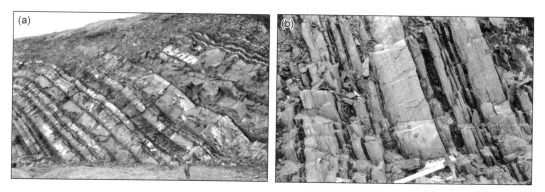

图 6 - 3 - 4　Lisburne 半岛 Igraroks Hills 单元复理石远景(a)和近景(b)

(据 Moore et al,2002 修改)

Hill 层序为一套前陆盆地海底扇沉积(Moore et al,2002)。

2. Lisburne 半岛褶皱-冲断带构造特征及成因

在阿拉斯加 Lisburne 半岛西部的构造特征表现为复杂的褶皱-逆冲构造,主要是西南方向的断裂上盘向东北方向逆冲(图 6 - 3 - 2,图 6 - 3 - 5),局部出现东北方向的断裂上

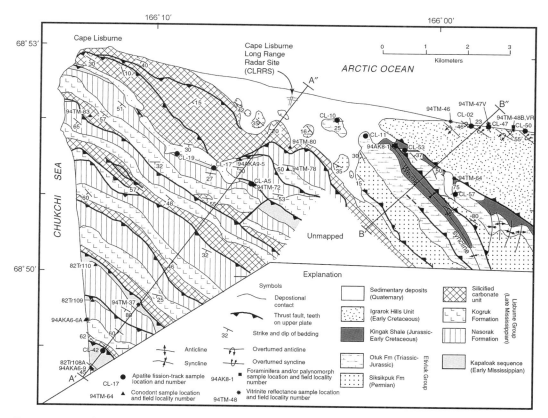

图 6 - 3 - 5　阿拉斯加 Lisburne 角地区构造-地层图

(位置见 6 - 3 - 2 中①,据 Moore et al,2002)

盘向西南方向逆冲（图 6-3-5，图 6-3-6）。褶皱-逆冲构造主要被卷入的地层有石炭纪密西西比世早期的 Kapaloak 层序、密西西比世晚期的 Lisburne 群、二叠纪—侏罗纪早期的 Etivluk 群、侏罗纪中期—白垩纪早期的 Kingak 页岩-含砾石页岩、白垩纪的 Igrarok Hills 单元（图 6-3-5，图 6-3-6）。

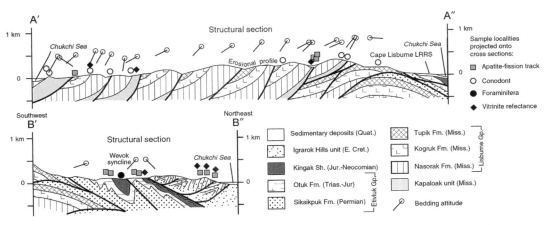

图 6-3-6　Lisburne 半岛地区构造-地层剖面图

（位置见 6-3-4，据 Moore et al，2002 修改）

赫拉尔德隆起带褶皱-逆冲构造主要是布鲁克斯造山期板内变形的结果。布鲁克斯造山运动区域挤压作用导致赫拉尔德隆起带东段的阿拉斯加 Lisburne 半岛西部褶皱-逆冲构造的形成，该构造运动很可能于早白垩世欧特里沃初期开始，一直持续到新近纪（图 6-3-7）。在泥盆纪埃尔斯米尔造山期后、布鲁克斯造山期前，Lisburne 半岛地区发

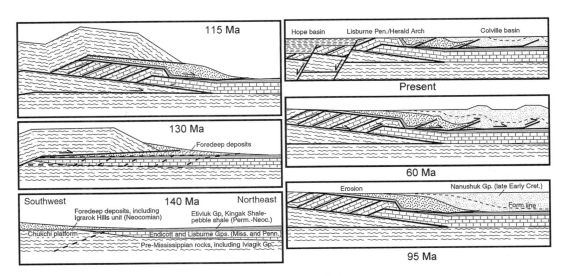

图 6-3-7　阿拉斯加 Lisburne 褶皱-冲断带构造沉积演化模式图

（据 Moore et al，2002 修改）

生了区域伸展,在 Iviagik 群可见正断层[图 6-3-8(a)]。同布鲁克斯造山期形成的 Igrarok Hills 单元挤压变形强烈,可见同斜褶皱-逆冲构造[图 6-3-8(b)]。

图 6-3-8　Lisburne 半岛露头构造特征照片

(a) Iviagik 群志留系(Sil)砂泥岩互层与奥陶系(Ord)泥岩正断层接触;(b) Igrarok Hills 单元砂泥岩互层地层的近同斜褶皱-逆冲构造

(据 Moore et al,2002 修改)

6.3.2　白令海峡隆起地质特征

白令海峡隆起(Bering Strait High)地理上位于楚科塔(Chukotka)半岛和苏厄德(Seward)半岛之间(图 6-0-1),构造上位于楚科塔-阿拉斯加(Chukotka-Alaska)复合地块受白垩纪岩浆作用强烈改造的地带,受鄂霍茨克-楚科茨克(Okhotsk-Chukotsk)火山岩带和科尤库克(Koyukuk)岩浆弧的共同影响(图 6-3-9,图 6-3-10)。

白令海峡隆起被海水覆盖,水深普遍不足 200 m。北侧为霍普(Hope)盆地,南侧为诺顿(Norton)盆地(图 6-0-1)。南侧的诺顿盆地由多个次级盆地组成(图 6-3-10)。如图 6-3-10 所示,S—N 剖面是从白令海陆架-波弗特海陆架南北向区域性大剖面的位置,该剖面(图 6-3-11)展示了白令海峡隆起及相邻地带的地质特征。

白令海峡隆起的基底为库伦变质杂岩(Koolen Metamorphic Complex)(图 6-3-11)。库伦变质杂岩为高级变质岩,厚度 10~15 km,向西南倾斜,岩石类型有花岗片麻岩、含黑云母片麻岩、石英长石片麻岩、角闪岩、大理岩以及片岩,顶部大理岩和钙硅酸盐单元增多。变质和变形年代峰值为白垩纪(104~94 Ma)。库伦变质杂岩的形成与太平洋俯冲作用密切相关(Akinin et al,1997)。

白令海峡隆起沉积盖层非常薄。白令海峡隆起北侧的霍普盆地总体表现为断陷盆地特征,主要充填了新生代沉积物。再往北,北坡盆地总体表现为前陆盆地特征,充填了古生代以来的沉积物。白令海峡隆起南侧的 Navarin 盆地表现为断陷盆地特征,仅充填了始新世以来的沉积物(图 6-3-11)。

6.3.3　布鲁克斯山脉隆起地质特征

布鲁克斯山脉(Brooks Range)隆起地理上位于阿拉斯加中北部,走向大致呈东西向,自晚侏罗世(165 Ma)以来,安加尤查姆(Angayucham)洋关闭,科尤库克(Koyukuk)岩浆弧与阿拉斯加地块碰撞,阿拉斯加地块前晚侏罗世岩石发生变形变质,安加尤查姆残留洋壳和科尤库克岩浆弧向阿拉斯加地块逆冲形成的褶皱-冲断带(Box and Patton,1989;Law et al,1994;Toro et al,2002;Harris,2004;Jadamec and Wallace,2014;Craddock et al,2018;Biasi et al,2020)。因此,布鲁克斯隆起出露了阿拉斯加地块的元古代—中生代的沉积岩,侏罗纪布鲁克斯山脉蛇绿岩,泥盆纪—早白垩世逆冲带低级变质岩,元古宙—古生代片岩、千枚岩,元古宙—古生代强变形片岩、片麻岩(图 6-3-12)。阿拉斯加地块的元古宙—中生代沉积岩的特征在 6.2.2 节已述及,在此不再赘述。

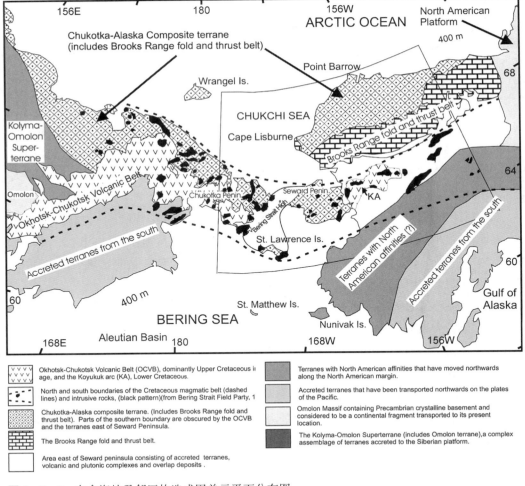

图 6-3-9　白令海峡及邻区构造成因单元平面分布图

(据 Wolf et al,2002 修改)

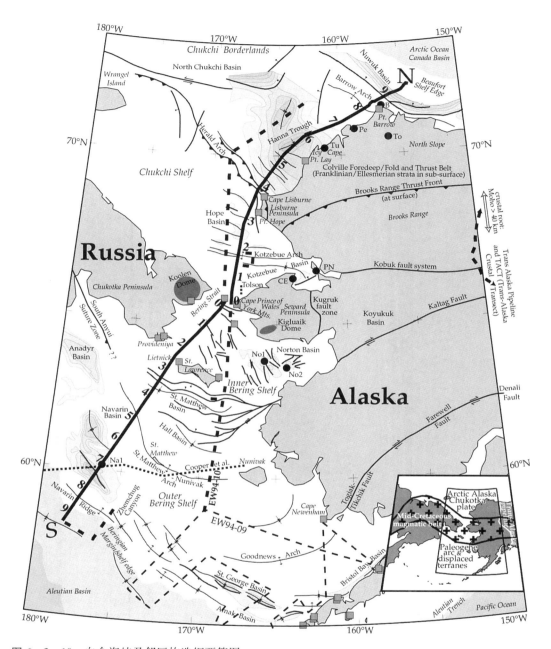

图 6 - 3 - 10 白令海峡及邻区构造纲要简图

（据 Klemperer et al,2002 修改）

注：S—N 黑色粗实线为区域剖面（图 6 - 3 - 11）位置，数字（0～9）为距离（单位为 100 km）。黑色粗虚线 EW94 - 10 为反射地震剖面位置。黑色细虚线 EW94 - 09 为深反射地震剖面位置。点线为声呐浮标折射和重力剖面位置。灰色 方框为地震监测站，记录了 EW94 - 09 和 EW94 - 10 航次陆上和海上的地震数据。海上水深＜200 m 为白色，200～ 2 000 m 为浅灰色，2 000～4 000 m 及＞4 000 m 灰度加深。近海盆地，Herald Arch 以南为新生代盆地，Herald Arch 以北为后泥盆纪盆地，地层厚度＞3 km 为灰色，内部地层厚度等值线间隔为 2 km。黑色实心圆圈为钻井位置（B— South Barrow ♯1;To—Topagoruk test well 1;Pe—Peard ♯1;Tu— Tunalik ♯1;PN—Point Nimiuk ♯1;CE—Cape Espenberg ♯1;No1、No2—Norton Sound COST♯1 、COST♯2;Na1—Navarin 盆地 COST♯1）。深灰色圆（Koolen Dome）和椭圆（Kigluaik Dome）为片麻岩出露区。索引图显示本图的区域位置和白垩纪中后期岩浆岩带。

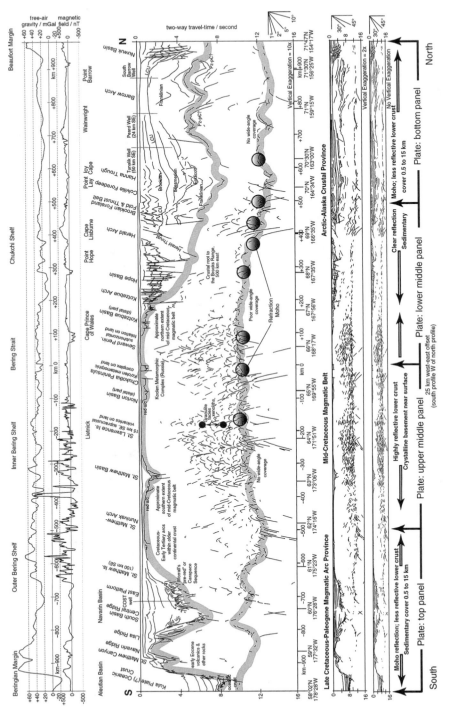

图 6-3-11　白令海峡及邻区南—北向地质-地球物理综合剖面图

（剖面位置见图 6-3-10，据 Klemperer et al，2002）

注：剖面横跨整个北美大陆。底部剖面为垂向未放大的地震剖面，垂向标尺是双程旅行时单位为 s，中下部和中上部剖面垂向分别放大 2 倍和 10 倍；中上部剖面中上方的灰色粗线为基岩顶面，白令海峡隆起以北基岩顶面之上最老的老层层是富兰克林层序，白令海峡隆起以南基岩顶面之上最老的地层为始新统；中上部剖面中下方的灰色粗线为推测的莫霍面。莫霍面上方的 2 个深灰色小圆圈表示 Saint Lawrence 岛榴辉岩捕房体的深度范围。LCU 为下白垩统内不整合面，u/c 为始新统不整合面。最上方为自由空气重力和磁力剖面。

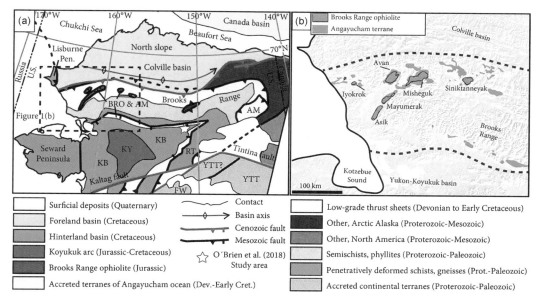

AM—Angayucham 地块；BRO—布鲁克斯山脉蛇绿岩；KB—Yukon - Koyukuk 盆地；KY—Koyukuk Arc；FW—
Farewell 地块；RT—Ruby 地块；YTT—Yukon - Tanana 地块。

图 6 - 3 - 12　布鲁克斯山脉隆起及邻区构造-地层单元简图

(a) 布鲁克斯山脉隆起及邻区构造-地层单元简图；(b) 布鲁克斯山脉西部蛇绿岩（绿色）和 Angayucham 地层区
（粉色）分布图

（据 Biasi et al,2020 修改）

注：虚线为布鲁克斯山脉的边界。

1. 布鲁克斯山脉蛇绿岩

　　布鲁克斯山脉蛇绿岩主要分布于布鲁克斯山脉的中西部（图 6 - 3 - 12），蛇绿岩分布区往往发育 Angayucham 洋远洋沉积［图 6 - 3 - 12(b)］。在阿拉斯加西部布鲁克斯山脉蛇绿岩带由 6 个岩石成分、内部组构、构造和年代相似却形状各异的蛇绿岩体组成。这6 个蛇绿岩体分别出露于 Iyokrok、Avan、Asik、Mayumerak、Misheguk 和 Siniktanneyak山。这些蛇绿岩体很可能是一个大型逆冲推覆体的侵蚀残留物，在褶皱和逆冲带向斜的核部较好地保存了蛇绿岩序列（图 6 - 3 - 13，图 6 - 3 - 14）。

　　布鲁克斯山脉蛇绿岩推覆体出露区自下而上通常由以下岩石单元组成：古生界＋中生界(MzPzu/KJs)→Copter Peak 岩石组合(cpa)→变质基底(ms)→构造改造橄榄岩(tp)→纯橄榄岩(du)→过渡型超基性堆晶岩(tum)→层状辉长岩(lg)→异剥橄榄岩(wh)→块状辉长岩(mg)→高位中性侵入岩(hi)→晚期超基性/基性侵入岩(uml)→辉绿岩岩脉(dd)→枕状玄武岩(pb)→侏罗纪—白垩纪同造山期沉积岩,局部出现后期花岗岩侵入体(gre)。每个推覆体显示陡倾的北北东走向,岩石类型主要为最厚达 4 km 的豆荚状纯橄榄岩,并通常过渡为厚达 2 km 的层状辉长岩。蛇绿岩单元之间多以伸展断层接触,将上地壳物质的上盘与地幔和下地壳单元的下盘并置（图 6 - 3 - 14,图 6 - 3 - 15）。

　　构造改造橄榄岩(tp)和纯橄榄岩(du)（图 6 - 3 - 14,图 6 - 3 - 15)是地幔岩石的主要

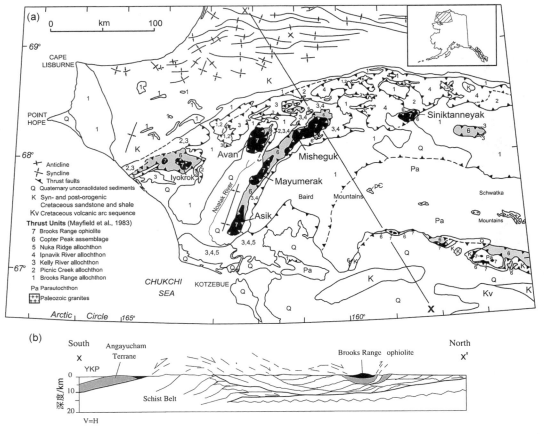

YKP—Yukon - Koyukuk Province(白垩纪弧杂岩)。

图 6 - 3 - 13　布鲁克斯山脉西部及邻区构造-地层单元平面图

(a) 各种逆冲单元平面图[包括布鲁克斯山脉蛇绿岩(黑色)和 Copter Peak 岩石组合(灰色),褶皱和逆冲带走向从东—西向变化为北东—南西向];(b) 显示布鲁克斯山脉推覆体结构剖面示意图[黑色为蛇绿岩,深灰色为 Copter Peak 岩石组合(Angayucham 洋岩石组合),白色为前密西西比统基底,浅灰色为沉积覆盖层序,蛇绿岩推覆体保存在褶皱和逆冲带的向斜中]

(据 Harris,2004 修改)

类型,是在板块超俯冲背景下形成的。过渡型超基性堆晶岩(tum)、层状辉长岩(lg)、异剥橄榄岩(wh)、块状辉长岩(mg)(图 6 - 3 - 14,图 6 - 3 - 15)为下地壳岩石的主要类型;高位中性侵入岩(hi)、晚期超基性/基性侵入体(uml)、辉绿岩岩脉(dd)、枕状玄武岩(pb)(图 6 - 3 - 14,图 6 - 3 - 15)为组成上地壳的岩石类型。由此可见,布鲁克斯山脉蛇绿岩可以视为逆冲推覆到阿拉斯加地块之上的一套上地幔-下地壳-上地壳岩石。在布鲁克斯山脉蛇绿岩序列与阿拉斯加地块岩石序列之间的 Copter Peak 岩石组合是 Angayucham 洋的残迹,由玄武岩、硅质岩、灰岩组成,硅质岩中含宾夕法尼亚世—上三叠世放射虫(Harris,2004)。

2. 布鲁克斯山脉蛇绿岩的形成模式

Biasi 等(2020)在前人研究成果的基础上,通过构造地球化学分析,提出了布鲁克斯山脉蛇绿岩的形成模式(图 6 - 3 - 16)。布鲁克斯山脉蛇绿岩(BRO)形成模式如下。

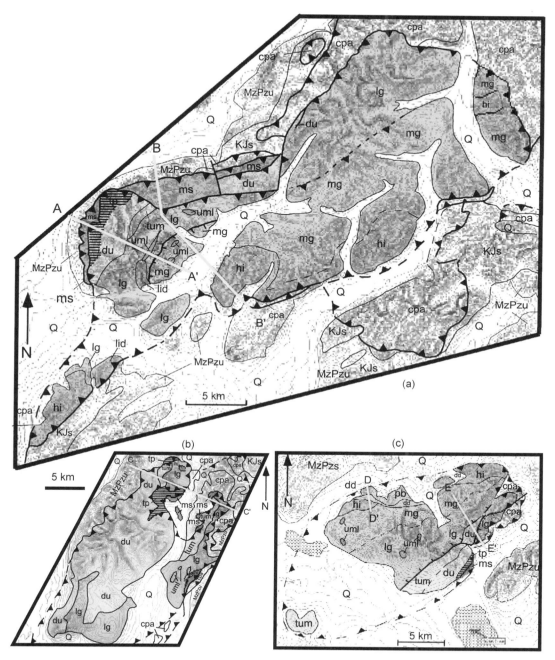

cpa—Copter Peak 岩石组合；dd—辉绿岩岩脉；du—纯橄榄岩；hi—高位中性侵入岩；KJs—白垩纪＋侏罗纪同造山沉积
地层；lg—层状辉长岩；mg—块状辉长岩；ms—变质基底；MzPzu—古生界＋中生界；pb—枕状玄武岩；Q—第四系；tp—
构造改造橄榄岩；tum—过渡型超基性堆晶岩；uml—晚期超基性/基性侵入岩；wh—异剥橄榄岩。

图 6 - 3 - 14　布鲁克斯山脉重点蛇绿岩分布区地质图

（a）Misheguk 蛇绿岩体；（b）Avan 蛇绿岩体；（c）Sinaktaneyak 蛇绿岩体
（据 Harris，2004 修改）
注：AA′、BB′、CC′、DD′、EE′分别为图 6 - 3 - 15 中剖面的位置。

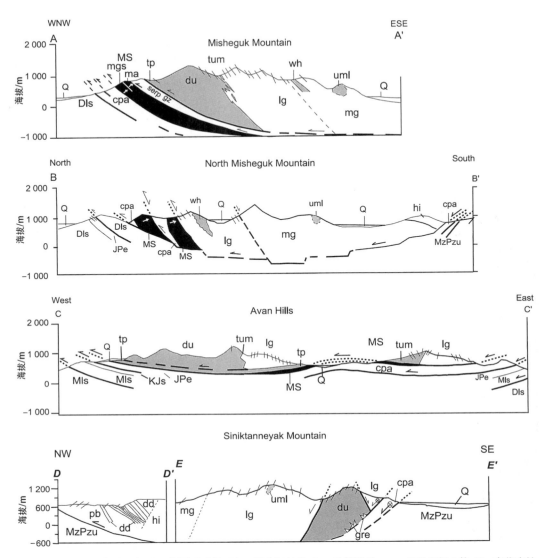

cpa—Copter Peak 岩石组合；dd—辉绿岩岩脉；Dls—泥盆纪灰岩；du—纯橄榄岩；gre—花岗岩侵入体；hi—高位中性侵入岩；JPe—侏罗系—宾夕法尼亚统 Etivluk 群；KJs—白垩纪＋侏罗纪同造山沉积地层；lg—层状辉长岩；ma—角闪岩相变质基底；mg—块状辉长岩；mgs—绿片岩相变质基底；Mls—密西西比世灰岩；ms—变质基底，MzPzu—古生界＋中生界；pb—枕状玄武岩；Q—第四系；tp—构造改造橄榄岩；tum—过渡型超基性堆晶岩；uml—晚期超基性/基性侵入岩；wh—异剥橄榄岩。

图 6-3-15　布鲁克斯山脉重点蛇绿岩分布区地质剖面图

（剖面位置见图 6-3-14,据 Harris,2004 修改）

（1）早侏罗世初期（200 Ma±）可能有两种初始条件：一是北极阿拉斯加和 Koyukuk 地体边缘都是被动陆缘［图 6-3-16(a1)］；二是 Koyukuk 地体的北部边缘已经存在 Angayucham 洋壳俯冲带［图 6-3-16(a2)］。

（2）中侏罗世早期（170 Ma±）,Angayucham 洋壳俯冲或俯冲后撤都始于 Koyukuk 边缘,并在 Koyukuk 弧前地带形成现今布鲁克斯山脉蛇绿岩（BRO）的地幔＋地壳岩石序列[图 6 - 3 - 16(b)]。

（3）晚侏罗世初期（165～160 Ma），Koyukuk 地体和阿拉斯加地块边缘之间发生碰撞，导致布鲁克斯山脉蛇绿岩的地幔＋地壳岩石序列先逆冲推覆到 Angayyucham 洋玄武岩＋远洋沉积物之上，再进一步逆冲推覆到北极阿拉斯加地块之上[图 6 - 3 - 16(c)]。

（4）晚侏罗世末以来（<150 Ma），进一步的造山运动将布鲁克斯山脉蛇绿岩的地幔＋地壳岩石序列、Angayyucham 玄武岩＋远洋沉积物强烈逆冲推覆到北极阿拉斯加地块之上，最大逆冲推覆距离达 300 km 左右；后期的侵蚀作用形成现今主要分布在逆冲褶皱向斜内的布鲁克斯山脉蛇绿岩，加上后期构造伸展使得布鲁克斯山脉蛇绿岩与 Koyukuk 弧分隔[图 6 - 3 - 16(d)]。

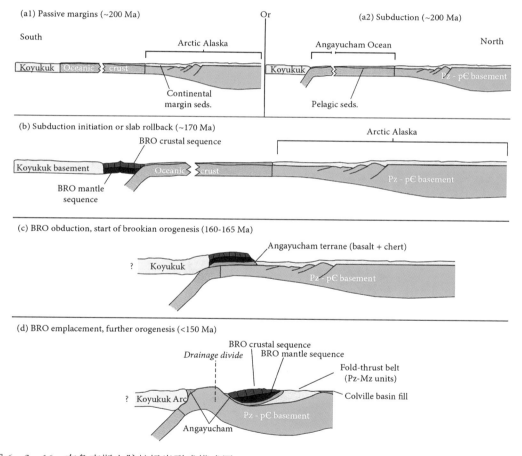

图 6 - 3 - 16　布鲁克斯山脉蛇绿岩形成模式图

（据 Biasi et al,2020）

注：(a1)/(a2)～(d)为布鲁克斯山脉蛇绿岩(BRO)的形成过程，其形成可能有两种初始条件，这取决于 BRO 的形成是通过俯冲起始(a1)，还是俯冲后撤(a2)，(a1) 北极阿拉斯加和 Koyukuk 地体边缘都是被动陆缘，或者(a2) Koyukuk 地体的北部边缘已经存在俯冲带(现在的坐标)。(a1 或 a2) 一个未知大小的海洋(由剖面中齿状断开显示)将北极阿拉斯加被动边缘与 Koyukuk 地体的最古老单元分隔开来。(b)向南俯冲或俯冲后撤始于 Koyukuk 北部边缘，在此事件期间，在 Koyukuk 弧前地带形成 BRO。(c) Koyukuk 地体和阿拉斯加地块边缘之间的碰撞导致 BRO 逆冲到 Angayyucham 玄武岩＋沉积物，以及北极阿拉斯加地块之上。(d)后期进一步的造山运动和侵蚀作用将 BRO 与 Koyukuk 弧分开。

6.3.4 科尤库克岩浆弧及相关沉积盆地

科尤库克(Koyukuk)岩浆弧及相关盆地位于布鲁克斯隆起南部,与布鲁克斯山脉蛇绿岩带以 Angayyucham 洋玄武岩＋远洋沉积物相隔,一般划分为科尤库克岩浆弧和育空-科尤库克(Yukon－Koyukuk)盆地。育空-科尤库克盆地进一步分为科布克-科尤库克次盆(KobuK－Koyukuk Sub-basin)和下育空次盆(Lower Yukon Sub-basin)(图 6－3－12,图 6－3－17)。而 HIS(2009)将科尤库克岩浆弧及相关盆地划分为 Kobuk 复理石带、Yukon－Koyukuk 复理石带、Hogatza 火成岩带、Galena 盆地、Blow 槽、Old Crow 盆地、Yukon Flats 盆地、Lower Tanana 盆地、Kokrines－Hodzana 高地、Aklavik 隆起、Alaska 山脉(图 6－0－1)。

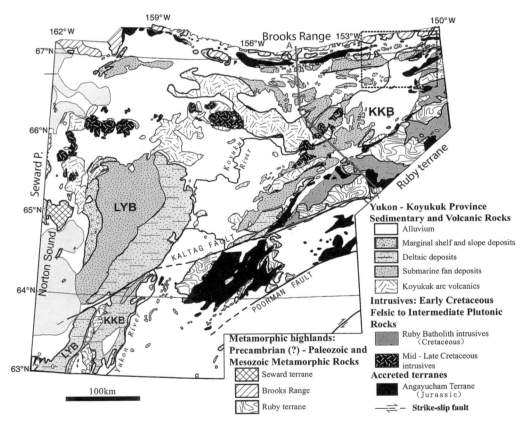

KKB—Kobuk Koyukuk 次盆;LYB—Lower Yukon 次盆。

图 6－3－17 科尤库克岩浆弧及围区综合地质图

(据 O'Brien et al,2018 修改)

注:AA′为图 6－3－19 的剖面位置。

1. 科尤库克岩浆弧

科尤库克岩浆弧的地质记录以大套的基性、中性火山岩、火山碎屑岩和少量侵入岩为特征,可划分为 4 个地层单元(图 6-3-18):① 前中侏罗世(泥盆纪—早侏罗世)岩石组合,包括玄武岩熔岩、灰岩、硅质岩、辉绿岩、辉长岩和超基性侵入岩;② 中-晚侏罗世中性至酸性深成岩体;③ 晚侏罗世(?)和早白垩世早期(贝里阿斯期和凡兰吟期)基性至中性火山熔岩和火山碎屑岩;④ 早白垩世(欧特里沃期—阿普特期)基性至中性火山碎屑岩。第二地层单元侵入第一地层单元,并被第三地层单元不整合覆盖。第四地层单元整合于第三地层单元之上。下白垩统(阿尔必阶)为前陆盆地深海相及海底扇碎屑沉积岩,物源来自火成岩和变质岩,整合覆盖在 Koyukuk 岛弧岩石序列之上。阿尔必阶沉积岩系也不整合地覆盖在相邻区,其底界为一个清晰的超覆不整合面。

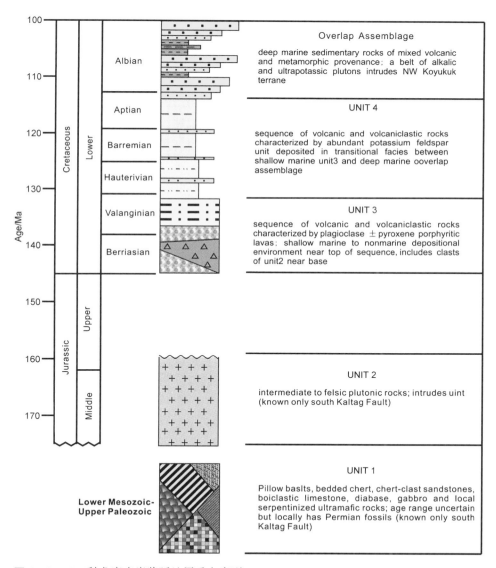

图 6-3-18　科尤库克岩浆弧地层垂向序列

(据 Box and Patton,1989 修改)

阿拉斯加西部的科尤库克岩浆弧的年龄从晚古生代到早白垩世,为白垩纪早期与北美大陆边缘碰撞的火山弧。在 4 个地层单元中,第一地层单元玄武岩的地球化学数据表明,它们是在非弧构造环境中喷发的,可能是在洋岛或弧后环境。第二、三和四地层单元具有俯冲相关火山岩的特征。在弧-陆碰撞的最后阶段,高碱性或钾玄质熔岩在第三地层单元末(凡兰吟期)结束时喷发。这些碱性熔岩可能与早期弧熔岩具有相似的源岩并经历极少量的部分熔融形成的。第四地层单元熔岩也是碱性熔岩或钾玄质熔岩,但其不相容的元素组成表明,它们与早期弧熔岩具有不同的来源。这些晚期碱性熔岩在化学成分上类似白垩纪中期的深成岩体,同位素数据表明其来源于较古老的次大陆岩石圈的部分熔融。第四地层单元熔岩的母岩浆也可能是由次大陆地幔部分熔融产生的,该次大陆地幔在弧-陆碰撞的最后阶段向科尤库克岩浆弧下方俯冲(Box and Patton,1989)。

2. 育空-科尤库克盆地

育空-科尤库克盆地三面与高地接壤,北部布鲁克斯山脉为变质和变形的元古宙至中生代大陆边缘岩石,西部苏厄德半岛(Seward)和东南部茹贝(Ruby)地区由逆冲推覆的大洋岩石组合、元古宙—古生代变质岩、白垩纪侵入的深成岩体组成。盆地中央出露科尤库克岩浆弧的白垩纪火山岩(图 6-3-12,图 6-3-17)。育空-科尤库克盆地是发育在岛弧岩石组合褶皱基底上的分隔性向斜凹陷,发育了早白垩世海相浊积岩、早白垩世晚期至晚白垩世砂岩和砾岩、新生代火山岩和沉积岩,以白垩系为主(图 6-3-17,图 6-3-19)。新生代火山岩和沉积岩地层与白垩系呈不整合接触(图 6-3-20)。

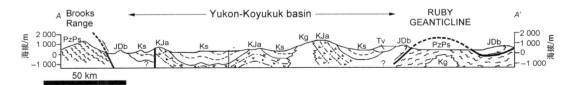

PzPs—片岩、石英岩、大理岩、片麻岩(早古生代和元古宙);JDb—玄武岩、辉长岩、燧石、千枚岩、超镁铁质岩(侏罗纪—泥盆纪);KJa—安山岩流、火山碎屑岩、闪长岩(白垩纪和侏罗纪);Ks—陆相沉积岩(白垩纪);Kg—花岗质岩(白垩纪);Tv—火山岩、玄武岩、流纹岩和火山碎屑岩(古近纪—新近纪)。

图 6-3-19 科尤库克地区及邻区地质平面图

(位置见图 6-3-17 中 AA′,据 Patton and Box,1989 修改)

育空-科尤库克盆地以白垩纪中期阿尔必期—塞诺曼期同碰撞弧前盆地充填为主,在基底火山岩之上发育的沉积相类型有盆地边缘砾岩相(冲积扇相、扇三角洲相、滨岸相)、三角洲相、陆架相和海底扇相(图 6-3-20 至图 6-3-22)。

盆地边缘砾岩相发育于西部北侧—北部—东部边缘,向盆地方向主要相变为陆架相,而盆地东侧南部的盆地边缘砾岩相相变为三角洲相。海底扇相大面积发育于盆地中央部位(图 6-3-21)。

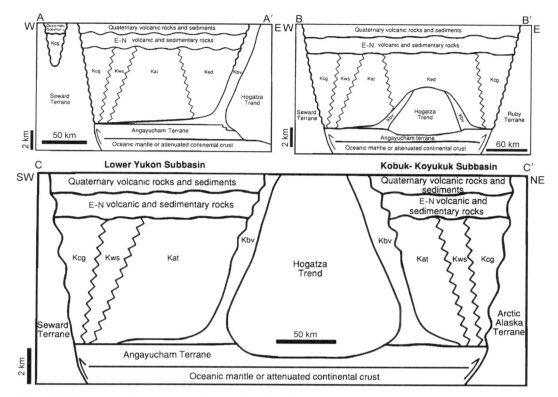

凡兰吟阶至阿尔必阶？：Kbv—基底火山岩相。阿尔必期—塞诺曼期：Ked—三角洲相；Kat—海底扇相；Kws—陆架相；Kcg—盆地边缘砾岩相；E-N—古近系—新近系。

图 6 - 3 - 20　育空-科尤库克盆地沉积断面简图

（剖面位置见图 6 - 3 - 21AA′、BB′、CC′，据 Nilsen，1989 修改）

凡兰吟期—阿尔必期的基底火山岩相由火山角砾岩、团块、砾岩、凝灰岩、砂岩和泥质岩组成，为非海相、浅海相和陆坡相沉积物（图 6 - 3 - 22 中 Basal volcanogenic facies）。

海底扇相呈东北走向带状发育（图 6 - 3 - 21）。海底扇相由以泥岩为主的盆地平原深水沉积、以砂泥岩不等厚互层为主的下扇沉积、以砾岩和砂岩为主夹泥质岩的中扇沉积组成（图 6 - 3 - 22 中 Submarine fan facies）。

陆架相由废弃扇三角洲砂砾岩、潟湖泥质岩、滨岸和陆架砂岩、粉砂岩、泥岩组成。砂岩分选良好，发育槽状交错层、丘状交错层（图 6 - 3 - 22 中 Shelf facies）。

三角洲相由前三角洲泥岩、三角洲前缘远砂坝和河口坝砂泥岩不等厚互层、三角洲平原分流河道砂岩、天然堤砂泥岩互层、分流间湾和湖塘泥质岩组成。顶部相变为曲流河相砂岩、粉砂岩、泥岩（图 6 - 3 - 22 中 Deltaic facies）。

盆地边缘砾岩相底部为残积砾岩；下部主要为冲积扇和扇三角洲砾岩，夹泥质岩和煤层；向上为滨岸相砾岩，海底峡谷砾岩，海底斜坡扇砾岩、砂岩、泥岩（图 6 - 3 - 22 中 Basin-margin conglomerate facies）。

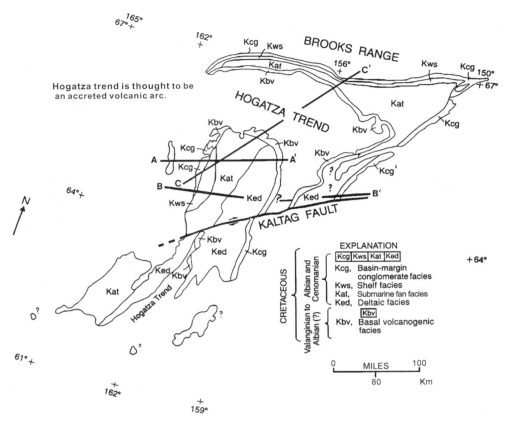

图 6-3-21　育空-科尤库克盆地阿尔必阶—塞诺曼阶沉积相简图

（据 Nilsen,1989 修改）

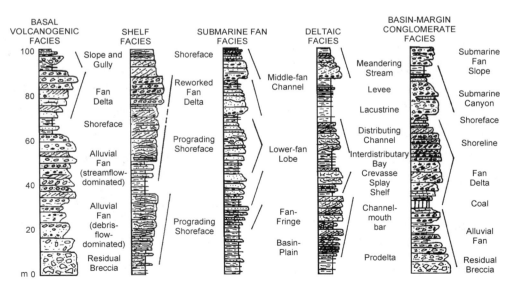

图 6-3-22　育空-科尤库克盆地阿尔必阶—塞诺曼阶不同沉积相带沉积序列

（据 Nilsen,1989 修改）

在育空-科尤库克盆地,白垩系阿尔必阶—塞诺曼阶沉积后发育了晚白垩世深成侵入岩。侵入岩侵入了霍格萨(Hogatza)岛弧岩系、白垩纪阿尔必期—塞诺曼期盆地充填物和苏厄德地体。在盆地局部,古近纪火山岩不整合覆盖在白垩纪阿尔必期—塞诺曼期盆地充填物上,伴生少量深成岩侵入充填物。在盆地大部分地区,阿尔必期—塞诺曼期沉积物之上不整合覆盖了新近纪和第四纪沉积物,包括新近纪玄武岩和第四纪崩积物、冲积扇相、河流相、风成相、湖泊相、滨岸相和浅海相沉积物(Nilsen,1989;Patton and Box,1989)。

6.3.5　茹贝变形带及相关沉积盆地

茹贝变形带及相关盆地位于科尤库克岩浆弧及相关盆地东南侧,北部与布鲁克斯隆起相接,东侧与育空-塔那那(Yukon - Tanana)变形带相接。一般划分为科尤库克岩浆弧和育空-科尤库克盆地(图 6 - 3 - 12)。HIS(2009)将茹贝变形带及相关盆地划分为 Blow 槽、Old Crow 盆地、Yukon Flats 盆地、Kokrines - Hodzana 高地、Aklavik 隆起,其中 Blow 槽、Old Crow 盆地、Yukon Flats 盆地、Kokrines - Hodzana 高地、Aklavik 隆起在北极圈范围内(图 6 - 0 - 1)。茹贝变形带及相关盆地是由于科尤库克岩浆弧与阿拉斯加地块发生碰撞,以及 Angayucham 洋岩石组合发生逆冲作用、岩浆作用、构造作用而形成的隆起和凹陷(Arth et al,1989;Roeske et al,1995;Rowan and Stanley,2008;Knight et al,2013;Bird and Stanley,2017;Stanley,2021)。

1. 茹贝隆起带

北极茹贝隆起带包括 Kokrines - Hodzana 高地和 Aklavik 隆起(图 6 - 0 - 1)。茹贝隆起带和布鲁克斯山脉均起源于同一古陆(阿拉斯加地块)边缘(Arth et al,1989;Roeske et al,1995)。茹贝隆起带发育的地层有① 古生代和/或前寒武纪大陆边缘结晶变质岩系,相当于阿拉斯加地块基底弗兰克林层序(新元古代—早泥盆世);② 变质的中生代和晚古生代大陆边缘沉积岩系,相当于阿拉斯加地块的沉积盖层埃尔斯米尔层序(中泥盆世—侏罗纪);③ 逆冲推覆到上述阿拉斯加地块地层序列之上的 Angayucham 洋岩石组合(泥盆纪—侏罗纪),也称 Copter Peak 岩石组合,由基性岩、硅质岩、灰岩、泥页岩组成(Harris,2004);④ 白垩纪—古近纪花岗岩;⑤ 新生代火山岩。北极茹贝隆起带不同时期岩石出露情况如图 6 - 3 - 23 所示。

2. 茹贝隆起带相关沉积盆地

北极茹贝隆起带相关沉积盆地包括 Blow 槽、Old Crow 盆地、Yukon Flats 盆地,这些盆地都是在中生代变形变质基底上发育的新生代沉积盆地(Rowan and Stanley,2008;Kuzmina et al,2013;LePain and Stanley,2017;Stanley,2021),以育空-弗拉茨盆地规模最大(图 6 - 0 - 1)。

育空-弗拉茨盆地位于阿拉斯加中东部的布鲁克斯山脉以南,面积约 35 000 km²,东西长约 300 km,南北宽约 150 km(图 6 - 3 - 23)。盆地南部以 Tintina 断裂为界,西侧、北侧和东侧为超覆边界。

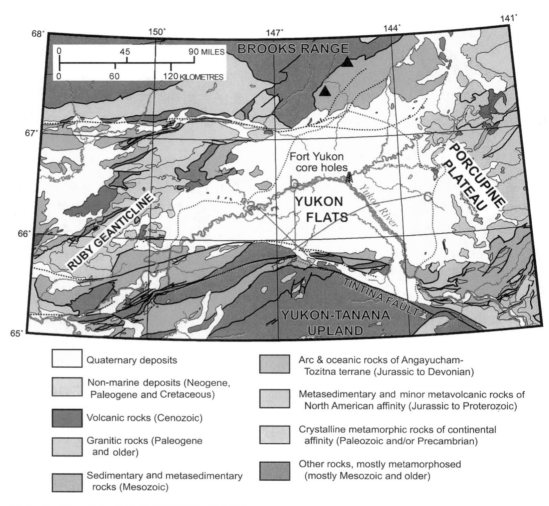

图 6-3-23　育空-弗拉茨盆地及围区地质图

（据 Stanley，2021 修改）

注：粗黑线为断层；黑色三角形为油页岩出露点；绿色点线为育空-弗拉茨盆地轮廓。

　　育空-弗拉茨盆地填充物主要由新生代，可能有晚白垩世马斯特里赫特期的非海相（冲积扇相、河流相、湖泊相）沉积物组成。在盆地的大部分地区，非海相沉积物不整合于泥盆纪——侏罗纪 Angayucham 远洋岩石组合之上（图 6-3-23，图 6-3-24，图 6-3-25）。

　　盆地的地质历史可概括如下：① 盆地的正断层活动、沉降和非海相沉积始于古近纪早期或晚白垩世，并与 Tintina 断裂系统的右行张扭构造作用、俯冲拱张作用、纵弯伸展作用一致；② 随后，新近纪持续非海相沉积与 Tintina 断裂系统的右行压扭构造、盆地边缘的褶皱和局部隆起同步（Stanley，2021）。

　　区域地质研究成果（图 6-3-23）、区域航磁和重力数据分析表明，该盆地的非海相沉

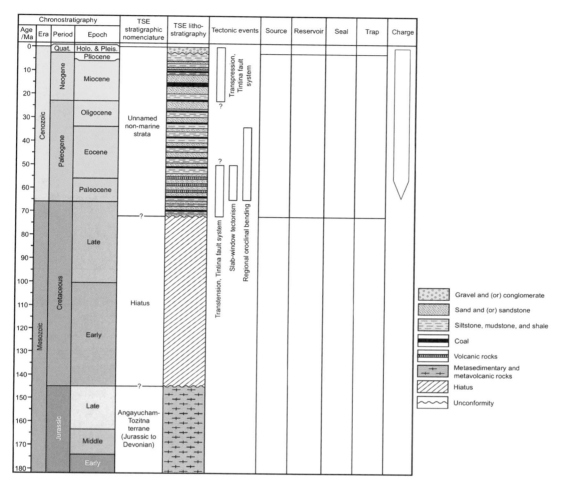

图 6 - 3 - 24　育空-弗拉茨盆地地层综合柱状图

（据 Stanley,2021 修改）

积序列不整合于泥盆纪—侏罗纪 Angayyucham 洋岩石组合之上。Angayyucham 洋岩石组合逆冲于变质沉积岩和变质火山岩之上。变质沉积岩和变质火山岩的年龄从中生代到元古宙(Stanley,2021)。

　　地震反射剖面和重力资料表明,靠近 Tintina 断裂一侧,盆地充填序列最厚(图 6 - 3 - 25),最大厚度约为 8 km,为盆地的主要沉降中心(也称 Birch Creek 次盆)。地震剖面上的正断层(图 6 - 3 - 25)可能源于早期的张扭构造运动,在 Tintina 断层附近的褶皱,变形强度随着距断层距离的增加而向北减小,向斜中的地层增厚和背斜中的地层变薄(图 6 - 3 - 25)表明褶皱与沉积同时发生。褶皱的年龄可能小于 23 Ma。在 Tintina 断层附近,一些较老的正断层显示后期有再活化和反向滑动的特征。

　　地震反射剖面显示一个盆地范围的层位(图 6 - 3 - 25 中的绿层),在一些地区,绿层反射轴有明显削截现象(图 6 - 3 - 25)表明这是一个侵蚀不整合面。绿层不整合面的年龄可能对应约 23 Ma 的育空高原区域变形、局部隆起,以及从以河流沉积为主到湖泊广泛沉积的变化时期(Stanley,2021)。

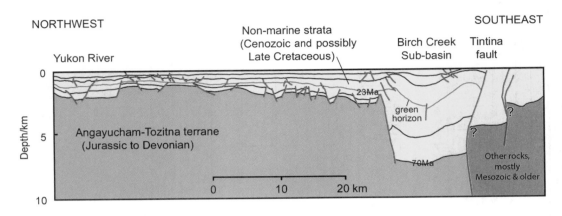

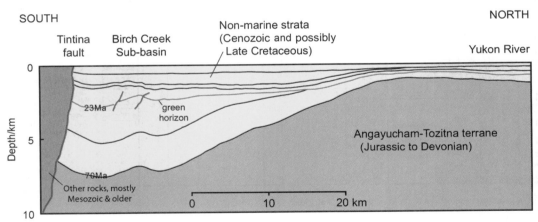

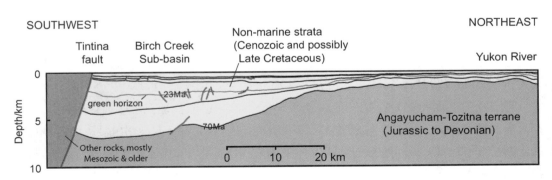

图 6 - 3 - 25　育空-弗拉茨盆地地质剖面图

(剖面位置见图 6 - 3 - 23,据 Stanley,2021 修改)

注:粗红线为断层;黑线为地震反射界面;绿线地震反射界面削截特征明显,为古近系和新近系。

6.4　加拿大地盾西缘及科迪勒拉变形带

加拿大地盾西缘及科迪勒拉变形带包括 HIS(2009)划分的 Richardson 背斜、Bonnet Plume 盆地、Eagle Plain 盆地、Ykandik 盆地、Middle Tanana 盆地、Lower Tanana 盆地、Mackenzie 褶皱带、Ogilvie - Wernecke 褶皱带、Selwyn 褶皱带、Omineca 构造带、Alaska 山脉构造单元(图 6 - 0 - 1,图 6 - 4 - 1),在地理上可划分为 Richardson 山脉、Porcupine 高原、Eagle 平原、Mackenzie 山脉、Nahon 山脉、Taiga 山脉、Ogilvie 山脉、Wernecke 山脉 等地理单元(Osadetz et al,2005)。加拿大地盾西缘及科迪勒拉变形带形成主要是古生代 以来加拿大地盾边缘伸展、增生挤压变形的结果(Morrow,2018)。

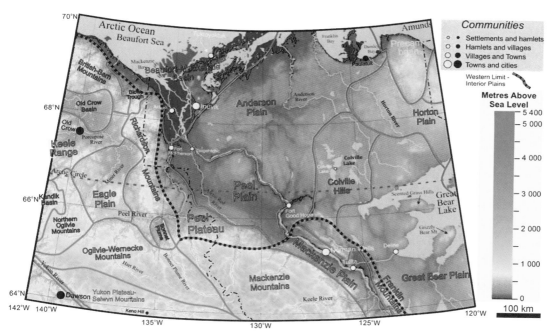

图 6 - 4 - 1　加拿大地盾西缘地貌-构造单元划分

(据 Osadetz et al,2005;Morrow,2018 修改)

注:黑色实线为地理单元分界线;虚线为加拿大地盾的边界;点线轮廓为图 6 - 3 - 27 的范围。

加拿大地盾西缘及科迪勒拉变形带发育了前寒武系、下古生界、上泥盆统、石炭系、二叠系、三叠系、侏罗系、白垩系及新生界。山区主要出露前寒武系和下古生界;高原区主要出露上泥盆统、石炭系、二叠系、三叠系、侏罗系;平原区主要出露白垩系及新生界(图 6 - 4 - 2)。

区域地质研究成果(Osadetz et al,2005;Nelson et al,2006;Knight et al,2013;Dusel - Bacon,2016;Symons and Kawasaki,2019;Soucy La Roche et al,2022;)表明,加拿大地盾 西缘自寒武纪开始伸展沉降;晚泥盆世育空-塔纳纳地块从加拿大地盾边缘裂离,其间形 成斯来得山-七十英里(Slide Mountain - Seventymile)洋。二叠纪至三叠纪中期,斯来得

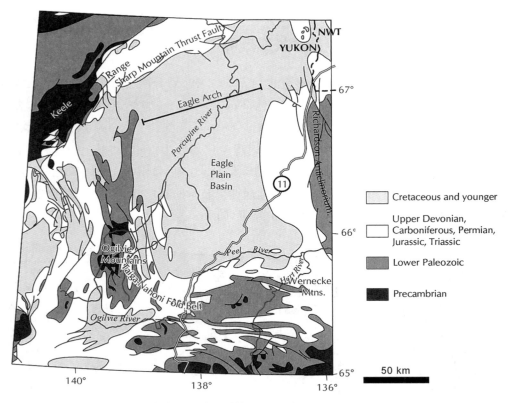

图 6-4-2　加拿大地盾西部大陆边缘地质简图

（据 Osadetz et al,2005 修改）

山-七十英里洋关闭,演化为岛弧的育空-塔纳纳地块与加拿大地盾边缘的俯冲碰撞。加上随后的岩浆作用、构造变动及剥蚀和沉积作用,形成加拿大地盾西缘及科迪勒拉变形带。因此,加拿大地盾西缘及科迪勒拉变形带可划分为① 大陆边缘构造-地层区;② 岛弧构造-地层区;③ 残留大洋构造-地层区。以大陆边缘构造-地层区为主,其次是岛弧构造-地层区,残留大洋构造-地层区分布最为局限。这些构造-地层组合被 Tintina 右行走滑断层错断,右行偏移量约为 430 km(图 6-4-3)。Tintina 断层强烈活动主要发生在晚白垩世和始新世(Gabrielse et al,2006;Estève et al,2020)。

6.4.1　加拿大地盾西部大陆边缘构造-地层区

加拿大地盾西部大陆边缘构造-地层区(图 6-4-3)包括 HIS(2009)划分的 Richardson 背斜、Bonnet Plume 盆地、Eagle Plain 盆地、Ykandik 盆地、Mackenzie 褶皱带、Ogilvie-Wernecke 褶皱带、Selwyn 褶皱带、Alaska 山脉构造单元(图 6-0-1)。

加拿大地盾西部大陆边缘构造-地层区在前寒武系基底上发育的地层如下:① 下古生界寒武系 Illtyd 组、Slats Creek 组、Taiga 组,奥陶系—志留系 Bouvette 组、Road 组、Road River 组;② 上古生界泥盆系 Michelle 组、Ogilvie 组、Canol 组、Imperial 组,石炭系 Tuttle 组、

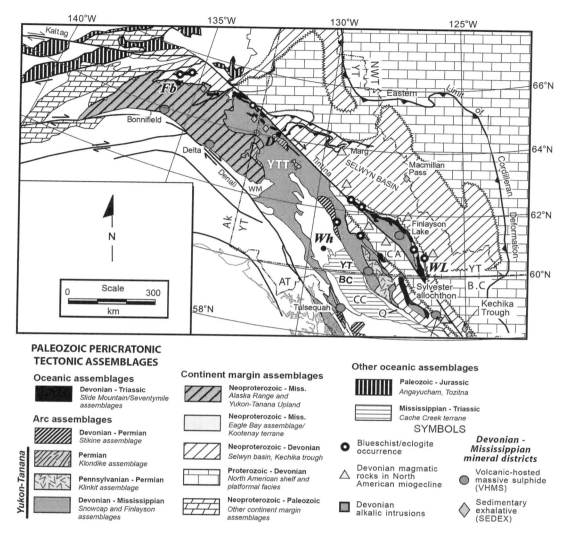

PALEOZOIC PERICRATONIC TECTONIC ASSEMBLAGES

Oceanic assemblages

- Devonian - Triassic
  Slide Mountain/Seventymile assemblages

Arc assemblages (Yukon-Tanana)

- Devonian - Permian
  Stikine assemblage
- Permian
  Klondike assemblage
- Pennsylvanian - Permian
  Klinkit assemblage
- Devonian - Mississippian
  Snowcap and Finlayson assemblages

Continent margin assemblages

- Neoproterozoic - Miss.
  Alaska Range and Yukon-Tanana Upland
- Neoproterozoic - Miss.
  Eagle Bay assemblage/ Kootenay terrane
- Neoproterozoic - Devonian
  Selwyn basin, Kechika trough
- Proterozoic - Devonian
  North American shelf and platformal facies
- Neoproterozoic - Paleozoic
  Other continent margin assemblages

Other oceanic assemblages

- Paleozoic - Jurassic
  Angayucham, Tozitna
- Mississippian - Triassic
  Cache Creek terrane

SYMBOLS

- Blueschist/eclogite occurrence
- Devonian magmatic rocks in North American miogecline
- Devonian alkalic intrusions

Devonian - Mississippian mineral districts

- Volcanic-hosted massive sulphide (VHMS)
- Sedimentary exhalative (SEDEX)

Ak—Alaska；AT—Alexander 地块；CA—Cassiar 台地；CC—Cache Creek 地块；D—Dawson；E—Eagle；Fb—Fairbanks；Q—Quesnellia；Wh—Whitehorse；WL—Watson 湖；WM—Windy - McKinley；YT—Yukon；YTT—Yukon - Tanana 地块。

图 6 - 4 - 3　北美大陆西北部构造-地层简图

（据 Nelson et al，2006 修改）

Ford Lake 组、Hart River 组、Blackie 组、Ettrain 组，二叠系 Jungle 组；③ 中生界三叠系—中侏罗统缺失，上侏罗统 Porcupine River 组，下白垩统 Mout Goodenough 组、Whitestone River 组，上白垩统 Eagle Plain 群的 Parkin 组、Fishing Branch 组、Burnthill Creek 组、Cody Creek 组；④ 新生界古近系和新近系缺失，局部发育第四系冲积相（图 6 - 4 - 4 至图 6 - 4 - 6）。

1. 前寒武系

加拿大地盾西北大陆边缘的元古宙岩石以变质或未变质的沉积岩和变质火山岩为主（Hall and Cook，1998；Moynihan et al，2019；Steiner and Hickey，2022）。

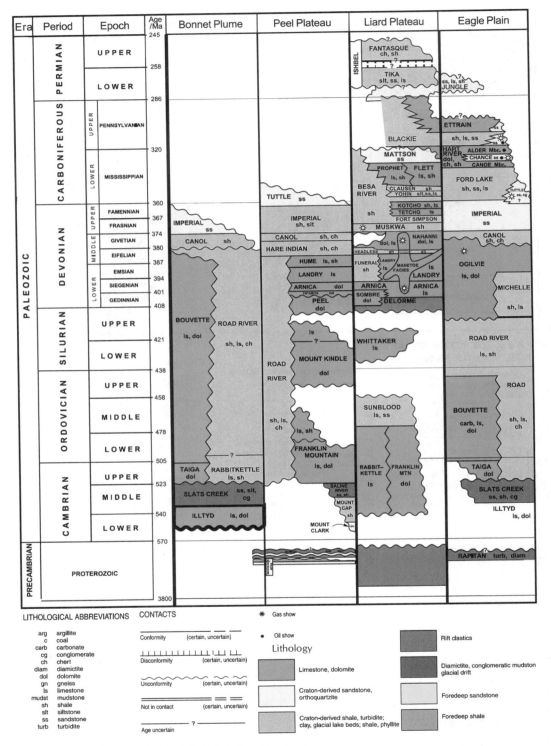

图 6 - 4 - 4　加拿大地盾西部陆缘前中生界地层对比图

（据 Osadetz et al,2005 修改）

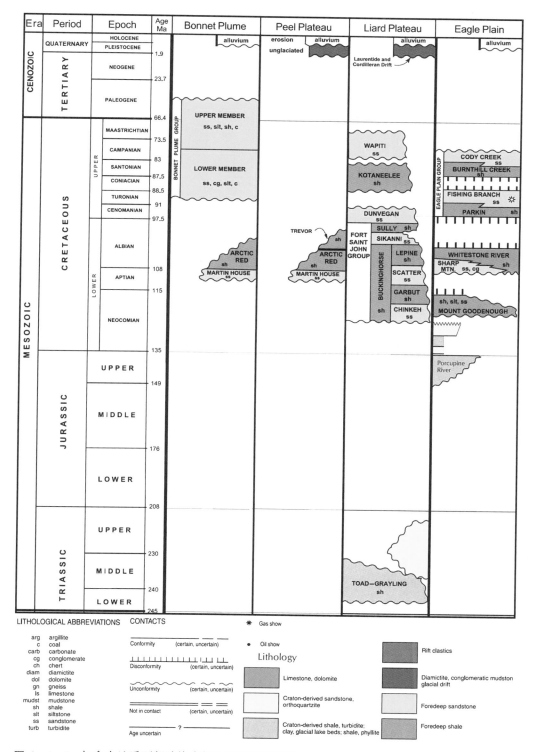

图 6-4-5 加拿大地盾西部陆缘中新生界地层对比图

（据 Osadetz et al，2005 修改）

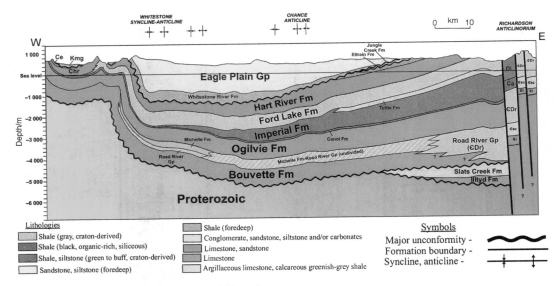

图 6-4-6　Eagle 平原盆地东西向地质剖面图

（位置见图 6-4-19A，据 Hannigan，2014 修改）

在理查德森山脉（Richardson Mountains）背斜区的总厚度可能超过 15 km，可划分为两个以不整合叠复的层序：层序 A（1.8～1.2 Ga）和层序 B（1.2～0.9 Ga）。层序 A 岩石，也称 Werneke 超群，主要由至少 9～14 km 厚的白云石、碎屑岩、千枚岩、片岩组成。层序 B 岩石，也称马更些山（Mackenzie Mountains）超群，主要见杂色页岩、正石英岩、泥质岩（Hall and Cook，1998）。

在加拿大科迪勒拉北部出露古元古界 Werneke 超群、中元古界 Pinguicula 群、新元古界拉伸系马更些山超群，成冰系—埃迪卡拉系 Windermere 超群（图 6-4-7）。

Wernecke 超群由至少 14 km 厚的细粒硅质碎屑岩和碳酸盐岩组成，未见底（Crawford et al，2010；Furlanetto et al，2016；Moynihan et al，2019）。自下而上进一步分为 3 个群，即费尔柴尔德湖（Fairchild Lake）群、四重峰（Quartet）群和吉莱斯皮湖（Gillespie Lake）群（图 6-4-8）。

费尔柴尔德湖群厚度超过 4 km，由浅灰色、灰色、绿灰色和棕色风化细粒硅质碎屑沉积岩（页岩、粉砂岩和细砂岩）和少量碳酸盐组成［图 6-4-8(a)(b)］。费尔柴尔德湖群下部主要为硅质碎屑层，碳酸盐岩仅见于中部和最上部。Racklan 造山运动期间（1.6 Ga），局部变质为绿片岩相（Furlanetto et al，2013），细粒沉积岩转化为板岩、千枚岩和片岩。将费尔柴尔德湖群细分为 5 个组，自下而上分别为 F 1 组、F 2 组、F 3 组、F 4 组和 F TR 组。费尔柴尔德湖群下部的硅质碎屑岩为与河流输入有关的深水沉积，其中 F 2 中的碎屑碳酸盐岩层是来自相邻碳酸盐岩陆架的碳酸盐碎屑沉积。费尔柴尔德湖群上部为缺氧停滞环境沉积以及碳酸盐碎屑沉积（Furlanetto et al，2016）。

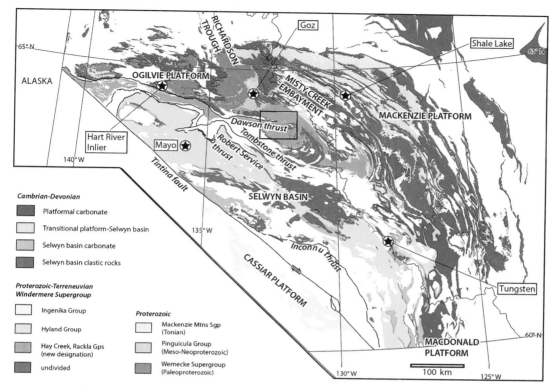

图 6 - 4 - 7　加拿大科迪勒拉北部地质简图

（据 Moynihan et al,2019 修改）

　　四重峰群厚度约为 6 km,由深灰色风化粉砂岩、泥岩和页岩组成,含少量砂岩和粉质白云石[图 6 - 4 - 8(a)(c)],分为两个组。下部的 Q 1 组厚度为 200 m,主要由含黄铁矿泥岩和页岩组成(局部为板岩),含少量碳酸盐岩层,为深水欠补偿条件下的沉积物。Q 1组上覆着厚而单调的 Q 2组,为浅海陆架沉积,是沉降与沉积物输入平衡条件下沉积的。在 Q 2组顶部,橙色风化粉质白云岩的出现标志着向吉莱斯皮湖群的过渡。

　　吉莱斯皮湖群厚度超过 4 km,由橙色和棕色风化白云岩、石灰岩、白云质泥岩、黑色风化页岩和浅灰色风化细粒砂岩组成[图 6 - 4 - 8(a)(d)],可划分为 8 个组,自下而上依次为 G TR 组、G 2 组至 G 8 组。G TR 组代表了从四重峰群到吉莱斯皮湖群的过渡,其特征是从富含陆源碎屑成分逐渐过渡到富含白云石的碎屑成分,发育交错层理和波纹层理。G 2 组至 G 4 组主要为白云质粉砂岩,具有水平层理、缓波纹层理,为碳酸盐岩陆架侵蚀产生的碎屑堆积。G 5 组和 G 6 组主要由白云质泥岩组成,局部存在叠层石表明生成环境向潮坪过渡。G 7 组为藻类层状白云石,含有丰富的叠层石、鲕粒和豆粒层,为浅海和潮坪条件下的沉积物。在 G - 8 由含大量叠层石的白云质泥岩和页岩组成。吉莱斯皮湖群的特点是突然的横向相变化,这些变化与 Werneke 盆地大陆伸展和沉降相关的正断层活动期间同构造沉积密切相关(Furlanetto et al,2016)。

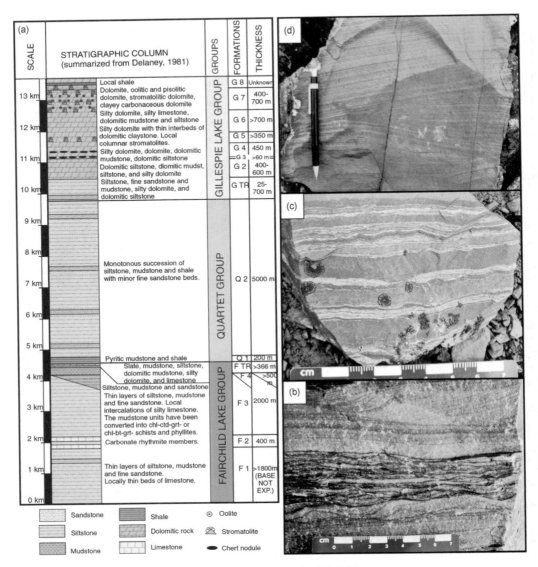

图 6 - 4 - 8　加拿大科迪勒拉北部古元古界 Wernecke 超群柱状图

（a）Werneke 超群柱状图；（b）Werneke 超群 Fairchild Lake 群波纹层理、交错层理细砂岩，夹缓波纹层理粉砂岩、泥岩；（c）Werneke 超群 Quartet 群暗色泥质灰岩夹波纹层理粉砂岩；（d）Werneke 超群 GillespieLake 群粉砂质白云岩，具有水平层理和交错层理

（据 Furlanetto et al，2016 修改）

中元古界 Pinguicula 群（<1.38 Ga）出露于加拿大育空高原北部的 Werneke 和 Hart 河流域，出露厚度约为 1.4 km，包括 3 个组：Mount Landreville 组、Pass Mountain 组和 Rubble Creek 组（图 6 - 4 - 9）。

Mount Landreville 组主要为粉砂岩，含少量砾岩和砂岩，是在相对平缓的斜坡上的风暴浪基面之下沉积。Pass Mountain 组由薄层状到板状碳酸盐岩组成，是在低能斜坡上沉积的，大部分沉积于风暴浪基面之下，夹重力流沉积。重力流沉积物包括碎屑流、颗粒

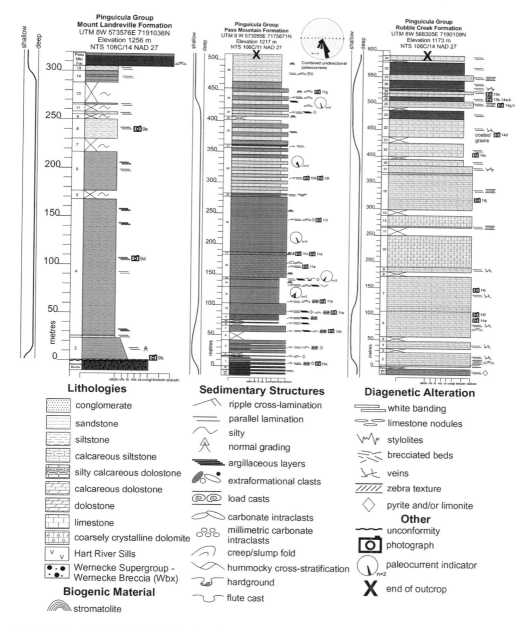

图 6-4-9　加拿大科迪勒拉北部中元古界 Pinguicula 群柱状图

（据 Medig et al，2016 修改）

注：Mount Landreville 组不整合于 Wernecke 超群之上，向上与 Pass Mountain 组渐变；Pass Mountain 组与
Rubble Creek 组接触关系不明。Shallow 为风暴浪基面之上，deep 为风暴浪基面之下。

流、浊积岩和微浊积岩。Rubble Creek 组主要为厘米至分米级灰岩、泥岩韵律层，它与
Pass Mountain 组的区别在于具有丰富的斑马纹理（由晚成岩或热液流体涌入造成的深灰
色和白色相间的条纹）和缺乏沉积物重力流沉积物。Pinguicula 群的碳酸盐岩总体上是
在深水碳酸盐环境下沉积的（Medig et al，2016）。

新元古界与中元古界不整合接触,划分为 Mackenzie Mountain 超群和温德米尔(Windermere)超群,两者之间存在不整合面(Strauss et al,2015;Moynihan et al,2019)。

Mackenzie Mountain 超群(1 083～779 Ma)最大厚度超过 4 km,横向上岩性变化大,次级岩性地层单位(群、组)名称不统一。在 Wernecke 山脉地区出露砂岩、粉砂岩、泥岩、白云岩;在 Mackenzie 山脉地区出露砂岩、粉砂岩、泥岩、白云岩、灰岩、蒸发岩,顶部发育玄武岩(图 6 - 4 - 10)。这种岩性特征及其横向变化是断陷盆地滨浅海沉积的记录(Turner and Long,2008)。顶部发育的 Little Dal 玄武岩及相关的 Tsezotene 组是罗迪尼亚大陆开始裂解的标志(Milton et al,2017)。

新元古界在 Wernecke 和 Mackenzie 山脉地区表现为近源沉积,而在 Selwyn 山脉地区表现为远源沉积(Moynihan et al,2019)。

在 Wernecke 和 Mackenzie 山脉地区,新元古界温德米尔超群和上覆寒武系纽芬兰统(Terreneuvian)记录了罗迪尼亚大陆的裂解和早期劳伦大陆西北部边缘的形成。温德米尔超群在马更些(Mackenzie)、奥吉尔维(Ogilvie)和维尔内克(Wernecke)山脉广泛发育,不整合覆盖于 Mackenzie Mountain 超群之上。最下部为科茨湖(Coates Lake)群的泥岩、蒸发岩、砂岩,夹少量白云岩,其上超覆 Rapitan 群的砾岩、冰碛杂岩、砂岩、泥岩,其中冰碛杂岩为 Sturtian 冰川作用(717～660 Ma)的冰川海沉积物(Rooney et al,2015)。Rapitan 群之上为 Hay Creek 群的泥岩、砂岩、冰碛岩(640～635 Ma)、白云岩。其上覆盖 Rockla 群的泥岩夹白云岩(图 6 - 4 - 10 中的 Wernecke 和 Mackenzie 山脉柱状图)。近源沉积的新元古界温德米尔超群与上覆寒武系不整合接触。

在 Selwyn 山脉地区,新元古界 Hyland 群表现为远源沉积。Hyland 群由硅质碎屑岩组成。出露最古老和最厚的单元是 Yusezu 组,该组主要为砂砾岩及砂岩与页岩及钙质沉积岩互层。Yusezu 组的最小厚度约为 3 km,底部未暴露,顶为区域广泛分布的碳酸盐岩(图 6 - 4 - 10 中的 Selwyn 山脉柱状图)。这种碳酸盐岩在 Selwyn 山脉地区很薄(厚度 1～15 m),但在育空中部的其他地区,厚度达 250 m(Gordey,2013)。Hyland 群最年轻的部分是寒武系 Narchilla 组,整合于 Yusezuu 组之上,主要由细粒硅质碎屑岩组成,包括特征性的杂色页岩、板岩和千枚岩(通常为褐红色和绿色)。

2. 古生界

加拿大地盾西部大陆边缘的古生界主要为寒武系、奥陶系、志留系、泥盆系,局部发育石炭系和二叠系(图 6 - 4 - 4)。

下古生界的沉积物分为间歇性暴露区、浅水台地区和深水盆地区 3 种岩相古地理类型(图 6 - 4 - 11)。在间歇性暴露区和浅水台地区,下古生界与新元古界不整合接触;深水盆地区下古生界与新元古界不整合接触(图 6 - 4 - 4,图 6 - 4 - 10,图 6 - 4 - 12)。

中-下寒武统,在加拿大地盾西部大陆边缘大部分地区为裂谷盆地滨浅海相砂岩、泥岩、白云岩、灰岩;在理查德森(Richardson)山脉和塞尔温(Selwyn)山脉等地区为深水盆地相泥岩夹砂岩(图 6 - 4 - 4,图 6 - 4 - 10,图 6 - 4 - 12)。

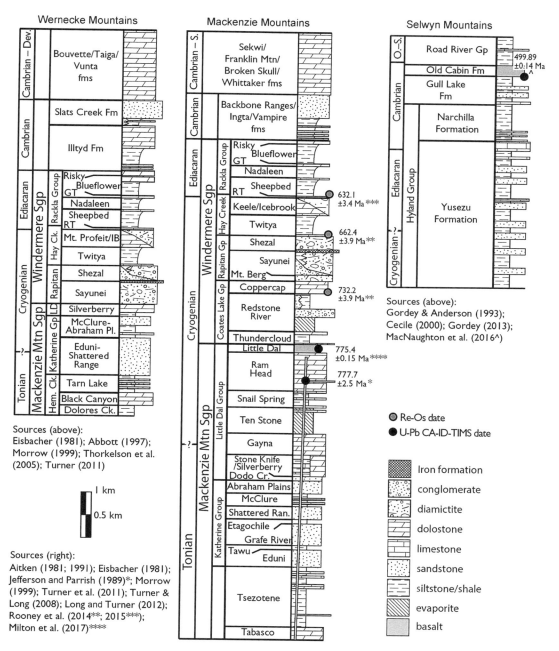

Sources (above):
Eisbacher (1981); Abbott (1997);
Morrow (1999); Thorkelson et al.
(2005); Turner (2011)

Sources (right):
Aitken (1981; 1991); Eisbacher (1981);
Jefferson and Parrish (1989)*; Morrow
(1999); Turner et al. (2011); Turner &
Long (2008); Long and Turner (2012);
Rooney et al. (2014**; 2015***);
Milton et al. (2017)****

Sources (above):
Gordey & Anderson (1993);
Cecile (2000); Gordey (2013);
MacNaughton et al. (2016^)

Fm—组；Mtn—山；Gp—群；Sgp—超群；Ck.—溪；Pl.—平原；Dev.—泥盆系；O.—奥陶系；S.—志留系；GT—Gametrail
组；RT—Ravensthroat组；CA‑ID‑TIMS—化学磨蚀同位素稀释热电高质谱法。

图 6‑4‑10 加拿大科迪勒拉北部新元古界地层对比图组

（据 Moynihan et al，2019）

357

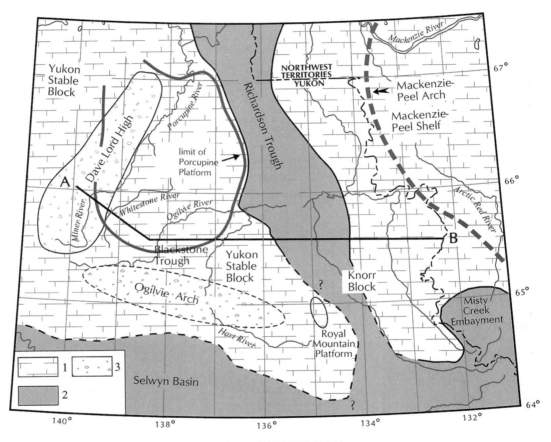

1—以浅水碳酸盐岩为主;2—以深水盆地页岩为主;3—暴露或极浅水沉积。

图 6-4-11　加拿大地盾西部大陆边缘早古生代岩相古地理图

(据 Osadetz et al,2005 修改)

注:AB 为图 6-4-12 剖面的位置。

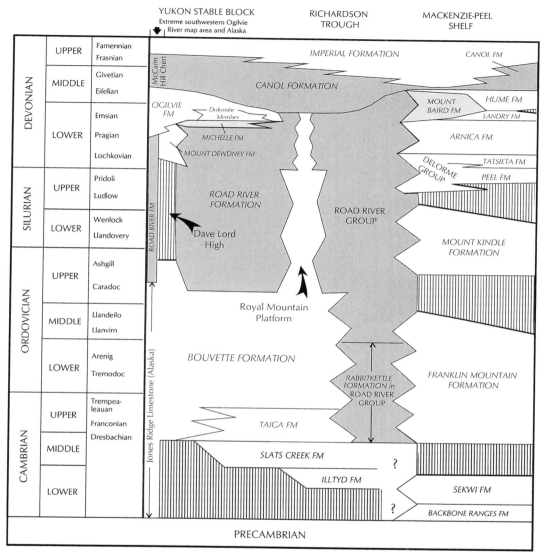

FM—组。

图 6-4-12 Eagle 平原盆地及邻区寒武系—泥盆系地层剖面图

（剖面的位置见图 6-4-11 中 AB，据 Osadetz et al，2005 修改）

上寒武统—下泥盆统，在加拿大地盾西部大陆边缘大部分地区为被动大陆边缘盆地浅海台地相灰岩、白云岩（Bouvette 组）、泥岩、砂岩（Road River 组）；在理查德森山脉和塞尔温山脉等地区为深水盆地相泥岩夹粉砂岩，砂岩（图 6-4-4，图 6-4-10，图 6-4-12）。早泥盆世与早古生代的古地理格局基本一致（图 6-4-11，图 6-4-13）。

中泥盆统，受埃尔斯米尔造山运动影响，加拿大地盾西部大陆边缘大部分地区演化为 Canol 组半深海-深海相富含有机质泥岩夹硅质岩（图 6-4-4，图 6-4-14），局部发育生物礁灰岩（Biddle et al，2021）。

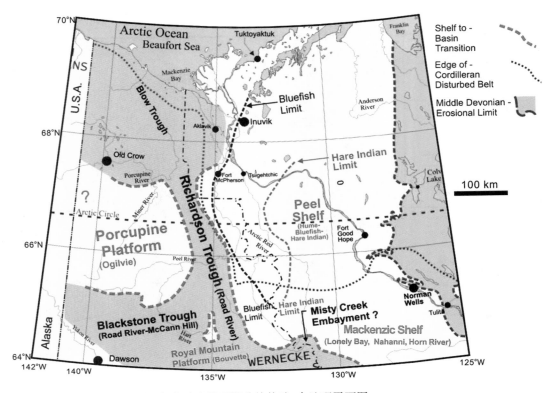

图 6-4-13 加拿大地盾西部大陆边缘下泥盆统构造-古地理平面图

（据 Morrow, 2018 修改）

上泥盆统包括 Imperial 组及 Tuttle 组底部，主要为 Imperial 组。在上泥盆统沉积时期，加拿大地盾西部大陆边缘大部分地区演化为前陆盆地，形成一套滨浅海相砾岩、砂岩、泥岩，半深海相-海底扇相泥岩夹粉砂岩、砂岩（图 6-4-4 中 Peel Plateau 和 Eagle Plain）。砂质沉积物的物源来自埃尔斯米尔造山带（图 6-4-15）。Imperial 组分布局限，主要沿加拿大地盾西部科迪勒拉造山带山前高原及平原分布。以 Eagle Plain 盆地的地层厚度最大，厚度约为 1 700 m，上覆 Tuttle 组。在马更些山区 Imperial 组出露地表（图 6-4-16），大部分地区被白垩纪不整合覆盖（Morrow, 2018）。

加拿大地盾西部大陆边缘石炭系—第四系分布局限，主要分布在平原和高原，山区普遍缺失（图 6-4-17）。

塔特尔（Tuttle）组为滨浅海相砾岩、砂岩，厚度超过 1 400 m，底部为上泥盆统，大部分为下石炭统杜内阶。在 Eagle 盆地，物源来自东部，向西相变为 Ford Lake 组浅海相砂岩、泥岩、灰岩，厚度达 975 m，是杜内晚期—维宪期海侵的地质记录。Ford Lake 组之上整合覆盖 Hart River 组。Hart River 组是海退的地质记录，自下而上分为 3 段：Canoe Rive 灰岩段，厚度达 310 m；Chance 砂岩段，厚度达 310 m；Alder 石灰岩段，厚度达 480 m。Hart River 组整合覆盖 Blackie 组海侵泥岩、灰岩、砂岩，厚度达 294 m。Blackie 组被 Ettrain 组

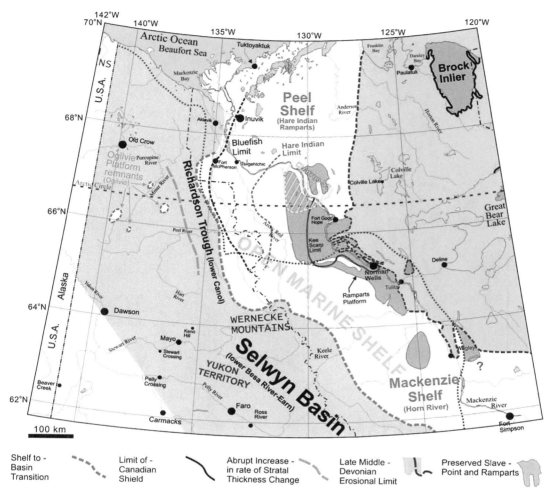

图 6 - 4 - 14　加拿大地盾西部大陆边缘中泥盆统构造-古地理平面图

（据 Morrow，2018 修改）

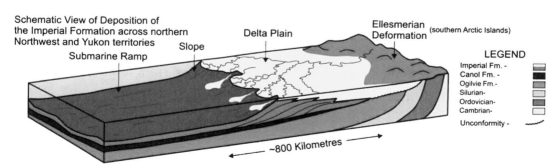

图 6 - 4 - 15　加拿大地盾西部大陆边缘上泥盆统沉积模式图

（据 Morrow，2018 修改）

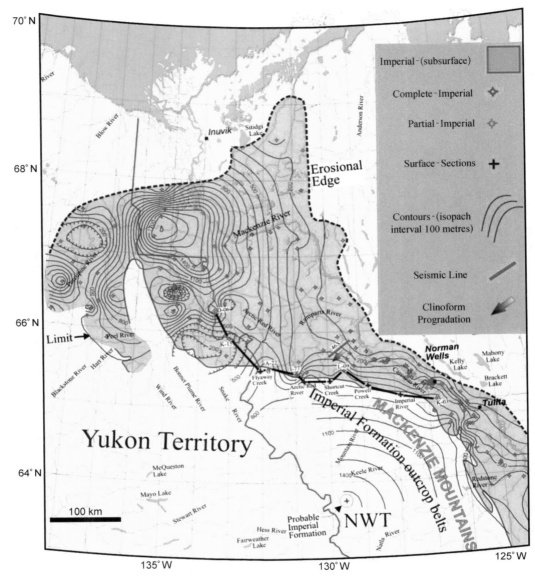

图 6-4-16 加拿大地盾西部大陆边缘上泥盆统 Imperial 组等厚图

（据 Morrow,2018 修改）

石灰岩覆盖,厚度达 732 m。在石炭纪晚期至二叠纪早期,Eagle 隆起隆升,导致石炭系和泥盆系顶部遭受侵蚀,形成不整合面。不整合面上局部发育二叠系 Jungle Creek 组滨浅海相砂岩和页岩序列,最厚达 719 m(图 6-4-4 中 Eagle Plain)。

3. 中-新生界

加拿大地盾西部大陆边缘几乎没有出露三叠系、侏罗系、古近系和新近系,主要发育白垩系和第四系(图 6-4-5,图 6-4-17),上侏罗统仅在局部地区发育。白垩系—第四系主要分布在平原和高原,山区普遍缺失(图 6-4-17)。

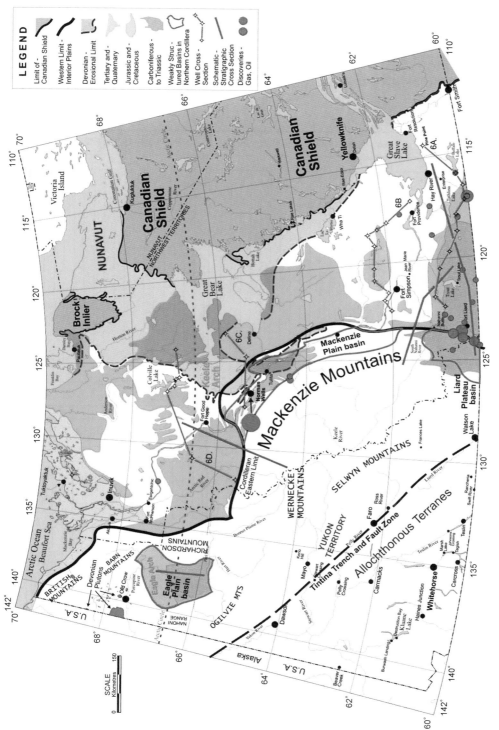

图 6 - 4 - 17　加拿大地盾西部大陆边缘石炭系—第四系分布图

（据 Morrow，2018 修改）

加拿大地盾西部大陆边缘三叠系曾分布广泛,但保存下来的却稀少。坎迪克(Kandik)盆地中有三叠系发育,主要岩性有泥质石灰岩、灰质泥岩、黑色页岩、钙质粉砂岩、细粒砂岩和深灰色燧石。在不列颠山脉(British Mountains)、理查德森背斜和皮尔(Peel)高原也发现了三叠系侵蚀残余地层,它的厚度变化很大,可达 120 m 以上,并识别出两种不同的相,北部为近岸沉积环境,南部为深水和富有机相(Hannigan,2014)。Eagle 平原盆地三叠纪地层缺失(图 6-4-18)。

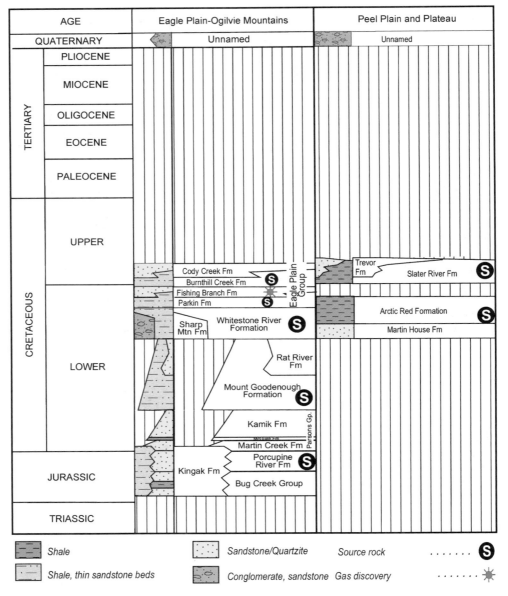

图 6-4-18 加拿大地盾西部大陆边缘中新生界地层柱状图

(据 Hannigan,2014 修改)

侏罗系沉积于三叠纪晚期隆起和侵蚀后形成的盆地中。侏罗系由泥岩、砂岩组成（图 6-4-18），在远离北美克拉通物源的西部和西北部变得更厚、更完整。侏罗系有两种主要的沉积相序列：① 西部、西北部和北部泥质外陆架或盆地沉积序列；② 东南部主要为砂质内陆架或盆缘沉积序列（图 6-4-19）。

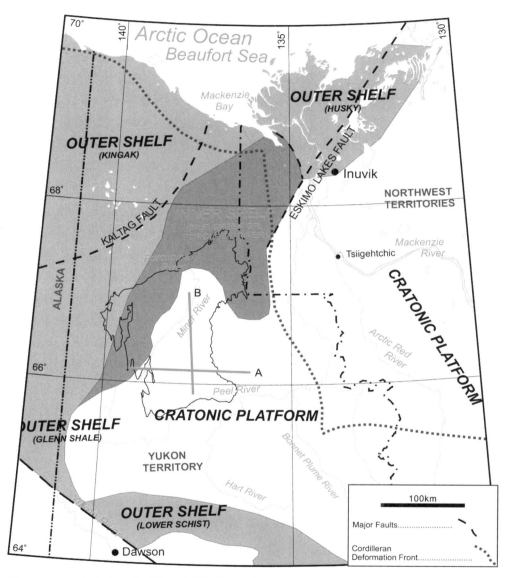

图 6-4-19　加拿大地盾西部大陆边缘侏罗系构造-古地理平面图

（据 Hannigan，2014 修改）

注：A 为图 6-4-6 剖面位置，B 为图 6-4-20 剖面位置。

如图 6-4-18 所示，Kingak 组为外陆架序列，由页岩和粉砂岩以及局部薄层底部砂岩、砾岩和铁矿组成，厚度在 600 至 800 m 不等。

　　侏罗纪东南部盆地边缘序列由几个向上变粗的进积型层序组成。砂质单元和泥质单元交替，记录了内陆架环境中的多次海侵和海退事件。内陆架序列发育于理查德森山脉北部和 Eagle 平原西部。自下而上，侏罗纪东南部盆地边缘序列为① 中-下侏罗统 Bug Creek 群（底部为砂岩；中部 Murray Ridge 组，厚度 30～80 m，主要为页岩和粉砂岩；上部 Almstrom Creek 砂岩，厚度约 300 m）；② 中-上侏罗统 Porcupine River 组砂岩、粉砂岩及少量泥岩；③ Martin Creek 组砂岩（图 6-4-18）。

　　在育空高原北部，直到阿普特期晚期—阿尔必期早期，科迪勒拉隆起对沉积作用还没有影响。阿普特期晚期之前，与裂谷作用相关的伸展构造占主导地位。因此，阿普特晚期前的沉积物是在克拉通或裂谷边缘形成的，而不是来自挤压造山带。克拉通边缘的裂谷作用和相关的伸展作用导致北冰洋打开，即加拿大盆地形成大洋地壳。在这一构造活动阶段，育空地区北部形成了以断层为界的隆起和凹陷。隆起包括 Eskimo Lake 隆起、Cache Creek 隆起和 Eagle 隆起，贝里阿斯期至阿普特期，隆起区中部沉积物较薄或缺失（Hannigan，2014）。

　　下白垩统尼欧可木亚统的碎屑岩发育于 Eagle 平原北部，覆盖在 Kandik、Old Crow 和 Blow 槽的 Kingak 组页岩之上。这些碎屑岩包括中陆棚至外陆棚成因的 Martin Creek 组砂岩、McGuire 组生物扰动页岩和粉砂岩，以及海相 Kamik 组砂岩。这些单元构成帕森斯（Parsons）群（图 6-4-18）。McGuire 组和 Kamik 组碎屑的主要物源区位于加拿大克拉通的南部和东南部（Hannigan，2014）。欧特里沃期中期的隆升作用导致 Mount Goodenough 组底部区域性不整合面的形成。Mount Goodenough 组由约 530 m 厚的海相粉砂岩、页岩和细粒砂岩组成。在 Eagle 平原北部，巴列姆期晚期至阿普特期的 Rat River 组砂岩覆盖在 Mount Goodenough 组之上（图 6-4-18）。尼欧可木亚统古地理为面向西南和西的宽阔陆架，海岸线位于东部，向西南和向西逐渐变为外陆架（Hannigan，2014）。

　　由于阿普特期—阿尔必期造山构造活动，科迪勒拉北部的南侧和西侧隆升成山，形成物源区，造山带前形成前陆盆地（Hannigan，2014）。

　　在 Bonnet Plume 盆地、皮尔平原和高原，中生代沉积始于阿普特期晚期—阿尔必期早期，形成下白垩统，直接不整合于古生界之上。下白垩统底部是 Martin House 组，由砂岩、粉砂岩和页岩互层组成（图 6-4-5，图 6-4-18），为海侵事件形成的滨浅海相沉积。在皮尔高原南部，Martin House 组覆盖在 Rat River 组之上，其他地区多直接不整合于上泥盆统之上（图 6-4-5，图 6-4-18）。

　　Martin House 组之上整合覆盖北极红（Arctic Red）组（阿尔必阶）。北极红组主要为泥岩和粉砂岩，局部为粗碎屑岩，如 Eskimo Lakes 隆起附近的北极红组底部发育海绿石砂岩，表明北极红组为滨浅海相沉积。

　　育空北部阿尔必阶的物源是挤压变形的科迪勒拉造山带，除了山前的前陆盆地外，在伸展作用为主的裂谷地堑和半地堑中，如 Blow、Keele、Kandik 槽和 Eagle 平原盆地，也发育以砾岩和砂岩为主的重力流沉积物（如 Sharp Mountain 组，图 6-4-5 和图 6-4-18）。

在这些槽的南部和东南部,育空北部的阿尔必期前陆盆地陆架沉积由 Eagle 平原 1 500 m 厚的白石河(Whitestone River)组页岩和皮尔地区的北极红组细碎屑组成(图 6 - 4 - 5,图 6 - 4 - 18)。在 Eagle 平原,白石河组厚度向北增加(图 6 - 4 - 20),反映了从内陆架到外陆架的变化。

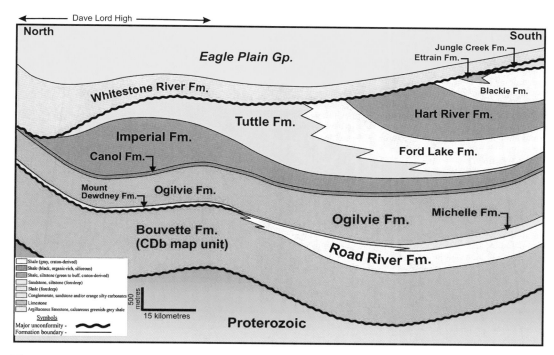

图 6 - 4 - 20　Eagle 平原盆地南北向地质剖面图

(位置见图 6 - 4 - 19 中 B,据 Hannigan,2014 修改)

下白垩统与上白垩统之间以区域不整合接触。皮尔地区上白垩统为斯莱特河(Slater River)组和特雷弗(Trevor)组(塞诺曼阶—土伦阶)(图 6 - 4 - 5,图 6 - 4 - 18)。斯莱特河组主要由黑色页岩和膨润土夹层组成。在皮尔平原,上覆 700 m 厚的特雷弗组,为细砂岩、中砂岩、粗砂岩,局部砾岩与页岩互层,具有与下伏阿尔必期沉积体方向相反的进积倾斜结构(Hannigan,2014)。

早白垩世晚期和晚白垩世早期,在科迪勒拉造山带以北的浅前陆盆地中形成了一条从陆相到陆架内部的粗碎屑岩带。Eagle 平原群代表了整个 Eagle 平原盆地的大部分地区(图 6 - 4 - 5,图 6 - 4 - 18)。Eagle 平原群由砂岩和泥岩互层组成,是在总体海退背景下一系列海侵-海退的产物。在坎迪克(Kandik)盆地是 Monster 组,主要是砾岩、砂岩和砂砾岩,为向北至东北进积的扇三角洲沉积体。在 Blow 槽中,塞诺曼阶—土伦阶边界溪(Boundary Creek)组为富含有机质的陆架泥岩,不整合于阿尔必页岩之上。在马斯特里赫特期,地理格局发生了重大变化,沉积区从北部褶皱带地区向北迁移到加拿大盆地边缘。厚的晚白垩世至第四纪沉积物堆积在麦肯齐三角洲外部和外陆架区域,在此沉积阶段形成了大型三角洲复合体(图6-4-21)。在盆地边缘,包括育空北部海岸沿线,发育了古近系—新近系鱼河(Fish River)群,由页岩和砂岩互层组成(Hannigan,2014)。

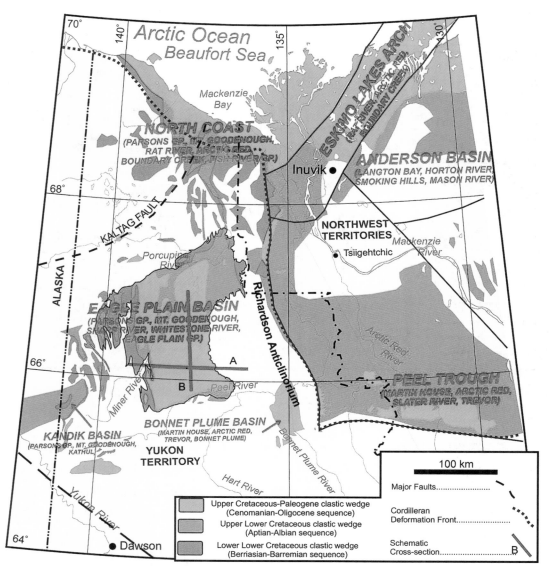

图 6-4-21　Eagle 平原盆地及邻区白垩系—古近系分布

(据 Hannigan,2014 修改)

注:A 为图 6-4-6 剖面位置,B 为图 6-4-20 剖面位置。

桑顿阶—坎潘阶 Smoking Hills 组发育于安德森(Anderson)平原(图 6-4-21)。Smoking Hills 组主要为富含有机质的页岩,不整合于以页岩为主的下白垩统霍顿河(Horton River)组之上。Smoking Hills 组的黑色脆性页岩含有膨润土薄层,有机质含量在 12%（按重量百分比）左右，含黄铁矿。Smoking Hills 组与上覆的坎潘阶—马斯特里赫特阶 Mason River 组不整合接触。Mason River 组主要为浅灰色页岩，局部富含氧化的铁矿石结核（Hannigan，2014）。

在大陆地区，上白垩统上部至第四系为非海相沉积。在 Blow 海槽，马斯特里赫特期至始新世的鱼河群的陆源碎屑磨拉石沉积（厚度约 2 400 m）不整合于边界溪（Boundary Creek）组之上，并被驯鹿（Reindeer）三角洲平原沉积物覆盖。在 Old Crow 盆地，白垩纪页岩和砂岩之上不整合覆盖渐新世至中新世含煤非海相沉积。在 Bonnet Plume 盆地，上白垩统至始新统 Bonnet Plume 组的非海相沉积物与下伏泥盆纪碎屑沉积地层不整合接触。Bonnet Plume 组分为两段：下段形成于晚白垩世，由砾岩、砂岩和煤层组成；上段形成于晚白垩世晚期—始新世，由砂岩、页岩和煤组成。这种非海相沉积物是在晚白垩世至古近纪挤压构造事件期间，在科迪勒拉造山带前陆盆地中沉积的，碎屑主要来自科迪勒拉造山带（Hannigan，2014）。

6.4.2　岛弧与残留大洋构造-地层区

研究区岛弧构造-地层区位于加拿大科迪勒拉造山带北部（图 6 - 4 - 3），主要包括 HIS（2009）划分的 Omineca 变形带和中塔纳纳盆地（Middle Tanana Basin）（图 6 - 0 - 1）。多数学者将加拿大科迪勒拉造山带北部的岛弧构造-地层区称为育空-塔纳纳地体（Knight et al，2013；Symons et al，2015；Pecha et al，2016；Symons and Kawasaki，2019；Case et al，2020；Nixon et al，2020；Nelson et al，2022；Soucy La Roche et al，2022）。

加拿大科迪勒拉造山带由古生代至新生代地体拼贴而成（图 6 - 4 - 22），这些地体在向劳伦古陆增生之前、期间和之后经历了复杂的岩浆、构造和变质历史。育空-塔纳纳地体是阿拉斯加东部、育空中部和不列颠哥伦比亚省西北部最大的、起源是劳伦古陆西部边缘的地体。育空-塔纳纳地体在晚泥盆纪从劳伦古陆边缘裂离，在再次拼贴到劳伦古陆边缘之前，经历了多期岩浆作用、变形和变质作用。晚泥盆世或更古老（晚泥盆世之前）的雪盖（Snowcap）岩石组合以硅质碎屑岩为主，是育空-塔纳纳地体中最古老的岩石，是晚古生代和中生代岛弧岩浆作用的基础（Colpron et al，2006；Symons et al，2009；Parsons et al，2019；Nelson et al，2022；Soucy La Roche et al，2022）。

育空-塔纳纳地体北部的东北侧以 Tintina 右行走滑断裂带与加拿大地盾大陆边缘（ANA）、Selwyn 盆地、Tombstone 岩浆岩带相邻，Tintina 右行走滑断裂的走滑距离达 490 km；西南侧以 Denali 右行走滑断裂带与 Baja Alaska 地体（BA）相接，Denali 右行走滑断裂的走滑距离达 350 km；西北部为被改造的、准原地大陆边缘地体（PCM）和晚白垩世岩浆岩带（FK）相邻；其间有卡西尔（Cassiar）地体（CT）和山间带地体（IBM）（图 6 - 4 - 22）。

育空-塔纳纳地体以 Big Salmon 右行走滑断裂与卡西尔（Cassiar）地体相隔，以 Tadru 走滑断裂和 Needlerock 逆冲断裂与山间带地体相接（图 6 - 4 - 23，图 6 - 4 - 24）。

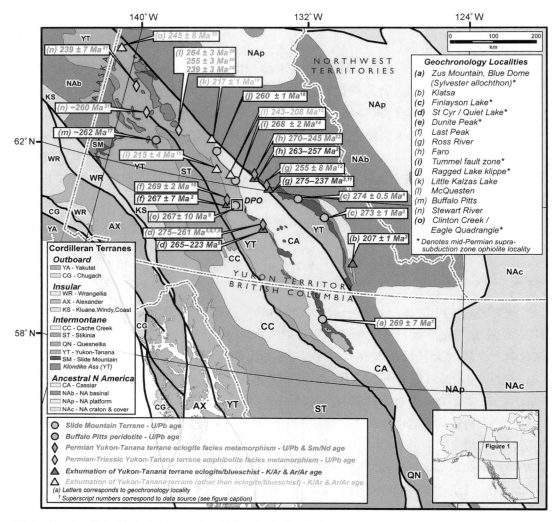

图 6 - 4 - 22　育空-塔纳纳地体（YTT）及邻区构造单元划分

（据 Parsons et al,2019 修改）

　　在育空-塔纳纳地体的 Tatlmain 岩基及围岩区出露了 Carmacks 火山岩、山间带地体的 Stikine 亚地体、Slide 山地体、育空-塔纳纳地体和北美古陆（图 6 - 4 - 23）。

　　北美古陆包括卡西尔地体和 Selwyn 盆地（图 6 - 4 - 23）。Selwyn 盆地的地质特征前已述及，在此不再赘述。卡西尔地体由新元古界至下古生界大陆边缘沉积物组成，被解释为沿 Tintina 断层移位的北美古陆的块体。育空地区中部的卡西尔地体以新元古界至下寒武统 Ingenika 群和博雅（Boya）组的硅质碎屑岩为代表，上覆中寒武统至下泥盆统 Rosella 组、Kechika 组和 Askin 组，主要为泥质和钙质岩石，其上不整合泥盆系—密西西比统埃恩（Earn）群碳质碎屑岩（Colpron et al,2005）。

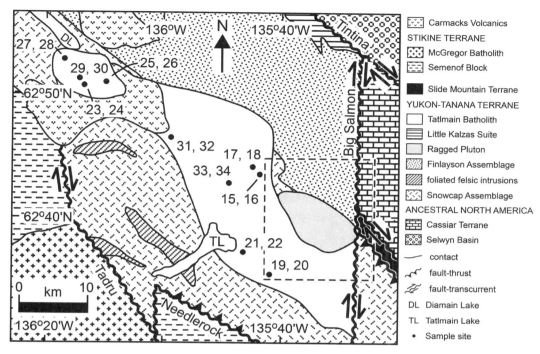

图 6 - 4 - 23　育空-塔纳纳地体 Tatlmain 岩基及围区地质图

（据 Symons and Kawasaki，2019 修改）

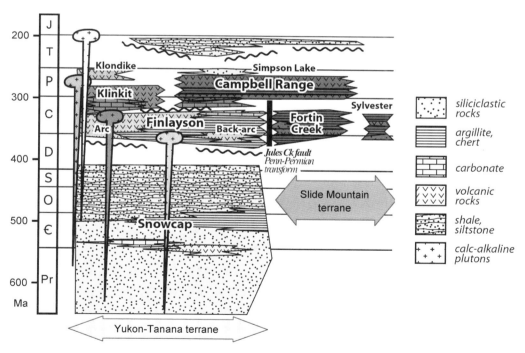

图 6 - 4 - 24　科迪勒拉北部育空-塔纳纳地体和滑动山地体的构造-地层关系示意图

（据 Piercey and Colpron，2009 修改）

1. 育空-塔纳纳地体

Tatlmain岩基及围区的育空-塔纳纳地体由Tatlmain岩基、Little Kalzas岩套、Ragged侵入体、Finlayson岩石组合、片状酸性岩侵入体及Snowcap岩石组合(图6-4-23)。

育空-塔纳纳地体垂向上划分为4套岩石组合,分别为中泥盆世雪盖(Snowcap)岩石组合、晚泥盆世—密西西比世早期芬莱森(Finlayson)岩石组合、密西西比世中期—早二叠世克林基特(Klinkit)岩石组合和二叠纪中晚期克朗代克(Klondike)岩石组合,不同岩石组合之间以区域不整合或局部不整合接触(图6-4-24)。这种岩石组合序列具有大陆岛弧的特征。

芬莱森(Finlayson)岩石组合、克林基特(Klinkit)岛弧岩石组合与滑动山地体(Slide Mountain terrane)的燧石、泥质岩和镁铁质火山岩的大洋岩石组合的发育年代相同(图6-4-24)。这表明在晚泥盆世,育空-塔纳纳地体与劳伦古陆裂离,期间形成洋盆,育空-塔纳纳地体演化为岛弧。二叠纪末洋盆关闭,育空-塔纳纳地体与劳伦古陆开始汇聚碰撞(Colpron et al,2007;Piercey and Colpron,2009;Symons and Kawasaki,2019;Nelson et al,2022;Soucy La Roche et al,2022)。

雪盖岩石组合在育空地区中部广泛出露(图6-4-23,图6-4-25),是育空-塔纳纳地台最古老的岩石,主要由砂泥岩片岩、石英岩、深灰色碳质片岩、钙质硅酸盐岩、大理岩以及局部角闪岩、绿片岩和超基性岩的非均质组合组成。这些岩石通常被岩浆岩侵入,局部被晚泥盆世至密西西比世早期的英云闪长岩、花岗闪长岩和花岗岩体完全贯穿。这些侵入岩体为上覆Finlayson和Klinkit岩浆弧岩石组合的次火山侵入岩体(图6-4-25)。雪盖岩石组合的岩石最深变质程度达角闪岩相(Piercey and Colpron,2009)。变质碎屑岩的地球化学和锆石数据表明,雪盖岩石组合的碎屑锆石年龄主峰约为1 870 Ma和2 720 Ma,次峰约为2 080 Ma和2 380 Ma,表明存在古元古代陆壳基底,属于劳伦古陆古陆的边缘。晚古生代侵入雪盖岩石组合中的镁铁质碱性岩浆岩与裂谷作用有关(Piercey and Colpron,2009)。

芬莱森岩石组合不整合覆盖在雪盖岩石组合之上,由Drury组长石质砂砾岩、砂岩,Pelmac组石英砂岩,Little Kalzas组侵入岩和火山岩组成(图6-4-25)。Drury组局部含有变质长英质火山岩,碎屑锆石年龄约为365 Ma和378 Ma。片状酸性岩侵入体(图6-4-23)属于Little Kalzas组,岩石类型主要为火山岩、花岗闪长岩、英云闪长岩,形成年代为密西西比世早期(Piercey and Colpron,2009)。

芬莱森岩石组合之上为克林基特岩石组合,两者局部不整合接触。克林基特岩石组合以火山碎屑岩为主,最下部发育维宪期—巴什基尔期碳酸盐岩。克林基特岛弧火山作用始于石炭纪,一直持续到二叠纪。Roots等(2002)在火山碎屑岩样品中测得锆石铀-铅年龄为早二叠世(281±2 Ma)(Simard et al,2003)。在石炭纪密西西比世早期,还形成了Ragged侵入体,主要为辉长岩和正长岩。密西西比世中期形成了Tatlmain侵入体,主要为花岗岩和花岗闪长岩。

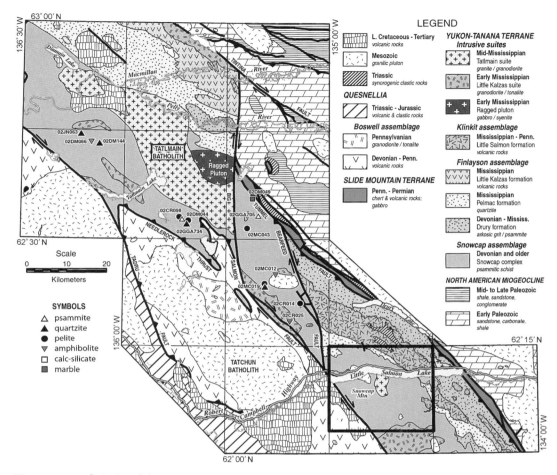

图 6 - 4 - 25　育空地区中部 Glenlyon 区和 Carmacks 区西北部地质简图

（据 Piercey and Colpron，2009 修改）

三叠纪 Teh 碎屑岩序列由黑色泥质岩、暗色粉砂岩、砂岩和燧石组成，含少量卵石砾岩和石灰岩层，不整合于克林基特岩石组合之上（Simard et al，2003）。

2. 山间带地体

山间带地体（图 6 - 4 - 22 中 IMB）由泥盆纪—石炭纪火山岩、晚石炭世花岗闪长岩和英云闪长岩、三叠纪—侏罗纪火山岩和碎屑岩、中生代花岗岩侵入体和白垩纪火山岩组成（图 6 - 4 - 25），是晚古生代—中生代岩浆作用强烈地带。

3. Slide 山地体

Slide 山地体为残留大洋（晚泥盆世法门期—二叠纪 Slide 山洋）的地质记录，分布局限（图 6 - 4 - 23，图 6 - 4 - 25），是二叠纪中期—三叠纪中期洋盆关闭、劳伦古陆被动大陆边缘与育空—塔纳纳地块碰撞的结果（图 6 - 4 - 26）。Slide 山地体由原岩年代为晚泥盆世法门期—密西西比世的蛇绿杂岩，宾夕法尼亚世—二叠纪的硅质岩、泥岩、火山岩及辉长岩组成。蛇绿杂岩的岩石类型以超基性岩为主，其次为辉长岩和数量不等的基性火山岩(Colpron et al，2005；Piercey and Colpron，2009；van Staal et al，2018；Parsons et al，2019；Symons and Kawasaki，2019)。

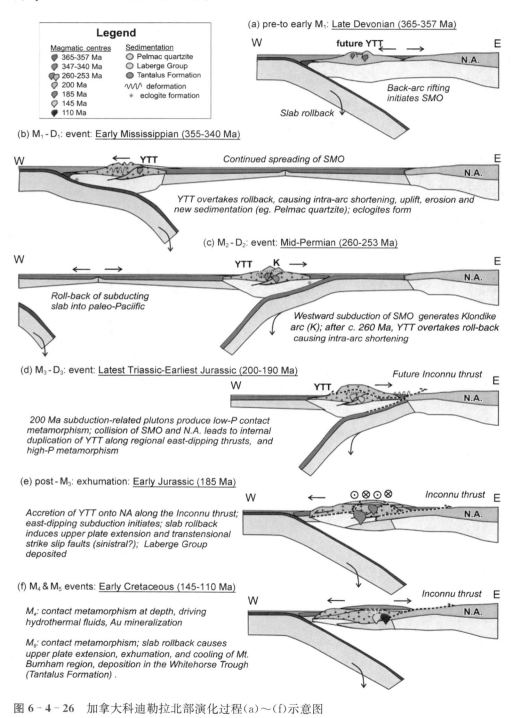

Legend

Magmatic centres
- 365-357 Ma
- 347-340 Ma
- 260-253 Ma
- 200 Ma
- 185 Ma
- 145 Ma
- 110 Ma

Sedimentation
- Pelmac quartzite
- Laberge Group
- Tantalus Formation
- ∿∿∿ deformation
- eclogite formation

(a) pre-to early M_1: Late Devonian (365-357 Ma)

W   future YTT   E   N.A.

Back-arc rifting initiates SMO

Slab rollback

(b) M_1 - D_1: event: Early Mississippian (355-340 Ma)

W   YTT   *Continued spreading of SMO*   E   N.A.

YTT overtakes rollback, causing intra-arc shortening, uplift, erosion and new sedimentation (eg. Pelmac quartzite); eclogites form

(c) M_2 - D_2: event: Mid-Permian (260-253 Ma)

W   YTT   K   E   N.A.

Roll-back of subducting slab into paleo-Paciific

Westward subduction of SMO generates Klondike arc (K); after c. 260 Ma, YTT overtakes roll-back causing intra-arc shortening

(d) M_3 - D_3: event: Latest Triassic-Earliest Jurassic (200-190 Ma)

Future Inconnu thrust

YTT   E   N.A.

200 Ma subduction-related plutons produce low-P contact metamorphism; collision of SMO and N.A. leads to internal duplication of YTT along regional east-dipping thrusts, and high-P metamorphism

(e) post - M_3: exhumation: Early Jurassic (185 Ma)

W   *Inconnu thrust* E   N.A.

Accretion of YTT onto NA along the Inconnu thrust; east-dipping subduction initiates; slab rollback induces upper plate extension and transtensional strike slip faults (sinistral?); Laberge Group deposited

(f) M_4 & M_5 events: Early Cretaceous (145-110 Ma)

W   *Inconnu thrust* E   N.A.

M_4: contact metamorphism at depth, driving hydrothermal fluids, Au mineralization

M_5: contact metamorphism; slab rollback causes upper plate extension, exhumation, and cooling of Mt. Burnham region, deposition in the Whitehorse Trough (Tantalus Formation).

图 6 - 4 - 26　加拿大科迪勒拉北部演化过程(a)～(f)示意图

(据 Berman et al，2007)

6.4.3　加拿大科迪勒拉造山带的演化过程

关于加拿大科迪勒拉造山带的演化过程已形成的普遍共识如下：① 加拿大科迪勒拉造山带由古生代至新生代地块拼贴而成；② 育空-塔纳纳地体是其中最大的地块；③ 育空-塔纳纳地体在晚泥盆纪从劳伦古陆边缘裂离，期间形成洋盆，洋盆扩张持续到石炭纪密西西比世；④ 石炭纪宾夕法尼亚世—二叠纪洋盆停止扩张，演化残留洋盆，并开始萎缩，育空-塔纳纳地体与劳伦古陆汇聚；⑤ 三叠纪中期—侏罗纪洋盆彻底关闭，开始陆陆碰撞（图 6 - 4 - 26），逐渐形成科迪勒拉造山带（Devine，2006；Berman et al，2007；Colpron et al，2007；Piercey and Colpron，2009；van Staal et al，2018；Parsons et al，2019；Symons and Kawasaki，2019；Nelson et al，2022；Soucy La Roche et al，2022）。但是对于二叠纪时期育空-塔纳纳地体与劳伦古陆汇聚和洋盆关闭的地球动力学过程细节存在不同的认识（van Staal et al，2018；Parsons et al，2019），在此不做引述和评述。

第7章

加拿大北部大陆及被动大陆边缘地质特征

　　加拿大北部大陆及被动大陆边缘西接科迪勒拉造山带，东邻巴芬盆地。IHS（2009）将其划分为 Anderson 平原、Arctic 陆架、Bache 隆起、Baffin 岩基、Baffin 陆架、Banks 盆地、Bear 省、Bell 凸起、Blue Hills 褶皱带、Boothia 隆起、Churchill 省、Coppermine 凸起、Cornwallis 褶皱带、Cumberland 盆地、Dorset 褶皱带、Eglinton 盆地、Foxe 盆地、Foxe 褶皱带、Franklin 褶皱带、Great Bear 平原、Hoare 湾地体、Horton 平原、Hudson 地台、Keele 凸起、Lancaster 盆地、Mackenzie 平原、Mackenzie 三角洲、McClintock 盆地、McClure 海峡盆地、Minto 凸起、北 Keewatin 克拉通、Parry Islands 褶皱带、Peel 盆地、Prince Albert 单斜、Prince Patrick 隆起、Prince Regent 盆地、Slave 省、Southampton 盆地、Sverdrup 盆地、Wollaston 盆地、北 Keewatin 克拉通、北部 Ellesmere 褶皱带、中部 Ellesmere 褶皱带、南部 Ellesmere 褶皱带等 47 个主要构造单元（图 7-0-1）。

　　这些构造单元可归并为① 加拿大地盾北部（Bear 省、Slave 省、Churchill 省、Boothia 隆起、North Keewatin 克拉通、Foxe 褶皱带、Baffin 岩基、Hoare 湾地体、Bache 隆起、Dorset 褶皱带）；② 北美北部地台（Great Bear 平原、Keele 凸起、Franklin 褶皱带、Mackenzie 平原、Peel 盆地、Anderson 平原、Horton 平原、Coppermine 凸起、Banks 盆地、Wollaston 盆地、Minto 凸起、Prince Albert 单斜、McClintock 盆地、Cornwallis 褶皱带、Prince Regent 盆地、Lancaster 盆地、Cumberland 盆地、Foxe 盆地、Southampton 盆地、Bell 凸起、Hudson 地台、南部 Ellesmere 褶皱带）；③ 埃尔斯米尔变形带（McClure 海峡盆地、Prince Patrick 隆起、Eglinton 盆地、Parry Islands 褶皱带、Blue Hills 褶皱带、Sverdrup 盆地、北部 Ellesmere 褶皱带、中部 Ellesmere 褶皱带）；④ 加拿大北部被动大陆边缘（Mackenzie 三角洲、Arctic 陆架、Baffin 陆架）（图 7-0-1）。

　　加拿大北部大陆及被动大陆边缘最古老的岩石形成于冥古宙晚期—太古宙早期，经历了古元古代中晚期 Nuna（哥伦比亚）超大陆的形成，中元古代 Nuna 超大陆解体，新元古代早期罗迪尼亚超大陆形成，新元古代晚期罗迪尼亚超大陆的解体，古生代早中期劳俄超大陆形成，古生代晚期盘古（Pangea）超大陆的形成，中新生代盘古超大陆解体。加拿大地盾北部属于 Nuna 超大陆的组成部分。北美北部地台中元古界和新元古界中下部主要是 Nuna 超大陆解体的地质记录，也是罗迪尼亚超大陆的组成部分。新元古界下部及古

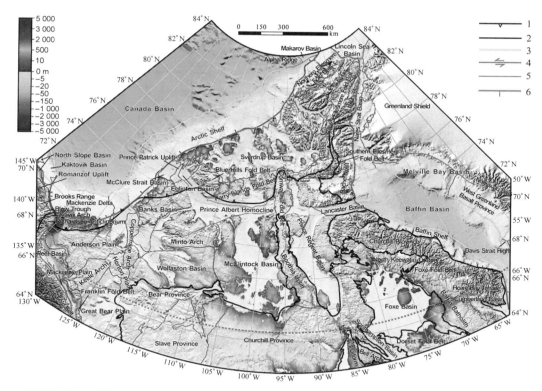

1—埃尔斯米尔碰撞带及俯冲方向;2—加拿大地盾轮廓线;3—洋陆边界;4—走滑断裂及方向;5—构造单元界线;6—伸展断裂带及断面倾向。

图 7-0-1 加拿大北部大陆及被动大陆边缘地貌-构造简图

注:构造线参考 Jackson and Taylor(1972)、Jober et al(2007)、Piepjohn et al(2008)、Whalen et al(2010)、Helwig(2011)、Houseknecht and Bird(2011)、MacLean et al(2014)、Corrigan et al(2015;2018)、Morrow(2018)、Miall and Blakey(2019)、Galloway et al(2021);底图来自 https://maps.ngdc.noaa.gov/viewers/bathymetry。

生界下部既是罗迪尼亚超大陆的解体的地质记录,也是劳俄超大陆的组成部分,新元古界下部及古生界下部也是埃尔斯米尔变形带的主要基底,在埃尔斯米尔褶皱带广泛出露。古生界上部及中生界主要发育于劳俄超大陆边缘的 Sverdrup 盆地。而加拿大北部被动大陆边缘是中生代盘古大陆解体的地质记录。

7.1 加拿大地盾北部地质特征

加拿大地盾,在古元古代中晚期(2.0～1.8 Ga)基本形成(Jackson and Taylor,1972;Whitmeyer and Karlstrom,2007;Corrigan et al,2018;Godet et al,2021;Sappin et al,2022)。加拿大地盾最古老的稳定地块是太古宙 Slave 克拉通、Superior 克拉通和北大西洋克拉通。这些太古宙克拉通稳定地块通过古元古代活动带(主要是 Churchill 省的组成部分)拼接在一起。活动带的构成极其复杂,主要为改造的太古宙地块,其次为古元古代大陆岩浆弧,还有古元古代岛弧和洋壳、陆架和前陆盆地沉积(图 7-1-1)。

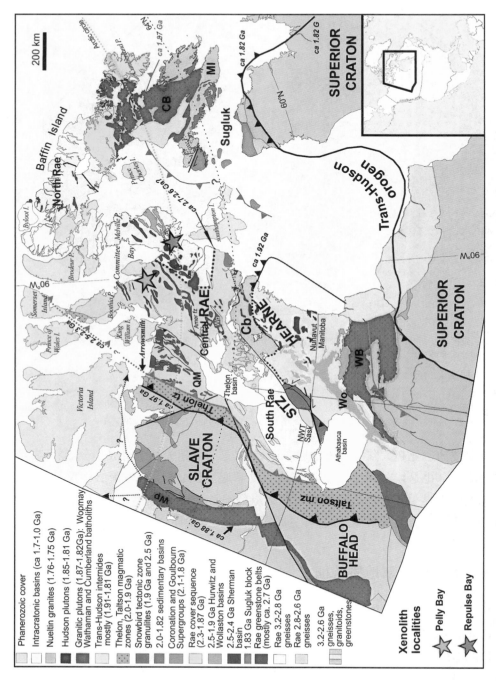

图 7 - 1 - 1 加拿大地盾地质简图

（据 Liu et al.,2016 修改）

QM—Queen Maud 地块；CB—Cumberland 岩基；Cb—Chesterfield 地块；MI—MetaIncognita 地块；Wo—Wollaston 组；WB—Wathamanbatholith。

本文关注的加拿大地盾北部，除 Slave 省为太古宙克拉通外，Bear 省、Churchill 省、Boothia 隆起、北 Keewatin 克拉通、Foxe 褶皱带、Baffin 岩基、Hoare 湾地体、Bache 隆起、Dorset 褶皱带均处于古元古代活动带。以 Churchill 省所占面积最大，主要为再改造的太古宙地块，局部发育古元古代—中元古代沉积盖层和古元古代岩浆岩。其他构造单元主要是古元古代陆架或前陆盆地沉积，以及岛弧杂岩。Slave 省太古宙高级变质杂岩是加拿大发现的最古老的岩石。

7.1.1　太古宙克拉通地质特征

Slave 省的主体也称太古宙 Slave 克拉通。Slave 克拉通东部与地质年龄为 1.9～1.8 Ga 的 Taltson Thelon 岩浆岩带相接，西部与地质年龄约为 1.88 Ga 的 Wopmay 造山带相邻，面积约为 $19 \times 10^4 \text{km}^2$。太古宙 Slave 克拉通在片麻岩基础上发育了花岗岩、混合花岗岩和变质浊积岩，以及少量的基性变质火山岩和酸性变质火山岩（图 7-1-2）。约 2.60 Ga 前的岩浆作用和变质事件促使 Slave 克拉通的最终形成，在 Slave 克拉通内存在年龄为 2.23～1.17 Ga 的多个基性岩墙群和岩床（Bleeker et al, 1999；Heaman and Pearson, 2010；Liu et al., 2021）。

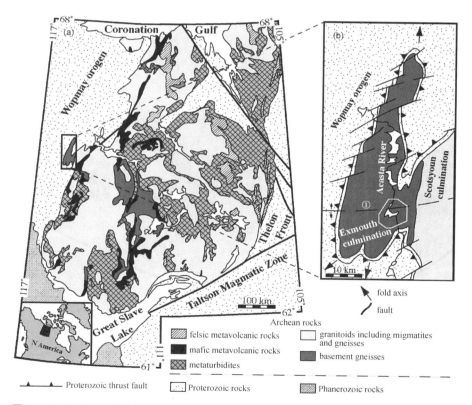

图 7-1-2　Slave 克拉通地质简图

（a）Slave 克拉通地质简图；（b）Acasta 河地区地质图
（据 Iizuka et al, 2007）
注：（b）中①为图 7-1-3 所在位置。

1. 基底片麻岩

太古宙 Slave 克拉通的形成经历了漫长的地质历史(Iizuka et al,2007;Bauer et al, 2020;Bilak et al,2022;Veglio et al,2022),目前至少发现了 10 个单独的构造-岩浆-变质事件(Davis et al,2003)。其基底片麻岩也称阿卡斯塔(Acasta)片麻岩,主要有 4 种岩石类型(图 7 - 1 - 3,图 7 - 1 - 4):① 基性-中性片麻岩系;② 酸性片麻岩系;③ 层状片麻岩系,其

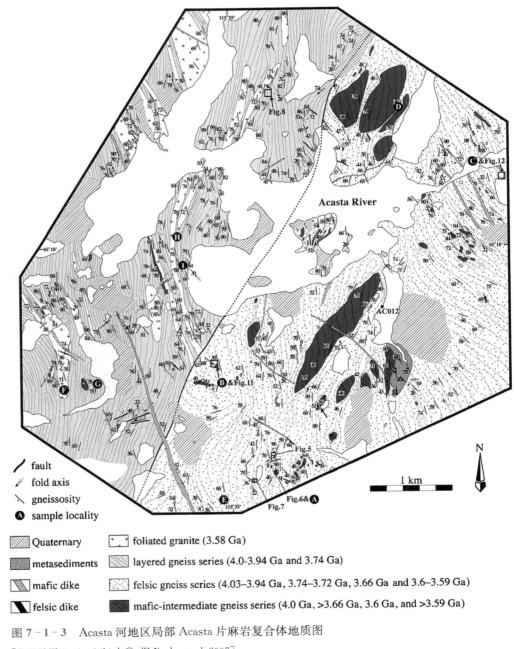

图 7 - 1 - 3 Acasta 河地区局部 Acasta 片麻岩复合体地质图

[位置见图 7 - 1 - 2(b)中①,据 Iizuka et al,2007]

图 7 - 1 - 4　阿卡斯塔(Acasta)片麻岩复合体的 4 个主要岩石类型：(a) 基性-中性片麻岩系；(b) 酸性片麻岩系；(c) 层状片麻岩系，浅色层和黑色层有韵律的分层；(d) 保留原始岩浆岩结构的片理化花岗岩(Iizuka et al,2007)。

中浅色层和黑色层具有韵律分层；④ 保留原始岩浆岩结构的片理化花岗岩。其中，酸性片麻岩系的原岩年龄为 4.03～3.59 Ga，是目前地球上发现的最古老的岩石；基性～中性片麻岩系的原岩年龄为 4.0～3.59 Ga；层状片麻岩系的原岩年龄为 4.0～3.74 Ga；片理化花岗岩的原岩年龄为 3.58 Ga(图 7 - 1 - 3)。可见，Slave 克拉通 Acasta 片麻岩的形成年代为冥古宙晚期—太古宙早期(Van Kranendonk et al,2012)。

2. 太古宙侵入岩

Slave 克拉通太古宙侵入岩主要为花岗岩类，花岗岩类分布广泛[图 7 - 1 - 2(a)]，其岩石类型有二云母或钾长石巨晶伟晶岩(2 605～2 580 Ma)；黑云岩＋/－富含角闪石的花岗岩类(2 625～2 590 Ma)；花岗片麻岩和混合花岗岩(＞2 600 Ma)；含丰富的辉长岩/片麻岩捕房体的花岗岩类；辉长岩、石英闪长岩、英云闪长岩、花岗闪长岩和辉长岩(大部分为 2 630～2 605 Ma)；火山作用早期或同火山作用期(2 705～2 645 Ma)酸性至中性侵入岩(花岗岩、花岗闪长岩、英云闪长岩和闪长岩)；火山期后(或不确定年龄)基性和超基性侵入岩(辉长岩、橄榄岩、辉石、闪长岩)(Stubley and Irwin,2019)。

3. 太古宙变质沉积岩和火山岩

Iizuka et al(2007)将 Slave 克拉通太古宙变质沉积岩称为变质浊积岩[图 7 - 1 - 2(a)

中 metaturbidites],将不整合于 Acasta 片麻岩之上的太古宙变质沉积岩和火山岩序列称
为 Yellowknife 超群。Yellowknife 超群自下而上分为 Central Slave Cover 群、Kam 群、
Banting 群、Duncan Lake 群(图 7-1-5)。

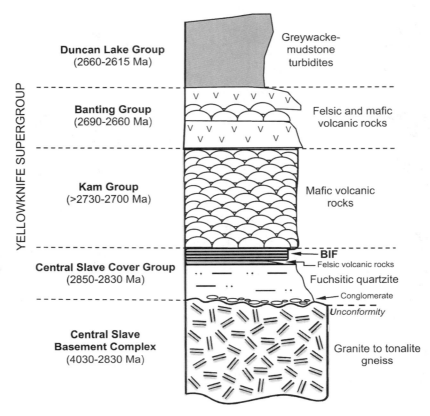

图 7-1-5　Yellowknife 超群地层序列简图

(据 Haugaard et al,2016)

　　Central Slave Cover 群地质年龄为 2 850~2 830 Ma(图 7-1-5),在不同地区命名了不
同的组:Bell Lake 组、Dwyer Lake 组、Patterson Lake 组、Brown Lake 组、Amacher Lake
组、Beniah Lake 组(图 7-1-6),最上部为条带状铁矿组(Banded iron formations,BIF)
(Bleeker et al,1999;Haugaard et al,2016)。

　　Central Slave Cover 群总体特征如下:底部见底砾岩;中下部为变质砂岩,主要为铬
云母石英岩;上部为酸性火山岩和条带状铁矿组含铁硅质岩;内部发育基性岩浆岩岩脉
(图 7-1-5,图 7-1-7)。

　　顶部的条带状铁矿组是一套富含铁(15~40 wt%)和硅质(40~60 wt%)的变质沉积
岩,主要矿物有微晶石英(燧石)、磁铁矿、赤铁矿和富铁硅酸盐矿物(如阳起石、粗粒岩、角
闪石)(Haugaard et al,2016)。

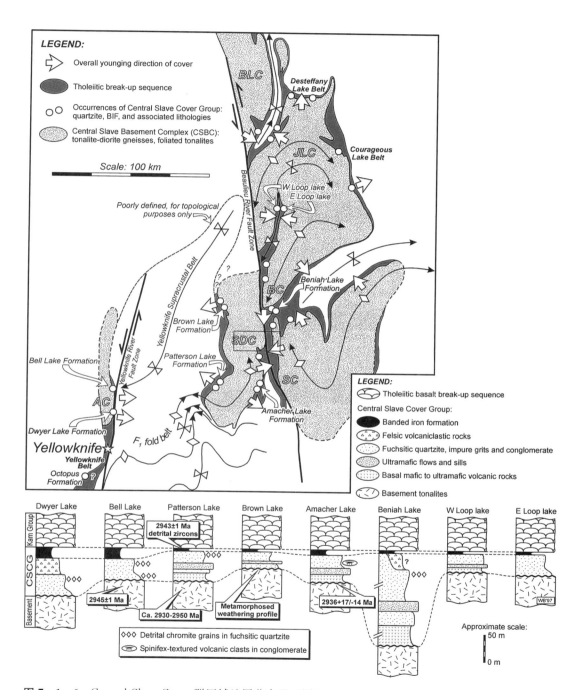

图 7 - 1 - 6 Central Slave Cover 群区域地层分布及不同组地层对比

（据 Bleeker et al，1999）

图 7 - 1 - 7　Central Slave Cover 群及后期侵入的基性岩脉露头照片

（据 Haugaard et al,2016）

　　Kam 群厚度约为 10 km,地质年龄在 2 700 Ma 以上（图 7 - 1 - 5）,分为 4 个组,自下而上分别为 Chan 组、Crestaurum 组、Townsite 组和 Yellowknife Bay 组（Cousens,2000）。Chan 组,厚度为 6～7 km,全部由玄武岩熔岩、岩脉和岩床组成,缺少酸性火山岩,类似显生宙蛇绿岩;上覆 Crestaurum 组主要由枕状玄武岩、块状基性熔岩和岩床组成,见薄的硅质酸性凝灰岩（英安岩、流纹岩）。Chan 组与 Crestaurum 组被 Ranney 凝灰岩和燧石层分隔。Townsete 组由英安质到流纹岩流、凝灰岩和角砾组成,被辉长岩岩床侵入。Yellowknife Bay 组与 Crestaurum 组相似,主要由枕状玄武岩、块状熔岩和岩床以及一些硅质凝灰岩组成。Kam 群的形成与裂谷有关,岩浆来源于岩石圈地幔（Cousens,2000;DeWolfe et al,2022）。

　　Banting 群地质年龄为 2 690～2 660 Ma（图 7 - 1 - 5）,分为 Ingraham 和 Prosperous 组。Ingraham 组主要由石英斑岩、熔结凝灰岩组成,夹有块状至枕状基性熔岩。Prosperous 组由长英质凝灰岩、少量基性熔岩和火山碎屑沉积岩组成。Banting 群的岩浆起源于下地壳的熔融作用（Cousens et al,2002;2005;DeWolfe et al,2022）。

　　Duncan Lake 群地质年龄为 2 660～2 615 Ma（图 7 - 1 - 5）,主要由变质泥岩、砂岩、砾岩组成（图 7 - 1 - 8）。下部称为 Walsh 组,上部称为 Burwash 组,内部夹类似 Prosperous 组的长英质凝灰岩,以及少量基性熔岩和火山碎屑沉积岩（Cousens,2000）。Walsh 组由变质程度不同的杂砂岩和泥岩组成:角闪岩相至麻粒岩相变质的常见石榴石-堇青石-钾长石矿物组合,局部含斜方辉石;混合岩化变质的可达到硅线石级或深熔熔融相;中级变质的为片岩、红柱石、堇青石斑岩;低变质的常见黑云母矿物。Burwash 组主要为低级变

图 7 - 1 - 8　Duncan Lake 群典型岩石类型露头照片

(a) 泥岩,夹含铁硅质岩、粉砂岩;(b) 左侧砂岩夹泥岩,右侧以泥岩为主;(c) 泥岩夹砂岩,砂岩含泥砾,底部见负载构造;(d) 砂泥岩不等厚互层;(e) 砂泥岩薄互层;(f) 砾岩
(据 Ootes et al,2009)

质程度的泥岩、粉砂岩、砂岩,有少量的硅质岩、碳酸盐岩、铁矿层和砾岩(Stubley and Irwin,2019)。Duncan Lake 群的原岩主要是太古宙弧后盆地深水海底扇沉积物(Ferguson et al,2005;Ootes et al,2009)局部为扇三角洲、滨浅海沉积物(Mueller and Corcoran,2001)。

在 Duncan Lake 群之上发育 Jackson Lake 组,其地质年龄在 2 600 Ma 左右,在 Slave 省厚度为 50~300 m,形成于太古宙克拉通化末期的前陆盆地。西部盆地边缘与较老的火山岩呈不整合接触,东部边缘为断层边界。岩相类型主要有砾岩-砂岩、砂岩-泥质岩和泥质砂岩 3 种,形成了一个大型向上变细的层序。砾岩-砂岩岩相为扇三角洲沉积。砂岩-泥质岩相可分为① 潮汐水道亚岩相,主要为板状至楔状交错层理砂岩,夹泥质条带;② 潮滩亚岩相,由砂泥岩不等厚互层组成(Mueller et al,2002)。

综上所述,加拿大地盾 Slave 太古宙克拉通的陆壳基底形成于冥古宙晚期—始太古代(>3.6 Ga)。陆壳形成后,古太古代后期—中太古代中期(3.6~2.9 Ga)缺少岩石记录,很可能处于稳定的暴露状态,形成了基底片麻岩与中太古代—新太古代沉积岩、火山岩之间的区域不整合面。在中太古代后期 Central Slave Cover 群(2 850~2 830 Ma)发育时期,发生裂谷作用,形成裂谷盆地沉积。在中太古代后末期—新太古代中期 Kam 群和 Banting 群(2 830~2 660 Ma)发育时期,岩浆活动剧烈,形成巨厚的火山岩。在新太古代后期 Duncan Lake 群(2 660~2 615 Ma)发育时期,演化为弧后盆地。在新太古代末 Jackson Lake 组发育时期,演化为前陆盆地,随后再次隆升,Slave 太古宙克拉通最终形成。

7.1.2　Bear 省元古宙活动带地质特征

Bear 省位于 Slave 省西北侧(图 7 - 0 - 1),主体是 Wopmay 造山带,东部与 Slave 太古宙克拉通相接,西部以古生代地台沉积尖灭线为界,呈顶端向南的三角形,东西向最宽处超过 300 km。Wopmay 造山带由西向东划分为 Hottah 地体、Great Bear 岩浆岩带、Turmoil Klippe 变质岩内带、Asiak 褶皱-逆冲带,西北部为古太古代晚期—新元古代早期 Coppermine Homocline 岩石组合(图 7 - 1 - 9)。Wopmay 造山带是 Coronation 洋关闭、Calderian 造山期间(1.88~1.86 Ga)Hottah 地体与 Slave 太古宙克拉通碰撞的结果(Hoffman et al,2011;Ootes et al,2020)。

1. Hottah 地体

Hottah 地体主要出露于 Great Bear 湖南侧(图 7 - 1 - 9),可划分为 5 个部分(图 7 - 1 - 10):① 基底片麻岩(2.6~1.97 Ga);② Holly Lake 变质杂岩(约 1 950 Ma),由变质泥质岩和变质玄武岩组成[图 7 - 1 - 11(a)];③ 深成侵入岩(1 930~1 910 Ma),也称 Hottah 深成杂岩[图 7 - 1 - 11(b)];④ Bell Island Bay 群火山岩和沉积岩,覆盖在古老变形的 Holly Lake 变质杂岩和 Hottah 深成杂岩之上,底部为 Beaverlodge Lake 砂岩组成[图 7 - 1 - 11(c)],上覆依次为 Zebulon 组陆上火山岩(1 905.6±1.4 Ma)[图 7 - 1 - 11(d)]、Conjuror Bay 组海相石英砂岩(约 1.9 Ga)、Bloom 玄武岩(1 895±2.3 Ma);⑤ Treasure

Lake 群变质沉积岩（1 885~1 875 Ma），自下而上分为下部粉砂岩、碳酸盐岩、石英岩屑砂岩，以及上部粉砂岩 4 个单元（Gandhi and Breemen，2005；Ootes et al，2015）。

　　关于 Hottah 地体的演化提出了两种模式（Ootes et al，2015）。

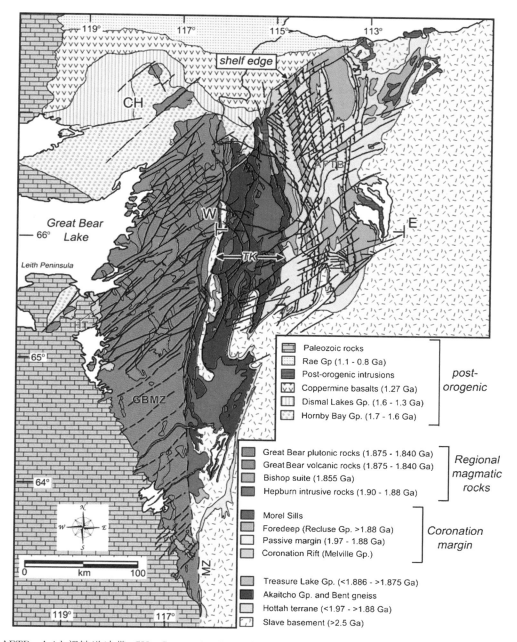

AFTB—Asiak 褶皱逆冲带；CH—Coppermine Homocline；GBMZ—Great Bear 岩浆岩带；HT—Hottah 地体；
MZ—North-striking Medial 带（Wopmay 断裂带）；TK—Turmoil Klippe Metamorphic Inrenal 带。

图 7 - 1 - 9　Bear 省 Wopmay 造山带地质图

（据 Cook，2011；Ootes et al，2017 修改）

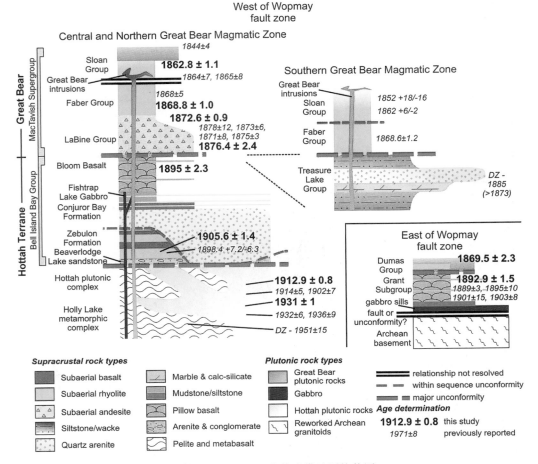

图 7 - 1 - 10　Bear 省 Hottah 地体和 Great Bear 岩浆岩带地层柱状图

（据 Ootes et al,2015）

　　模式一：Hottah 地体在 2.5～2.0 Ga 时期是一个从 Slave 太古宙克拉通裂离的微陆块（Davis et al,2015；Ootes et al,2017）；在 1 940 Ma 以后演化为火山弧,并遭受 Coronation 洋壳俯冲；在 1 885～1 840 Ma,Coronation 洋关闭,Hottah 地体与 Slave 克拉通碰撞,发生了 Wopmay 造山运动,逐渐形成 Great Bear 岩浆岩带、Turmoil Klippe 变质岩内带、Asiak 褶皱-逆冲带［图 7 - 1 - 12(a)］。

　　模式二：Hottah 地体是在 1 940～1 885 Ma 期间 Slave 克拉通弧后伸展、地壳减薄并被弧后盆地隔开的地块［图 7 - 1 - 12(b)］。在 1 885 Ma 以后,弧后盆地关闭,发生了 Wopmay 造山运动,逐渐形成 Great Bear 岩浆岩带、Turmoil Klippe 变质岩内带、Asiak 褶皱-逆冲带。

　　根据锆石测年资料,Hottah 地体与 Slave 克拉通之间的 Coronation 洋盆的形成时间为 2014.32±0.89 Ma,消亡时间为 1 882.50±0.95 Ma(Hoffman et al,2011)。可见模式一与 Coronation 洋盆存在的时间较为吻合,因而被广泛接受(Ootes et al,2015)。

图 7 - 1 - 11　Bear 省 Hottah 地体典型岩石露头照片

(a) Holly Lake 变质杂岩的混合岩化泥质岩(Ms)被花岗闪长岩(Grdt)和年轻伟晶岩(P)岩脉切割[插图照片显示了混合岩化泥质岩中的分层(白色虚线)]；(b) Hottah 深成杂岩体的复杂侵入角砾岩[包括早期辉长岩(Gab)、闪长岩(Drt)和最年轻的花岗闪长岩相(Grdt)]；(c) Beaverlodge Lake 砂岩与 Hottah 深成杂岩体之间的不整合面(白色虚线)[顶部具低角度交错层理(白线带圆符号)含砾粗砂岩与下方花岗岩中的长石和云母显示的片理(黑色片理符号)呈高角度相交]；(d) Zebulon 组粗晶球粒(S)流纹岩[含石英填充物(L)]
(据 Ootes et al,2015)

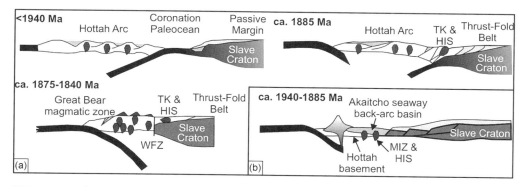

HIS—Hepburn 侵入岩；MIZ—变质岩内带；TK—Turmoil klippe；WFZ—Wopmay 断裂带。

图 7 - 1 - 12　Bear 省 Hottah 地体和 Wopmay 造山带 2 种演化模式

(a) 模式一；(b) 模式二
(据 Ootes et al,2015)
注：(a) Hottah 地体是一个演化为岩浆弧的微陆块,在约 1 880 Ma 时与 Slave 克拉通西部碰撞；(b) Hottah 地体在 1 940～1 885 Ma 为从 Slave 克拉通逐渐分离的、被弧后盆地分隔的岛弧。

2. Great Bear 岩浆岩带

Great Bear 岩浆带岩浆带是大规模洋壳向 Hottah 地体- Slave 克拉通边缘之下俯冲形成的安第斯型岩浆弧[图 7-1-12(a)]。Great Bear 岩浆带的侵入岩和喷出岩地质年龄为 1 875～1 840 Ma，在 Wopmay 断裂带以西大面积出露（图 7-1-9）。喷出岩覆盖在 Hottah 地体地层之上，侵入岩侵入 Hottah 地体及更老的地层中（图 7-1-10）。喷出岩类型从安山岩、粗安岩到流纹岩均有发育，以流纹岩类（图 7-1-13）较为常见。侵入岩岩石类型从辉长岩到正长花岗岩不等，尽管它们主要是二长岩到二长花岗岩（Ootes et al，2015）。

 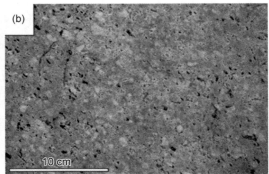

图 7-1-13　Bear 省 Wopmay 造山带 Great Bear 岩浆带流纹岩类宏观照片

(a) 流纹质熔结凝灰岩；(b) 富含石英和长石晶体的流纹岩

（据 Ootes et al，2015）

Great Bear 岩浆带的喷出岩系列称为 MacTavish 超群，自下而上划分为 LaBine 群、Faber 群、Sloan 群（图 7-1-10）。LaBine 群常见流纹质凝灰岩和安山质火山碎屑岩。Faber 群主要为含火山角砾流纹质熔结凝灰岩。Sloan 群主要为流纹质晶屑凝灰岩（Ootes et al，2015）。

3. Turmoil Klippe 变质岩内带

Turmoil Klippe 变质岩内带处于 Wopmay 断裂带与 Asiak 褶皱-逆冲带之间，主要出露 Bent 片麻岩、Akaitcho 群、Hepburn 侵入岩、Bishop 侵入体、Slave 太古宙基底、Treasure Lake 群（图 7-1-9）。Slave 太古宙基底和 Treasure Lake 群的主要特征前文已述及，在此不再赘述。

Bent 片麻岩主要由英云闪长质正片麻岩组成（图 7-1-14），其次为花岗质至闪长质正片麻岩、副片麻岩和角闪岩。局部存在大的粗粒变形、变质辉长岩岩床。片麻岩被从闪长岩到花岗岩多种岩浆岩侵入。片麻岩中的锆石铀-铅年龄为 2.6～2.0 Ga，最古老的锆石来自英云闪长正片麻岩（Hildebrand et al，2010），相当于 Hottah 地体的基底片麻岩。

Akaitcho 群不整合于 Hottah 地体太古宙变质岩基底之上（Hildebrand et al，2010），主要由变质碎屑岩和变质火山岩组成，变质程度达片麻岩级（图 7-1-15）。自下而上划分为① 下部基性-酸性火山岩;② 下部碎屑岩夹碳酸盐岩;③ 中部基性-酸性火山岩;④ 上部泥质岩夹砂岩和碳酸盐岩;⑤ 上部基性-酸性火山岩及侵入岩5个地层单元(图7-1-16)。下部流纹质熔岩的锆石铀-铅年龄为1 903～1 889 Ma,而下部碎屑岩中的海底扇成因长石砂岩中锆石年龄为2.6～1.89 Ga(Hildebrand et al,2010)。

图7-1-14 Bent 片麻岩中英云闪长质正片麻岩

(据 Hildebrand et al,2010)

图7-1-15 Turmoil Klippe 变质岩内带 Akaitcho 群下部变质岩

(a)扁平化枕状玄武岩;(b)副片麻岩(原岩为沉积岩)

(据 Hildebrand et al,2010)

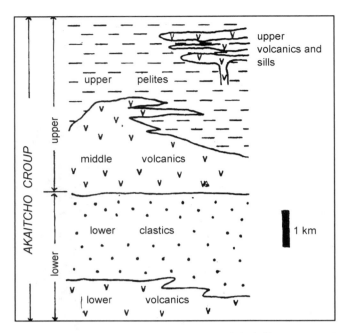

图 7 - 1 - 16　Bear 省 Turmoil Klippe 变质岩内带 Akaitcho 群地层柱状图

（据 Easton,1982)

　　Akaitcho 群的火山岩具有双峰特征,大陆火山岩和大洋拉斑玄武岩同时存在(Easton,1982)。Akaitcho 群的下部沉积岩有砂砾岩、含砾砂岩、含黄铁矿砂岩和泥岩;中上部沉积岩具有深海和海底扇沉积特征,主要为泥质岩夹砂岩,局部见白云岩、砾岩(Easton,1982;Hildebrand et al,2010)。火山岩和沉积岩的特征反映了 Akaitcho 群的原岩形成于岛弧背景下的滨浅海-深海沉积环境。

　　Hepburn 深成侵入岩平均年龄为 1 890～1 865 Ma±。Hepburn 侵入岩切割侵入了 Turmoil klippe 变质岩内带的结晶基底和 Akaicho 群(图 7 - 1 - 9),是同碰撞岩浆作用的地质记录。Hepburn 侵入岩的岩石类型多样,从花岗岩到辉长岩均有出现。最古老的深成侵入岩是黑云母角闪石二长花岗岩片麻岩、石榴石二长花岗岩席和大量的黑云母白云母花岗岩;较年轻的深成侵入岩主要有云母花岗岩和花岗闪长岩、角闪石黑云母辉石闪长岩、石英闪长岩和辉长岩(Hildebrand et al,2010)。

　　Hepburn 深成侵入岩中较古老的深成岩体含有钾长石巨晶、以钛铁矿为主的稀疏不透明氧化物以及石榴石、硅线石、锆石、褐帘石、磷灰石和电气石等副矿物。常见破碎变质沉积岩体(图 7 - 1 - 17),石榴石、白云母和硅线石等捕虏晶也很常见。花岗岩还具有较低的 Fe^{3+}/Fe^{2+} 值和重氧同位素比值,该套花岗岩具有过铝质花岗岩的典型特征(Hildebrand et al,2010)。过铝质花岗岩岩浆往往是在陆陆碰撞造山过程中,陆壳泥质岩部分熔融的产物(曾祥武等,2017)。

图 7 - 1 - 17　Hepburn 深成侵入岩体的含变质沉积碎块的花岗斑岩

（据 Hildebrand et al,2010）

Bishop 侵入体为深成花岗岩类,地质年龄为 1 858～1 850 Ma,是造山期后 Great Bear 岩浆作用期最后阶段的产物（Hildebrand et al,2010;Jackson et al;2013;Ootes et al, 2015;2017;2020）。

4. Asiak 褶皱-逆冲带

Asiak 褶皱-逆冲带是 Calderian 造山期（1.89～1.88 Ga）在 Slave 太古宙克拉通边缘形成的薄皮构造,褶皱变形的岩层称为 Coronation 超群（Hildebrand et al,2010;Cook, 2011;Hoffman et al,2011,Jackson et al;2013;St - Onge and Davis,2017）。Coronation 超群自下而上划分为梅尔维尔（Melville）群、Epworth 群、Recluse 群,发育同造山期 Morel 岩浆岩脉（图 7 - 1 - 9,图 7 - 1 - 18）。

Melville 群分布局限（图 7 - 1 - 9,图 7 - 1 - 18）,下部的 Drill 组由长石砂岩、石墨片岩和复成分砾岩组成,上覆 Vaillant 组由枕状含碎屑玄武岩和火山碎屑岩组成,其上的 Stanbridge 组由砂质白云岩、内碎屑白云岩、叠层石白云岩、硅质白云岩组成。Vaillant 组顶部的长英质熔结凝灰岩的年龄为 2014.32±0.89 Ma,岩石组合为裂谷充填组合 （Hoffman et al,2011,St - Onge and Davis,2017）。

Epworth 群分布广泛,横向变化明显。在靠近 Turmoil Klippe 变质岩内带（图 7 - 1 - 9,图 7 - 1 - 18）一侧,Epworth 群下部的 Odjick 组为向西加厚的由风暴主导的硅质碎屑岩陆

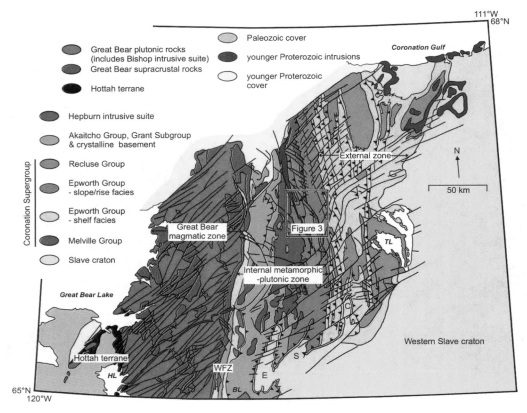

BL—Bent Lake；C—Carousel 背斜；E—Exmouth 背斜；HL—Hottah Lake；S—Scotstoun 背斜；TL—Takiyuak Lake；WFZ—Wopmay 断裂带。

图 7 - 1 - 18 Bear 省 Wopmay 造山带北部地质简图

（据 St - Onge and Davis，2017）

架沉积序列，岩石类型有石英岩、砂岩、粉砂岩、泥质岩和泥质白云石。上覆 Rocknest 组台地相白云岩序列，主要岩石类型为滨浅海叠层石白云岩、粒屑白云岩，以及陆架边缘海底扇沉积物。靠近 Slave 克拉通一侧，主要发育 Epworth 群下部的 Odjick 组，为碎屑岩夹凝灰岩，凝灰岩的年龄为 1969 ± 1 Ma。Epworth 群为古元古代中期的被动大陆边缘陆架-陆坡沉积（Hoffman et al，2011，St - Onge and Davis，2017）。

Recluse 群分布较为广泛（图 7 - 1 - 9，图 7 - 1 - 18），为一套前陆盆地深海相-滨浅海相沉积。底部为在海侵过程中形成的含铁砂岩（Tree River 组），向上依次为层状石墨页岩夹凝灰岩（Fontano 组）、厚的长石岩屑砂岩（海底扇）和泥质岩（Asiak 组）、含钙质结核的泥质岩（Kikerk 组）。东部（现今位置）的 Kikerk 组之上覆盖着泥质石灰岩韵律序列（Cowles 组）和红色交错层理岩屑长石砂岩和粉砂岩（Takiyuak 组）。Fontano 组底部凝灰岩的年龄为 1882.5 ± 0.95 Ma（Hoffman et al，2011，St - Onge and Davis，2017）。

5. Coppermine Homocline 岩系

Coppermine Homocline 岩系分布于 Wopmay 造山带西北侧（图 7 - 1 - 9），是 Calderian

造山期(1.89～1.88 Ga)后,在北美大陆边缘形成的中元古代晚期—新元古代地质记录(Cook and Taylor,1991;Cook,2011;Hahn et al,2013;Bartley et al,2015;Skulski et al,2018;Rainbird et al,2017;2020;Loron et al,2019;2021)。Coppermine Homocline 岩系发育于 Wopmay 造山带基底之上,自下而上出露了 Hornby Bay 群、Dismal Lakes 群、Coppermine River 群、Rae 群(图 7 - 1 - 9,图 7 - 1 - 19)。

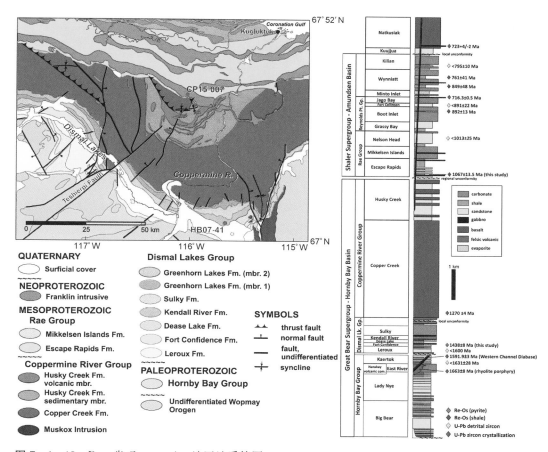

图 7 - 1 - 19　Bear 省 Coppermine 地区地质简图

(据 Rainbird et al,2020 修改)

注:Amundsen 盆地为 Wollaston 盆地南部次盆。

1) Hornby Bay 群

Hornby Bay 群进一步划分为由沉积岩构成的 Big Bear 组、Fault River 组、Lady Nye 组、East River 组、Kaertok 组,以及 Narakay 火山岩,Narakay 火山岩是在 East River 组发育期间形成的(图 7 - 1 - 19)。

Big Bear 组不整合于 Wopmay 造山带的变质岩和深成岩之上,自下而上分为 b1～b7 段。b1 段为角砾岩和砾岩、含砾砂岩和泥岩。b2 段和 b3 段为交错层理长石砂岩和石英砂岩、含砾砂岩和多晶砾岩(图 7 - 1 - 20)。b4 段和 b5 段为大型交错层理(风成)红色石英砂岩和稀有的泥岩。b6 段为层内砾岩和红色石英砂岩。b7 段为浅黄色石英砂岩、含石英砾砂岩和稀有泥岩(Skulski et al,2018)。沉积类型主要为辫状河和风成砂丘沉积(Hahn et al,2013)。

图 7 - 1 - 20　Bear 省 Coppermine 地区 Hornby Bay 特征岩性照片
(a) 交错层理砂岩与含砾砂岩(辫状河沉积);(b) 砂岩层面单向水流波痕(辫状河沉积)
(据 Hahn et al,2013)

Fault River 组自下而上依次发育① 复成分砾岩和红色泥岩;② 复成分层内砾岩;③ 英砂砂岩和火山细砾岩;④ 富含火山砾石层的岩屑砂岩(Skulski et al,2018)。

Lady Nye 组自下而上依次发育① 含石英中粗砾红色长石石英砂岩;② 复成分层内砾岩、交错层理石英砂岩和海绿石砂岩;③ 交错层理石英砂岩,少见泥岩和石英砾岩;④ 石英砂岩、局部含蒸发岩的深绿色泥岩(Skulski et al,2018)。

East River 组下部为叠层石白云岩、鲕粒灰岩、内碎屑砾岩、石英砂岩和泥岩;中部为钙质砂岩、含鲕粒泥晶灰岩、层内砾岩和叠层石生物礁灰岩;上部为层状至穹状叠层石白云岩、鲕粒和内碎屑白云岩以及少量红色和绿色泥岩(Skulski et al,2018)。

Kaertok 组由长石石英砂岩、红色和绿色泥岩以及泥屑角砾岩组成(Skulski et al,2018)。

Narakay 火山岩下部为玻屑、局部富含晶屑基性凝灰岩、凝灰角砾岩,上部为富含岩屑的酸性熔结凝灰岩、流纹质熔岩和酸性斑岩(Skulski et al,2018)。Narakay 火山杂岩中流纹质斑岩的年龄为 1 663±8 Ma,Narakay 火山杂岩可能与 East River 组是同期形成的(图 7 - 1 - 19)。

2) Dismal Lakes 群

Dismal Lakes 群与 Hornby Bay 群不整合接触,自下而上依次划分为 LeRoux 组、Fort Confidence 组、Dease Lake 组、Kendall River 组、Sulky、Greenhorn Lakes 组(图 7 - 1 - 19,图 7 - 1 - 21)。

LeRoux 组局部发育底砾岩,上覆石英砂岩,具板状和槽状交错层理、冲洗交错层理,以及纹层状至块状泥岩和粉砂岩[图 7 - 1 - 21(a)]。

Fort Confidence 组为泥岩、粉砂岩、中细砂岩不等厚互层,中-细砂岩主要矿物成分为石英,具交错层理[图 7 - 1 - 21(a)和(b)]。

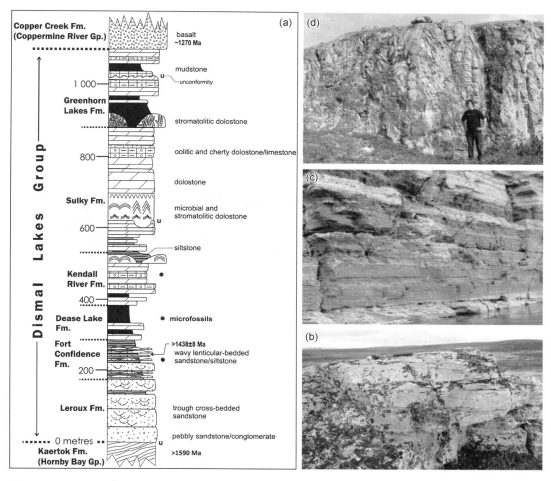

图 7 - 1 - 21　Bear 省 Coppermine 地区 Dismal Lakes 群地层综合柱状图及典型露头照片

(a) Dismal Lakes 群地层综合柱状图；(b) Fort Confidence 组交错层理石英砂岩；(c) Dease Lake 组泥岩与砂岩互层；
(d) Sulky 组叠层石白云岩

(据 Rainbird et al, 2020；Skulski et al, 2018)

　　Dease Lake 组自下而上依次发育① d1 段为波浪和水流成因交错层理砂质白云岩, 具干裂、冲刷构造, 偶见鲕粒白云石、隐藻白云岩 (微生物白云岩), 具硅化帐篷构造、宽阔的穹状叠层石。② d2 段由红色粉砂岩、砂岩和泥岩组成 [图 7 - 1 - 21(c)], 具岩盐铸模, 细粒砂岩具浪成波纹交错层, 上部白云岩增多, 出现具干裂的白云质泥岩。③ d3 段底部为内碎屑角砾岩, 该角砾岩厚度达 2 m, 含角状白云岩和泥岩碎屑, 砾石无定向, 角砾岩与下伏岩层突变接触, 局部有轻微侵蚀性, 形成内碎屑白云岩, 与上覆岩层也呈突变接触, 层面呈波状。d3 段的其余部分由白云质泥岩和粉砂岩组成, 顶部局部为砂屑白云岩。

　　Kendall Rive 组与 Dease Lake 组突变接触, 下部为白云岩夹泥岩、粉砂岩；中部主要为含鲕粒砂屑白云岩；上部主要为叠层石白云岩, 其上发育岩溶暴露面, 上覆红色波纹层理粉砂岩 [图 7 - 1 - 21(a)]。

Sulky 组自下而上依次发育① s1 段为深灰色硅质白云岩,含叠层石、鲕粒和内碎屑角砾白云岩,以及少量黑色页岩夹层;② s2 段为叠层石白云岩和角砾白云岩,锥形和圆顶叠层石白云岩[图 7-1-21(d)];③ s3 段为含鲕粒岩和锥形-分支锥形叠层石硅质白云岩,含豆粒白云岩、硅化蒸发岩白云岩、被叠层石覆盖的具交错层理的白云岩(Skulski et al,2018)。

Greenhorn Lake 组下部的 g1 段为白云岩,具隐藻纹层、帐篷构造、孤立的丘状叠层石(图 7-1-22),黑色至绿色白云质页岩,以及含鲕粒叠层石和内碎屑白云岩,底部局部发育含白云石结核的白色燧石层;上部 g2 段下部由灰粉色厚层状叠层石白云岩生物礁和生物层组成,中间夹黄褐色页岩,上部由鲕粒和内碎屑灰岩组成(Skulski et al,2018)。

图 7-1-22 Bear 省 Coppermine 地区 Greenhorn Lake 组叠层石白云岩照片
(据 Skulski et al,2018)

3) Coppermine River 群

Coppermine River 群下部为 Copper Creek 组中元古代大陆溢流玄武岩,上部为 Husky Creek 组"红层"碎屑岩和玄武质熔岩。Coppermine River 群顶面为角度不整合面,上方覆盖 Rae 群(图 7-1-19)。

Copper Creek 组为约 3 000 m 厚的陆相溢流玄武岩层序,与 Mackenzie 岩浆事件(约 1.27 Ga)有关。该组分为 3 段。下部 September Creek 段玄武岩熔岩位于 Greenhorn Lakes 组碳酸盐岩上(图 7-1-23A),其特点是含有斑驳的绿色和红色(新鲜)玄武岩熔岩,以及较少的橄榄石斑岩苦橄岩、斜方辉石斑岩、高 MgO 玄武岩和玻璃状高铬安山岩。枕状玄武岩非常罕见。玄武岩熔岩的基质具有粒状结构,常见层间玻璃质岩块。花岗岩斑块出现在最底层玄武岩中。中部 Stony Creek 段由紧密堆积的红灰色至灰色(新鲜色)

透闪石玄武岩熔岩组成,为极细晶至隐晶质,含有罕见的斜长石斑晶。斜长石、单斜辉石、氧化铁和氧化钛的微晶体是常见的,并与粒间基质共存。上部 Burnt Creek 段主要为透辉石玄武岩,玄武岩之间出现罕见的薄层红色砂岩。玄武岩通常为细晶至隐晶质,较少含斜长石斑晶(粒径 2~3 mm)。斜长石、单斜辉石和铁钛氧化物的微晶体很常见,并且基质中存在斜长石、斜辉石、钾长石和铁钛合金氧化物。原生铜很常见。

　　Husky Creek 组以红色岩屑砂岩为主,可见灰绿色砂岩,夹玄武岩、泥岩。砂岩中发育大型交错层理[图 7 - 1 - 23(b)],是间歇性受火山影响的冲积环境沉积物。古水流方向明显从西南向东南方向转移(Skulski et al,2018)。

图 7 - 1 - 23　Greenhorn Lake 组和 Copper Creek 组露头照片

(a) Greenhorn Lake 组上部浅黄色白云岩与 Copper Creek 组下部玄武岩熔岩之间整合接触;(b) Husky Creek 组交错层理中粒岩屑砂岩

(据 Skulski et al,2018)

4) Rae 群

　　Rae 群不整合于 Coppermine River 群之上,是罗迪尼亚超大陆聚合期间在 Amundsen 盆地沉积的(Rainbird et al,2017)。Rae 群自下而上划分为 Escape Rapids 组、Mikkelsen Islands 组、Nelson Head 组、Aok 组(图 7 - 1 - 24)。在 Bear 省主要发育 Escape Rapids 组,局部出露 Mikkelsen Islands 组(图 7 - 1 - 19)。

　　Escape Rapids 组厚度约为 1 000 m,处于 Rae 群的最底部,也是 Shaler 超群的最底部(图 7 - 1 - 19),主要为一套受风暴影响的陆架沉积(Rainbird et al,2017)。它与下伏 Husky Creek 组低角度(<10°)不整合接触[图 7 - 1 - 25(a)],不整合面之下为红色粉砂岩,不整合面之上发育卵石滞留沉积和石英砂岩,中上部主要为砂岩、粉砂岩和泥岩不等厚互层[图 7 - 1 - 25(b)],其中可见辉绿岩侵入体(图 7 - 1 - 24)。

　　Mikkelsen Islands 组厚度为 400~600 m,主要由白云岩组成(图 7 - 1 - 24)。该组下部为受风暴影响的碳酸盐岩陆架沉积,岩石类型有微生物和机械成因的纹层状白云岩与砂屑白云岩互层。砂屑白云岩具丘状交错层理和内碎屑角砾白云岩透镜体。该组上部为较低能浅水陆架(潟湖)沉积,由分米级硅质微生物层和厘米级带状白云岩互层组成,局部

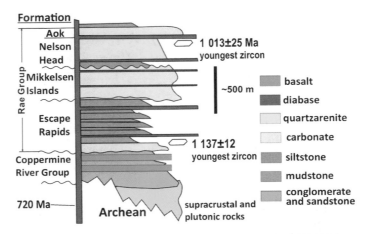

图 7 - 1 - 24　Bear 省 Coppermine 地区北部 Rae 群地层柱状图

(据 Rainbird et al,2017)

图 7 - 1 - 25　Bear 省 Coppermine 地区 Escape Rapids 组特征照片

（a）Escape Rapids 组与 Husky Creek 组低角度不整合接触；（b）砂岩、粉砂岩和泥岩不等厚互层（CP15 - DDH - 007）
（据 Skulski et al,2018 修改）

含鲕粒和内碎屑（Rainbird et al,2017）。

Nelson Head 组和 Aok 组在 Bear 省不发育，在此不作讨论。

7.1.3　Churchill 省及邻区元古宙活动带地质特征

Churchill 省及邻区元古宙活动带位于 Slave 省以东（图 7 - 1 - 1），包括 IHS(2009)划分的 Churchill 省、Boothia 隆起、North Keewatin 克拉通、Foxe 褶皱带、Baffin 岩基、Hoare 湾地体、Bache 隆起等构造单元，主体是 Churchill 省（图 7 - 0 - 1）。

1. Churchill 省及北 Keewatin 克拉通

北极地区 Churchill 省西部以 Thelon 构造带与 Slave 太古宙克拉通相接，与 Rae 构造域中部和北部基本相当，Rae 构造域中部以新太古代（2.8～2.6 Ga）片麻岩为主体，Rae

构造域北部以中太古代（3.2～2.8 Ga）片麻岩为主体（图 7 - 1 - 1），内部发育古元古代岩浆岩和沉积盖层（Sanborn - Barrie et al，2014；Berman et al，2015；Davis et al，2021）。

　　Churchill 省西北部划分为 Thelon 构造带、Queen Maud 地块中太古代构造域、Queen Maud 花岗岩带、Sherman 盆地和 Rae 克拉通（图 7 - 1 - 1）。Queen Maud 地块进一步划分为中太古代构造域、Queen Maud 花岗岩带和 Sherman 盆地（Davis et al，2021），Berman 等（2015）把 Rae 克拉通 Chantrey 断裂以西也划入 Queen Maud 地块（图 7 - 1 - 26）。

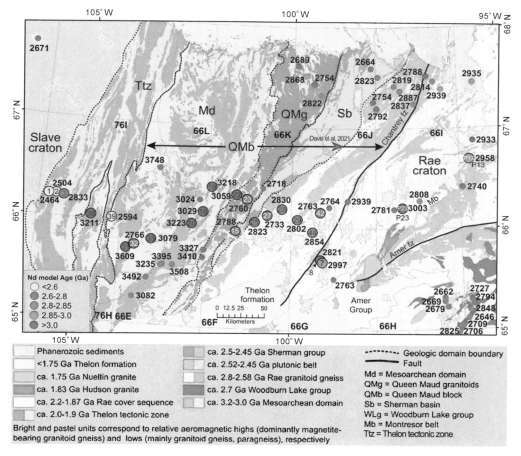

图 7 - 1 - 26　Churchill 省西北部地质图

（据 Berman et al，2015 修改）

1）Thelon 构造带

　　Thelon 构造带岩石类型由深成岩和 Ellice River 构造域变质沉积岩-变质火山岩带组成。早期深成岩的锆石铀-铅年龄主要为 2.01～1.97 Ga（Davis et al，2021）。岩石类型为石英闪长岩至闪长花岗岩，40% 的样品为闪长岩、英云闪长岩、石英闪长岩体、石英二长闪长岩，具有亲岛弧的全岩地球化学特征（Davis et al，2021）。这与 Thelon 构造带较年轻的深成岩在地球化学特征有明显区别。较年轻的深成岩主要由年龄为 1.92～1.90 Ga

的过铝质（S型）无色花岗岩组成（Davis et al，2021），分布于早期深成岩体边缘或内部（图 7 - 1 - 27）。

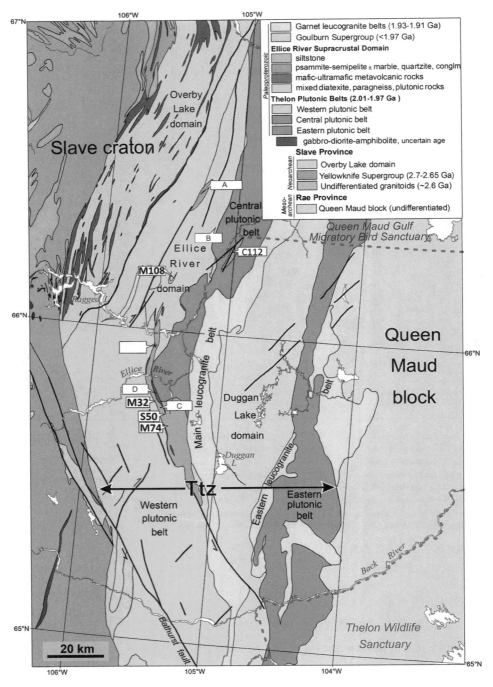

图 7 - 1 - 27 Thelon 构造带中部及邻区地质图

（据 Davis et al，2021 修改）

Ellice River 构造域变质沉积岩-变质火山岩带以变质沉积岩为主,有少量变质火山岩,与 Slave 省的太古宙 Yellowknife 超群(2 850～2 615 Ma)可对比。变质程度达角闪岩相。变质沉积岩有大理岩[图 7-1-28(a)]、变质泥岩、变质泥质砂岩[图 7-1-28(b)]、变质砂岩[图 7-1-28(c)],变质火山岩主要见变质基性-超基性火山岩[图 7-1-28(d)]。

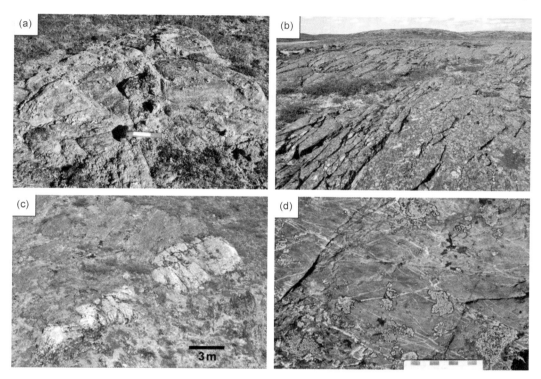

图 7 - 1 - 28　Ellice River 构造域变质沉积岩-变质火山岩典型照片

(a) 灰色大理岩;(b) 角闪岩相泥质砂岩(风化色为褐红色);(c) 深灰色变质砂岩被白色白云母伟晶花岗岩岩脉切割;(d) 基性-超基性变质火山岩

(据 Davis et al,2021)

注:照片的位置大致对应图 7-1-27 中 A、B、C、D 所指位置。

2) Queen Maud 地块

Queen Maud 地块位于 Thelon 构造带东侧,包括中太古代构造域、Queen Maud 花岗岩带、Sherman 盆地(Davis et al,2021)。中太古代构造域主要由英云闪长岩(3.25～3.10 Ga)组成,有少量深成岩(约 2.7 Ga)(Davis et al,2014)。Queen Maud 花岗岩带为深成岩体(2.5～2.39 Ga)。Sherman 盆地是在 2.44～2.39 Ga 期间,伴随 Queen Maud 岩浆活动发育的大陆裂谷盆地,地质记录主要为 Sherman 群变质混合岩化泥质岩、砂质泥岩、泥质砂岩和砂岩(Schultz et al,2007)。Berman et al(2015)在 Sherman 群中测得变质独居石的年龄为 2 504±5 Ma,表明 Sherman 盆地很可能在约 2 504 Ma 就开始发育(Regis and Sanborn - Barrie,2022)。Sherman 群的高级变质作用(约 2.39 Ga)与 Arrowsmith 造山运动有关(Berman et al,2005)。该造山运动是由沿 Rae 域西部边缘的东倾俯冲作用造成的(Berman et al,2005;Hartlaub et al,2007)。

3) Rae 克拉通

Rae 克拉通最古老的岩石年龄达 3.4 Ga 以上,由太古宙—元古宙拼贴的地壳块体组成。Rae 克拉通从萨斯喀彻温省(Saskatchewan)跨越巴芬岛延伸至格陵兰岛,跨度超过 1 500 km(Sanborn-Barrie et al,2014)。Rae 克拉通可划分为南部 Rae 克拉通构造域、中部 Rae 克拉通构造域和北部 Rae 克拉通构造域,北极地区主要涉及中部和北部 Rae 克拉通构造域(图 7-1-1)。

中部 Rae 克拉通构造域 Queen Maud 地块东侧的中部地区主要出露新太古代(2.8~2.6 Ga)片麻状侵入岩和变质杂岩(Rae 绿岩带,Rae greenstone belt)和少量古元古代变质沉积岩、变质火山岩及侵入岩(图 7-1-1,图 7-1-26,图 7-1-29)。

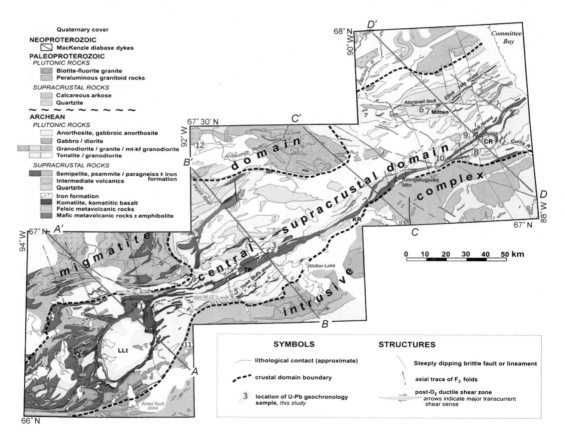

图 7-1-29 中部 Rae 克拉通构造域 Committee Bay 地区地质简图

(据 Sanborn-Barrie et al,2014)

新太古代片麻状的侵入岩(2.8~2.6 Ga)岩石类型有正长岩、辉长岩正长岩、辉长岩、闪长岩、花岗闪长岩、花岗岩、磁铁矿-钾长石花岗闪长石、方钠石花岗闪长石以片麻状花岗岩类(图 7-1-29)。

新太古代变质杂岩(Rae 绿岩带)(2.7 Ga±)的岩石类型有变质泥质岩、硅钙石、变质铁质岩、变质中性火山岩、石英岩、科马提岩、科马提质玄武岩、变质酸性火山岩、变质基性火山岩及角闪岩(图 7-1-29)。

综合地质与年代学研究成果,新太古代变质杂岩(Rae 绿岩带)发育于中太古界基底(>2.8 Ga)之上,其原岩的沉积序列如下:基底之上依次发育火山沉积岩、海底扇碎屑岩、火山碎屑岩、中性-酸性火山熔岩与火山碎屑岩互层,被花岗岩(2.64~2.67 Ga)侵入,其上被古元古代沉积岩、火山岩覆盖(图 7-1-30)。

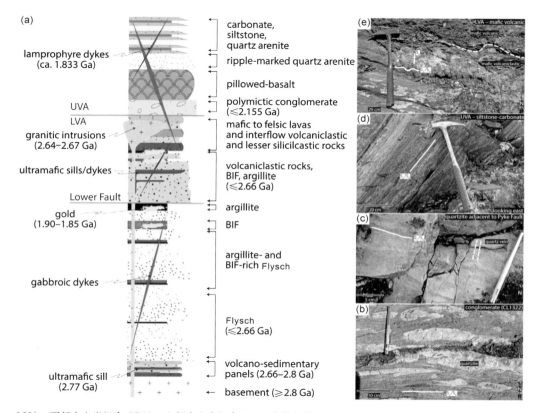

LVA—下部火山岩组合;UVA—上部火山岩组合;BIF—条带状铁矿组。

图 7-1-30　Churchill 省 Rae 绿岩带岩性序列及典型露头照片

(a) Rae 绿岩带岩性序列;(b) 变质复成分砾岩;(c) 石英岩;(d) 变质泥质岩;(e) 变质岩基性火山岩
(据 Lawley et al,2014 修改)

古元古代变质沉积岩、变质火山岩的地质年龄为 2.3~1.9 Ga,不同地区岩性组合特征有一定差异,因此命名为不同的岩性地层单位,包括 Montreso 群、Amer 群、Ketyet River 群、Penrhyn 群和 Piling 群,这些群可划分为 4 套岩石组合,自下而上命名为组合 1~4。组合 1 主要为砂岩、长石质砂岩;组合 2 岩性复杂,有砂岩、泥岩、碳酸盐岩和基性火山岩;组合 3 主要为砂岩、泥岩、碳酸盐岩;组合 4 由砾岩、砂岩和泥岩组成。组合 1 和组合 2 沉积的地质年龄为 2.30~2.05 Ga;组合 3 和组合 4 沉积的地质年龄在约 1.96 Ga 之后(图 7-1-30)。

北部 Rae 克拉通(Churchill 省＋北 Keewatin 克拉通)构造域主要为中太古代(3.2～2.8 Ga)片麻岩,其次是新太古代(2.7 Ga±)变质杂岩(Rae 绿岩带),在 Melville 半岛为古元古代—中元古代变质沉积岩与变质火山岩(图 7-1-1,图 7-1-31)。

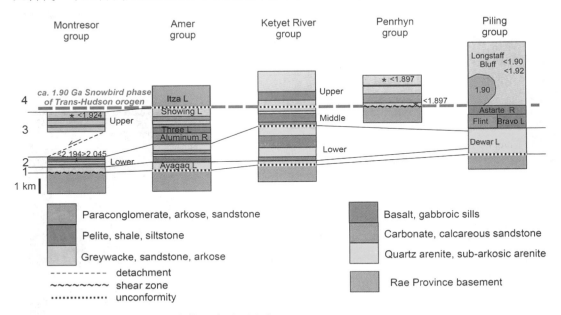

图 7-1-31 Churchill 省 Rae 克拉通盖层地层对比

(据 Percival et al,2017)

注：图中 1、2、3、4 为岩石组合变化。

Rae 克拉通主要由中-新太古代和古元古代角闪岩至麻粒岩相深成岩组成,局部有古—中太古代片麻岩,上覆火山岩-沉积岩(2.45～1.75 Ga±)。其复杂的地质特征与其地质历史密切相关。

在 MacQuoid 造山运动(2.56～2.50 Ga±)期间的高温和中高压(高达 14 kbar),以及 Arrowsmith 造山运动(2.45～2.30 Ga±)期间的高温和中压(＜8 kbar)条件下,Rae 克拉通东南部广泛分布的新太古界基底岩石发生了变质。在 Taltson Thelon 造山运动期间(2.01～1.92 Ga),Rae 克拉通最西部与 Slave 克拉通拼贴。在 Snowbird 造山运动(1.94～1.90 Ga)期间,Rae 克拉通东南边缘与 Hearne 克拉通拼贴。在1.85～1.82 Ga,Sask 克拉通和 Hearne 克拉通东南侧的 Superior 省碰撞导致上板块 Rae 克拉通非均质变形和变质。在 Trans-Hudson 造山运动(＜1.86 Ga)期间,Rae 克拉通中部和北部发生了低压(＜6 kbar)、低至高温变质作用,以及从 Bake 湖西部、Woodburn 湖区域穿过 Committee 湾,一直延伸到 Melville 半岛南部的 Amer 群发生了褶皱和逆冲变形(Regis et al,2021)。

2. Churchill 省邻区元古宙活动带构造单元

Churchill 省邻区元古宙活动带构造单元包括 IHS(2009)划分的 Boothia 隆起、North Keewatin 克拉通、Foxe 褶皱带、Baffin 岩基、Hoare 湾地体、Bache 隆起、Dorset 褶皱带等

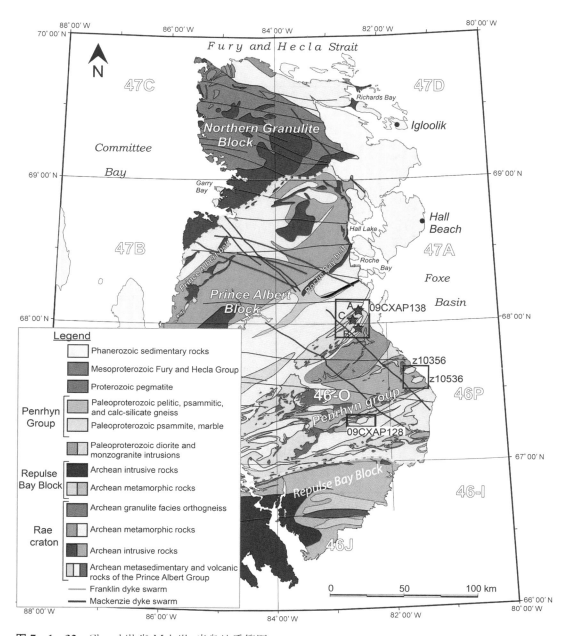

图 7 - 1 - 32　Churchill 省 Melville 半岛地质简图

(据 Partin et al,2014)

构造单元(图 7 - 0 - 1)。Boothia 隆起属于中部 Rae 克拉通构造域,North Keewatin 克拉通属于北部 Rae 克拉通构造域(图 7 - 0 - 1,图 7 - 1 - 1)。中部和北部 Rae 克拉通构造域的地质特征前文已做简要讨论,在此不再赘述。

1) Foxe 褶皱带和 Hoare 湾地体

Foxe 褶皱带和 Hoare 湾地体主要出露古元古代 Piling 群(图 7 - 1 - 1)。Piling 群总

厚度不足 7 km。以太古宙变质岩为基底，自下而上发育了 Dewar Lakes 组、Flint Lake 组、Astarte River 组、Bravo Lake 组和 Longstaff Bluff 组（图 7-1-33，图 7-1-34）。

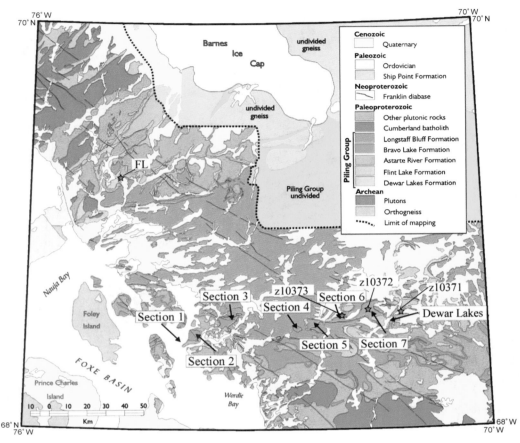

图 7-1-33　Baffin 岛中部 Foxe 褶皱带及邻区地质简图

（据 Partin et al，2014）

注：FL 为 Flint Lake 组变质碳酸盐岩剖面。

Foxe 褶皱带北部：Dewar Lakes 组不整合于太古宙基底之上，为成层状云母石英岩，估计厚度为 <1 km，厚度向北增加。Dewar Lakes 组顶部为变质砂岩和钙质砂岩，向上相变为 Flint Lake 组的变质碳酸盐，由块状、灰色钙质变质碳酸盐和浅黄色白云质变质碳酸盐组成。Flint Lake 组之上整合覆盖 Astarte River 组的紫红色风化变质泥岩、变质泥质砂岩和变质粉砂岩。Astarte River 组相对较薄（厚度 10~20 m）。Astarte River 组之上不整合覆盖 Longstaff Bluff 组的复理石，厚度估计为 3~5 km（图 7-1-34A）。

Foxe 褶皱带南部：Dewar Lake 组不整合于太古宇基底之上，主要为糜棱岩化石英黑云母片岩，内部夹有石英-黑云母-白云母特殊岩层、石榴石和块状角闪岩条带，上部渐变为石榴石黑云母（±硅线石）片岩。Dewar Lake 组顶部不整合面之上依次发育 Bravo Lake 组和 Longstaff Bluff 组（图 7-1-34B）。

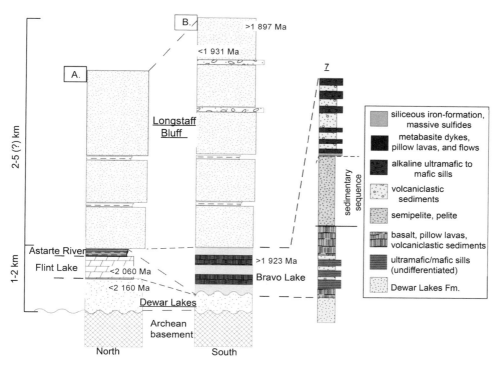

图 7 - 1 - 34　Baffin 岛中部 Foxe 褶皱带地层柱状图

（据 Partin et al,2014）

注：图中 7 为图 7 - 1 - 33 中 Section 7 剖面。

Bravo Lake 组主要由一系列碱性、拉斑玄武岩和过渡性玄武岩组成,夹海底火山喷发形成的变质粗至细粒砂岩或变质岩屑-火山碎屑砂岩以及少量变质泥岩(图 7 - 1 - 34 中 7)。Bravo Lake 组围岩的含绿泥石片岩是由绿片岩相变质作用形成,而 Bravo Lake 组的变质角闪石、红柱石和硅线石是由角闪岩相变质作用形成的。Bravo Lake 组上部的几个镁铁质岩床中同时存在叶蛇纹石、镁橄榄石和透闪石,表明变质温度为 400～500℃。Bravo Lake 组呈长约 125 km 的东西走向带状分布,南北向宽不足 2 km,沿走向地层多变。地层的侧向变化,以及基性火山岩的存在,表明 Bravo Lake 组沉积期间存在伸展构造运动(Partin et al,2014)。

2）Baffin 岩基

巴芬（Baffin）岩基通常称为坎伯兰（Cumberland）岩基（图 7 - 0 - 1,图 7 - 1 - 1）,为古元古代（1.87～1.82 Ga）深成侵入岩体,体积庞大,出露面积达 22.1 ×10^4 km^2,坎伯兰岩基是古元古代造山带的主要组成部分（图 7 - 1 - 1 中 CB）。

坎伯兰岩基变质程度以麻粒岩级为主,主要由高钾-玄粗质二长花岗岩和花岗闪长岩组成,但也包括低钾和中钾花岗岩类岩石。地球化学数据表明,坎伯兰岩基包括弧内花岗岩、板内花岗岩、碰撞后花岗岩以及体积较小的镁铁质岩石,具有岛弧和非岛弧特征。这种具有岛弧和非岛弧特征的大规模深成侵入体很可能是 Rae 克拉通增生后,由大规模岩石圈地幔拆沉引起的,随后是热软流圈地幔上涌,导致地壳部分大量熔融形成的（Whalen et al,2010）。

3）Bache 隆起

贝奇（Bache）隆起是加拿大地盾最北端的出露区（图 7-0-1，图 7-1-35）。Bache 隆起的绝大部分区域被冰雪覆盖，露头较少，主要出露太古宙和古元古代岩石，也有少量中元古代岩石出露（Harrison et al，2015；Gilotti et al，2018；Laughton et al，2022）。

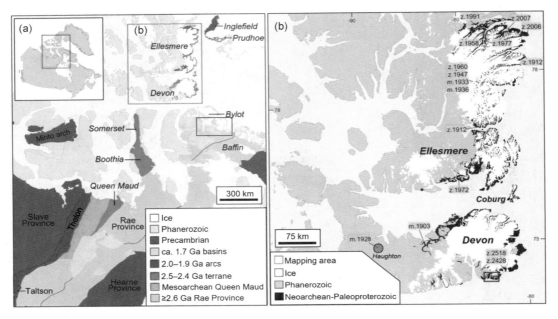

图 7-1-35　劳伦地盾北部地质背景

（a）劳伦地盾北部地质背景［突出了 Rae 省和相关地体，黑色虚线表示 Berman 等（2013）提出的 Arrowsmith 变质作用的最东端］；（b）Bache 隆起及邻区出露的显生宙地层和前寒武纪基底［突出了前寒武纪锆石（z）和独居石（m）（钍）-铀-铅年龄］

注：在 Devon 岛西部 Haughton 撞击坑［撞击时间 31 Ma±（Erickson et al，2021）］，前寒武系为撞击熔融岩石中的碎屑（Laughton et al，2022）。

在 Devon 岛南部 Dundas 港地区，新太古代岩石类型主要有斜辉石-石榴石石英长石片麻岩、斜方辉石石英长石片麻岩、金红石-石榴石变质沉积岩和无色花岗岩、二辉石变质玄武岩和黑云花岗岩片麻岩（图 7-1-36，图 7-1-37）。单斜辉石-石榴石石英长石片麻岩、斜方辉石石英长石片麻岩、二辉石变质玄武岩和黑云花岗岩片麻岩的原岩侵位于 2.55～2.51 Ga，金红石-石榴石变质沉积岩的碎屑沉积原岩沉积于 ≥2.47 Ga（Laughton et al，2022）。

古元古代岩石类型：古元古代早期岩石类型有① 麻粒岩、花岗质片麻岩、花岗岩和英云闪长岩，少量的黄铁矿、角闪岩、大理石、堇青石和硅线石片麻岩；② 角闪石黑云母片麻岩；③ 角闪石花岗岩；④ 正辉石英云闪长岩和英云闪片麻岩，少量的花岗片麻岩、花岗岩脉和伟晶岩；⑤ 正辉石花岗岩、花岗片麻岩、英云闪长岩和英云片麻岩，少量的正辉石花岗闪长岩、辉长岩、花岗岩脉和伟晶岩。古元古代中晚期岩石类型有角闪岩、大理石、石英岩、硅线石片麻岩、石英长石片麻岩、正辉石花岗岩、长石斑岩和正辉石英云闪长岩，少量的花岗闪长岩、斜长石斑岩、普通花岗岩和伟晶岩脉（图 7-1-38）。

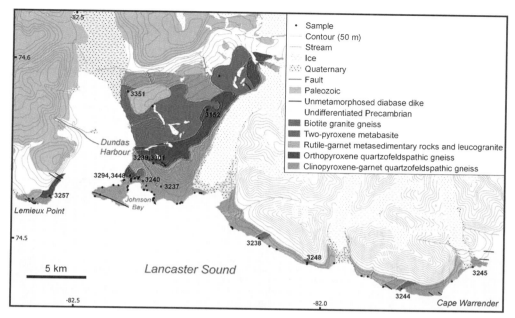

图 7 - 1 - 36　Bache 隆起 Devon 岛南部 Dundas 港地区地质图

［位置见图 7 - 1 - 35（b），据 Laughton et al,2022］

注：图中数字为样品编号。

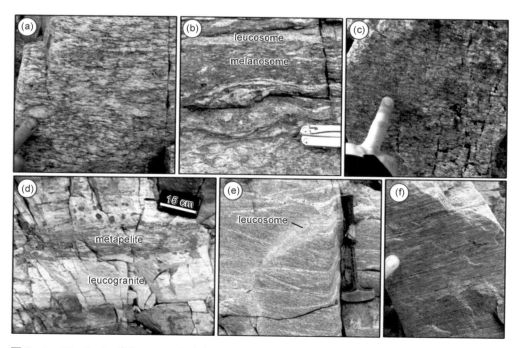

图 7 - 1 - 37　Bache 隆起 Devon 岛南部 Dundas 港地区典型岩石类型照片

（a）斜辉石-石榴石石英长石片麻岩；（b）斜辉石-石榴石石英长石片麻岩；（c）具有双长石辉石结构的正辉石石英长石片麻岩；（d）金红石-石榴石隐色花岗岩；（e）二辉石变质玄武岩；（f）层状黑云母花岗片麻岩
（据 Laughton et al,2022）

MESOPROTEROZOIC

ECTASIAN AND STENIAN (1270 to 1000 Ma)

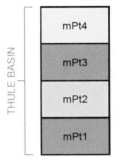

THULE BASIN

THULE: Quartzite, conglomerate, siltstone, shale, dolostone; minor basalt.
4. Orthoquartzite, quartz-pebble conglomerate, red siltstone, shale, dolostone, microbialite, minor limestone; intruded by sills of Franklin-Thule swarm; rift-related settings; fluvial, peritidal, shallow marine **(Baffin Bay group)**.
3. Orthoquartzite, quartz-pebble conglomerate, red siltstone, shale, dolostone, microbialite, minor limestone, basalt flows; intruded by sills of Franklin-Thule swarm **(Nares Strait group, Smith Sound group)**.
2. Orthoquartzite, quartz-pebble conglomerate, red siltstone, shale, dolostone, microbialite, minor limestone, basalt flows; intruded by sills of Franklin-Thule swarm **(Smith Sound group)**.
1. Orthoquartzite, quartz-pebble conglomerate, red siltstone, shale, dolostone, microbialite; intruded by sills of Franklin-Thule swarm.

PALEOPROTEROZOIC

OROSIRIAN (1980 to 1915 Ma)

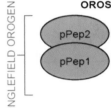

INGLEFIELD OROGEN

ETAH plutonic assemblage: Tonalite, granite; minor paragneiss, pegmatite; collisional setting plutonic complex.
2. Orthopyroxene granite, perthite porphyroblasts, red and pink, locally containing metasedimentary enclaves, locally retrograded.
1. Orthopyroxene tonalite; minor orthopyroxene granite, granodiorite; plagioclase porphyroblasts; red, brown, grey; common granite and pegmatite veins, layers; locally retrograded.

OROSIRIAN (1980 to 1920 Ma)

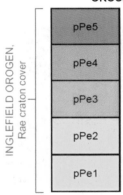

INGLEFIELD OROGEN, Rae craton cover

ETAH: Paragneiss, cordierite sillimanite gneiss, quartzite, marble; minor pyribolite; interleaved granoitoids, orthogneiss; granulite grade supracrustal rocks.
5. Ultramafic pyribolite.
4. Pyribolite, amphibolite, metadykes.
3. Marble, calcsilicate.
2. Quartzite with sillimanite, garnet, feldspar.
1. Sillimanite gneiss with garnet, cordierite, biotite; minor pyribolite, marble, quartzite, quartzofeldspathic gneiss with pyroxene.

NEOARCHEAN AND PALEOPROTEROZOIC (to 1915 Ma)

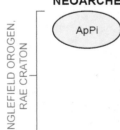

INGLEFIELD OROGEN, RAE CRATON

INGLEFIELD: Orthogneiss, granite, tonalite; minor syenite, pegmatite; high grade collisional plutonic complex.
5. Granulite, granitoid gneiss, granite, tonalite, minor pyribolite, amphibolite, marble, cordierite and sillimanite gneiss and other metasediments.
4. Hornblende-biotite gneiss; grey, pink, red; retrograded.
3. Hornblende granite, pink; minor amphibolite; retrograded.
2. Orthopyroxene tonalite, tonalitic gneiss; minor granitic gneiss, granite veins, pegmaitite; grey, greenish grey; locally retrograded.
1. Orthopyroxene granite, granitic gneiss, tonalite, tonalitic gneiss; minor orthopyroxene granodiorite, syenite, granite veins, pegmaitite; brown, red, feldspar porphyroblasts, locally retrograded.

图 7 - 1 - 38　北极加拿大地盾 Bache 隆起地层序列

（据 Harrison et al，2015）

中元古代岩石类型：上部(mPt4)为正石英岩、石英砾岩、红色粉砂岩、页岩、白云岩和微生物岩，少量石灰岩(Baffin Bay 群，裂谷盆地河流相、滨浅海相沉积)；中上部(mPt3)为正石英岩、石英砾岩、红色粉砂岩、页岩、白云岩和微生物岩，少量石灰岩和玄武熔岩(Nares Strait 群、Smith Sound 群)；中下部(mPt2)为正石英岩、石英砾岩、红色粉砂岩、页岩、白云岩和微生物岩，少量石灰岩和玄武熔岩(史密斯湾群)；下部(mPt2)为正石英岩、石英砾岩、红色粉砂岩、页岩、白云岩和微生物岩(图 7-1-38)。

4) Dorset 褶皱带

多塞特(Dorset)褶皱带位于巴芬湾西南部及福克斯(Foxe)半岛(图 7-0-1)，主要出露古元古代变质沉积岩、变质火山岩和变质侵入岩，局部出露太古宙—古元古代黑云母花岗闪长片麻岩和英云闪长片麻岩(图 7-1-39)。

古元古代变质沉积岩、变质火山岩自下而上划分为 Lake Harbour 群、Lona Bay 层序、Schooner Harbour 层序(图 7-1-39)。

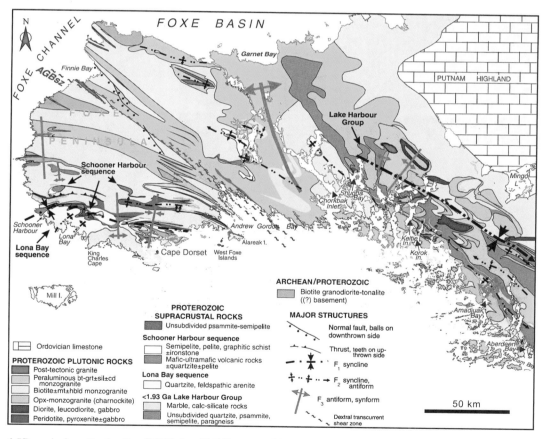

AGBsz—Andrew Gordon Bay 剪切带；bt—黑云母；grt—石榴石；sil—硅线石；cd—堇青石；mt—磁铁矿；hbld—角闪石；opx—斜方辉石。

图 7-1-39　加拿大地盾 Baffin 岛西南部地质图

(据 Sanborn-Barrie et al,2008 修改)

Lake Harbour 群：岩石类型主要为石英岩、大理岩和混合岩化砂泥岩（Sanborn-Barrie et al，2008）。下部为白色正石英岩，分选良好，厚度一般为 2～10 m。中部为长石石英岩、红色泥质变质岩和硅质铁矿石，上覆分布广泛的大理岩，总厚度可达 100 m。大理岩内有成层分布的变质矿物，包括透闪石、透辉石、镁橄榄石和硅灰石等。上部为砂泥岩和半泥质岩序列［图 7-1-40（a）］。

Lona Bay 层序：下部主要为乳白至浅黄色风化石英岩，通常具有良好的层理［图 7-1-40（b）］。上部为砾岩与富含石英的砂岩互层（Sanborn-Barrie et al，2008）。

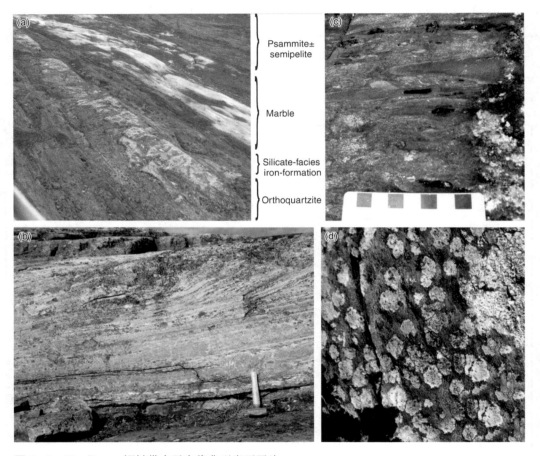

图 7-1-40 Dorset 褶皱带古元古代典型岩石照片

（a）Lake Harbour 群露头照片；（b）Lona Bay 层序中具有大型层理的石英岩（比例尺单位为 cm）；（c）Schooner Harbour 层序中的具碎屑结构的变质基性火山碎屑岩；（d）具变粒结构的火山熔岩（指甲宽约为 10 mm）

（据 Sanborn-Barrie et al，2008）

Schooner Harbour 层序：岩石类型主要由玄武岩至安山岩组成，包括凝灰岩［图 7-1-40（c）］和变粒岩［图 7-1-40（d）］。富含绿帘石的火山岩层和透镜体最为常见。玄武岩具枕状构造，是水下超基性-基性岩浆喷发的产物。超基性喷出岩风化色为明亮的绿色，有细微的碎屑结构，可能为科马提质火山碎屑岩。风化物为银绿色的绿泥石片岩夹细粒玄武岩±砂泥岩,被解释为高度应变和水合超镁铁质等同物。安山喷出岩变质为辉石斑岩。非常罕见的薄层乳白色硅质岩的原岩可能是酸性喷出岩(流纹岩),也可能是粉砂岩(Sanborn‐Barrie et al,2008)。

7.2　北极地区北美北部地台地质特征

　　北极地区北美北部地台是指加拿大地盾北部周缘及内部以前寒武系为基底并上覆古生界的区域,包括 Great Bear 平原、Keele 凸起、Franklin 褶皱带、Mackenzie 平原、Peel 盆地、Anderson 平原、Horton 平原、Coppermine 凸起、Banks 盆地、Wollaston 盆地、Minto 凸起、Prince Albert 单斜、McClintock 盆地、Cornwallis 褶皱带、Prince Regent 盆地、Lancaster 盆地、Cumberland 盆地、Foxe 盆地、Southampton 盆地、Bell 凸起、Hudson 地台等构造单元(图 7-0-1)。根据地理位置划分为① 加拿大地盾西北部地台区;② 加拿大地盾北部地台区;③ 加拿大地盾东北部地台区。

7.2.1　加拿大地盾北部西侧地台区地质特征

　　加拿大地盾北部西侧地台区包括 Great Bear 平原、Keele 凸起、Horton 平原、Franklin 褶皱带、Mackenzie 平原、Peel 盆地、Anderson 平原等构造单元(图 7-0-1)。

　　加拿大地盾北部西侧地台区以新元古界 Mackenzie Mountains 超群为基底,不整合面之上主要发育下古生界,其次是上古生界和白垩系,局部发育古近系,绝大部分地区被第四系覆盖(图 7-2-1,图 7-2-2)。

　　寒武系中下部为裂谷盆地沉积,地层特征横向变化大;寒武系上部—中泥盆统为被动大陆边缘盆地沉积,地层特征稳定;上泥盆统前陆盆地沉积、白垩系弧后盆地沉积、古近系前陆盆地沉积的分布范围相对局限,古近系分布范围最小(MacLean et al,2014)。

1. 基底及盖层地层特征

1) 基底地层特征及成因

Mackenzie Mountains 超群的地质年龄为 1 083~779 Ma(MacLean et al,2014),与Bear 省 Coppermine 地区的 Shaler 超群(图 7-1-19)大致相当,推测其下发育有中‐古元古界,甚至太古宙基岩。在 Werneke 山脉西部,Mackenzie Mountains 超群之下发育有数千米厚的更老的沉积岩(1.7~1.2 Ga)(见 6.4.1 节)。在 Wollaston 盆地南部及邻区的新元古界之下也发育了更老(>1 070 Ma)的岩层(Rainbird et al,2020)。

　　Mackenzie Mountains 超群总厚度约 4 km,为一套克拉通内裂谷盆地滨浅海相沉积(Turner and Long,2008)。在 Mackenzie 山脉未见底(Turner and Long,2008),自下而上命名为 H1 单元、Tsezotene 组、Katherine 群和 Little Dal 群(图 7-2-3)。

　　H1 单元由浅海相白云岩构成(图 7-2-3)。Tsezotene 组主要由泥岩砂岩和碳酸盐岩组成,分为下部"灰色层"和上部"红色层",为一套进积泥质陆架沉积(图 7-2-3)。

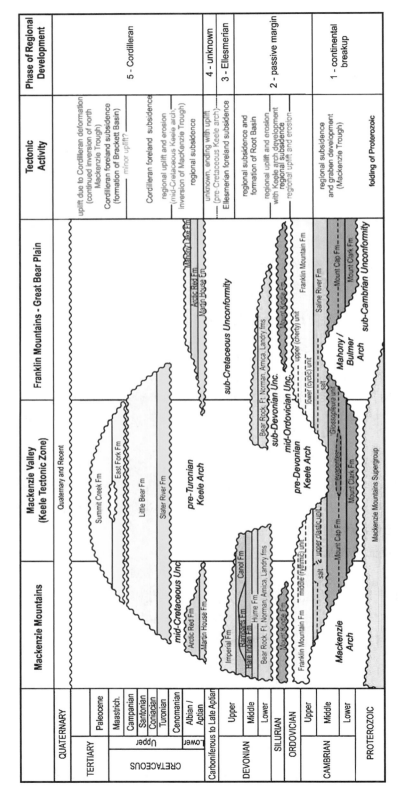

图 7 - 2 - 1　加拿大地盾北部西侧地台区地层柱状图

（据 MacLean et al，2014）

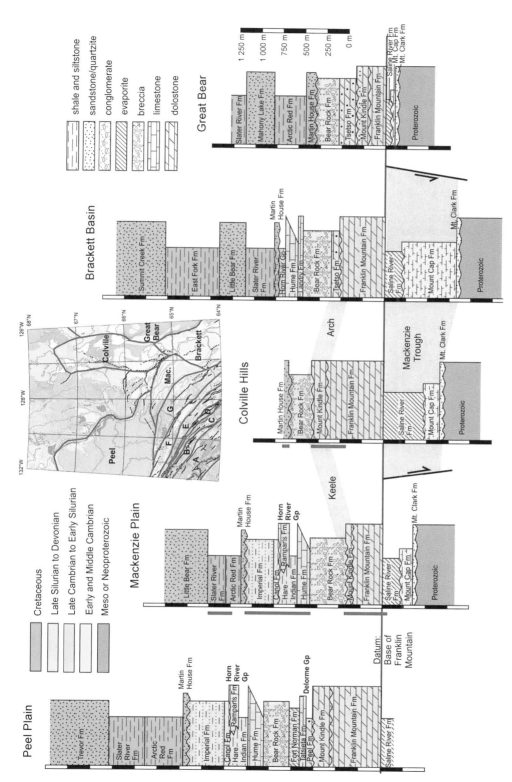

图 7 - 2 - 2　加拿大地盾北部北西侧地台区不同构造单元地层对比图

（据 Fallas and MacNaughton, 2019）

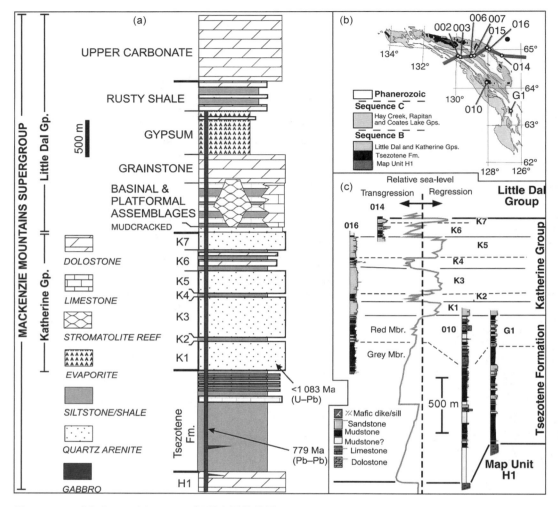

图 7 - 2 - 3 Mackenzie Mountains 超群地层柱状图

(a) 综合地层柱状图；(b) Mackenzie 山脉地质简图及测量露头位置和编号；(c) 编号为 016、014、010、G1 测量露头的地层对比图

（据 Turner and Long，2008）

Katherine 群以陆源碎屑岩为主，可划分为 7 个组，由交替出现的滨浅海相泥岩、碳酸盐岩和石英砂岩组成，以石英砂岩为主（图 7 - 2 - 3）。Little Dal 群以碳酸盐岩为主，划分为7 地层单元，自下而上分别为 Mudcracked 组、Basinal 和 Platformal 组合、Grainstone 组、Gypsum 组、Rusty Shale 组 Upper Carbonate 组（图 7 - 2 - 3）。

　　Mudcracked 组整合于 Katherine 群之上，由细粒浅水砂岩和泥岩组成，具有丰富的脱水收缩裂缝和干裂，以及岩盐晶痕。Basinal 和 Platformal 组合由碳酸盐岩台地形成的鲕粒白云岩、内碎屑灰岩和叠层石，以及深水盆地（波基以下）形成的灰岩和页岩薄互层组成，具有大型孤立的钙质微生物礁。Grainstone 组以"粒状碳酸盐岩"为特征，主要为鲕粒白云岩和内碎屑灰岩。Gypsum 组主要由层状石膏组成，厚度达 525 m。Rusty Shale 组主要为浅海相泥岩,顶部和底部附近为层状碳酸盐岩,中部附近为石英砂岩。Upper Carbonate 组厚度达 720 m,主要为白云岩,含有丰富的叠层石(Turner and Long,2008)。

2)盖层地层特征及成因

下古生界自下而上由寒武系 Mount Clark 组、Mount Cap 组、Saline River 组、寒武系—奥陶系 Franklin Mountain 组、奥陶系—志留系 Mount Kindle 组组成(图 7-2-1)。

寒武系主要为裂谷盆地沉积(图 7-2-1,图 7-2-2)。最底部 Mount Clark 组属于第二统(521~509 Ma),由棕褐色至浅灰色富含石英的砂岩组成,发育砂岩交错层理,为一套滨浅海相沉积(图 7-2-2,图 7-2-4)。Mount Cap 组具有明显的穿时性,主要属于苗岭统(509~497 Ma)下部,局部为第二统上部,与 Mount Clark 组突变或渐变接触。Mount Cap 组下部为页岩、白云岩和砂岩的混合序列,白云岩为杂色结核结构,砂岩多为灰色细

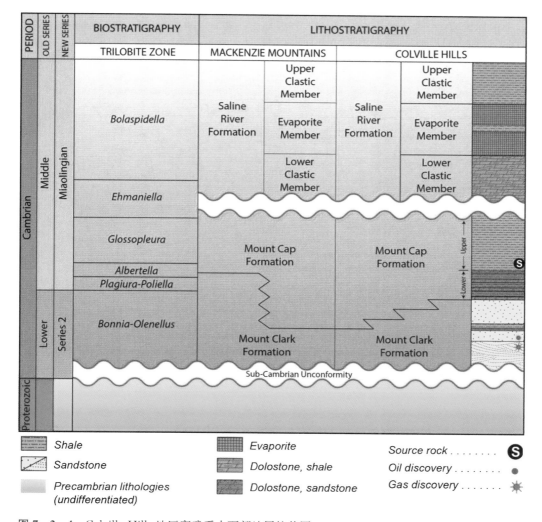

图 7-2-4　Colville Hills 地区寒武系中下部地层柱状图

(据 Sommers et al,2020)

粒薄层状,具生物扰动和结核;上部主要为深灰色至绿色页岩,含少量白云岩。Mount Cap 组中富含有机质的页岩是主要烃源岩。Mount Cap 组是正常的海洋盐度,没有陆源粗碎屑供应的浅海相沉积(图 7-2-4)。Saline River 组微角度不整合于 Mount Cap 组之上,为局限浅海相或潮上带沉积。Saline River 组下部碎屑段由页岩、白云岩和灰岩互层组成,含少量硬石膏;中部蒸发岩段主要为膏岩和岩盐,含薄层页岩和白云岩;上部碎屑段主要以页岩为主,含白云岩、硬石膏和少量石盐薄层(图 7-2-4,图 7-2-5)。

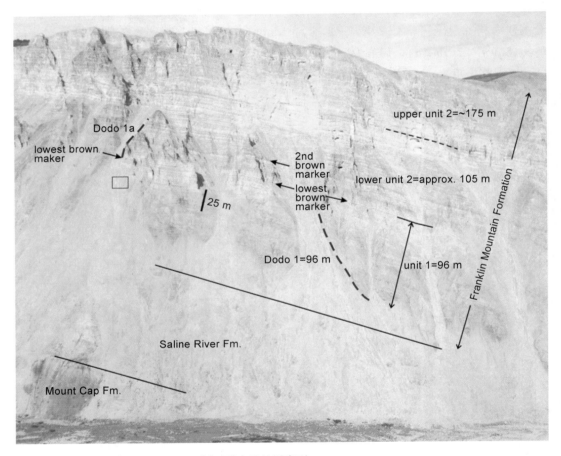

图 7-2-5　Dodo 峡谷 10-DO-1 剖面露头及地层序列
[据 Turner,2011(西视角)]

　　Franklin Mountain 组为被动大陆边缘盆地沉积(图 7-2-1,图 7-2-2)。在东北部整合于 Saline River 组之上(图 7-2-5),在西南部不整合于 Little Dal 群(新元古代)之上(图 7-2-6)。Franklin Mountain 组下部为石英质粉砂岩和内碎屑灰岩,为海侵过程中形成的滨浅海沉积。中部为灰色白云岩和棕色鲕状白云岩互层,为间歇性动荡的浅海碳酸盐岩台地沉积。上部主要为鲕粒、内碎屑白云岩,有罕见的叠层石、薄层泥岩含燧石结核,主要为高能浅海相沉积(Turner,2011)。

图 7-2-6　Peterson Creek 10-PC 剖面露头及地层序列
［据 Turner，2011（西北视角）］

　　奥陶系—志留系 Mount Kindle 组整合于 Franklin Mountain 组之上，为被动大陆边缘盆地沉积（图 7-2-1），主要由泥质白云岩、含丰富生物白云岩和微晶白云岩组成。其中含丰富生物白云岩占绝对优势，夹少量泥岩和灰岩（图 7-2-7）。Mount Kindle 组主要是一套有生物礁发育的浅海碳酸盐岩台地沉积（Pyle，2008；Pope and Leslie，2013）。

　　加拿大地盾北部西侧地台区上古生界以泥盆系为主，不同地区的泥盆系组划分和命名有明显差异，下泥盆统划分出 Peel 组、Bear Rock 组、Fort Norman 组、Arnica 组、Landry 组等，中-上泥盆统划分出 Hume 组、Hare Indian 组、Canol 组、Imperial 组等（图 7-2-1，图 7-2-8）。主要岩石类型为白云岩、灰岩和暗色泥岩，局部发育砂岩、粉砂岩、粉砂质白云岩和蒸发岩（图 7-2-8）。下-中泥盆统是一套被动大陆边缘盆地滨浅海相沉积，以浅海相为主。上泥盆统是一套前陆盆地滨浅海相沉积（Pyle，2008；Pyle and Jones，2009；Morrow，2018）。加拿大地盾西北部地台区上古生界下泥盆统、中泥盆统和上泥盆统的构造-古地理格局分别参见 6.4.1 节中图 6-4-13、图 6-4-14 和图 6-4-16 以及相关讨论。

　　加拿大地盾北部西侧地台区中-新生界以白垩系和古近系为主（图 7-2-1）。白垩系自下而上划分为 Martin House 组、Arctic Red 组、Mahony Lake 组、Slater Riiver 组、Little Bear 组、East Fork 组，古近系划分为 Summit Creek 组（图 7-2-1，图 7-2-2，图 7-2-9）。

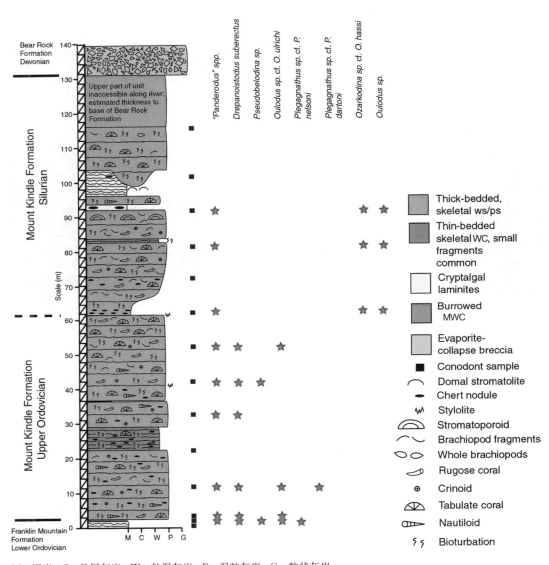

M—泥岩；C—粉屑灰岩；W—粒泥灰岩；P—泥粒灰岩；G—粒状灰岩。

图 7-2-7 Little Bear River 实测剖面 Mount Kindle 组地层序列

（据 Pope and Leslie，2013 修改）

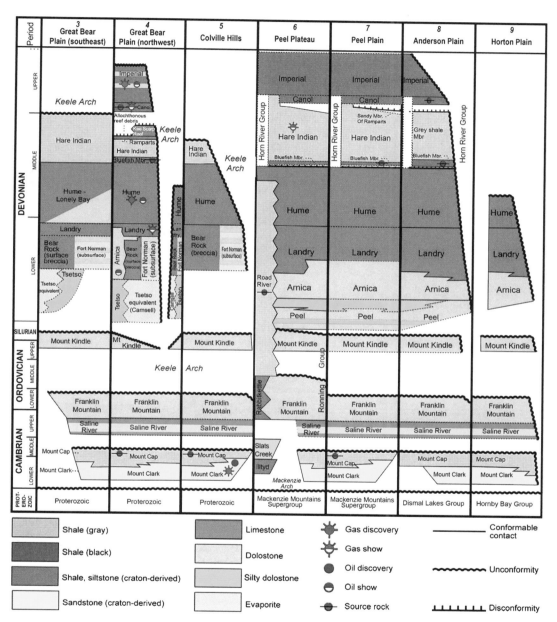

图 7-2-8　加拿大地盾西北部地台区地层划分对比

（据 Pyle,2008；Pyle and Jones,2009 修改）

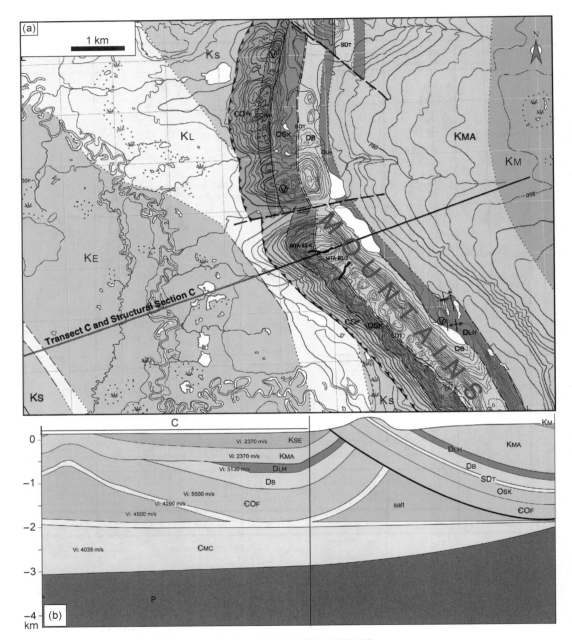

图 7 - 2 - 9 Franklin 褶皱带 St Charles Creek 地区地质图及剖面图

（a）地质图；（b）地质剖面图［位置见（a）中 Transect C 红线和黑线］
（据 Cook et al，2009 修改）
注：（b）中 C 为图 7 - 2 - 10 地震剖面位置。

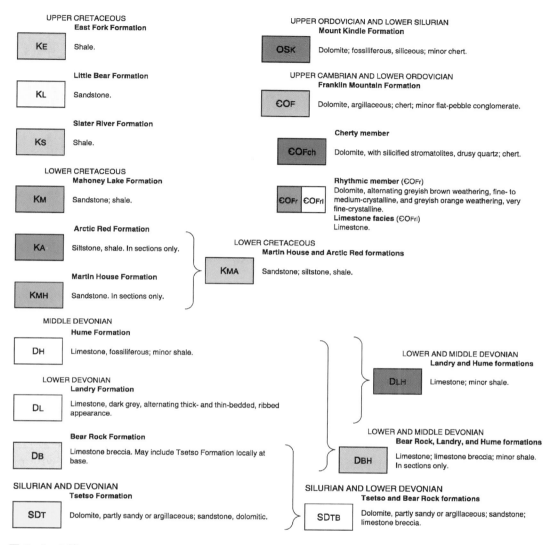

图 7-2-9 续

Franklin 褶皱带东侧主要出露下白垩统，Franklin 褶皱带西侧主要出露上白垩统（图 7-2-9，图 7-2-10）。白垩系是一套海相砂泥岩沉积序列（Cook et al，2009；Fensome，2016）。下白垩统 Martin House 组主要为砂岩，Arctic Red 组主要为粉砂岩和页岩，Mahony Lake 组主要由砂岩和泥岩组成。上白垩统 Slater Riiver 组主要为泥岩和页岩，Little Bear 组以砂岩为主，East Fork 组页岩占主导地位（Cook et al，2009；Fensome，2016）。加拿大地盾北部西侧地台区白垩系是在太平洋板块俯冲、加拿大洋盆扩张的大地构造背景下，在弧后裂谷盆地中形成的滨浅海相沉积（Miall and Blakey，2019）。

加拿大地盾北部西侧地台区的 Summit Creek 组为晚白垩世马斯特里赫特期至古近纪始新世期间形成的前陆盆地磨拉石堆积，以非海相为主（Miall and Blakey，2019），分布

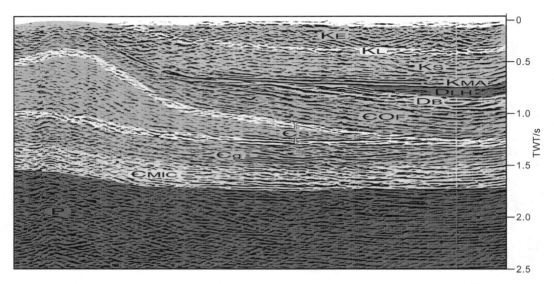

P—元古宇；ЄMlC—中-下寒武统 Mount Clark 组＋Mount Cap 组下部；Єg—上寒武统 Mount Cap 组中上部；Єs—上寒武统 Mount Cap 组上部＋Saline River 组；ЄOF—上寒武统—下奥陶统 Franklin Mountain 组；DB—下泥盆统 Bear Rock 组；DLH—下-中泥盆统 Landry 组＋Hume 组；KMA—下白垩统 Martin House 组＋Arctic Red 组；Ks—上白垩统 Slater Riiver 组；KL—上白垩统 Little Bear 组；KE—上白垩统 East Fork 组。

图 7-2-10　Franklin 褶皱带西侧地震剖面地质解释

［地震剖面位置见图 7-2-9(a)中 Transect C 红线和(b)中 C，据 Cook et al，2009 修改］

局限于加拿大地盾北部西侧地台区 Mackenziez 走廊的低洼地带（图 7-2-11）。Summit Creek 组主要岩石类型为岩屑砂岩，夹复成分砾岩，次为页岩、碳质泥岩，见煤层、凝灰岩，含植物化石。下部含恐龙化石（Fallas and MacLean，2013）。

加拿大地盾北部西侧地台区的 Summit Creek 组与 Blow 槽的鱼河群、Bonnet Plume 盆地的 Bonnet Plume 组（Hannigan，2014）可以对比，主要岩石类型均为砾岩、砂岩、泥岩和煤层。这种非海相沉积物是晚白垩世至古近纪挤压构造事件期间，在受科迪勒拉造山带影响的前陆盆地中沉积的，Blow 槽的鱼河群、Bonnet Plume 盆地的 Bonnet Plume 组碎屑主要来自科迪勒拉造山带（Hannigan，2014），而加拿大地盾北部西侧地台区的 Summit Creek 组有来自加拿大地盾的陆源碎屑（MacLean et al，2014）。

2. 构造-地层格架及成因

加拿大地盾北部西侧地台区由于经历了早期（新元古代—中泥盆世）伸展、中期（埃尔斯米尔造山期）挤压、晚期（科迪勒拉造山期）强烈挤压（图 7-2-1），形成了复杂的断层、褶皱构造（图 7-2-12 至图 7-2-15）。

断层既有正断层，又有逆断层。未断穿中泥盆统（Bear Rock 组及同时代地层），断层绝大多数为正断层。中泥盆统中老的地层厚度变化明显受正断层控制，特别是寒武系及新元古界 Mackenzie Mountains 超群（图 7-2-12 至图 7-2-14 中 M/S Assemblage）更明显，这些断层是裂谷期或被动大陆边缘期形成的。通天断层，尤其是断穿白垩系、古近系的断层多为逆断层。逆断层有两种类型：一类是反转断层，即前中泥盆世的正断层

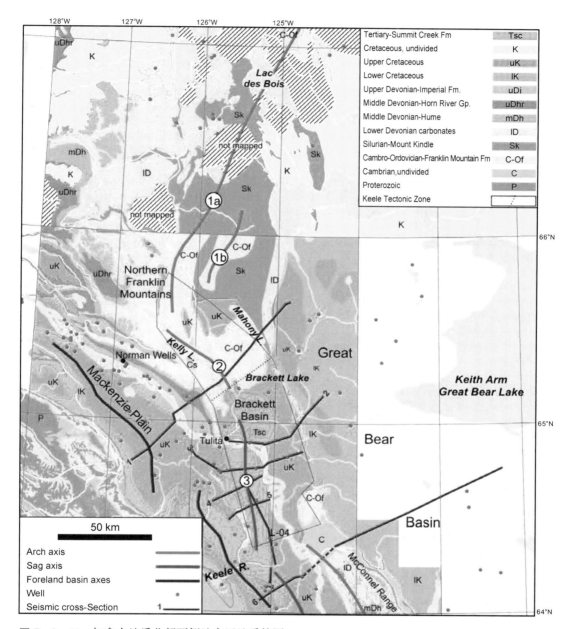

图 7 - 2 - 11　加拿大地盾北部西侧地台区地质简图

（据 MacLean et al,2014 修改）

在后期挤压应力作用下再次活动,演变为逆断层(如 7 - 2 - 12 中 St Charles Range 一带的断层);另一类是以寒武系上部的含盐地层(Saline River 组)为滑脱面发育的逆断层,这类断层会断穿泥盆系、白垩系或古近系(图 7 - 2 - 12 至图 7 - 2 - 14),主要是科迪勒拉造山期强烈挤压的结果,局部埃尔斯米尔造山期的挤压可能起主导作用(图 7 - 2 - 9,图 7 - 2 - 12 中的 Franklin F.B.)。

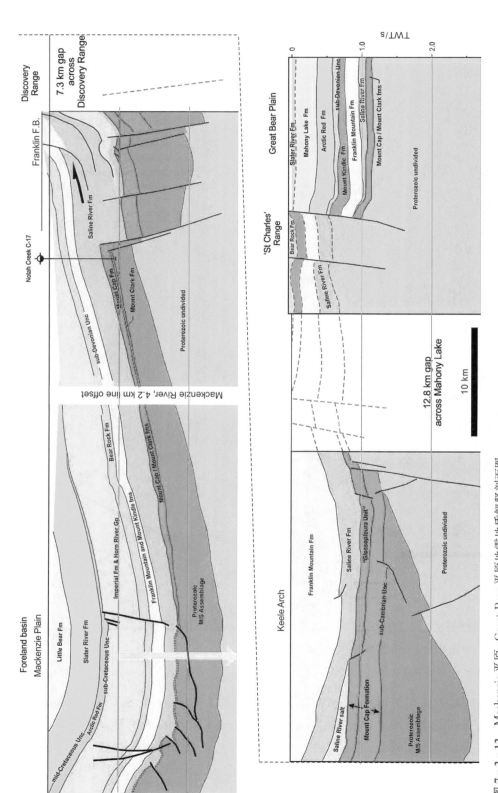

图 7 - 2 - 12 Mackenzie 平原- Great Bear 平原地震地质解释剖面图

（位置见图 7 - 2 - 11 中剖面 1,据 MacLean et al,2014 修改）

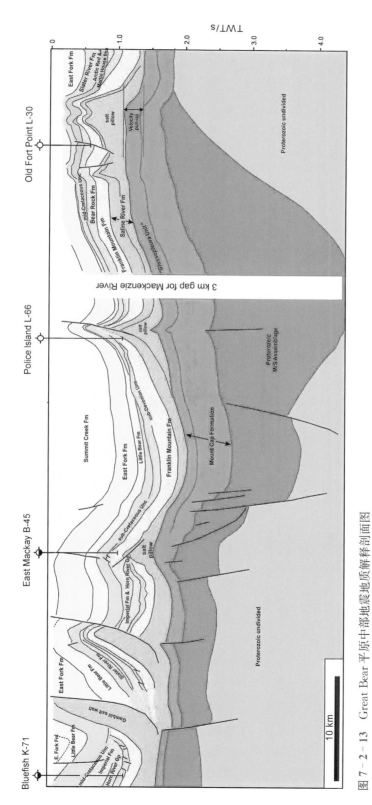

图 7 - 2 - 13　Great Bear 平原中部地震地质解释剖面图

（位置见图 7 - 2 - 11 中剖面 3，据 MacLean et al，2014 修改）

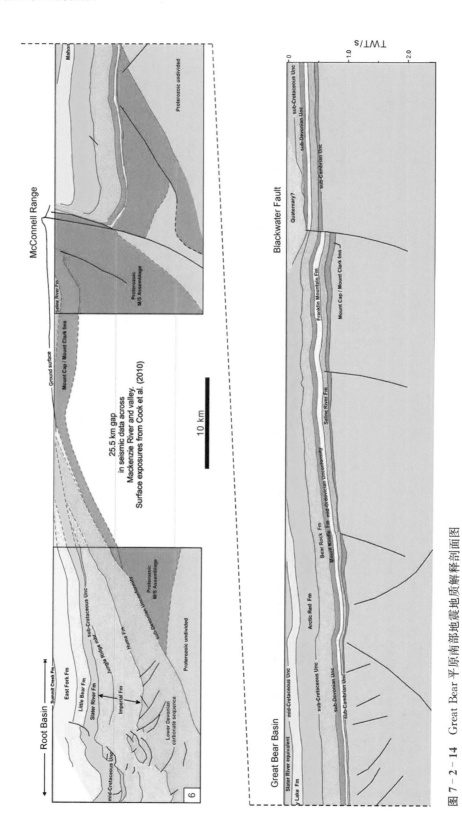

图 7 - 2 - 14 Great Bear 平原南部地震地质解释剖面图

(位置见图 7 - 2 - 11中剖面 6，据 MacLean et al.，2014 修改)

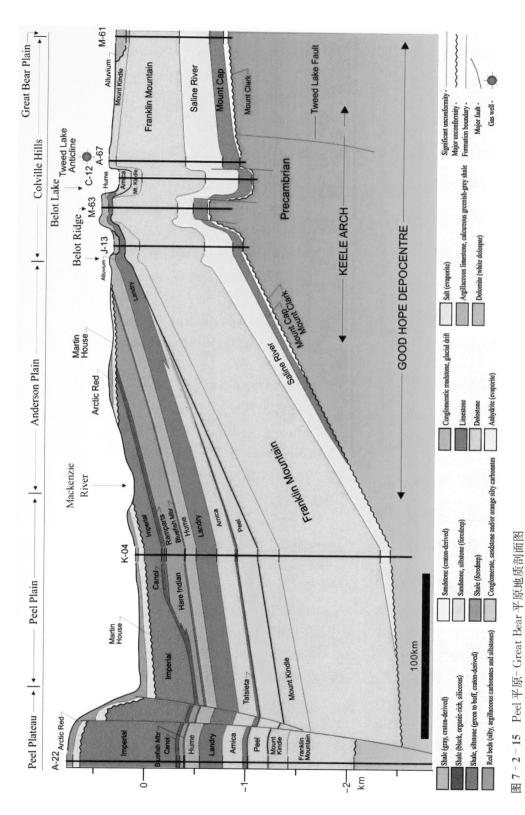

图 7 - 2 - 15 Peel 平原- Great Bear 平原地质剖面图
(位置见图 6 - 4 - 17 中剖面 6D,据 Morrow,2018 修改)

加拿大地盾北部西侧地台区的褶皱构造多表现为断层复杂化的较为紧闭的背斜和较为宽阔的向斜(图 7-2-12 至图 7-2-15)。局部受逆冲断裂的强烈改造,形成不完整的背斜和向斜(图 7-2-13 中 Bluefish K-71 井与 East Mackay B-45 井之间)。褶皱构造主要发育于 Keele 凸起和 Franklin 褶皱带(图 7-2-12 至图 7-2-14),主要是Cordilleran 造山期强烈挤压的结果,Ellesmerian 造山期的挤压可能在局部起主导作用(如图 7-2-9,图 7-2-12 中的 Franklin F.B.)。

7.2.2 加拿大地盾北部地台区地质特征

加拿大地盾北部地台区包括 Coppermine 隆起、Banks 盆地、Wollaston 盆地、Minto 凸起、Prince Albert 单斜、McClintock 盆地、Cornwallis 褶皱带、Prince Regent 盆地、Lancaster 盆地、南部 Ellesmere 褶皱带等构造单元(图 7-0-1)。Coppermine 隆起和 Minto 凸起出露了元古宇;Banks 盆地出露了上古生界—古近系;Wollaston 盆地、Prince Albert 单斜、McClintock 盆地和 Cornwallis 褶皱带出露了下古生界和中古生界(图 7-2-16)。Lancaster 盆地西部南邻 Brodeur 半岛,北邻 Devon 岛;Prince Regent 盆地的 Brodeur 半岛出露了寒武系—志留系及少量太古宇,Devon 岛有泥盆系出露(Scott and de Kemp,1998;Zhang et al,2016)。

1. 中-新元古界

中-新元古界出露于 Coppermine 隆起和 Minto 凸起。Coppermine 隆起大部分被海水覆盖,仅在东南部 Bear 省 Coppermine 地区出露元古宇(图 7-1-19)。Minto 凸起出露的元古宇分布较广(图 7-1-16)。Minto 凸起出露了新元古界 Shaler 超群。Shaler 超群由 Rae 群(也称 Glenelg 组)、Reynolds Point 群、Minto Inlet 组、Wynniatt 组、Kilian 组、Kuujjua 组、Natkusiak 组组成(图 7-1-19,图 7-2-17)。Rae 群底部的地质年龄为1 067±13.5 Ma,Natkusiak 组底部的地质年龄为723±Ma(图 7-1-19,图 7-2-17)。

1) Rae 群

Rae 群不整合于 Coppermine River 群之上,是罗迪尼亚超大陆内的 Amundsen 陆表海盆地沉积(Rainbird et al,2017;Greenman and Rainbird,2018)。Rae 群自下而上划分为Escape Rapids 组、Mikkelsen Islands 组、Nelson Head 组、Aok 组(图 7-1-24,图 7-2-17)。

前文(见 7.1.2 节)已述及,Escape Rapids 组为一套风暴影响陆架沉积(Rainbird et al,2017),岩石类型主要为砂岩、粉砂岩和泥岩不等厚互层[图 7-1-25(b),图 7-2-17],其中可见辉绿岩侵入体(图 7-1-24)。Mikkelsen Islands 组主要由白云岩组成(图 7-1-24,图 7-2-17)。该组下部为受风暴影响的碳酸盐岩陆架沉积(Rainbird et al,2017),其中有基性岩侵入体(图 7-2-17)。

Nelson Head 组主要由砂岩组成,有少量泥岩和砾岩(图 7-2-17,图 7-2-18),为一套辫状河、三角洲、滨岸相沉积,与 Mackenzie 山脉的 Katherine 群(浅海相,见 6.4.1 节)为同期地层(图 7-2-19)。Aok 组主要由叠层石白云岩、泥岩组成(图 7-2-19,图 7-2-20),为一套潮坪相沉积(Rainbird et al,2015;Greenman and Rainbird,2018)。

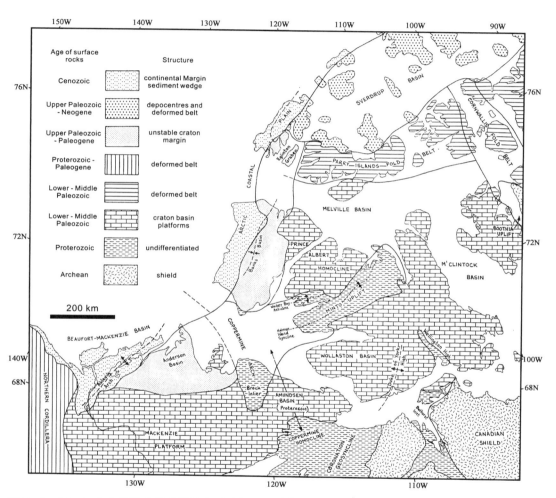

图 7-2-16　加拿大地盾北部北侧地台区及邻区地质简图

（据 Miall，1975 修改）

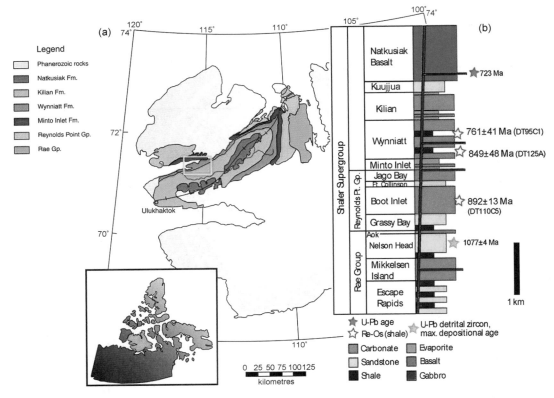

图 7-2-17　加拿大地盾北部北侧地台区 Victoria 岛地质简图及综合柱状图

（a）Victoria 岛地质简图；（b）Minto 凸起出露地层（Shaler 超群）综合柱状图

（据 Mathieu et al，2013；van Acken et al，2013）

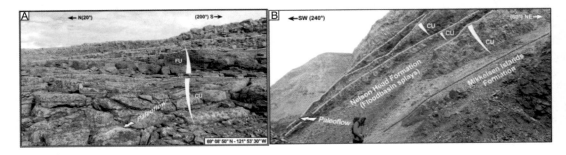

图 7-2-18　Victoria 岛 Minto 地区 Nelson Head 组露头照片

（据 Ielpi and Rainbird，2016 修改）

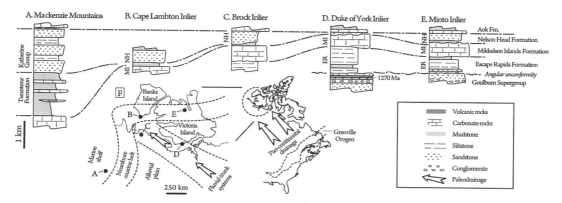

图 7 - 2 - 19　Victoria 岛及邻区 Rae 群地层对比图

（据 Ielpi and Rainbird，2016 修改）

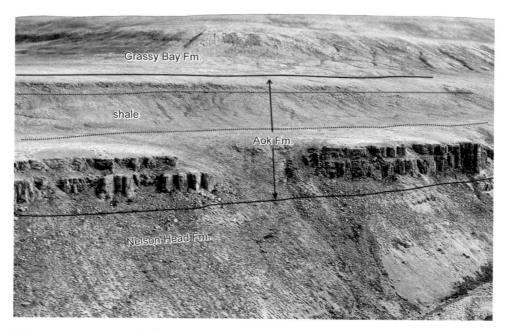

图 7 - 2 - 20　Hornaday 河东支流 Aok 组（厚度约 70 m）典型露头

（据 Greenman and Rainbird，2018）

注：露头下部和上部为橙色风化叠层石白云岩，中部虚线间为页岩。

2）Reynolds Point 群

Reynolds Point 群自下而上划分为 Grassy Bay 组、Boot Inlet 组、Fort Collinson 组和 Jago Bay 组。

Grassy Bay 组由泥岩、粉砂岩、细砂岩组成（图 7 - 2 - 17），细砂岩和粉砂岩发育丘状交错层理和波纹交错层理（图 7 - 2 - 21），为风暴控制的陆源碎屑浅海相沉积（Greenman and Rainbird，2018）。

图 7-2-21　Brock Inlier Grassy Bay 组露头剖面

（位置见图 7-2-16,据 Greenman and Rainbird,2018）

注：标尺长度 1.5 m。

Boot Inlet 组以碳酸盐岩为主（图 7-2-17）,岩石类型多样,分别为叠层石白云岩、内碎屑灰岩-白云岩、鲕粒灰岩-白云岩、纹层状泥晶灰岩-白云岩、丘状层理灰岩-白云岩、富有机质泥晶灰岩-白云岩和页岩（图 7-2-22）,沉积类型为一套内源滨浅海相沉积（Greenman and Rainbird,2018）。

Fort Collinson 组以砂岩为主（图 7-2-17）,下部为石英砂岩与白云质石英砂岩互层,上部为中粒石英砂岩,石英砂岩具双向交错层理、低角度交错层理,主要为一套波浪和潮汐控制的陆源碎屑滨岸相沉积（Rainbird et al,1994）。

Jago Bay 组主要由白云质石英砂岩与微生物白云岩组成（图 7-2-17）。下部为白云质石英岩与微生物白云石互层,底部为 10 m 厚的黄色风化柱状叠层石,柱间有大量石英充填。上部为黄色至浅灰色层状带斑经隐晶白云岩和白云质粉砂岩,见泥裂（Rainbird et al,1994）。

3）新元古界其他组

Reynolds Point 群之上发育了 Minto Inlet 组、Wynniatt 组、Kilian 组、Kuujjua 组和 Natkusiak 组,这些组未建群（图 7-1-19,图 7-2-17）,它们是 Amundsen 陆表海盆地发育晚期的充填物。

Minto Inlet 组在加拿大西北地区维多利亚岛 Minto 凸起的厚度约为 300 m,划分为 3 段（图 7-2-23）。下部蒸发岩段（厚度约 125 m）由红色硅质碎屑泥岩和结节状薄层石膏/硬石膏,以及白云质或钙质泥岩至粒状灰岩的规则互层组成,为潮间带至潮上带泥坪沉积。整合上覆中部碳酸盐岩段（厚度 20～50 m）由深灰色薄层钙质泥岩组成,具有普遍

图 7 - 2 - 22　Brock Inlier Boot Inlet 组典型岩石类型照片

（a）叠层石白云岩；（b）鲕粒白云质灰岩；（c）丘状层理白云岩；（d）纹层状白云质泥岩夹页岩
（位置见图 7 - 2 - 16，据 Greenman and Rainbird，2018）

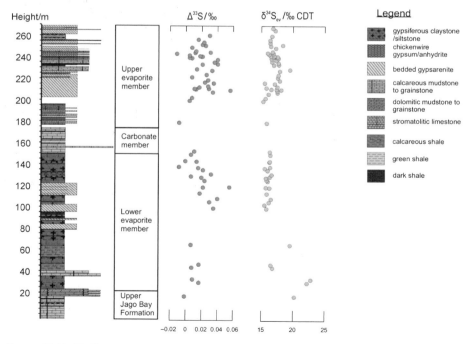

CDT—Canyon Diablo Troilite。

图 7 - 2 - 23　加拿大西北地区维多利亚岛 Minto Inlet 组地层综合柱状图

（据 Prince et al，2019）

的白齿结构,是在潮下带正常海洋盐度环境下形成的沉积物。上部蒸发岩段(厚度约100 m)由纹层状石膏/硬石膏组成,是在"深水"(波基以下)环境下沉积的蒸发岩(Prince et al,2019)。Minto Inlet 组的最小年龄由铼-锇法测年确定,为>849±49 Ma(van Acken et al,2013),最大年龄由碎屑锆石地质年代学确定,为<891±22 Ma(Rayner and Rainbird,2013)。

Wynniatt 组在加拿大西北地区维多利亚岛 Minto 凸起的厚度近 1 000 m,岩石类型以碳酸盐岩为主,包括陆架沉积的白云岩、内碎屑颗粒灰岩、叠层石白云岩和沉积在浅海风暴为主斜坡上的石灰质泥岩。碳酸盐岩序列中发育了两个较厚的"黑色页岩"层段(图 7-2-24)。下部黑色页岩段厚度达 200 m,主要为深灰色粉砂质泥岩和泥质粉砂岩,夹石英砂质泥岩薄层。在黑色页岩段沉积期间,碳酸盐沉淀作用因大量硅质碎屑物质注入而中断,属于前三角洲沉积,沉积物沉积在晴天浪基面以下,但在风暴浪基面之上(van Acken et al,2013)。对该单元内富含有机质泥岩的薄层进行了铼-锇法测年取样,测得年龄为 849±48 Ma(图 7-2-24)。上部黑色页岩段厚度约为 160 m,由黑色碳质、钙质页岩组成,夹薄层碎屑灰岩,含丰富的碳酸盐结核。钙质页岩为悬浮沉降沉积物,碎屑灰岩很可能为浊积岩,均沉积在沿外斜坡的风暴浪基面以下(van Acken et al,2013),含有机质泥岩的铼-锇法测得年龄为 761±41 Ma(图 7-2-24)。

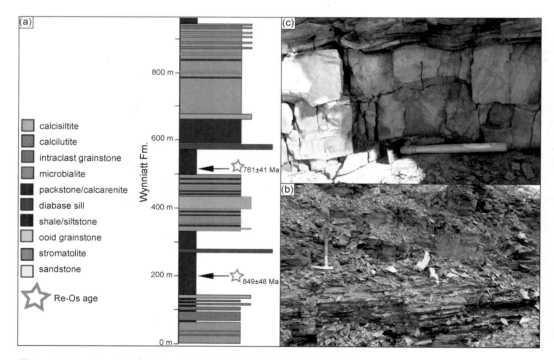

图 7-2-24 Minto 凸起 Wynniatt 组地层综合柱状图及露头照片

(a) Wynniatt 组地层综合柱状图;(b) Wynniatt 组下部泥岩段露头照片(地质锤长 25 cm);(c) Wynniatt 组下部叠层石白云岩露头照片(地质锤长约 30 cm)
(据 van Acken et al,2013;Rayner and Rainbird,2013 修改)

　　Kilian 组整合于 Wynniatt 组之上,主要由浅海相碳酸盐岩和潮上带泥岩与蒸发岩互层组成。该组中部夹再改造的火山碎屑砂岩[图 7-2-25(a)],其上方约 5 m 处为浅海相具波纹层理的石英砂岩[图 7-2-25(b)]。其碎屑锆石的年龄分别为 795±10 Ma 和 837±12 Ma(Rayner and Rainbird,2013),由碎屑锆石的年龄数据推断 Kilian 组的陆源碎屑来自 Wynniatt 组。

图 7-2-25　Minto 凸起 Kilian 组露头照片

(a) Kilian 组中部再改造火山碎屑砂岩;(b) Kilian 组中部火山碎屑砂岩之上 5 m 处石英砂岩
(据 Rayner and Rainbird,2013 修改)
注:地质锤长约 25 cm。

　　Kuujjua 组整合于 Kilian 组之上,主要由粗粒石英砂岩组成(图 7-2-17,图 7-2-26),为辫状河沉积。碎屑锆石的年龄为 2 676±3 Ma,沉积最大年龄约为 780±10 Ma(Rayner and Rainbird,2013)。

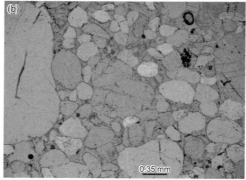

图 7-2-26　Minto 凸起 Kuujjua 组石英砂岩露头及显微镜下单偏光照片

(a) 石英砂岩露头照片;(b) Kuujjua 组石英砂岩显微镜下单偏光照片
(据 Rayner and Rainbird,2013 修改)
注:地质锤长 30 cm。

　　Natkusiak 组覆盖在 Kuujjua 组之上,主要为玄武岩熔岩(图 7-2-17),地质年龄约为 720 Ma,是富兰克林大型火成岩省的突出表现(Rayner and Rainbird,2013;Williamson et al,2016)。自下而上可划分为 4 个主要岩性单元,分别为底部熔岩流玄武岩单元[图 7 - 2 - 27(a)]、块状火山碎屑岩单元[图 7 - 2 - 27(b)]、层状火山碎屑岩单元[图 7 - 2 - 27(c)]和上部熔岩流玄武岩单元(Williamson et al,2016)。

图 7 - 2 - 27　Minto 凸起 Natkusiak 组露头照片

(a) 熔岩流玄武岩(V₀)覆盖在 Kuujjua 组(Kj)之上;(b) 块状火山碎屑岩;(c) 层状火山碎屑岩覆盖在块状碎屑火山岩之上
(据 Williamson et al,2016 修改)

2. 中-下古生界

中-下古生界在 Banks 盆地、Wollaston 盆地、Prince Albert 单斜、McClintock 盆地、Cornwallis 褶皱带均有出露(图 7 - 2 - 16)。中-下古生界不整合于新元古界之上,自下而上发育了下 Turmer Cliffs、上 Turmer Cliffs、Ship Point、Bay Flord、Thumb Mountain、Irene Bay、Allen Bay、Cape Storm、Douro、Somerset Island、Peel Sound 等组[图 7 - 2 - 28(a)]。

1) 寒武系

寒武系下寒武统普遍缺失,主要发育中-上寒武统下 Turmer Cliffs 组[图 7 - 2 - 28(a)]。该地层底部为杂色砾岩,砾石排列具定向性[图 7 - 2 - 29(a)],属于滨岸沉积;向上相变为灰色砂岩,层理发育[图 7 - 2 - 28(b)],层面可见遗迹化石[图 7 - 2 - 29(b)],为浅海相沉积。下 Turmer Cliffs 组总体上为一套裂谷盆地滨浅海相沉积。

2) 奥陶系

奥陶系不整合于寒武系之上,发育下-中奥陶统上 Turmer Cliffs 组＋Ship Point

组＋Bay Flord 组、上奥陶统 Thumb Mountain 组＋Irene Bay 组,其间局部为不整合接触
[图 7－2－28(a)]。

上 Turmer Cliffs 组主要由白云岩组成,层面可见干裂暴露沉积构造[图 7－2－28(c)],
顶部为薄层白云岩夹硅质岩[图 7－2－28(d)]。Ship Point 组底部为泥质白云岩,中上部为
白云岩[图 7－2－28(a)],白云岩层面可见浅水环境的生物遗迹化石[图 7－2－28(e)]。
Bay Flord 组为白云岩夹蒸发岩。下-中奥陶统总体上为被动大陆边缘蒸发台地沉积。

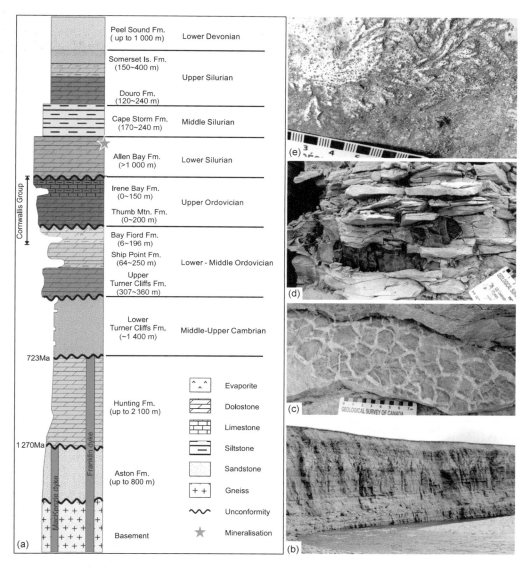

图 7－2－28　加拿大地盾北部地区地层柱状简图及典型露头照片

(a) 加拿大地盾北部地区地层柱状简图;(b) 下 Turner Cliffs 组具层理中砂岩(露头高约 20 m);(c) 上 Turner
Cliffs 组具干裂构造白云岩;(d) Turner Cliffs 组顶部薄层白云岩夹硅质岩;(e) Ship Point 组具遗迹化石白云岩
(据 Mathieu et al,2018;Zhang,2020 修改)
注:(b)、(c)和(d)为 Boothia 半岛 Lord Lindsay 河露头。

图 7-2-29 Boothia 半岛 Lord Lindsay 河露头典型岩性照片

(a) 下 Turner Cliffs 组底部杂色砾岩；(b) 下 Turner Cliffs 组砂岩层面上的遗迹化石
（据 Zhang，2020 修改）

Thumb Mountain 组主要为白云岩，Irene Bay 组主要为泥质灰岩［图 7-2-28(a)］。上奥陶统总体上为被动大陆边缘滨浅海相沉积。

3）志留系

志留系超覆于前期地层之上，自下而上划分为下志留统 Allen Bay 组、中志留统 Cape Storm 组和上志留统 Douro 组＋Somerset Island 组［图 7-2-28(a)］。

下志留统 Allen Bay 组不整合超覆于在不同的更古老的古生代地层上，由浅黄色白云岩组成，白云岩缺乏有机质和黄铁矿，常见生物化石碎屑、叠层石，在该组顶部见蒸发岩夹层（Mathieu et al，2018）。Allen Bay 组总体上为一套局限性滨浅海相沉积（Mayr et al，2004）。

Allen Bay 组之上整合覆盖中志留统 Cape Storm 组。Cape Storm 组由泥岩、粉砂岩、灰岩和白云岩组成，发育波纹层理和干裂构造（Mayr et al，2004），白云岩和灰岩出露较好［图 7-2-30(a)］。Cape Storm 组总体上为一套间歇性暴露的局限性滨浅海相沉积（Mayr et al，2004）。

上志留统 Douro 组整合于 Cape Storm 组之上，主要由白云岩和灰岩组成［图 7-2-30(b)］，含生物化石碎屑、砾屑和砂屑，局部泥质含量高，夹泥岩和钙质砂岩。生物化石丰富，有叠层石、双壳类化石。砂岩主要为细砂岩，分选好，具交错层理。Douro 组总体上为一套被动大陆边缘盆地高能浅海相沉积（Mayr et al，2004）。

上志留统 Somerset Island 组整合于 Douro 组之上，下部为泥质白云岩和灰岩，含珊瑚化石（Mayr et al，2004），上部为砂岩夹泥岩、白云岩和灰岩薄层。Somerset Island 组总体上为一套被动大陆边缘盆地高能浅海相沉积（Mayr et al，2004）。

4）泥盆系

加拿大地盾北部地台区的泥盆系主要为下泥盆统 Peel Sound 组。Peel Sound 组整合于 Somerset Island 组之上（图 7-2-28），主要为砂岩，局部夹砾岩、泥岩及薄层碳酸盐岩。Peel Sound 组总体上为一套被动大陆边缘盆地陆相—浅海相沉积（Mayr et al，2004）。

图 7 - 2 - 30　威尔士王子岛典型岩性照片

（a）Cape Storm 组薄层状白云岩夹泥岩；（b）Douro 组砂屑白云岩

（据 Mayr et al,2004 修改）

图 7 - 2 - 31　威尔士王子岛 Peel Sound 组露头照片

（据 Mayr et al,2004 修改）

注：露头底部（左下角）为砾岩,其上砂岩严重风化,上部坚硬岩层为薄层碳酸盐岩。

　　加拿大地盾北部地台区的前寒武系之上主要发育寒武系、奥陶系、志留系和下泥盆统,地层厚度稳定,变形普遍较弱（图 7 - 2 - 32）。受加里东构造运动和埃尔斯米尔构造运动的影响,加拿大地盾北部地台区发生隆升,普遍缺失了古生界上部及中新生界。仅在 Banks 盆地出露上古生界—古近系［图 7 - 2 - 33,图 7 - 2 - 34（a）］。

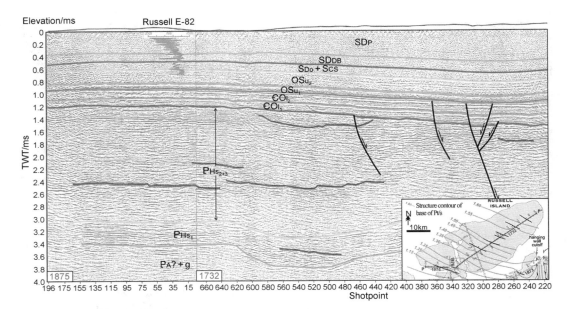

P_A？＋g—Aston 组＋岩浆岩侵入体；P_{Hs1}—Hunting 组 1 段；P_{Hs2+3}—Hunting 组 2＋3 段；$\complement Ol_1$—下 Turmer Cliffs 组；$\complement Ol_2$—上 Turmer Cliffs 组；OSu_1—Ship Point 组＋Bay Flord 组＋Thumb Mountain 组＋Irene Bay 组；OSu_2—Allen Bay 组；S_{CS}—Cape Storm 组；S_{Do}—Douro 组；S_{DB}—Somerset Island 组；SD_P—Peel Sound 组。

图 7－2－32　Russell 岛 1875—1732 地震测线地质解释

（据 Mayr et al,2004 修改）

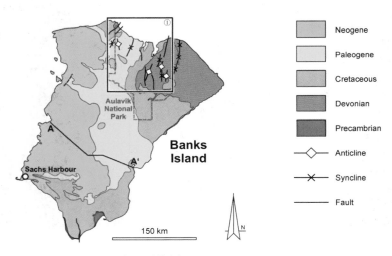

图 7－2－33　Banks 岛地质简图

（据 Piepjohn et al,2018 修改）

　　Banks 盆地 Douro 组之上出露下-中泥盆统 Blue Fiord-West 组，上泥盆统 Weatherall 组、Parry Islands 组（Harrison et al,2015），下白垩统 Isachsen 组、Christopher 组，上白垩统 Hassel、Kanguk 组，古近系 Eureka Sound-West 组和新近系 Beaufort 组[图 7－2－34（a）]。钻井资料揭示局部断陷中有侏罗系发育[图 7－2－34(b)]，地表没有出露。

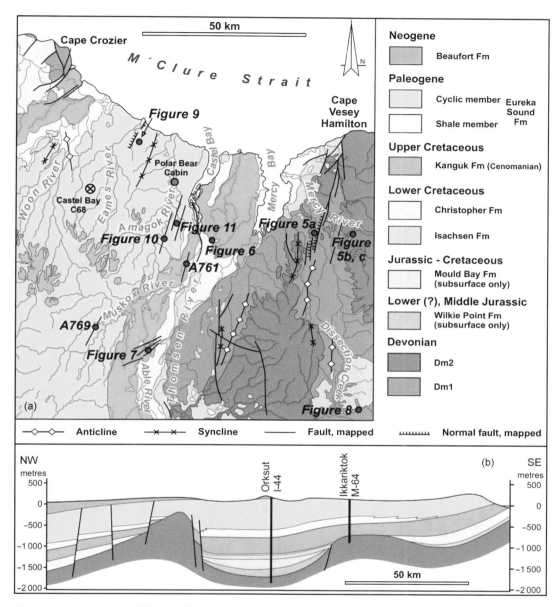

图 7 - 2 - 34　Banks 地质图和地质剖面图

(a) Banks 岛北部(位置见图 7 - 2 - 33 中①)地质图;(b) Banks 岛南部(位置见图 7 - 2 - 33 中 AA′)地质剖面图
(据 Piepjohn et al,2018)

Blue Fiord - West 组由灰岩、白云岩和少量泥岩、杂砂岩组成,碳酸盐岩中见砾屑、砂屑及叠层石,为滨浅海相沉积。Weatherall 组下部由粉砂岩、砂岩和泥岩组成,含植物化石碎屑、海相动物化石,总体向上变粗,为三角洲相沉积;上部为灰岩,含珊瑚化石、叠层石,为生物礁沉积。Parry Islands 组主要为砂岩,有少量粉砂岩、泥岩,夹煤层,为河流相-浅海相沉积(Harrison et al,2015)。

3. 中生界

Banks 盆地中生界主要为白垩系，不整合于泥盆系之上，局部深断陷发育侏罗系[图 7 - 2 - 34(b)]。

侏罗系以陆源碎屑岩为主，为断陷盆地陆相-浅海相沉积(Miall，1975；Piepjohn et al，2018)。

下白垩统 Isachsen 组由粗粒-细粒石英砂岩、粉砂岩、泥岩和少量砾岩、煤层组成，局部见玄武岩，为温暖气候条件下裂谷盆地河流-三角洲相沉积(Harrison et al，2015)；Christopher 组主要为页岩、粉砂岩，其次为砂岩，夹碳酸盐岩、凝灰岩、膨润土，为裂谷盆地浅海相沉积(Harrison et al，2015)。

上白垩统 Hassel 组主要为砂岩、粉砂岩，其次为泥岩、玄武岩，属于裂谷盆地三角洲平原-三角洲前缘沉积(Harrison et al，2015)。Kanguk 组(塞诺曼阶—坎潘阶)主要为页岩、粉砂岩，页岩风化色呈深绿色-灰色，粉砂岩泥质含量变化较大，下部为沥青质页岩，上部为硅质页岩，总体上为一套深水浅海相沉积(Harrison et al，2015)。

4. 新生界

Banks 盆地古近系 Eureka Sound 组(塞兰特阶—始新统中段)不整合于白垩系之上，主要为砂岩、粉砂岩、泥岩，局部为砾岩，夹煤层、火山碎屑岩，为一套冲积扇-河流-三角洲相沉积(Harrison et al，2015)。

Banks 岛在 Banks 盆地以西发育了新近系 Beaufort 组(图 7 - 2 - 33)，主要为砾岩、砂岩，有少量泥岩、泥炭，主要为辫状河沉积(Harrison et al，2015)。

7.2.3 加拿大地盾东北部地台区地质特征

加拿大地盾东北部地台区包括 Foxe 盆地、Cumberland 盆地、Southampton 盆地、Bell 凸起、Hudson 地台、南部 Ellesmere 褶皱带等构造单元(图 7 - 0 - 1)。这些构造单元以前寒武纪变质岩为基底(图 7 - 2 - 35)，多以太古宙变质岩为基底(图 7 - 2 - 36)，其上被古生界覆盖(图 7 - 2 - 35)。古生界在 Southampton 岛、Akpatok 岛、Baffin 岛和 Melville 半岛有所出露(图 7 - 2 - 35)。

古生界最老的地层是中奥陶统。在 Melville 半岛东北部，中-上奥陶统直接覆盖在太古宇之上(图 7 - 2 - 36)。奥陶系之上，发育了志留系和泥盆系(图 7 - 2 - 37，图 7 - 2 - 38)。中奥陶统—下泥盆统被称为 Tippecanoe 层序，中-上泥盆统被称为 Kaskaskia 层序(图 7 - 2 - 38)，总体上为克拉通盆地滨浅海相沉积(Burgess，2019)。

1. 奥陶系

加拿大东北部地台区奥陶系下奥陶统普遍缺失，只发育中奥陶统和上奥陶统(Burgess，2019)。

1) 中奥陶统

中奥陶统分布局限(Zhang and Riva，2018)。Melville 半岛自下而上出露 Ship Point

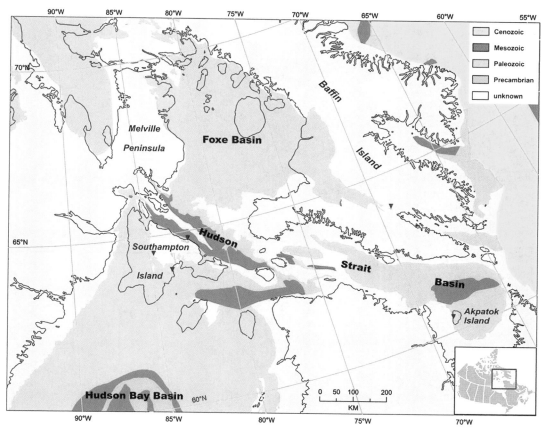

图 7 - 2 - 35　加拿大地盾东北部地质简图

（据 Zhang and Riva，2018）

组、Forbisher Bay 组、Foster Bay 组（图 7 - 2 - 36）。Ship Point 组由海侵底砾岩、石英砂岩、白云岩、层内砾岩组成。海侵底砾岩成分复杂，既有陆源砾石，又有内源砾石。层内砾岩的砾石既有角砾状，又有扁平状（Scott and Kemp，1998）。Ship Point 组为在一套海侵过程中形成混源滨浅海相沉积。Forbisher Bay 组由薄层浅棕色白云质灰岩、浅灰色灰岩、页岩、块状白云质灰岩组成（Scott and Kemp，1998），为一套以内源化学沉淀为主的滨浅海相沉积。

2）上奥陶统

上奥陶统分布广泛（Zhang and Barnes，2007；Zhang and Riva，2018；Burgess，2019）。上奥陶统以各种浅海相碳酸盐岩为主，其中，存在薄层富含有机物的泥质灰岩或页岩层段。上奥陶统自下而上划分为 Bad Cache Rapids 群、博阿斯河（Boas River）组、Churchill River 群和哈德逊湾盆地北部出露于南安普敦（Southampton）岛的 Red Head Rapids 组（图 7 - 2 - 38）。在福克斯盆地和哈德逊海峡盆地，上奥陶统包括 Amadjuak 组、Boas River 组、Akpatok 和 Foster Bay 组，这些地层在巴芬岛南部、梅尔维尔半岛和 Akpatok 岛有所出

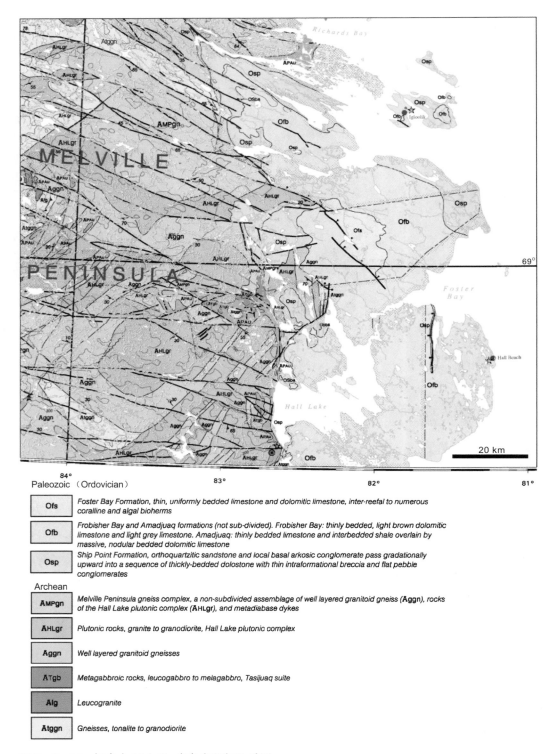

Paleozoic（Ordovician）

Ofs	Foster Bay Formation, thin, uniformly bedded limestone and dolomitic limestone, inter-reefal to numerous coralline and algal bioherms
Ofb	Frobisher Bay and Amadjuaq formations (not sub-divided). Frobisher Bay: thinly bedded, light brown dolomitic limestone and light grey limestone. Amadjuaq: thinly bedded limestone and interbedded shale overlain by massive, nodular bedded dolomitic limestone
Osp	Ship Point Formation, orthoquartzitic sandstone and local basal arkosic conglomerate pass gradationally upward into a sequence of thickly-bedded dolostone with thin intraformational breccia and flat pebble conglomerates

Archean

AMPgn	Melville Peninsula gneiss complex, a non-subdivided assemblage of well layered granitoid gneiss (Aggn), rocks of the Hall Lake plutonic complex (AHLgr), and metadiabase dykes
AHLgr	Plutonic rocks, granite to granodiorite, Hall Lake plutonic complex
Aggn	Well layered granitoid gneisses
ATgb	Metagabbroic rocks, leucogabbro to melagabbro, Tasijuaq suite
Alg	Leucogranite
Atggn	Gneisses, tonalite to granodiorite

图 7 - 2 - 36　加拿大 Melville 半岛东北部地质图

（据 Scott and Kemp，1998 修改）

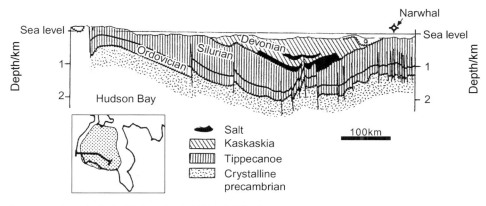

图 7‐2‐37 加拿大 Hudson 地台地质剖面简图

（据 Burgess,2019 修改）

露。通常,Bad Cache Rapids 群和 Churchill River 群及其可对比的 Amadjuak 和 Akpatok 组主要为石灰岩。Red Head Rapids 组及其对应的 Foster Bay 组主要为白云质石灰岩和白云岩单元(图 7‐2‐38)。博阿斯河组也称"博阿斯河页岩",是发育于 Bad Cache Rapids 群之上的一个薄薄的富含有机物的单元,多为油页岩(图 7‐2‐38)。

2. 志留系

加拿大东北部地台区志留系下志留统普遍缺失,只发育中、上志留统(图 7‐2‐38)。

1) 中志留统

中志留统不整合于 Red Head Rapids 组之上(Zhang and Barnes,2007),自下而上划分为 Sevem River 组、Ekwan River 组、Attawapiskat 组、Kenogami River 组下段(图 7‐2‐38)。Sevem River 组(兰多弗里阶中‐上段)主要由薄层细粒富含化石石灰岩和少量白云岩组成。Ekwan River 组由层状生物碎屑灰岩、球粒灰岩和细粒白云岩组成,向上及侧向相变为 Attawapiskat 组生物礁灰岩和叠层石灰岩。Kenogami River 组下段主要为蒸发白云岩(Zhang and Barnes,2007)。中志留统为一套克拉通盆地潮坪‐浅海相沉积。

2) 上志留统

上志留统为 Kenogami River 组中段(图 7‐2‐38),由灰色和红色泥岩组成,底部为石膏层(Larsson and Stearn,1986),主要为克拉通盆地蒸发潮坪相沉积。

3. 泥盆系

加拿大东北部地台区泥盆系下泥盆统、中泥盆统、上泥盆统均有发育(图 7‐2‐38)。

1) 下泥盆统

下泥盆统划分为 Kenogami River 组上段、Sextant 组和 Stooping River 组。Kenogami River 组上段下部主要为白云质泥岩,上部主要为白云岩。Sextant 组主要发育于盆地边缘,主要为砾岩、砂岩,横向上相变为 Stooping River 组中下部砂岩、泥岩、碳酸盐岩。Stooping River 组上部以灰岩为主,沉积中心多发育泥岩(图 7‐2‐38)。

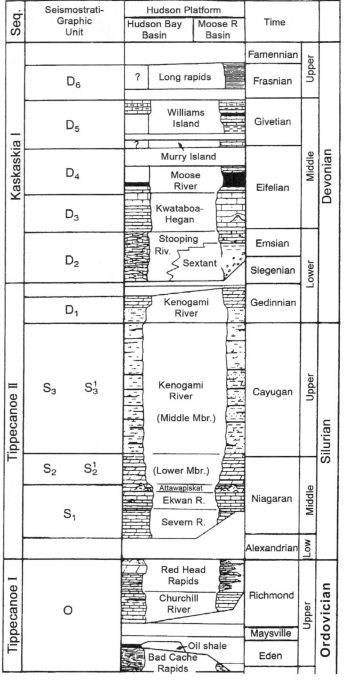

图 7 - 2 - 38　加拿大地盾东北部 Hudson 地台区地层柱状图

（据 Burgess，2019 修改）

2) 中泥盆统

中泥盆统划分为 Kwataboahegan 组、Moose River 组、Murray Island 组和 Williams Island 组,Murray Island 组和 Williams Island 组与下伏地层之间均存在沉积间断(图 7-2-38)。Kwataboahegan 组主要为灰岩,局部发育生物礁。Moose River 组主要为碎屑灰岩,不含化石,夹石膏层。Murray Island 组为含化石灰岩。Williams Island 组下部泥岩段主要为灰色页岩,夹砂岩、灰岩和少量角砾灰岩;上部碳酸盐岩段由薄层至中层泥质灰岩和钙质页岩、白云质灰岩、鲕状灰岩以及角砾化、洞穴灰岩和白云岩组成(Klapper et al,2004)。

3) 上泥盆统

上泥盆统为 Long Rapids 组与下伏地层之间存在沉积间断(图 7-2-38)。该组主要为灰绿色泥岩和黑色页岩互层,夹灰岩(Klapper et al,2004)。

7.3　埃尔斯米尔变形带地质特征

埃尔斯米尔变形带是志留纪晚期到泥盆纪早期北极地块与劳伦古陆北缘碰撞、石炭纪以来差异沉降而形成的变形带(Colpron and Nelson,2011)。埃尔斯米尔变形带包括 McClure 海峡盆地、Prince Patrick 隆起、Eglinton 盆地、Parry Islands 褶皱带、Blue Hills 褶皱带、Sverdrup 盆地、北部 Ellesmere 褶皱带、中部 Ellesmere 褶皱带、南部 Ellesmere 褶皱带(图 7-0-1)。根据构造特征将其划分为埃尔斯米尔褶皱隆起带和埃尔斯米尔变形带沉积盆地。

7.3.1　埃尔斯米尔褶皱隆起带地质特征

埃尔斯米尔褶皱隆起带包括北部 Ellesmere 褶皱带、中部 Ellesmere 褶皱带、Prince Patrick 隆起、Parry Islands 褶皱带、Blue Hills 褶皱带(图 7-0-1),主要发育中元古代—古生代地质记录(图 7-3-1)。

1. 北部 Ellesmere 褶皱带

北部 Ellesmere 褶皱带由 Pearya 地体的中元古代—晚志留世岩石、寒武纪—志留纪深水盆地沉积及泥盆纪前渊盆地沉积组成(图 7-3-1,图 7-3-2)。

Pearya 地体划分为 5 个构造-地层序列,分别为序列Ⅰ~Ⅴ(图 7-3-1,图 7-3-3)。

序列Ⅰ由中元古界—新元古界下部最古老的岩石组成,主要是正片麻岩(图 7-3-3),其次是角闪岩、石英岩和大理岩,构成 Pearya 地体的基底(Malone et al,2014;Estrada et al,2018)。

序列Ⅱ由新元古界—奥陶系下部不同变质程度的沉积岩组成,主要为石英岩、泥岩、灰岩和白云岩,其次为火山岩(图 7-3-3),变质程度以绿片岩相为主,原岩为被动大陆边缘滨浅海相沉积(Malone et al,2014;Estrada et al,2018)。

序列Ⅲ由早-中奥陶世绿片岩相岛弧型变质火山岩、沉积岩组成,被奥陶纪超基性岩-

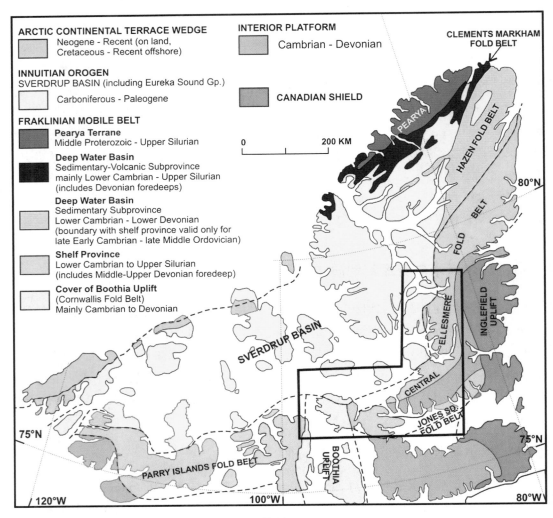

图 7-3-1 埃尔斯米尔变形带及邻区构造地层简图

（据 Zhang et al,2016 修改）

酸性岩侵入（花岗岩年龄为 481±6 Ma）。早-中奥陶纪 M'Clintock 造山运动与岩浆活动密切相关（Malone et al,2014；Estrada et al,2018）。

序列Ⅳ由中奥陶世未变质碎屑岩、火山成因沉积岩、钙碱性火山岩和地台碳酸盐岩单元组成（Malone et al,2014；Estrada et al,2018）。

序列Ⅴ不整合于序列Ⅳ之上，由晚奥陶世至中-晚志留世前陆盆地浅海-深海相沉积岩组成（Malone et al,2014；Beranek et al,2015；Estrada et al,2018）。

泥盆纪前渊盆地沉积在北部 Ellesmere 褶皱带不发育（图 7-3-2）。

序列Ⅱ分布最为广泛（图 7-3-2）。在 Milne Fiord 地区西南部发育较老的 Y1～Y4 单元（中-新元古界），在 Milne Fiord 地区东北部发育较新的 M1～M5 单元（寒武系—下奥陶统），如图 7-3-3（a）所示。

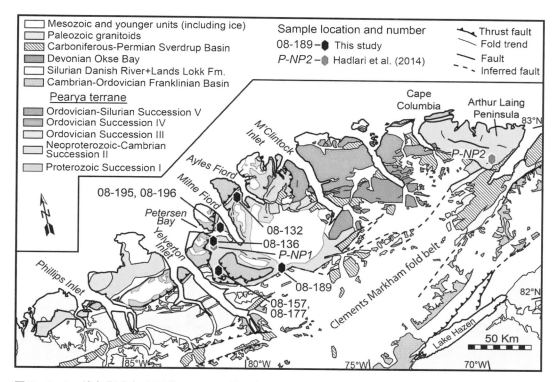

图 7 - 3 - 2　埃尔斯米尔变形带 Pearya 地体及邻区构造地层简图

（据 Malone et al，2014 修改）

　　在 Milne Fiord 地区西南部，Y1 单元和 Y2 单元下部主要由石英岩、千枚岩、片岩组成，两者以逆冲断层接触。Y2 单元中部发育冰川成因的混杂砾岩；Y2 单元上部以碳酸盐岩为主，夹薄层砂岩、粉砂岩。Y3 单元以碳酸盐岩为主。Y4 单元由千枚岩、片岩、变质火山岩和碳酸盐岩组成［图 7 - 3 - 3(a)］。

　　在 Milne Fiord 地区东北部，M1 单元主要为碳酸盐岩，其次为千枚岩、板岩和少量凝灰质层。上覆的 M2 单元、M3 单元和 M4 单元富含千枚岩和变玄武岩。M4 单元还包括靠近剖面顶部的变质流纹岩。M5 单元主要为石英岩主导序列，底部附近有薄层千枚岩。M4 单元和 M5 单元之间以逆冲断层接触［图 7 - 3 - 3(a)］。M5 单元和序列 Ⅱ 下部（Y1 单元和 Y2 单元）的岩性相似，表明 M5 单元可能是逆冲推覆至 M4 单元之上的新元古代石英岩和千枚岩（Malone et al，2014）。

　　Pearya 地体新元古代单元（序列 Ⅱ 下部）的碎屑锆石年龄范围为 635～2 940 Ma，峰值年龄为 634～710 Ma、960～980 Ma、1 100 Ma、1 165 Ma、1 355 Ma、1 385 Ma、1 470 Ma、1 650 Ma、1 760 Ma、1 890 Ma，以 2.5～2.8 Ga 的新太古代峰值年龄［图 7 - 3 - 3(b)］。可见锆石陆源地质时代分布广泛，反映了 Pearya 地体基底很可能存在太古宙岩石。

　　2. 中部 Ellesmere 褶皱带及相似构造单元

　　中部 Ellesmere 褶皱带、Prince Patrick 隆起、Parry Islands 褶皱带、Blue Hills 褶皱带

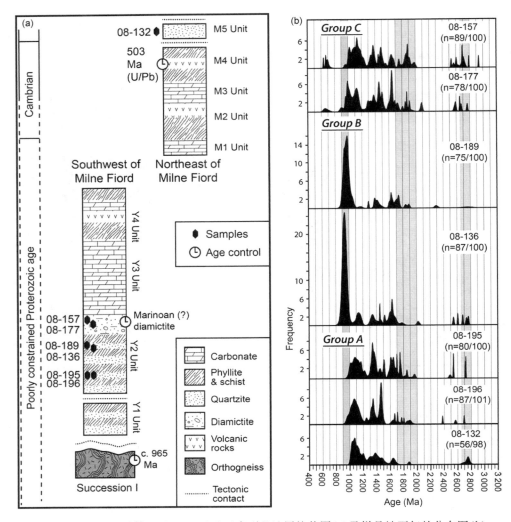

图 7 - 3 - 3　Pearya 地体 Milne Fiord 地区序列Ⅱ地层柱状图(a)及样品锆石年龄分布图(b)

(据 Malone et al,2014 修改)

地质特征基本相似,以元古宇为基底,局部发育新元古代晚期沉积盖层,均以寒武纪—泥盆纪北美古陆陆架沉积为主,局部发育深水盆地沉积(图 7 - 3 - 1,图 7 - 3 - 4)。现基于中部 Ellesmere 褶皱带北段(图 7 - 3 - 5)的研究成果(Dewing et al,2008),简要讨论中部 Ellesmere 褶皱带及相似构造单元的地质特征。

1) 新元古界

新元古界自下而上出露了 Kennedy Channel 组、Nesmith 层和 Ella Bay 组。Kennedy Channel 组地质年龄在 720 Ma±,为裂谷盆地沉积(Dewing et al,2008)。新元古界分布局限,主要为滨浅海相砂岩、粉砂岩、泥岩互层[图 7 - 3 - 6(a)],夹浅海相碳酸盐岩。Nesmith 层主要为滨浅海相砂岩、泥岩夹白云岩,横向上与 Ella Bay 组相变。Ella Bay 组为一套滨浅海相-浅海相碳酸盐岩(图 7 - 3 - 4),叠层石灰岩[图 7 - 3 - 6(b)]常见。

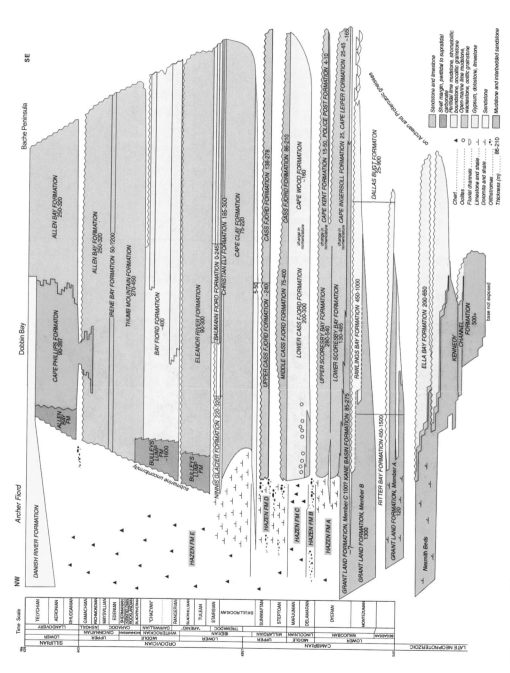

图 7 - 3 - 4　中部 Ellesmere 褶皱带综合地层剖面图

（据 Dawing et al，2008 修改）

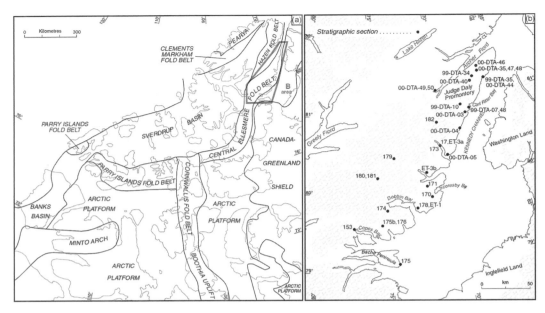

图 7-3-5 中部 Ellesmere 褶皱带区域构造及地层剖面位置

（a）中部 Ellesmere 褶皱带区域构造位置；（b）中部 Ellesmere 褶皱带北部地层剖面位置

（据 Dewing et al,2008 修改）

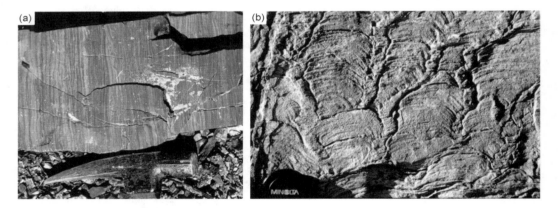

图 7-3-6 Kennedy Channel 组和 Ella Bay 组岩石露头

（a）Kennedy Channel 组泥岩与粉砂岩互层［位置为图 7-3-5(b) 中 00-DTA-05,距底 37.2 m］；（b）Ella Bay 组叠层石［位置为图 7-3-5(b) 中 00-DTA-05,距底 301 m］

（据 Dewing et al,2008 修改）

2）寒武系

寒武系划分为 Grant Land 组、Rawlings Bay 组、Hazen 组、Lower Scoresby Bay 组、Upper Scoresby Bay 组、Lower Cass Fjord 组、Middle Cass Fjord 组、Upper Cass Fjord 组（图 7-3-4）。

Grant Land 组自下而上分为 A、B、C 3 段,A 段和 B 段也称 Ritter Bay 组,横向相变为 Rawlings Bay 组,C 段也称 Kane Basin 组（图 7-3-4）。Ritter Bay 组为泥岩与砂岩不

等厚互层,泥岩中夹白云岩。Rawlings Bay 组主要为砂岩。Kane Basin 组泥岩与砂岩不等厚互层(图 7-3-4,图 7-3-7)。Grant Land 组地质年代为新元古代末—早寒武世中晚期,总体上为裂谷盆地滨浅海相沉积(Dewing et al,2008)。

图 7-3-7　Kislingbury 河 Kane Basin 组和 Scoresby Bay 组露头(高差约 750 m)

(据 Dewing et al,2008)

Hazen 组自下而上划分为 A、B、C、D、E 5 段,其中 A~D 段为寒武系。下寒武统 Hazen组 A 段为白云岩,局部夹砂岩、硅质岩,横向上相变为 Lower Scoresby Bay 组(Cape Ingersoll 组、Cape Leiper 组)和 Upper Scoresby Bay 组(Cape Kent 组、Police Post 组)开阔台地浅海相钙质泥岩、灰岩(图 7-3-4,图 7-3-7)。中寒武统 Hazen 组 B 段为滑塌堆积(图 7-3-4)。中寒武统 Hazen 组 C 段以硅质岩为特色,横向上相变为 Lower Cass Fjord 组(Cape Wood 组)浅海相碳酸盐岩、钙质泥岩(图 7-3-4,图 7-3-8)。上寒武统 Hazen 组 D 段由灰岩、页岩和滑塌碎屑岩构成,横向相变为 Middle Cass Fjord 组和 Upper Cass Fjord 组滨浅海相砂岩、泥岩、碳酸盐岩(图 7-3-4,图 7-3-9)。

3) 奥陶系

奥陶系自下而上划分为 Cape Clay 组、Christian Elv 组、Ninnis Glacier 组(Baumann Fiord 组)、Bulleys Lump 组(Eleanor River 组、Bay Fiord 组)、Thumb Mountain 组、Irene Bay 组和 Allen Bay 组[图 7-3-4,图 7-3-10(a)]。

上寒武统顶部-下奥陶统下部的 Cape Clay 组和 Christian Elv 组为开阔浅海相钙质泥岩、灰岩、砂岩,Ninnis Glacier 组(Baumann Fiord 组)为滨浅海相泥岩、灰岩、砂岩及蒸发岩[图 7-3-4,图 7-3-10(a)],向深水盆地方向相变为 Hazen 组 E 段下部的灰岩、页

图 7 - 3 - 8 Ella 湾东南部 Scoresby Bay 组和 Cass Fjord 组露头

（据 Dewing et al,2008）

图 7 - 3 - 9 Upper Cass Fjord 组岩石露头

（a）底部滨浅海相砂岩［具大型交错层理,位置见图 7 - 3 - 5(b)中 00 - DTA - 03］;（b）顶部滨浅海相砂岩［位置见图 7 - 3 - 5(b)中 99 - DTA - 34］

（据 Dewing et al,2008）

岩和硅质岩（图 7 - 3 - 4）。

下奥陶统上部—中奥陶统下部的 Bulleys Lump 组主要为陆架边缘碳酸盐岩和泥岩,向陆架方向相变为 Eleanor River 组、Bay Fiord 组滨浅海相泥岩、碳酸盐岩（图 7 - 3 - 10）和蒸发岩,向深水盆地方向相变为 Hazen 组 E 段中部的页岩和硅质岩（图 7 - 3 - 4）。

中奥陶统上部—上奥陶统的 Thumb Mountain 组、Irene Bay 组和 Allen Bay 组下部为开阔浅海相钙质泥岩、灰岩,局部砂岩发育,向深水盆地方向相变为 Hazen 组 E 段上部的页岩和硅质岩（图 7 - 3 - 4）。

4）志留系

下志留系统划分为 Cape Phillips 组、Allen Bay 组上部和 Danish River 组（图 7 - 3 - 4）。

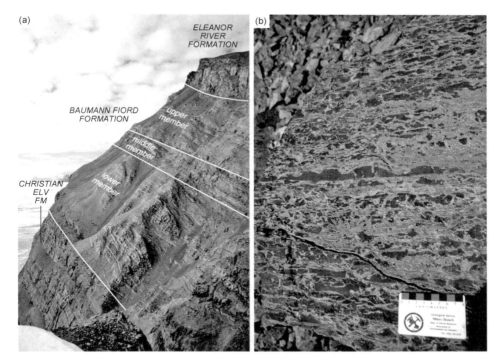

图 7 - 3 - 10　中部 Ellesmere 褶皱带奥陶系露头

（a）Cape Back 出露的 Christian Elv 组、Baumann Fiord 组、Eleanor River 组；（b）滨浅海相藻纹层砾屑灰岩［位置见图 7 - 3 - 5(b)中 ET - 1］

（据 Dewing et al,2008）

Cape Phillips 组为浅海相泥岩与砂岩互层,向陆方向相变为 Allen Bay 组上部的开阔浅海相钙质泥岩、灰岩,向深水盆地方向相变为陆架边缘泥岩和碳酸盐岩、Hazen 组 E 段顶部的页岩和硅质岩(图 7 - 3 - 4)。

Danish River 组在深水盆地区域为海底扇相砂岩夹泥岩(Beranek et al,2015),在外陆架区域相变为浅海相砂岩、泥岩互层,在内陆架区域相变为 Allen Bay 组上部的开阔浅海相钙质泥岩、灰岩(图 7 - 3 - 4)。

在 Dobbin 湾地区,Allen Bay 组之上覆盖了中志留统 Cape Storm 组和 Douro 组［图 7 - 3 - 11(a)］。

Cape Storm 组主要由潮坪相白云岩和灰岩组成。Douro 组由泥质灰岩、白云质灰岩、灰岩、钙质泥岩,含丰富的动物化石,以珊瑚、双壳类等化石常见(Dewing et al,2008)。

Douro 组之上覆盖了上志留统 Goose Fiord 组［图 7 - 3 - 11(a)］,分为下部泥质岩段和上部灰岩段。下部泥质岩段主要为灰绿色钙质泥岩,夹泥质灰岩、碎屑灰岩。上部灰岩段为深灰色粉屑、砂屑质泥晶灰岩、生物碎屑灰岩、碎屑灰岩、生物格架灰岩［图 7 - 3 - 11(b)］,夹中粒钙质石英砂岩,分选和磨圆均非常好,具鱼骨状交错层理。Goose Fiord 组为一套受潮流影响陆架开阔海沉积(Dewing et al,2008)。

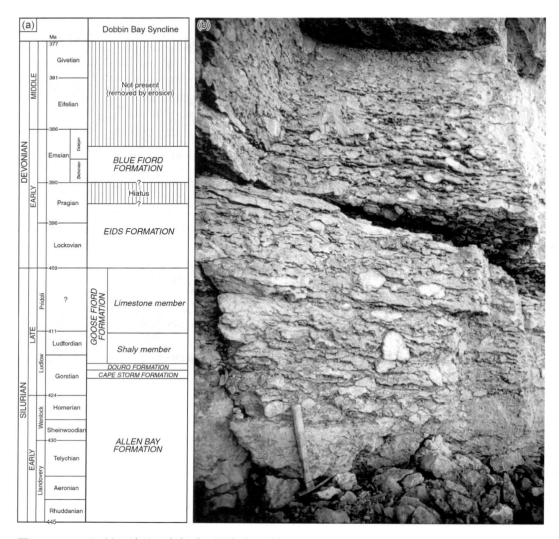

图 7‐3‐11　Dobbin 湾地区志留系—泥盆系地层序列及露头

（a）Dobbin 湾地区志留系—泥盆系地层序列；（b）Goose Fiord 组富含生物化石灰岩［位置见图 7‐3‐5（b）中 170，Scoresby 湾］

（据 Dewing et al,2008）

5）泥盆系

在 Dobbin 湾地区,中泥盆系统和上泥盆统缺失,下泥盆统整合于志留系之上,划分为 Eids 组和 Blue Fiord 组,两者呈不整合接触［图 7‐3‐11（a）,图 7‐3‐12］。

Eids 组下部主要为深水泥岩,上部主要为泥岩、粉砂岩、砂岩,见混杂砾岩,为一套海底扇沉积（Dewing et al,2008）。

Blue Fiord 组为灰岩、页岩与少量砂岩互层。灰岩中见大量内碎屑。泥岩多为薄层钙质泥岩。砂岩出现在该组上部,主要为分选较好的钙质细砂岩,生物扰动、生物化石丰富,为一套浅海相沉积（Dewing et al,2008）。

图 7 - 3 - 12　Cape 湾东南部 Eids 组和 Blue Fiord 组露头

(据 Dewing et al,2008)

7.3.2　埃尔斯米尔变形带沉积盆地地质特征

埃尔斯米尔变形带沉积盆地包括 McClure 海峡盆地、Eglinton 盆地、Sverdrup 盆地(图 7 - 0 - 1)。其中,McClure 海峡盆地、Eglinton 盆地发育于褶皱造山带内,规模小,是褶皱带的负向构造单元,地质特征与中部 Ellesmere 褶皱带大体相似,是 Sverdrup 盆地西南部延伸部分。而 Sverdrup 盆地发育于埃尔斯米尔变形带北部,盆地规模大,地质特征独具特色。现重点讨论 Sverdrup 盆地地质特征。

Sverdrup 盆地区域,从寒武纪到早泥盆纪,为劳伦古陆被动边缘盆地(Franklinian 盆地),以厚陆架碳酸盐岩和泥质沉积物为主。志留纪晚期到泥盆纪末的埃尔斯米尔造山运动期间,由于北极地体与劳伦古陆北部碰撞,Franklinian 盆地逐渐变形。到了中泥盆世,Franklinian 盆地转变为前陆盆地,在西南推进的造山带前方沉积了厚度达 10 km 的陆源碎屑沉积楔(Embry,1991;Embry and Beauchamp,2019)。

Sverdrup 盆地是从早石炭世开始,在埃尔斯米尔造山带基底上发育的裂谷盆地。其发育了巨厚的石炭系至始新统沉积岩系,估计最厚达 15 km(Harrison and Jackson,2014;Embry and Beauchamp,2019)。盆地东部在古近纪晚期隆起变形,形成现在的山区。而西部变形较弱,地形较为平缓(图 7 - 3 - 13)。

Sverdrup 裂谷盆地的形成很可能与埃尔斯米尔造山带的重力塌陷有关。在石炭纪早期很可能发生了俯冲带后撤,导致挤压结束、造山带崩塌,形成了弧后背景下的伸展构造。而冈瓦纳大陆与劳伦大陆南缘的多期(Alleghanian、Variscan、Hercynian)碰撞相关远程应力作用,可能是导致 Sverdrup 裂谷盆地多期构造反转的原因(Embry and Beauchamp,2019)。另外,Sverdrup 盆地毗邻美亚海盆,美亚海盆的形成和演化对 Sverdrup 盆地也有明显影响。

盆地的主要物源区是紧邻盆地东部和南部的埃尔斯米尔褶皱带,以及更远的格陵兰和加拿大克拉通。这些物源区主要由泥盆系陆源碎屑岩组成。盆地西北部 Crockerland 小陆地,在二叠纪和三叠纪提供了少量的陆源碎屑。三叠纪末随着美亚海盆的形成,小陆地 Crockerland 不再提供陆源碎屑(Anfinson et al,2016)。

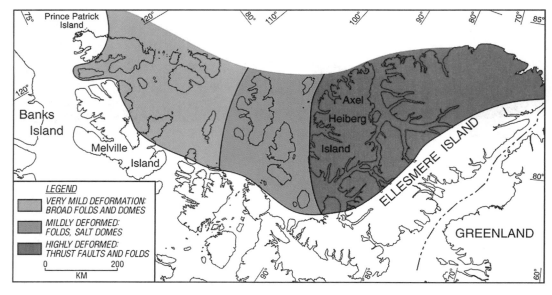

图 7－3－13　Sverdrup 盆地古近纪晚期构造变形强度分带

（据 Embry and Beauchamp，2019）

　　盆地的演化历史可以分为 8 个阶段，不同阶段的构造、沉积特征有一定差异（表 7－3－1）。不同阶段的地层厚度和沉积特征存在明显的横向变化（图 7－3－14，图 7－3－15）。每个阶段的地层均以明显的不整合面及其对应的整合面为界，相当于一个二级层序。二级层序内部还存在数量不等次级不整合面，可以进一步划分三级层序。

表 7－3－1　Sverdrup 盆地演化阶段划分及构造和沉积特征
（据 Embry and Beauchamp，2019）

Phase	Tectonic Features	Depositional Features	Time
8 Fragmentation and Uplift	Progressive deformation and uplift with the local development of foreland basins	Thick, fluvial to shallow marine, foreland basin deposits	Paleogene
7 Quiescence	Initial high subsidence with basaltic volcanism followed by very low rates of regional subsidence and local alkalic volcanism	Initial fluvial-shallow shelf siliciclastics with basalts followed by greatly reduced rates of sedimentation with marine shelf siliciclastics, in part bituminous	Cretaceous
6 Rejuvenation	Extensional tectonics with normal faulting and high rates of regional subsidence. Widespread intrusive and extrusive basic volcanism	Very thick and coarse-grained, fluvial-dominant siliciclastics followed by thick deposits of marine shelf to deltaic mud, silt and sand	

Phase	Tectonic Features	Depositional Features	Time
5 Shallow Seas	Low to moderate rates of subsidence with rates varying on a 2nd order sequence level. Normal faulting develops south of the SW edge of the basin	Reduced siliciclastic input almost exclusively of marine shelf – delta front origin	Jurassic
4 Filling the Abyss	Moderate to very high rates of subsidence varying on a 2nd order sequence level. Tanquary High terminates at end of the phase	Major siliciclastic influx of fluvial to deep basin origin which fills the central basin	Triassic
3 Passive Subsidence and Biosiliceous Factory	Slow to moderate subsidence rates and the maintenance of the central, deep water basin	A cool to cold oceanographic setting and upwelled acidic waters caused progressive eradication of carbonates and replacement by biosiliceous chert. Clastics are now shed from both northern and southern margins	Permian
2 End of Rifting, Basin Enlargement, Repeated Quiescence and Fault Reactivation	Last rifting pulse leads to basin deepening and enlargement, creation of axial basin depression, and widespread marine incursion. Followed by passive subsidence and progration of large carbonate platform. Later repeated fault reactivation and quiescence in response to major change in stress field	A hot, dry climate with initial, thick, basinal salt deposits followed by thick, tropical shelf carbonates rimming a deep water basin with mixed carbonate and siliciclastic sedimentation along southern margin. Later significant oceanographic cooling caused shift to temperate carbonates	Carboniferous
1 Mountains to Depression	Collapse and extensional faulting of Ellesmerian Orogen creating a narrow interconnected, mostly terrestrial rift system	Variable rift basin siliciclastics from organic-rich, lacustrine deposits to coarse-grained, fan delta sediments	

1. 阶段 1——早石炭世初始裂陷阶段

埃尔斯米尔造山带遭受广泛的侵蚀之后,早石炭世开始发生裂谷作用,北—南向的拉张形成了东—西走向的 Sverdrup 盆地。在早石炭世初始裂陷阶段(维宪期—谢尔普霍夫期,347～323 Ma±)形成了 Emma Fiord 组和 Borup Fiord 组(图 7 - 3 - 14 至图 7 - 3 - 16)。

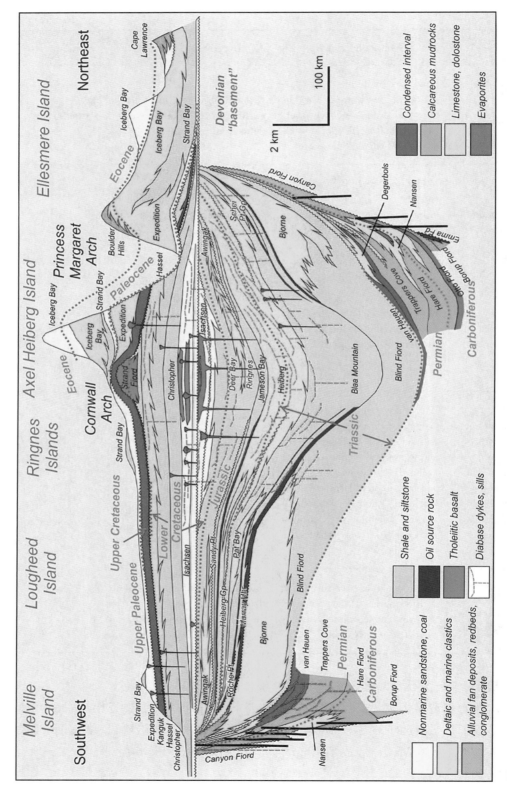

图 7 - 3 - 14　Sverdrup 盆地南西—北东向地层剖面图

（据 Embry and Beauchamp，2019 修改）

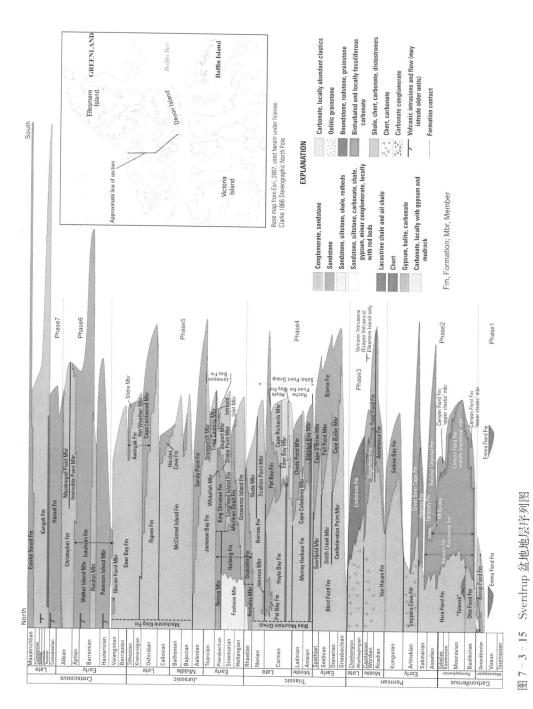

图 7 - 3 - 15　Sverdrup 盆地地层序列图

（据 Embry and Beauchamp, 2019; Tennyson and Pitman, 2020 修改）

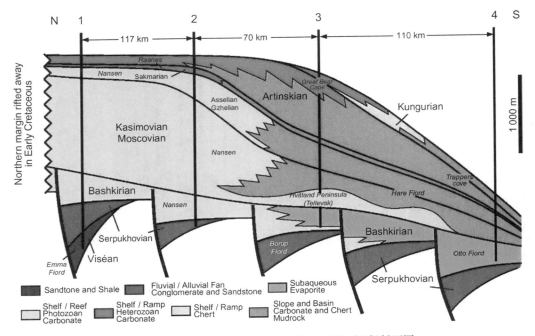

图 7-3-16　Sverdrup 盆地北部(位置见图 7-3-18)阶段 1 和 2 沉积断面图

(据 Embry and Beauchamp,2019 修改)

　　最早的裂谷地质记录是 Emma Fiord 组(维宪阶),厚度从几十米到超过 700 m,为一套河流相(砂岩、砾岩)、湖泊相(页岩、碳酸盐岩)和滨浅海相(碳酸盐岩)沉积。Emma Fiord 组由于具有高有机物含量而呈黑色[图 7-3-17(a)],表明它是在温暖潮湿的古气候下沉积的(Embry and Beauchamp,2019)。

图 7-3-17　Emma Fiord 组和 Borup Fiord 组露头

(a) Emma Fiord 组露头(总体为黑色,位于 NW Devon 岛的 Grinnell 半岛);(b) Borup Fiord (BF) 组露头[总体为红色,不整合于寒武系之上,Nansen (N) 组不整合其上,位于 NW Ellesmere 岛 Hare Fiord 北部]

(据 Embry and Beauchamp,2019)

　　Borup Fiord 组(谢尔普霍夫阶)不整合于 Emma Fiord 组之上,或直接角度不整合于 Franklinian 基底之上,主要为一套冲积扇、河流相砾岩、砂岩和泥岩(图 7-3-15,

图 7-3-16）。Borup Fiord 组总体颜色为红色[图 7-3-17(b)]，表明它是在干旱-半干旱气候条件下沉积的。

2. 阶段 2——晚石炭世—早二叠世规模沉陷阶段

阶段 2 跨越整个晚石炭世和早二叠世[巴什基尔期—空谷期（Kungurian），323～273 Ma±]。这一阶段盆地的沉积区范围显著扩大，早期为伴随裂陷的大规模沉陷，后期演化为整体沉陷（图 7-3-16）。在大规模构造沉降的同时，发生了广泛的海侵。早期（巴什基尔期，323～315 Ma±）形成一套由砾岩、砂岩、泥岩、碳酸盐岩、蒸发岩构成的滨浅海相沉积（图 7-3-15，图 7-3-16）。中期[莫斯科期（Moscovian）—亚丁斯克期，315～284 Ma±]形成一套由砂岩、泥岩、碳酸盐岩、硅质岩构成，以碳酸盐岩为主的滨浅海相-深海相沉积（图 7-3-15，图 7-3-16，图 7-3-18）。晚期（空谷期，284～273 Ma±）形成一套由砂岩、碳酸盐岩、泥岩、硅质岩构成的滨浅海相-深海相沉积（图 7-3-15，图 7-3-16）。

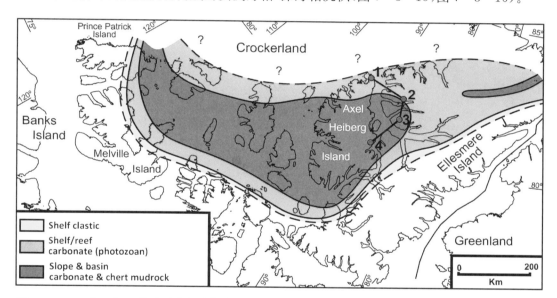

图 7-3-18　Sverdrup 盆地石炭纪晚期古地理图

（据 Embry and Beauchamp，2019 修改）

注：1～4 点连线为图 7-3-16 剖面位置。

3. 阶段 3——中-晚二叠世整体沉降-生物礁阶段

阶段 3 跨越二叠纪中晚期[罗德期（Roadian）—长兴期（Changhsingian），273～252 Ma±]。这一阶段盆地的沉积区范围与阶段 2 基本相当，以整体沉陷为特征（图 7-3-19）。浅水陆架区以砂岩、泥岩为主。陆架坡折附近以碳酸盐岩和泥岩为主，生物礁繁盛。深水盆地区沉积了泥岩、碳酸盐岩和硅质岩（图 7-3-19，图 7-3-20）。盆地总体上为一套由砂岩、泥岩、碳酸盐岩、硅质岩构成的滨浅海相-深海相沉积。

4. 阶段 4——三叠纪深盆充填阶段

阶段 4 几乎跨越这个三叠纪（印度期—诺利期，252～208 Ma±）。这一阶段盆地的沉

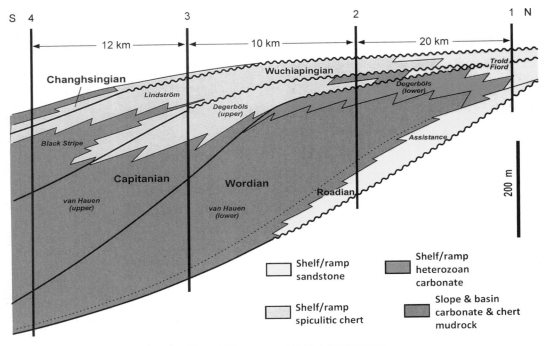

图 7 - 3 - 19　Sverdrup 盆地东部(位置见图 7 - 3 - 20)阶段 3 沉积断面图

(据 Embry and Beauchamp,2019 修改)

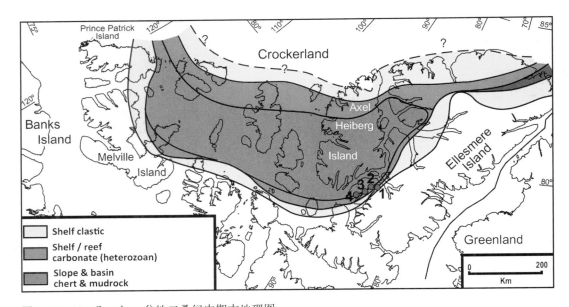

图 7 - 3 - 20　Sverdrup 盆地二叠纪中期古地理图

(据 Embry and Beauchamp,2019 修改)

注:1~4 点连线为图 7 - 3 - 19 剖面位置。

积区范围与阶段 3 基本相当,以整体沉陷为特征(图 7 - 3 - 21)。阶段 4 陆源碎屑供应增强,整个盆地以砂岩、粉砂岩、泥岩沉积为主。盆缘地带发育河流相、三角洲相和碎屑滨岸相。陆架浅海区发育陆架砂。深水盆地区发育规模较大的海底扇(图 7 - 3 - 21,图 7 - 3 - 22)。仅在 Gore Point 组沉积时期,发育粉砂质灰岩。阶段 4 晚期,盆地整体淤浅,冲积相、三角洲相、滨浅海相砂岩广泛分布(图 7 - 3 - 21)。

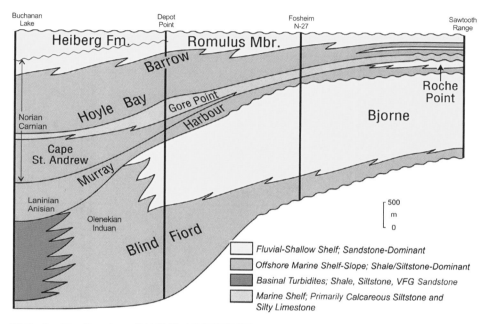

图 7 - 3 - 21　Sverdrup 盆地阶段 4 沉积断面图

(据 Embry and Beauchamp,2019 修改)

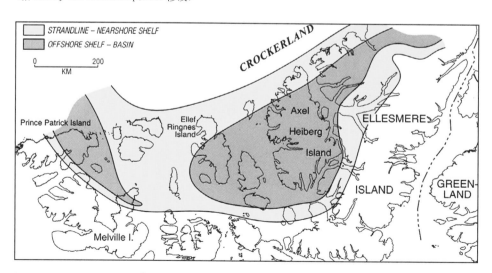

图 7 - 3 - 22　Sverdrup 盆地三叠纪卡尼期古地理图

(据 Embry and Beauchamp,2019 修改)

5. 阶段 5——三叠纪末—白垩纪初浅海阶段

阶段 5 从三叠纪末一直延续到白垩纪初（瑞替期—凡兰吟期，208~132 Ma±），但在侏罗纪普林斯巴赫期与托阿尔期之交（183 Ma±），构造和沉积格局发生了显著变革，盆地由西南部深、东北部浅转变为西北部深、东南部浅（图 7-3-23 至图 7-3-25）。这一构造变革与美亚盆地大规模张裂密切相关（Hadlari et al,2016）。

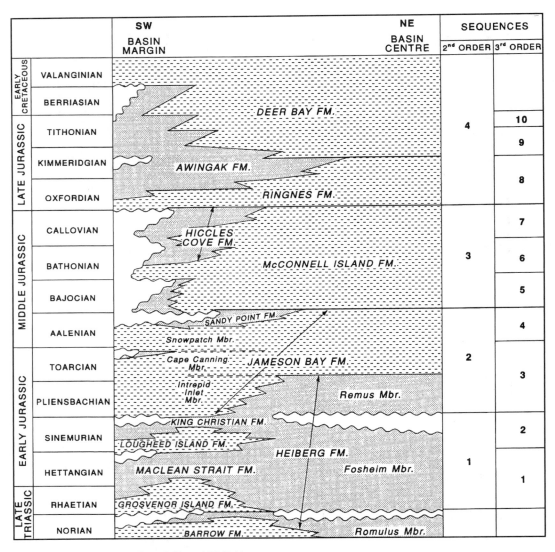

图 7-3-23　Sverdrup 盆地阶段 5 地层序列

（据 Embry,1993 修改）

瑞替期—普林斯巴赫期,在盆地东北部发育三角洲平原、三角洲前缘、滨浅海相,岩石类型以砂岩为主,次为泥岩;西南部发育深水浅海相泥岩、砂岩,边缘发育滨岸相砂岩（图 7-3-23,图 7-3-24）。

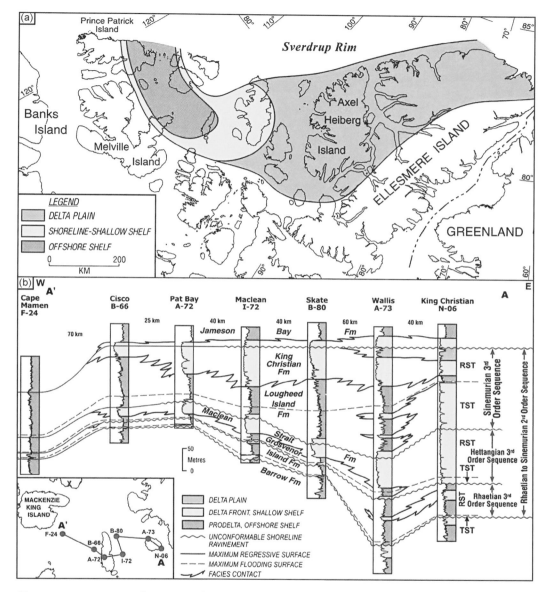

图 7 - 3 - 24　Sverdrup 盆地三叠纪古地理及沉积剖面图

(a) Sverdrup 盆地三叠纪瑞替期古地理；(b) Sverdrup 盆地西部瑞替期—西涅缪尔期沉积剖面图

(据 Embry and Beauchamp，2019 修改)

　　托阿尔期—阿林期，物源供应显著减弱，广泛接受了滨浅海相泥质沉积(图 7 - 3 - 23)。阿林期末发育了从盆地南部、东部和北部边缘向盆地中心推进的陆架砂单元(图 7 - 3 - 23 中 Sandy Point 组)。

　　巴柔期—卡洛维期，盆地的大部分地区岩石类型为约 200 m 厚的浅海相泥质岩(图 7 - 3 - 23 中 McConnell Island 组)，在盆地南部和北部边缘发育滨浅海相砂岩(图 7 - 3 - 23 中 Hiccles Cove 组)。

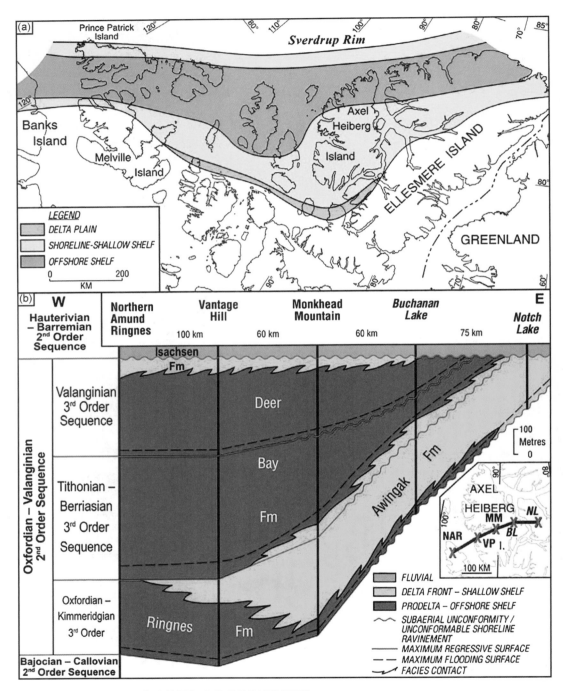

图 7 - 3 - 25　Sverdrup 盆地侏罗纪古地理及沉积剖面图

(a) Sverdrup 盆地晚侏罗世基默里奇期(Kimmeridgian)古地理;(b) Sverdrup 盆地东部牛津期—凡兰吟期沉积剖面图
(据 Embry and Beauchamp,2019 修改)

　　牛津期—凡兰吟期初期,盆地发生了大规模海侵,形成广泛的滨浅海相泥质岩(图 7 - 3 - 23 中 Ringnes 组)。随后,发生了海退,在基默里奇期中期达到海退极值。伴随着海退,在盆地东南部形成分布广泛的三角洲相、滨浅海相砂岩(Awingak 组);在盆地西北部主要发育远滨泥质岩(Deer Bay 组),在盆地西北部边缘地带发育滨浅海相砂岩(图 7 - 3 - 23,图 7 - 3 - 25)。从基默里奇期中期开始,一直到白垩纪初的贝里阿斯期,发生了大规模海侵,Awingak 组砂岩分布范围逐步缩小,Deer Bay 组泥质岩分布范围逐步扩大。凡兰吟期,Deer Bay 组泥质岩几乎覆盖全部盆地(图 7 - 3 - 23)。

　　6. 阶段 6——早白垩世滨浅海相陆源粗碎屑沉积阶段

　　阶段 6 从白垩纪的欧特里沃期开始延续到阿尔必期后期(132~105 Ma±)(图 7 - 3 - 15)。阶段 6 由两个二级层序组成,分别为欧特里沃阶—巴列姆阶二级层序和阿普特阶—阿尔必阶二级层序。

　　下部的欧特里沃阶—巴列姆阶二级层序由厚层、粗粒河流-三角洲沉积物(Isachsen 组,最大厚度 1 000 m)组成(图 7 - 3 - 26)。物源主要来自东部和南部的隆起区泥盆系碎屑岩及更老的岩层(Tullius et al,2014)。期间,发生了两次海侵,形成两个三级层序最大海泛面附近相对富泥的层段(图 7 - 3 - 26)。

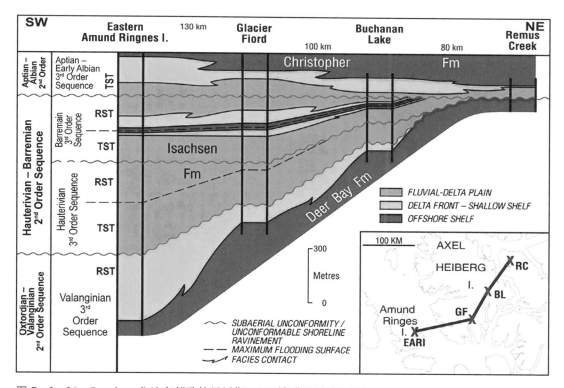

图 7 - 3 - 26　Sverdrup 盆地东部欧特里沃期—巴列姆期沉积剖面图

(据 Embry and Beauchamp,2019)

阿普特期,盆地发生了大规模海侵,海岸线推进到东部和南部的克拉通上,Sverdrup盆地被完全淹没,形成一套以泥质岩为主的滨浅海相沉积(图7-3-27中Christopher组Invincible Point段大部分)。阿尔必期中期,盆地发生了明显的海退,形成厚度相对较小、分布较广的滨浅海相砂岩(图7-3-27中Christopher组Invincible Point段顶部)。随后,又发生了广泛的海侵,形成以泥质岩为主的滨浅海相沉积(图7-3-27中Christopher组Macdougall Point段)。早白垩世晚期再次发生海退,粗碎屑沉积物(Hassel组)从南部和东部向盆地方向推进,形成盆地内广泛分布的河流相-三角洲相、滨浅海相粗砂岩(图7-3-27,图7-3-28)。

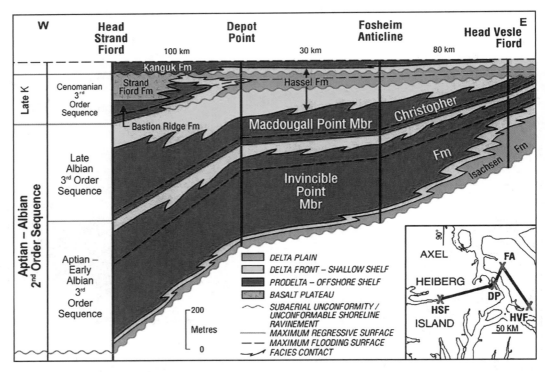

图7-3-27 Sverdrup盆地东部阿普特期—阿尔必期沉积剖面图

(据Embry and Beauchamp,2019)

早白垩世,从东部的Ellesmere岛北部到西部的Ellef Ringnes岛中部,发育零星的玄武岩,辉绿岩岩床侵入Sverdrup盆地的大部分地区(图7-3-29)。这些岩浆活动与北极地幔柱导致的区域岩浆活动密切相关。

7. 阶段7——晚白垩世构造平静阶段

阶段7从白垩纪阿尔必期末延续到马斯特里赫特期末(105~65 Ma±,图7-3-30)。

塞诺曼期,盆地主要由三角洲、滨浅海沉积物组成(图7-3-27中Hassel组、Bastion Ridge组)。在盆地中央地带发育有塞诺曼期厚层玄武岩(图7-3-27中Strand Fiord组),在Axel Heiberg岛北部厚度达900 m。

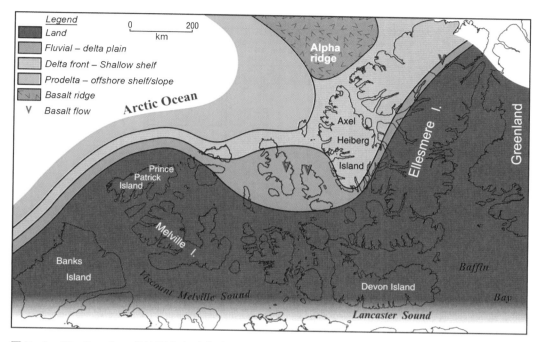

图 7 - 3 - 28　Sverdrup 盆地阿尔必晚期古地理图

（据 Embry and Beauchamp, 2019）

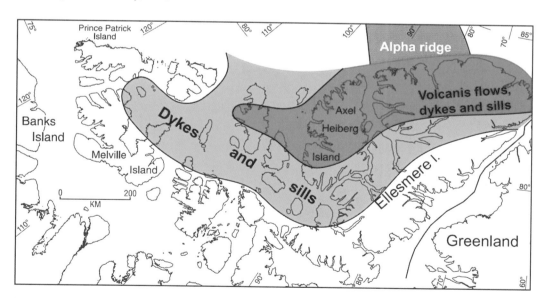

图 7 - 3 - 29　Sverdrup 盆地白垩纪岩浆岩分布图

（据 Embry and Beauchamp, 2019）

　　塞诺曼期末至坎潘早期,盆地发生了大规模海侵,形成广泛分布的 Kanguk 组。Kanguk 组为以泥岩、粉砂岩为主的浅海相沉积(图 7 - 3 - 30),其分布远远超出了 Sverdrup 盆地范围。

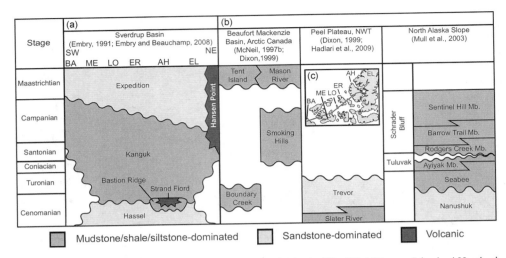

BA—Banks Island；ME—Melville Island；LO—Lougheed Island；ER—Ellef Ringnes Island；AH—Axel Heiberg Island；EL—Ellesmere Island；NWT—Northwest Territories。

图 7-3-30　Sverdrup 盆地上白垩统地层单元及与邻区地层对比

（a）Sverdrup 盆地地层序列；（b）邻区地层序列；（c）Sverdrup 盆地地层序列（a）剖面位置
（据 Davies et al，2018）

坎潘早期—马斯特里赫特期，盆地发生了大规模海退，河流相-三角洲相、滨浅海相沉积不断向盆地方向推进，形成了砂岩占优势的 Expedition 组（图 7-3-30）。

桑顿期—马斯特里赫特期，Ellesmere 岛最北部发育了厚度达 500 m 的长英质火山岩（流纹岩、粗安岩和流纹岩）（图 7-3-30 中 Hansen Point 组）。火山岩直接覆盖在石炭系上（Estrada et al，2016）。该期火山活动很可能与欧亚初始张裂有关（Tegner et al，2011）。马斯特里赫特期晚期，盆地的广泛隆升与 Eurekan 造山运动的初始挤压有关。

8. 阶段 8——古新世—始新世隆升阶段

阶段 8 从古新世延续到始新世中期（65～41 Ma±）。在这一阶段，Sverdrup 盆地总体处于挤压隆升状态，沉积相类型由古新世的三角洲相-滨浅海相演变为始新世中期的山间盆地非海相（图 7-3-31）。

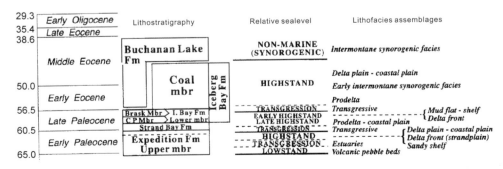

图 7-3-31　Sverdrup 盆地古近系地层序列

（据 Ricketts and Stephenson，1994）

挤压隆升变形在始新世晚期达到顶峰(Eurekan 造山运动),整个盆地隆起,结束了3 亿年的沉积历史。盆地东部因逆冲和褶皱而发生强烈的变形,沿西南方向变形逐渐减弱(图 7-3-13)。

7.4　加拿大北部被动大陆边缘地质特征

加拿大北部被动大陆边缘包括 Mackenzie 三角洲、Arctic 陆架、巴芬陆架 3 个基本构造单元(图 7-0-1)。其中,Mackenzie 三角洲和 Arctic 陆架通常合称为加拿大北极被动大陆边缘(Canadian Arctic Passive Margin,CAPM)。加拿大北极被动大陆边缘是白垩纪中期(132 Ma±)以来,伴随着加拿大海盆打开、洋底扩张而形成的。被动大陆边缘的碎屑岩沉积楔厚度通常达到 12 km,在 Mackenzie 三角洲近海处厚度达到18 km(Helwig et al,2011)。Baffin 陆架是古新世塞兰特期(Selandian)(61 Ma±)格陵兰与北美大陆裂离、Baffin 小洋盆打开而形成的,沉积了约 12 km 厚的碎屑岩沉积楔(Harrison et al,2011)。

7.4.1　加拿大北极被动大陆边缘地质特征

Mackenzie 三角洲也称 Beaufort-Mackenzie 盆地。发育于阿拉斯加北极地块、劳伦古陆、加拿大海盆洋壳的结合部,主体位于劳伦古陆边缘。而 Arctic 陆架南部的基底是劳伦古陆边缘,中部和北部的基底为 Ellesmere 变形带(图 7-4-1)。尽管加拿大北极被动大陆边缘是白垩纪后才成为现今的被动大陆边缘盆地,但其最老的基底是元古宇,经历了古生代、中新生代多次伸展沉降和挤压隆升,具有漫长而复杂的演化历史。

1. 构造分区及特征

根据地壳结构、被动大陆边缘形成演化的构造历史差异(表 7-4-1,表 7-4-2),加拿大北极被动大陆边缘划分为 3 个构造段,分别为 Beaufort 褶皱带构造段、Tuktoyaktuk(Tuk)构造段和 Banks 构造段(图 7-4-1,图 7-4-2)。

1) Beaufort 褶皱带构造段

Beaufort 褶皱带构造段是 Cordilleran 新生代褶皱-冲断带沿北极边缘的海底部分。

在地壳结构方面:Beaufort 褶皱带构造段莫霍面深度为 22~34 km;早白垩世(134~117 Ma)洋壳基底厚度为 8~12 km;陆壳基底为北极阿拉斯加地体和劳伦古陆;被动大陆边缘沉积楔厚度为 12~18 km(表 7-4-1,图 7-4-2 至图 7-4-4)。

在被动大陆边缘形成演化的构造历史方面:牛津期—凡兰吟期(160~134 Ma)为大陆裂谷阶段;欧特里沃期—阿普特期中期(134~117 Ma)为伴随海底扩张、洋壳基底形成的大陆边缘及大洋充填阶段;阿普特期中期至马斯特里赫特期(117~65 Ma)为被动沉降阶段;马斯特里赫特期晚期至始新世中期(65.5~41 Ma)为褶皱发展阶段;始新世中晚期(41~34 Ma)为强烈褶皱隆升、剥蚀阶段;渐新世—中新世(34~5.3 Ma)为外褶皱带挤压、深部反转及晚期局部伸展阶段；Pliocene 期—现今（5.3～0 Ma）为构造沉降阶段（表 7-4-2，图 7-4-2 至图 7-4-4）。

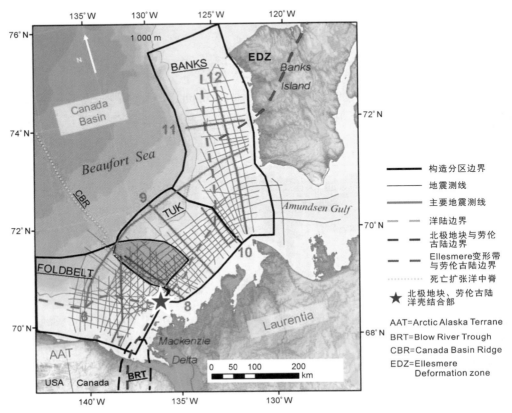

图 7-4-1　加拿大北极被动大陆边缘地貌及构造分区

（据 Helwig et al，2011 修改）

表 7-4-1　加拿大北极被动大陆边缘基底特征

（据 Helwig et al，2011）

Crustal unit	CAPM segment		
	Beaufort Foldbelt	Tuk	Banks Island
Passive margin wedge（maximum thickness）	12～18 km, foreland basin overprint, folded, minor late extension	12～14 km, Oligocene transtensional reactivation	7～10 km, Neogene detached extension
Continental Crust	Arctic Alaska Terrane, Thrusting	Laurentian peri-craton and cover	Laurentian peri-craton and cover
Transitional Crust	Attenuated and metamorphosed(?). uncertain	Minor attenuation, abrupt COB, small volcanic additions	Attenuated with abrupt COB

Crustal unit	CAPM segment		
	Beaufort Foldbelt	Tuk	Banks Island
Oceanic Crust interpreted 134~117 Ma age	8~12 km thick, minor Neogene inversion	7~10 km thick, minor fault reactivation	9~11 km thick, poor control
MOHO depth	22~34 km	22~38 km	22~38 km

表 7 - 4 - 2　加拿大北极被动大陆边缘沉积盖层构造特征(据 Helwig et al,2011)

Age	CAPM segment		
	Beaufort Foldbelt	Tuktoyaktuk (Tuk)	Banks Island
Pliocene – Recent 5.3~0 Ma	Subsidence	Subsidence	Subsidence and extension, detached
Oligocene to Miocene 34~5.3 Ma	Compression of outer foldbelt and deep inversion, minor late extension	Transtensional faulting, Tarsiut – Amauligak Trough	Extension and rollover anticlines, detached
Mid – Late Eocene 41~34 Ma	Climactic folding, uplift and erosion	Subsidence, foldbelt impinges	Subsidence, detached extension
Maastrichtian to Mid – Eocene 65.5~41 Ma	Folding progrades from inner to outer foldbelt	Subsidence	Subsidence
Mid – Aptian to Maastrichtian 117~65 Ma	Passive subsidence	Passive subsidence	Passive subsidence
Hauterivian to Mid – Aptian 134~117 Ma	Breakup, seafloor spreading, filling of ocean floor relief	Transform faulting, seafloor spreading, and marginal basins	Breakup, seafloor spreading, filling of ocean floor relief
Oxfordian- Valanginian 160~134 Ma	Rifting	Transtensional rifting	Rifting

Beaufort 褶皱带构造段阿普特期中期至坎潘期(117~83.5 Ma)地层向西南方向增厚(图 7 - 4 - 2),这与 Mackenzie 三角洲沉积作用有关。Beaufort 褶皱带段在 83.5~23 Ma 的地层强烈褶皱与 Cordilleran 新生代构造挤压有关,挤压褶皱-逆冲变形作用向北减弱,构造线主体为东西走向。在洋壳基底区域,Cordilleran 新生代构造挤压变形在死亡洋中脊终止或变弱。在陆壳基底区域,西南部北极阿拉斯加地体基底上发育的被动大陆边缘地层的褶皱-逆冲变形(图 7 - 4 - 3)明显强于东北部劳伦古陆基底上发育的被动大陆边缘地层的褶皱-逆冲变形(图 7 - 4 - 2 至图 7 - 4 - 5)。

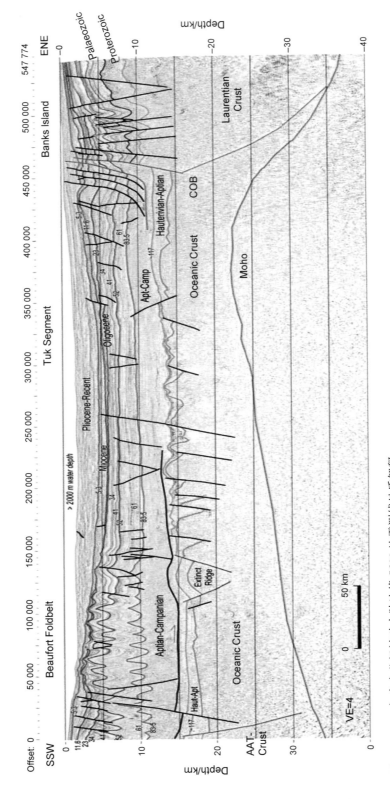

图 7 - 4 - 2　加拿大北极被动大陆边缘 5600 地震测线地质解释

(剖面位置见图 7 - 4 - 1 中 6,据 Helwig et al.2011)

注:西南端为北极阿拉斯加地体(AAT)基底。莫霍面深度约为 34 km。东北部为劳伦古陆基底,莫霍面深度约为 37 km。主体为洋壳基底,莫霍面最浅约为 22 km。COB 为洋陆边界。欧特里沃期—阿普特期中期(134~117 Ma)地层两侧厚中部薄,地层后期变形弱,且中部同沉积断层发育,是海底扩张的反映。Beaufort 褶皱带段阿普特期中期—坎潘期(117~83.5 Ma)地层向西南方向增厚,与 Mackenzie 三角洲沉积作用有关。Beaufort 褶皱带段 83.5~23 Ma 的地层强烈褶皱与 Cordilleran 新生代构造挤压有关。加拿大海盆的死亡洋中脊终止了 Cordilleran 新生代构造挤压变形。图中界面标注的数字为界面的地质年龄,单位为 Ma。

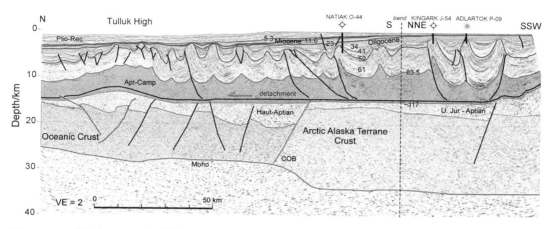

图 7 - 4 - 3　Mackenzie 三角洲盆地 3500 地震测线地质解释

（剖面位置见图 7 - 4 - 1 中 7，据 Helwig et al，2011 修改）

注：图中界面所标注数字为界面地质年龄，单位为 Ma。COB 为洋陆边界。

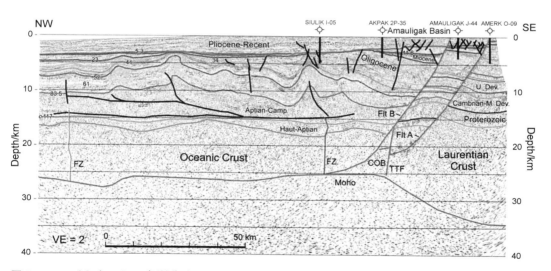

图 7 - 4 - 4　Mackenzie 三角洲盆地 4250 地震测线地质解释

（剖面位置见图 7 - 4 - 1 中 8，据 Helwig et al，2011 修改）

注：图中界面所标注数字为界面地质年龄，单位为 Ma。COB 为洋陆边界；Flt A 为 Amauligak 断层；Flt B 为 Amerk 断层；FZ 为未命名断层；TTF 为 Tuk 走滑断层。

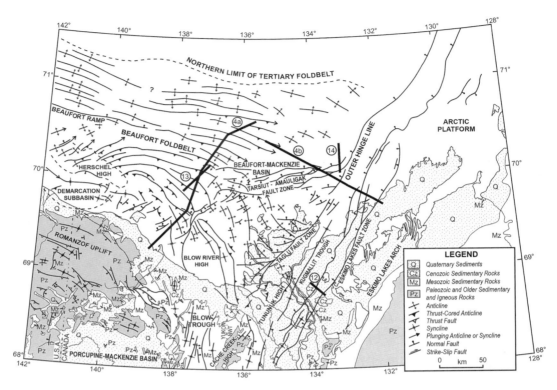

图 7-4-5 Beaufort-Mackenzie 地区地质简图

（据 Dixon et al,2019）

2）Tuk 构造段

Tuk 构造段西南部过渡为 Beaufort 褶皱带构造段，东部与 Banks 构造段相接
（图 7-4-1）。

在地壳结构方面：Tuk 构造段莫霍面深度为 22～38 km；早白垩世（134～117 Ma）洋
壳基底厚度为 7～10 km；陆壳基底为劳伦古陆；被动大陆边缘沉积楔厚度为 12～14 km
（表 7-4-1，图 7-4-1，图 7-4-6，图 7-4-7）。

在被动大陆边缘形成演化的构造历史方面：牛津期—凡兰吟期（160～134 Ma）为大
陆走滑裂谷阶段；欧特里沃期—阿普特期中期（134～117 Ma）为伴随海底扩张、洋壳基底
形成的走滑断裂活动、大陆边缘及大洋充填阶段；阿普特期中期—马斯特里赫特期（117～
65 Ma）为被动沉降阶段；马斯特里赫特期晚期至始新世中期（65.5～41 Ma）以构造沉降
为主；始新世中晚期（41～34 Ma）以构造沉降为主，西南边缘发生弱挤压，形成褶皱；渐
新世—中新世（34～5.3 Ma）走滑断裂活动较强，形成 Tarsiut-Amauligak 拉分构造带
（图 7-4-5）；上新世—现今（5.3～0 Ma）为构造沉降、伸展、拆离阶段（表 7-4-2，图 7-
4-6，图 7-4-7）。

Tuk 构造段是以劳伦古陆为基底的大陆边缘，发育有较厚的元古宇、古生界，上覆的
中-新生界相对较薄。欧特里沃期—阿普特期中期（134～117 Ma）地层在洋陆边界附近厚

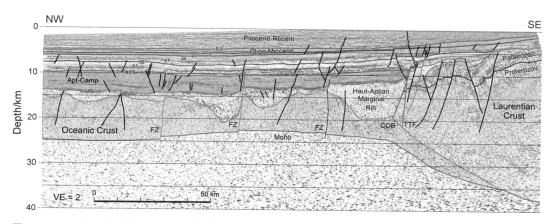

图 7 - 4 - 6　Tuk 构造段 4250 地震测线地质解释

（剖面位置见图 7 - 4 - 1 中 9，据 Helwig et al,2011 修改）

注：图中所标注数字为界面地质年龄，单位为 Ma。COB 为洋陆边界；FZ 为未命名断层；TTF 为 Tuk 走滑断层。

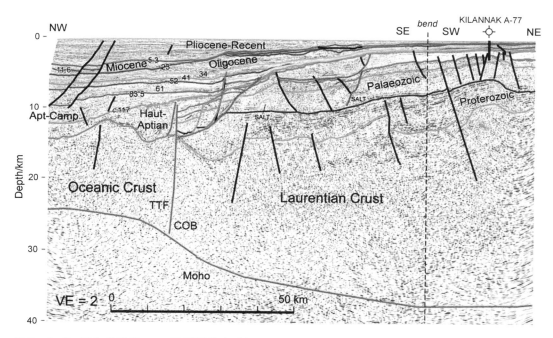

图 7 - 4 - 7　Tuk 构造段 4675 地震测线地质解释

（剖面位置见图 7 - 4 - 1 中 10，据 Helwig et al,2011 修改）

注：图中界面所标注数字为界面地质年龄，单位为 Ma。COB 为洋陆边界；TTF 为 Tuk 走滑断层。

度极大，约 8 km，反映了这一时期加拿大地台丰富的物源供应。中-新生界挤压变形及其微弱，主要表现为走滑伸展构造特征，表明 Cordilleran 新生代构造挤压作用基本未对本区造成挤压变形（图 7 - 4 - 2，图 7 - 4 - 6，图 7 - 4 - 7）。

3）Banks 构造段

Banks 构造段南部过渡为 Tuk 构造段（图 7 - 4 - 1），北部过渡为 Alpha 海岭和 Makarov

盆地(图7-0-1)。

在地壳结构方面：Banks构造段莫霍面深度为22～38 km；早白垩世(134～117 Ma)洋壳基底厚度为9～11 km；陆壳基底为劳伦古陆及Ellesmere变形带；被动大陆边缘沉积楔厚度为7～10 km(表7-4-1,图7-4-1,图7-4-8,图7-4-9)。

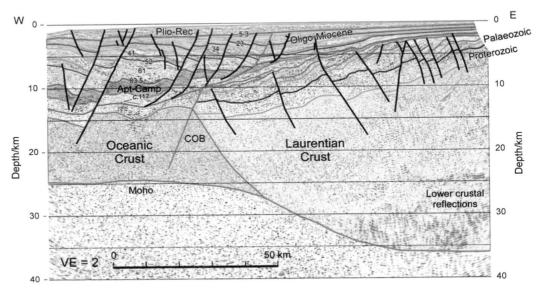

图7-4-8　Banks构造段5690地震测线地质解释

(剖面位置见图7-4-1中11,据Helwig et al,2011修改)

注：图中界面所标注数字为界面地质年龄,单位为Ma。COB为洋陆边界。

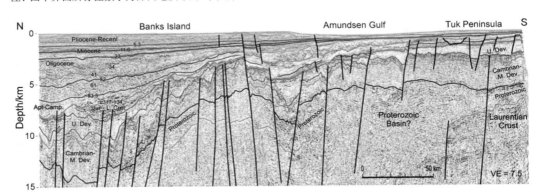

图7-4-9　Banks构造段4925地震测线地质解释

(剖面位置见图7-4-1中12,据Helwig et al,2011修改)

注：图中界面所标注数字为界面地质年龄,单位为Ma。

在被动大陆边缘形成演化的构造历史方面：牛津期—凡兰吟期(160～134 Ma)为大陆裂谷阶段；欧特里沃期—阿普特期中期(134～117 Ma)为伴随海底扩张-洋壳基底形成的大陆边缘及大洋充填阶段；阿普特期中期—马斯特里赫特期(117～65 Ma)为被动沉降阶段；马斯特里赫特期晚期—始新世中期(65.5～41 Ma)以构造沉降为主；始新世中晚期

(41～34 Ma)以构造拆离、伸展沉降为主;渐新世—中新世(34～5.3 Ma)为构造伸展阶段,形成滚动背斜;上新世—现今(5.3～0 Ma)为构造沉降、伸展、拆离阶段(表 7－4－2,图 7－4－8,图 7－4－9)。

Banks 构造段以劳伦古陆或劳伦古陆边缘 Ellesmere 变形带为基底,被动大陆边缘盆地层序之下发育较厚的元古宇、古生界,上覆的中新生代被动大陆边缘地层相对较薄(图 7－4－8,图 7－4－9)。中新生代被动大陆边缘地层主要表现为伸展变形,在沉积倾向方向,各时代地层厚度均匀向洋盆增大(图 7－4－8),但在沉积走向方向,地层厚度变化规律不明显,可能受到古地貌的影响。

2. 地层序列及地质演化

加拿大北极被动大陆边缘是中新生代在北极地块边缘与劳伦古陆边缘拼贴基底上发育的。结束于泥盆纪早期北极地块与劳伦古陆拼贴、碰撞构造活动,也称 Ellesmere 运动(Colpron and Nelson,2011)。北极地块最古老的岩石年龄超过 2 000 Ma(见 5.3.1 节)。劳伦古陆最古老的岩石年龄超过 4 000 Ma(见 7.1.1 节)。因此,在中新生代加拿大北极被动大陆边缘地层之下发育古生界和元古宇(图 7－4－2,图 7－4－4,图 7－4－6 至图 7－4－10)。

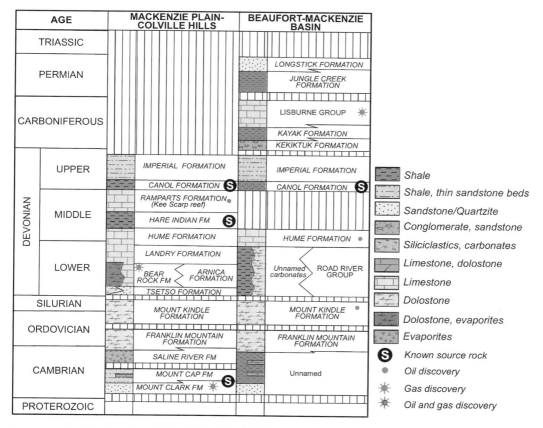

图 7－4－10　Mackenzie 三角洲盆地古生代地层序列

(据 Hu et al,2014 修改)

关于北极地块的地质特征及地质演化历史参见 6.2 节;关于劳伦古陆边缘的地质特征与地质演化历史参见 7.2 节;关于 Ellesmere 变形带的地质特征与地质演化历史参见 7.3 节。现重点讨论中新生代加拿大北极被动大陆边缘的地层序列及地质演化特征。

中新生代加拿大北极被动大陆边缘的地层序列为白垩纪欧特里沃期—现今沉积物,下伏侏罗纪牛津期—白垩纪凡兰吟期大陆裂谷阶段地层。其地质演化历史可划分为① 大陆裂谷阶段(牛津期—凡兰吟期);② 洋盆扩张阶段(欧特里沃期—阿普特期中期);③ 差异变形阶段(阿普特期中期—中新世);④ 稳定沉降阶段(Pliocene 期—现今)(图 7-4-11)。

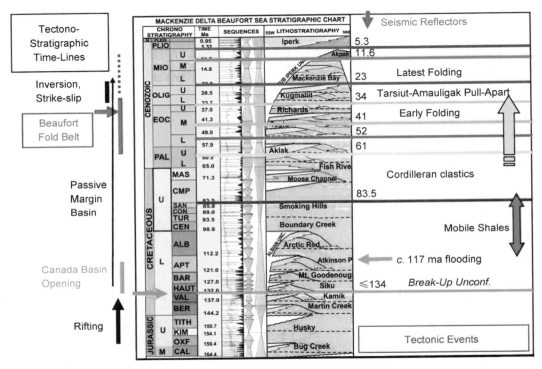

图 7-4-11　Mackenzie 三角洲盆地中新生代构造-地层序列

(据 Helwig et al,2011 修改)

1) 大陆裂谷阶段

大陆裂谷阶段形成的地层是侏罗系牛津阶至白垩系凡兰吟阶。Mackenzie 三角洲盆地命名为 Bug Creek 组、Husky 组、Martin Creek 组和 Kamik 组(图 7-4-11)。侏罗系牛津阶至白垩系凡兰吟阶以泥岩为主,砂岩次之,局部发育砾岩,夹火山岩,为一套裂谷盆地冲积相、滨浅海相沉积(Dixon et al,2007)。

2) 洋盆扩张阶段

洋盆扩张阶段形成了白垩系欧特里沃阶—阿普特阶中段。Mackenzie 三角洲盆地命名为 Siku 组、Husky 组、Mount Goodenoug 组和 Atkinson Point 组(图 7-4-11)。白垩系欧特里沃阶—阿普特阶中段以泥岩为主,砂岩次之,局部发育砾岩,为一套大洋-被动大陆边缘盆地深海相-滨浅海相、冲积相沉积(Dixon et al,2007)。

3) 差异变形阶段

差异变形阶段形成了白垩系阿普特阶中段—新近系中新统。在 Mackenzie 三角洲盆地自下而上命名为 Arctic Red 组、Boundary Creek 组、Smoking Hill 组、Moose Channel 组、Fish River 组、Aklak 组、Richards 组、Kugmallit 组、Mackenzie Bay 组和 Akpak 组(图 7 - 4 - 11)。白垩系阿普特阶中段—新近系中新统以泥岩为主,砂岩次之,局部发育砾岩,为一套大洋-被动大陆边缘盆地深海相-滨浅海相、三角洲相、冲积相沉积(Dixon et al,2007)。

4) 稳定沉降阶段

稳定沉降阶段形成了新近纪上新世—现今沉积物。在 Mackenzie 三角洲盆地命名为 Iperk 组(图 7 - 4 - 11),以泥岩为主,砂岩次之,为一套大洋-被动大陆边缘盆地深海相-滨浅海相、三角洲相沉积(Dixon et al,2007)。

7.4.2　加拿大巴芬陆架地质特征

加拿大巴芬陆架的西部与巴芬岛相接,西北部与北极群岛相接,东邻巴芬湾残留洋盆,南以 Cape Dyer 火山岩带为界(图 7 - 4 - 12)。

前文(见 2.4.4 节)已述及,巴芬湾残留洋盆是格陵兰从劳伦古陆裂离形成的短命小洋盆。在 135～100 Ma 为大陆同裂谷阶段,100～62.5 Ma 为裂后伸展阶段。在 62.5 Ma 格陵兰与劳伦古陆分离,洋壳出现。在 62.5～33 Ma 为洋壳扩张阶段,33 Ma 后,成为残留洋盆。本节有关加拿大巴芬陆架地质特征的讨论,着重于白垩纪以来加拿大巴芬陆架的构造、地层及沉积特征。

1. 构造特征

加拿大巴芬陆架具有典型的断陷-坳陷叠合构造特征(图 7 - 4 - 13,图 7 - 4 - 14),可划分为断陷构造层和坳陷构造层。局部受古新世晚期(57 Ma±)古构造应力场转变的影响(Chauvet et al,2019),发生构造反转,形成逆冲断层(图 7 - 4 - 13 中②,图 7 - 4 - 14 中③⑤)。

1) 断陷构造层

断陷构造层以箕状断陷为主,可分为同裂谷期断陷构造层(135～100 Ma)和裂后伸展断陷构造层(100～62.5 Ma)。同裂谷期断陷构造层分布范围局限,而裂后伸展断陷构造层分布范围广。逆冲断裂主要改造断陷构造层(图 7 - 4 - 13,图 7 - 4 - 14)。

2) 坳陷构造层

坳陷构造层覆盖于断陷构造层之上,可分为早期坳陷构造层(62.5～56 Ma)、中期坳陷构造层(56～33 Ma)和晚期坳陷构造层(33～0 Ma)。

早期坳陷构造层(62.5～56 Ma)是在洋盆扩张初期形成的。其地层厚度明显受下伏断陷构造层的影响,前期断陷部位厚度较大,前期断垒部位厚度较小,有的断垒地层缺失

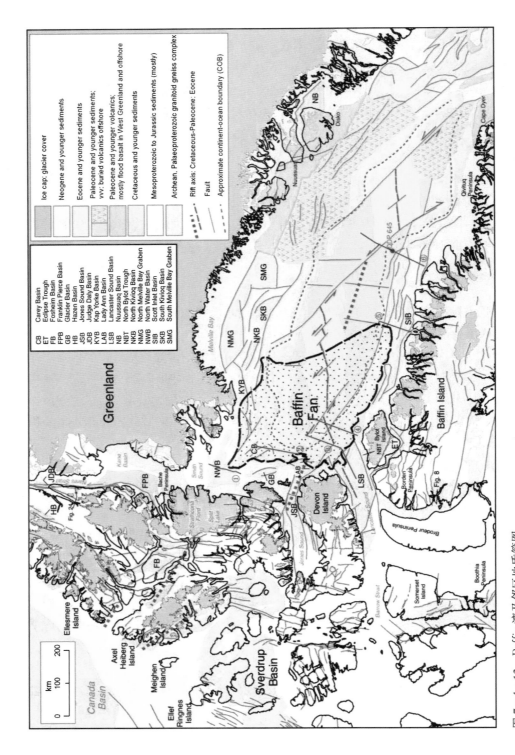

图 7 - 4 - 12　Baffin 湾及邻区地质简图

（据 Harrison et al,2011 修改）

注：绿色实线①～⑥为地震剖面位置。

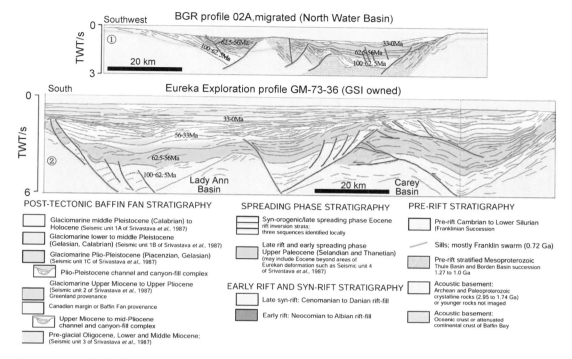

图 7 - 4 - 13　Baffin 陆架北部地震剖面地质解释

(剖面位置见图 7 - 4 - 12 中①和②,据 Harrison et al,2011 修改)

(图 7 - 4 - 13,图 7 - 4 - 14)。靠近洋陆边界(COB)有同沉积断层活动(图 7 - 4 - 14 中④⑤⑥),局部受逆冲断裂改造隆升反转(图 7 - 4 - 13,图 7 - 4 - 14 中③⑤)。早期坳陷构造层的地层厚度在洋陆边界附近相对较大,向洋盆方向尖灭(图 7 - 4 - 14)。

中期坳陷构造层(56～33 Ma)是在洋盆持续扩张期形成的。地层厚度明显受下伏地层反转构造、物源供应、洋陆边界的影响。在下伏地层反转构造发育部位,地层厚度较小(图 7 - 4 - 13 中②)。在沉积物过路部位或缺少沉积物供应部位,地层厚度极小,甚至地层缺失(图 7 - 4 - 13 中①,图 7 - 4 - 14 中⑤⑥)。在洋陆边界附近,地层尖灭(图 7 - 4 - 14 中③④)。

晚期坳陷构造层(33～0 Ma)是洋盆停止扩张的残留期形成的。地层厚度主要受物源供应、洋陆边界的影响。在沉积物过路部位或缺少沉积物供应部位,地层厚度极小,甚至地层缺失(图 7 - 4 - 13 中①,图 7 - 4 - 14)。在洋陆边界附近,地层厚度急剧增大(图 7 - 4 - 14)。巴芬扇的主体发育于洋壳基底之上(图 7 - 4 - 14 中③④)。

2. 地层及沉积特征

加拿大巴芬陆架在前白垩系基底上,发育了白垩系、古近系、新近系及第四系(图 7 - 4 - 12,图 7 - 4 - 13,图 7 - 4 - 14),可划分为前裂谷沉积期(前白垩纪)、大陆裂谷沉积期(白垩纪—古新世丹尼期)、洋盆扩张陆架沉积期(古新世塞兰特期—始新世)和残留洋盆陆架沉积期(渐新世—现今)4 个沉积演化阶段。

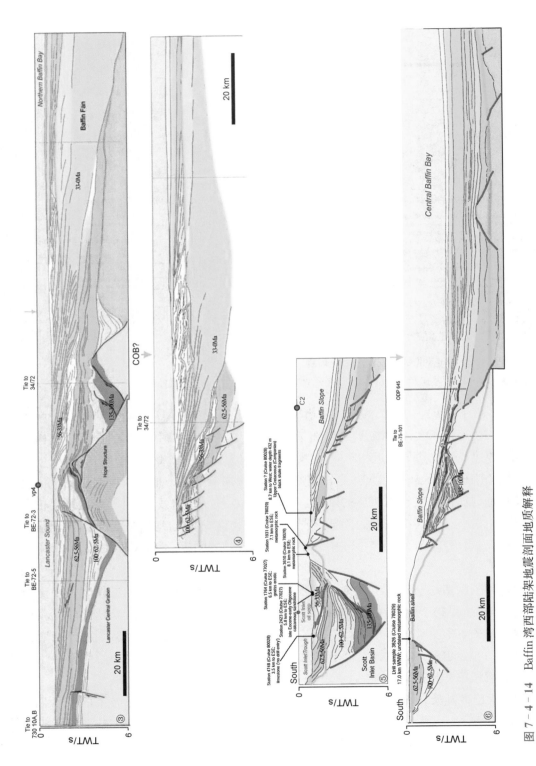

图 7 – 4 – 14　Baffin 湾西部陆架地震剖面地质解释

（剖面位置见图 7 – 4 – 12 中③④⑤⑥，图例见图 7 – 4 – 13，据 Harrison et al.2011 修改）

1）前裂谷沉积期（前白垩系）

加拿大巴芬陆架前白垩系最老的岩石是巴芬湾北部冰川山区的角闪岩相和麻粒岩相结晶基底，年龄从中太古代到古元古代晚期（2.95～1.74 Ga）。变质杂岩被中含有地质年龄为 1.645 Ga、1.267 Ga、0.723 Ga 和 0.58 Ga 的粗玄岩脉和岩床切割（Harrison et al，2011）。

最古老的中元古代层状未变质岩石的地质年龄为 1.27～1.0 Ga，分布局限（图 7 - 4 - 13，图 7 - 4 - 14 中③）。在 Thule 盆地，中元古界以粗碎屑沉积物为主，厚度达 4.3 km，上覆石灰岩和少量蒸发岩，厚度达 1.5 km（Harrison et al，2011）。

加拿大北极群岛和北格陵兰的局部地区发育新元古界至泥盆系，属于前文（见 7.2 节）讨论的北美北部地台沉积。加拿大巴芬陆架局部可识别出寒武系—下志留统（图 7 - 4 - 14 中③）。

2）大陆裂谷沉积期（白垩系—古新统丹尼阶）

加拿大巴芬陆架的大陆裂谷作用约在 135 Ma 开始，一直延续到约 62.5 Ma 洋壳出现。在大陆裂谷沉积时期，形成了同裂谷沉积时期的下白垩统和裂后伸展沉积时期的上白垩统—古新统丹尼阶（图 7 - 4 - 13，图 7 - 4 - 14）。

下白垩统由砾岩、砂岩、泥岩组成，为一套以冲积扇相、河流相、湖泊相为主的陆相沉积，局部发育滨浅海相（Harrison et al，2011）。

上白垩统—古新统丹尼阶主要由砂岩、泥岩组成，局部发育砾岩，沉积相类型以滨浅海相为主，局部发育冲积扇相、河流相、湖泊相（Harrison et al，2011）。

3）洋盆扩张陆架沉积期（古新统塞兰特阶—始新统）

巴芬洋盆的扩张约在 62.5 Ma 开始，一直延续到约 33 Ma 扩张停止。在洋盆扩张陆架沉积期，形成了洋盆初始扩张时期的古新统中上部（62.5～56 Ma）和洋盆持续扩张沉积时期的始新统（56～33 Ma）（图 7 - 4 - 13，图 7 - 4 - 14）。

古新统中上部：被动大陆边缘地带主要由砂岩、泥岩组成，局部发育砾岩，沉积相类型以滨浅海相为主，局部发育冲积扇相、河流相、湖泊相；洋盆地带主要为深海相泥岩（Harrison et al，2011）。

始新统：被动大陆边缘地带主要由砂岩、泥岩组成，局部发育砾岩，沉积相类型以滨浅海相、三角洲相为主，局部发育冲积扇相、河流相、湖泊相；洋盆地带主要为深海相欠补偿条件下沉积的泥岩，有少量碳酸盐岩、硅质岩（图 7 - 4 - 15）。

4）残留洋盆陆架沉积期（渐新统—第四系）

巴芬洋盆约在 33 Ma 扩张停止，残留洋盆陆架沉积时期开始，形成了大陆边缘厚度小、洋盆区域厚度大的渐新统—第四系（图 7 - 4 - 13，图 7 - 4 - 14）。

被动大陆边缘地带主要由砂岩、泥岩组成，局部发育砾岩，沉积相类型以滨浅海相和三角洲相为主，局部发育冲积扇相、河流相、湖泊相（图 7 - 4 - 16）。

洋盆地带：渐新统—中新统主要为深海相欠补偿条件下沉积的泥岩，有少量碳酸盐岩、硅质岩[图 7-4-16(a)]；上新统—第四系，在北部发育海底扇相砂岩、泥岩，在南部主要为深海相欠补偿条件下沉积的泥岩[图 7-4-16(b)]。

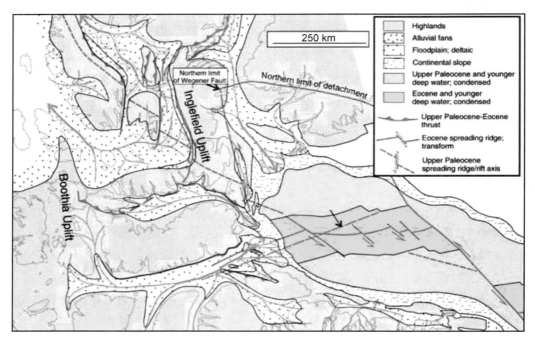

图 7-4-15　始新世 Baffin 陆架及邻区古地理图

（据 Harrison et al,2011 修改）

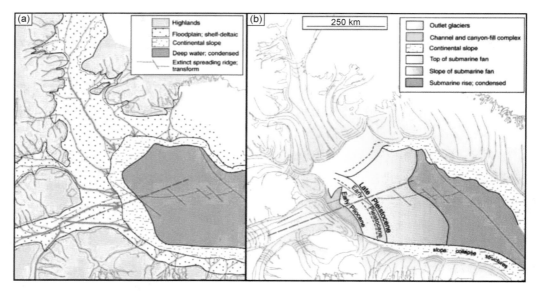

图 7-4-16　Baffin 陆架及邻区古地理图

（a）中新世中期(14 Ma±)古地理图；（b）上新世以来古地理图

（据 Harrison et al,2011 修改）

第 8 章

格陵兰岛及被动大陆边缘地质特征

格陵兰岛及被动大陆边缘西南部与巴芬湾-拉布拉多(Labrador)海相邻,西北部以内尔斯(Nares)海峡与埃尔斯米尔(Ellesmere)岛相隔,北邻北冰洋,东邻大西洋。IHS(2009)将其划分为格陵兰地盾、北格陵兰地台、北格陵兰褶皱带、东格陵兰褶皱带、西格陵兰盆地、努苏阿克(Nuussuaq)盆地、西格陵兰玄武岩省、梅尔维尔(Melville Bay)湾盆地、内尔斯(Nares)海峡盆地、林肯(Lincoln)海盆地、汪德尔(Wandel)海盆地、东格陵兰盆地、东南格陵兰盆地 13 个主要构造单元(图 8-0-1)。

冰岛为大西洋中的火山洋岛,划分为冰岛隆起(Iceland Ridge)、弗拉蒂(Flatey)盆地(图 8-0-1)。

格陵兰岛及被动大陆边缘最老的岩石形成于太古宙早期,经历了古元古代中晚期Nuna(哥伦比亚)超大陆的形成、中元古代 Nuna 超大陆的解体、新元古代早期罗迪尼亚超大陆的形成、新元古代晚期罗迪尼亚超大陆的解体、古生代早中期劳俄超大陆的形成、古生代晚期盘古(Pangea)超大陆的形成、中新生代盘古超大陆的解体等多次大规模的大陆块体拼合碰撞和大陆伸展裂解过程。格陵兰地盾属于 Nuna 超大陆的组成部分(图 8-0-2)。格陵兰地台中元古界和新元古界中下部主要为 Nuna 超大陆解体的地质记录,也是罗迪尼亚超大陆的组成部分。新元古界上部及古生界下部为罗迪尼亚超大陆解体的地质记录,也是劳俄超大陆的组成部分,新元古界上部及古生界下部是北格陵兰褶皱带的主要基底,在北格陵兰褶皱带出露。古生界上部发育于劳俄超大陆内部盆地。而格陵兰岛周缘的被动大陆边缘是中生代晚期以来盘古大陆解体的地质记录(Myers and Crowley,2000;Steenfelt et al,2016;Bagas et al,2020)。

8.1 格陵兰地盾地质特征

格陵兰地盾作为劳伦古陆的重要组成部分,在古元古代中晚期,2.0~1.8 Ga 基本形成(Myers and Crowley,2000;Hanmer et al,2002;Steenfelt et al,2016;Bagas et al,2020)。格陵兰地盾是由 Rae 克拉通、Aasiaat 地块、北大西洋克拉通及 Ketilidian 造山带拼贴而成(图 8-0-2)。据格陵兰南部资料,格陵兰地盾可分为 3 个构造地层单元: ① 太

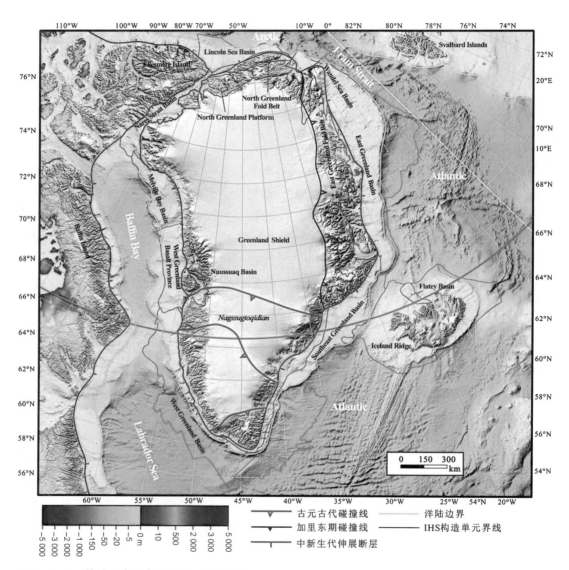

图 8 - 0 - 1 格陵兰岛及邻区地貌-构造简图

注：构造线参考 Higgins(1988)、Leslie and Higgins(2008)、Harrison et al(2011)、From et al(2018)、刘青柯等(2019)、Bagas et al(2020)、Dam and Sønderholm(2021)、Meza - Cala et al(2021)；构造单元划分依据 IHS(2009)；底图来自 https://maps.ngdc. noaa.gov/viewers/bathymetry。

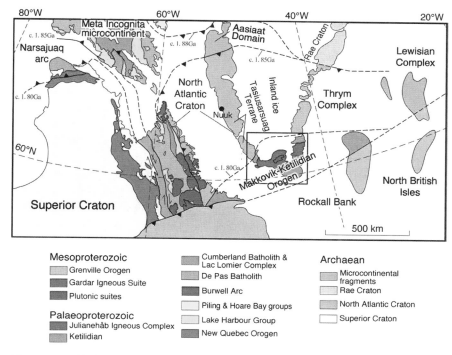

图 8-0-2 格陵兰南部及邻区 Nuna 超大陆构造-地层简图

（据 From et al,2018；Bagas et al,2020 修改）

古宙基底；② 古元古代 Ketilidian 造山带；③ 中元古代 Gardar 碱性火成岩省（图 8-1-1）。

8.1.1 太古宙基底地质特征

太古宙基底在格陵兰地盾的南部和东侧中部均有出露（图 8-1-1，图 8-1-2）。东侧中部出露太古宙—古元古代结晶岩系（图 8-1-2），属于 Rae 克拉通的组成部分。格陵兰地盾中部和北部均属于 Rae 克拉通构造域（From et al,2018；Bagas et al,2020）。Rae 克拉通的地质特征详见 7.1.3 节。在此着重讨论格陵兰南部出露的北大西洋克拉通太古宙基底的地质特征。

1. 始太古代片麻岩

北大西洋克拉通太古宙基底最古老的岩石是 Akulleq 地块的始太古代 Itsaq 片麻岩杂岩，由云英闪长片麻岩、变质火山岩和变质沉积岩组成，其中云英闪长片麻岩的年龄为 3.87～3.56 Ga（图 8-1-3）。最近，在超基性片麻岩中获得的镥-铪年龄为 3.9～3.8 Ga（van de Locht et al,2020）。变质火山岩主要分布于 Isua 绿石带（图 8-1-3），其原岩多样，有超基性火山岩、基性火山岩、中性火山岩和酸性火山岩。变质沉积岩的原岩既有碎屑岩（包括砾岩），也有碳酸盐岩（Myers and Crowley,2000；Hanmer et al,2002）。这种岩石组合表明，在始太古代很可能就存在海陆分异。岩石地球化学研究表明超基性岩具有地幔橄榄岩的特征，这很可能反映了在始太古代就存在类似板块俯冲的地质过程。

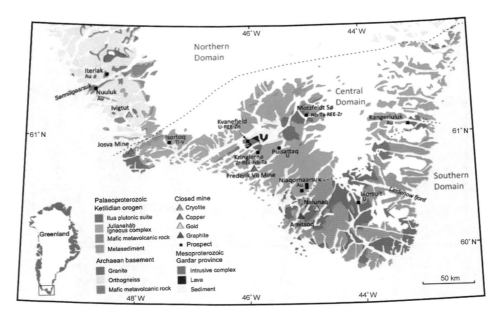

图 8 - 1 - 1　格陵兰地盾南部主要构造-地层单元及矿种

（据 Steenfelt et al,2016）

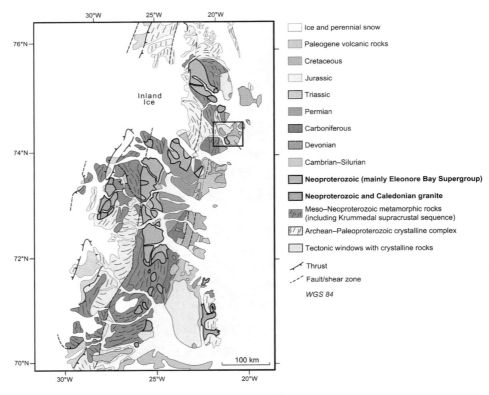

图 8 - 1 - 2　格陵兰岛东侧中部加里东褶皱带地质简图

（据 Olierook et al,2020）

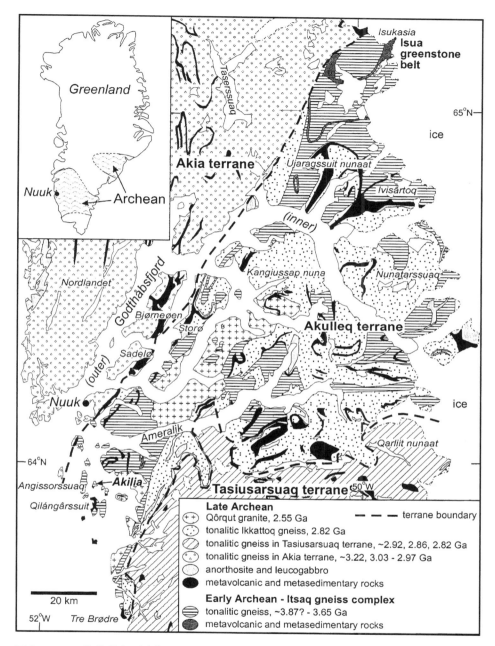

图 8 - 1 - 3　格陵兰岛西南部 Godthabsfjord 地区地质简图

（据 Myers and Crowley，2000）

2. 古-中太古代片麻岩

古-中太古代片麻岩主要是 Akulleq 地块的 Ikkattoq 云英闪长片麻岩、Akia 地块和 Tasiusarsuaq 地块的云英闪长片麻岩。Akia 地块的云英闪长片麻岩测得的地质年龄为 3.22 Ga 和 3.03～2.97 Ga。Tasiusarsuaq 地块的云英闪长片麻岩测得的地质年龄分别为

2.92 Ga、2.86 Ga 和 2.82 Ga。Akulleq 地块的 Ikkattoq 云英闪长片麻岩原岩是 2.82 Ga 侵入的花岗闪长岩。其次是广泛分布不规则的条带状变质火山岩和变质沉积岩。少见斜长岩和浅色辉长岩(图 8-1-3)。

Nutman 等(1996)认为,Akia 地块、Akulleq 地块和 Tasiusarsuaq 地块的最终拼合发生在 2.82 Ga±。Akulleq 地块广泛分布的 2.82 Ga 侵入的花岗闪长岩,即 Ikkattoq 云英闪长片麻岩,是这一地块拼合、俯冲碰撞的重要标志。广泛分布不规则的条带状变质火山岩和变质沉积岩表明,古-中太古代存在海陆分布的古地理格局,同时也表明古-中太古代存在广泛分布的火山活动。

3. 新太古代花岗岩

中太古代末,Akulleq 地块、Akia 地块和 Tasiusarsuaq 地块拼合、陆陆碰撞后,很可能发生了大规模隆升,新太古代的地质记录主要是 Akulleq 地块内发育的 Qorqut 花岗岩,其峰值年龄为 2.55 Ga(图 8-1-3)。花岗岩开始侵入的时间为 2.73 Ga±。花岗岩内含大量基性至酸性岩捕虏体(图 8-1-4)。基性岩捕虏体的存在和岩石地球化学研究表明,岩浆起源于下地壳的基性岩(Næraa et al,2014)

图 8-1-4　格陵兰岛西南部 Qorqut 花岗岩露头照片

(据 Næraa et al,2014)

8.1.2　元古宇地质特征

在格陵兰地盾,元古宇与太古宇以不整合或断层接触,在格陵兰南缘、东缘和北缘非冰雪覆盖区均有出露。但格陵兰东缘和北缘元古宇出露于褶皱带,其特征已在 8.2 节讨论。本节仅讨论格陵兰南部元古宇地质特征。

格陵兰南部出露古元古界和中元古界。古元古界自下而上由变质沉积岩、基性火山岩、Julianehab 岩浆岩杂岩、Ilua 深成侵入岩系组成；中元古界由变质沉积岩、火山熔岩和侵入岩杂岩组成（图 8 - 1 - 1）。

1. 古元古界

变质沉积岩和变质火山岩也称 Kangerluuk 层序，厚度为 200～300 m，变质程度为角闪岩相，但沉积结构和火山结构保存完好，火山岩的喷发年龄约 1 808 Ma（Stendal et al，2001）。Kangerluuk 层序包含 4 种不同原岩：① 2～40 m 厚的砾岩-砂岩；② 1～50 m 厚的火山碎屑岩；③ 1～30 m 厚的熔积岩；④ 2～100 m 厚的浅水水下火山角砾岩和枕状熔岩。Kangerluuk 层序是在早期大陆弧的裂谷作用下形成的裂谷盆地滨浅海相沉积（Mueller et al，2002）。

图 8 - 1 - 5　格陵兰岛南部古元古界变质砾岩不整合于太古宇片麻岩之上

（据 Bagas et al，2020）

Julianehab 岩浆岩杂岩为两期岩浆活动的产物，可划分为早期岩浆岩杂岩和晚期岩浆岩杂岩。早期岩浆岩杂岩发生了强烈的塑性剪切变形，其地质年龄为 1 850～1 830 Ma；晚期岩浆岩杂岩变形微弱，仅发生了脆性破裂，地质年龄为 1 800～1 780 Ma（Steenfelt et al，2016）。早期岩浆岩杂岩主要是花岗闪长岩，其次为闪长岩和辉长岩（McCaffrey et al，2004）。微量元素特征与火山弧背景相一致。强烈的变形是区域左旋挤压的结果，与大陆弧向北部太古宙大陆增生有关，增生年龄约为 1 816 Ma（Garde et al，2002）。晚期岩浆岩杂岩由基性岩、中性岩、酸性岩组成，基性岩所占比例较高，是同碰撞-碰撞后弧后背景岩浆作用的产物（Steenfelt et al，2016）。

Ilua 深成侵入岩系的地质年龄为 1 750～1 730 Ma，岩性多样，有花岗岩、花岗闪长岩、二长花岗岩、二长岩、正长岩、苏长岩,见角闪橄榄岩岩脉。Ilua 深成侵入岩系是岩石圈地幔和深地壳熔融的结果,但对于岩浆侵入的地球动力学背景是伸展还是挤压存在争议(Steenfelt et al,2016)。

2. 中元古界

格陵兰南部中元古界发育区也称 Gardar 域、Gardar 省或 Gardar 期,自下而上由变质沉积岩、火山岩和侵入岩杂岩组成(图 8-1-1)。中元古代有两期岩浆活动事件,分别为较老的 Gardar 期(1 300~1 250 Ma)和较年轻的 Gardar 期(1 200~1 140 Ma)(Upton,2013;Steenfelt et al,2016)。

下部的变质沉积岩和火山岩称为 Eriksfjord 组,出露厚度超过 3 km,由陆源碎屑岩、溢流玄武岩和火山碎屑岩组成,底部的陆源碎屑岩覆盖于古元古界 Julianehab 花岗岩之上(图 8-1-6)。Julianehab 花岗岩被一系列较老的 Gardar 期的碱性侵入岩切割,表明陆源碎屑岩形成地质年龄在 1.3 Ga 之后,为一套裂谷盆地沉积(Steenfelt et al,2016)。

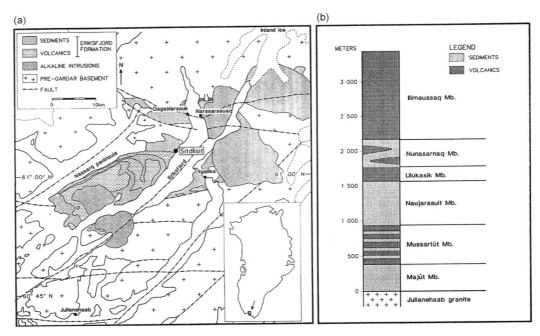

图 8-1-6　格陵兰岛南部 Sitdlisit 地区中元古界地质简图及地层柱状简图

(a) Eriksfjord 组变质沉积岩与火山岩分布图;(b) Eriksfjord 组地层柱状简图
(据 Tirsgaard and Øxnevad,1998)

Eriksfjord 组自下而上分为 6 个岩性段,分别为 Majut 段、Mussartut 段、Naujarssuit 段、Ulukasik 段、Nunasarnaq 段、Ilimaussaq 段。其中,Majut 段和 Naujarssuit 段主要为陆源碎屑岩发育段;Mussartut 段和 Nunasarnaq 段的陆源碎屑岩与火山岩并存;Ulukasik 段和 Ilimaussaq 段的火山岩占绝对优势[图 8-1-6(b)]。

陆源碎屑岩的岩石类型有砾岩、砂岩、泥岩,泥岩主要发育水平层理(图 8-1-7),砂岩中发育多种交错层理(图 8－1－7,图 8－1－8),为一套冲积相、湖泊相、风成砂丘沉积(Tirsgaard and Øxnevad,1998;Steenfelt et al,2016)。火山岩包括玄武岩、夏威夷岩(富橄玄武岩)、碳酸盐岩熔岩和火山碎屑岩,上部的火山岩碱性更强,还包括粗面玄武岩、粗面安山岩、粗面岩和响岩(Halama et al,2003;Steenfelt et al,2016)。玄武岩具有洋岛玄武岩(ocean island basalts,OIB)的地球化学特征(Halama et al,2003)。

图 8－1－7　格陵兰岛南部 Sitdlisit 地区中元古界 Eriksfjord 组砂岩夹泥岩

(据 Tirsgaard and Øxnevad,1998)

图 8－1－8　格陵兰岛南部 Sitdlisit 地区中元古界 Eriksfjord 组交错层理砂岩

(据 Tirsgaard and Øxnevad,1998)

格陵兰南部中元古代侵入岩分为两期（Upton，2013；Steenfelt et al，2016），即较老的Gardar期（1 300～1 250 Ma）和较年轻的Gardar期（1 200～1 140 Ma）。

较老的Gardar期侵入岩分为Grønnedal-Íka杂岩、Kûngnât杂岩、Ivigtut花岗岩体和Igaliko杂岩（图8-1-9）。Grønnedal-Íka杂岩的铷-锶年龄为1 299±17 Ma，由两层霞石正长岩系列组成，被粗玄岩脉、小的碳酸岩侵入体和断层切割（Upton，2013；Steenfelt et al，2016）。Kûngnât杂岩（1 275±1.8 Ma）由两个相交的正长岩侵入体和一个环状辉长岩脉组成（Upton，2013；Steenfelt et al，2016）。Ivigtut花岗岩杂岩侵入太古宙片麻岩中，晚于附近的Grønnedal-Íka杂岩，形成年代为1 222±25 Ma（铷-锶年龄）。Ivigtut花岗岩可以被视为与Kûngnât杂岩是同期侵入的（Upton，2013；Steenfelt et al，2016）。Igaliko杂岩是Gardar地区最大的火成岩，包括4个侵入体，即较老的Gardar期的Motzfeldt侵入体和北Qôroq侵入体，以及年轻Gardar期的南Qôroq侵入体和Igdlerfigssalik侵入体（图8-1-9）。北Qôroq侵入体由5个同心的霞石正长岩侵入体组成，其铷-锶年龄为1 268±61 Ma（Upton，2013；Steenfelt et al，2016）。Motzfeldt侵入体也称Motzfeldt Sø组，占地约150 km²，主要岩石类型有霞石正长岩、蚀变正长岩和过碱性微晶正长岩，分布于Julianehåb花岗质岩石和Eriksfjord组之间的边界（图8-1-9，图8-1-10），其锆石铀-铅年龄为1 273±6 Ma（McCreath et al.，2012）。

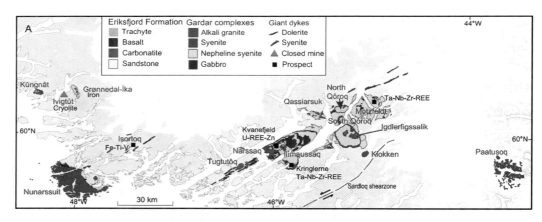

图8-1-9　格陵兰岛南部中元古界主要侵入岩体及矿点

（据 Steenfelt et al，2016）

年轻的Gardar期岩浆岩是在北东东—南西西裂谷作用背景下侵入的，形成了Nunarssuit杂岩体、Tugtutôq杂岩体、Narssaq杂岩体、Ilimaussaq杂岩体、南Qôroq杂岩体、Igdlerfigssalik杂岩体、Klokken杂岩体和Paatusoq杂岩体，以及大量密集的岩脉（图8-1-9）。岩脉包括两期巨型辉长岩岩脉、超镁铁质煌斑岩和小型碳酸岩岩脉。粗玄岩脉和一些辉长岩含有丰富的斜长岩捕房体和大型斜长石捕房晶体（"大长石脉"），表明大型斜长石堆晶是在碱性玄武岩母岩浆的部分结晶过程中形成的（Upton，2013）。

Isortoq的巨型岩脉与大多数年轻岩脉的不同之处在于宽度达150～800 m，其结构和构造特征更类似侵入复合体,其中一些岩脉显示边缘为辉长岩和正长辉长岩,内部为辉石-正长岩和正长岩的分带特征,是岩浆分化的证据(Upton,2013;Steenfelt et al,2016)。

Ilimaussaq 杂岩体(图 8-1-9)的年龄约为 1 160 Ma(Krumrei et al,2006),由至少 3 个阶段的岩浆侵位到 Eriksfjord 组玄武岩顶部。第一阶段形成辉石正长岩壳,第二阶段形成了靠近顶部的大片碱性花岗岩,第三阶段形成了中心层状霞石正长岩的中心系列(Upton,2013)。第三阶段的过碱性岩浆形成了一个富含方钠石的顶部岩浆岩岩层(方钠石-方钠石和钠钠钠石)和一个层状条纹霞正长岩的底部岩浆岩层。钠长岩和条纹霞正长岩之间为异霞正长岩,异霞正长岩代表一种高度分化的富含碱和挥发性的岩浆的残余,具有非常高浓度的不相容元素(Steenfelt et al,2016)。

大型的 Nunarssuit 杂岩体年龄约为 1 171 Ma(Finch et al,2001),由辉长岩、正长岩和花岗岩组成(图 8-1-9)。Tugtutôq 杂岩体由两期巨型岩脉和小型侵入体(1 156 Ma±)组成,岩石类型为石英正长岩到碱性花岗岩(图 8-1-9)。邻近的 Narssaq 杂岩体以及小型 Klokken 杂岩体(图 8-1-9)(约 1 166 Ma,Upton,2013)均由辉长岩、石英正长岩和碱性花岗岩组成(图 8-1-9)。南 Qôroq 杂岩体(约 1 160 Ma)和 Igdlerfigssalik 杂岩体(1 142±15 Ma)主要由霞石正长岩和少量辉石正长岩组成(图 8-1-9,图 8-1-10)。Paatusoq 杂岩体(图 8-1-8)锆石铀-铅年龄为 1 144±1 Ma,位于 Julianehâb 火成岩杂岩和变质沉积岩之间的边界,由辉石正长岩、石英正长岩和碱性花岗岩组成,被粗玄岩脉切割(Steenfelt et al,2016)。

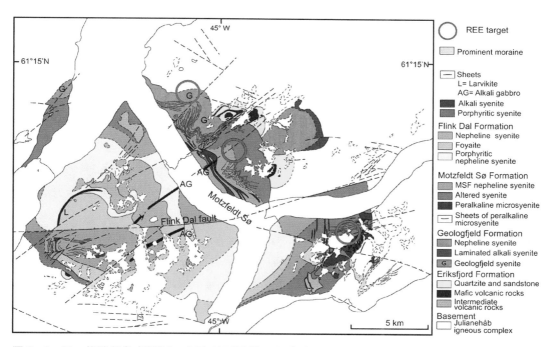

图 8-1-10　格陵兰岛南部 Motzfeldt 地区及邻区地质图

(Steenfelt et al,2016 修改)

8.2 东格陵兰褶皱带

东格陵兰褶皱带也称东格陵兰加里东褶皱带,从68°N延伸到82°N,近南北向展布,绵延达1 300 km以上,最宽处约300 km。目前,东格陵兰褶皱带西部边缘在很大程度上被格陵兰大陆冰盖(内陆冰)覆盖(图8-0-1)。东格陵兰褶皱带由一系列向西逆冲的逆冲断片和变形前陆盆地沉积物组成(图8-2-1),这些逆冲断片是由早古生代加里东造山期Iapetan洋关闭、波罗的古陆与劳伦古陆碰撞形成的,逆冲断片的推覆位移达数百千米(Leslie and Higgins,2008)。

东格陵兰褶皱带出露了太古宇、元古宇、下古生界、上古生界、中生界及新生界(图8-2-1)。

8.2.1 太古宙基底地质特征

东格陵兰褶皱带太古宇主要出露于北72°30′以南地区,岩石类型主要为强烈变形的石英长石正片麻岩,其中常见角闪岩(变粗玄武)岩脉。岩脉本身是变形和变质的,产状与片麻岩中的叶理和早期褶皱结构不一致(图8-2-2)。在Scoresby Sund地区(图8-2-1,70°N—71°N)的片麻岩中获得的铷-锶年龄约为3 000 Ma。在基底片麻岩中的晚期花岗岩中获得了约2 300 Ma和约2 500 Ma的多晶锆石铀-铅年龄,在角闪岩脉的角闪石中获得了约2 500 Ma的钾-氩年龄,这与他们切割的片麻岩的太古宙年龄一致。研究表明,由于后来的扰动,岩石的同位素系统很复杂。尽管如此,基底片麻岩的太古宙时代是确定无疑的(Kalsbeek et al,2008)。

在北72°30′以北,直到北74°30′的Payer Land(图8-2-1)的片麻岩中获得的地质年龄从3 000 Ma到2 000 Ma不等,表明这一地带的基底岩石太古宇与古元古界并存(Kalsbeek et al,2008)。

8.2.2 元古宇地质特征

格陵兰褶皱带东部72°N以北出露了元古宇的古元古界、中元古界和新元古界。古元古界中下部为片麻岩,古元古界上部—中元古界为沉积岩和玄武岩,新元古界为沉积岩(图8-2-1)。

1. 古元古界

Eleonore Sø和Charcot Land构造窗出露了几千米厚的几乎未变形的沉积岩和火山岩序列(图8-2-1),其上不整合下寒武统Slottet组,与下伏地层接触关系不明确(Leslie and Higgins,2008)。沉积岩序列的下部由长石砂岩和半泥质岩组成,上部主要为碳酸盐岩,碳酸盐岩又被玄武岩枕状熔岩覆盖,玄武岩大部分转化为绿片岩。这些岩石是在陆缘裂谷环境中堆积的。碳酸盐岩序列中同沉积型滑塌岩块的出现表明沉积过程中构造不稳定。沉积岩和火山岩序列被石英斑岩切割。石英斑岩侵位的最小年龄为1 915±16 Ma,

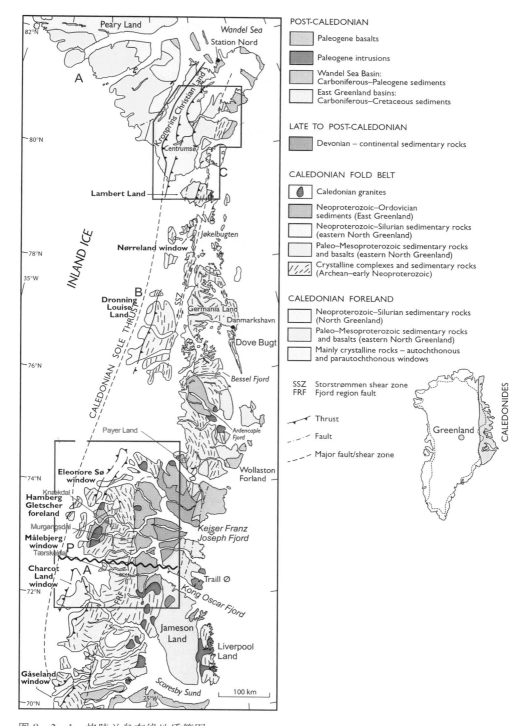

图 8-2-1 格陵兰岛东缘地质简图

（Leslie and Higgins，2008 修改）

注：72°N 北侧的波浪线为南部太古宙正片麻岩（A）和北部古元古代正片麻岩（P）的边界。格陵兰岛地图显示了东格陵兰褶皱带的范围和穿过冰盖、发现太古宙基岩的钻孔位置。

图 8-2-2　Tærskeldal 太古宙褶皱变形的正片麻岩和变粗玄岩脉

(Tærskeldal 位置见图 8-2-1,据 Kalsbeek et al,2008)

这表明变质火山岩和沉积岩的年龄是古元古代或更古老(Kalsbeek et al,2008)。

在 73°N—80°30′N 地区,基底岩石由强烈变形的古元古代晚期石英长石片麻岩[图 8-2-3(a)]和更晚期变质花岗质岩石组成,见变质粗玄岩脉[图 8-2-3(b)]。在 Dronning Louise Land 的加里东期前陆区(76°N—77°20′N,图 8-2-1),片麻岩和花岗岩之上不整合古元古代晚期或中元古代早期的 Independence Fjord 群砂岩和砾岩(图 8-2-4)。基底岩石的年龄为 1 900～2 000 Ma(Kalsbeek et al,2008)。

图 8-2-3　东格陵兰褶皱带北部基底岩石照片

(a) 强烈变形的古元古代晚期石英长石片麻岩(位置见图 8-2-1 中 Dove Bugt 地区);(b) 变质球状花岗岩被未变质的长英质花岗岩岩脉切割(位置见图 8-2-1 中 Murgangsdal 地区)

(据 Kalsbeek et al,2008)

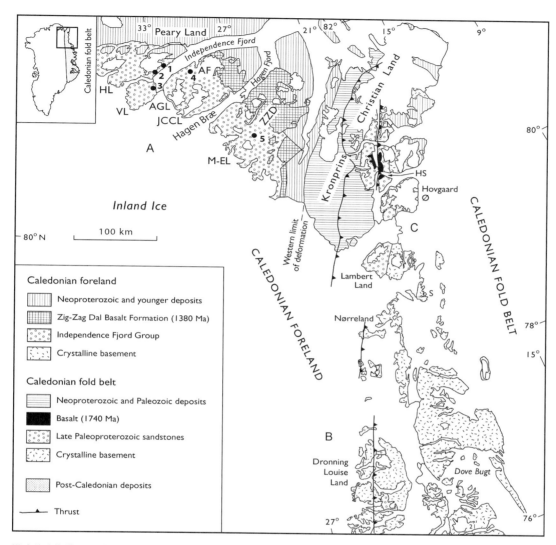

沿冰盖边缘从西北到东南：HL—Heilprin Land；VL—Vildtland；AGL—Academy Gletscher Land；JCCL—J.C. Christensen Land；M‐EL—Mylius‐Erichsen Land；AF (on J.C.Christensen Land)—Astrup Fjord，Independence Fjord 旁的小峡湾；ZZD (on Mylius‐Erichsen Land)—Zig‐Zag Dal；HS (near the east coast)—Hekla Sund；1～5—侵入 Independence Fjord 群 Midsommersø 辉绿岩出露点；A—北部前陆区；B—中部褶皱带；C—北部褶皱逆冲带。

图 8‐2‐4　东格陵兰褶皱带北部地质简图

（据 Collinson et al，2008）

东格陵兰褶皱带北部前陆区（图 8‐2‐1，图 8‐2‐4 中 A）的 Independence Fjord 群沉积于 1 750 Ma（古元古代长期造山事件结束）和 1 380 Ma（Midcommersø 辉绿岩侵位、Zig‐Zag Dal 玄武岩喷发事件）之间（Upton et al，2005）。东格陵兰褶皱带中部前陆区（图 8‐2‐1，图 8‐2‐4 中 B）结晶基底之上覆盖的 Trekant 岩系（图 8‐2‐5）相当于 Independence Fjord 群。东格陵兰褶皱带逆冲区（图 8‐2‐1，图 8‐2‐4 中 C）Independence Fjord 群发育了 Hekla Sund 组火山熔岩，年龄约为 1 740 Ma（图 8‐2‐5 中 C）。

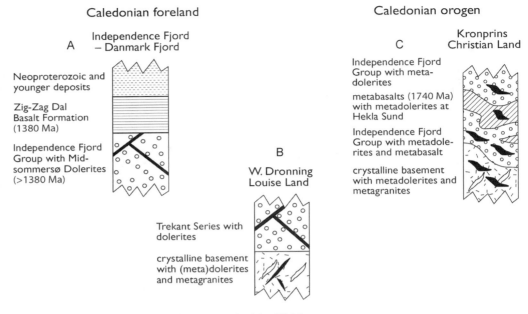

图 8-2-5 东格陵兰褶皱带北部 A、B、C 岩层序列简图

(位置见图 8-2-4,据 Collinson et al,2008)

东格陵兰褶皱带逆冲带西部(图 8-2-6 中 B):Independence Fjord 群最下部为 Ingolf Fjord 组,由厚度约为 200 m 的浅黄色厚层石英岩至长石砂岩组成,夹薄层砾岩,发育大型槽交错层理、滑塌构造,顶部常见薄层的火山灰层和火山碎屑。Ingolf Fjord 组为活动构造背景下的冲积相沉积。Ingolf Fjord 组上覆 Aage Bertelsen Gletscher 组,厚度约为 400 m,以枕状熔岩和玄武质火山碎屑岩为主。Aage Bertelsen Gletscher 组之上为 Caroline Mathilde Alper 组,厚度约为 800 m,主要由交错层理、浅黄色或红色风化砂岩组成,底部为砾岩层,为河流或近岸浅水沉积物。

东格陵兰褶皱带逆冲带东部:Independence Fjord 群最下部为 Hovgaard Ø 组,厚度约为 2 500 m,由具有大量粗玄岩侵入体的交错层石英砂岩组成,顶部发育槽状交错层理砾岩。Hovgaard Ø 组被 Hekla Sund 组覆盖,主要为火山岩(图 8-2-6 中 A),喷发年龄早于 1 740 Ma(Kalsbeek et al,1999)。Hekla Sund 组上覆 Lynn Ø 组(图 8-2-6 中 A),厚度约为 250 m,由长石砂岩和复成分砾岩组成,砾岩具槽状交错层理,砾石成分有片麻岩、砂岩、花岗岩、脉石英和玄武岩的卵石(直径可达 20 cm),主要为河流相沉积 (Collinson et al,2008)。

东格陵兰褶皱带逆冲带的 Independence Fjord 群被新元古代的 Hagen Fjord 群不整合覆盖(Sønderholm et al,2008)。在造山带内尚未发现前陆区 Zig Zag Dal 玄武岩组的同期地层。

东格陵兰褶皱带前陆区出露的最老地层为 Independence Fjord 群,厚度约为 2 km,由陆源碎屑岩组成(图 8-2-4),在东格陵兰褶皱带北部分布较为广泛(图 8-2-1)。

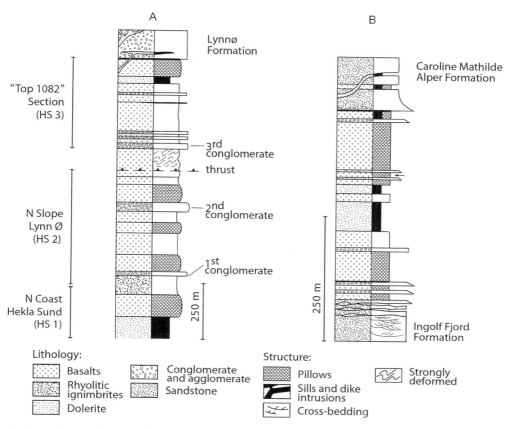

A—Hekla Sund 组；B—Ingolf Fjord 组—Caroline Mathilde Alper 组。

图 8 - 2 - 6　东格陵兰褶皱带逆冲带古元古界地层序列

（据 Collinson et al, 2008）

前陆区西部的 Independence Fjord 群命名为 Inuiteq Sø 组，厚度大于 1 000 m，分为 2 段
（Baggården 段和 Himmerland Dal 段），主要为红色粉砂岩［图 8 - 2 - 7(a)］。前陆区东部
的 Independence Fjord 群命名为 Norsemandal 组，由 Academy Gletscher、Astrup Fjord、
Fiil Fjord 3 个砂岩段夹 Hagen Bræ、Kap Stadil 2 个红色或灰色粉砂岩段组成。砂岩段厚
度达数百米，粉砂岩段厚度几十米（图 8 - 2 - 8）。尽管这些粉砂岩段的厚度相对较小，但
连续性较好。

　　Inuiteq Sø 组的 2 个粉砂岩段和 Norsemandal 组的 2 个粉砂岩段不是同期地层，其宏
观特征存在明显差别。前者较致密，见压实褶皱和干裂［图 8 - 2 - 7(a)］；后者不够致密
［图 8 - 2 - 7(b)］，易于沿层面剥开，灰色粉砂岩层面见浪成小型波痕［图 8 - 2 - 7(c)］，红
色粉砂岩层面见石盐假晶［图 8 - 2 - 7(d)］。Inuiteq Sø 组很可能相当于 Norsemandal 组
的 Academy Gletscher 段。

　　总体沉积特征表明，东格陵兰褶皱带前陆区 Independence Fjord 群为一套克拉通
盆地冲积相-沙漠相-湖泊相-湖泊三角洲相沉积。Norsemandal 组的 Academy Gletscher

图 8 - 2 - 7　东格陵兰褶皱带前陆区 Independence Fjord 群粉砂岩特征照片

(a) Inuiteq Sø 组粉砂岩夹有压实褶皱干裂薄层粉砂质泥岩(参照物宽 5 cm);(b) Norsemandal 组 Hagen Bræ 段粉砂岩和泥质粉砂岩的米级互层(剖面高度约为 20 m);(c) Norsemandal 组 Hagen Bræ 段薄层粉砂岩层面上的波浪波痕;(d) Norsemandal 组 Kap Stadil 段粉砂岩层面上的石盐假晶

(据 Collinson et al,2008)

注：照片宽度约为 10 cm。

段为冲积相-沙漠相沉积,楔形砂岩(图 8 - 2 - 8 中 AG 段下部)为沙漠相,层状砂岩(图 8 - 2 - 8 中 AG 段上部)为冲积相。Inuiteq Sø 组和 Norsemandal 组的 Hagen Bræ 段和 Kap Stadil 段主要为湖泊相。Norsemandal 组的 Astrup Fjord 段和 Fiil Fjord 段为河流相-三角洲相。

在东格陵兰褶皱带中部前陆区的 Dronning Louise Land(图 8 - 2 - 1,图 8 - 2 - 4 中 B),古元古界与 Independence Fjord 群可对比的地层称为 Trekant 岩系,不整合于结晶基底之上(图 8 - 2 - 5,图 8 - 2 - 9)。Trekant 岩系由厚度约为 500 m 的砂岩、粉砂岩和砾岩组成(图 8 - 2 - 9)。下部为不规则层状砾岩和含棱角状正片麻岩碎屑,砾岩向上相变为交错层理石英岩和长石砂岩,局部有粉砂岩夹层,粉砂岩层的顶部见干裂和小型波痕。Trekant 系列为河流相沉积。

图 8 - 2 - 8　东格陵兰褶皱带前陆区 Norsemandal 组露头照片

（a）Hagen Bræ 北部地区 Norsemandal 组的 Astrup Fjord 段（AF,砂岩）［顶部为 Fiil Fjord 段（FF,砂岩）,KS 为 Kap Stadil 段的粉砂岩,d 为侵入的粗玄岩岩床,悬崖高约 1 000 m］；（b）Academy Gletscher 段（AG）砂岩与 Hagen Bræ 段（HB）的红色粉砂岩接触面为侵蚀面［人(方框中)为比例尺,Hagen Bræ 地区(位置见图 8 - 2 - 4)］
（据 Collinson et al,2008 修改）

图 8-2-9　东格陵兰褶皱带中部 Dronning Louise Land 地区(位置见图 8-2-1
和图 8-2-4)Trekant 岩系的砂岩和砾岩不整合于结晶基岩之上

(据 Collinson et al,2008)
注:悬崖段高约 400 m。

　　东格陵兰褶皱带北部和中部前陆区的古元古界均发育 Midsommersø 辉绿岩侵入体
(图 8-2-5,图 8-2-10)。产状多变,既有岩床[图 8-2-10(a)],也有岩脉[图 8-2-10
(b)]。辉绿岩侵入体的锆石铀-铅年龄为 1 382±2 Ma(Upton et al,2005)。

图 8-2-10　东格陵兰褶皱带 Independence Fjord 群辉绿岩露头照片

(a) 耀绿岩岩床;(b) 辉绿岩岩脉
(据 Collinson et al,2008)
注:(a) 在 Independence Fjord 内部约 800 m 高的悬崖中,辉绿岩岩床和岩墙占很大比例,围岩是 Independence Fjord
群的砂岩。(b) Independence Fjord 群砂岩中的辉绿岩岩脉,Vildtland 悬崖高约 400 m(图 8-2-4 中标记为 3 的位
置)。最下部的侵入体与围岩产状相近,而大多数其他侵入体是切割围岩的岩脉。

2. 中元古界

　　中元古界在东格陵兰褶皱带北部为 Zig-Zag Dal 玄武岩组,南部为 Krummedal 变质沉积岩序列(Collinson et al,2008;Kalsbeek et al,2008)。

1) Zig‑Zag Dal 玄武岩组

中元古界 Zig‑Zag Dal 玄武岩组主要分布于东格陵兰褶皱带的北部前陆区(图 8‑2‑4,图 8‑2‑5)。Zig‑Zag Dal 玄武岩组由一系列拉斑玄武岩组成,夹薄层沉积岩(图 8‑2‑11),面积至少为 10 000 km²,最大厚度约为 1 350 m,覆盖在 Independence Fjord 群及其中 Midsommersø 辉绿岩侵入体之上。Zig‑Zag Dal 玄武岩组和 Midsommersø 辉绿岩侵入体是同一岩浆事件的产物,岩浆活动的峰值年龄约为 1 380 Ma。

图 8‑2‑11　Zig‑Zag Dal 地区 Zig‑Zag Dal 玄武岩组剖面

(据 Collinson et al,2008)

注:剖面高 800 m。

Zig‑Zag Dal 玄武岩组被细分为 3 个主要单元,分别为底部单元、隐晶结构单元和斑状结构单元。底部单元(厚度 100～120 m)具宏观隐晶结构,由 1～10 m 厚的玄武岩熔岩组成,局部存在枕状熔岩,表明其在水下喷发。底部单元局部覆盖薄层沉积岩(砂岩和白云石)标志着火山活动的中断。隐晶结构单元和斑状结构单元(厚度分别为 390～440 和 750 m)由大约 30 个熔岩层组成,单个熔岩层的厚度可达 120 m。大多数熔岩具有杏仁状构造或顶部为熔结角砾岩,表明其在陆上喷发,并且局部保留了绳状熔岩,局部存在较薄的沉积岩层(Collinson et al,2008)。

2) Krummedal 变质沉积岩序列

中元古代晚期的 Krummedal 变质沉积岩序列广泛分布在 76°N 以南的逆冲推覆体中(图 8‑2‑20)。在 75°N 和 76°N 之间的地区,这套变质岩系也称 Smallefjord 序列。Krummedal 变质沉积岩序列底部发育碳酸盐岩,大部分由陆源碎屑岩组成,局部厚度超过 4 km。在 Scoresby Sund 地区的部分地区,总厚度达 8 km。Krummedal 变质沉积岩序列与下伏基底杂岩多为构造接触,局部为沉积不整合接触(图 8‑2‑12)。在前陆区尚未发现该套岩系(Kalsbeek et al,2008)。

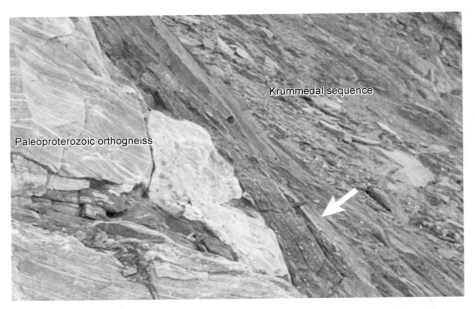

图 8 - 2 - 12　Knækdalen 地区 Krummedal 变质沉积岩与古元古界片麻岩断层接触

（据 Kalsbeek et al,2008）

　　Krummedal 变质沉积岩序列的碎屑锆石铀-铅年龄为 1 800～1 000 Ma。Krummedal 变质沉积岩序列的变质作用和花岗岩的侵位发生在新元古代早期（约 950 Ma），因此,Krummedar 变质沉积岩序列的沉积时期很可能介于 1 100～1 000 Ma 和约 950 Ma 之间。

3. 新元古界

　　新元古界的形成与新元古代罗迪尼亚超大陆的解体和随后的 Iapetus 洋的形成有关。Iapetus 洋的形成发生在 570～535 Ma 的埃迪卡拉纪。新元古界保存在斯瓦尔巴群岛、斯堪的纳维亚半岛西部、不列颠群岛以及格陵兰岛北部和东部的加里东褶皱带,为一套陆源碎屑岩和碳酸盐岩序列,岩石类型多为未变质或低级变质岩,高级变质岩主要分布于强烈构造变形区（Sønderholm et al,2008）。

　　在东格陵兰褶皱带北部和南部新元古界均有分布（图 8 - 2 - 1）,北部新元古界分布区称为 Hekla Sund 盆地,南部新元古界分布区称为 Eleonore Bay 盆地（Sønderholm et al,2008）。

1) 北部 Hekla Sund 盆地

　　在东格陵兰褶皱带北部的 Hekla Sund 盆地,新元古界与中元古界不整合接触,下部的 Rivieradal 群仅发育于局部伸展断陷内,上部的 Hagen Fjord 群广泛分布。新元古界之上不整合覆盖下古生界。Hagen Fjord 群自下而上细分为 Jyske Ås 组、Campanuladal 组、Kap Bernhard 组、Fyns Sø 组（图 8 - 2 - 13）,Jyske Ås 组和 Campanuladal 组相当于 Rivieradal 群顶部（图 8 - 2 - 14）。

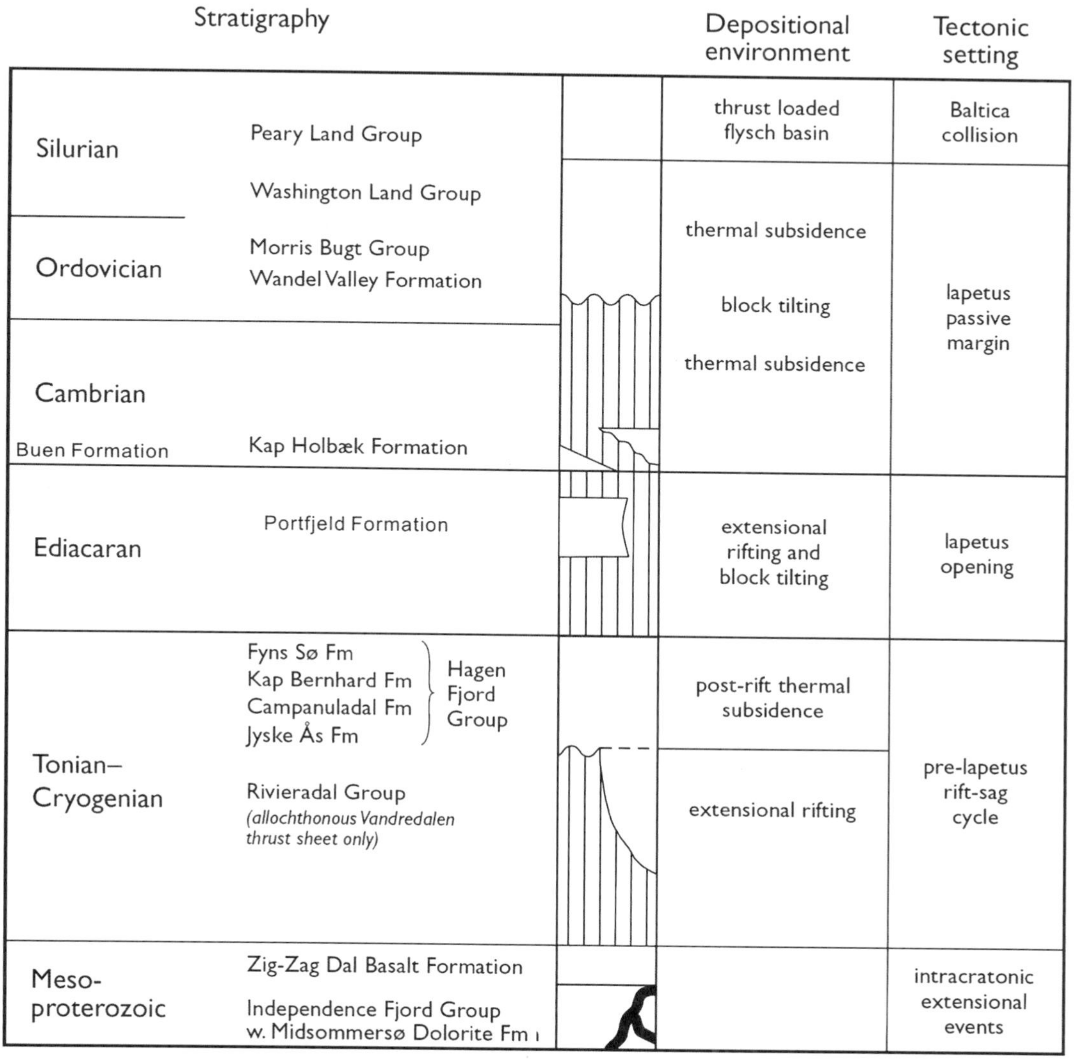

Stratigraphy			Depositional environment	Tectonic setting
Silurian	Peary Land Group		thrust loaded flysch basin	Baltica collision
	Washington Land Group		thermal subsidence	
Ordovician	Morris Bugt Group Wandel Valley Formation		block tilting	Iapetus passive margin
Cambrian			thermal subsidence	
Buen Formation	Kap Holbæk Formation			
Ediacaran	Portfjeld Formation		extensional rifting and block tilting	Iapetus opening
Tonian– Cryogenian	Fyns Sø Fm Kap Bernhard Fm Campanuladal Fm Jyske Ås Fm	Hagen Fjord Group	post-rift thermal subsidence	pre-Iapetus rift-sag cycle
	Rivieradal Group (allochthonous Vandredalen thrust sheet only)		extensional rifting	
Meso- proterozoic	Zig-Zag Dal Basalt Formation			intracratonic extensional events
	Independence Fjord Group w. Midsommersø Dolorite Fm			

图 8 - 2 - 13　东格陵兰褶皱带新元古界及下古生界地层综合柱状图

（据 Sønderholm et al,2008；Rugen et al,2022 修改）

注：Portfjeld 和 Buen 组主要发育于北格陵兰地台区,在 8.3 节中讨论。

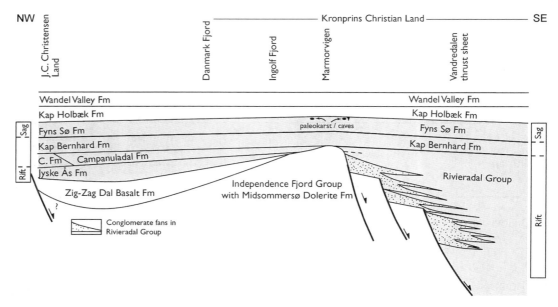

C.Fm—Catalinafjeld 组。

图 8 - 2 - 14　J.C.Christensen Land‐Kronprins Christian Land 复原地层剖面示意图

（据 Sønderholm et al,2008）

注：该图说明了 Rivieradal 和 Hagen Fjord 群的地层关系。

　　Rivieradal 群和 Hagen Fjord 群为 Hekla Sund 盆地沉积（Sønderholm et al,2008）。Rivieradal 群的累积厚度达 7.5～10 km,出露在 Kronprins Christian Land 东部的加里东造山带 Vandredalen 逆冲席中。Hagen Fjord 群的最大厚度为 1 000～1 100 m,主要出露在 Kronprins Christian Land 西北部的加里东褶皱带亚前陆中,分布于 Kronprins Christian Land 西部、Mylius‐Erichsen Land、J.C. Christensen Land 和 Heilprin Land,也出现在 Vandredalen 逆冲席（图 8‐2‐15）。

　　a）Rivieradal 群

　　Rivieradal 群为 Hekla Sund 盆地同裂谷期沉积,盆地具西断东超的结构,Vandredalen 逆冲席的恢复表明,地层存在一定程度的重复,实际地层厚度可能小于 7.5 km,可能为 5～6 km,与 Vandredalen 逆冲席北部 Rivieradal 群的厚度相当,实测总厚度为 4 500 m（其中 3 000 m 连续出露）。该段的底部与奥陶纪碳酸盐岩的逆冲接触,由 200 m 厚的强烈剪切的砾岩组成。砾岩上覆 500 m 厚的以千枚岩为主的地层单元,再上方是 2 200 多米厚的未变质地层,以层状（厚度 30～250 cm）、块状到不清晰纹层状的砂岩为主,夹有暗色黄铁矿泥岩（图 8‐2‐16）,为一套冲积扇、河流、扇三角洲、辫状河三角洲、滨浅海、半深海‐深海沉积（Sønderholm et al,2008）。

　　沿着 Vandredalen 逆冲席前缘,分布有颗粒支撑的砾岩,砾石磨圆良好,粒径大小从分米级到米级不等,最大砾石直径达 3～4 m。碎屑源于 Independence Fjord 群和 Midcommer Sø 辉绿岩,推测在 Rivieradal 群沉积时期,盆地西部边缘受到了强烈的侵蚀。在 Romer

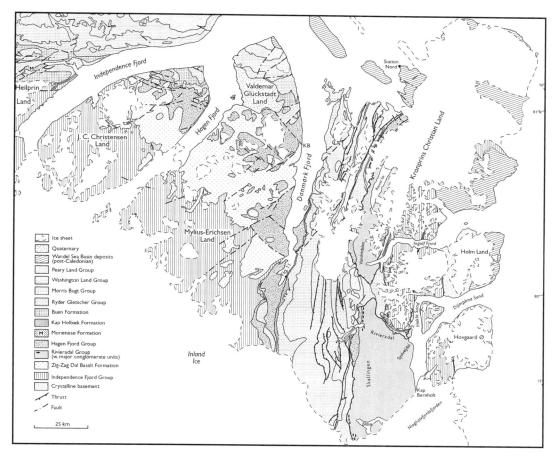

KB—Kap Bernhard；MV—Marmorvigen。

图 8 - 2 - 15　东格陵兰褶皱带北部地质图

（据 Sønderholm et al,2008）

Sø 以西地区,厚砾岩单元可以向东(盆地方向)追踪 1～2 km,相变为向上变粗、层厚增大的砂岩单元。再向东,相变为向上变粗和增厚的泥岩-砂岩单元。在 Blåsø 周围的南部地区,有花岗岩和石英卵石,来源于变质基底(Sønderholm et al,2008)。

Rivieradal 群上部为约 350 m 厚的冲积相沉积物,主要由砾岩、砂岩组成(图 8 - 2 - 17),反映了盆地变浅和气候变为干旱(Sønderholm et al,2008)。

Rivieradal 群的远源沉积出露于 Rivieradal 河谷的东端,含石英岩的泥质岩出露于 Rivieradal 河口,由东向西依次覆盖泥质岩、半泥质岩和钙质泥质岩,夹变质碳酸盐岩。再向上,为一系列厚千枚岩和石英岩(Sønderholm et al,2008)。

b) Hagen Fjord 群

东格陵兰褶皱带及其前陆区新元古界 Hagen Fjord 群的 Jyske Ås 组和 Campanuladal 组主要分布于 Marmorvigen 断层以西,为同裂谷期沉积,相当于 Rivieradal 群顶部或全部地层(图 8 - 2 - 14)。

图 8 - 2 - 16　Vandredalen 逆冲席(位置见图 8 - 2 - 15)北部 Rivieradal 群露头(北视)

(据 Sønderholm et al,2008)

注：顶部砂岩厚约 200 m。

图 8 - 2 - 17　Vandredalen 逆冲席(位置见图 8 - 2 - 15)北部 Rivieradal 群上部的砾岩夹砂岩露头

(据 Sønderholm et al,2008)

　　Jyske Ås 组厚度达 500 m,不整合于中元古界之上,底部和西北部主要为红色砂岩,是冲积相沉积。Jyske Ås 组主要由槽状或板状大型交错层砂岩组成(图 8 - 2 - 18),为海滩和潮控陆架沉积。在 Jyske Ås 组沉积时期,Hekla Sund 盆地东部和西部半地堑之间的岩石地层对比关系无法直接建立,因为 Marmorvigen 裂谷肩分离了两个次盆地(图 8 - 2 - 14)。

JÅ—Jyske Ås 组;CD—Campanuladal 组;KB—Kap Bernhard 组;FS—Fyns Sø 组。

图 8 - 2 - 18　J.C. Christensen Land 地区(位置见图 8 - 2 - 4)Kap Bernhard 悬崖 Hagen Fjord 群露头

(据 Sønderholm et al,2008)

注:Fyns Sø 组之上不整合埃迪卡拉系 Portfjeld 组(PF)和寒武系 Buen 组。悬崖高约600 m。

　　Campanuladal 组沉积时期,为 Hekla Sund 盆地从同裂谷期到裂后热沉降期的过渡阶段,西部和东部半地堑裂谷肩逐渐萎缩,最终连为一体(图 8 - 2 - 14)。Campanuladal 组(最西北部命名为 Catalinafjeld 组)覆盖在前陆区的 JyskeÅs 组和 Vandredalen 逆冲席的 Rivieradal 群上。

　　Campanuladal 组(厚度 110～175 m)主要由一系列细粒至中粒砂岩和粉砂岩组成,夹一层叠层石白云岩(图 8 - 2 - 18)。细砂岩和粉砂岩呈水平分层,具小型波浪和水流波痕、干裂缝和北东—南西方向沟模,为滨浅海相沉积。在逆冲推覆体中,Campanulada 组由 80 m 厚的强烈构造变形的泥灰岩、杂色泥岩组成,覆盖在 Rivieradal 群最上部的河流相砂岩之上。

　　Catalinafjeld 组(厚度 260～350 m)主要为层状泥岩夹薄砂岩,砂质碎屑来自西部,为一套向上变粗和增厚的沉积序列,是断坳转化期深水-浅水海相沉积。

　　Kap Bernhard 组(厚度 150～215 m)与下伏 Campanuladal 组突变接触。Kap Bernhard 组主要由红棕色石灰岩组成(图 8 - 2 - 18)。下部软沉积物变形构造丰富,局部可见层内角砾岩。向上,软沉积物变形程度降低,出现叠层石。碳酸盐岩台地可能是沿着前裂谷肩开始的,随后扩展到盆地的东部和西部。在两个次盆中均可见从陆源碎屑浅海沉积到早期碳酸盐台地沉积突然的转变。与 Jyske Ås 组相比,最西部出露的 Catalinafjeld 组更厚,这可能表明,西部边缘陆源碎屑沉积的时间更长。因此,Catalinafjeld 组的上部可能与更东边的 Kap Bernhard 组的下部相对比(Sønderholm et al,2008)。

Fyns Sø 组(厚度约 325 m)覆盖在 Kap Bernhard 组台地沉积物之上,是一套良好的进积碳酸盐岩台地沉积序列(图 8-2-18)。Fyns Sø 组主要为白云岩,上部为白云岩与粉砂岩互层。白云岩中可见滑塌构造、层内角砾岩和罕见的波痕。叠层石层出现在整个地层中,在最上部尤为常见,局部形成相连叠层石丘,高差起伏达 2 m,为一套潮下带沉积。

2) 南部 Eleonore Bay 盆地

在东格陵兰褶皱带南部 Eleonore Bay 盆地,新元古界称为 Eleonore Bay 超群,为逆冲推覆体异地地层,并以逆冲断层形式与下伏 Krummedal 变质沉积岩系接触(图 8-2-19),沿造山带走向,从北到南可延伸 500 km,厚度超过 14 km,上覆 800~1 300 m 厚的 Tillite 群(图 8-2-20)。尽管南部褶皱带最大东西向宽度目前为 100 km,但逆冲推覆体向西位移的总距离约为 200~400 km,估计缩短了 40%~60%(Higgins et al,2004)。

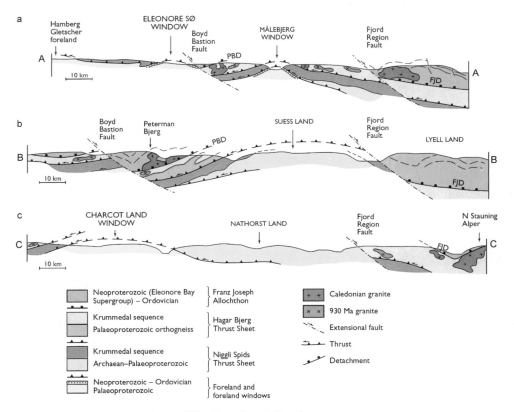

PBD—Petermann Bjerg Detachment;FJD—Franz Joseph Detachment。

图 8-2-19　东格陵兰褶皱带南部地质剖面简图

(剖面位置见图 8-2-20,据 Higgins et al,2004)

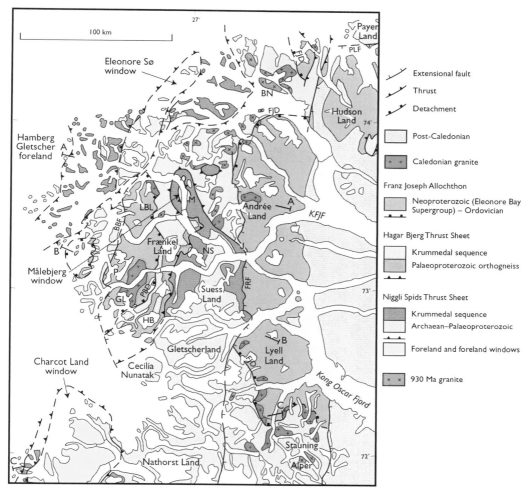

BBF—Boyd Bastion Fault；BN—Bartholin Nunatak；FJD—Franz Joseph Detachment；FRF—Fjord Region Fault；
GL—Goodenough Land；HB—Hagar Bjerg；J—Junctiondal；KFJF—Kejser Franz Joseph Fjord；LBL—Louise Boyd Land；
M—Ma°lebjerg；NS—Niggli Spids；P—Petermann Bjerg；PBD—Petermann Bjerg Detachment；PLF—Payer Land Fault。

图 8 - 2 - 20　东格陵兰褶皱带南部地质简图

（据 Higgins et al，2004）

注：A - A、B - B、C - C 为地质剖面位置。

Eleonore Bay 超群下部约 12 km 厚的 Nathorst Land 群和 Lyell Land 群主要由浅海相陆源碎屑岩组成（图 8 - 2 - 21），而上部 2 km 厚的 Ymeræ 群和 Andrée Land 群主要由台地碳酸盐岩组成（图 8 - 2 - 21）。

Eleonore Bay 超群上覆的 Tillite 群包括 5 个组，其中下部 3 个组（Ulvesø 组、Arena 组和 Storeelv 组）形成年代为成冰纪（新元古代中期），包括冰碛混杂岩和海相沉积物，上部两个组（Canyon 组和 Spiral Creek 组）形成年代为埃迪卡拉纪，由浅海至潮上带成因的白云质泥岩和砂岩组成（图 8 - 2 - 21）。Tillite 群不整合覆盖在寒武系-奥陶系 Kong Oscar Fjord 群之下，为 Iapetus 洋被动大陆边缘沉积（Smith and Rasmussen，2008）。

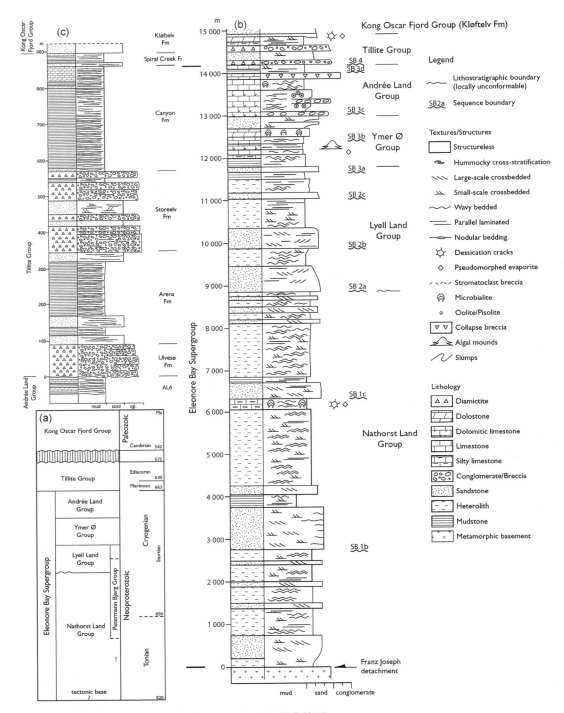

图 8 - 2 - 21　东格陵兰褶皱带南部新元古界地层综合简图

（a）新元古界岩性地层-年代地层框架；（b）新元古界岩性地层柱状简图；（c）Tillite 群地层柱状图
（据 Sønderholm et al，2008 修改）

8.2.3　古生界地质特征

东格陵兰褶皱带既有下古生界出露，也有上古生界出露。下古生界主要是 Iapetus 洋被动大陆边缘沉积，Iapetus 洋是新元古代晚期（埃迪卡拉纪）开始扩张，志留纪后期—泥盆纪早期关闭（Smith et al，2004；Smith and Rasmussen，2008）。东格陵兰褶皱带北部出露的下古生界有寒武系、奥陶系和志留系。东格陵兰褶皱带南部出露的下古生界只有寒武系和奥陶系。上古生界主要为后加里东造山期沉积。上古生界泥盆系只出露于东格陵兰褶皱带南部，石炭系和二叠系在东格陵兰褶皱带南部均有出露（图 8 - 2 - 1）。

1. 东格陵兰北部下古生界

东格陵兰褶皱带北部下古生界发育了寒武系 Kap Holbæk 组、奥陶系 Wandel Valley 组和 Morris Bugt 群、志留系 Washington Land 群和 Peary Land 群（图 8 - 2 - 13）。Morris Bugt 群划分为 Sjælland Fjelde 组和 Børglum River 组，Washington Land 群划分为 Turesø 组和 Odins Fjord 组，Peary Land 群划分为 Samuelsen Høj 组和 Lauge Koch Land 组。从早寒武纪到早奥陶纪，北格陵兰岛中部和西部大陆架是连续沉积的，但在北格陵兰岛东部为一隆起高地，直到弗洛期（Floian）早期（早奥陶世晚期）海平面大幅上升才被淹没，并开始形成 Wandel Valley 组。从早奥陶世晚期一直到兰多弗里世晚期（志留纪早期），东格陵兰褶皱带北部长期为被动大陆边缘碳酸盐岩沉积盆地，形成了 Wandel Valley 组、Sjælland Fjelde 组、Børglum River 组、Turesø 组、Odins Fjord 组和 Samuelsen Høj 组连续沉积的巨厚的碳酸盐岩（图 8 - 2 - 22）。在大陆边缘的深水沉积区形成黑色和绿色泥岩和放射虫硅质岩，以及海底扇成因的粗碎屑岩（Smith and Rasmussen，2008）。

1）寒武系

东格陵兰褶皱带北部下古生界最老的地层是寒武系 Kap Holbæk 组，为被动大陆边缘滨浅海相沉积。在东格陵兰褶皱带的前陆区，该组覆盖在新元古代 Fyns Sø 组的叠层石白云岩之上。Kap Holbæk 组的年龄为 523～517 Ma。在 Sæfaxi Elv 和 Marmorvigen 地区（图 8 - 2 - 15），上覆的 Wandel Valley 组直接覆盖在新元古界 Fyns Sø 组的碳酸盐岩之上，Kap - Holbæk 组只是作为 Fyns Sø 组的碳酸盐岩喀斯特地貌内部洞穴系统的填充物存在（图 8 - 2 - 23）。Kap Holbæk 组厚度达 150 m，由细粒至粗粒砂岩和泥岩互层组成。砂岩多为块状，局部发育大型交错层理和波浪波痕，见石针迹遗迹相，直径可达 1 cm，长度可达 0.5 m。北部深水沉积区发育 Polkoridorren 群浊积岩和暗色泥岩。Kap Holbæk 组与 Buen 组是同期相变关系，Buen 组砂岩是在潮流和风暴流作用下形成的，向上演化为深水泥岩（Smith and Rasmussen，2008）。

2）奥陶系

Wandel Valley 组底部 Danmarks Fjord 段主要为潮坪相白云岩，Danmarks Fjord 段下部为陆源砂质碎屑；中部 Amdrup 段主要为白云质含生物碎屑，具生物扰动构造灰岩，Amdrup

段下部含叠层石；上部 Alexandrine Bjerge 段主要为薄层状隐晶白云岩（图 8 - 2 - 22），偶见叠层石、扁平卵石砾岩和页岩夹层，化石层位处于 *polonicus* 牙形石生物带（465 Ma）。Sjælland Fjelde 组主要为泥晶碳酸盐岩，含腕足类化石，具生物扰动构造，距顶部 20 m 处为白云岩，具生物扰动构造。Børglum River 组主要为含生物碎屑灰岩，距顶部约 20 m 处为薄层状白云质泥晶灰岩（图 8 - 2 - 22）。

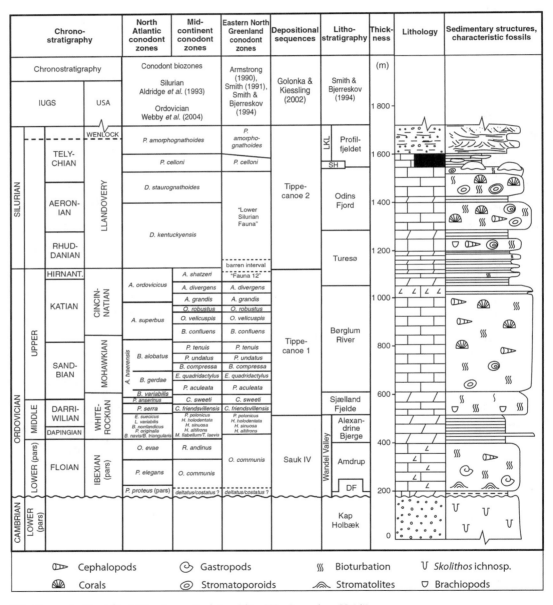

DF—Danmarks Fjord 段；LKL—Lauge Koch Land 组；SH—Samuelsen Høj 组。

图 8 - 2 - 22　东格陵兰褶皱带北部下古生界地层综合简图

（据 Smith and Rasmussen，2008 修改）

图 8 - 2 - 23　Kronprins Christian Land 地区 Marmorvigen 露头

(位置见图 8 - 2 - 15,据 Smith and Rasmussen,2008;Sønderholm et al,2008 修改)

注:Fyns Sø 组(FS)最上部的古喀斯特溶洞充填 Kap - Holbæk 组的砂岩(KH);除溶洞以外,Fyns Sø 组之上不整合下奥陶统 Wandel Valley 组的碳酸盐岩(WV)。标杆间隔 20 cm。

3) 志留系

Turesø 组下部属于上奥陶统顶部,中上部属于志留系下部,由白云岩与灰岩不等厚互层组成,厚层灰岩中含生物化石。Odins Fjord 组以珊瑚礁灰岩为特征,中部夹薄层状泥晶白云岩(图 8 - 2 - 22),根据生物化石资料,珊瑚礁灰岩的地质年龄为 430～435 Ma (Smith and Rasmussen,2008)。Samuelsen Høj 组以微生物礁为特征(图 8 - 2 - 22),最大厚度可达 300 m,直径可达 5 km,礁核由块状泥晶灰泥组成,具有黏结岩特征,暗示着微生物起源。礁滩由生物碎屑砾状灰岩和杂砂岩、泥粒灰岩或粒状灰泥灰岩组成(Smith and Rasmussen,2008)。

位于格陵兰岛北部的 Franklinian 盆地东部演化的最后阶段发生在兰多弗里世到文洛克世。这一时期,Amundsen Land 群深水饥饿沉积形成的暗色泥岩、放射虫硅质岩转化为 Merqujôq 组海底扇复理石沉积。Merqujôq 组的厚度达 2.8 km,呈条带状平行于陆架边缘分布,其地质年龄为兰多弗里世晚期的 435～430 Ma,陆源碎屑来源于东部,表明在 435 Ma 就开始发生 Scandian 变形和隆升(Smith and Rasmussen,2008)。

Merqujôq 组的陆源碎屑来源于 Scandian 加里东造山带,与 Odins Fjord 组和 Samuelsen Høj 组的陆架碳酸盐岩属于同时代沉积物,反映了 Scandian 加里东造山带隆升早,而东格陵兰褶皱带隆升晚,以及 Iapetus 洋由东向西的关闭过程。

Samuelsen Høj 组微生物礁灰岩突变为上覆 Lauge Koch Land 组 Profilefjeldet 段黑

色泥岩和沥青质碎屑碳酸盐岩。在 Centrumsø 附近的 Profilefjeldet 段距底部 50 m 处发现了文洛克世中期的笔石动物群化石(Smith and Rasmussen,2008)。

Profilefjeldet 段底部的黑色泥岩和碳酸盐的厚度约为 50 m,之上为 150 m 厚的海底扇陆源碎屑岩序列。在更西北的 Peary Land 地区,Thors Fjord 段(Lauge Koch Land 组)的黑色泥岩相当于 Profilefjeldet 段,也被海底扇砂岩覆盖,表明海底扇快速向西进积。东部为海底扇中扇,在 Peary Land 地区以西为海底扇外扇、扇边缘和盆地平原(Smith and Rasmussen,2008)。

2. 东格陵兰南部下古生界

东格陵兰褶皱带南部下古生界寒武系和奥陶系分布于 Franz Joseph 逆冲推覆体(图 8 - 2 - 20),最老的地层为下寒武统 Kløftelv 组,保存的最年轻的地层为中奥陶统 Heimbjerge 组(约 460 Ma),这套地层合称 Kong Oscar Fjord 群(Smith et al,2004)。

1) 寒武系

寒武系自下而上划分为 Kløftelv 组、Bastion 组、Ella Island 组、Hyolithus Creek 组和 Dolomite Point 5 个组(图 8 - 2 - 24)。

(1) Kløftelv 组厚度为 70～75 m,由富含石英的砂岩组成,发育多种交错层理[图 8 - 2 - 24,图 8 - 2 - 25(a)],为滨海相沉积。

(2) Bastion 组为砂岩、粉砂岩不等厚互层,见三叶虫及腕足类化石[图 8 - 2 - 24,图 8 - 2 - 25(a)],局部为砾岩,顶部见灰岩,砂岩中含有海绿石和磷结核,为一套受风暴影响的浅海相沉积。

(3) Ella Island 组厚度为 80～140 m,下部为粉砂岩和泥岩薄互层,上部为薄层泥晶石灰,夹 30～70 cm 厚的砂屑或砾屑灰岩[图 8 - 2 - 24,图 8 - 2 - 25(a)]。

(4) Hyolitus Creek 组厚度为 145～215 m,主要由深灰色至黑色白云岩组成,白云岩含有丰富的层内砾岩和鲕粒[图 8 - 2 - 24,图 8 - 2 - 25(a)],为潮坪相沉积。

(5) Dolomite Point 组厚度为 260～421 m,由微晶白云岩、泥质白云岩和绿灰色页岩互层组成,白云岩中发育水平层理、波纹层理,见叠层石、鲕粒(图 8 - 2 - 24)。

2) 奥陶系

奥陶系自下而上划分为 Antiklinalbugt 组、Cape Weber 组、Narwhale Sound 组和 Heimbjerge 组 4 个组(图 8 - 2 - 24)。

(1) Antiklinalbugt 组厚度为 210～270 m,底部为浅灰色风化灰岩。在 Albert Heim Bjerge,该组下部以波纹层状灰岩为主,偶尔有层内砾岩。该组底部上方 70 m 以上地层由砾屑灰岩和/块状绿色钙质泥岩组成,偶尔出现柱状叠层石。该组底部上方 25～40 m 处发育凝层状叠层石礁复合体[图 8 - 2 - 24,图 8 - 2 - 25(b)],为滨浅海相沉积。

(2) Cape Weber 组厚度为 1 000～1 200 m[图 8 - 2 - 24,图 8 - 2 - 25(b)]。该组下部由米级单层厚度的碳酸盐岩层组成,具有叠层石和黏结岩丘[图 8 - 2 - 25(c)],其上为重复的生物扰动石灰岩、黏结岩丘和层状白云质灰岩的旋回。该组中部由 330 m 厚的似球

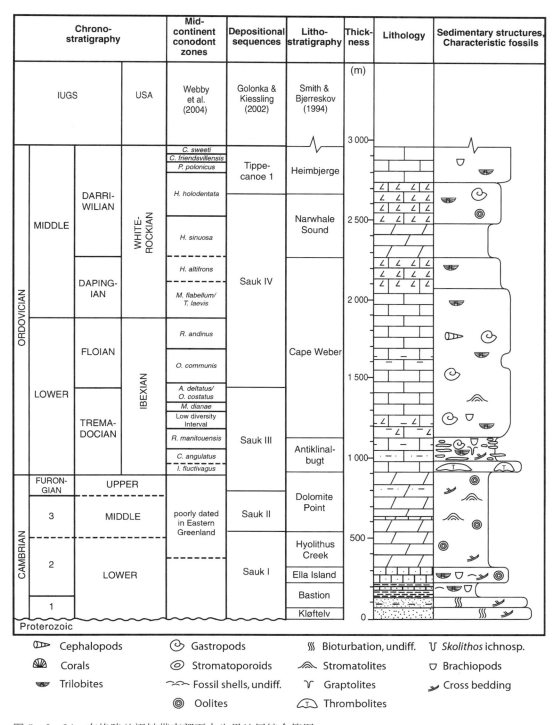

图 8-2-24 　东格陵兰褶皱带南部下古生界地层综合简图

（据 Smith and Rasmussen，2008 修改）

Kl—Kløftelv 组；Ba—Bastion 组；EI—Ella Island 组；HC—Hyolithus Creek 组；An—Antiklinalbugt 组；CW—Cape Weber 组；HB—Heimbjerge 组；NS—Narwhale Sound。

图 8 - 2 - 25　东格陵兰褶皱带南部下古生界典型露头

(a) Albert Heim Bjerge 寒武系露头(高 600 m)；(b) Ella Ø 下奥陶统碳酸盐岩露头(高 500 m)；(c) Albert Heim Bjerge 地区 Cape Weber 组的凝层状叠层石(thrombolite-stromatolite)生物礁(照片中心的黑色镜头盖直径 65 mm)；(d) Albert Heim Bjerge 地区中奥陶统露头(高 450 m)

(据 Smith and Rasmussen,2008)

注：Antiklinalbugt 组覆盖在 Dolomite Point 组(帐篷处)之上，Heimbjerge 组灰岩覆盖在 Narwhale Sound 白云岩之上。

粒状和生物扰动的泥粒岩和颗粒岩组成，有大量丘状和层状燧石。该组上部由 460 m 厚的灰泥灰岩、似球粒灰岩、沥青泥岩和厚层生物扰动碳酸盐组成，含少量白云质。

　　(3) Narwhale Sound 组厚度为 270～460 m，由微晶或砂糖状白云岩组成[图 8 - 2 - 24，图 8 - 2 - 25(d)]，还有一些细粒白云岩和少见的石灰岩，存在小的黏结岩丘(Stouge et al,2002)，燧石丰富。

　　(4) Heimbjerge 组仅存在于 Franz Joseph 逆冲推覆体露头带的最北部的 Albert Heim Bjerge 和 C.H.Ostenfeld Nunatak 地区。在 Albert Heim Bjerge 地区，该组厚度为 300 m，但在 C.H.Ostenfeld Nunatak 以北最厚达 1 200 m。Heimbjerge 组主要由浅灰色风化石灰岩组成。在 Albert Heim Bjerge 地区，底部由 10～15 m 厚的棕色和深红色层状灰泥灰岩组成，具鸟眼构造、叠层石和生物扰动构造；接着是 50 m 厚的层状灰泥灰岩夹角砾灰岩，以及 10 m 厚的非均质块状、生物扰动灰岩，其上有层孔虫丘。然后过渡为超过 200 m 厚的从浅灰色、生物扰动的杂粒岩到含有大量燧石结核的粒状岩，这些燧石结核与层孔虫丘呈互层状。尽管在 C.H.Ostenfeld Nunatak 地区该组的厚度非常大,厚度为 1 200 m,但未见有关地质特征的公开报道。

3. 上古生界

东格陵兰褶皱带上古生界主要是泥盆系,出露于南部,石炭系和二叠系发育于东格陵兰盆地和 Wandel 海盆地(图 8-2-1)。在此着重讨论泥盆系,石炭系和二叠系在东格陵兰盆地和 Wandel 海盆地部分重点讨论。

从中泥盆纪晚期(艾费尔期,390 Ma±)开始,东格陵兰褶皱带南部发育了巨厚的泥盆系陆相粗碎屑岩,即著名的“老红砂岩”,其最大厚度超过 8 km。泥盆系陆相粗碎屑岩不整合于寒武纪—奥陶纪碳酸盐岩之上,北部局部不整合于志留系之上,上覆石炭系 Harder Bjerg 组。向东,泥盆系与石炭系—二叠系和中生界断层接触,顶部被新生代高原玄武岩覆盖(Henriksen and Higgins,2008)。

泥盆系自下而上划分为 Vilddal 群、Kap Kolthoff 群、Kap Graah 群和 Celsius Bjerg 群 4 个群,其中 Celsius Bjerg 群顶部的 Obrutschew Bjerg 组大部分属于石炭系(图 8-2-26)。在泥盆系的 4 个群中,Kap Kolthoff 群分布最广(图 8-2-27)。

(1) Vilddal 群(艾费尔阶—吉维阶)是泥盆系最老的地层,不整合于寒武系—奥陶系之上,厚 2 500 m,西部的冲积扇为主的沉积称为 Vilddal 群,东部的辫状河沉积称为 Nathorst Fjord 群(图 8-2-26)。Vilddal 群沉积时期,地势西高东低,水系总体东流[图 8-2-28(a)]。Vilddal 群下部主体砾石质辫状河沉积称为 Solstrand 组,小规模的冲积扇沉积称为 Kap Bull 组(图 8-2-26)。Vilddal 群上部称为 Ankerbjergselv 组,主要由板状、红色和绿色砂岩和粉砂岩组成,以 10 m 的尺度交替。红色砂岩和粉砂岩为暂时性河流体系沉积物,绿色砂岩和粉砂岩为常年性河流体系沉积物。西部地区以常年性辫状河平原为主,而暂时性河流主要发育于东部地区,东部局部有湖泊相沉积(Larsen et al,2008)。

(2) 在 Kap Kolthoff 群—Kap Graah 群(吉维阶—法门阶)沉积时期,东部和北部发生了构造抬升,冲积平原水系汇聚后总体南流[图 8-2-28(b)(d)]。由于东、北、西三面供应碎屑,地层厚度巨大,其中 Kap Kolthoff 群厚度达 2 700 m,Kap Graah 群厚度达 1 300 m(图 8-2-26)。

在 Kap Kolthoff 群沉积时期,沉积类型主要为河流体系沉积[图 8-2-28(b)],局部为冲积扇体系沉积和风成体系沉积。河流体系沉积称为 Sofia Sund 组(图 8-2-26),完全由砂质辫状河沉积物组成。局部发育的冲积扇体系和风成体系沉积体分别命名为不同地层单元名称,如 Vergys 组、Barnabas 组、Langbjerg 组等(图 8-2-26)。

在 Kap Graah 群沉积早期,沉积类型以风成体系沉积为主[图 8-2-28(c)]。风成体系沉积命名为 Udkiggen 组,西部和东部局部发育的冲积扇沉积分别命名为 Zoologdalen 组和 Rødsten 组(图 8-2-26)。Udkiggen 组以红色砂岩为主,具风成交错层理,主要风向为西南向(Larsen et al,2008)。

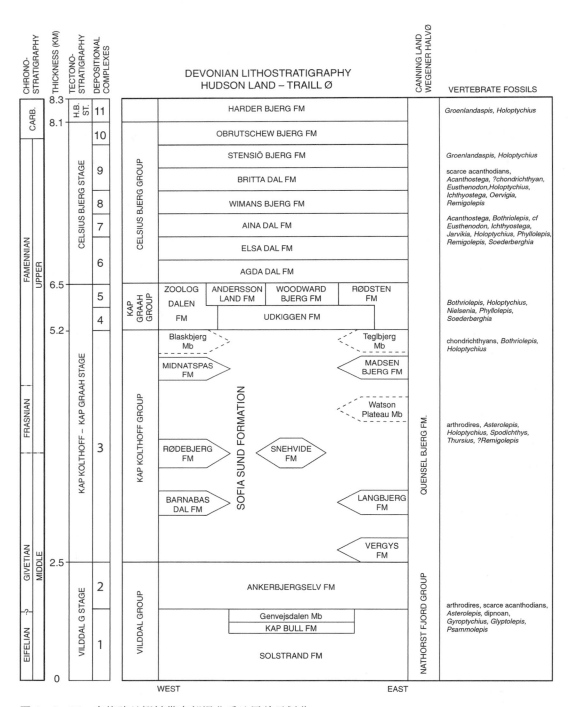

图 8-2-26　东格陵兰褶皱带南部泥盆系地层单元划分

（据 Larsen et al,2008）

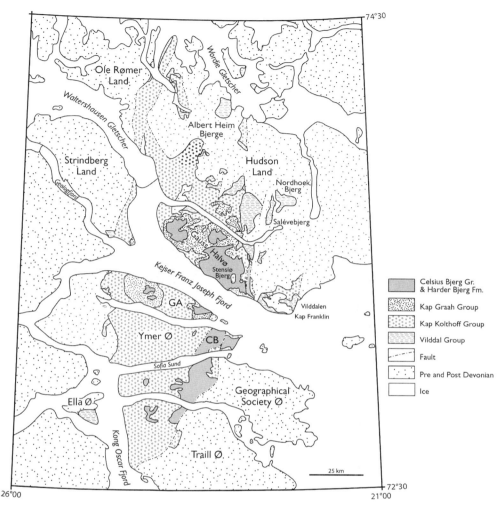

GA—Gunnar Anderssons Land；CB—Celsius Bjerg。

图 8 - 2 - 27　东格陵兰褶皱带南部泥盆系地质图

（据 Larsen et al，2008）

在 Kap Graah 群沉积晚期，西部山区夷平，东部隆升加剧，东西两侧山前发育冲积扇，东部冲积扇规模大，山间盆地以南流的曲流河沉积为主，在冲积平原局部存在风成体系沉积［图 8 - 2 - 28(d)］。曲流河砂质沉积命名为 Anderson Land 组，西部和东部局部发育的冲积扇沉积分别命名为 Zoologdalen 组和 Rødsten 组，冲积平原局部发育风成体系沉积命名为 Woodward Bjerg 组（图 8 - 2 - 26）。

（3）Celsius Bjerg 群在沉积前发生明显的构造变革，南部抬升，北部沉陷。Celsius Bjerg 群沉积时期，冲积平原地势南高北低，水系由南向北流动［图 8 - 2 - 28(e)］。Celsius Bjerg 群厚度达 1 600 m，自下而上划分为 Agda Dal 组、Elsa Dal 组、Aina Dal 组、Wimans Bjerg 组、Britta Dal 组、Stensiö Bjerg 组、Obrutschew Bjerg 组等 8 个组（图 8 - 2 - 26）。

Agda Dal 组为间歇性河流沉积。Elsa Dal 组为砂质辫状河沉积。Aina Dal 组主要为曲流河沉积。Wimans Bjerg 组主要由纹层状粉砂岩和角砾状、块状泥岩组成，为暂时性湖泊沉积。Britta Dal 组为以泛滥盆地为主的曲流河沉积。Stensiö Bjerg 组以曲流河泛滥盆地和湖泊相共存为特征。顶部的 Obrutschew Bjerg 组为湖泊相沉积，主要为黑色页岩和灰岩，局部为灰色粉砂质泥岩，未见粗碎屑岩边缘相带（Larsen et al，2008）。值得一提的是 Obrutschew Bjerg 组的上部属于石炭系（图 8 - 2 - 26）。

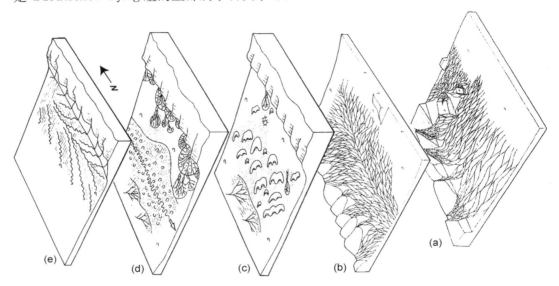

图 8 - 2 - 28　东格陵兰褶皱带南部泥盆系古地理演化模型

（a）Vilddal 群沉积时期（物源来自西侧的冲积平原，水系总体东流）；（b）Kap Kolthoff 群沉积时期（以西部物源为主，有东部和北部物源，冲积平原的水系总体南流）；（c）Kap Graah 群沉积早期（西部山区夷平，东部隆升为山区，东西两侧山前发育冲积扇，山间盆地以风成体系沉积为主）；（d）Kap Graah 群沉积晚期（西部山区夷平，东部隆升加剧，东西两侧山前发育冲积扇，东部冲积扇规模大，山间盆地以南流的曲流河沉积为主）；（e）Celsius Bjerg 群沉积时期（物源主要来自东部，西部物源处于次要地位，冲积平原水系总体北流）

（据 Larsen et al，2008）

8.3　北格陵兰地台及北格陵兰褶皱带

在早古生代，北格陵兰地台与加拿大地盾东北部地台区为统一的构造-地层单元，主要为陆架沉积序列。而北格陵兰褶皱带和埃尔斯米尔褶皱带是劳伦古陆东北缘早古生代深水沉积物在埃尔斯米尔造山运动期间隆升形成的造山带，造山带北部局部发育石炭纪—二叠纪、中生代和新生代沉积物（图 8 - 3 - 1，图 8 - 3 - 2），属于 Wandel 海盆地沉积。

8.3.1　北格陵兰前寒武系地质特征

北格陵兰地区最老的基底岩石是太古宙结晶岩，地质年龄为 3.3～3.5 Ga（Nutman et al，2019），出露于 Wulff Land 东南缘（图 8 - 3 - 3）。北格陵兰东部 Peary Land 地区，

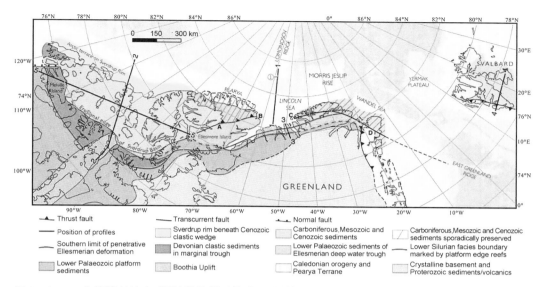

图 8 - 3 - 1　北格陵兰地台-褶皱带及邻区构造-地层简图

（据 Sørensen et al,2011 修改）

注：A－B 和 C－D 黑线为石炭系、二叠系和中生界零星保存地区的南界。1－1～5－5 黑线为原文中剖面的位置。
①为图 8－4－7 地震测线位置。

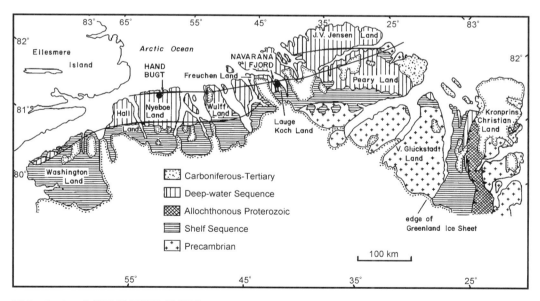

图 8 - 3 - 2　北格陵兰区域地质简图

（据 Stearns et al,1989 修改）

出露中元古界和新元古界，以及新元古界最上部的埃迪卡拉系 Portfjeld 组和 Skagen 群
（图 8－3－3）。格陵兰地盾太古宙基底地质特征已在 8.1.1 节中讨论，此处不再赘述。除
埃迪卡拉系外，北格陵兰地区出露的中元古界和新元古界已在 8.2.2 节中讨论，因此，本节
只简要讨论埃迪卡拉系的地质特征。

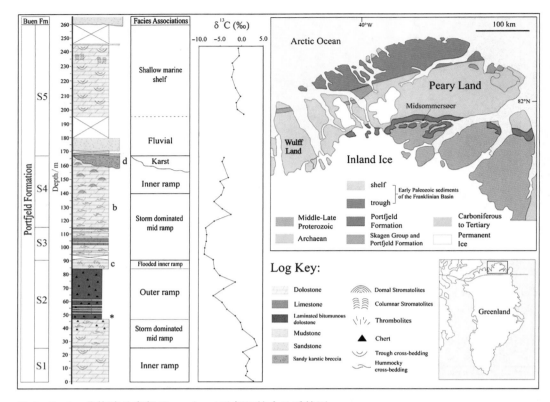

图 8-3-3　北格陵兰东部 Peary Land 及邻区综合地质简图

（据 Rugen et al,2022 修改）

注：左侧是 Midcommersøer(仲夏湖)东端埃迪卡拉系 Portfjeld 组露头岩性序列，划分为 5 个阶段(S1～S5)；中间是 $\delta^{13}C$ 数据的变化曲线；右上方是 Peary Land 及邻区地质简图；右下方是岩性图例和位置索引。

北格陵兰 Peary Land 地区埃迪卡拉系南北向的岩性存在较大变化。Peary Land 地区南部未发生褶皱变形的稳定地台区主要为白云岩，命名为 Portfjeld 组（图 8-3-3，图 8-3-4）。Peary Land 地区北部，埃迪卡拉系下部以陆架砂岩为主的地层单元命名为 Skagen 群；埃迪卡拉系中上部以陆架泥岩、灰岩夹再沉积砾岩为主的地层单元命名为 Paradisfjeld 群（图 8-3-4）。Portfjeld 组也被误认为属于寒武系（Sønderholm et al,2008），但最近在 Portfjeld 组发现了大量的埃迪卡拉系化石，化石的地质年代为 570～560 Ma，这些化石可与我国南方陡山沱组的化石群落相对比（Willman et al,2020）。

8.3.2　北格陵兰下古生界地质特征

北格陵兰地区下古生界出露了寒武系、奥陶系和志留系下部，为一套被动大陆边缘盆地浅海相-深海相沉积（图 8-3-2 至图 8-3-5）。

1. 寒武系

寒武系下部，在东部 Peary Land 地区南部出露的 Buen 组以泥岩为主，夹砂岩，属于浅海相沉积；Peary Land 地区北部出露的 Frigg Fjord 泥岩为半深海-深海相沉积，

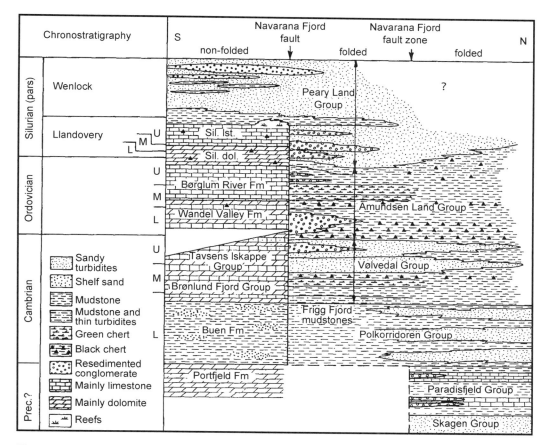

图 8 - 3 - 4　北格陵兰东部 Peary Land 地区地层划分对比图

（据 Surlyk and Hurst,1984 修改）

Polkorridoren 群砂岩为海底扇沉积（图 8 - 3 - 4）。而在西部 Washington Land 地区出露的 Humboldt 组主要为滨浅海相砂岩,Kastrup 组相变为滨浅海相白云岩（图 8 - 3 - 5）。

　　寒武系中上部,在东部 Peary Land 地区南部地台区出露的 Bronlund Fjord 群和 Tavsens Iskappe 群为以灰岩和白云岩为特征的滨浅海沉积;Peary Land 地区北部褶皱区出露的泥岩、硅质岩为半深海-深海相沉积,砾岩、砂岩为海底扇沉积（图 8 - 3 - 4）。而在西部 Washington Land 地区地台区出露的白云岩、灰岩、泥质灰岩主要为滨浅海相沉积（图 8 - 3 - 5）。

　　2. 奥陶系

　　奥陶系,在东部 Peary Land 地区南部地台区主要出露灰岩和白云岩,为滨浅海相沉积;北部褶皱区出露的泥岩、硅质岩为半深海-深海相沉积,砾岩、砂岩为海底扇沉积（图 8 - 3 - 4）。而在西部 Washington Land 地区地台区出露的膏岩、白云岩、泥质白云岩、灰岩、泥质灰岩主要为滨浅海相沉积（图 8 - 3 - 5）。

　　3. 志留系

　　兰多弗里统,在东部 Peary Land 地区南部地台区主要出露灰岩和白云岩,为滨浅海

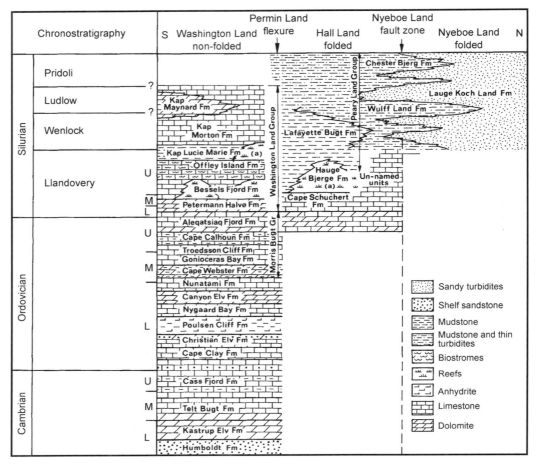

图 8 - 3 - 5　北格陵兰西部地区地层划分对比图

（据 Surlyk and Hurst，1984 修改）

相沉积，顶部演化为半深海-深海相泥岩；Peary Land 地区北部褶皱区出露的砾岩、砂岩夹泥岩为海底扇沉积（图 8 - 3 - 4）。而在西部 Washington Land 地区地台区出露的生物礁灰岩、叠层石灰岩、灰岩为浅海相沉积；Hall Land 地区褶皱区出露的泥岩、生物礁灰岩、灰岩为较深水浅海相沉积（图 8 - 3 - 5）。

　　文洛克统，在东部 Peary Land 地区南部地台区主要出露的砾岩、砂岩夹泥岩为海底扇沉积；Peary Land 地区北部褶皱区出露的砂岩夹泥岩为海底扇远端沉积，遭受了严重剥蚀（图 8 - 3 - 4）。而在西部 Washington Land 地区地台区出露的灰岩为浅海相沉积；Hall Land 地区褶皱区出露的泥岩为深海相沉积；Nyeboe Land 褶皱区出露的砂岩夹泥岩为海底扇沉积（图 8 - 3 - 5）。

　　拉德洛统，仅出露于北格陵兰西部地区。Washington Land 地区地台区出露的灰岩、白云岩为浅海相沉积；Hall Land 地区褶皱区出露的泥岩夹砂岩为深海相夹海底扇远端沉积；Nyeboe Land 褶皱区出露的砂岩夹泥岩为海底扇沉积（图 8 - 3 - 5）。

Pridoli 统,仅出露于北格陵兰西部褶皱区。Hall Land 褶皱区出露的泥岩夹薄层砂岩为深海相夹海底扇远端沉积;Nyeboe Land 褶皱区出露的砂岩夹泥岩为海底扇沉积(图 8 - 3 - 5)。

8.4　格陵兰岛周缘盆地地质特征

格陵兰岛周缘可归并为① 格陵兰北缘盆地群,包括内尔斯(Nares)海峡盆地、林肯(Lincoln)海盆地、汪德尔(Wandel)海盆地;② 格陵兰岛东侧被动陆缘,包括东格陵兰盆地、东南格陵兰盆地;③ 格陵兰岛西侧被动陆缘,包括西格陵兰盆地、努苏阿克(Nuussuaq)盆地、西格陵兰玄武岩省、梅尔维尔湾(Melville Bay)盆地(图 8 - 0 - 1)。这些盆地以加里东期及更老的变形、变质岩系为基底,其形成和演化与盘古超大陆的形成、裂解,北大西洋、北冰洋的发育过程密切相关。

8.4.1　格陵兰岛北缘盆地群地质特征

1. 内尔斯海峡盆地

内尔斯海峡盆地的形成与晚白垩世—古近纪(75～33 Ma)巴芬洋盆扩张、格陵兰板块逆时针旋转、内尔斯左行走滑压扭断裂带活动有关。晚白垩世和古近纪内尔斯左行压扭断裂带活动也造成了埃尔斯米尔岛的隆升变形,使得在埃尔斯米尔岛邻近内尔斯海峡地区白垩系和古近系出露(图 8 - 4 - 1)。

内尔斯海峡沿岸出露的岩石(图 8 - 4 - 1)可分为 6 套构造-地层序列:① 太古宙至古元古代变质深成岩基底;② Thule 盆地的中元古界上部和新元古界沉积岩和火山岩;③ 文德纪至早泥盆世滨浅海陆架沉积;④ 中-晚泥盆世前陆盆地沉积;⑤ 石炭纪—早白垩世的深水-浅水裂谷盆地沉积;⑥ 白垩纪晚期至新近纪前陆盆地滨浅海相陆源碎屑沉积(Jackson et al,2006;Piepjohn et al,2008)。

Thule 盆地的中元古界上部和新元古界沉积岩以粗碎屑沉积物为主,厚度达 4.3 km,上覆石灰岩和少量蒸发岩,厚度达 1.5 km(Harrison et al,2011)。文德纪至泥盆纪滨浅海陆架沉积类似埃尔斯米尔褶皱带,其特征详见前文(见 7.3.1 节)。中-晚泥盆世前陆盆地沉积记录主要为滨浅海相陆源碎屑岩(Jackson et al,2006;Piepjohn et al,2008)。石炭纪—早白垩世的深水-浅水裂谷盆地沉积与 Sverdrup 盆地相似,其特征详见前文(见 7.3.2 节)。白垩纪晚期至新近纪前陆盆地(图 8 - 4 - 2)滨浅海相陆源碎屑沉积是内尔斯海峡盆地的特色(Jackson et al,2006;Piepjohn et al,2008)。

在内尔斯海峡盆地 Kennedy 水道和 Kane 盆地的地震剖面上(地震测线位置如图 8 - 4 - 3 所示),能够识别出 5 个地震层系:① 早古生代碳酸盐岩;② 早古生代生物礁灰岩;③ 古生代碎屑岩;④ 白垩纪(?)—新近纪前陆 Franklin Pierce 前陆盆地粗碎屑岩;⑤ 第四纪冰川沉积(图 8 - 4 - 4)。

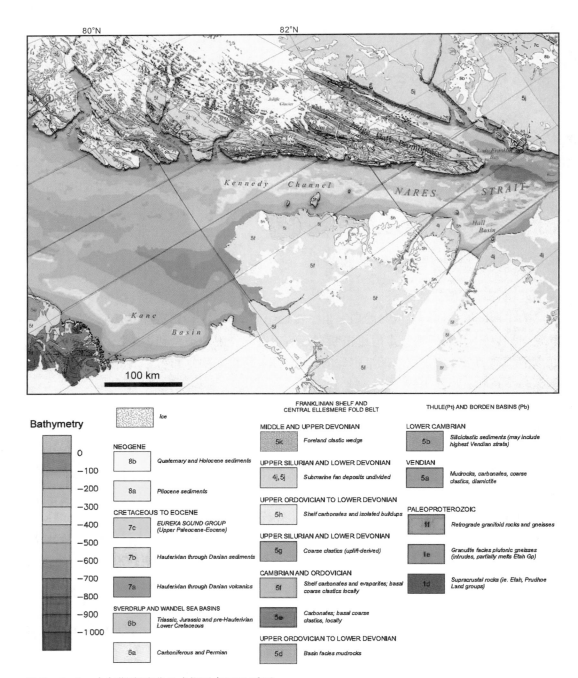

图 8-4-1　内尔斯海峡盆地水深及邻区地质图

（据 Jackson et al，2006 修改）

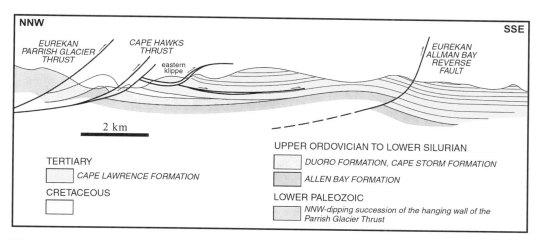

图 8 - 4 - 2　内尔斯海峡盆地西缘 Princess Marie 湾 Eurekan 逆冲断裂带地质剖面图

（剖面位置见图 8 - 4 - 1，据 Piepjohn et al,2008 修改）

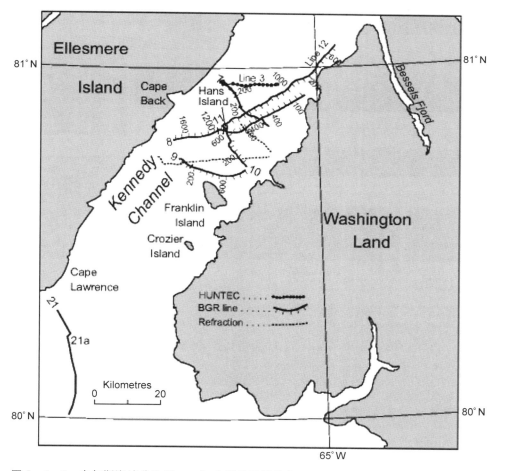

图 8 - 4 - 3　内尔斯海峡盆地 Kennedy 水道地震测线位置

（据 Jackson et al,2006 修改）

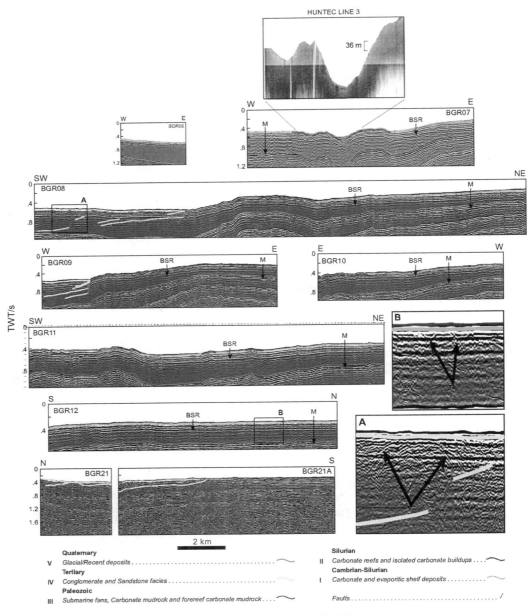

图 8-4-4　内尔斯海峡盆地 Kennedy 水道地区地震剖面地质解释

（剖面位置见图 8-4-3，据 Jackson et al，2006 修改）

注：HUNTEC LINE 3，冰川沉积分布；BGR06，寒武系—志留系陆架碳酸盐岩及蒸发岩；BGR07，两端为寒武系—志留系陆架碳酸盐岩及蒸发岩，中间为志留系生物礁和第四系冰川沉积；BGR08，西南部为巨厚的古近系—新近系断陷盆地砾岩、砂岩充填序列，A 区的放大图见右下角 A，中间为志留系生物礁，东北部为寒武系—志留系陆架碳酸盐岩及蒸发岩；BGR09，西部为巨厚的古近系—新近系断陷盆地砾岩、砂岩充填序列，中东部为志留系生物礁；BGR10，西部为志留系生物礁，中东部为寒武系—志留系陆架碳酸盐岩及蒸发岩；BGR11，从西到东依次为志留系生物礁、寒武系—志留系陆架碳酸盐岩及蒸发岩＋上覆第四系冰川沉积、志留系生物礁、寒武系—志留系陆架碳酸盐岩及蒸发岩及其间的志留系生物礁；BGR12，寒武系—志留系陆架碳酸盐岩及蒸发岩，B 区的放大图见右下角 B；BGR21，古近系—新近系断陷盆地砾岩、砂岩充填序列；BGR21A，北部为古近系—新近系断陷盆地砾岩、砂岩充填序列，南部为古生界海底扇碎屑岩及礁前灰质泥岩。BSR 为基底反射，M 为海底多次波反射。

2. 林肯海盆地

林肯(Lincoln)海盆地的西南侧为埃尔斯米尔岛,东南侧为格陵兰岛,北侧为罗蒙诺索夫海岭(图 8-3-1)。林肯海附近的陆上地区,包括北格陵兰岛、加拿大北极群岛,以台地沉积为特征,在前寒武纪结晶基底之上发育新元古代和早古生代碳酸盐岩碎屑岩(图 8-3-1)。在早古生代的大部分时间里,该台地的北冰洋一侧与深水槽(弗兰克林盆地)相接。深水槽沉积和部分台地沉积卷入晚古生代埃尔斯米尔造山带(图 8-3-1)。该台地沉积和 Franklinian 深水槽沉积从格陵兰岛一直追溯到加拿大北极群岛。在加拿大北极群岛,Franklinian 北部与 Pearya 地块相接,发育了泥盆纪前渊盆地陆源碎屑岩。而格陵兰北部没有泥盆纪沉积物(Sørensen et al,2011)。

林肯海盆地西北部与美亚盆地相接,东北部与欧亚盆地相接(图 8-3-1)。美亚盆地是白垩纪形成的,而欧亚盆地是古近纪以来形成的(详见第 2 章)。在美亚盆地和欧亚盆地海底扩张之前,Sverdrup 盆地、Svalbard 岛及其间的林肯海盆地、罗蒙诺索夫海岭、汪德尔(Wandel)海盆地很可能为统一的沉积盆地(Sørensen et al,2011)。Sverdrup 盆地和 Svalbard 岛石炭系—下白垩统具有极为相似的地层序列(图 8-4-5),这为统一的沉积盆地提供了有力证据。

Sverdrup 盆地和 Svalbard 岛石炭系—下白垩统均以泥盆纪埃尔斯米尔褶皱岩系为基底,发育石炭系、二叠系、三叠系、侏罗系和白垩系(图 8-4-5)。

石炭系不整合于下伏褶皱基底之上。下石炭统由裂谷盆地滨浅海相碎屑岩组成,以泥质岩为主。下石炭统顶部及上石炭统底部主要为滨浅海相陆源碎屑岩和蒸发岩。上石炭统由砂岩、泥岩、碳酸盐岩组成,碳酸盐岩向上逐渐增多(图 8-4-5)。在莫斯科阶发育了广泛的滨浅海相碳酸盐岩(图 8-4-6)。

二叠系底部与石炭系整合接触,主要为碳酸盐岩,局部为蒸发岩,Sverdrup 盆地边缘见砂岩。下二叠统内部存在沉积间断。下二叠统上部及上二叠统由滨浅海相砂岩、泥岩组成,向上砂岩增多,沉积间断范围扩大(图 8-4-5)。

三叠系与二叠系以局部不整合接触,由裂谷盆地滨浅海相砂岩、泥岩组成,以泥岩为主,上三叠统砂岩增多(图 8-4-5)。

侏罗系为裂谷盆地滨浅海相砂岩、泥岩,以泥岩为主。Sverdrup 盆地侏罗系整合于三叠系之上。Svalbard 岛缺失了下侏罗统和中侏罗统下部,中侏罗统中部以滨浅海相砂岩为主(图 8-4-5)。

白垩系与侏罗系之间存在不同程度的沉积间断。下白垩统底部由以泥岩为主的陆源碎屑岩组成。下白垩统内部存在大范围的沉积间断。下白垩统中部以裂谷盆地滨浅海相砂岩为主,上部以裂谷盆地滨浅海相泥岩为主,顶部砂岩增多。Sverdrup 盆地,上白垩统与下白垩统之间存在局部沉积间断,上白垩统顶底部以砂岩为主,中部以泥岩为主。Svalbard 岛缺失整个上白垩统(图 8-4-5)。

古近系,在 Sverdrup 盆地和 Svalbard 岛均以滨浅海相砂岩为主(图 8-4-5)。

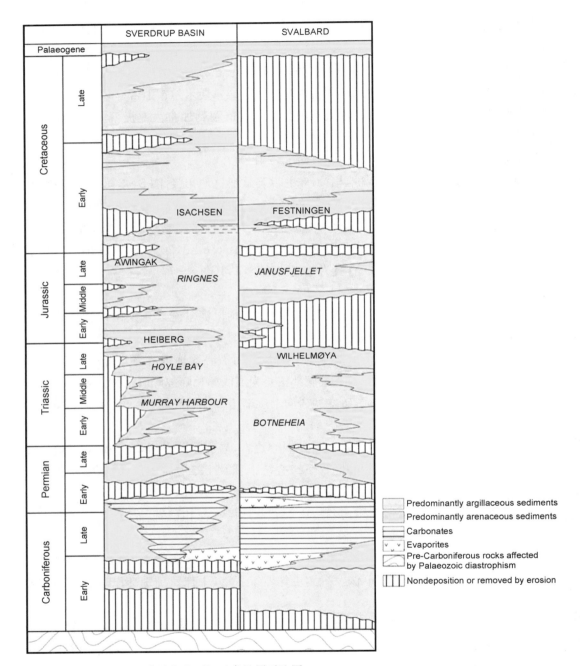

图 8 - 4 - 5　Sverdrup 盆地和 Svalbard 岛地层对比图

（据 Sørensen et al, 2011 修改）

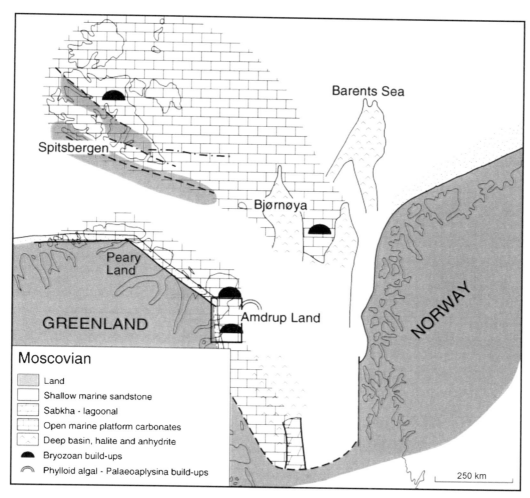

图 8 - 4 - 6　巴伦支海西北部-格陵兰岛北部莫斯科期古地理图

(据 Stemmerik et al,1999 修改)

　　根据林肯海盆地的地震剖面的地质解释结果,林肯海盆地在前石炭系基底之上发育石炭系—三叠系、侏罗系—白垩系及新生界。石炭系—三叠系和侏罗系—白垩系厚度变化大,局部缺失。新生界分布广泛,厚度变化较小(图 8 - 4 - 7)。在基底反射界面之下的前石炭系,也有未变质的沉积岩存在,林肯海盆地的沉积岩总厚度最大超过 12 km(图 8 - 4 - 8)。

　　3. 汪德尔海盆地

　　汪德尔海盆地西邻林肯海盆地,东接东格陵兰盆地,南部以北格陵兰地台和东格陵兰褶皱带交接处为界,北部过渡为 Fram 海峡(图 8 - 0 - 1)。在前寒武系—志留系基底之上,主要发育上石炭统—古近系,最大厚度超过 15 km(Håkansson and Pedersen,2015)。汪德尔海盆地南缘受逆冲断裂带的影响,上石炭统—古近系出露于 Peary Land 北部和 Kronprins Christian Land 及两者之间(图 8 - 4 - 9)。前寒武系—志留系基底地质特征在北格陵兰地台和东格陵兰褶皱带已作讨论,在此不再赘述。

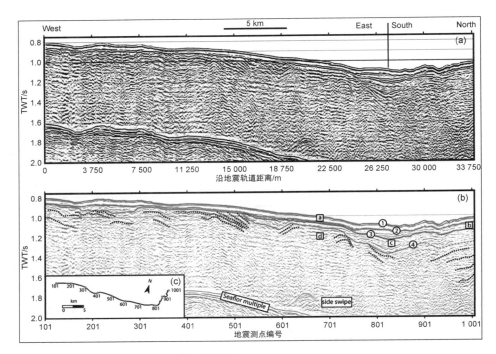

图 8-4-7　林肯海盆地地震-地质解释剖面

（a）未解释的地震剖面；（b）解释的地震剖面；（c）放大的地震测线位置

［剖面位置见图 8-3-1 中①（绿色实线），据 Jackson et al，2010］

注：①为海底反射；②和③为主要沉积间断面；④为前石炭纪基底反射；方框内 a 为新生界，b 为侏罗系—白垩系，c 为石炭系—三叠系，d 为前石炭系基底。

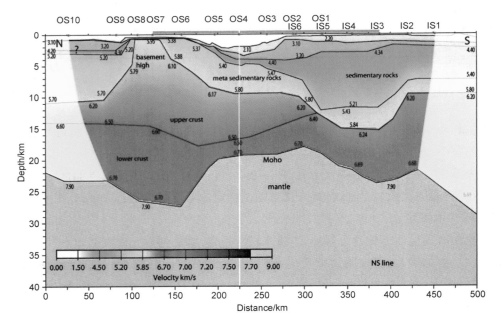

图 8-4-8　林肯海盆地地震层速度模型

［剖面位置见图 8-3-1 中 1（黑色实线），据 Jackson et al，2010］

1）逆冲断裂带特征

汪德尔海盆地南缘主要发育三大逆冲断裂系统：

（1）Kap Canon 逆冲断裂带，南西—北东走向，出露于 Peary Land 最北端，长度超过 75 km（图 8-4-9 中 KCTZ）。逆冲变形的峰值年龄为 49～47 Ma，造成新元古界逆冲推覆到坎潘期—古新世初期的 Kap Washington 群之上[图 8-4-10（e）]；

（2）Harder Fjord 逆冲断裂带，近东—西走向，出露长度超过 200 km，横贯 Peary Land 北部，位于 Franklinian 盆地古生代变质沉积岩内部（图 8-4-9 中 HFFZ）。断裂带内局部发育晚白垩世—古近纪沉积岩（Japsen et al，2021）；

（3）Trolle Land 逆冲断裂带，北西—南东走向，主要出露于 Peary Land 东部和 Kronprins Christian Land 东部，出露宽度超过 50 km，出露石炭系至古近系（图 8-4-9 中 TLFZ）。

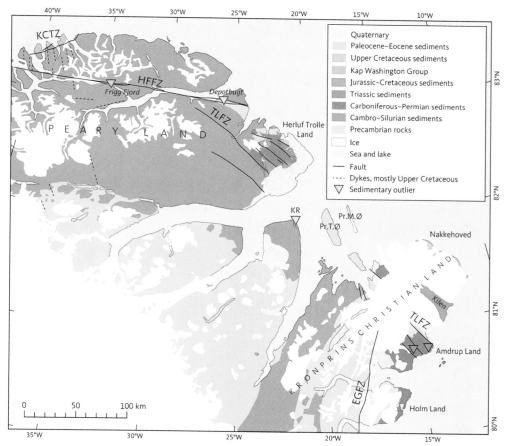

EGFZ—东格陵兰岛断裂带；HFFZ—Harder Fjord 逆冲断裂带；KCTZ—Kap Canon 逆冲断裂带；KR—Kap Rigsdagen；Pr.M.Ø—Prinsesse Margrethe Ø；Pr.T.Ø—Prinsesse Thyra Ø；TLFZ—Trolle Land 逆冲断裂带。

图 8-4-9 汪德尔海盆地及邻区地质简图

（据 Japsen et al，2021）

注：汪德尔海盆地边缘石炭—古近系出露于 Peary Land 北部和 Kronprins Christian Land 及两者之间。Kap Washington 群属于坎潘期至古近纪最早期。

2）地层特征

根据 Peary Land 和 Kronprins Christian Land 的露头资料，编绘了汪德尔海盆地综合地层柱状图（图 8-4-10）。各时代的地层特征简述如下。

a）上古生界

上古生界最老的地层是密西西比统中部的 Sortbakker 组[图 8-4-10(a)]，为一套由砂岩、粉砂岩、泥岩组成的曲流河沉积[图 8-4-10(b)]，厚度超过 1 km，出露于 Holm Land，不整合于加里东褶皱带的前寒武系结晶基底之上（图 8-4-9）。宾夕法尼亚统 Kap Jungersen 组由滨浅海相砂岩、泥岩、碳酸盐岩和蒸发岩组成，局部含煤，岩性横向变化较大；Foldedal 组主要由滨浅海相灰岩、白云化灰岩组成[图 8-4-10(a)]。

在 Kronprins Christian Land 西北部出露二叠系下部的泥岩夹灰岩地层，厚度超过 2 km，未命名，为一套浅海至深海相沉积；二叠系中部的 Kim Fjelde 组主要为滨浅海相灰岩；二叠系上部的 Midnatfjeld 组主要为滨浅海相泥岩[图 8-4-10(a)]。在 Peary Land 北部 Frigg Fjord（图 8-4-9）附近出露了上二叠统 Kap Kraka 组，为一套夹火山岩的河流相至湖泊相沉积物（Håkansson and Pedersen 2015）。

b）中新生界

汪德尔海盆地三叠系连续沉积，出露较好[图 8-4-10(c)]，总厚度约为 700 m(Bjerager et al,2019)。下三叠统 Parish Bjerg 组与上二叠统冲刷接触，底部主要为冲积相砾岩、砂岩，中部主要为湖泊相泥岩，上部主要为滨浅海相砂岩[图 8-4-10(a)中 PB]。中三叠统—上三叠统下部 Dunken 组为滨浅海相砂泥岩不等厚互层，Isrand 组主要为半深海-深海相暗色泥岩。上三叠统 Storekløft 组主要为滨浅海相砂岩，局部发育砾岩[图 8-4-10(a)]。

侏罗系下统缺失。中侏罗统 Mågensfjeld 组出露于 Kilen 地区西北部，为一套滨浅海相砂岩、泥岩[图 8-4-10(d)]。上侏罗统—古近系由河流相、湖泊相及滨浅海相砂泥岩组成，白垩系顶部—古近系底部发育火山岩[图 8-4-10(a)]。

8.4.2　格陵兰岛东部被动陆缘地质特征

1. 东格陵兰盆地

东格陵兰盆地也称东格陵兰陆架(Hamann et al,2005；Gautier et al,2011)位于格陵兰东部边缘，东临北大西洋（图 8-4-1）。东格陵兰盆地是在加里东变质、变形基底上发育起来的复杂型盆地，根据地质特征，可划分为台地、不同时期的次级盆地、潜山、火山岩省等次级构造单元（图 8-4-11）。

东格陵兰盆地复杂的地质特征与其发育过程中所处的复杂地球动力学背景密切相关。加里东造山期后，发生北西—南东向伸展，从泥盆纪晚期开始发育断陷盆地；二叠纪末的乌拉尔造山期后，发生南西—北东向伸展，导致构造格局的变化，形成了中生代断陷盆地。晚白垩世以来，随着北冰洋、北大西洋的扩张，再次发生北西—南东向伸展，形成新生界被动大陆边缘盆地（图 8-4-12 至图 8-4-14）。

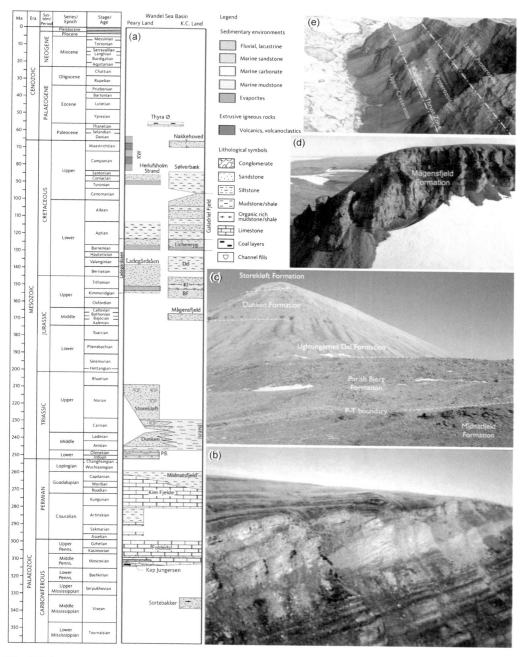

BF—Birkelund Fjeld；Dd—Dromledome；K. C. Land—Kronprins Christian Land；Kl—Kuglelejet；KW—Kap Washington Group；PB—Parish Bjerg；Penns—Pennsylvanian。

图 8 - 4 - 10　汪德尔海盆地综合地层柱状图

（a）汪德尔海盆地 Peary Land 和 Kronprins Christian Land 地层序列（Japsen et al，2021）；（b）Holm Land 海岸石炭系 Sortbakker 组上部河流相露头（厚度约 60 m）（Dalhoff et al，2000）；（c）Herluf Trolle Land 三叠系序列 Parish Bjarg 组不整合于二叠系 Midnatfjeld 组之上（350 m 厚）（Bjerager et al，2019）；（d）Kilen 地区西北部出露的中侏罗统 Mågensfjeld 组（Alsen et al，2020）；（e）Kap Cannon 逆冲断裂带新元古界推覆到上白垩统坎潘阶—马斯特里赫特阶 Kap Washington 群火山-碎屑岩之上（Håkansson and Pedersen，2015）

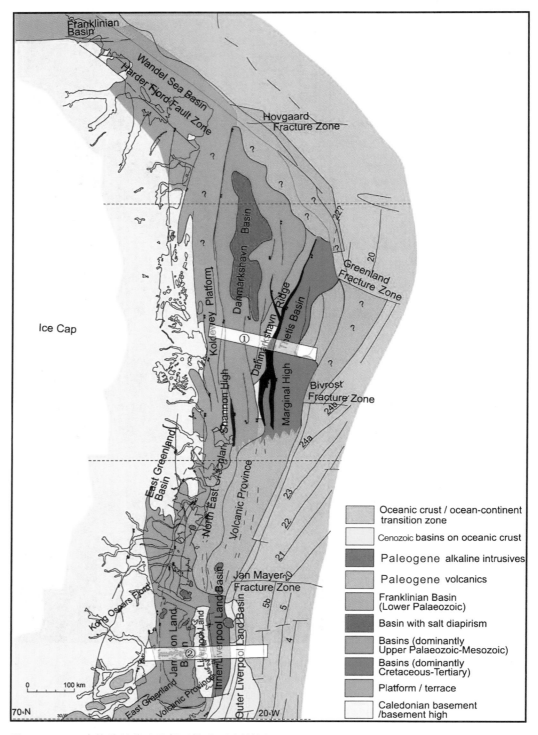

图 8 - 4 - 11　东格陵兰盆地及邻区构造-地层简图

（据 Hamann et al，2005）

注：①为图 8 - 4 - 13(a)所在位置；②为图 8 - 4 - 13(b)所在位置。

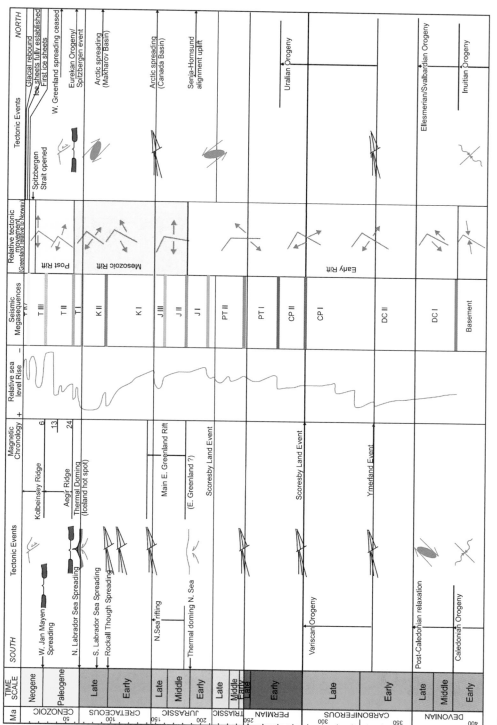

图 8 - 4 - 12　东格陵兰盆地发育过程及地球动力学背景

（据 Hamann et al. 2005）

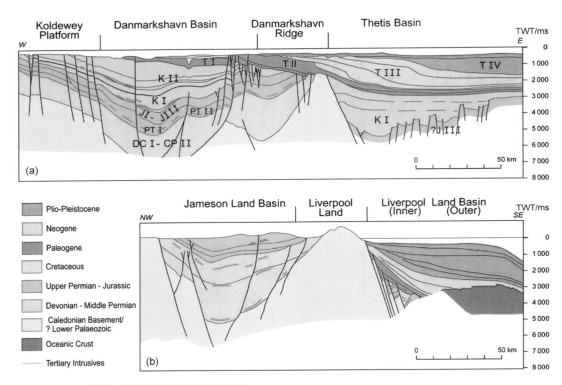

图 8-4-13　东格陵兰盆地地震地质解释图

(a) 东格陵兰盆地北部地震地质解释剖面(剖面位置见图 8-4-11 中①);(b) 东格陵兰盆地南部地震地质解释剖面
(剖面位置见图 8-4-11 中②)

(据 Hamann et al,2005)

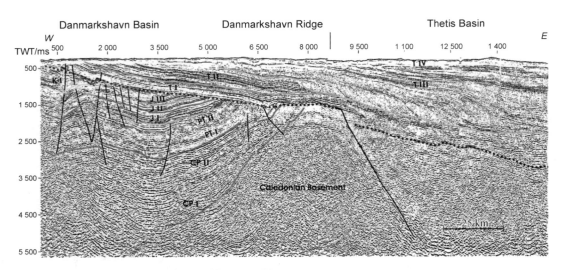

图 8-4-14　东格陵兰盆地北部地震剖面及地质解释

(据 Hamann et al,2005)

注:图中不同颜色的界面和地层单元代码的地层学意义同图 8-4-12 中 Seismic Megasequenxes。

东格陵兰盆地在加里东褶皱基底之上发育泥盆系、石炭系、二叠系、三叠系、侏罗系、白垩系、古近系和新近系,在不同次级构造单元的地层发育连续程度和地层特征有明显差异(图 8-4-15,图 8-4-16)。

泥盆系(中泥盆统上部和上泥盆统)发育于近岸断陷盆地和台地,主要由砾岩、砂岩组成,夹泥岩、火山岩,为一套裂谷盆地冲积相、湖泊相、滨浅海相沉积(图 8-4-15,图 8-4-16)。

石炭系,下石炭统主要为砂岩,夹泥岩、煤层,为一套裂谷盆地冲积相、湖泊相、滨浅海相沉积(图 8-4-15,图 8-4-16)。上石炭统与下石炭统不整合接触,由砂岩、泥岩、碳酸盐岩组成,含蒸发岩,为一套裂谷盆地冲积相、湖泊相、滨浅海相沉积(图 8-4-15,图 8-4-16)。

二叠系,在远岸地带与石炭系整合接触,下二叠统主要由碳酸盐岩组成,含蒸发岩,为一套裂谷盆地滨浅海相沉积;上二叠统由泥岩、碳酸盐岩组成,含燧石,为一套裂谷盆地浅海相沉积。在近岸地带主要发育上二叠统,由砾岩、砂岩、泥岩、碳酸盐岩组成,为一套裂谷盆地冲积相、滨浅海相沉积(图 8-4-15,图 8-4-16)。

三叠系与二叠系之间存在不同程度的沉积间断。下三叠统主要由砾岩、砂岩、泥岩组成,为一套裂谷盆地冲积相-滨浅海相沉积;中三叠统由砂岩、泥岩和少量碳酸盐岩组成,局部含石膏,为一套裂谷盆地冲积相-浅海相沉积(图 8-4-15,图 8-4-16)。上三叠统,主要为泥岩和碳酸盐岩,局部为砂岩,主要为裂谷盆地滨浅海相沉积,盆地边缘局部发育冲积相(图 8-4-15,图 8-4-16)。

侏罗系与三叠系之间存在不同程度的沉积间断。下侏罗统主要由砂岩、泥岩组成,局部发育碳酸盐岩,为一套裂谷盆地冲积相、湖泊相、滨浅海相沉积;中侏罗统由砂岩、泥岩和少量砾岩组成,局部含煤层,为一套裂谷盆地冲积相-浅海相沉积(图 8-4-15,图 8-4-16)。上侏罗统,主要为泥岩和砂岩,局部为砾岩,主要为裂谷盆地滨浅海相-深水盆地沉积(图 8-4-15,图 8-4-16)。

白垩系与侏罗系之间存在不同程度的沉积间断。下白垩统由砾岩、砂岩、泥岩组成,局部含煤层,为一套裂谷盆地滨浅海相沉积;上白垩统主要为泥岩,其次为砂岩,局部为砾岩,为裂谷盆地滨浅海相沉积(图 8-4-15,图 8-4-16)。

古近系,在近岸地带与白垩系不整合接触,由砾岩、砂岩、泥岩和大量火山岩组成,为一套裂谷盆地冲积相-滨浅海相沉积;在远岸地带,古近系与白垩系整合接触,主要为泥岩,为裂谷-被动陆缘盆地浅海相沉积(图 8-4-15,图 8-4-16)。

新近系与古近系整合接触,由砾岩、砂岩、泥岩组成,为裂谷-被动陆缘盆地浅海相沉积(图 8-4-15,图 8-4-16)。

第四系由砾岩、砂岩、泥岩组成,为被动陆缘浅海相沉积(Berger and Jokat,2009)。

2. 东南格陵兰盆地

东南格陵兰盆地也称东南格陵兰大陆边缘(Gerlings et al,2017),是 53.7 Ma 以来,在

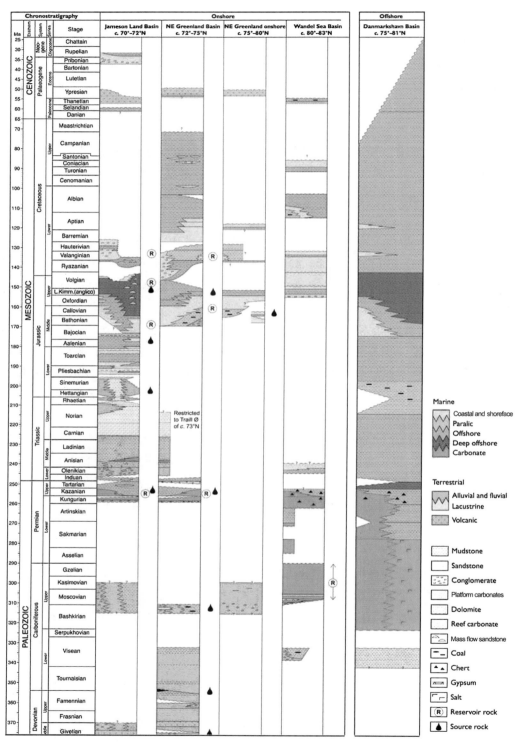

图 8 - 4 - 15　东格陵兰盆地地层综合柱状图

（据 Gautier et al, 2011）

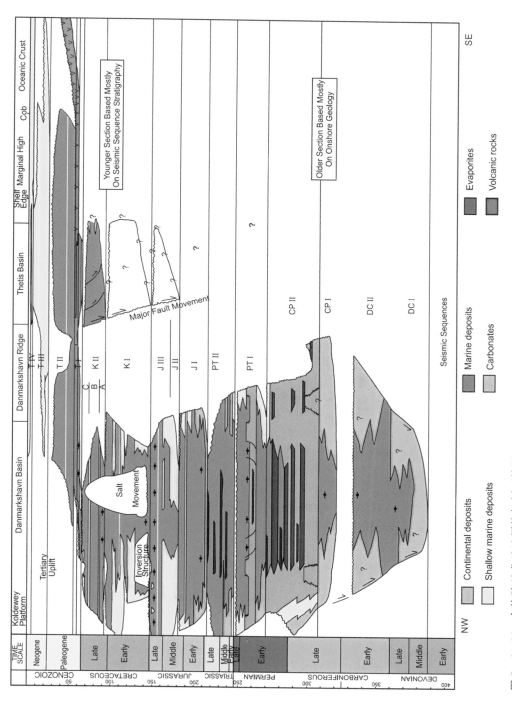

图 8 – 4 – 16 东格陵兰盆地地层格架剖面简图

（据 Hamann et al，2005）

格陵兰岛和欧洲大陆裂离、北大西洋不断扩张的背景下形成的(见 2.4 节)。其基底为元古宇的变质岩,在格陵兰岛和欧洲大陆裂离前,中生代发生了陆内裂谷作用。

格陵兰岛东南部的陆上地区以中太古代—古元古代 Nagssungtoqidian 造山带为主。在 Kap Gustav Holm(图 8-4-17)以南,没有发现比元古宇更年轻的地层。

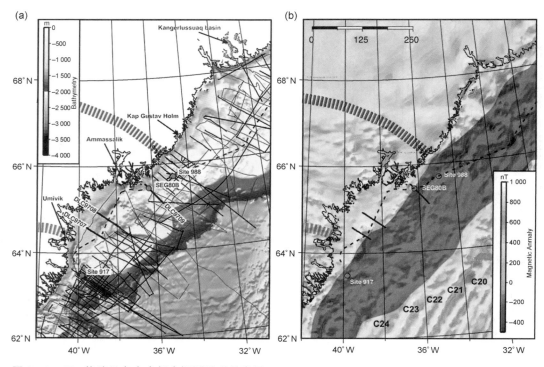

图 8-4-17　格陵兰岛东南部水深图及磁异常图

(a) Ammassalik 附近格陵兰岛东南边缘的水深图;(b) 格陵兰岛东南部陆上和海上磁异常图

注:(a)显示了地震测网、ODP 152 和 163 航次钻井站位 917 和 988,以及 ODP 航次 163X 钻井站位 SEG80B。灰色细线是 20 世纪 70 年代的单通道地震数据;黑线是 20 世纪 80 年代至今的多通道地震资料;三条黑色粗线为 DLC97-07/08/09 地震测线(图 8-4-20);虚线为 TGS2012 地震测线(图 8-4-19);深蓝色宽虚线(南)和红色宽虚线(北)为 Nagssungtoqidian 造山带(2.822±Ga)边界。(b)深色阴影区域为向海倾斜反射区域,C20~C24 为古地磁年龄(Gerlings et al,2017)。

在 Kap Gustav Holm 出露 150 m 厚的中新生代砂岩,顶部含有海相化石,被始新世辉长岩侵入(Lenoir et al,2003),可见,这套砂岩老于始新世。

再往北,Kangerlussuaq 盆地(图 8-4-17)出露约 1 km 厚的白垩系—古近系,向东和向北超覆于结晶基底之上。这套地层的最古老的地质年代是阿普特期晚期—阿尔必期早期,主要由砂岩、泥岩组成,为冲积相和滨浅海相沉积。晚白垩世海相泥岩与薄层砂岩互层覆盖其上。古新世早期,海底扇砂岩发育于盆地北部边缘,而盆地内为深水相泥岩。古新世中期发生了大范围的隆起和侵蚀。古新世晚期的冲积相砂岩和砾岩不整合于下伏地层之上(Larsen et al,2006)。

根据地球物理资料和钻井资料,在东南格陵兰盆地海上区域的新生界之下,存在中生

代断陷盆地,发育于 Ammassalik 东侧,Gerlings 等(2017)将其命名为 Ammassalik 盆地
[图 8 - 4 - 18(b)]。

在重力资料上存在明显低异常[图 8 - 4 - 18(a)],表明存在以沉积岩为主的沉积盆地。

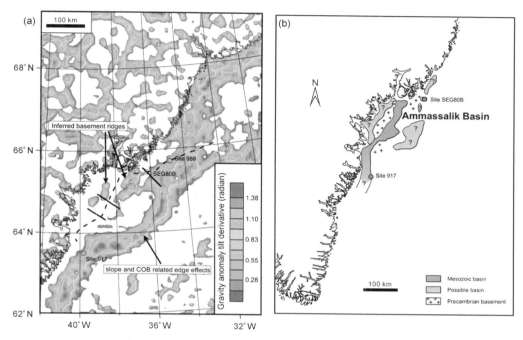

图 8 - 4 - 18　格陵兰岛东南部重力异常及中生代断陷盆地分布

(a) 格陵兰岛东南部陆上和近海均衡重力异常图(高异常以岩浆岩为主,低异常以沉积岩为主);(b) 格陵兰岛
东南部中生代断陷盆地分布

(据 Gerlings et al,2017)

在近岸海域南北向的 TGS2012 剖面上,广泛发育的更新统不整合于中生代断陷盆地
沉积序列之上,北端发育的古近纪玄武岩覆盖在中生界之上(图 8 - 4 - 19)。

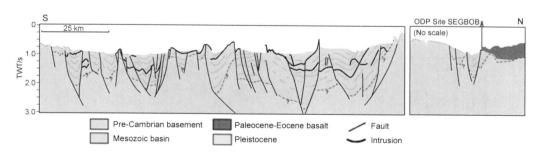

图 8 - 4 - 19　地震测线 TGS2012 的地质解释剖面

(据 Gerlings et al,2017)

在近岸海域的北西—南东向 DLC97 - 09 剖面上,第四系广泛发育。在西北部,第四
系不整合于中生代断陷盆地沉积序列之上,ODP 站位 SEG80B 钻遇早白垩世阿尔必期沉

积岩。在中部,第四系覆盖在古近纪玄武岩之上。在东南部,前寒武系结晶基底之上依次发育古近纪玄武岩,古近纪晚期—第四纪海相砂、泥质沉积[图 8 - 4 - 20(c)]。

在近岸海域的北西—南东向 DLC97 - 08 剖面上,第四系广泛发育,第四系不整合于中生代断陷盆地沉积序列或更老的岩层之上[图 8 - 4 - 20(b)]。

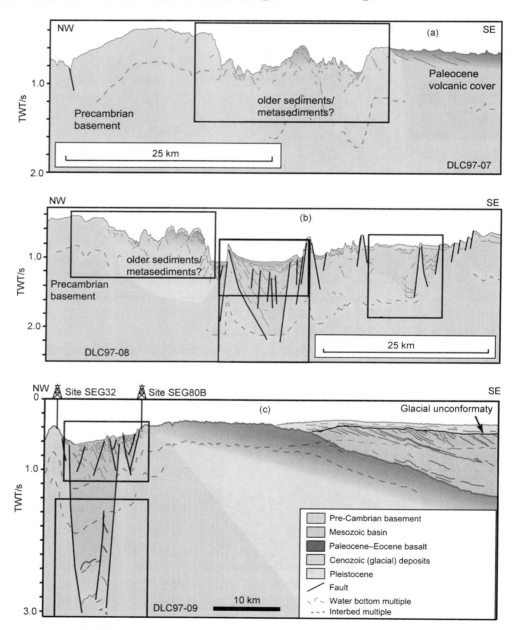

图 8 - 4 - 20 地震测线 DLC97 - 07/08/09 的地质解释剖面

(a) 地震测线 DLC97 - 07 的地质解释剖面;(b) 地震测线 DLC97 - 08 的地质解释剖面;(c) 地震测线 DLC97 - 09 的地质解释剖面(ODP 站位 SEG32 钻遇元古宙片麻岩,ODP 站位 SEG80B 钻遇早白垩世阿尔必期沉积岩)
(据 Gerlings et al,2017)

在近岸海域的北西—南东向 DLC97 - 07 剖面上,第四系广泛发育,第四系不整合于古近纪玄武岩或比中生界更老的岩层之上[图 8 - 4 - 19(a)]。

8.4.3　格陵兰岛西侧被动陆缘地质特征

格陵兰岛西侧被动陆缘,包括西格陵兰盆地、努苏阿克(Nuussuaq)盆地、西格陵兰玄武岩省、梅尔维尔湾(Melville Bay)盆地等基本构造单元(图 8 - 0 - 1)。格陵兰岛西侧被动陆缘西邻 Labrador 海- Baffin 湾残留洋盆,东接格陵兰地盾(图 8 - 0 - 1,图 8 - 4 - 21)。在格陵兰岛西侧被动大陆边缘陆上地带,主要出露太古宙和元古宙变质岩系基底。Labrador 海—Baffin 湾残留洋盆主要发育古新世—始新世洋壳基底,局部可能存在马斯特里赫特期(白垩纪末)洋壳基底。格陵兰岛西侧被动陆缘在基底之上主要发育白垩纪—古近纪沉积岩、火山岩及侵入岩,局部可能存在更老的沉积岩(图 8 - 4 - 21)。

格陵兰岛西侧被动陆缘的形成与加拿大大陆与格陵兰大陆之间的多阶段裂谷作用密切相关(Gregersen et al,2019;Newton et al,2021;Dam and Sønderholm,2021)。Labrador海地区的裂谷作用开始于侏罗纪,在白垩纪时期裂谷作用扩展到 Baffin 湾,在古近纪时期加拿大大陆与格陵兰大陆分离,形成洋壳和广泛分布的火山岩。在裂谷作用过程中,格陵兰岛西侧被动陆缘下白垩统主要为陆相砂岩和砾岩,上白垩统主要为砂岩、泥岩,古近系主要为海相泥岩、砂岩和火山岩,新近系和第四系主要为海相泥岩和砂岩(图 8 - 4 - 22)。

1. 西格陵兰盆地

西格陵兰盆地位于格陵兰西部陆缘南部,西北部以 Davis 海峡隆起- Disko 隆起为界,是在太古宇—元古宇结晶基底和古生代地台基底之上发育的晚白垩世裂谷-新生代被动大陆边缘盆地(图 8 - 4 - 21,图 8 - 4 - 23)。

西格陵兰盆地根据构造、地层和岩石特征的形成演化可划分为① 基底形成阶段(古太古代—中元古代,3 220～1 250 Ma±);② 地台沉积阶段(中-晚奥陶世,470～444 Ma±);③ 白垩纪同裂谷阶段(欧特里沃期—坎潘期,131.8～83 Ma±);④ 白垩纪裂后阶段(坎潘期—马斯特里赫特期,83～65 Ma±);⑤ 新生代同裂谷阶段(古新世—始新世早期,65～50 Ma±);⑥ 新生代裂后阶段(始新世末至今,50～0 Ma)。

在盆地形成演化过程中,古太古界—中元古界变质基底之上发育了奥陶系、白垩系、古近系、新近系及第四系(图 8 - 4 - 24)。古太古界—中元古界变质基底的地质特征在 8.1节已进行了讨论,在此不再赘述。

中-晚奥陶世地台发育阶段以克拉通盆地滨浅海相泥岩碳酸盐岩为特征(图 8 - 4 - 24)。

白垩纪同裂谷阶段早期(欧特里沃期—阿普特期),主要发育裂谷盆地冲积相砾岩、砂岩,局部发育泥岩或火山岩(图 8 - 4 - 22,图 8 - 4 - 24)。

白垩纪同裂谷阶段晚期(阿尔必期—坎潘期末),主要发育裂谷盆地滨浅海相砾岩、砂岩和泥岩,坎潘期砾岩和砂岩最为发育,阿尔必期—桑顿期砾岩和砂岩主要发育于近源地带,远源区域以泥岩为主(图 8 - 4 - 22,图 8 - 4 - 24)。

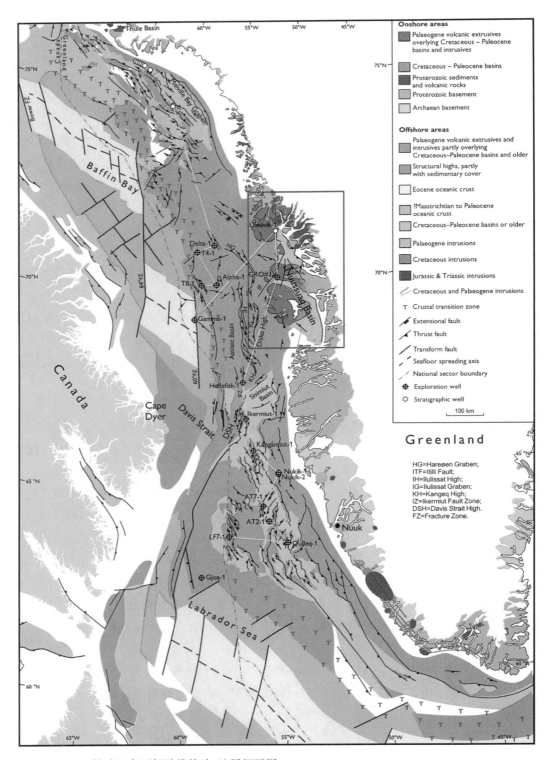

图 8 - 4 - 21 格陵兰岛西侧陆缘构造-地层纲要图

（据 Dam and Sønderholm，2021）

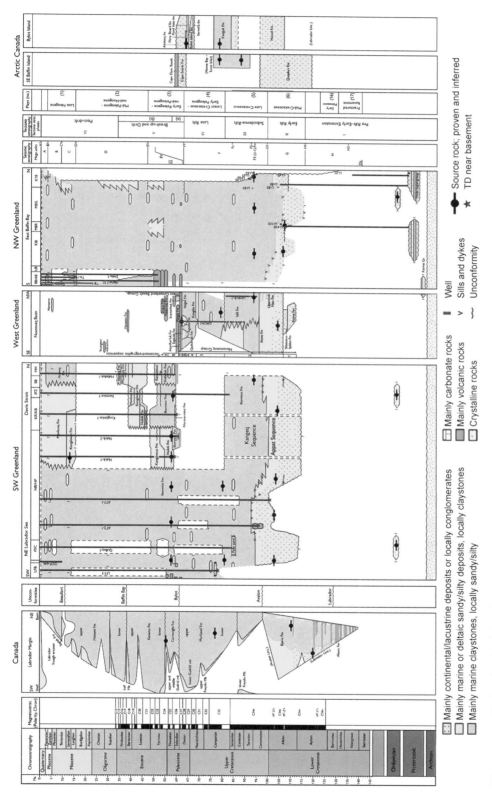

图 8 - 4 - 22　格陵兰岛西侧陆缘及邻区地层格架对比图

（据 Dam and Sønderholm，2021）

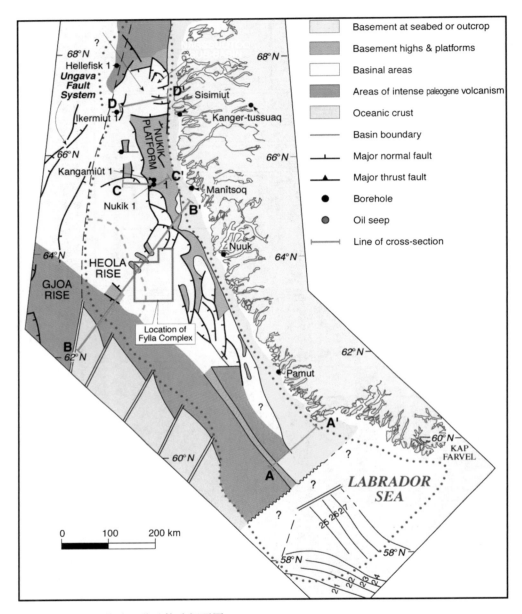

图 8-4-23 西格陵兰盆地构造纲要图

（据 IHS,2009 修改）

　　白垩纪裂后阶段,地层厚度达 1 000 m 以上,以泥岩为主,夹少量砂岩、粉砂岩,主要为滨浅海相沉积,局部发育湖泊相(图 8-4-22,图 8-4-24)。

　　新生代同裂谷阶段早期(古新世早中期),东北部近岸地带主要发育火山岩,西南方向远岸地带主要发育滨浅海相泥岩;新生代同裂谷阶段晚期(古新世晚期—始新世早期),洋壳出现,进入漂移裂谷阶段,东北部近岸地带地层不发育,西南方向远岸地带主要发育滨浅海相泥岩,局部为砂岩(图 8-4-22,图 8-4-24)。

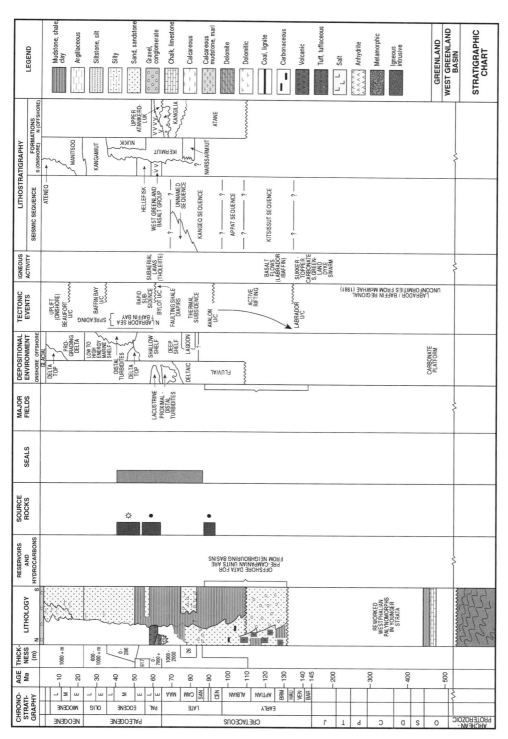

图 8 - 4 - 24　西格陵兰盆地综合地层柱状图

（据 IHS，2009 修改）

新生代裂后阶段（始新世中期至今），主要发育被动大陆边缘盆地滨浅海相砂岩、泥岩（图 8-4-22，图 8-4-24）。

白垩纪同裂谷阶段（欧特里沃期—坎潘期晚期）、白垩纪裂后阶段（坎潘期末期—马斯特里赫特期）、新生代同裂谷阶段（古新世—始新世早期）、新生代裂后阶段（始新世中期至今）在近垂直海岸线的地质剖面上构造-地层特征十分明显（图 8-4-25，图 8-4-26）。

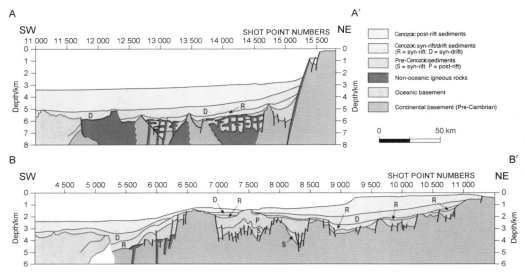

图 8-4-25　西格陵兰盆地 AA′和 BB′地质剖面图

（位置见图 8-4-23，据 IHS，2009 修改）

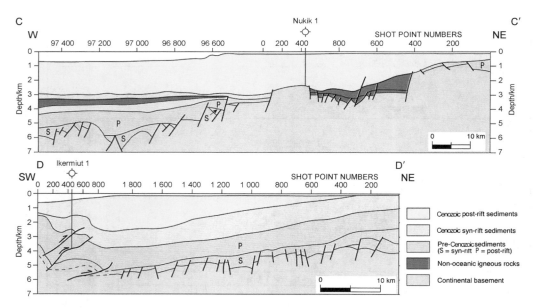

图 8-4-26　西格陵兰盆地 CC′和 DD′地质剖面图

（位置见图 8-4-23，据 IHS，2009 修改）

白垩纪同裂谷阶段形成的地层厚度变化较大,明显受同沉积伸展断裂的控制,断堑中地层厚度大,断垒地层厚度小,甚至地层缺失(图 8-4-25 中 BB′,图 8-4-26 中 CC′和 DD′的 s)。

白垩纪裂后阶段形成的地层厚度变化较小,只发育少数同沉积伸展断裂,地层厚度变化主要受古地貌影响,深洼部位厚度大,隆起部位地层厚度小,甚至地层缺失(图 8-4-25 中 BB′,图 8-4-26 中 CC′和 DD′的 p)。

新生代同裂谷阶段的主要标志是伴随裂谷作用的强烈岩浆活动。在图 8-4-25 中 AA′剖面上可见大量岩浆岩侵入白垩纪裂谷期地层;在图 8-4-26 中 CC′剖面上可见完全被古近纪火山岩充填的断陷盆地,以及新生代同裂谷期地层中大范围分布的火山岩夹层。

新生代裂后阶段以被动大陆边缘楔形沉积体为特征(图 8-4-25,图 8-4-26)。

2. 努苏阿克盆地及西格陵兰玄武岩省

努苏阿克(Nuussuaq)盆地位于格陵兰西部陆缘中部,南部与西格陵兰盆地相接,北部与梅尔维尔湾盆地相邻,西侧为西格陵兰玄武岩省,东部为格陵兰地盾,是在太古宇—元古宇结晶基底和古生代地台基底之上发育的晚白垩世—古近纪裂谷盆地,以白垩系为主(图 8-4-21,图 8-4-27,图 8-4-28)。

西格陵兰玄武岩省的主要地质特征是大范围覆盖古新世—始新世玄武岩。在玄武岩之下有白垩纪—古新世初期的沉积岩(图 8-4-27,图 8-4-28)。

努苏阿克盆地及西格陵兰玄武岩省的地质演化可划分为 5 个阶段:① 前裂谷阶段;② 早期裂谷阶段(阿尔必期—塞诺曼期);③ 早期裂后热沉降阶段(晚塞诺曼期—早坎潘期);④ 晚期裂谷阶段(早坎潘期—早古新世);⑤ 裂离漂移阶段(早古新世—晚始新世)。这种地质演化的阶段性及复杂的变形作用与原冰岛地幔柱引起的热隆升、拉布拉多海和巴芬湾洋盆的扩张、格陵兰岛的走滑和逆时针旋转及最终的后漂移隆升密切相关(Dam and Sønderholm,2021)。

阿尔必期—塞诺曼期的早期裂谷阶段以断陷盆地为特征,盆地发育的地层主要是 Kome 组和 Slibestensfjeldet 组。在努苏阿克半岛 Talerua 海岸带 Kome 组直接覆盖在前寒武系结晶基底之上(图 8-4-29),在露头上可见明显的超覆特征(图 8-4-30)。早期裂谷阶段主要为陆相沉积,Kome 组发育了冲积扇相、河流相、湖泊相、三角洲相砾岩、砂岩和泥岩,局部夹煤层(图 8-4-28,图 8-4-31)。Slibestensfjeldet 组主要发育了河流相、湖泊相、三角洲相砂岩和泥岩,局部夹煤层(图 8-4-28)。

晚塞诺曼期—早坎潘期的早期裂后热沉降阶段,同沉积断裂活动减弱,盆地整体发生沉降,同时遭受海侵,形成一套滨浅海相砂岩、泥岩和煤层。近岸地带以砂岩、泥岩、煤层互层为特征,向深水方向,泥岩逐渐占优势,局部发育以砂岩为主的重力流水道沉积(图 8-4-28)。

早坎潘期—早古新世的晚期裂谷阶段,由于差异沉降,盆地局部隆升,沉积缺失,沉积区主要发育了河流相-滨浅海相砾岩、砂岩、泥岩(图 8-4-28)。

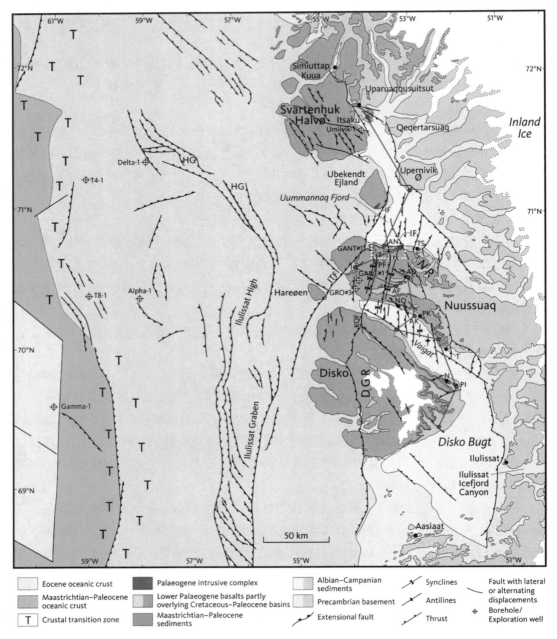

AD—Agatdalen；AF—Aaffarsuaq；AK—Ataata Kuua；AN—Annertuneq；DGR—Disko Gneiss 海岭；I—Itilli；IF—Ikorfat 断层；ITF—Itilli 断层；KQF—Kuugannguaq - Qunnilik 断层；N—Nuugaarsuk；NR—Nuussuaq 海岭；PI—Pingu；PF—'P'断层；PK—Paatuutkløften；T—Tartunaq；TS—Talerua/Slibestensfjeldet。

图 8 - 4 - 27　努苏阿克盆地及邻区地质简图

（据 Dam and Sønderholm，2021）

注：白色点线框为图 8 - 4 - 29 大致范围。

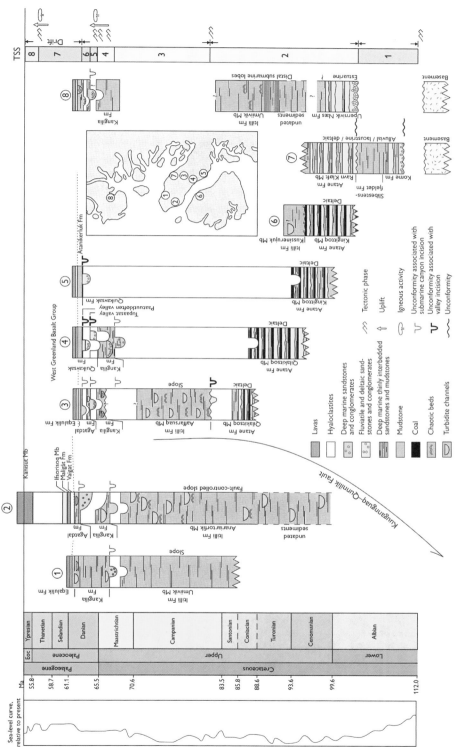

TSS—构造地层层序；Eoc—始新统；1—GANT＃1井；2—GRO＃3井和Itilli山合区；3—Agatdalen；4—Ataata Kuua and Paatuut；5—Atanikerluk；6—Kussinerujuk；
7—Slibestensfjeldet；8—Umiivik－1井 and Itsaku。

图 8－4－28　努苏阿克盆地不同剖面综合地质特征对比图

（据 Dam et al.2009 编改）

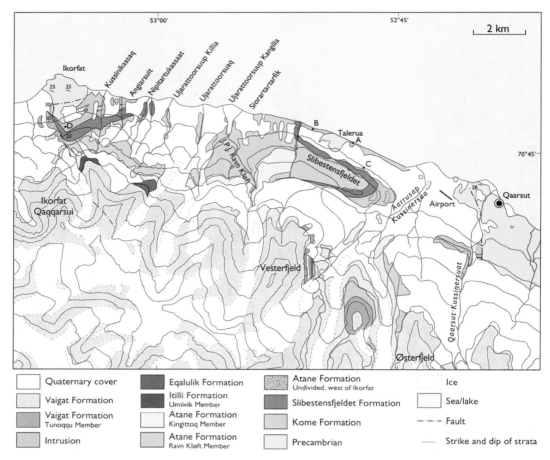

图 8 - 4 - 29　努苏阿克半岛 Talerua 海岸带地质图

（位置见图 8 - 4 - 27,据 Dam et al,2009 修改）

图 8 - 4 - 30　努苏阿克半岛 Talerua 海岸带露头(高约 30 m)照片

（据 Dam et al,2009）

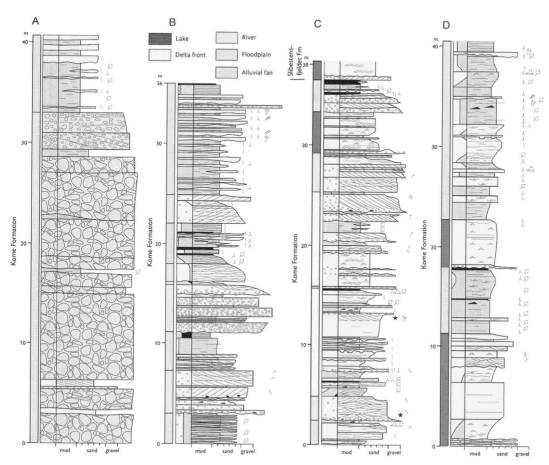

图 8 - 4 - 31　努苏阿克半岛 Talerua 海岸带 Kome 组不同沉积序列
（据 Dam et al，2009 修改）

　　早古新世—晚始新世的裂离漂移阶段，盆地主要形成广泛分布的玄武质火山熔岩和火山碎屑岩，局部夹冲积相、滨浅海相砂岩、泥岩（图 8 - 4 - 28）。广泛分布的玄武质火山岩被称作西格陵兰火山岩省。

　　3. 梅尔维尔湾盆地

　　梅尔维尔湾（Melville Bay）盆地西邻 Baffin 湾残留洋盆，东接格陵兰地盾，北部过渡为内尔斯海峡盆地，南部与西格陵兰火山岩省相接（图 8 - 0 - 1，图 8 - 4 - 32）。梅尔维尔湾盆地可进一步划分为梅尔维尔湾地堑、Kap York 次盆、Kivioq 次盆和梅尔维尔湾脊、Kivioq 脊等主要次级构造单元（图 8 - 4 - 32）。

　　根据地震资料，梅尔维尔湾盆地自下而上可划分为 H、G、F、E、D、C、B、A 8 个地震地层单元。H 地震地层单元为前裂谷期地层，G 地震地层单元为早期裂谷阶段同裂谷期地层，F 地震地层单元为早期裂谷阶段裂后期地层，E 地震地层单元为晚期裂谷阶段同裂谷期地层，D 地震地层单元为晚期裂谷阶段裂后期地层，C、B、A 地震地层单元为

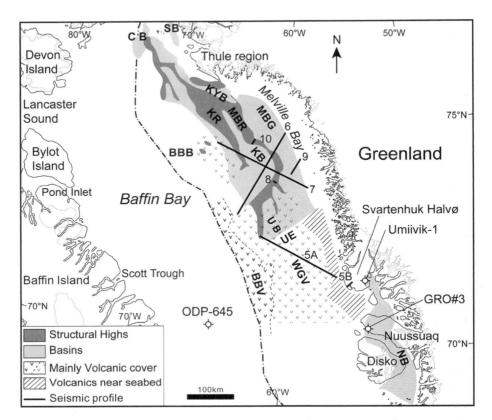

BBB—Baffin Bay 盆地；BBV—Baffin Bay 火山岩；CB—Carey 盆地；KB—Kivioq 盆地；KR—Kivioq
脊；KYB—Kap York 盆地；MBG—Melville Bay 地堑；MBR—Melville Bay 脊；NB—Nuussuaq 盆
地；SB—Steensby 盆地；UB—Upernavik 盆地；UE—Upernavik 陡崖；WGV—西格陵兰岛火山岩。

图 8-4-32　梅尔维尔湾盆地及邻区构造单元划分

（据 Gregersen et al,2013 修改）

隆升期地层（图 8-4-33）。根据邻区 Baffin 岛和 Bylot 岛的地质资料，H 地震地层单元
主要是前寒武系结晶基底，局部发育新元古代和下古生代克拉通盆地滨浅海相砂岩、泥
岩、碳酸盐岩；G 地震地层单元主要是阿普特期中期—塞诺曼期中期陆相成因的砂岩、
泥岩；F 地震地层单元为上白垩统冲积相、滨浅海相砂岩、泥岩；E 地震地层单元古新世—
始新世早期冲积相、滨浅海相砂岩、泥岩，以及火山喷发形成的火山熔岩和火山碎屑岩
（图 8-4-33）。

D、C、B、A 地震地层单元在邻区 Baffin 岛和 Bylot 岛缺失（图 8-4-33）。根据地质
反射特征（图 8-4-34，图 8-4-35）推测，D、C、B、A 地震地层单元主要为始新世中期—
新近纪被动大陆边缘盆地三角洲相滨浅海相砂岩、泥岩。

前裂谷期，H 地震地层单元主要为杂乱反射，是古太古界—中元古界结晶基底的反射
特征，顶部的成层性反射是新元古代—下古生代沉积岩的反射特征，其顶界面（H1）受伸
展断裂的影响起伏剧烈（图 8-4-34，图 8-4-35 中 Unit H）。

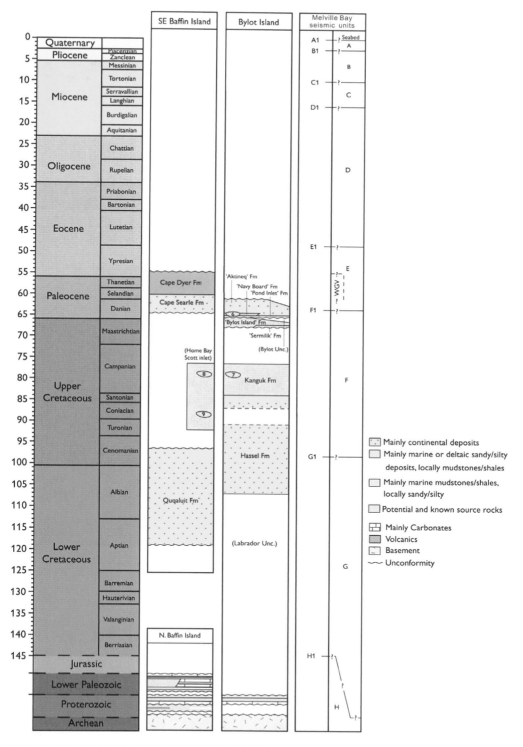

图 8 - 4 - 33　梅尔维尔湾盆地地震地层单元划分与邻区地层序列对比

（据 Gregersen et al，2013 修改）

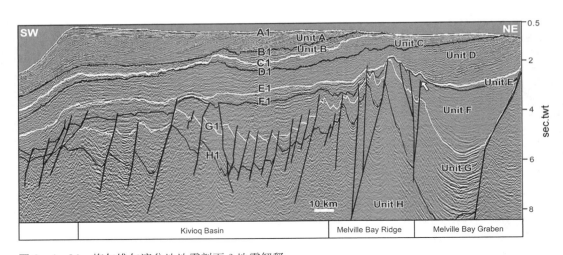

图 8 - 4 - 34 梅尔维尔湾盆地地震剖面 6 地震解释

（位置见图 8 - 4 - 32，地震反射界面及地震反射单元的地质年代见图 8 - 4 - 33，据 Gregersen et al，2013）

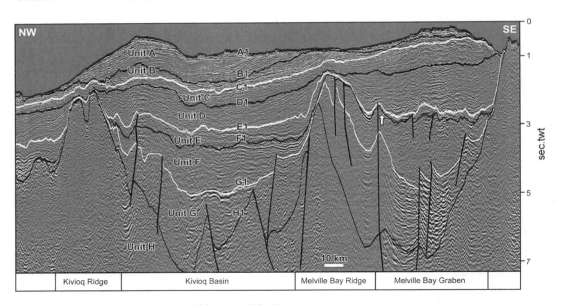

图 8 - 4 - 35 梅尔维尔湾盆地地震剖面 7 地震解释

（位置见图 8 - 4 - 32，地震反射界面及地震反射单元的地质年代见图 8 - 4 - 33，据 Gregersen et al，2013）

早期裂谷阶段同裂谷期，G 地震地层单元主要为层状超覆反射，局部为杂乱反射。地层厚度变化剧烈，地层厚度明显受同沉积断裂控制，具有同裂谷期断陷盆地典型的构造-地层样式（图 8 - 4 - 34，图 8 - 4 - 35 中 Unit G）。

早期裂谷阶段裂后期，F 地震地层单元主要为层状超覆反射，局部为杂乱反射。地层分布范围有所扩展，厚度缓慢减薄或增厚，同沉积断裂减弱，具有裂后坳陷期的构造-地层样式（图 8 - 4 - 34，图 8 - 4 - 35 中 Unit F）。

晚期裂谷阶段同裂谷期，E 地震地层单元主要为火山岩造成的杂乱反射，局部为层状反射。地层厚度普遍较薄,地层厚度明显受同沉积断裂控制,具有同裂谷期断陷盆地的构造-地层样式(图 8-4-34,图 8-4-35 中 Unit E)。

晚期裂谷阶段裂后期,D 地震地层单元主要为层状反射,局部为杂乱反射。地层分布范围扩展到最大,厚度变化较小,同沉积断裂不发育,具有裂后坳陷盆地的典型构造-地层样式(图 8-4-34,图 8-4-35 中 Unit D)。

隆升期,C、B、A 地震地层单元主要表现为楔形前积反射结构地震相,分布范围逐层萎缩(图 8-4-34,图 8-4-35 中 Unit C、B、A),是总体上构造相对隆升、海平面相对下降的沉积响应。

参考文献

李学杰，姚永坚，杨楚鹏，等. 欧亚北极地区西部区域地质与构造演化[J]. 海洋地质与第四纪地质，
    2015，35(3)：123－133.

刘恩然，辛仁臣. 俄罗斯北极地区新生代岩相古地理特征[J]. 桂林理工大学学报，2015，35(2)：227－235.

刘恩然，辛仁臣，何虎庄. 俄罗斯北极地区中生代岩相古地理特征及油气资源潜力分析[J]. 桂林理工大
    学学报，2015，35(3)：452－465.

刘令宇，辛仁臣，闻竹. 北极地区晚古生代岩相古地理特征及油气资源潜力[J]. 桂林理工大学学报，
    2017，37(2)：245－256.

刘青枰，赵元艺，刘春花. 格陵兰岛稀土矿资源潜力及对中国的可利用性评价[J]. 地质通报，2019，
    38(8)：1386－1395.

曾祥武，蔺如喜，赖月荣. 阿尔泰造山带中泥盆世强过铝花岗岩的发现及地质意义[J]. 新疆地质，2017，
    35(1)：8－13.

Aarseth I，Mjelde R，Breivik A J，et al. Crustal structure and evolution of the Arctic Caledonides：Results
    from controlled -source seismology [J]. Tectonophysics，2017，718：9－24.

Abashev V V，Metelkin D V，Mikhal'tsov N E，et al. Paleomagnetism of the Upper Paleozoic of the Novaya
    Zemlya Archipelago [J]. Izvestiya，Physics of the Solid Earth，2017，53(5)：677－694.

Abelson M，Agnon A，Almogi-Labin A. Indications for control of the Iceland plume on the Eocene-Oligocene
    "greenhouse -icehouse" climate transition [J]. Earth and Planetary Science Letters，2008，265(1－2)：
    33－48.

Afanasenkov A P，Nikishin A M，Unger A V，et al. The Tectonics and stages of the geological history of
    the Yenisei-Khatanga Basin and the conjugate Taimyr Orogen [J]. Geotectonics，2016，50(2)：161－
    178.

Akinin V V，Bindeman I N. Variations of Oxygen isotopic composition in magmas of Okhotsk-Chukotka
    volcanic belt [J]. Doklady Earth Sciences，2021，499(1)：550－555.

Akinin V V，Gelman M L，Sedov B M，et al. Koolen metamorphic complex，NE Russia：implications for
    the tectonic evolution of the Bering Strait region [J]. Tectonics，1997，16(5)：713－729.

Akinin V V，Golovneva L B，Salnikova E B，et al. The composition and age of the Ul'ya flora (Okhotsk-
    Chukotka volcanic belt，north-east of Russia)：paleobotanical and geochronological constraints [J].
    Acta Palaeobotanica，2019，59(2)：251－276.

Akinin V V，Zhulanova I L. Age and geochemistry of zircon from the oldest metamorphic rocks of the
    Omolon Massif (Northeast Russia) [J]. Geochemistry International，2016，54(8)：651－659.

Alsen P，Hovikoski J，Svennevig K. Middle Jurassic sandstone deposition in the Wandel Sea Basin：evidence
    from cardioceratid and kosmoceratid ammonites in the Mågensfjeld Formation in Kilen，north Greenland

[J]. GEUS Bulletin, 2020, 44: 5342.

Alvey A, Gaina C, Kuszni N J, Torsvik T H. Integrated crustal thickness mapping and plate reconstructions for the high Arctic [J]. Earth and Planetary Science Letters, 2008, 274: 310 – 321.

Amato J M, Toro J, Akinin V V, et al. Tectonic evolution of the Mesozoic South Anyui suture zone, eastern Russia: a critical component of paleogeographic reconstructions of the Arctic region [J]. Geosphere, 2015, 11 (5): 1530 – 1564.

Anderson L G, Macdonald R W. Observing the Arctic Ocean carbon cycle in a changing environment [J]. Polar Research, 2015, 34: 26891.

Anfinson O, Embry A F, Stockli D. Geochronologic constraints on the Permian-Triassic northern source region of the Sverdrup Basin, Canadian Arctic Islands [J]. Tectonophysics, 2016, 691: 206 – 219.

Anfinson O A, Leier A L, Embry A F, et al. Detrital zircon geochronology and provenance of the Neoproterozoic to late Devonian Franklinian Basin, Canadian Arctic Islands [J]. Geological Society of America Bulletin, 2012, 124: 415 – 430.

Arth J G, Zmuda C C, Foley N K, et al. Isotopic and trace element variations in the Ruby batholith, Alaska, and the nature of the deep crust beneath the Ruby and Angayucham Terranes [J]. Journal of Geophysical Research. Part B: Solid Earth, 1989, 94(B11): 15941 – 15955.

Artyushkov E V. The superdeep north Chukchi Basin: formation by eclogitization of continental lower crust, with petroleum potential implications [J]. Russian Geology and Geophysics, 2010, 51: 48 – 57.

Backman J, Jakobsson M, Frank M, et al. Age model and core-seismic integration for the Cenozoic Arctic Coring Expedition sediments from the Lomonosov ridge [J]. Paleoceanography, 2008. 23: PA1S03.

Backman J, Moran K. Expanding the cenozoic paleoceanographic record in thecentral arctic ocean: IODP expedition 302 synthesis [J]. Central European Journal of Geosciences, 2009, 1(2): 157 – 175.

Backman J, Moran K, McInroy D B, et al. Proceedings of the Integrated Ocean Drilling Program, Volume 302 [M]. Edinburgh: Integrated Ocean Drilling Program Management International, Incorporated, 2006.

Bagas L, Kolb J, Nielsen T F D. The complex tectonic evolution of the craton-adjacent northern margin of the Palaeoproterozoic Ketilidian Orogen, southeastern Greenland: Evidence from the geochemistry of mafic to intermediate and granitic intrusions [J]. Lithos, 2020, 358 – 359: 105384.

Bally A W, Roberts D G, Sawyer D, et al. Tectonic and basin maps of the world [M]//In: Robert (ed.). Phanerozoic passive margins, cratonic basins and global tectonic maps. Amsterdam: Elsevier, 2012: 973 – 1151.

Barrère C, Ebbing J, Gernigon L. Offshore prolongation of Caledonian structures and basement characterisation in the western Barents Sea from geophysical modelling [J]. Tectonophysics, 2009, 470: 71 – 88.

Bartley J K, Kah L C, Frank T D, et al. Deep-water microbialites of the Mesoproterozoic Dismal Lakes Group: microbial growth, lithification, and implications for coniform stromatolites [J]. Geobiology, 2015, 13(1): 15 – 32.

Bauer A M, Vervoort J D, Fisher C M. Unraveling the complexity of zircons from the 4.0 – 2.9 Ga Acasta Gneiss Complex [J]. Geochimica et Cosmochimica Acta, 2020, 283: 85 – 102.

Beranek L P, Pease V, Hadlari T, et al. Silurian flysch successions of Ellesmere Island, Arctic Canada, and their significance to northern Caledonian palaeogeography and tectonics [J]. Journal of the Geological Society, 2015, 172(2): 201 – 212.

Berger D, Jokat W. Sediment deposition in the northern basins of the north Atlantic and characteristic variations in shelf sedimentation along the East Greenland margin [J]. Marine and Petroleum Geology,

2009，26：1321 - 1337.

Berman R G, Nadeau L, Percival J A, et al. Geo-Mapping Frontiers' Chantrey project：bedrock geology and multidisciplinary supporting data of a 550 kilometre transect across the Thelon tectonic zone, Queen Maud block, and adjacent Rae craton [C]. Geological Survey of Canada, Open File 7698, 2015：1 - 39.

Berman R G, Ryan J J, Gordey S P, et al. Permian to Cretaceous polymetamorphic evolution of the Stewart River region, Yukon-Tanana Terrane, Yukon, Canada；P-T evolution linked with in situ SHRIMP monazite geochronology [J]. Journal of Metamorphic Geology, 2007, 25 (7)：803 - 827.

Berman R G, Sanborn-Barrie M, Stern R A, et al. Tectonometamorphism at ca. 2.35 and 1.85 Ga in the Rae Domain, western Churchill Province, Nunavut, Canada；insights from structural, metamorphic and in situ geochronological analysis of the southwestern Committee Bay Belt [J]. Canadian Mineralogist, 2005, 43：409 - 442.

Biasi J, Asimow P, Harris R. Tectonochemistry of the Brooks Range Ophiolite, Alaska. Lithosphere, 2020, 2020(1)：1 - 17.

Biddle S K, LaGrange M T, Harris B S, et al. A fine detail physico-chemical depositional model for Devonian organic-rich mudstones：A petrographic study of the Hare Indian and Canol Formations, Central Mackenzie Valley, northwest territories [J]. Sedimentary Geology, 2021, 414：105838.

Bilak G S, Niemetz K, Reimink J R, et al. Evaluating the age distribution of exposed crust in the Acasta Gneiss Complex using detrital zircons in Pleistocene eskers [J]. Geochemistry, Geophysics, Geosystems, 2022, 23：e2022GC010380.

Billstrom K, Broman C, Larsson A, et al. Sandstone-hosted Pb-Zn deposits along the margin of the Scandinavian Caledonides and their possible relationship with nearby Pb-Zn vein mineralisation [J]. Ore Geology Reviews, 2020, 127：103839.

Bingen B, Griffin W L, Torsvik T H, et al. Timing of late Neoproterozoic glaciation on Baltica constrained by detrital zircon geochronology in the Hedmark Group, south-east Norway [J]. Terra Nova, 2005, 17(3)：250 - 258.

Bird K J, Stanley R G. Geology and assessment of undiscovered oil and gas resources of the Yukon Flats Basin Province, 2008 [C]// In：Moore T E, Gautier D L(eds.). Chapter F of the 2008 Circum-Arctic resource appraisal. U.S. Geological Survey Professional Paper 1824, 2017：1 - 5.

Bjerager M, Alsen P, Hovikoski J, et al. Triassic lithostratigraphy of the Wandel Sea Basin, north Greenland [J]. Bulletin of the Geological Society of Denmark, 2019, 67：83 - 105.

Blaich O A, Tsikalas F, Faleide J I. New insights into the tectono-stratigraphic evolution of the southern Stappen High and its transition to Bjørnøya Basin, SW Barents Sea [J]. Marine and Petroleum Geology, 2017, 85：89 - 105.

Bleeker W, Ketchum J W F, Jackson V A, et al. The Central Slave Basement Complex, Part I：its structural topology and autochthonous cover [J]. Canadian Journal of Earth Sciences, 1999, 36(7)：1083 - 1109.

Bobrovnikova E M, Lhuillier F, Shcherbakov V P, et al. High-latitude paleointensities during the Cretaceous normal superchron from the Okhotsk-Chukotka volcanic belt [J]. Journal of Geophysical Research：Solid Earth, 2022, 127：e2021JB023551.

Bogdanova S V, Bingen B, Gorbatschev R, et al. The East European Craton (Baltica) before and during the assembly of Rodinia [J]. Precambrian Research, 2008, 160：23 - 45.

Boggild K, Mosher D C. Turbidity currents at polar latitudes：A case study of NP-28 channel in the

Amundsen Basin, Arctic Ocean [J]. Marine Geology, 2021, 440: 106571.

Bogolepova O K, Gubanov A P, Raevskaya E G. The Cambrian of the Severnaya Zemlya Archipelago, Russia [J]. Newsletters on Stratigraphy, 2001, 39(1): 73 - 91.

Bogolepova O K, Gubanov A P, Loydell D K. New data on the Silurian of Severnaya Zemlya, Russian Arctic [J]. Geologiska Föreningen i Stockholm Förhandlingar, 2000, 122: 385 - 388.

Box S E, Patton W W. Igneous history of the Koyukuk Terrane, western Alaska: constraints on the origin, evolution and ultimate collision of an accreted island arc terrane [J]. Journal of Geophysical Research: Solid Earth, 1989, 94(B11): 15843 - 15867.

Bragin N Yu, Konstantinov A G, Sobolev E S. Upper Triassic stratigraphy and paleobiogeography of Kotel'nyi Island (New Siberian Islands) [J]. Stratigraphy and Geological Correlation, 2012, 20(6): 541 - 566.

Breivik A J, Mjelde R, Grogan P, et al. Caledonide development offshore-onshore Svalbard based on ocean bottom seismometer, conventional seismic, and potential field data [J]. Tectonophysics, 2005, 401: 79 - 117.

Breivik A J, Mjelde R, Raum T, et al. Crustal structure beneath the Trondelag Platform and adjacent areas of the mid-Norwegian margin, as derived from wide-angle seismic and potential field data [J]. Norwegian Journal of Geology, 2011, 90(4), 141 - 161.

Brekke H, Sjulstad H I, Mangus C, et al. Sedimentary environments offshore Norway - on overview [J]. Norwegian Petroleum Society Special Publications, 2001, 10: 7 - 37.

Brozena J M, Childers V A, Lawver L A, et al. New aerogeophysical study of the Eurasia basin and Lomonosov ridge: implications for basin development [J]. Geology, 2003, 31 (9): 825 - 828.

Brustnitsyna E, Ershova V, Khudoley A, et al. Age and provenance of the Precambrian Middle Timan clastic succession: constraints from detrital zircon and rutile studies [J]. Precambrian Research, 2022, 371: 106580.

Bruvoll V, Kristoffersen Y, Coakley B J, et al. Hemipelagic deposits on the Mendeleev and Alpha submarine ridges in the Artic Ocean: acoustic stratigraphy, depositional environment and inter-ridge correlation calibrated by the ACEX results [J]. Marine geophysical Research, 2010, 31: 149 - 171.

Bruvoll V, Kristoffersen Y, Coakley B J, et al. The nature of the acoustic basement on Mendeleev and northwestern Alpha ridges, Arctic Ocean [J]. Tectonophysics, 2012, 514 - 517: 123 - 145.

Burgess P M. Chapter 2 Phanerozoic evolution of the sedimentary cover of the north American Craton [M]// In: Miall A D (ed.). The Sedimentary Basins of the United States and Canada(2nd). Amsterdam: Elsevier, 2019: 39 - 75.

Butsenko V V, Firsov Y G, Kashubin S P, et al. Chapter 8 Chukchi Plateau and Chukchi Basin [M]// In: Piskarev A, et al. (eds.). Geologic Structures of the Arctic Basin. Borlin Heidelberg: Springer, 2019: 269 - 280.

Cartwright J, James D, Bolton A. The genesis of a polygonal fault system: a review [J]. Geological Society Special Publication, 2003, 216(1): 223 - 243.

Case G, Graham G, Marsh E, et al. Tungsten skarn potential of the Yukon-Tanana Uplands, Eastern Alaska, USA: a mineral resource assessment [J]. Journal of Geochemical Exploration, 2022, 232: 106700.

Ceccato A, Menegon L, Warren C J, et al. Structural and metamorphic inheritance controls strain partitioning during orogenic shortening (Kalak Nappe Complex, Norwegian Caledonides) [J]. Journal of Structural Geology, 2020, 136: 104057.

Chalmers J, Pulvertaft T. Development of the continental margins of the Labrador sea: a review [J]. Geological Society Special Publication, 2001, 187: 77 - 105.

Chauvet F, Geoffroy L, Guillou H, et al. Eocene continental breakup in Baffin Bay [J]. Tectonophysics, 2019, 757: 170 - 186.

Chernykh A, Glebovsky V, Zykov M, Korneva M. New insights into tectonics and evolution of the Amerasia Basin [J]. Journal of Geodynamics, 2018, 119: 167 - 182.

Chiarella D, Longhitano S G, Mosdell W, et al. Sedimentology and facies analysis of ancient sand ridges: Jurassic Rogn Formation, Trøndelag Platform, offshore Norway [J]. Marine and Petroleum Geology, 2020, 112: 104082.

Clarke J W. Petroleum geology of East Siberia [R]. United States Department of the Interior Geological Survey, Open-File Report 85 - 367, 1985: 1 - 132.

Cocks L R M, Torsvik T H. Baltica from the late Precambrian to mid-Palaeozoic times: the gain and loss of a terrane's identity [J]. Earth Science Reviews, 2005, 72(1 - 2): 39 - 66.

Collinson J D, Kalsbeek F, Jepsen H F, et al. Paleoproterozoic and Mesoproterozoic sedimentary and volcanic successions in the northern parts of the East Greenland Caledonian orogen and its foreland [J]. Geological Society of America Memoir, 2008, 202: 73 - 98.

Colpron M, Gladwin K, Johnston S T, et al. Geology and juxtaposition history of the Yukon-Tanana, Slide Mountain, and Cassiar terranes in the Glenlyon area of central Yukon [J]. Canadian Journal of Earth Sciences, 2005, 42: 1431 - 1448.

Colpron M, Nelson J L. A Palaeozoic northwest passage and the Timanian, Caledonian and Uralian connections of some exotic terranes in the north American Cordillera [J]. Geological Society of London Memoir, 2011, 35: 463 - 484.

Colpron M, Nelson J L, Murphy D C. Northern Cordilleran terranes and their interactions through time [J]. GSA Today, 2007, 17(4/5): 4 - 10.

Colpron M, Nelson J L, Murphy D C. A tectonostratigraphic framework for the pericratonic terranes of the northern Canadian Cordillera [J]. Geological Association of Canada Special Paper. 2006, 45: 1 - 23.

Connors C D, Houseknecht D W. Structural inheritance in the Chukchi shelf, Alaska [J]. Marine and Petroleum Geology, 2022, 143: 105812.

Cook D G, MacLean B C, Morrow D W. Geology, St Charles Creek, Northwest Territories [CM] Geological Survey of Canada, Open File 5466, Scale 1 : 50000. Ottawa: Natual Resourcas Canada, 2009.

Cook F A. Chapter 14 Multiple Arc development in the Paleoproterozoic Wopmay Orogen, Northwest Canada [M]// In: Brown D, Ryan P D (eds.). Arc-continent collision, frontiers in Earth sciences. Berlin Heidelberg : Springer, 2011: 403 - 427.

Cook F A, Taylor G G. Seismic reflection trace synthesized from Proterozoic outcrop and its correlation to seismic profiles in northwestern Canada [J]. Tecronophyics, 1991, 191: 111 - 126.

Corrigan D, Brouillette P, Morin A, et al. Report of activities for the Core Zone and bounding orogens: Tectonic framework and mineral potential [C]. Geological Survey of Canada, Open File 7706, 2015: 1 - 10.

Corrigan D, Wodicka N, McFarlane C, et al. Lithotectonic framework of the core zone, southeastern Churchill Province, Canada [J]. Geoscience Canada, 2018, 45: 1 - 24.

Cousens B L. Geochemistry of the Archean Kam Group, Yellowknife greenstone belt, Slave Province, Canada [J]. The Journal of Geology, 2020, 108(2): 181 - 197.

Cousens B, Facey K, Falck H. Geochemistry of the late Archean Banting Group, Yellowknife greenstone belt, Slave Province, Canada: simultaneous melting of the upper mantle and juvenile mafic crust [J]. Canadian journal of earth sciences, 2002, 39 (11): 1635 – 1656.

Cousens B L, Falck H, Ootes L, et al. Regional correlations, tectonic settings, and stratigraphic solutions in the Yellowknife greenstone belt and adjacent areas from geochemical and Sm-Nd iso-topic analyses of volcanic and plutonic rocks [C]// In: Anglin C D, Falck H, Wright D F, et al (eds.). Gold in the Yellowknife greenstone belt, northwest territories: results of the Extech III multidisciplinary research project. Geological Association of Canada, Mineral Deposits Division, Special Publication 3. St. John's-New found land and Labrador: Natural Resoures Canada, 2005: 70 – 94.

Craddock W H, Houseknecht D W. Cretaceous-Cenozoic burial and exhumation history of the Chukchi shelf, offshore Arctic Alaska [J]. American Association of Petroleum Geologists Bulletin, 2016, 100: 63 – 100.

Craddock W H, Moore T E, O'Sullivan P B, et al. Late Cretaceous-Cenozoic exhumation of the western Brooks Range, Alaska, revealed from apatite and zircon fission track data [J]. Tectonics, 2018, 37(12): 4714 – 4751.

Crawford B L, Betts P G, Ailleres L. An aeromagnetic approach to revealing buried basement structures and their role in the Proterozoic evolution of the Wernecke Inlier, Yukon Territory, Canada [J]. Tectonophysics, 2010, 490(1 – 2): 28 – 46.

Cremer M. 1. Texture and microstructure of Neogene-Quaternary sediments, ODP sites 645 and 646, Baffin Bay and Labrador Sea [J]. Proceedings of the Ocean Drilling Program, Scientific Results, 1989, 105: 1 – 20.

Dalhoff F, Vigran J O, Stemmerik L. Stratigraphy and palynology of the Lower Carboniferous Sortebakker Formation, Wandel Sea Basin, eastern North Greenland [J]. Geology of Greenland Survey Bulletin, 2000, 187: 51 – 63.

Dam G, Persen G K, Sønderholm, M, et al. Lithostratigraphy of the cretaceous-paleocene Nuussuaq Group, Nuussuaq Basin, west Greenland [J]. Geological Survey of Denmark and Greenland Bulletin, 2009, 19: 1 – 171.

Dam G, Sønderholm M. Tectonostratigraphic evolution, palaeogeography and main petroleum plays of the Nuussuaq Basin: An outcrop analogue for the Cretaceous-Palaeogene rift basins offshore West Greenland [J]. Marine and Petroleum Geology, 2021, 129: 105047.

Danukalova M K, Kuzmichev A B, Korovnikov I V. The Cambrian of Bennett Island (New Siberian Islands) [J]. Stratigraphy and Geological Correlation, 2014, 22(4): 347 – 369.

Danukalova M K, Tolmacheva T Yu, Männikc P, et al. New data on the stratigraphy of the Ordovician and Silurian of the central region of Kotelnyi Island (New Siberian Islands) and correlation with the synchronous successions of the Eastern Arctic [J]. Stratigraphy and Geological Correlation, 2015, 23(5): 468 – 494.

Davies R, Cartwright J, Pike J, et al. Early Oligocene initiation of North Atlantic deep water formation [J]. Nature, 2001, 410: 917 – 920.

Davies M A, Schröder-Adams C J, Herrle J O, et al. Integrated biostratigraphy and carbon isotope stratigraphy for the Upper Cretaceous Kanguk Formation of the High Arctic Sverdrup Basin, Canada [J]. Geological Society of America Bulletin, 2018, 130: 1540 – 1561.

Davis W J, Berman R G, Nadeau L, et al. U-Pb zircon geochronology of a transect across the Thelon Tectonic Zone, Queen Maud region, and adjacent Rae Craton, Kitikmeot region, Nunavut, Canada [C]. Geological Survey of Canada, Open File 7652, 2014: 1 – 41.

Davis W J, Jones A G, Bleeker W, et al. Lithosphere development in the Slave craton: a linked crustal and mantle perspective [J]. Lithos, 2003, 71(2 – 4): 575 – 589.

Davis W J, Ootes L, Newton L, et al. Characterization of the Paleoproterozoic Hottah terrane, WopmayOrogen using multi- isotopic (U-Pb, Hf and O) detrital zircon analyses: an evaluation of linkages to northwest Laurentian Paleoproterozoic domains [J]. Precambrian Research, 2015, 269: 296 – 310.

Davis W J, Sanborn-Barrie M, Berman R G, et al. Timing and provenance of Paleoproterozoic supracrustal rocks in the central Thelon tectonic zone, Canada: implications for the tectonic evolution of western Laurentia from ca. 2.1 to 1.9 Ga [J]. Canadian Journal of Earth Sciences, 2021, 58: 378 – 395.

Devine F, Colpron M, Carr S D, et al. Geochronological and geochemical constraints on the origin of the Klatsa metamorphic complex: implications for early Mississippian high-pressure metamorphism within Yukon-Tanana Terrane [C]// In: Colpron M, Nelson J L (eds.). Paleozoic evolution and metallogeny of pericratonic terranes at the ancient Pacific margin of North America, Canadian and Alaskan Cordillera. Geological Association of Canada Special Paper 45. St. John's-New found land and Labradon: Natural Resources Canada, 2006: 107 – 130.

Dewing K, Mayr U, Harrison J C, et al. Upper Neoproterozoic to Lower Devonian stratigraphy of northeast Ellesmere Island [J]. Bulletin of the Geological Survey of Canada 2008, 592: 31 – 108.

DeWolfe Y M, Knox B, Lilley S, et al. Volcanology, geochemistry and geodynamic setting of the Neoarchean Sunrise volcanogenic massive sulfide deposit, Beaulieu River volcanic belt, Slave craton, Northwest Territories, Canada [J]. Precambrian Research, 2022, 372: 106608.

Dibner V. The geology of Franz Josef Land: an introduction [M]// In: Solheim A, Musatov E, Heintz N (eds.). Geological aspects of Franz Josef Land and the northernmost Barents Sea - the northern Barents Sea Geotraverse. Meddelelser No. 151. Oslo: Norsk Polarinstitutt, 1998: 10 – 17.

Dickie K, Keen C E, Williams G L, et al. Tectonostratigraphic evolution of the Labrador margin, Atlantic Canada [J]. Marine and Petroleum Geology, 2011, 28: 1663 – 1675.

Dixon J. Geologic Atlas of the Beaufort-Mackenzie Area [R]. Geological Survey of Canada, Ottawa, Miscellaneous Reports 59, 1996.

Dixon J, Lane L S, Dietrich J R, et al. Chapter 17 Geological History of the late Cretaceous to Cenozoic Beaufort-Mackenzie Basin, Arctic Canada [M]// In: Miall A D (ed.). The Sedimentary Basins of the United States and Canada(2nd). Amsterdam: Elsevier, 2019: 695 – 717.

Dixon J, Morrow D W, MacLean B C. A guide to the hydrocarbon potential of the northern mainland of Canada [C]. Geological Survey of Canada, Open File 5641, 2007: 1 – 46.

Donskaya T V. Assembly of the Siberian Craton: constraints from Paleoproterozoic granitoids [J]. Precambrian Research, 2020, 348: 105869.

Donskaya T V, Gladkochub D P. Post-collisional magmatism of 1.88 – 1.84 Ga in the southern Siberian Craton: an overview [J]. Precambrian Research, 2021, 367: 106447.

Dore A G, Lundin E R, Gibbons A, et al. Transform margins of the Arctic: a synthesis and re-evaluation [J]. Geological Society of London Special Publications, 2015, 431: 63 – 94.

Doroshkevich A G, Prokopyev I R, Izokh A E, et al. Isotopic and trace element geochemistry of the Seligdar magnesio -carbonatites (South Yakutia, Russia): Insights regarding the mantle evolution beneath the Aldan-Stanovoy shield [J]. Journal of Asian Earth Sciences, 2018, 154: 354 – 368.

Døssing A, Jackson H R, Matzka J, et al. On the origin of the Amerasia Basin and the High Arctic large Igneous Province: results of new aeromagnetic data [J]. Earth and Planetary Science Letters, 2013, 363: 219 – 230.

Dove D, Coakley B, Hopper J, et al. Bathymetry, controlled source seismic and gravity observations of the Mendeleev ridge: implications for ridge structure, origin and regional tectonics [J]. Geophysical Journal International, 2010, 183: 481 – 502.

Drachev S S, Malyshev N A, Nikishin A M. Tectonic history and petroleum geology of the Russian Arctic Shelves: an overview [J]. Petroleum Geology Conference series, 2010, 7: 591 – 619.

Dusel-Bacon C, Bacon C R, O'Sullivan P B, et al. Apatite fission-track evidence for regional exhumation in the subtropical Eocene, block faulting, and localized fluid flow in east-central Alaska [J]. Canadian Journal of Earth Sciences, 2016, 53: 260 – 280.

Easton R M. Tectonic Signifi cance of the Akaitcho Group, Wopmay Orogen, Northwest Territories [D] St. John's: Memorial University of Newfoundland, 1982.

Edwards R L, Wasserburg G J. The age and emplacement of obducted oceanic crust in the Urals from Sm-Nd and Rb-Sr systematics [J]. Earth and Planetary Sciences, 1985, 72: 389 – 404.

Embry A F. Middle-Upper Devonian clastic wedge of the Arctic Islands [C]//In: Trettin H (ed.). Innuitian Orogen and Arctic Platform: Canada and Greenland. Geological Survey of Canada, Geology of Canada 3, 1991: 263 – 279.

Embry A F. Transgressive-regressive (T-R) sequence analysis of the Jurassic succession of the Sverdrup Basin, Canadian Arctic Archipelago [J]. Canadian Journal of Earth Sciences, 1993, 30: 301 – 320.

Embry A F. Crockerland—The source area for the Triassic to Middle Jurassic strata of northern Axel Heiberg Island, Canadian Arctic islands [J]. Bulletin of Canadian Petroleum Geology, 2009, 57: 129 – 140.

Embry A, Beauchamp B. Chapter 14 Sverdrup Basin [M]// In: Miall A D (ed.). The sedimentary basins of the United States and Canada(2nd). Amsterdam: Elsevier, 2019: 559 – 592.

Engen O, Faleide J I, Dyreng T K. Opening of the Fram Strait gateway: a review of plate tectonic constraints. Tectonophysics [J], 2008, 450: 51 – 69.

Erickson T M, Kirkland C L, Jourdan F, et al. Resolving the age of the Haughton impact structure using coupled $^{40}Ar/^{39}Ar$ and U-Pb geochronology [J]. Geochimica et Cosmochimica Acta, 2021, 304: 68 – 82.

Ershova V, Prokopiev A, Andersen T, et al. U-Pb and Hf isotope analysis of detrital zircons from Devonian-Permian strata of Kotel'ny Island (New Siberian Islands, Russian Eastern Arctic): Insights into the middle-late Paleozoic evolution of the Arctic [J]. Journal of Geodynamics, 2018, 119: 199 – 209.

Ershova V B, Prokopiev A V, Khudoley A K, et al. U-Pb age and Hf isotope geochemistry of detrital Zircons from Cambrian sandstones of the severnaya Zemlya Archipelago and northern Taimyr (Russian High Arctic) [J]. Minerals, 2020, 10: 36.

Estève C, Audet P, Schaeffer A J, et al. Seismic evidence for craton chiseling and displacement of lithospheric mantle by the Tintina fault in the northern Canadian Cordillera [J]. Geology, 2020, 48: 1120 – 1125.

Estrada S, Mende K, Gerdes A, et al. Proterozoic to Cretaceous evolution of the western and central Pearya Terrane (Canadian High Arctic) [J]. Journal of Geodynamics, 120: 45 – 76.

Evangelatos J, Mosher D C. Seismic stratigraphy, structure and morphology of Makarov Basin and surrounding regions: tectonic implications [J]. Marine Geology, 2016, 374: 1 – 13.

Faleide J I, Bjørlykke K, Gabrielsen R H. Geology of the Norwegian continental shelf [M]// In: Bjørlykke K (ed.). Petroleum geoscience: From sedimentary environments to rock physics. Berlin, Heidelberg: Springer, 2010: 467 – 499.

Faleide, J I, Tsikalas F, Breivik A J, et al. Structure and evolution of the continental margin off Norway and the Barents Sea [J]. Episodes, 2008, 31: 82 – 91.

Fallas K M, MacLean B C. Geology, Fort Norman (southwest), Northwest Territories [CM] Geological Survey of Canada, Canandian Geoscience Map 93, Scale 1:10000. Ottawa: Natural Resources Canada, 2013.

Fallas K M, MacNaughton R B. GEM-Mackenzie: bedrock mapping and related stratigraphic studies, 2009 – 2019 [C]. Geological Survey of Canada, Open File 8587, 2019: 1 – 55.

Fensome R A. A palynological analysis of middle Cretaceous strata in the Hume River section, Northwest Territories, Canada. 2016, 8073: 1 – 132.

Finch A A, Goodenough K M, Salmon H M, et al. The petrology and petrogenesis of the North Motzfeldt Centre, Gardar Province, South Greenland [J]. Mineralogical Magazine, 2001, 65(6): 759 – 774.

Fossum B J, Schmidt W J, Jenkins D A, et al. New Frontiers for Hydrocarbon Production in the Timan-Pechora Basin, Russia [C]. Pratt II Conference "Petroleum Provinces of the 21st Century" January 11 – 15, 2000, San Diego, California, 2000.

Freiman S I, Nikishin A M, Petrov E I. Cenozoic clinoform complexes and the geological history of the North Chukchi Basin (Chuckchi Sea, Arctic) [J]. Moscow University Geology Bulletin, 2019, 74(5): 441 – 449.

Fridovsky V Y. Structural control of orogenic gold deposits of the Verkhoyansk-Kolyma folded region, northeast Russia [J]. Ore Geology Reviews, 2018, 103: 38 – 55.

From R E, Camacho A, Pearson D G, et al. U-Pb and Lu-Hf isotopes of the Archean orthogneiss complex on eastern Hall Peninsula, southern Baffin Island, Nunavut: identification of exotic Paleo- to Mesoarchean crust beneath eastern Hall Peninsula [J]. Precambrian Research, 2018, 305: 341 – 357.

Funck T, Jackson H R, Shimeld J. The crustal structure of the Alpha ridge at the transition to the Canadian Polar Margin: Results from a seismic refraction experiment [J]. Journal Geophysical Research, 2011, 116: B12101.

Furlanetto F, Thorkelson D J, Gibson H D, et al. Late Paleoproterozoic terrane accretion in northwestern Canada and the case for circum-Columbian orogenesis [J]. Precambrian Research, 2013, 224: 512 – 528.

Furlanetto F, Thorkelson D J, Rainbird R H, et al. The Paleoproterozoic Wernecke Supergroup of Yukon, Canada: Relationships to orogeny in northwestern Laurentia and basins in North America, East Australia and China [J]. Gondwana Research, 2016, 39: 14 – 40.

Gabrielse H, Murphy D C, Mortensen J. Cretaceous and Cenozoic dextral orogeny-parallel displacements, magmatism, and paleogeography, north-central Canadian Cordillera [C]// In: Haggart J W, Enkin R J, Monger J W H (eds.). Paleogeography of the North American Cordillera: Evidence For and Against Large-Scale Displacements. Geological Association of Canada Special Paper 46, 2006: 255 – 276.

Gac S, Huismans R S, Podladchikov Y Y, et al. On the origin of the ultradeep East Barents Sea Basin [J]. Journal of Geophysical Research, 2012, 117: B04401.

Gaina C, Medvedev S, Torsvik T H, et al. 4D arctic: a glimpse into the structure and evolution of the arctic in the light of new geophysical maps, plate tectonics and tomographic models [J]. Surveys In Geophysics, 2014, 35: 1095 – 1122.

Galloway B J, Dewing K, Beauchamp B, et al. Upper Paleozoic stratigraphy and detrital zircon geochronology along the northwest margin of the Sverdrup Basin, Arctic Canada: insight into the paleogeographic and tectonic evolution of Crockerland [J]. Canadian Journal of Earth Sciences, 2021, 58: 164 – 187.

Gandhi S S, van Breemen O. SHRIMP U-Pb geochronology of detrital zircons from the Treasure Lake Group — new evidence for Paleoproterozoic collisional tectonics in the southern Hottah terrane, northwestern Canadian Shield [J]. Canadian Journal of Earth Sciences, 2005, 42: 833 – 845.

Ganelin A V, Vatrushkina E V, Luchitskaya M V. New data on volcanism of the central Chukotka segment of the Okhotsk-Chukotka volcanogenic belt [J]. Doklady Earth Sciences, 2019, 485 (Part 1): 252 – 256.

Garde A A, Chadwick B, Grocott J, et al. Mid-crustal partitioning and attachment during oblique convergence in an arc system, Palaeoproterozoic Ketilidian orogen, southern Greenland [J]. Journal of the Geological Society, 2002, 159(3): 247 – 261.

Gautier D L, Stemmerik L, Christiansen F G, et al. Assessment of NE Greenland: prototype for development of Circum-Arctic Resource Appraisal methodology [J]. Geological Society of London Memoirs, 2011, 35: 663 – 672.

Gee D G, Bogolepova O K, Lorenz H. The Timanide, Caledonide and Uralide orogens in the Eurasian high Arctic, and relationships to the palaeo-continents Laurentia, Baltica and Siberia [J]. Geological Society of London Memoir, 2006, 32: 507 – 520.

Gee D G, Beliakova L, Pease V, et al. New single Zircon (Pb-evaporation) ages from Vendian intrusions in the basement beneath the Pechora Basin, Northeastern Baltica [J]. Polarforschung, 2000, 68: 161 – 170.

Geissler W H, Jokat W. A geophysical study of northern Svalbard continental margin [J]. Geophysical Journal International, 2004, 158: 50 – 66.

Geissler W H, Jokat W, Brekke H. The Yermak Plateau in the Arctic Ocean in the light of reflection, seismic data: implication for its tectonic and sedimentary evolution [J]. Geophysical Journal International, 2011, 187 (3): 1334 – 1362.

Gernigon L, Franke D, Geoffroy L, et al. Crustal fragmentation, magmatism and the diachronous opening of the Norwegian-Greenland Sea [J]. Earth-Science Reviews, 2020, 206: 102839.

Gernigon L, Gaina C, Olesen O, et al. The Norway Basin revisited: from continental breakup to spreading ridge extinction [J]. Marine and Petroleum Geology, 2012, 35: 1 – 19.

Gilotti J A, McClelland W C, Piepjohn K, et al. U-Pb geochronology of Paleoproterozoic gneiss from southeastern Ellesmere Island: implications for displacement estimates on the Wegener fault [J]. Arktos, 2018, 4(1): 1 – 18.

Glebovsky V Y, Kaminsky V D, Minakov A N, et al. Formation of the Eurasia Basin in the Arctic Ocean as inferred from geohistorical analysis of the anomalous magnetic field [J]. Geotectonics, 2006, 40: 263 – 281.

Glodny J, Austrheim H, Molina J F, et al. Rb/Sr record of fluid-rock interaction in eclogites: the Marun-Keu complex, Polar Urals, Russia [J]. Geochimica et Cosmochimica Acta, 2003, 67: 4353 – 4371.

Glodny J, Pease V L, Montero P, et al. Protolith ages of eclogites, Marun-Keu complex, Polar Urals, Russia: implications for the pre- and early Uralian evolution of the northeastern European continental margin [J]. Geological Society of London Memoirs, 2004, 30: 87 – 105.

Godet A, Guilmette C, Labrousse L, et al. Lu-Hf garnet dating and the timing of collisions: Palaeoproterozoic accretionary tectonics revealed in the Southeastern Churchill Province, Trans-Hudson Orogen, Canada [J]. Journal of Metamorphic Geology, 2021, 39(8): 977 – 1007.

Gordey S P. Evolution of the Selwyn basin region, Sheldon Lake and Tay River map areas, central Yukon [J]. Bulletin of the Geological Survey of Canada, 2013, 599: 176.

Gottlieb E S, Pease V, Miller E L, et al. Neoproterozoic basement history of Wrangel Island and Arctic Chukotka: integrated insights from zircon U-Pb, O and Hf isotopic studies [J]. Geological Society of London Special Publications, 2018, 460: 183 - 206.

Grantz A, Pease V L, Willard D A, et al. Bedrock cores from 89° North: Implications for the geologic framework and neogene paleoceanography of Lomonosov ridge and a tie to the Barents shelf [J]. Geological Society of America Bulletin, 2001, 113: 1272 - 1281.

Grantz A, Scott R A, Drachev S S, et al. Sedimentary successions of the Arctic Region (58 - 64° to 90°N) that may be prospective for hydrocarbons [J]. Geological Society of London Memoirs, 2011, 35: 17 - 37.

Grantz A., Hart P E, Childers V A. Geology and tectonic development of the Amerasia and Canada Basins, Arctic Ocean [J]. Geological Society of London Memoirs, 2011, 35: 771 - 799.

Grantz A, Hart P E. Petroleum prospectivity of the Canada Basin, Arctic Ocean [J]. Marine and Petroleum Geology, 2012, 30: 126 - 143.

Greenman J W, Rainbird R H. Stratigraphy of the upper Nelson Head, Aok, Grassy Bay, and Boot Inlet formations in the Brock Inlier, Northwest Territories (NTS 97-A, D) [C] Geological Survey of Canada, Open File 8394, 2018: 1 - 63.

Gregersen U, Hopper J R, Knutz P C. Basin seismic stratigraphy and aspects of prospectivity in the NE Baffin Bay, Northwest Greenland [J]. Marine and Petroleum Geology, 2013, 46: 1 - 18.

Gregersen U, Knutz P C, Nøhr-Hansen H, et al. Tectonostratigraphy and evolution of the West Greenland continental margin [J]. Bulletin of the Geological Society of Denmark, 2019, 67: 1 - 21.

Guo L, Schekoldin R, Scott R. The Devonian succession in northern Novaya Zemlya, Arctic Russia: sedimentology, palaeogeography and hydrocarbon occurrence [J]. Journal of Petroleum Geology, 2010, 33(2): 105 - 122.

Hadlari T, Davis W G, Dewing K. A pericratonic model for the Pearya terrane as an extension of the Franklinian margin of Laurentia, Canadian Arctic [J]. Geological Society of America Bulletin, 2014, 126: 182 - 200.

Hadlari T, Midwinter D, Galloway J, et al. Mesozoic rift to post-rift tectonostratigraphy of the Sverdrup Basin, Canadian Arctic [J]. Marine and Petroleum Geology, 2016, 76: 148 - 158.

Hahn K, Rainbird R, Cousensa B. Sequence stratigraphy, provenance, C and O isotopic composition, and correlation of the late Paleoproterozoic-early Mesoproterozoic upper Hornby Bay and lower Dismal Lakes groups, NWT and Nunavut [J]. Precambrian Research, 2013, 232: 209 - 225.

Håkansson E, Pedersen S A S. A healed strike-slip plate boundary in North Greenland indicated through associated pull-apart basins [J]. Geological Society of London Special Publications, 2015, 413: 143 - 169.

Halama R, Wenzel T, Upton B G J, et al. A geochemical and Sr-Nd-O isotopic study of the Proterozoic Eriksfjord Basalts, Gardar Province, South Greenland: reconstruction of an OIB signature in crustally contaminated rift-related basalts [J]. Mineralogical Magazine, 2003, 67(5): 831 - 853.

Hall K W, Cook F A. Geophysical transect of the Eagle Plains foldbelt and Richardson mountains anticlinorium, northwestern Canada [J]. Geological Society of America Bulletin, 1998, 110(3): 311 - 325.

Hamann N E, Whittaker R C, Stemmerik L. Geological development of the Northeast Greenland shelf

[C]// In: Dore A G, Vining B A (eds.). Petroleum Geology: North-West Europe and Global Perspectives. Proceedings of the 6th Petroleum Geology Conference, The Geological Society, London, 2005, 887 - 902.

Hanmer S, Hamilton M A, Crowley J L. Geochronological constraints on Paleoarchean thrust-nappe and Neoarchean accretionary tectonics in southern West Greenland [J]. Tectonophysics, 350: 255 - 271.

Hannigan P K. Oil and gas resource potential of Eagle Plain Basin, Yukon, Canada [C]. Geological Survey of Canada, Open File 7565, 2014: 1 - 173.

Harris R. Tectonic evolution of the Brooks Range ophiolite, northern Alaska [J]. Tectonophysics, 2004, 392: 143 - 163.

Harrison J C, Brent T A, Oakey G N. Baffin Fan and its inverted rift system of Arctic eastern Canada: stratigraphy, tectonics and petroleum resource potential [J]. Geological Society of London Memoirs, 2011, 35: 595 - 626.

Harrison J C, Ford A, Miall A D, et al. Geology, tectonic assemblage map of Aulavik, Banks Island and northwestern Victoria Island, Northwest Territories [CM]. Geological Survey of Canada, Canadian Geoscience Map 35 (2nd edition, preliminary), Scale 1 : 500 000. Ottawa: Natural Pesourles Canada, 2015.

Harrison J C, Gilbert C, Lynds T, et al. Geology, Tectonic assemblage map of Alexandra Fiord, central Ellesmere and eastern Axel Heiberg islands, Nunavut [CM] Geological Survey of Canada, Canadian Geoscience Map 30 (preliminary), Scale 1 : 500 000. Ottawa: Natural Pesourles Canada, 2015.

Harrison J C, Jackson M P A. Exposed evaporite diapirs and minibasins above a canopy in central Sverdrup Basin, Axel Heiberg Island, Arctic Canada [J]. Basin Research, 2014, 26(4): 567 - 597.

Hartlaub R P, Heaman L M, Chacko T, et al. Circa 2.3 Ga magmatism of the Arrowsmith Orogeny, Uranium City region, western Churchill Craton, Canada [J]. Journal of Geology, 2007, 115: 181 - 195.

Haugaard R, Ootes L, Creaser R A, et al. The nature of Mesoarchaean seawater and continental weathering in 2.85 Ga banded iron formation, Slave craton, NW Canada [J]. Geochimica et Cosmochimica Acta, 2016, 194: 34 - 56.

Heaman L, Pearson D. Nature and evolution of the Slave Province subcontinental lithospheric mantle [J]. Canadian Journal of Earth Sciences, 2010, 47: 369 - 388.

Helwig J, Kumar N, Emmet P, et al. Regional seismic interpretation of crustal framework, Canadian Arctic passive margin, Beaufort Sea, with comments on petroleum potential [J]. Geological Society of London Memoirs, 2011, 35: 527 - 543.

Henriksen N, Higgins A K. Caledonian orogen of East Greenland 70°N - 82°N: Geological map at 1 : 1,000,000: concepts and principles of compilatio [J]. Geological Society of America Memoir, 2008, 202: 345 - 368.

Higgins A K, Elvevold S, Escher J C, et al. The foreland-propagating thrust sheet architecture of the East Greenland Caledonides 72°- 75°N [J]. Journal of the Geological Society, London, 2004, 161: 1009 - 1026.

Hildebrand R S, Hoffman P F, Bowring S A. The Calderian orogeny in Wopmay orogen (1.9 Ga), northwestern Canadian Shield [J]. Canadian Mineralogist, 2010, 122(5 - 6): 794 - 814.

Hjelstuen B O, Andreassen E V. North Atlantic Ocean deep-water processes and depositional environments: a study of the Cenozoic Norway Basin [J]. Marine and Petroleum Geology, 2015, 59: 429 - 441.

Hoffman P F, Bowring S A, Buchwaldt R, et al. Birthdate for the Coronation paleocean: age of initial rifting in Wopmay orogen, Canada [J]. Canadian Journal of Earth Sciences, 2011, 48: 281 - 293.

Houseknecht D W. Chapter 18 Evolution of the Arctic Alaska Sedimentary Basin [M]// In: Miall A D (ed.). The sedimentary basins of the United States and Canada(2nd). Amsterdam: Elsevier, 2019a: 719 - 745.

Houseknecht D W. Petroleum systems framework of significant new oil discoveries in a giant Cretaceous (Aptian- Cenomanian) clinothem in Arctic Alaska [J]. American Association of Petroleum Geologists Bulletin, 2019b, 103(3): 619 - 652.

Houseknecht D W, Bird K J. Chapter 34 Geology and petroleum potential of the rifted margins of the Canada Basin [J]. Geological Society of London Memoirs, 2011, 35: 509 - 526.

Houseknecht D W, Connors C D. Pre-Mississippian tectonic affinity across the Canada Basin-Arctic margins of Alaska and Canada: Geology, 2016, 44(7): 507 - 510.

Hu K, Chen Z, Issler D R. Determination of geothermal gradient from borehole temperature and permafrost base for exploration wells in the Beaufort-Mackenzie Basin [C]. Geological Survey of Canada, Open File 6957, 2014.

Ielpi A, Rainbird R H. Highly variable precambrian fluvial style recorded in the nelson head formation of brock inlier (Northwest Territories, Canada) [J]. Journal of Sedimentary Research, 2016, 86(3): 199 - 216.

Iizuka T, Komiya T, Ueno Y, et al. Geology and geochronology of the Acasta Gneiss Complex, northwest Canada: Newconstraints on its tectonothermal history [J]. Precambrian Research, 2007, 153: 179 - 208.

Ikhsanov B I. The Evolution of the Akademicheskaya Structure in the North Chukchi Basin and its Relationship with the Evolution of the Wrangel-Herald Thrust Zone [J]. Moscow University Geology Bulletin, 2012, 67(1): 71 - 75.

Imaeva L, Gusev G, Imaev V, et al. Neotectonic activity and parameters of seismotectonic deformations of seismic belts in Northeast Asia [J]. Journal of Asian Earth Sciences, 2017, 148: 254 - 264.

Ismail-Zadeh A T, Kostyuchenko S L, Naimark B M. The Timan-Pechora Basin (Northeastern European Russia): tectonic subsidence analysis and a model of formation mechanism [J]. Tectonophysics, 1997, 283: 205 - 218.

Ivanova N M, Sakoulina T S, Roslov Yu V. Deep seismic investigation across the Barents-Kara region and Novozemelskiy Fold Belt (Arctic shelf) [J]. Tectonophysics, 2006, 420: 123 - 140.

Jackson G D, Taylor F C. Correlation of Major Aphebian Rock Units in the Northeastern Canadian Shield. Canadian journal of earth sciences, 1972, 9(12): 1650 - 1669.

Jackson H R, Dahl-Jensen T, The Lorita Working Group. Sedimentary and crustal structure from the Ellesmere Island and Greenland continental shelves onto the Lomonosov ridge, Arctic Ocean [J]. Geophysical Journal International, 2010, 182: 11 - 35.

Jackson H R, Hannon T, Neben S, et al. Seismic Reflection Profiles from Kane to Hall Basin, Nares Strait: evidence for Faulting [J]. Polarforschung, 2006, 74(1): 21 - 39.

Jackson V A, van Breemen O, Ootes L, et al. U-Pb zircon ages and field relationships of Archean basement and Proterozoic intrusions, south-central Wopmay Orogen, NWT: implications for tectonic assignments [J]. Canadian Journal of Earth Sciences, 2013, 50(10): 979 - 1006.

Jadamec M A, Wallace W K. Thrust-breakthrough of asymmetric anticlines: observational constraints from surveys in the Brooks Range, Alaska [J]. Journal of Structural Geology, 2014, 62: 109e124.

Jakob J, Andersen T B, Kjøll H J. A review and reinterpretation of the architecture of the South and South-Central Scandinavian Caledonides: a magma-poor to magma-rich transition and the significance of the reactivation of rift inherited structures [J]. Earth-Science Reviews, 2019, 192: 513 – 528.

Japsen P, Green P F, Chalmers J A. Thermo-tectonic development of the Wandel Sea Basin, North Greenland [J]. GEUS Bulletin 2021, 45(1): 2597 – 2162.

Jauer C D, Oakey G N, Williams G, et al. Saglek Basin in the Labrador Sea, east coast Canada: stratigraphy, structure and petroleum systems [J]. Bulletin of Canadian Petroleum Geology, 2015, 62 (4): 232 – 260.

Jober S A, Dewing K, White J C. Structural geology and Zn-Pb mineral occurrences of northeastern Cornwallis Island: implications for exploration of the Cornwallis Fold Belt, northern Nunavut [J]. Bulletin of Canadian Petroleum Geology, 2007, 55(2): 138 – 159.

Johansson A, Bingen B, Huhma H, et al. A geochronological review of magmatism along the external margin of Columbia and in the Grenville-age orogens forming the core of Rodinia [J]. Precambrian Research, 2022, 371: 106463.

Johansson A, Larionov A, Ohta Y, et al. Mesoproterozoic to Palaeozoic evolution of eastern Svalbard and Barentsia [J]. Gondwana Research, 2002, 4(4): 645 – 646.

Jokat W. Seismic investigations along the western sector of Alpha ridge, Central Arctic Ocean [J]. Geophysical Journal International, 2003, 152: 185 – 201.

Jokat W, Geissler W, Voss M. Basement structure of the north-western Yermak Plateau [J]. Geophysical Research Letters, 2008, 35: L05309.

Jokat W, Ickrath M, O'Connor J. Seismic transect across the Lomonosov and Mendeleev ridges: constraints on the geological evolution of the Amerasia Basin, Arctic Ocean [J]. Geophysical Research Letters, 2013, 40: 5047 – 5051.

Jokat W, Ickrath M. Structure of ridges and basins off East Siberia along 81°N, Arctic Ocean [J]. Marine and Petroleum Geology, 2015, 64: 222 – 232.

Jokat W, Weigelt E, Kristoffersen Y, et al. New insights into the evolution of the Lomonosov ridge and the Eurasia Basin [J]. Geophysical Journal International, 1995, 122: 378 – 392.

Kabanov P, Gouwy S A. The Devonian Horn River Group and the basal Imperial Formation of the central Macknzie Plain, N. W. T., Canada: multiproxy stratigraphic framework of a black shale basin [J]. Canadian Journal of Earth Sciences, 2017, 54: 409 – 429.

Kalsbeek F, Nutman A P, Escher J C, et al. Geochronology of granitic and supracrustal rocks from the northern part of the East Greenland Caledonides: Ion microprobe U-Pb zircon ages [J]. Geology of Greenland Survey Bulletin, 1999, 184: 31 – 48.

Kalsbeek F, Thrane K, Higgins A K, et al. Polyorogenic history of the East Greenland Caledonides [J]. Geological Society of America Memoir, 2008, 202: 55 – 72.

Kara T V, Luchitskaya M V, Katkov S M, et al. New U-Pb ages of the volcano-plutonic association of the Oloi Belt (Alazeya-Oloi folded system, western Chukotka) [J]. Doklady Earth Sciences, 2019, 487(2): 911 – 916.

Keough B M, Ridgway K D. Tectonic growth of the late Paleozoic - middle Mesozoic northwestern margin of Laurentia and implications for the Farewell terrane: stratigraphic, structural, and provenance records from the central Alaska Range [J]. Tectonics, 2021, 40: e2021TC006764.

Khafizov S, Syngaevsky P, Dolson J C. The West Siberian Super Basin: the largest and most prolific hydrocarbon basin in the world [J]. American Association of Petroleum Geologists Bulletin, 2022, 106(3): 517 – 572.

Khomich V G, Boriskina N G. Petroleum potential of the Uchur zone of the Aldan anteclise (Siberian platform) [J]. Journal of Petroleum Science and Engineering, 2021, 201: 108501.

Khudoley A K, Prokopiev A V. Defining the eastern boundary of the North Asian craton from structural and subsidence history studies of the Verkhoyansk fold-and-thrust belt [J]. Geological Society of America Special Paper, 2007, 433: 391 - 410.

Khudoley A K, Verzhbitsky V E, Zastrozhnov D A, et al. Late Paleozoic - Mesozoic tectonic evolution of the eastern Taimyr-Severnaya Zemlya fold and thrust belt and adjoining Yenisey-Khatanga depression [J]. Journal of Geodynamics, 2018, 119: 221 - 241.

Kim B I, Glezer Z I. Sedimentary cover of the Lomonosov ridge: stratigraphy, structure, deposition history and ages of seismic facies units [J]. Stratigraphy and Geological Correlation, 2007, 15(4): 401 - 420.

Kirkland C L, Bingen B, Whitehouse M J, et al. Neoproterozoic palaeogeography in the North Atlantic region: inferences from the Akkajaure and Seve nappes of the Scandinavian caledonides [J]. Precambrian Research, 2011, 186: 127 - 146.

Kirkland C L, Daly J S, Whitehouse M J. Provenance and terrane evolution of the Kalak nappe complex, Norwegian caledonides: implications for Neoproterozoic palaeogeography and tectonics [J]. Journal of Geology, 2007, 115: 21 - 41.

Klapper G, Uyeno T T, Armstrong D K, et al. Conodonts of the Williams Island and Long Rapids formations (Upper Devonian, Frasnian-Famennian) of the Onakawana B Drillhole, Moose River Basin, northern Ontario, with a revision of lower Famennian species [J]. Journal of Paleontology, 2004, 78(2): 371 - 387.

Klemperer S L, Miller E L, Grantz A, et al. 2002, Crustal structure of the Bering and Chukchi shelves: deep seismic reflection profiles across the North American continent between Alaska and Russia [J]. Geological Society of America Special Paper, 2002, 360: 1 - 24.

Klett T R, Pitman J K. Geology and assessment of undiscovered oil and gas resources of the North Kara Basins and Platforms Province, 2008 [C]//In: Moore T E, Gautier D L (eds.). The 2008 Circum-Arctic resource appraisal. U.S. Geological Survey Professional Paper 1824, 2008: 1 - 14.

Klett T R, Pitman J K. Geology and petroleum potential of the East Barents Sea Basins and Admiralty Arch [J]. Geological Society of London Memoirs, 2011, 35: 295 - 310.

Knight E, Schneider D A, Ryan J. Thermochronology of the Yukon-Tanana terrane, west-central Yukon [J]. Journal of Geology, 2013, 121(4): 371 - 400.

Koehl J B P, Bergh S G, Wemmer K. Neoproterozoic and post-Caledonian exhumation and shallow faulting in NW Finnmark from K-Ar dating and p/T analysis of fault rocks [J]. Solid Earth, 2018, 9: 923 - 951.

Konstantinov A G, Sobolev E S, Yadrenkin A V, et al. High-resolution Triassic biostratigraphy of the Kotelny Island (New Siberian Islands, Arctic Siberia) [J]. Russian Geology and Geophysics, 2022, 63(4): 398 - 416.

Kontorovich A E, Ershov S V, Kazanenkov V A, et al. Cretaceous paleogeography of the west Siberian sedimentary basin [J]. Russian Geology and Geophysics, 2014, 55: 582 - 609.

Kontorovich V A, Kontorovich A E. Geological structure and petroleum potential of the Kara Sea shelf [J]. Doklady Earth Sciences, 2019, 489(1): 1289 - 1293.

Kontorovich V A, Kontorovich A E. Seismogeological characteristics and stratification on the geological section in the Arctic regions of the Siberian platform and the Laptev Sea shelf [J]. Doklady Earth Sciences, 2021, 496(1): 86 - 91.

Korago E A, Vernikovsky V A, Sobolev N N, et al. Age of the basement beneath the De Long Islands (New Siberian Archipelago): new geochronological data [J]. Doklady Earth Sciences, 2014, 457(1): 803 – 809.

Kos'ko M, Korago E. Review of geology of the New Siberian Islands between the Laptev and the East Siberian Seas, North East Russia [J]. Stephan Mueller Special Publication Series, 2009, 4(4): 45 – 64.

Krumrei T V, Villa I M, Marks M A W, et al. A ^{40}Ar/^{39}Ar and U/Pb isotopic study of the Ilímaussaq complex, South Greenland: implications for the ^{40}K decay constant and for the duration of magmatic activity in a peralkaline complex [J]. Chemical Geology, 2006, 227: 258 – 273.

Kullerud L, Young O R. Adding a Gakkel ridge regime to the evolving Arctic Ocean governance complex [J]. Marine Policy, 2020, 122: 104270.

Kuzmichev A B, Danukalova M K, Aleksandrova G N, et al. Mid-Cretaceous Tuor-Yuryakh section of Kotelnyi Island, New Siberian Islands: how does the probable basement of sedimentary cover of the Laptev Sea look on land? [J]. Stratigraphy and Geological Correlation, 2018, 26(4): 403 – 432.

Kuzmichev A B, Danukalova M K, Proskurnin V F, et al. The pre-Vendian (640 – 610 Ma) granite magmatism in the Central Taimyr fold belt: the final stage of the Neoproterozoic evolution of the Siberian paleocontinent active margin [J]. Geodynamics and Tectonophysics, 2019, 10 (4): 841 – 861.

Kuzmin V K, Glebovitskii V A, Rodionov N V, et al. Main formation stages of the Paleoarchean crust in the Kukhtui inlier of the Okhotsk massif [J]. Stratigraphy and Geological Correlation, 2009, 17(4): 355 – 372.

Kuzmin V K, Bogomolov E S, Glebovitskii V A. The oldest granites of Russia: Paleoarchean (3343 Ma) Subalkali granites of the Okhotsk massif [J]. Doklady Earth Sciences, 2018, 478(2): 183 – 189.

Kuzmin V K, Bogomolov E S, Kuznetsov A B. Paleoproterozoic age (2055 – 2050 Ma) of volcanogenic-terrigenous rocks from the Bilyakchan zone of the Siberian platform and Okhotsk massif junction [J]. Doklady Earth Sciences, 2020, 492 (2): 393 – 397.

Kuzmina S, Froese D G, Jensen B J L, et al. Middle Pleistocene (MIS 7) to Holocene fossil insect assemblages from the Old Crow basin, northern Yukon, Canada [J]. Quaternary International, 2014, 341: 216 – 242.

Kuznetsov N, Natapov L, Belousova E, et al. Geochronological, geochemical and isotopic study of detrital zircon suites from late Neoproterozoic clastic strata along the NE margin of the East European Craton: implications for plate tectonic models [J]. Gondwana Research, 2010, 17(2 – 3): 583 – 601.

Kuznetsov V E, Varnavsky V G. Vendian-Riphean complexes of the Aldan-Maya sedimentary basin and the Yurubchen-Tokhomo zone of oil-and-gas accumulation, southeastern and southwestern north Asian craton: comparative analysis and petroleum potential [J]. Russian Journal of Pacific Geology, 2018, 12: 20 – 33.

Lane L S. Devonian-Carboniferous paleogeography and orogenesis, northern Yukon and adjacent Arctic Alaska [J]. Canadian Journal of Earth Science, 2007, 44: 679 – 694.

Larsen M, Knudsen C, Frei D, et al. East Greenland and Faroe-Shetland sediment provenance and Palaeogene sand dispersal systems [J]. Geological Survey of Denmark and Greenland Bulletin, 2006, 10: 29 – 32.

Larsen P H, Bengaard H J. Devonian basin initiation in East Greenland: a result of sinistral wrench faulting and Caledonian extensional collapse [J]. Journal of the Geological Society, London, 1991, 148: 355 – 368.

Larsen P H, Olsen H, Clack J A. The Devonian basin in East Greenland: review of basin evolution and vertebrate assemblages [J]. Geological Society of America Memoir, 2008, 202: 273 - 292.

Larsson S Y, Stearn C W. Silurian stratigraphy of the Hudson Bay Lowland in Quebec [J]. Canadian journal of earth sciences, 1986, 23(3): 288 - 299.

Laughton J, Osinski G R, Yakymchuk C. Late Neoarchean terrane and Paleoproterozoic HT-UHT metamorphism on southern Devon Island, Canadian Arctic [J]. Precambrian Research, 2022, 377: 106718.

Law R D, Miller E L, Little T A, et al. Extensional origin of ductile fabrics in the schist belt, central Brooks Range, Alaska - II. Microstructural and petrofabric evidence [J]. Journal of Structural Geology, 1994, 16(7): 919 - 940.

Lawley C J M, McNicoll V, Sandeman H, et al. Age and geological setting of the Rankin Inlet greenstone belt and its relationship to the gold endowment of the Meliadine gold district, Nunavut, Canada [J]. Precambrian Research, 2016, 275 : 471 - 495.

Lawver L A, Muller R D. Iceland hotspot track [J]. Geology, 1994, 22: 311 - 314.

Lawver L A, Grantz A, Gahagan L. Plate kinematic evolution of the present Arctic region since the Ordovician [J]. Geological Society of America Special Paper, 2002, 360: 333 - 358.

Lebedev I E, Tikhomirov P L, Pasenko A M, et al. New Paleomagnetic data on late Cretaceous Chukotka volcanics: the Chukotka block probably underwent displacements relative to the north American and Eurasian plates after the formation of the Okhotsk-Chukotka volcanic belt? [J]. Izvestiya, Physics of the Solid Earth, 2021, 57(2): 232 - 246.

Lebedeva-Ivanova N, Gaina C, Minakov A, et al. ArcCRUST: arctic crustal thickness from 3-D gravity inversion [J]. Geochemistry Geophysics Geosystems, 2019, 20(7): 3225 - 3247.

Lenoir X, Feraud G, Geoffroy L. Highrate flexure of the east Greenland volcanic margin: constraints from 40Ar/39Ar dating of basaltic dykes [J]. Earth and Planetary Science Letters, 2003, 214: 515 - 528.

LePain D L, Stanley R, G. Reconnaissance sedimentology of selected tertiary exposures in the upland region bordering the Yukon Flats Basin, east-central Alaska [R]. Alaska Division of Geological and Geophysical Surveys Preliminary Interpretive Report 2016 - 6, 2017: 1 - 14.

Leslie A G, Higgins A K. Foreland-propagating Caledonian thrust systems in east Greenland [J]. Geological Society of America Memoir, 2008, 202: 169 - 199.

Li Z X, Bogdanova S V, Collins A S, et al. Assembly, configuration and break-up history of Rodinia: a synthesis [J]. Precambrian Research, 2008, 160: 179 - 210.

Lindquist S J. The Timan-Pechora Basin Province of northwest Arctic Russia: Domanik-Paleozoic total petroleum system [R]. United States Geological Survey Open-File Report 99-50-G, 1999: 1 - 40.

Lineva M D, Malyshev N A, Nikishin A M. The structure and seismostratigraphy of the sedimentary basins of the East Siberian Sea [J]. Moscow University Geology Bulletin, 2015, 70(1): 1 - 7.

Lineva M D, Malyshev N A, Nikishin A M. Modeling of the thermal evolution of the sedimentary cover and the maturity of organic matter in the source-rock sequences of sedimentary basins of the East Siberian Sea [J]. Moscow University Geology Bulletin, 2018, 73(1): 13 - 23.

Liu J, Pearson D, Wang L, et al. Plume-driven recratonization of deep continental lithospheric mantle [J]. Nature, 2021, 592, 732 - 736.

Liu J, Riches A J V, Pearson D G, et al. Age and evolution of the deep continental root beneath the central Rae craton, northern Canada [J]. Precambrian Research, 2016, 272: 168 - 184.

Lorenz H, Gee D G, Korago E, et al. Detrital zircon geochronology of Palaeozoic Novaya Zemlya: a key to understanding the basement of the Barents shelf [J]. Terra Nova, 2013, 25(6): 496 - 503.

Lorenz H, Gee D G, Whitehouse M J. New geochronological data on Palaeozoic igneous activity and deformation in the Severnaya Zemlya Archipelago, Russia, and implications for the development of the Eurasian Arctic margin [J]. Geological Magazine, 2007, 144(1): 105 – 125.

Lorenz H, Mannik P, Gee D, et al. Geology of the Severnaya Zemlya Archipelago and the north Kara terrane in the Russian high Arctic [J]. International Journal of Earth Sciences (Geol Rundsch), 2008, 97: 519 – 547.

Loron C C, Halverson G P, Rainbird R H, et al. Shale-hosted biota from the Dismal Lakes Group in Arctic Canada supports an early Mesoproterozoic diversification of eukaryotes [J]. Journal of Paleontology, 2021, 95(6): 1113 – 1137.

Loron C C, Rainbird R H, Turner E C, et al. Organic-walled microfossils from the late Mesoproterozoic to early Neoproterozoic lower Shaler Supergroup (Arctic Canada): diversity and biostratigraphic significance [J]. Precambrian Research, 2019, 321, 349 – 374.

Luchitskaya M V, Hourigan J, Bondarenko G E, et al. New SHRIMP U-Pb zircon data on granitoids from the Pribrezhnyi and eastern Taigonos belt, southern Taigonos Peninsula [J]. Doklady Earth Sciences, 2003, 389(3): 354 – 357.

Luchitskaya M V, Moiseev A V, Sokolov S D, et al. Neoproterozoic granitoids and rhyolites of Wrangel Island: geochemical affinity and geodynamic setting in the eastern Arctic region [J]. Lithos, 2017, 292 – 293: 15 – 33.

Lundin E, Dore A G. Mid-Cenozoic post-breakup deformation in the 'passive' margins bordering the Norwegian - Greenland Sea [J]. Marine and Petroleum Geology, 2002, 19(1): 79 – 93.

Lutz R, Klitzke P, Weniger P, et al. Basin and petroleum systems modelling in the northern Norwegian Barents Sea [J]. Marine and Petroleum Geology, 2021, 130: 105128.

MacLean B C, Fallas K, M, Hadlari T. The multi-phase Keele Arch, central Mackenzie Corridor, Northwest Territories [J]. Bulletin of Canadian Petroleum Geology, 2014, 62(2): 68 – 104.

Malone S J, McClelland W C, von Gosen W, et al. Proterozoic evolution of the north Atlantic-Arctic Caledonides: insights from detrital Zircon analysis of metasedimentary rocks from the Pearya terrane, Canadian high Arctic [J]. The Journal of Geology, 2014, 122: 623 – 648.

Malyshev S V, Khudoley A K, Glasmacher U A, et al. Constraining age of deformation stages in the south-western part of Verkhoyansk fold-and-thrust belt by apatite and zircon fission-track analysis [J]. Geotectonics, 2018, 52(6): 634 – 646.

Masterson W D, Holba A G. North Alaska Super Basin: Petroleum systems of the central Alaskan North Slope, United States [J]. American Association of Petroleum Geologists Bulletin, 2021. 105(6): 1233 – 1291.

Mathieu J, Turner E C, Kontak D J, et al. Atypical Cu mineralisation in the Cornwallis carbonate-hosted Zn district: storm copper deposit, Arctic Canada [J]. Ore Geology Reviews, 2018, 99: 86 – 115.

Mathieu J, Turner E C, Rainbird R H. Sedimentary architecture of a deeply karsted Precambrian-Cambrian unconformity, Victoria Island, Northwest Territories [C]. Geological Survey of Canada, Current Research 2013 – 1, 2013: 1 – 15.

Matveev V P, Tarasenko A B. The study of the Berkha Island reef massif (Novaya Zemlya), based on lithological and geochemical data [J]. Geochemistry, 2020, 80: 125500.

Mayr U, Brent T, de Freitas T, et al. Geology of eastern Prince of Wales Island and adjacent smaller islands, Nunavut[J]. Bulletin of the Geological Survey of Canada, 2004, 574: 1 – 99.

Maystrenko Y, Olesen O, Gernigon L, et al. Deep structure of the Lofoten-Vesterålen segment of the mid-Norwegian continental margin and adjacent areas derived from 3D density modeling [J]. Journal of Geophysical Research: Solid Earth, 2017, 122: 1402 – 1433.

McCaffrey K J W, Grocott J, Garde A A, et al. Attachment formation during partitioning of oblique convergence in the Ketilidian orogen, South Greenland [J]. Geological Society of London Special Publications, 2004, 227: 231 – 248.

McCreath J A, Finch A A, Simonsen S L, et al. Independent ages of magmatic and hydrothermal activity in alkaline igneous rocks: the Motzfeldt Centre, Gardar Province, South Greenland [J]. Contributions to Mineralogy and Petrology, 2012, 163(6): 967 – 982.

Medig K P R, Turner E C, Thorkelson D J, et al. Rifting of Columbia to form a deep-water siliciclastic to carbonate succession: the Mesoproterozoic Pinguicula Group of northern Yukon, Canada [J]. Precambrian Research, 2016, 278: 179 – 206.

Mel'nikov N V. The Vendian-Cambrian cyclometric stratigraphic scale for the southern and central Siberian Platform [J]. Russian Geology and Geophysics, 2021, 62(8): 904 – 913.

Meng F, Makeyev AB, Yang J. Zircon U-Pb dating of jadeitite from the Syum-Keu ultramafic complex, Polar Urals, Russia: constraints for subduction initiation [J]. Journal of Asian Earth Sciences, 2011, 42: 596 – 606.

Metelkin D V, Chernova A I, Matushkin N Yu, et al. Paleozoic tectonics and geodynamics of the De Long Islands and adjacent structures of the Verkhoyansk-Chukotka fold belt [J]. Doklady Earth Sciences, 2020, 495(1): 803 – 807.

Metelkin D V, Chernova A I, Matushkin N Yu, et al. Early paleozoic tectonics and paleogeography of the Eastern Arctic and Siberia: review of paleomagnetic and geologic data for the De Long Islands [J]. Earth-Science Reviews, 2022, 231: 104102.

Metelkin D V, Vernikovsky V A, Kazansky A Yu, et al. Paleozoic history of the Kara microcontinent and its relation to Siberia and Baltica: paleomagnetism, paleogeography and tectonics [J]. Tectonophysics, 2005, 398(3 – 4): 225 – 243.

Meza-Cala J C, Tsikalas F, Faleide J I, et al. New insights into the late Mesozoic-Cenozoic tectono-stratigraphic evolution of the northern Lofoten-Vesterålen margin, offshore Norway [J]. Marine and Petroleum Geology, 2021, 134: 105370.

Mężyk M, Malinowski M, Mazur S. Structure of a diffuse suture between Fennoscandia and Sarmatia in SE Poland based on interpretation of regional reflection seismic profiles supported by unsupervised clustering [J]. Precambrian Research, 2021, 358: 106176.

Miall A D. Proterozoic and Paleozoic geology of Banks Island, Arctic Canada [C]. Geological Survey of Canada, Open File 260, 1975: 1 – 160.

Miall A D, Blakey R C. Chapter 1 The Phanerozoic Tectonic and Sedimentary Evolution of North America [M]//In: Miall A D (ed.). The Sedimentary Basins of the United States and Canada (2nd). Amsterdam: Elsevier, 2019: 1 – 38.

Mickey M B, Byrnes A P, Haga H. Biostratigraphic evidence for the prerift position of the North Slope, Alaska, and Arctic Islands, Canada, and Sinemurian incipient rifting of the Canada Basin [C]//In: Miller E L, Grantz A, Klemperer S L (eds.). Tectonic evolution of the Bering-Chukchi Sea-Arctic margin and adjacent landmasses. Geological Society of America, Boulder, CO, Special Papers 360, 2002: 67 – 76.

Miettinen A, Head M J, Knudsen K L. Eemian sea-level highstand in the eastern Baltic Sea linked to long-duration White Sea connection [J]. Quaternary Science Reviews, 2014, 86: 158 – 174.

Miller E L, Kuznetsov N, Soboleva A, et al. Baltica in the Cordillera? [J] Geology, 2011, 39: 791 – 794.

Miller E L, Meisling K E, Akinin V V, et al. Circum-Arctic lithosphere evolution (CALE) transect C: displacement of the Arctic Alaska-Chukotka microplate towards the Pacific during opening of the Amerasia Basin of the Arctic [J]. Geological Society of London Special Publications, 2017, 460: 1 – 64.

Miller E L, Toro J, Gehrels G, et al. New insights into Arctic paleogeograpy and tectonics from U-Pb detrital zircon geochronology [J]. Tectonics, 2006, 25(3): 1 – 19.

Miller E L, Verzhbitsky V E. Structural studies near Pevek, Russia: implications for formation of the East Siberian Shelf and Makarov Basin of the Arctic Ocean [J]. Stephan Mueller Special Publication Series, 2009, 4(4): 223 – 241.

Milton J E, Hickey K A, Gleeson S A, et al. New U-Pb constraints on the age of the Little Dal Basalts and Gunbarrel-related volcanism in Rodinia [J]. Precambrian Research, 2017, 296: 168 – 180.

Moiseev A V, Sokolov S D, Tuchkova M I, et al. Stages in the structural evolution of the sedimentary cover of Wrangel Island, Eastern Arctic [J]. Geotectonics, 2018, 52(5): 516 – 530.

Moore T E, Dumitru T A, Adams K E, et al. Origin of the Lisburne Hills-Herald Arch structural belt: stratigraphic, structural and fission-track evidence from the Cape Lisburne area, northwestern Alaska [J]. Geological Society of America Special Paper, 2002, 360: 77 – 109.

Moore T E, Grantz A, Pitman J K, Brown P J. Chapter 49 A first look at the petroleum geology of the Lomonosov ridge microcontinent, Arctic Ocean [J]. Geological Society of London Memoirs, 2011, 35: 751 – 769.

Moore T E, Box S E. Age, distribution and style of deformation in Alaska north of 60°N: implications for assembly of Alaska [J]. Tectonophysics, 2016, 691: 133 – 170.

Moore T E, Wallace W K, Bird K J, et al. Stratigraphy, structure and geologic synthesis of northern Alaska [R]. USGS Publications Warehouse, Open-File Report 92 – 330, 1992: 1 – 189.

Morrow D W. Devonian of the northern Canadian mainland sedimentary basin: a review [J]. Bulletin of Canadian Petroleum Geology, 2018, 66(3): 623 – 694.

Mosher D C, Boggild K. Impact of bottom currents on deep water sedimentary processes of Canada Basin, Arctic Ocean [J]. Earth and Planetary Science Letters, 2021, 569: 117067.

Moynihan D P, Strauss J V, Nelson L L, et al. Upper Windermere Supergroup and the transition from rifting to continent-margin sedimentation, Nadaleen River area, northern Canadian Cordillera [J]. Geological Society of America Bulletin, 2019, 131(9 – 10): 1673 – 1701.

Mueller W U, Corcoran P L. Volcano-sedimentary processes operating on a marginal continental arc: the Archean Raquette Lake Formation, Slave Province, Canada [J]. Sedimentary Geology, 2001, 141 – 142: 169 – 196.

Mueller W U, Corcoran P L, Donaldson J A. Sedimentology of a tide- and wave-influenced high-energy Archaean coastline: the Jackson Lake Formation, Slave Province, Canada [J]. Special Publications of the International Association of Sedimentologists, 2002, 33: 153 – 182.

Mueller W U, Dostal J, Stendal H. Inferred Palaeoproterozoic arc rifting along a consuming platemargin: insights from the stratigraphy, volcanology and geochemistry of the Kangerluluk sequence, southeast Greenland [J]. International Journal of Earth Science, 2002, 91(2): 209 – 230.

Myers J S, Crowley J L. Vestiges of life in the oldest Greenland rocks? A review of early Archean geology in the Godthabsfjord region, and reappraisal of field evidence for >3850 Ma life on Akilia [J]. Precambrian Research, 2000, 103(3 – 4): 101 – 124.

Nelson J L, Colpron M, Piercey S J, et al. Paleozoic tectonic and metallogenic evolution of the pericratonic terranes in Yukon, northern British Columbia and eastern Alaska [C]// In: Colpron M, Nelson J L (eds.). Paleozoic evolution and metallogeny of pericratonic terranes at the ancient Pacific margin of North America, Canadian and Alaskan Cordillera. Geological Association of Canada Special Paper 45, 2006: 323 - 360.

Nelson J L, van Straaten B, Friedman R. Latest Triassic-early Jurassic Stikine-Yukon-Tanana terrane collision and the onset of accretion in the Canadian Cordillera: insights from Hazelton Group detrital zircon provenance and arc-back-arc configuration [J]. Geosphere, 2022, 18(2): 670 - 696.

Newton A M W, Huuse M, Cox D R, et al. Seismic geomorphology and evolution of the Melville Bugt trough mouth fan, northwest Greenland [J]. Quaternary Science Reviews, 2021, 255: 106798.

Næraa T, Kemp A I S, Scherstén A, et al. A lower crustalmafic source for the ca. 2550 Ma Qôrqut Granite complex in southern West Greenland [J]. Lithos, 2014, 192 - 195: 291 - 304.

Newton A M W, Huuse M, Cox D R, et al. Seismic geomorphology and evolution of the Melville Bugt trough mouth fan, northwest Greenland [J]. Quaternary Science Reviews, 2021, 255: 106798.

Nikishin A M, Gaina C, Petrov E I, Malyshev N A, Freiman S I. Eurasia Basin and Gakkel ridge, Arctic Ocean: crustal asymmetry, ultraslow spreading and continental rifting revealed by new seismic data [J]. Tectonophysics, 2018, 746: 64 - 82.

Nikishin A M, Petrov E I, Malyshev N A. Geological structure and history of the Arctic Ocean [C]. Amsterdam, Holland: European Association of Geoscientists and Engineers Publications, 2014.

Nikishin A M, Petrov E I, Malyshev N A, et al. Rift systems of the Russian eastern Arctic shelf and Arctic deep water basins: link between geological history and geodynamics [J]. Geodynamics and Tectonophysics, 2017, 8(1): 11 - 43.

Nikishin A M, Petrov E I, Cloetingh S, et al. Arctic ocean mega project: Paper 1-Data collection [J]. Earth-Science Reviews, 2021a, 217: 103559.

Nikishin A M, Petrov E I, Cloetingh S, et al. Arctic ocean mega project: Paper 2-Arctic stratigraphy and regional tectonic structure [J]. Earth-Science Reviews, 2021b, 217: 103581.

Nikishin A M, Petrov E I, Cloetingh S, et al. Arctic ocean mega project: Paper 3-Mesozoic to Cenozoic geological evolution [J]. Earth-Science Reviews, 2021c, 217: 103034.

Nikishin A M, Sobornov K O, Prokopiev A V, et al. Tectonic evolution of the Siberian platform during the Vendian and Phanerozoic [J]. Moscow University Geology Bulletin, 2010, 65(1): 1 - 16.

Nikishin A M, Startseva K F, Verzhbitsky V E, et al. Sedimentary Basins of the east Siberian Sea and the Chukchi Sea and the adjacent area of the Amerasia Basin: seismic stratigraphy and stages of geological history [J]. Geotectonics, 2019, 53 (6): 635 - 657.

Nikitenko B L, Devyatov V P, Lebedeva N K, et al. Jurassic and Cretaceous stratigraphy of the New Siberian Archipelago (Laptev and East Siberian Seas): facies zoning and lithostratigraphy [J]. Russian Geology and Geophysics, 2017, 58: 1478 - 1493.

Nilsen T H. Stratigraphy and sedimentology of the mid-Cretaceous deposits of the Yukon-Koyukuk Basin, west central Alaska [J]. Journal of Geophysical Research, 1989, 94: 15925 - 15940.

Nixon G T, Scheel J E, Scoates J S, et al. Syn-accretionary multistage assembly of an early Jurassic Alaskan-type intrusion in the Canadian cordillera: U-Pb and ^{40}Ar/^{39}Ar geochronology of the Turnagain ultramafic-mafic intrusive complex, Yukon -Tanana terrane [J]. Canadian Journal of Earth Sciences, 2020, 57(5): 575 - 600.

Nokleberg J, Parfenov L, Monger J, et al. Phanerozoic tectonic evolution of the circum-north Pacific [C].

U.S. Geological Survey Professional Paper 1626, 2000

Nozhkin A D, Likhanov I I, Bayanova T B, et al. First data on late Vendian Granitoid magmatism of the northwestern Sayan-Yenisei accretionary belt [J]. Geochemistry International, 2017, 55(9): 792 – 801.

Nutman A P, Bennett V C, Hidaka H, et al. The Archean Victoria Fjord terrane of northernmost Greenland and geodynamic interpretation of Precambrian crust in and surrounding the Arctic Ocean [J]. Journal of Geodynamics, 2019, 129: 3 – 23.

Nutman A P, McGregor V R, Friend C R L, et al. The Itsaq gneiss complex of southern West Greenland: the world's most extensive record of early crustal evolution (3900 – 3600 Ma) [J]. Precambrian Research, 1996, 78(1 – 3): 1 – 39.

Nygård A, Sejrup H P, Haflidason H, et al. Geometry and genesis of Glacigenic Debris Flows on the North Sea Fan: TOBI imagery and deep tow boomer evidence [J]. Marine Geology, 2002, 88: 15 – 33.

Nystuen J P, Andresen A, Kumpulainen R A, et al. Neoproterozoic basin evolution in Fennoscandia, East Greenland and Svalbard [J]. Episodes, 2008, 31 (1): 35 – 43.

Oakey G N, Saltus R W. Geophysical analysis of the Alpha-Mendeleev ridge complex: characterization of the High Arctic Large Igneous Province [J]. Tectonophysics, 2016, 691: 65 – 84.

O'Brien T M, Miller E L, Pease V et al. Provenance, U-Pb detrital zircon geochronology, Hf isotopic analyses and Crspinel geochemistry of the northeast Yukon-Koyukuk Basin: implications for interior basin development and sedimentation in Alaska [J]. Geological Society of America Bulletin, 2018, 130(5 – 6): 825 – 847, 2017.

Olierook H K H, Barham M, Kirkland C L, et al. Zircon fingerprint of the Neoproterozoic North Atlantic: perspectives from East Greenland [J]. Precambrian Research, 2020, 342: 105653.

Olovyanishnikov V C, Siedlecka A, Roberts D. Aspects of the geology of the Timans. Russia, and linkages with Varanger Peninsula, NE Norway [J]. Norges Geologiske Undersokelse Bulletin, 1997, 433: 28 – 29.

Ootes L, Davis W, Bleeker W, et al. Two distinct ages of Neoarchean turbidites in the western Slave Craton: further evidence and implications for a possible back-arc model [J]. The Journal of Geology, 2009, 117(1): 15 – 36.

Ootes L, Davis W J, Jackson V A, et al. Chronostratigraphy of the Hottah terrane and Great Bear magmatic zone of Wopmay Orogen, Canada, and exploration of a terrane translation model [J]. Canadian Journal of Earth Sciences, 2015, 52(12): 1062 – 1092.

Ootes L, Jackson V A, Davis W J, et al. Parentage of Archean basement within a Paleoproterozoic orogen and implications for on-craton diamond preservation: Slave craton and Wopmay orogen, northwest Canada [J]. Canadian Journal of Earth Sciences, 2017, 54(2): 203 – 232.

Ootes L, Sandeman H, Cousens B L, et al. Pyroxenitic magma conduits (ca. 1.86 Ga) inWopmay orogen and slave craton: Petrogenetic constraints from whole rock and mineral chemistry [J]. Lithos, 2020, 354 – 355: 105220.

Osadetz K G, Chen Z, Bird T D. Petroleum resource assessment, Eagle plain basin and environs, Yukon territory, Canada [C]. Yukon Geological Survey Open File 2005 – 2, Geological Survey of Canada, Open File 4922, 2005: 1 – 88.

Oxman V S. Tectonic evolution of the Mesozoic Verkhoyansk-Kolyma belt (NE Asia) [J]. Tectonophysics, 2003, 365: 45- 76.

Oxman V S, Parfenov L M, Prokopiev A V, et al. The Chersky range ophiolite belt, northeast Russia

[J]. The Journal of Geology, 1995, 103: 539 – 556.

Parfenov L M. Tectonics of the Verkhoyansk-Kolyma Mesozoides in the context of plate tectonics [J]. Tectonophysics, 1991, 199 (2 – 4): 319 – 342.

Parsons A J, Zagorevski A, Ryan J J, et al. Petrogenesis of the dunite Peak ophiolite, south-central yukon: a new hypothesis for the late Paleozoic-early mesozoic tectonic evolution of the northern cordillera [J]. Geological Society of America Bulletin, 2019, 131(1 – 2): 274 – 298.

Partin C A, Bekker A, Corrigan D, et al. Sedimentalogical and geochemical basin analysis of the Paleoproterozoic Penrhyn and Piling groups of Arctic Canada [J]. Precambrian Research, 2014, 251: 80 – 101.

Patton W W Jr, Box S E. Tectonic Setting of the Yukon-Koyukuk Basin and Its Borderlands, Western Alaska [J]. Journal of Geophysical Research. Part B: Solid Earth, 1989, 94(B11): 15807 – 15820.

Pavlovskaia E A, Khudoley A K, Ruh J B, et al. Tectonic evolution of the northern Verkhoyansk fold-and-thrust belt: insights from palaeostress analysis and U-Pb calcite dating [J]. Geological Magazine, 2022, 159: 2132 – 2156.

Pease V, Drachev S, Stephenson R, Zhang X. Arctic lithosphere: a review [J]. Tectonophysics, 2014, 628: 1 – 25.

Pease V, Scott R A. Crustal affinities in the Arctic Uralides, northern Russia: significance of detrital zircon ages from Neoproterozoic and Palaeozoic sediments in Novaya Zemlya and Taimyr [J]. Journal of the Geological Society, London, 2009, 166: 517 – 527.

Pecha M E, Gehrels G E, McClelland W C, et al. Detrital zircon U-Pb geochronology and Hf isotope geochemistry of the Yukon-Tanana terrane, Coast Mountains, southeast Alaska [J]. Geosphere, 2016, 12(5): 1556 – 1574.

Percival J A, Davis W J, Hamilton M A. U-Pb Zircon Geochronology and Depositional history of the Montresor group, Rae Province, Nunavut, Canada [J]. Canadian Journal of Earth Sciences, 2017, 54(5): 512 – 528.

Persits F M, Ulmishek G F. Circumpolar Geologic Map of the Arctic [M]. U.S. Geological Survey, 2003.

Pérez L F, Nielsen T, Knutz P C, et al. Large-scale evolution of the central-east Greenland margin: new insights to the North Atlantic glaciation history [J]. Global and Planetary Change, 2018, 163: 141 – 157.

Petrov O, Morozov A, Shokalsky S, et al. Crustal structure and tectonic model of the Arctic region [J]. Earth-Science Reviews, 2016, 154: 29 – 71.

Piepjohn K, Atkinson E, Dewing K, et al. Cenozoic structural evolution on northern Banks Island, N.W. T. Canada [J]. Arktos, 2018, 4(1): 1 – 19.

Piepjohn K, von GosenW, Tessensohn F, et al. Ellesmerian Ifold-and-thrust belt (northeast Ellesmere Island,Nunavut) and its Eurekan overprint [J]. Bulletin of the Geological Survey of Canada, 2008, 592: 285 – 303.

Piercey S J, Colpron M. Composition and provenance of the Snowcap assemblage, basement to the Yukon-Tanana terrane, northern Cordillera: Implications for Cordilleran crustal growth [J]. Geosphere, 2009, 5(5): 439 – 464.

Pinous O V, Levchuk M A, Sahagian D L. Regional synthesis of the productive Neocomian complex of West Siberia: Sequence stratigraphic framework [J]. American Association of Petroleum Geologists Bulletin, 2001, 85: 1713 – 1730.

Piskarev A, Poselov V, Kaminsky V. Geologic structures of the Arctic Basin [J]. Springer International

Publishing, Cham., 2019.

Polin V F, Tikhomirov P L, Khanchuk A I, et al. The first data of U/Pb and 40Ar/39Ar dating of the pre-Dzhugdzhur volcanics: new evidence of time diversity in the formation of individual sectors of the Okhotsk-Chukotka volcanogenic belt [J]. Doklady Earth Sciences, 2021, 497(2): 273 – 280.

Pope M C, Leslie S A. New data from late Ordovician-early Silurian mount Kindle formation measured sections, Franklin Mountains and eastern Mackenzie Mountains, northwest territories [C]. Geological Survey of Canada, Current Research 2013 – 8, 2013: 1 – 11.

Poselov V A, Butsenko V V. Chapter 9 Extensional structures of the central Arctic uplifts complex [M]// In: Piskarev A, et al. (eds.). Geologic structures of the Arctic basin. Berlin Heidelberg: Springer, 2019: 281 – 293.

Poselov V A, Butsenko V V, Kireev A A, et al. Chapter 2 Seismic stratigraphy of sedimentary cover [M]// In: Piskarev A, et al. (eds.). Geologic structures of the Arctic basin. Berlin Heidelberg: Springer, 2019: 71 – 104.

Poselov V A, Butsenko V V, Zholondz S M. Seismic stratigraphy of sedimentary cover in the Podvodnikov Basin and north Chukchi trough [J]. Doklady Earth Sciences, 2017, 474(Part 2): 688 – 691.

Prince J K G, Rainbird R H, Wing B A. Evaporite deposition in the mid-Neoproterozoic as a driver for changes in seawater chemistry and the biogeochemical cycle of sulfur [J]. Geology, 2019, 47: 375 – 379.

Prischepa O M, Bazhenova T K, Bogatskii V I. Petroleum systems of the Timan-Pechora sedimentary basin (including the offshore Pechora Sea) [J]. Russian Geology and Geophysics, 2011, 52: 888 – 905.

Priyatkina N, Collins W J, Khudoley A, et al. The Proterozoic evolution of northern Siberian Craton margin: A comparison of U-Pb-Hf signatures from sedimentary units of the Taimyr orogenic belt and the Siberian platform [J]. International Geology Review, 2017, 59(13): 1632 – 1656.

Prokofiev V Yu, Kalko I A, Volkov A V, et al. Features of ore mineralization of Alyarmaut Rise (Western Chukotka) [J]. Doklady Earth Sciences, 2018, 479(1): 310 – 315.

Prokopiev A V, Borisenko A S, Gamyanin G N, et al. Age constraints and tectonic settings of metallogenic and magmatic events in the Verkhoyansk-Kolyma folded area [J]. Russian Geology and Geophysics, 2018a, 59: 1237 – 1253.

Prokopiev A V, Ershova V B, Anfinson O, et al. Tectonics of the New Siberian Islands archipelago: structural styles and lowtemperature thermochronology [J]. Journal of Geodynamics, 2018b, 121: 155 – 184.

Prokopiev A V, Ershova V B, Stockli D F. Provenance of the Devonian-Carboniferous clastics of the southern part of the Prikolyma terrane (Verkhoyansk-Kolyma orogen) based on U-Pb dating of detrital zircons [J]. Geologiska Föreningen i Stockholm Förhandlinger, 2019, 141(4): 272 – 278.

Prokopyev I R, Doroshkevich A G, Ponomarchuk A V, et al. Mineralogy, age and genesis of apatite-dolomite ores at the Seligdar apatite deposit (Central Aldan, Russia) [J]. Ore Geology Reviews, 2017, 81(1): 296 – 308.

Prokopyev I R, Doroshkevich A G, Sergeev S A, et al. Petrography, mineralogy and SIMS U-Pb geochronology of 1.9 – 1.8 Ga carbonatites and associated alkaline rocks of the Central-Aldan magnesiocarbonatite province (South Yakutia, Russia) [J]. Mineralogy and Petrology, 2019, 113: 329 – 352.

Proskurnin V F. On the problem of angular unconformities in the upper Precambrian and lower Palaeozoic of the Severnaya Zemlya archipelago [C]//In: Simonov O N (ed.). Bowels of Tajmyr (in Russian).

Bowels of Tajmyr, Taimyrkomprirodresursy, Norilsk, 1999: 68 - 76.

Proskurnin V F, Vernikovsky V A, Metelkin D V, et al. Rhyolite-granite association in the central Taimyr zone: evidence of accretionary-collisional events in the Neoproterozoic [J]. Russian Geology and Geophysics, 2014, 55: 18 - 32.

Pyle L J. Petroleum play data for the lower Paleozoic platform play (Ronning group), Mackenzie corridor [C]. Geological Survey of Canada, Open File 5667, 2008, 1 - 24.

Pyle L J, Jones A L. Regional geoscience studies and petroleum potential, Peel plateau and plain: Project Volume [C]. Northwest Territories Geoscience Office and Yukon Geological Survey, NWT Open File 2009 - 02 and YGS Open File 2009 - 25, 2009: 1 - 549.

Rainbird R H, Ielpi A, Turner E C, et al. Reconnaissance geological mapping and thematic studies of northern Brock inlier, Northwest territories [C]. Geological Survey of Canada, Open File 7695, 2015: 1 - 10.

Rainbird R H, Jefferson C W, Hildebrand R S, et al. The Shaler supergroup and revision of Neoproterozoic stratigraphy in Amundsen Basin, northwest territories [C]. Geological Survey of Canada, Current Research 1994-C, 1994: 61 - 70.

Rainbird R H, Rayner N M, Hadlari T, et al. Zircon provenance data record lateral extent of a pancontinental, early Neoproterozoic river system and erosional unroofing history of the Grenvillian orogeny [J]. Geological Society of Amierica Bulletin, 2017, 129 (11 - 12): 1408 - 1423.

Rainbird R H, Rooney A D, Creaser R A, et al. Shale and pyrite Re-Os ages from the Hornby Bay and Amundsen basins provide new chronological markers for Mesoproterozoic stratigraphic successions of northern Canada [J]. Earth and Planetary Science Letters, 2020, 548: 116492.

Rayner N M, Rainbird R H. U-Pb geochronology of the Shaler Supergroup, Victoria Island, northwest Canada: 2009 - 2013 [C]. Geological Survey of Canada, Open File 7419, 2013: 1 - 62.

Regis D, Pehrsson S, Martel E, et al. Post - 1.9 Ga evolution of the south Rae craton (Northwest Territories, Canada): a Paleoproterozoic orogenic collapse system [J]. Precambrian Research, 2021, 355: 106105.

Regis D, Sanborn-Barrie M. Delimiting the extent of 'Boothia terrane' crust, Nunavut: new U-Pb geochronological results [C]. Geological Survey of Canada, Open File 8917, 2022: 1 - 17.

Rehnström E F, Corfu F. Palaeoproterozoic U-Pb ages of autochthonous and allochthonous granites from the northern Swedish Caledonides: regional and palaeogeographic implications [J]. Precambrian Research, 2004, 132: 363 - 378.

Rehnström E F, Corfu F, Torsvik T H. Evidence of a late Precambrian (637 Ma) deformational event in the Caledonides of northern Sweden [J]. Journal of Geology, 2002, 110(5): 591 - 601.

Rekant P, Sobolev N, Portnov A, et al. Basement segmentation and tectonic structure of the Lomonosov ridge, Arctic Ocean: insights from bedrock geochronology [J]. Journal of Geodynamics, 2019, 128: 38 - 54.

Ricketts B, Stephenson R. The demise of the Sverdrup Basin: Late Cretaceous-Paleogene sequence stratigraphy and forward modeling [J]. Journal of Sedimentary Research, 1994, 64: 516 - 530.

Ritzmann O, Jokat W. Crustal structure of northwestern Svalbard and the adjacent Yermak Plateau: evidence for Oligocene simple shear rifting and non-volcanic breakup [J]. Geophysical Journal International, 2003, 152 (1): 139 - 159.

Robert B, Domeier M, Jakob J. On the origins of the Iapetus ocean [J]. Earth-Science Reviews, 2021, 221: 103791.

Roberts D. The Scandinavian Caledonides: event chronology, palaeogeographic settings and likely modern analogues [J]. Tectonophysics, 2003, 365: 283 – 299.

Roeske S M, Dusel-Bacon C, Aleinikoff J N, et al. Metamorphic and structural history of continental crust at a Mesozoic collisional margin, the Ruby terrane, central Alaska [J]. Journal of Metamorphic Geology, 1995, 13(1): 25 – 40.

Roest W R, Verhoef J, Macnab R. 1996. Magnetic anomaly map of the Arctic North of 648 [CM]. Geological Survey of Canada, Dartmouth, Nova Scotia, Open File Reports, 3281, Scale 1 : 6 000 000. Ottawa: Natural Resources Canada, 1996.

Rooney A D, Strauss J V, Branson A D, et al. A cryogenian chronology: Two long-lasting, synchronous Neoproterozoic glaciations [J]. Geology, 2015, 43: 459 – 462.

Rowan E L, Stanley R G. The Yukon Flats Cretaceous(?)-Tertiary Extensional Basin, East-Central Alaska: Burial and Thermal History Modeling [R]. USGS Scientific Investigations Report 2007 – 5281, 2008: 1 – 12.

Rozanov A Yu, Zhuralev A Yu. The Lower Cambrian fossil record of the Soviet Union [M]// In: Lipps J H, Signor P W (eds.). Origin and early evolution of the Metazoa. New York: Plenum Press, 1992: 205 – 282.

Rugen E J, Ineson J R, Frei R. Low oxygen seawater and major shifts in the paleoenvironment towards the terminal Ediacaran: Insights from the Portfjeld Formation, North Greenland [J]. Precambrian Research, 379: 106781.

Rushton A W A, Cocks L R M, Fortey R A. Upper Cambrian trilobites and brachiopods from Severnaya Zemlya, Arctic Russia, and their implications for correlation and biogeography [J]. Geological Magazine, 2002, 139(3): 281 – 290.

Sanborn-Barrie M, Davis W J, Berman R G, et al. Neoarchean continental crust formation and Paleoproterozoic deformation of the central Rae craton, Committee Bay belt, Nunavut [J]. Canadian Journal of Earth Sciences, 2014, 51: 635 – 667.

Sanborn-Barrie M, St-Onge M R, Young M D, et al. Bedrock geology of southwestern Baffi n Island, Nunavut: expanding the tectonostratigraphic framework with relevance to mineral resources [C]. Geological Survey of Canada, Current Research 2008 – 6, 2008: 1 – 16.

Sappin A A, Houlé M G, Corrigan D, et al. Petrography, chemical composition, and age constraints of mafic intrusions from the Mesoproterozoic Soisson Intrusive Suite in the southeastern Churchill Province (Canada) [J]. Canadian Journal of Earth Sciences, 2022, 59: 180 – 204.

Sauermilch I, Weigelt E, Jokat W. Pre-rift sedimentation of the Lomonosov ridge, Arctic Ocean at 84°N – A correlation to the complex geologic evolution of the conjugated Kara Sea [J]. Journal of Geodynamics, 2018, 118: 49 – 54.

Schultz M E J, Chacko T, Heaman L M, et al. Queen Maud block: a newly recognized Paleoproterozoic (2.4 – 2.5 Ga) terrane in northwest Laurentia [J]. Geology, 2007, 35: 707 – 710.

Scotese C R, Bambach R K, Barton R, et al. Paleozoic base maps [J]. Journal of Geology, 1979, 87: 217.

Scott D J, de Kemp E A. Bedrock geology compilation, northern Baffin Island and northern Melville Peninsula, Northwest Territories [C]. Geological Survey of Canada, Open File 3633, 1998.

Seton M, Müller R D, Zahirovic S, et al. Global continental and ocean basin reconstructions since 200 Ma [J]. Earth-Science Reviews, 2012, 113: 212 – 270.

Shaldybin M V, Wilson M J, Wilson L. Jurassic and Cretaceous clastic petroleum reservoirs of the West Siberian sedimentary basin: Mineralogy of clays and influence on poro-perm properties [J]. Journal of

Asian Earth Sciences, 2021, 222: 104964.

Shatsky V S, Simonov V A, Jagoutz E, et al. New Data on the age of eclogites from the Polar Urals [J]. Doklady Earth Sciences, 2000, 371A: 534 - 538.

Shchipansky A A, Samsonov A V, Petrova A, et al. Geodynamics of the eastern margin of Sarmatia in the Paleoproterozoic [J]. Geotectonics, 2007, 41 (1): 38 - 62.

Shemin G, Deev E, Vernikovsky V A, et al. Jurassic paleogeography and sedimentation in the northern West Siberia and South Kara Sea, Russian Arctic and Subarctic [J]. Marine and Petroleum Geology, 2019, 104: 286 - 312.

Shephard G E, Müller R D, Seton M. The tectonic evolution of the Arctic since Pangea breakup: Integrating constraints from surface geology and geophysics with mantle structure [J]. Earth-Science Reviews, 2013, 124: 148 - 183.

Shmelev V R. Mantle Ultrasbasites of Ophiolite Complexes in the Polar Urals: petrogenesis and geodynamic environments. Petrology, 2011, 19: 618 - 640.

Shumilova T G, Ulyashev V V, Kazakov V A, et al. Karite - diamond fossil: a new type of natural diamond [J]. Geoscience Frontiers, 2020, 11: 1163 - 1174.

Simard R L, Dostal J, Roots C F. Development of late Paleozoic volcanic arcs in the Canadian Cordillera: an example from the Klinkit Group, northern British Columbia and southern Yukon [J]. Canadian journal of earth sciences, 2003, 40(7): 907- 924.

Skulski T, Rainbird R H, Turner E C, et al. Bedrock geology of the Dismal Lakes-lower Coppermine River area, Nunavut and northwest territories: GEM-2 Coppermine River Transect, report of activities 2017 - 2018 [C]. Geological Survey of Canada, Open File 8522, 2018: 1 - 37.

Smith M P, Rasmussen J A. Cambrian-Silurian development of the Laurentian margin of the Iapetus Ocean in Greenland and related areas [J]. Geological Society of America Memoir, 2008, 202: 137 - 167.

Sokolov S D. Tectonics of northeast Asia: an overview [J]. Geotectonics, 2010, 44: 493 - 509.

Sokolov S D, Tuchkova M I, Ledneva G V, et al. Tectonic position of the south Anyui suture [J]. Geotectonics, 2021, 55(5): 697 - 716.

Sokolov S D, Tuchkova M I, Moiseev A V, et al. Tectonic zoning of Wrangel Island, Arctic region [J]. Geotectonics, 2017, 51(1) : 3 - 16.

Soloviev S G, Kryazhev S G, Dvurechenskaya S S. Geology, mineralization, and fluid inclusion characteristics of the Agylki reduced tungsten (W-Cu-Au-Bi) skarn deposit, Verkhoyansk fold-and-thrust belt, Eastern Siberia: tungsten deposit in a gold-dominant metallogenic province [J]. Ore Geology Reviews, 2020, 120: 103452.

Sommers M J, Gingras M K, MacNaughton R B, et al. Subsurface analysis and correlation of Mount Clark and lower Mount Cap formations (Cambrian), Northern Interior Plains, Northwest Territories [J]. Bulletin of Canadian Petroleum Geology, 2020, 68(1): 1 - 29.

Sønderholm M, Frederiksen K S, Smith M P, et al. Neoproterozoic sedimentary basins with glacigenic deposits of the East Greenland Caledonides [J]. Geological Society of America Memoir, 2008, 202: 99 - 136.

Sørensen K, Gautier D, Pitman J, et al. Geology and petroleum potential of the Lincoln Sea Basin, offshore North Greenland [J]. Geological Society of London Memoirs, 2011, 35: 673 - 684.

Soucy La Roche R, Dyer S C, Zagorevski A, et al. 150 Myr of Episodic metamorphism recorded in the Yukon-Tanana terrane, northern Canadian cordillera: evidence from monazite and xenotime petrochronology [J]. Lithosphere, 2022, 2022(1): 1 - 29.

Stanley R G. YukonFlats Basin tectono-sedimentary element, east-central Alaska [J]. Geological Society of London Memoirs, 2021, 57: 1 - 9.

Stearns C, van der Voo R, Abrahamsen N. A new Siluro - Devonian paleopole from Early Paleozoic rocks of the Franklinian basin, North Greenland Fold Belt [J]. Journal of Geophysical Research: Solid Earth, 1989, 94(B8): 10669 - 10683.

Steenfelt A, Kolb J, Thrane K. Metallogeny of South Greenland: A review of geological evolution, mineral occurrences and geochemical exploration data [J]. Ore Geology Reviews, 2016, 77: 194 - 245.

Steiner A P, Hickey K A. The formation of steeply-plunging folds in fold-and-thrust belts [J]. Journal of Structural Geology, 2022, 164: 104728.

Stemmerik L, Willersrud K, Elvebakk G. Synthetic seismic models of stacked Upper Carboniferous carbonate platforms in North Greenland: comparison to Barents Sea seismic data [J]. Petroleum Geoscience, 1999, 5(4): 399 - 407.

Stendal H, Frei R, Hamilton M, et al. The Palaeoproterozoic Kangerluluk gold-copper mineralization (Southeast Greenland): Pb isotopic constraints for its timing and genesis [J]. Mineralium Deposita, 2001, 36: 177 - 188.

St-Onge M R, Davis W J. Wopmay orogen revisited: Phase equilibria modeling, detrital zircon geochronology, and U-Pb monazite dating of a regional Buchan-type metamorphic sequence [J]. Geological Society of America Bulletin, 2017, 130(3 - 4): 678 - 704.

Stouge S, Boyce D W, Christiansen J L, et al. Lower-Middle Ordovician stratigraphy of North-East Greenland [J]. Geology of Greenland Survey Bulletin, 2002, 189: 117 - 125.

Strauss J V, MacDonald F A, Halverson G P, et al. Stratigraphic evolution of the Neoproterozoic Callison Lake Formation: Linking the break-up of Rodinia to the Islay carbon isotope excursion [J]. American Journal of Science, 2015, 315: 881 - 944.

Strauss J V, Macdonald F A, Taylor J F, et al. Laurentian origin for the North Slope of Alaska: Implications for the tectonic evolution of the Arctic [J]. Lithosphere, 2013, 5: 477 - 482.

Suckro S, Gohl K, Funck T, et al. The crustal structure of southern Baffin Bay: implications from a seismic refraction experiment [J]. Geophysical Journal International, 2012, 190: 37 - 58.

Surlyk F, Hurst J M. The evolution of the early Paleozoic deep-water basin of North Greenland [J]. Geological Society of America Bulletin, 1984, 95: 131 - 154.

Svenningsen O M. Onset of seafloor spreading in the Iapetus Ocean at 608 Ma: precise age of the Sarek Dyke Swarm, northern Swedish Caledonides [J]. Precambrian Research, 2001, 110: 241 - 254.

Symons D T A, Kawasaki K. Jurassic location of the Yukon-Tanana terrane from palaeomagnetism of the folded Mississippian Tatlmain batholith and Ragged stock [J]. Geophysical Journal International, 2019, 219(3): 1660 - 1678.

Symons D T A, Kawasaki K, McCausland P J A. The Yukon-Tanana terrane: Part of North America at～215 Ma from paleomagnetism of the Taylor Mountain batholith, Alaska [J]. Tectonophysics, 2009, 465: 60 - 74.

Symons D T A, McCausland P J A. Paleomagnetism of the Fort Knox Stock, Alaska, androtation of the Yukon-Tanana terrane after 92.5 Ma [J]. Tectonophysics, 2006, 419: 13 - 26.

Symons D T A, McCausland P J A, Kawasaki K, et al. Post-Triassic para-autochthoneity of the Yukon-Tanana Terrane: paleomagnetism of the Early Cretaceous Quiet Lake batholith [J]. Geophysical Journal International, 2015, 203: 312 - 326.

Tennyson M E, Pitman J K. Geology and assessment of undiscovered oil and gas resources of the Sverdrup

Basin Province, Arctic Canada, 2008. [C] //In: Moore T E, Gautier D L (eds.). Chapter I of the 2008 Circum-Arctic resource appraisal. U.S. Geological Survey Professional Paper 1824, 2020: 1 – 21.

Tikhomirov P L, Kalinina E A, Moriguti T, et al. The Cretaceous Okhotsk-Chukotka Volcanic Belt (NE Russia): Geology, geochronology, magma output rates, and implications on the genesis of silicic LIPs [J]. Journal of Volcanology and Geothermal Research, 2012, 221 – 222: 14 – 32.

Tikhomirov P L, Pravikova N V, Bychkova Ya. V. The Chukotka segment of the Uda-Murgal and Okhotsk-Chukotka volcanic belts: age and tectonic environment [J]. Russian Geology and Geophysics, 2020, 61(4): 378 – 395.

Tirsgaard H, Øxnevad I E I. Preservation of pre-vegetational mixed fluvio-aeolian deposits in a humid climatic setting: an example from the Middle Proterozoic Eriksfjord Formation, Southwest Greenland [J]. Sedimentary Geology, 1998, 120: 295 – 317.

Tkachenko D Yu, Myatchin O M, Fedechkina A S, et al. Late Paleozoic depositional environments in the West Prinovozemelsky zone (Russian) [J]. Oil Industry Journal, 2020, 2020(1): 24 – 28.

Toro J, Gans P B, McClelland W C, et al. Deformation and exhumation of the Mount Igikpak region, central Brooks Range, Alaska [C]// In: Miller E L, Grantz A, Klemperer S L (eds.). Tectonic evolution of the Bering Shelf – Chukchi Sea – Arctic margin and adjacent landmasses. Boulder, Colorado, Geological Society of America Special Paper 360, 2002: 111 – 132.

Torsvik T H, Andersen T B. The Taimyr fold belt, Arctic Siberia: timing of prefold remagnetisation and regional tectonics [J]. Tectonophysics, 2002, 352: 335 – 348.

Tsukanov N V, Skolotnev S G. New data on the composition of Cretaceous volcanic rocks of the Alazeya Plateau, Northeastern Yakutia [J]. Doklady Earth Sciences, 2018, 478(2): 175 – 178.

Tuchkova M I, Sokolov S D, Isakova T N, et al. Carboniferous carbonate rocks of the Chukotka fold belt: Tectono- stratigraphy, depositional environments and paleogeography [J]. Journal of Geodynamics, 2018, 120: 77 – 107.

Tuchkova M I, Shokalsky S P, Sokolov S D, et al. Correlation of Chukotka, Wrangel Island and the Mendeleev Rise [J]. Springer Geology, 2021, 165 – 186.

Tullius D N, Leier A L, Galloway J M, et al. Sedimentology and stratigraphy of the Lower Cretaceous Isachsen Formation: Ellef Ringnes Island, Sverdrup Basin, Canadian Arctic Archipelago [J]. Marine and Petroleum Geology, 2014, 57: 135 – 151.

Turner E C. A lithostratigraphic transect through the Cambro-Ordovician Franklin Mountain Formation in NTS 96D (Carcajou Canyon) and 96E (Norman Wells), Northwest Territories [C]. Geological Survey of Canada, Open File 6994, 2011: 1 – 28.

Turner E C, Long D G F. Basin architecture and syndepositional fault activity during deposition of the Neoproterozoic Mackenzie Mountains supergroup, Northwest Territories, Canada [J]. Canadian Journal of Earth Sciences, 2008, 45(10): 1159 – 1184.

Uflyand A K, Natapov L M, Lopatin V M, et al. The tectonic nature of the Taymyr Peninsula [J]. Geotectonics, 1991, 25(6): 512 – 523.

Ulmishek G F. Petroleum geology and resources of the Nepa-Botuoba High, Angara-Lena Terrace, and Cis-Patom Foredeep, Southeastern Siberian Craton, Russia [M]. Denver: U.S. Geological Survey, 2001: 1 – 19.

Ulmishek G F. Petroleum geology and resources of the West Siberian Basin, Russia [M]. Denver: U.S. Geological Survey, 2003: 1 – 49.

Unger A V, Nikishin A M, Kuzlyapina M A, et al. Evolution of the Inversion Megaswells of the Yenisei-

Khatanga Basin [J]. Moscow University Geology Bulletin, 2017, 72(3): 164 - 171.

van Acken D, Thomson D, Rainbird R H, et al. Constraining the depositional history of the Neoproterozoic Shaler Supergroup, Amundsen Basin, NW Canada: Rhenium-osmium dating of black shales from the Wynniatt and Boot Inlet Formations [J]. Precambrian Research, 2013, 236: 124 - 131.

van de Locht J, Hoffmann J E, Rosing M T, et al. Preservation of Eoarchean mantle processes in 3.8 Ga peridotite enclaves in the Itsaq Gneiss Complex, southern West Greenland [J]. Geochimica et Cosmochimica Acta, 2020, 280: 1 - 25.

Van Kranendonk M J, Altermann W, Beard B L, et al. Chapter 16 A chronostratigraphic division of the Precambrian [M]// In: Gradstein F M, Ogg J G, Schmitz M D, et al. (eds.). The geologic time scale. Amsterdam: Elsevier, 2012: 299 - 392.

van Staal C R, Zagorevski A, McClelland W C, et al. Age and setting of Permian Slide Mountain terrane ophiolitic ultramafic-mafic complexes in the Yukon: Implications for late Paleozoic-early Mesozoic tectonic models in the northern Canadian Cordillera [J]. Tectonophysics, 2018, 744: 458 - 483.

Veglio C, Lawley C J M, Pearson D G, et al. Olivine xenocrysts reveal carbonated mid-lithosphere in the northern Slave craton [J]. Lithos, 2022, 414 - 415 : 106633.

Vernikovsky V, Shemin G, Evgeny Deev E, et al. Geodynamics and oil and gas potential of the Yenisei-Khatanga Basin (Polar Siberia) [J]. Minerals, 2018, 8(11): 1 - 27.

Vernikovsky V A. The geodynamic evolution of the Taimyr folded area [J]. Tikhookeanskaya Geologiya, 1995, 14(4): 71 - 80.

Vernikovsky V, Dobretsov N, Metelkin D, et al. Concerning tectonics and the tectonic evolution of the Arctic [J]. Russian Geology and Geophysics, 2013, 54: 838 - 858

Vernikovsky V A, Morozov A F, Petrov O V, et al. New data on the age of dolerites and basalts of Mendeleev Rise (Arctic Ocean) [J]. Doklady Earth Sciences, 2014, 454: 97 - 101.

Vernikovsky V A, Pease V L, Vernikovskaya A E, et al. First report of early Triassic A-type granite and syenite intrusions from Taimyr: product of the northern Eurasian superplume? [J]. Lithos, 2003, 66: 23 - 36.

Verzhbitsky V E, Sokolov S D, Frantzen E M, et al. The South Chukchi Sedimentary Basin (Chukchi Sea, Russian Arctic): age, structural pattern, and hydrocarbon potential [J]. American Association of Petroleum Geologists Memoir, 2012, 100: 267 - 290.

Vlagnes E. Cenozoic deposition in the Nansen Basin, a first-order estimatebased on present-day bathymetry [J]. Global and Planetary Change, 1996, 12 : 149 - 157.

Vyssotski A V, Vyssotski V N, Nezhdanov A A. Evolution of the West Siberian Basin [J]. Marine and Petroleum Geology, 2006, 23 : 93 - 126.

Whalen J B, Wodicka N, Taylor B E, et al. Cumberland batholith, Trans-Hudson Orogen, Canada: petrogenesis and implications for Paleoproterozoic crustal and orogenic processes [J]. Lithos, 2010, 117: 99 - 118.

Whitmeyer S J, Karlstrom K E. Tectonic model for the Proterozoic growth of North America [J]. Geosphere, 2007, 3: 220 - 259.

Williamson N M B, Ootes L, Rainbird R H, et al. Initiation and early evolution of the Franklin magmatic event preserved in the 720 Ma Natkusiak Formation, Victoria Island, Canadian Arctic [J]. Bulletin of Volcanology, 2016, 78(3): 1 - 19.

Willman S, Peel J S, Ineson J R, et al. Ediacaran Doushantuo-type biota discovered in Laurentia [J]. Communications Biology, 2020, 3 (1): 1 - 10.

Wolf L W, McCaleb R C, Stone D B, et al. Crustal structure across the Bering Strait, Alaska: onshore recordings of a marine seismic survey [C]// In: Miller E L, Grantz A, Klemperer S L (eds.). Tectonic evolution of the Bering Shelf - Chukchi Sea - Arctic margin and adjacent landmasses. Boulder, Colorado, Geological Society of America Special Paper 360, 2002: 25 - 37.

Xiao W, Polyak L, Wang R, et al. Middle to Late Pleistocene Arctic paleoceanographic changes based on sedimentary records from Mendeleev ridge and Makarov Basin [J]. Quaternary Science Reviews, 2020, 228: 106105.

Xiong F, Zoheir B, Robinson P T, et al. Genesis of the Ray-Iz chromitite, Polar Urals: Inferences to mantle conditions and recycling processes [J]. Lithos, 2020, 374 - 375: 105699.

Yakich T Yu, Ananyev Y S, Ruban A S, et al. Mineralogy of the Svetloye epithermal district, Okhotsk-Chukotka volcanic belt, and its insights for exploration [J]. Ore Geology Reviews, 2021, 136: 104257.

Yang J S, Meng F, Xu X, et al. Diamonds, native elements and metal alloys from chromitites of the Ray-Iz ophiolite of the Polar Urals [J]. Gondwana Research, 2015, 27 (2): 459 - 485.

Yapaskurt O V, Shikhanov S E. Stages of mineral formation in early Triassic to Quaternary deposits with implications for the geodynamic evolution of the Koltogor-Urengoy trough system, West Siberian Plate [J]. Moscow University Geology Bulletin, 2013, 68(6): 329 - 338.

Zastrozhnov D, Gernigon L, Gogin I, et al. Regional structure and polyphased Cretaceous-Paleocene rift and basin development of the mid-Norwegian volcanic passive margin [J]. Marine and Petroleum Geology, 2020, 115: 104269.

Zhang S. Upper Cambrian and Lower Ordovician conodont biostratigraphy and revised lithostratigraphy, Boothia Peninsula, Nunavut [J]. Canadian Journal of Earth Sciences, 2020, 57: 1030 - 1047.

Zhang S, Barnes C R. Late Ordovician-Early Silurian conodont biostratigraphy and thermal maturity, Hudson Bay Basin [J]. Bulletin of Canadian Petroleum Geology, 2007, 55(3): 179 - 216.

Zhang S, Mirza K, Barnes C R. Upper Ordovician - Upper Silurian conodont biostratigraphy, Devon Island and southern Ellesmere Island, Canadian Arctic Islands, with implications for regional stratigraphy, eustasy, and thermal maturation [J]. Canadian Journal of Earth Sciences, 2016, 53: 931 - 949.

Zhang S, Riva J F. The stratigraphic position and the age of the Ordovician organic-rich intervals in the northern Hudson Bay, Hudson Strait, and Foxe basins—evidence from graptolites [J]. Canadian Journal of Earth Sciences, 2018, 55: 897 - 904.

Zhang W, Roberts D, Pease V. Provenance characteristics and regional implications of Neoproterozoic, Timanian-margin successions and a basal Caledonian nappe in northern Norway [J]. Precambrian Research, 2015, 268: 153 - 167.

Zonenshain L P, Kuzmin M I, Natapov L M. Geology of the USSR: a plate-tectonic synthesis: American Geophysical Union [J]. Geodynamics Series, 1990, 21: 242.